油气田开发与石油钻井工程

殷敏　成旭　胡枫　主编

吉林科学技术出版社

图书在版编目（CIP）数据

油气田开发与石油钻井工程 / 殷敏，成旭，胡枫主编. -- 长春 : 吉林科学技术出版社，2024.3
ISBN 978-7-5744-1142-5

Ⅰ. ①油… Ⅱ. ①殷… ②成… ③胡… Ⅲ. ①油气田开发②油气钻井 Ⅳ. ① TE3 ② TE2

中国国家版本馆 CIP 数据核字 (2024) 第 063925 号

油气田开发与石油钻井工程

主　　编　殷　敏　成　旭　胡　枫
出 版 人　宛　霞
责任编辑　王凌宇
封面设计　刘梦杳
制　　版　刘梦杳
幅面尺寸　185mm×260mm
开　　本　16
字　　数　560 千字
印　　张　29.125
印　　数　1~1500 册
版　　次　2024 年3月第1 版
印　　次　2024年10月第1次印刷

出　　版　吉林科学技术出版社
发　　行　吉林科学技术出版社
地　　址　长春市福祉大路5788 号出版大厦A 座
邮　　编　130118
发行部电话/传真　0431-81629529 81629530 81629531
81629532 81629533 81629534
储运部电话　0431-86059116
编辑部电话　0431-81629510
印　　刷　廊坊市印艺阁数字科技有限公司

书　　号　ISBN 978-7-5744-1142-5
定　　价　96.00元

前　言／PREFACE

油气田开发是一项复杂的技术工程，包括油田地质技术、油田开发技术、采油工艺技术和生产测试技术等不同门类技术，其中开发技术是龙头、地质技术是基础、工艺技术是条件、测试技术是手段，它们既各自独立又相互联系、相互渗透。油田开发是牵动其他技术发展的纽带，因此油气田开发工程应是以油藏工程为中心、以采油工程为技术手段、以提高原油采收率为主要目标的系统工程。

石油天然气作为埋藏在地下的非固相矿产资源，其开发过程已逐步成熟，主要分为以下几个步骤：

(1) 以含油气构造的详探资料为基础编制开发（计划）方案；

(2) 根据方案要求钻井，建立将油气从地下采到地面和向地层注入工作剂的通道；

(3) 建立油井工作制度，在现有的采油技术方法和地质条件下，控制油气向井底流动的速度和状态；

(4) 人工向地层注入工作剂，保持地层压力，提高开采速度和原油采收率。

开发方案是一定开发阶段和技术发展水平的产物。面对不同地质条件和各种类型的油藏，科学技术的进步使得人的主观因素对油藏开采的作用程度在逐渐加深，向地层注入工作剂从人工注水、注气发展到注入热流体和化学流体，开发方式由一次和二次采油发展到各种提高原油采收率的三次采油技术，这些新技术已成为改善油田开发效果和保持原油产量稳定增长的重要因素。了解这些内容对于人们全面认识油气田开发过程和进行油气田开发新技术研究具有重要意义。

本书围绕“油气田开发与石油钻井工程”这一主题，以油田开发为切入点，由浅入深地阐述油田开发阶段的划分、油田开发前的准备、油田开发方案的编制，并系统地分析了油气藏开发方案编制方法、特高含水期油田开发技术、油藏开发调整技术与方法，诠释了钻井工程技术、生产测井原理、钻井过程中的保护油气层技术等内容，以期为读者理解与践行油气田开发与石油钻井工程提供有价值的参考和借鉴。本书内容翔实、条理清晰、逻辑合理，兼具理论性与实践性，适用于从事相关工作与研究的专业人员。

本书所涉及的内容点多面广，由于作者学识有限，时间紧迫，难免有错漏之处，敬请各位读者批评指正。

目录

第一章　油田开发基本知识

第一节　油田开发工作的主要内容

为了充分利用和保护油气资源，必须对油田进行合理开发。合理开发油田必须贯彻全面、协调、可持续发展的方针。合理开发油田的标准一是要取得最大的经济效益；二是要取得油田最高的采收率；三是要满足国民经济对石油的需求。

油田开发工作主要包括以油田开发地质为基础的油藏工程、钻井工程、采油工程、地面工程和经济评价等多种专业。油田开发工作必须进行多学科综合研究，发挥各专业协同的系统优势，实现油田科学、有效开发。油田开发要把油藏地质研究贯穿始终，及时掌握油藏动态，根据油藏特点及所处的开发阶段，制定合理的调控措施，改善开发效果，使油田达到较高的经济采收率。油田开发要合理配置各种资源，优化投资结构，实行精细管理，控制生产成本，提高经济效益，实现油田开发效益最大化。

一、油藏评价

含油构造或圈闭经预探提交控制储量或在有重大发现的基础上，经初步分析认为具有开采价值后，进入油藏评价阶段。油藏评价阶段的主要任务是编制油藏评价部署方案，进行油藏技术经济评价，对于具有经济开发价值的油藏，提交探明储量，编制油田开发方案。

油藏评价部署的主要内容是评价目标概况、油藏评价部署、油田开发概念方案、经济评价风险分析和实施要求等。

油田开发概念方案包括油藏工程初步方案、钻采工艺主体方案、地面工程框架和开发投资估算。油藏工程初步方案应根据评价目标区的地质特点和已有的初步认识，提出油井产能、开发方式及油田生产规模的预测；钻采工艺主体要提出钻井方式、钻井工艺、油层改造和开采技术等要求；地面工程框架要提出可能采用的地面工程初步设计；开发投资估算包括开发油井投资估算和地面建设投资估算。

二、开发方案编制

油田开发方案是指导油田开发的重要技术文件，是油田开发产能建设的依据。

油田投入开发必须有获得正式批准的油田开发方案。

油田开发方案的编制原则是确保油田开发取得好的经济效益和较高的采收率。

开发方案的主要内容有：

(一) 总论

总论主要包括油田地理与自然条件概况、矿权情况、区域地质与勘探简史、开发方案结论等。

(二) 油藏工程方案

油藏工程方案主要包括油田地质、开发原则、开发方式、开发层系、井网和注采系统、监测系统、指标测算、经济评价、多方案的经济优选及综合优选和实施要求。油藏工程方案应以油田或区块为单元进行编制。

(三) 钻井工程方案

钻井工程方案的编制要充分了解油藏特征及油田开发时对钻井工程的要求，依据油藏类型和开采方式的不同确定开发井的钻井、完井程序及工艺技术方法。

(四) 采油工程方案

采油工程方案主要包括：油藏工程方案要点，储集层保护措施，采油工程完井设计，采油方式和参数优化设计，增产、增注技术，对钻井和地面工程的要求，健康、安全和环境要求，采油工程投资概算及其他配套技术。

(五) 地面工程方案

地面工程方案主要包括：油藏工程方案要点，采油工程方案要点，地面工程建设规模和总体布局，地面工程建设工艺方案，总图和建筑结构方案，防腐防垢工程、生产维修、组织机构和定员方案，健康、安全、环境和节能等方案，主要设备选型及工程用量，地面工程占地面积、总建筑面积及地面工程投资估算。

(六) 经济评价

经济评价主要包括投资估算与资金筹措、成本费用估算、钻售收入与流转税金估算、损益表编制、相关经济评价指标计算、现金流量与相关经济评价指标计算、不确定性分析和经济评价结论。

（七）方案优选

油田开发方案的优选要以油藏工程方案为基础，结合钻井、采油和地面工程方案配套形成2～3个方案，进行投资估算和经济评价，方案比选的主要指标为净现值，也可采用多指标综合比选。

三、产能建设

新油田开发方案和老油田调整方案经批准并列入产能建设项目计划后，进入产能建设阶段。产能建设要坚持整体建设的原则，其主要任务是按开发方案要求完成钻井、测井、完井、采油和地面建设等工程，建成开发方案设计产能并按时投产。

产能建设过程中要依据钻井工程方案编制单井钻井设计，根据地质情况确定钻井次序，必须按要求取全取准测井、录井资料。要根据油藏工程方案和开发井完钻后的新认识，编制射孔方案，确保油田注采系统的合理性，并按方案要求取全取准各项资料。要根据采油工程方案做好完井工作，达到储集层保护、完井方式、射孔工艺和投产方式的要求。地面建设工程要严格履行基本建设程序，分前期准备、工程实施、投产试运和竣工验收，实行规范化管理。油田产能建设必须建立健全质量管理体系，实行项目全过程质量监督和监理机制。

四、开发过程管理

油田产能建设项目建成投产后，进入生产阶段，开始实施油田开发过程管理。

1. 主要任务

（1）实现开发方案或调整方案确定的技术经济指标和油藏经营管理目标。

（2）确保各种生产设施安全、平稳运行，搞好伴生气管理，控制原油成本，节能降耗，完成年度生产计划和经营指标。

（3）开展油藏动态监测、油田动态跟踪分析和阶段性精细油藏描述工作，搞好油田注采调整和综合治理，实现油藏调控指标。

（4）按照健康、安全和环境管理的要求，组织生产运行、增产措施落实及维护性生产作业。

（5）根据设备管理的规定，做好开发设备及设施的配备、使用、保养、维修、更新和改造等工作。

2. 主要工作内容

（1）油藏描述。把油藏描述工作贯穿于油田开发的各个阶段，充分利用已有的静态资料对油藏特征做出新的认识和评价，建立三维地质模型，通过油藏数值模拟

量化剩余油分布，为开发调整和综合治理提供可靠的地质依据。

(2) 数据录取。做好动态监测资料的录取和质量监督工作。根据油藏特点、开发阶段及井网情况，建立油藏动态监测系统。根据不同开发阶段动态监测内容和工作量要求进行油、水井动态监测，录取有代表性的正确资料。

(3) 动态分析。在生产过程中，根据不同管理层次要求，进行月、季度生产动态和年度油藏动态及阶段油田开发分析，编制分析报告。月、季度生产动态分析为完成全年原油生产任务和开发调控指标提供技术支撑；年度油藏动态分析对油藏一年来的开发状况进行评估，为下年度的油田配产、配注方案编制提供依据；阶段油田开发分析为编制五年开发规划和油田开发调整方案提供依据。

(4) 规划编制。要编制油田开发中长期业务发展规划，指导油田长期开发和业务发展，并提出下阶段油田开发战略、工作目标、发展重点和重大举措；要编制年度综合调整方案，落实油田年度生产任务和调控指标，针对油田开发产生的矛盾确定相应的调整措施，将油田原油生产和注水任务全面分配到开发区块，层层落实到单井。

(5) 指标调整

①含水上升率。一般根据油藏有代表性的相对渗透率曲线和水驱曲线确定。

②自然递减率和综合递减率。一般根据油藏类型和所处的开发阶段确定。

③剩余可采储量采油速度。一般控制在 8% ~ 11%。

④油藏压力系统。水驱油田高饱和油藏地层压力应保持在饱和压力以上，低渗、低压油藏地层压力一般保持在原始地层压力以上，注水压力不超过油层破裂压力，油井井底流动压力要满足抽油泵有较高的泵效。

⑤注采比。水驱开发油田原则上保持注采平衡。

五、开发调整与提高采收率

油田开发调整与提高采收率是油田开发中后期改善开发效果的重要措施。油田开发调整的主要内容为井网、层系和注采系统调整。提高原油采收率技术包括改善二次采油和三次采油，目的是通过一系列技术措施，不断改善开发效果，增加可采储量，进一步提高资源利用率。

在进行油田开发动态分析及阶段开发效果评价时，如果发现由于原开发方案不符合油藏实际情况或当前油田开发系统已不适应开发阶段变化的需要，导致井网对储量控制程度低、注采系统不协调、开发指标明显变差并与原方案指标存在较大差距，应及时对油田开发系统进行调整。

编制油田开发调整方案应对调整区进行精细的地质研究和开发效果分析评价，找出影响开发效果的主要问题，搞清剩余油分布和调整潜力，确定调整方向和主要技术措施。必要时开展矿场先导性试验，并以其成果作为调整依据。

改善二次采油技术的主要措施有：利用精细油藏描述技术建立三维地质模型，搞清剩余油分布，完善注采系统，改变液流方向，扩大注入水波及体积；应用先进的堵水调剖技术，减少低效和无效水循环，提高注水利用率；采用水平井、侧钻井等复杂结构井技术，在剩余油富集区钻“高效调整井”，提高水驱采收率。

三次采油提高采收率幅度较大，主要包括聚合物驱、化学复合驱和、气体混相驱、蒸汽驱和微生物驱等。进行三次采油时，要优先选择有明显商业价值并具有良好应用前景的三次采油新技术、新方法，开展试验和应用。

三次采油技术的推广应用，应按照提高采收率方法筛选、室内实验、先导性矿场试验、工业化矿场试验和工业化推广应用的程序循序渐进。编制三次采油工业化推广应用方案应进行不同方案的对比。经济评价应遵循“有无对比法”的原则进行经济效益分析，以确保方案的技术经济合理性。项目实施两年后要进行实施效果评估。

六、储量管理

开发过程中要建立以经济可采储量为核心、以探明地质储量和技术可采储量为基础的储量管理体系。油田开发中的储量管理主要内容包括：在油藏评价、产能建设和开发生产各阶段对石油和溶解气地质储量进行新增、复算、核算和结算，已开发可采储量标定，已探明未动用储量分类评价，上市储量资产评估和储量动态管理等工作。

油藏评价阶段结束后，应计算新增石油和溶解气探明储量。新增探明储量要与开发方案设计近期动用的储量相一致。油田投入开发后，应结合开发生产过程对探明地质储量实施动态计算。当独立开发单元或油田主体部位开发方案全面实施三年后或储量计算参数发生明显变化时，必须对探明地质储量进行复算。生产过程中应根据开发调整情况及时进行探明地质储量核算。油田或区块在废弃前，应编制储量结算报告。

要加强可采储量标定方法研究，提高可采储量计算的准确性，必须对可采储量定期进行标定。已开发油田或区块的可采储量年度标定每年一次，系统的阶段标定每五年一次。

第二节　油田开发阶段的划分

油田开发是一个漫长的过程，开发过程中各种开发指标不断发生变化，不同开

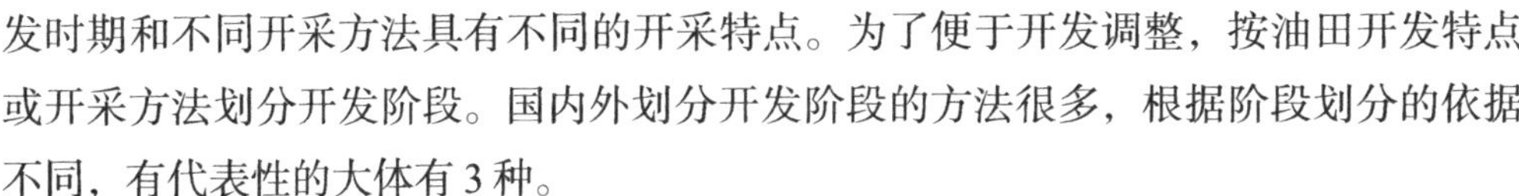

发时期和不同开采方法具有不同的开采特点。为了便于开发调整，按油田开发特点或开采方法划分开发阶段。国内外划分开发阶段的方法很多，根据阶段划分的依据不同，有代表性的大体有3种。

一、按开发方法划分

石油的开发方法大体经历了三代。

(一) 一次采油

20世纪40年代以前靠天然能量采油。人类对油藏的作用只限于钻出井筒为油藏提供通道，可以说是第一代“靠天”采油或一次采油阶段。所谓天然能量，主要是地下原油和与其共生水的弹性能量及原油中溶解气的膨胀能量。由于油层埋藏深，石油黏度大，油藏蓄能低，因此一次采油的采收率较低，而且开发年限长。俄罗斯的古比雪夫和阿塞拜疆有124个黏度较高的油藏，其一次采收率一直未超过15%。

(二) 二次采油

20世纪40年代以后，发展了第二代注水（注气）采油方法，其特点是“靠水”弥补采油的亏空体积，以恢复和保持油藏的能量，分为早期注水及中晚期注水，即为二次采油阶段。人类对油藏的作用范围已扩至地层深处，但所依赖的主要是水(气)势能的物理作用。由于水源较易解决，井筒的水柱可提供注水的压头，工程价格较低，所以注水采油成为国内外迄今最盛行的办法。但由于油水的黏度差别往往较大，油水一般不互溶而存在界面张力，从宏观到微观都是非均质的多孔或裂缝性油藏，流度比过大使平面和垂向的波及效率降低，而毛细管力的存在则进一步使波及区域内的驱油效率降低，以致一般人工注气采收率不到35%，人工注水的油藏采收率只能达到40%～50%。尽管如此，注水开发仍是石油史上的一大进步，目前国内外大多数油田都在采用。美国靠注水开发的油藏占70%以上，俄罗斯几乎90%的原油是靠注水采出的。

(三) 三次采油

第二代注水开发采油虽然大幅度提高了油田采收率，但也存在两大问题：一是高黏度油藏一般不利于注水；二是已注水的各类油藏，因受黏度、重力、界面张力和毛细管力的不利影响，油藏非均质的不良影响加剧，以致在地下遗留了50%以上的储量。因此，20世纪50年代以来，针对油藏具体情况，提出了各种第三代提高采收率新方法、新工艺和新理论，也就是所谓的三次采油。近60年来，平均每3～5

年就出现一种新的开发方法。新方法之所以层出不穷，是因为要采出稠油和水淹残余油并非易事。三次采油的特点是：

（1）以注入化学剂为中心，形成靠化学物理作用而有助于驱油的方法。如设法使原油降黏、使水增黏、消除界面张力以及毛细管力，甚至促使地层油相态转化等。通常注入各种无机或有机溶剂，如 CO_2、醇类、液化石油气和高压烃类气体等。

（2）以改善注水和回收水淹残余油为目的，出现了多种以化学改性的水溶液为驱油剂的新方法。诸如注入溶有无机碱性化合物的碱性水，无机酸性化合物的 CO_2、水、有机合成和生物化学制备的高分子聚合物水溶液，尤其是表面活性剂为主而衍生的活性水、乳化液、微乳液和胶束溶液及复合驱油剂等。

（3）利用热化学作用使原油降黏、分馏和凝析的方法。这就是使原油在地下燃烧的各种正烧、反烧、水火相容的火驱与注水相结合的方法以及注热水、注蒸气和注空气的办法。此类方法也从针对稠油进而扩展到可能适用于轻质油藏甚至是注水的油藏。

三次采油与二次采油相比，不是靠宏观的、物理的或机械的、力学的作用驱替原油，它的开发方法是深入油层微观孔隙内，引发各种化学、物理的复杂反应而产生驱油作用。所以，要诱发和控制地层深处微观的物理化学反应，需要注意注入驱油剂与地下油、气、水和油藏宏观构造及微观结构的配伍性。对某一油藏适用的方法，用于另一油藏未必有效，所以，三次采油方法不能任意地、机械地搬用。另外，化学剂的用量、能量的消耗都是惊人的，不仅要考虑供应来源，还要尽量降低消耗，并且要注意化学剂的再生和利用。

利用三次采油方法，首先必须对油藏进行精细描述，搞清油藏构造和储集层空间分布特征及储集层孔隙结构分布形态，然后从油藏物理化学等方面研究入手，筛选合适的三次采油方法和驱油剂，进一步用数学、力学等手段进行新开发方法的模拟分析，从工程和经济角度对不同方案进行评价，从工艺器材条件考虑如何组织和实施方案，利用仪器、仪表对过程进行各种方法的监控和调节。总之，运用三次采油方法需要经历地质物理分析、室内实验、物理模拟和数值模拟、小型矿场试验、工业化矿场试验到全面推广应用的各个过程。需要地质、地球物理、数学、力学、化学和油藏工程等方面人员的协同，需要足够的时间，既不能缓慢进行，也不能急于求成。

这种按开发方法划分油田开发阶段，反映了油田开发方法的历程和趋势。对具体油田来讲，特别是对具体的油田开发调整来讲，指导意义不大。现在油田开发一般一开始就采取注水二次采油方式，稠油油田一开始就采取热采等三次采油方式，一次采油正逐渐被淘汰。

二、按产量变化划分

按产量变化，也就是按平均采油速度的变化，可以把油田开发过程划分为 4 个阶段。

(一) 第一阶段——采油投产阶段

第一阶段的任务是油田上产，也就是使油田产量迅速达到要求的最高水平及确定油田的注水方式。其特点是产油量和生产井数迅速增长。这个阶段的时间取决于对原油产量的要求、储量的大小、技术发展水平、油藏的地理位置、产层埋藏深度和原油的商品质量等。第一阶段产量增长越快，一般最高产量越大，第二阶段的时间就越短。在注水开发时，低黏度的油田第一阶段采出的几乎是无水原油，综合含水率不超过 4%。高黏度油田第一阶段末的综合含水率可达到 35% 左右。这类油田在无水期内采出的油量不超过地质储量的 1%，对大多数油田来说，第一阶段的采收率约为 10%。

第一阶段对油田开发全过程具有很重要的意义。这个阶段要进一步搞清油藏的结构特征，取全取准动、静态各种第一性资料，检查分析这些资料是否与开发方案中所用的基础资料相符合，不相符合时就要及时修正开发方案，因为这关系到今后的油田开发进程。这个阶段年平均采油速度应一直上升。当出现年平均采油速度曲线的急拐弯点，也就是不再上升时，标志着第一阶段的结束，该点表示油田进入高产稳产或产量有峰值的阶段。

(二) 第二阶段——高产稳产阶段

第二阶段的主要特点是产油量稳定。要求在油藏达到最高产油量后，追求较长时间的稳产。在一定采油速度下，一般油藏能保持 3 ~ 7 年，甚至更长时间的稳产。随着油井采水量的升高，采液量也随之增加，当产水量上升速度大于采液量增长速度时，虽然采液量仍然增长，但产油量开始下降。高产稳产期不能保持较长时间，是由于油井的采油指数下降，也就是生产能力下降造成的，或是由于矿场设备能力不足和水淹井关闭，使生产井数减少造成的。在保持最高产油量稳定和生产井数变化不大的条件下，第二阶段的采液量有规律地增加。

产量有“峰值”的油田采油速度通常较高，但对高黏度油田来说，由于产液量和含水率高，不可能达到较高的采油速度，也不能保持较长时期的稳产，就是说最高采油量和油水黏度比对稳产期的长短都有影响。

第二阶段末的综合含水率变化范围很大，可从百分之几到 80%。低黏度油田综合含水率每年均增加 2%～3%，高黏油田每年增加 7% 或更多一些。采出程度变化范围也很大，为 5%～38%，大多数油田第二阶段的采出程度约为 25%。

第二阶段的油田开发调整对以后阶段有明显影响，一般情况下，第二阶段的采油速度越高、时间越长，第三阶段产油量递减幅度越大。

第二、第三阶段的界限可根据采油速度曲线向产量下降方向的拐点确定。虽然有时采液量仍继续增长，但拐点却能明显地表现出来。

（三）第三阶段——产量迅速下降阶段

第三阶段的特点是产油量迅速下降。有些油田即使在产液量继续上升的情况下，产油量也下降，并且要关闭一批全部水淹的井。这个阶段的所有开发调整措施都是为了减缓采油速度的递减幅度以及保证从油层中最充分地驱出原油，减小产水量，预防生产井过早水淹。

第三阶段时间变化范围也很大，与前两个阶段的时间长短有关，一般为 4～10 年或更长。第三阶段末的综合含水率达到 90% 左右，原油黏度小于 5mPa・s 的油田采收率为 50%～60%，原油黏度大于 5mPa・s 的油田采收率为 20%～30%。产油量下降阶段是整个开发过程中最困难和最复杂的阶段，在此阶段内含水量迅速上升，采油速度急剧下降。因此，此阶段的主要任务是减小采油速度的下降幅度和降低产水量，即减少水驱油时水的消耗。

根据年平均采油量的变化来划分第三、第四阶段，一般是比较困难的，较准确的划分是根据含水率曲线的变化。在油田进入第四阶段后，含水率上升速度迅速下降，且含水率曲线变缓。含水率曲线的拐点就是第三阶段和第四阶段之间的界限。

（四）第四阶段——收尾阶段

第四阶段的特点是开发年限较长、采液量大、采油速度低、采液速度高。此阶段一个相互矛盾的任务是：既要求提高采液速度，又要求减少产水量。俄罗斯 6 个处于开发后期的油田第四阶段已经经历了 6～17 年，但尚未开采完毕，估计第四阶段时间平均为 15～20 年或更长。第四阶段的时间与油田前三个阶段的总时间差不多，而且随着原油黏度的增加和采液量的减少，进入第四阶段的时间就较早。此阶段含水率上升很慢，年平均上升 1%，原油黏度越高采出的储量越多。高黏油田要采出可采储量的 50% 左右。此阶段低黏油田的采液量相当于一倍油层孔隙体积，而高黏油田则达到 3～4 倍的油层孔隙体积。此阶段采出的水占总产水量的大部分，水油比可达到 7 甚至更高。

三、按含水率指标划分

中国目前采用的注水油田开发阶段划分方法，以含水率指标为划分依据，按照油田含水率级别划分为低含水期（含水率小于20%）、中含水期（含水率为20%～60%）和高含水期（含水率大于60%）。高含水期又可分为高含水前期（含水率为60%～80%）、高含水后期（含水率为80%～90%）、特高含水期（含水率大于90%）。这种划分方法大体上与第二种划分方法相对应。低含水期大体相当于采油投产阶段，中含水期到高含水前期大体相当于高产稳产阶段，高含水后期到特高含水期相当于产量迅速下降和收尾阶段。不同含水阶段采取的开发调整措施不同。油田含水率达到60%以前，稳产难度小，采取以分层注水为基础的平面和层间调整措施就能保持稳产。油田含水率达到60%以后，稳产难度越来越大，调整控制工作量越来越多，而且越来越复杂。一些油田或油田的部分区块此时产量已开始递减，需要井网层系调整或强化油井开采，用提高油田产液量的方法尽量延长稳产期。油田含水率达到80%以后，如果不采用新的开发工艺技术就很难保持稳产，此阶段为产量递减阶段。当然，这种划分稳产阶段的办法也不是绝对的，不同油田差别较大。

目前，中国注水开发的油田都已经进入了高含水后期或特高含水期开发阶段。因此，必须对此阶段的油田开发特点有所认识。这些特点包括：

（1）各类油层陆续由以提高波及体积为主的水驱油阶段进入以提高水淹区内驱油效率为主的水洗阶段；

（2）油田含水上升率趋于减缓，但水油比增长速度加快；

（3）采油指数明显下降，产量递减速度加快；

（4）地下油水分布进一步复杂化，剩余未动用或动用差的油层更加零星分散；

（5）油层中平面上和纵向上高渗透部位及井网中主流线位置上，由于注入水的长期冲洗，孔隙度、渗透率、孔喉半径增大，部分黏土矿物被冲掉，并出现润湿性反转；

（6）由于老井逐渐接近或达到使用寿命，再加上其他地质及开发因素的影响，油水井套管损坏速度有不断加快的趋势。

因此，在制订高含水后期及特高含水期油田开发规划和油田调整方案时要考虑上述特点。

第三节　不同开发阶段调整措施和指标

中国陆相油藏大多采用注水的方法进行开发，由于地质构造一般比较复杂，储集层非均质普遍比较严重，对油藏的认识需要在开发实践中逐步加深，不可能一开始就认识清楚。油藏注水开发的不同阶段，对油藏地质的认识程度不同，油藏的开采特征和暴露的矛盾不同，地下的油水分布情况不同，为改善油藏开发效果应采取的调整措施和调整指标也有所不同。油藏开发有自身的客观规律，人们需要认识这些客观规律，并制定相适应的开发对策，必须有针对性地采取经济有效的调整措施和调整指标，达到合理开发石油资源、提高油藏最终采收率的目的。

一、油藏注水开发阶段

(一) 低含水期

这个阶段是油藏基础井网全面投入注水开发、开始见到注水效果、主力油层充分发挥作用和油藏上产阶段。由于受储集层非均质的影响，注入水在层间和平面上会出现参差不齐的情况，单层突进、平面舌进现象时有发生。要加强分层吸水状况和分层动用状况的动态监测，及时开展和搞好分层注水工作，尽量做到分层保持油层能量，控制含水上升速度。还要根据油层发育和动用状况，采取各种增产增注措施，提高注水井的吸水能力和油井的生产能力，以达到阶段开发指标的要求。

(二) 中含水期

这个阶段主力油层普遍见水，随着含水饱和度的增高，产量开始递减，非主力油层中偏好的部分开始见到注水效果，起到接替作用，是油藏的稳产阶段。这一阶段油藏含水上升速度加快，油层的层间矛盾和平面矛盾加剧，应坚持注够水和注好水（分层注水），保持油层压力，放大生产压差，在进一步发挥主力油层作用的同时，对见到注水效果的非主力油层采取压裂改造增产措施，提高油井产液量，保持油井产量。同时，要开展层系、井网和注水方式的适应性研究，分析矛盾，找出原因，制定相应的措施。对于注采系统不适应的非主力油层动用状况差的区块，开展注采系统调整和层系井网加密调整，提高非主力油层的水驱控制程度和储量动用程度，努力实现油田的稳产。

(三) 高含水期

中国陆相油藏原油黏度一般都比较高，很大部分的储量要在高含水期采出来，这个阶段是一个重要的开发阶段。

这个阶段地下的油水分布情况和开发动态都发生了重大变化。主力油层水淹比较严重，剩余油分散，非主力油层含水率也在升高，特别是多层、多方向见水后，靠分层注水调整层间矛盾和平面矛盾难度增大。由于油层层内的非均质性，厚油层的层内矛盾也开始显露出来，注入水在油层高渗透条带和“大孔道”中形成低效的短路循环，开发效果变差。由于含水率升高，油井自喷能量减弱，通过提高产液量来减缓产油量下降的办法难以维持。

鉴于油藏高含水期出现的问题，为了延长油藏的稳产期，提高采收率，必须采取积极的应对措施。

1. 加密井网

在精细油藏描述和搞清剩余油分布的基础上，进行细分层系、加密井网和注采系统的调整工作。对基础井网控制不住的油层，通过层系井网加密调整，强化注采系统，逐步降低油水井数比，提高水驱控制程度和储量动用程度，扩大注水波及体积，控制含水上升速度和产量递减率，努力延长油田稳产期。

2. 提高排液量

通过自喷开采方式转化为机械采油和下大泵、电动潜油泵等措施，大幅度提高油井的排液量，延长油田稳产期或减缓产量递减。

提高油井排液量，一方面可以在含水率变化不大的条件下提高产油量，另一方面由于降低了井底流压，可以减小层间干扰，发挥差油层作用，增加出油厚度，扩大注水波及体积，改善开发效果。

3. 综合调整

根据陆相油藏储集层非均质特点，充分利用开发过程中层间和平面的差异性，优化各种调整措施，提高低含水开发单元的产油量，控制高含水单元产油量，继续搞好分层注水，并应用堵水、调剖等采油工艺技术，搞好注水结构、产液结构和储采结构调整，继续扩大注水波及体积，控制含水上升速度和产量递减率，努力延长油田稳产期。

(四) 特高含水期

含水率超过 90%，油藏进入注水开发的后期阶段，这个阶段各类油层水淹都比较严重，地下剩余油高度分散，挖潜难度增大，注入水低效、无效循环的矛盾越来越突出，采油速度低，耗水量大，经济效益差。但根据中国陆相油藏原油黏度比较高的特点，仍有30%左右的可采储量需要在这个阶段采出。因此，搞好这个阶段的开发调整措施也是很重要的。

（1）油藏描述要求更精细、准确、定量地预测出井间各种砂体内部流动单元的非均质性及其三维空间分布规律，揭示出微小断层和微构造的分布状况。在这个基础上采取细分层注水、细分层压裂、细分层堵水和深度调剖等有效措施，控制注入水量和产液量的增长速度，努力控制成本上升，争取获得较好的经济效益。

（2）含水率超过97%，水油比呈级数式增大，特别是含水率98%以上，水油比高达63～219，会造成无效益或负效益。应根据每个油藏的具体情况，制定出油井经济极限含水率，对超过极限含水率的油井，要及时采取封堵水层、换开采层系等措施，若所有措施都没有效果，则应关闭。停产这些井有利于消除无效短路循环，注入水向其他方向运移，提高水驱油效率，改善油藏总的开发效果。

（3）积极推广和应用成熟的三次采油提高采收率新技术，增加储量，提高油藏最终采收率。

二、水驱油藏开发的阶段调整指标

不同类型的油藏在不同的开发阶段有其自身的开采特点和开发规律。要通过研究利用这些开采特点和开发规律，编制合理的开发方案，制定科学的油藏管理模式，确定不同开发阶段的油田开发技术调整指标，以求达到良好的油藏开发效果和最大的经济效益。

（一）储量控制程度

对储量控制程度，中高渗透油藏（空气渗透率大于$50\times10^{-3}\mu m^2$）一般要达到80%，特高含水期达到90%以上；低渗透油藏（空气渗透率小于$50\times10^{-3}\mu m^2$）达到70%以上；断块油藏达到60%以上。到油藏开发后期，经过层系、井网加密调整和注采系统调整，包括低渗透油藏和断块油藏，储量控制程度一般都应达到80%～90%。

（二）储量动用程度

对储量动用程度，中高渗透油藏一般要达到70%，特高含水期达到80%以上；低渗透油藏达到60%以上；断块油藏达到50%以上。到油藏开发后期，经过分层压裂改造等综合调整，低渗透油藏和断块油藏储量动用程度一般也应达到70%～80%。

(三) 可采储量采出程度

对可采储量采出程度，中高渗透油藏低含水期末要达到15%~20%，中含水期末达到30%~40%，高含水期末达到70%左右，特高含水期再采出可采储量的30%左右。低渗透油藏低含水期末达到20%~30%，中含水期末达到50%~60%，高含水期末达到80%以上。

(四) 含水上升率

含水上升率（即每采出1%地质储量含水率上升值）是油田开发最优控制的重要指标，反映注入水的有效利用程度和开发调整效果，关系到油藏最终采收率。含水上升率影响因素很多，既受油藏客观因素（如油水黏度比、储集层非均质性和润湿性等）影响，又与开发过程中的调整控制措施有关。每个油藏含水上升率的调控指标，应根据油藏有代表性的相对渗透率曲线来确定，通过相对渗透率曲线及含水饱和度与含水上升率关系曲线，推算出不同含水阶段的含水上升率理论值，各开发阶段含水上升率应不超过理论值的10%。

(五) 自然递减率

自然递减率主要取决于油层压力保持水平和含水上升速度，控制油田自然递减率要做好注够水、注好水等调整管理工作。自然递减率要控制在合理范围内，一般不应超过10%，否则很难保持稳产和获得较好的经济效益。

(六) 地层压力保持水平

对于常压油藏，地层压力应保持与原始地层压力相近，尤其是地饱压差较小的油藏，为防止地层压力降到饱和压力以下，原油脱气后物性变差，地层压力应保持高一些；对于地饱压差较大的油藏，地层压力可以保持低一些，但不宜低于饱和压力。

(七) 流动压力保持水平

对于自喷开采的油井，流动压力要高于油井自喷流压，否则油井会停喷；对于机械开采方式的油井，流动压力要高于深井泵吸入口的最低压力，防止泵内严重脱气，影响泵效；对于储集层胶结疏松的油藏，流动压力保持水平要保证油层出砂不严重，油井能正常生产。

(八) 注水压力保持水平

油藏注水压力一般不超过油层破裂压力，对于裂缝发育的油藏，注水压力绝对不能超过油层破裂压力，而且不能超过裂缝张开和延伸的压力，防止注入水沿裂缝外窜，造成油井暴性水淹，影响开发效果。

(九) 注采比保持水平

水驱开发油藏的基本原则是保持注采平衡，衡量是否注采平衡的重要标志是压力平衡，即油层压力保持在合理水平。中高渗透率油层年注采比一般要达到 1.0 左右，低渗透油藏注采比要控制在 1.0 ~ 1.5，个别裂缝性低渗透油藏注采比达到 2.0 左右才能实现注采平衡，这需要在开发实践中摸索和总结。

(十) 剩余可采储量采油速度

油藏地质储量采油速度是否合理，主要依据剩余可采储量采油速度，一般剩余可采储量采油速度控制在 8% ~ 10%。

(十一) 水驱最终采收率

水驱中高渗透率油藏采收率不低于 35%，砾岩油藏采收率不低于 30%，低渗透率油藏和断块油藏采收率不低于 25%，特低渗透率油藏（空气渗透率小于 $10 \times 10^{-3}pm^2$）采收率不低于 20%，厚层普通稠油油藏吞吐采收率不低于 25%，其他稠油油藏吞吐采收率不低于 20%。

第四节 油田开发主要技术系列

先进适用的开发工艺技术是实现油藏开发部署和设计的手段。没有它，再好的设计也会成为一纸空文。中国在丰富的油藏开发实践中，创造并配套完善了多种油藏开发工艺技术系列。下面就油藏工程、采油工程和地面生产系统所涉及的 10 个主要技术系列做概要论述。

一、油藏描述技术

（一）概述

油藏描述是指在一个油藏发现之后，运用多学科方法，多角度地了解和认识其开发地质特征并进行表述。描述的目的是为合理开发油藏提供可靠的地质依据。它是现代油藏管理的基础。随着计算机和信息技术的发展，它正在成为定量表征、评价油气藏的新技术。

油藏描述技术总的思路是：以石油地质学、沉积学、岩石矿物学和构造地质学等地质理论为基础，综合集成地质、地震、测井和测试等技术资料（相应建立数据库），采用精细尺度的露头调查和测量、成像测井、储集层地震、地质统计、随机建模、示踪测试和计算机三维处理显示等技术手段，协同综合，正确揭示油藏开发地质特征，逐步实现由宏观向微观、由定性向定量发展，最终建立一个逼近油藏实际的三维地质模型。

针对中国油藏地质条件的复杂性，油藏描述建立地质模型，一般采用3个步骤。

1. 一维井模型描述技术

建立井孔一维柱状剖面描述是认识油藏最基础的工作。井模型是把井筒中通过各种技术手段得到的资料信息，转换为所需的开发地质特征参数，建立起能表示各种开发地质特征的一维柱状剖面。在井模型描述过程中，主要参数有渗透层、有效层、隔层、含油层、含气层、含水层、孔隙度、渗透率和含油饱和度等。其具体做法是：

（1）取全取准岩心资料。每个油田至少要有系统连续取心井。为了研究不同的地质问题，还要相应布置开发资料井、研究含油饱和度的取心井、断层取心井、油层对比取心井、研究流体性质变化的取心井以及研究注水开发后剩余油分布状况的水淹层取心井等。

（2）采用单层试油方法，直接描述油气水分布和关键参数，也为测井解释提供更可靠的依据。

（3）选好本地区测井系列，应用测井资料成功进行油藏描述。对关键取心井应尽可能多地采集测井信息，以指导常规测井的处理解释。

（4）通过取心工作建立地区性的储集层岩性、电性、物性、含油性“四性”关系和测井解释模型。

2. 二维层模型描述技术

二维层模型的描述是把每口井中同时沉积的地质单元通过井间等时对比连接起

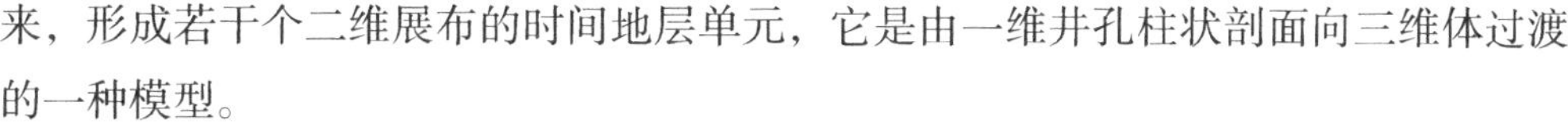

来，形成若干个二维展布的时间地层单元，它是由一维井孔柱状剖面向三维体过渡的一种模型。

描述技术的关键是正确进行地层单元的等时对比。通过对比，把各个井中同时沉积的地层单元分别连接起来，形成若干个二维展布的时间地层单元。

中国陆相储集层具有层多、层薄、砂泥岩间互层、平面上相带窄、相变快和侧向连续性差的沉积特征，油层对比难度很大。对不同沉积体系应采取不同的对比方法：对于湖相沉积，针对其高频旋回特点，创造出一套以“旋回对比，分级控制”等时小层对比技术，按照沉积旋回，从大到小逐级对比，逐级控制对比精度，同时运用标准层划分旋回界限，保证小层对比的精确度；对于冲积相沉积，则采用“等高程”切片及古土壤分析等技术成功解决小层对比问题。

3. 三维参数模型描述技术

三维模型的描述以井模型和层模型的建立为基础，描述储集层三维空间内的分布与格架，研究各项物性参数的分布与变化。为此，加强了沉积微相研究，尽可能解剖到最小层的微相，按照各类储集层沉积规律和各种沉积界面，由大到小，逐级解剖砂体几何形态和内部结构，建立陆相储集层模式、知识库和各类原型模型，为预测井间开发地质特征提供可靠依据。

每一个油田的开发工作，都要经历实践、认识、再实践、再认识多次反复的不同阶段。每个开发阶段都要对油藏开发地质特征做出认识和评价，目的是对后一阶段要实施的开发措施进行检验，通过新的开发措施的实施，取得更丰富的油藏地质信息后，再来检验、修改和提高对油藏的认识。

根据中国大、中型注水开发油田的实践，油藏描述可划分为三个阶段。早期油藏描述的任务是建立储集层概念模型，中期油藏描述的任务是建立储集层静态模型，晚期进行精细油藏描述建立储集层预测模型。实际工作中要把每一项资料的积累、每项措施的实施都作为认识深化的过程，以保证油藏描述逐步逼近客观实际。

（二）油田开发早期油藏描述技术

1. 油藏描述的主要任务及内容

早期油藏描述是指从油田发现到整体开发前这一阶段的描述工作。此阶段，油藏描述的主要任务是利用少数探井或评价井资料以及地震勘探资料等信息，进行油藏描述和评价，扩大勘探成果，计算评价区的探明地质储量和预测可采储量，为评价井布置和开发方案优化设计提供依据，保证开发可行性研究和开发设计方案的正确性。

这一阶段的油藏描述是为了建立地质概念模型，即将油藏各种地质特征典型化、概念化，抽象成具有代表性的地质模型。要求对储集层总的地质特征的描述基本符合实际，而不过分追求其具体细节。重点是研究储集层的基础格架，然后赋予它各种地质属性量值，用于表征储集层非均质性在三维空间的分布，确定油藏类型，并为数值模拟提供地质依据。

2. 油藏描述必备的主要基础资料

主要是在4个方面取全取准第一性资料，做到少井多信息。

（1）地质录井资料。其中最重要的是岩心录井，要取全一个完整的连续含油气层段柱状剖面资料。确定储集层沉积类型，对储集体的成因、规模有一个基本认识，为开发地质特征参数预测提供地质依据。

（2）地球物理测井资料。油田绝大多数井孔地质剖面的信息，特别是物性和流体饱和度参数的定量数据主要是依据测井信息间接求得的。对关键取心井应尽可能多地采集测井信息，以指导多数非取心井常规测井资料的解释。通过建立测井资料标准化，使其在描述范围内具有刻度，保证所提取的测井信息具有可对比性。

（3）地震资料。早期评价阶段以二维地震为主，有时也用三维地震资料进行各种特殊处理，结合钻井和测井等资料的标定刻度进行研究；合成地震剖面的应用，也见到很好的效果。正在发展的技术方法有多波地震、井间地震等。

（4）工程测试资料。常采用钻杆测试、单层试油、多层试油、稳定和不稳定试井，以及试采、注示踪剂等直接了解储集层内流体性质、产出能力、压力、温度分布、储集层物性（特别是有效渗透率）和油藏边界等重要参数。

（三）油田开发中期油藏描述技术

1. 油藏描述的主要任务及内容

油田全面投入开发到高含水以前的这一阶段所进行的油藏描述，称为中期油藏描述。此时开发井网已经钻成，系统取心井也已完成，获得了大批井孔静态资料和岩心分析数据，为测井解释打下了基础。这一阶段油藏描述的主要任务是：依据测井资料，获取开发地质特征参数；参考三维地震资料，修改油田构造形态及断层分布；搞清油气富集规律，建立储集层地质静态模型。储集层地质静态模型是针对某一具体油田的一个储集层，将其地质特征在三维空间的变化和分布如实进行描述，并不追求控制点之间的预测精度。此模型为油田开发方案实施，油田开发动态分析，作业施工、配产配注方案和局部调整服务。

2. 油藏描述必备的主要基础资料

除早期油藏描述必备的主要基础资料之外，还应有：

(1) 钻好开发井，取全取准油田各项静态资料，复算探明储量，落实可采储量；

（2）以开发井孔资料为主，结合三维地震资料详细确定构造及油气水分布，编制 1：10000 构造图；

（3）以储集层沉积微相为单元，进行全油田小层对比；

（4）取全取准各项生产监测动态资料。

（四）油田开发晚期油藏描述技术

1. 油藏描述的主要任务及内容

油田进入高含水期开采以后，地下油水分布发生了极大变化，开采挖潜的主要对象是高度分散而又局部相对富集，不再大片分布剩余油。早、中期的那种油藏描述方法和精度已不能满足这个阶段的开发需要，它要求更精细、准确、定量地预测出井间各种砂体内部流动单元的非均质性及其三维空间分布规律，揭示出微小断层、微构造的分布面貌。

油藏描述的目的主要是结合其他技术描述剩余油的分布，为油田制定挖潜、提高采收率措施提供依据。这一阶段油藏描述的重点是开展微构造研究、流动单元划分及小尺度的井间参数预测，即建立精细的三维地质预测模型。

2. 油藏描述必备的主要基础资料

（1）除此前所钻多类井的静态资料外，重点做好水淹层判断和剩余油饱和度的测井解释工作；

（2）检查井密闭岩心（保压密闭取心、油基钻井液取心）、录井资料及岩心分析化验资料；

（3）有条件时，收集时间推移的三维地震资料；

（4）以钻井资料为主，结合三维地震资料，编制低幅度（等高距 1 ~ 5m）、小断层（断距小于 10m，延伸长度 1 ~ 2 个井距）的微构造图；

（5）分层动态资料；

（6）细分流动单元及其对比资料；

（7）露头或老开发区沉积类似物的解剖。

二、油藏开发实验与模拟技术

以求得油藏物性参数和渗流特征参数为目的的油藏开发实验是油田开发、油藏工程研究的重要基础工作。油藏物理模拟和数值模拟是研究油藏开发中物理化学变化和渗流力学的有力技术手段。物理模拟可以揭示油藏开采中的一些物理现象并发现新的机理。数值模拟可以描述油藏开发的实际物理过程，在一定条件下能给出相对的或半定量的结果。两者相辅相成，构成判断油藏开发中若干问题的手段。

（一）油藏开发实验技术

根据各种油藏类型和储集层非均质特点，建立了常规岩心分析、特殊岩心分析、储集层流体分析、储集层敏感性分析和岩石电声性质测试等方法。已形成了比较完善的油藏参数测试体系，而且建立和发展了一些新的方法。主要有以下几种：

(1) 疏松砂岩的物性参数测试方法，包括疏松岩心的孔隙度、渗透率测试方法等；

(2) 压力覆盖下的孔隙度、渗透率测定方法；

(3) 低渗透、低孔隙致密岩石物性参数测试方法；

(4) 三相相对渗透率测试方法；

(5) 微观仿真模型实验技术；

(6) 非牛顿流体流变性测试技术；

(7) X-CT 扫描岩心分析技术；

(8) 核磁共振岩石物性参数测试技术；

(9) 岩石特性—声学性质联测技术；

(10) 孔隙结构中“孔隙”大小分布及其分形维数测试技术。

（二）油藏物理模拟技术

油藏物理模拟是一项直接用于测量基本参数，观察油藏开采过程中物理现象，研究渗流特征、驱油机理的重要技术。针对油藏特点，应用此项技术，研究微观和宏观非均质条件下的渗流特征和驱油机理，为油藏开发提供重要的理论依据。

1. 油藏物理模型

模型是物理模拟实验的基础，根据储集层宏观和微观非均质特点，按不同研究目的研制了两类模型。

(1) 基本机理研究模型。这类物理模型与研究对象（原型）不按比例制造，可以模拟一个单元或一个过程，研究其机理和物理现象，给出一些概念性的认识，根据不同用途制作了一维管状模型，二维平面、剖面非均质模型，三维非均质模型和微观仿真模型。有用天然岩心拼接的，有烧结的，也有胶结的。如微观刻蚀模型、研究注采井别实验的二维非均质模型等。

(2) 相似实验模型。这类模型是根据相似原理设计的，其几何尺寸、物理性质均要达到与原型相似的要求。实验操作、数据处理及实验结果的应用，都要在相似理论指导下进行。但要做到完全按比例模拟也不大可能，实际研究中将一些重要参数按比例模拟，力求接近实际。如相对渗透率曲线测试模型、非均质厚油层水驱实验二维模型、稠油热采试验的三维模型和水平井物理模拟模型等。

2. 物理模拟实验

（1）微观渗流特征及其影响因素实验。应用一维、二维和微观仿真模型研究了砂岩油藏孔隙介质中的微观渗流机理和特征以及润湿性、界面张力、孔隙结构和层理构造等因素对其的影响；低渗透油藏储集层中微观渗流特征和三次采油中化学驱的微观机理等。通过这些模拟实验，对各类油藏的微观渗流机理和剩余油分布有了新的认识，对各种三次采油方法的机理研究和驱油体系的选择起到了积极作用。

（2）宏观渗流特征及影响因素实验。为了了解储集层条件下注水开发宏观水驱特点，开展了多层砂岩油藏纵向非均质亲油、亲水油层及水驱油渗流特征，面积井网、行列井网与水驱采收率关系，射孔部位和射孔密度对正韵律油层开发效果的影响，非牛顿液体的渗流流变特征和周期注水的驱油机理等模拟实验研究。通过研究，取得了大量对各类油藏注水开发油水运动规律和特点的认识，为油藏开发设计提供了一定的理论依据。

（3）开发模拟实验。开发模拟实验是为解决油田开发部署而提出的课题，曾经做过的模拟实验项目有：注采强度对油田开发效果的影响、油田开发注采井别选择、堵水调剖机理及渗流特征等。这些实验结果为油田开发方案设计和部署决策起到了指导作用。

（三）油藏数值模拟技术

油藏数值模拟技术是现代油藏经营管理中一项十分重要的技术，它可以用来优化制订油藏开发管理方案，预测油藏动态，分析地下剩余油分布，进行方案调整和提高采收率研究。

根据油田开发需要，结合各类油藏特点，已研发出一批先进适用的软件，主要有黑油模型、裂缝模型、组分模型、相态计算软件、热采模型、聚合物驱模型、化学驱模型、气藏模型和多功能模型等20多种，在模拟技术的应用和提高方面也有很大发展。

1. 一体化技术

研制出了油田开发模型整体的软件系统，该模型由地质、网格粗化、油藏模拟和图形动态显示等模块组成。

2. 集成化技术

集成化技术主要目的是为石油勘探开发技术应用全过程提供一套标准化的软件集成平台。这个软件平台由一系列油田开发技术应用软件、数据库管理系统、计算机工作站和石油开发用户间的标准化软件组成。

3. 并行化技术

针对油藏非均质严重、层多的特点以及老油田等调整挖潜的需要，在引进超大

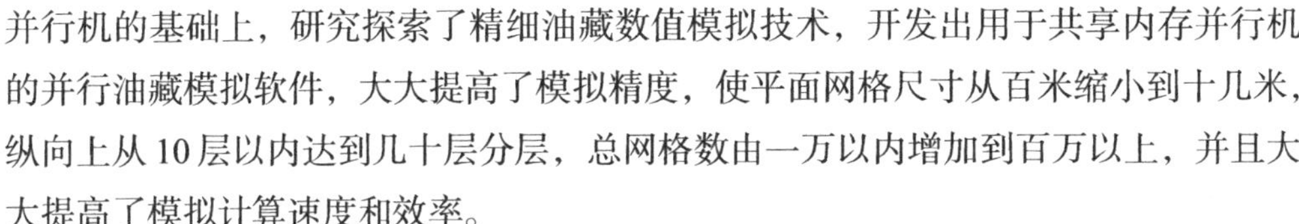

并行机的基础上，研究探索了精细油藏数值模拟技术，开发出用于共享内存并行机的并行油藏模拟软件，大大提高了模拟精度，使平面网格尺寸从百米缩小到十几米，纵向上从10层以内达到几十层分层，总网格数由一万以内增加到百万以上，并且大大提高了模拟计算速度和效率。

4. 其他技术

发展了自适应隐式计算方法，局部网格加密技术，预处理共轭梯度算法，三维可视化技术和地面、地下结合组分模型模拟技术。

三、油藏动态监测技术

油藏动态监测技术是通过测取油藏地层参数和油藏生产动态数据，对油藏开发过程进行监督控制的一项重要技术。目前，已形成了岩心分析、水淹层测井、生产测井、试井和多井间的监测系统，为油田开发调整提供了可靠的基础参数。

（一）岩心分析技术

以油藏动态监测为目的的油田开发检查井的岩心一般都是通过特殊取心方法获得的，包括油基钻井液取心、密闭取心、保压密闭取心和定向取心，其中密闭取心应用较为广泛。

岩心分析包括岩心描述和岩心分析两部分。岩心描述通常是在自然光照下对岩心进行观察描述，内容有岩性、岩石定名、含水产状、岩石颜色和碎屑成分等。水洗岩心观察包括润湿性、水珠、水洗界面、疏松及干燥程度，在显微镜下观察岩心表面的光泽、有无水膜、湿润感和颗粒表面干净程度等。通常对水洗岩心含水观察，滴水和沉降试验定性判断水淹情况。岩心分析又可分常规岩心分析和特殊岩心分析两种。常规岩心分析包括测试岩石矿物（岩石薄片、黏土矿物和重矿物）、岩石化学性质（氯化盐、碳酸盐和硫酸盐含量）、岩石粒度、岩石比表面、孔隙度、渗透率、饱和度和压缩系数等；特殊岩心分析主要分析测试相对渗透率曲线、毛细管压力曲线、润湿性、孔隙结构及驱油效率。另外还要进行油层伤害分析，主要是用岩心试验评价油层的敏感性即速敏、水敏、盐酸、碱敏、酸敏和压敏等。

（二）水淹层测井技术

水淹层测井技术是在油藏注水开发或天然水驱过程中认识剩余油分布的主要手段，也是动态监测的重要内容。目前已形成了一套水淹层测井方法和解释技术。

主要水淹层测井方法有：

(1) 裸眼井测井方法。包括自然电位线偏移法、激发极化电位测井、电阻率测

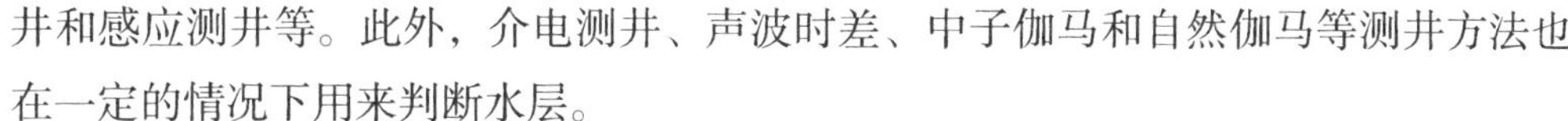

井和感应测井等。此外，介电测井、声波时差、中子伽马和自然伽马等测井方法也在一定的情况下用来判断水层。

(2) 套管井测井方法。包括 C/O 能谱测井和中子寿命测井等。

根据不同的测井方法提出了相应的不同水淹层解释方法，有的可以做定性解释，有的可以做定量解释。

(三) 生产测井技术

该技术的主要内容有注入剖面、产出剖面、产层参数和工程测井。根据注入井所注流体的不同，注入剖面测井又可分为注水剖面测井、注气剖面测井和注聚合物剖面测井。

产出剖面测井是为了及时了解生产井各个层或层段的产油、产气和产水情况。发展了产油、产水及油水两相产液剖面测井技术。

工程测井主要是为了检查固井质量、射孔质量和套管质量。主要方法有井径结构、超声波电视法、磁测井法、测斜仪测井和、噪声测井和声波变密度测井等。另外，采用注水井同位素找漏和连续流量计测量找漏也是比较好的井况监测方法。

在油田开发过程中，仍需对储集层孔隙度、渗透率、含油饱和度和压力等参数进行测量，为此发展了 C/O 能谱、中子寿命和电缆式地层测试的生产层参数测井技术。

(四) 试井技术

试井是了解和认识油藏中流体渗流特征和地质参数的重要手段。发展了一套包括测试仪器、测试工艺、理论分析、标准参数和计算机分析解释软件的现代试井技术。试井分稳定试井、不稳定试井、压力恢复和干扰试井。

试井解释资料大体有以下 5 种用途：

(1) 计算地层参数。包括确定井附近和井间的流动参数、导压系数、储集层系数、采油指数、井的污染参数及各种界面等。

(2) 计算地层压力。包括原始地层压力、目前地层压力、平均地层压力、分层地层压力和流动压力。

(3) 探测油藏边界，计算油井泄油半径，确定断层位置和其到测试井的距离。

(4) 计算油藏储量参数和储量。

(5) 检查油、水井地层处理或增产措施效果等。

(五) 井间动态监测技术

井间动态监测包括示踪法井间监测、电位法井间监测、井间地震（井间声波测

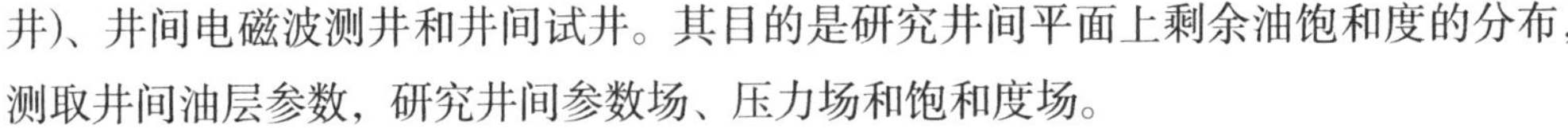

井）、井间电磁波测井和井间试井。其目的是研究井间平面上剩余油饱和度的分布，测取井间油层参数，研究井间参数场、压力场和饱和度场。

四、完井工程技术

完井工程是衔接钻井和采油工程而又相对独立的工程，是从钻开油层开始，到下套管注水泥固井、射孔、下生产管柱、排液直到投产的一项系统工程。过去一般认为完井是钻井工程的最后一道工序，而采油工程只能在套管内选择采油工艺及技术措施，往往由于固完井方式选择不当和套管直径的限制，影响采油工艺技术更好地发挥作用，难以保证油井正常生产。

（一）完井工程内容

(1) 岩心分析和敏感性试验；
(2) 钻开油层和钻井液选择；
(3) 完井方式和方法；
(4) 油管及生产套管的选择；
(5) 生产套管设计依据；
(6) 注水泥设计依据；
(7) 固井质量评价；
(8) 射孔及完井液选择；
(9) 完井的试井评价；
(10) 完井生产管柱确定；
(11) 投产措施。

（二）完井工程目的

(1) 尽可能减少对油气层的损害，更好地发挥油气层自然产能；
(2) 提供必要条件，调节生产压差，提高单井产量；
(3) 为采用不同的采油工艺技术措施提供必要条件；
(4) 有利于保护套管、油管和减少井下作业工作量，延长油气井寿命；
(5) 近期与远期相结合，尽可能做到投资最小和操作费用最低，提高综合经济效益。

（三）完井方式

(1) 射孔完井，包括套管射孔完井和尾管射孔完井；
(2) 裸眼完井，裸眼完井的主要特点是油层完全裸露，因而油层具有最大的渗流面积；

(3) 割缝衬管完井；

(4) 砾石充填完井；

(5) 预充填砾石绕丝筛管完井；

(6) 化学固砂完井。

五、分层注水和堵水技术

为了解决非均质多油层油田的储集层动用问题，从井筒工艺入手，形成了一套分层注水与堵水工艺技术。成功解决了由于层间渗透率差异造成的注入水沿高渗透层单层突进和平面舌进而严重影响注水开发效果的问题。

(一) 分层注水

分层注水技术的关键是分层注水封隔器、分层注水管柱和分层配水技术。

井下分层注水封隔器主要有两种类型，一种是水力扩张式封隔器，一种是压缩式封隔器。

上述两类分层注水封隔器，可与不同的配水器和相应的井下工具组合成常用的固定式、活动式和偏心式三类分注管柱，即固定式分层注水管柱、活动式空心分层注水管柱和偏心式分层配水管柱。

水嘴调配是分层注水一项重要配套技术，通过水嘴调配达到分层配水的目的。基本原理是利用分层注水指标曲线和水嘴嘴损曲线，根据分层配注量，得出所需水嘴的直径。

(二) 分层堵水

仅仅依靠注水井的分层注水工艺技术，并不能有效调节层间和平面差异。还必须在分层注水基础上，运用采油井分层堵水和注水井深度调剖技术，合理优化区块或全油藏分层注水、调剖、堵水的综合治理方案，这样才能进一步改善油藏开发效果。

1. 机械堵水

机械堵水是采用井下封隔器和控制器卡堵高含水层的一种堵水方式。目前最常用的是压缩式封隔器，与桥式、偏心式和固定式等控制器配套使用，可根据需要组合成不同的井下机械堵水管柱。常用的有偏心堵水管柱、滑套堵水管柱和固定式堵水管柱。

2. 化学堵水

目前各油田应用过的化学堵水剂有 70 多种，可分为以下几大类：

(1) 无机盐类堵水剂;

(2) 树脂类堵水剂;

(3) 聚合物类堵水剂;

(4) 原油加活性剂类堵水剂。

从堵水机理划分，堵水剂又可分为非选择性堵水剂和选择性堵水剂两类。非选择性堵水剂包括无机盐类堵水剂、树脂类堵水剂和部分聚合物类堵水剂；选择性堵水剂包括大部分原油加活性剂堵水剂和部分聚合物类堵水剂。

3. 深度调剖

注水井深度调剖技术主要原理是在注水井注入大剂量调剖剂，封堵主流带的大孔道，使其他各层受到水驱，从而提高水驱采收率。深度调剖技术对封堵正韵律厚油层底部渗透层段，调节层内水淹部位的差异也有好的效果。

深部调剖剂主要有 3 类:

(1) 以膨润土颗粒为主的调剖剂;

(2) 低浓度液类调剖剂;

(3) 冻胶类调剖剂。

六、人工举升技术

注水开发的油藏，有的初期采用自喷方式采油，随着含水率上升，井底流压增加，生产压差减小，自喷能力减弱，采油量下降。为了保持或提高单井产量，必须通过人工举升，降低井底流压，加大生产压差。

(一) 抽油机有杆泵抽油技术

这种技术在国内外都占主导地位，占人工举升井数的 90% 左右，技术比较成熟，工艺比较配套。机、杆、泵装备也配套：抽油机是有杆泵抽油系统的原动力部分，由电动机、传动皮带、减速器、曲柄连杆、游梁、驴头和悬绳器等组成，有游梁式抽油机和无游梁式抽油机；抽油杆是有杆泵抽油系统的重要部件，包括常规实心钢抽油杆、高强度抽油杆、空心抽油杆和玻璃钢抽油杆；抽油泵是抽油的主要装备，当前国内已配套的抽油泵有定筒式顶部固定杆式泵、定筒式底部固定杆式泵、动筒式底部固定杆式泵、管式泵和特种泵，根据生产需要发展的特种泵有稠油泵、防砂卡抽油泵、防气抽油泵、防腐蚀抽油泵、双作用泵和过桥抽油泵等。

(二) 电动潜油泵采油技术

电动潜油泵是采用一种细长电动机，带动细长多级离心泵的配套装置。在油田

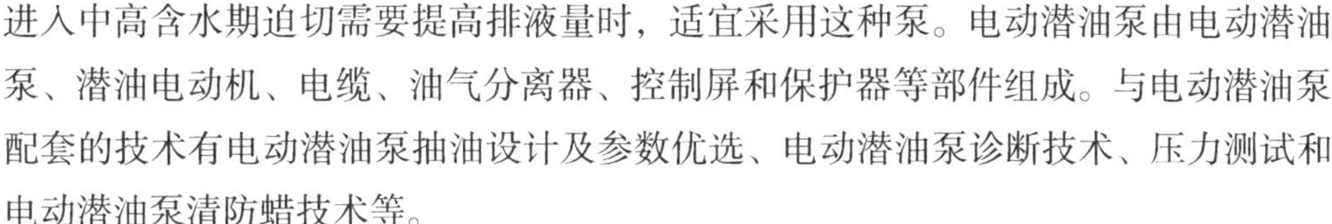

进入中高含水期迫切需要提高排液量时，适宜采用这种泵。电动潜油泵由电动潜油泵、潜油电动机、电缆、油气分离器、控制屏和保护器等部件组成。与电动潜油泵配套的技术有电动潜油泵抽油设计及参数优选、电动潜油泵诊断技术、压力测试和电动潜油泵清防蜡技术等。

（三）水力活塞泵采油技术

水力活塞泵是一种液压传动的往复式活塞泵，其优点是：效率较高，总效率可达40%～60%，适用于斜井和定向井；井口简单，适合于小井距；起下泵简单，适合开采稠油和高凝油；适应各种地理环境，在地理环境恶劣的地区采用水力活塞泵是应用最成功的人工举升方法。

（四）地面驱动螺杆泵抽油技术

地面驱动螺杆泵利用地面驱动头，通过抽油杆带动井下螺杆泵转动的容积泵，是在国外先进技术基础上研制成功的。它的单位钢材耗量低、价格低，对气、砂和原油黏度都不敏感，对高气油比、出砂或高黏度的油井有较好的适用性。

（五）气举采油技术

这种举升方式实际上是自喷的延续，是油井停喷后用人工能量维持自喷的采油技术，所以这种人工举升方式的工艺配套程度和自喷一样完善。举升高度和产量的灵活性大，对多数油田都适用，而且井下无摩擦件，适用于斜井、定向井等。可以在油井出砂、结蜡、含水和腐蚀性环境中连续进行气举、间歇气举、柱塞气举和腔室气举等。只要有天然气源，多数油田都可采用气举方式。

七、水力压裂技术

低渗透油气藏的开发实践表明，压裂技术是提高单井产量的有效措施，正在成为低渗透油藏开发设计与部署的重要内容。

（一）压裂工艺技术要点

1. 测试压裂技术

测试压裂技术是通过一次不加砂的小型压裂测得井底的压裂压力反映，对压裂压力分析计算，求取裂缝底的压裂技术，为编制和修改加砂压裂设计、指导施工及压后评估提供依据。

2. 分层及选择性压裂技术

在多层情况下，压裂后的储集层动用程度关系到压裂效果。所以，正确地应用分层压裂技术是保证压裂效果的关键。常用的分层选择性压裂技术有封堵球选层压裂技术、限流法压裂技术、封隔器压裂技术、填砂封隔器选层压裂技术等。

3. 泡沫压裂技术

适用于低压、低渗透和水敏性强的储集层，包括泡沫压裂液、泡沫压裂设计、泡沫压裂设备和泡沫质量监控与技术。

4. 端部脱砂压裂技术

随着压裂技术的发展，压裂投产措施已不限于低渗透层，而是扩展到高渗透层。端部脱砂压裂技术可获得超高导流能力的水力裂缝，可使高渗透层获得更高的产量，达到少井高产的目的。端部脱砂压裂的要点是使携砂液于裂缝端部发生桥堵，引起裂缝净压力的急剧升高，从而导致裂缝宽度增加。

为了有效开发低渗透非常规油气资源，目前还发展了整体压裂技术、水平井多段压裂技术和缝网压裂技术、体积压裂、穿层压裂和转向压裂等。

(二) 压裂液体系

压裂液是由多种添加剂按一定配比形成的非均质不稳定化学体系。压裂液的基本作用为：水力造缝、输送支撑剂和施工结束后在储集层中形成高导流的支撑缝带。压裂液性质的基本要求是：保持合适的黏弹流变性与低滤失性，满足造缝与井筒内流动的低摩阻损耗，施工后能立即降黏，易于返排清除，最大限度地减少对支撑裂缝和储集层的伤害。现用的压裂液有水基压裂液、油基压裂液、乳化和泡沫压裂液等。

(三) 支撑剂

支撑剂是水力压裂将地层压开形成裂缝后用来支撑裂缝，使裂缝不重新闭合的一种固体颗粒。它的作用是在裂缝中铺置排列后形成支撑裂缝，从而在储集层中形成远远高于储集层渗透率的支撑裂缝带，使流体在裂缝中有较高的流通性，减少流体的流动阻力，达到增产、增注的目的。目前应用最广的支撑剂有两类，一类为天然石英砂，另一类为人造陶粒。

(四) 压裂优化设计

压裂优化设计分为单井压裂设计和整体压裂设计。压裂优化设计的主要内容有以下两点。

(1) 压前综合分析评估是压裂优化设计的基础工作，具体包括：油藏地质情况，油井和油藏生产动态，对以往压裂施工的分析。

(2) 压裂液选择、水力裂缝模拟、压后生产动态预测和经济评价。

八、油田地面工程技术

油田地面工程建设重点是油气集输系统以及与之相配套的水、电、路和信等设施，这是油田开发的重要组成部分。大庆地区开发初期，根据其早期内部横切割注水开发地处高寒气候带的特点，创造了单井加热计量、多井串连油气混相集输、转油站分离加压、集中处理的萨尔图油气集输流程。随着油田进入中含水期和一批新油田开发建设，各油区又相继发展了以单井进站、集中计量、油气混输、集中分离处理为主要特色的新型集输流程。为了减少气损耗、降低生产能耗，大力推行“简化前头，完善后头、中间不开口、三脱三回收、出四种合格产品”的建设原则，使地面建设的主要技术指标达到或接近国际先进水平。

(一) 整装油田注水开发地面工艺流程

对于面积大、生产规模大的整装大油田，一般采用单井进站、集中计量、油气混输集油、联合站集中处理的一级半或二级布站工艺流程。油井所产油气经计量站计量后，利用井口压力混输至联合站，在站内集中处理，进行油气分离、原油脱水、原油稳定、天然气处理、轻烃回收、含油污水处理和油田注水。

(二) 复杂断块油田和分散小油田地面工艺流程

由于油田面积小，分散投资开发的风险大，一般不宜配置系统完整的油气水处理设施，应根据油田滚动勘探开发方案做好地面工程建设总体规划，并在实施过程中适时进行调整。地面建设一般是先建简易设施，通过试采再酌情配套完善。

(三) 低渗透油田地面工艺流程

低渗透小油田由于渗透率低，注水水质要求高，需要精细过滤等深度处理。另外单井产量低，要求地面建设进一步简化才有效益，所以对于分散的地区一开始采用活动车采油、收油，不建任何固定的地面集输设施，定期用提捞车采油、收油或用拖拉驱动螺杆泵采油，并配以活动式注水装置间歇注水。对大、中型低渗透油田则根据各自的特点简化地面生产系统，如大庆外围油田，油气集输采用了“单管环状掺水集油，二级或一级布站配套多功能处理器”的简化流程。

对于稠油热力开采油田、滩海油田、凝析油藏和聚合物驱油田等都根据各自特点研究出了与之相应的地面建设流程。

九、提高采收率技术

注水开发油田采收率比较低，一般为30%~40%。中国主要油田相继进入高含水开采阶段，原油产量递减加快，提高采收率便成为更加迫切的要求。为此，组织全国有关科技力量，进行了提高采收率的科技攻关，取得了聚合物驱技术的重大突破，特别是大庆油田已进行了较长时间的工业化推广应用，成为老油田稳产的主要技术之一。同时，复合驱提高采收率技术也有了重大发展。

当前提高采收率的主要方法有聚合物驱、表面活性剂驱、碱驱、混相驱以及复合驱、微生物驱等技术。

(一) 聚合物驱油技术

其驱油机理主要是通过提高注入水的黏度，改善油水之间的流度比，减少水驱过程中的指进、舌进等不利影响；同时，聚合物水溶液还可以降低水的相渗透率，而对油的相渗透率则可保持相对不变，有利于降低含水率，提高注入液的驱油效果；聚合物溶液通过地层后，聚合物分子在岩石表面上的适度吸附，对后续的注入水形成一种残余阻力，又可促使注入水改变流动路线。这些都有利于降低含水率，扩大注入液的波及体积，提高采收率。有的研究者指出，聚合物还可以提高驱油效率，这是人们对聚合物溶液驱油机理的新认识，目前正做进一步研究。

(二) 复合驱油技术

其原理主要是利用廉价的碱与原油中的活性物质反应，形成天然表面活性剂，并使之与加入的少量表面活性剂、聚合物之间产生协同效应，既可提高驱油效率，又可扩大波及体积。因此，它能比聚合物驱更大幅度地提高采收率，又比表面活性剂驱降低成本，是具有工业化前景的高效驱油技术。

十、稠油开采技术

稠油国际上通常称为重油或沥青。其突出特点是沥青胶质含量高，一般含蜡量较少，因而原油黏度很高，流动性差，开采难度很大。

联合国培训研究署推荐的分类标准，将油层温度下脱气油黏度为100~1000MPa·s的原油称为重油，将黏度大于1×10^4MPa·s的原油称为沥青。

中国将黏度在50MPa·s以上（密度大于920kg/m^3）的原油称为稠油。分成三类，其中黏度50~10000MPa·s（密度大于920kg/m^3）的称为普通稠油，黏度10000~50000MPa·s（密度大于920kg/m^3）的称为特稠油，黏度大于50000MPa·s（密度大于 920kg/m³）的称为超稠油或天然沥青。

稠油的开采方式一般分为两种：一种是常规化注水开发；另一种是注蒸汽热采，包括先冷采后蒸汽吞吐、蒸汽吞吐后进行蒸汽驱。

稠油热采工艺技术主要有以下几种：

（1）区别于一般开采方式的油藏描述技术；

（2）热采数值模拟及物理模拟技术；

（3）深井井筒隔热及保护套管技术；

（4）稠油井防砂工艺技术；

（5）分层注气和调剖工艺技术；

（6）应用各种化学剂助排、解堵、降黏增产技术；

（7）稠油热采动态监测技术；

（8）稠油热采油井机械采油技术；

（9）丛式定向井层水平井钻采技术；

（10）注蒸汽专用锅炉及热采井口设备；

（11）稠油集输、计量脱水输送技术；

（12）稠油开采的侧钻技术。

第二章　油田开发设计基础

第一节　油田开发前的准备

油田开发前的准备的主要任务是：第一，进行详探，以便全面认识油气藏和计算出储量；第二，进行生产试验以认识油田的生产规律，并进行有关专项开发试验，深入研究某些具体规律，从而为编制正式的开发方案奠定可靠的基础。此阶段的工作包括地质研究、工程技术研究、室内实验研究和生产观察等许多方面的综合研究，需要有一个细致周密的规划。

一、详探阶段的主要任务

(1) 以含油层系为基础的地质研究。要求弄清全部含油地层的地层层序及其接触关系，各含油层系中油气水层的分布及其性质，尤其是油层层段中的隔层和盖层的性质。同时应注意出现的特殊地层，如气夹层、水夹层、高压层、底水等。

(2) 油层构造特征的研究。要求弄清油层构造形态，油层的构造圈闭条件，含油面积及与外界连通情况（包括油气水分布关系），同时还要研究岩石物性及流体性质以及油层的断裂情况、断层密封情况等。

(3) 分区分层组的储量计算。在可能条件下进行可采储量估算。

(4) 油层边界的性质研究以及油层天然能量、驱动类型和压力系统的确定。

(5) 油井生产能力和动态研究，了解油井生产能力、产油剖面、递减情况，层间及井间干扰情况，而对于注水井必须了解吸水能力和吸水剖面。

(6) 探明各含油层系中油气水层的分布关系，研究含油储层的岩石物性及所含流体的性质。

二、详探方法

从上述详探阶段的任务可知，为了完成这些任务只依靠某一种方法或某一方面的工作是不行的，而必须运用各种方法进行多方面的综合研究才能做好。这里要进行的工作有地震细测、详探资料井分析、油井测试（测井、试油、试采以及分析化验研究）等。

（一）地震细测

在预备开发地区应在原来初探地震测试工作的基础上进行加密地震细测，达到为开发做准备的目的。通常测线密度应在 2kim/km^2 以上，而在断裂和构造复杂地区，密度还应更大。通过对地震细测资料的解释，落实构造形态和其中断裂情况（包括主要断层的走向、落差、倾角等），从而为确定含油带圈闭面积、闭合高度等提供依据。而在断层油藏上，应依据地震工作，初步搞清断块的大小分布及组合关系，并结合探井资料作出油层构造图和构造剖面图。

（二）详探资料井分析

详探工作中最重要和最关键的工作是打详探井，直接认识地层。详探工作进展快慢、质量高低直接影响开发的速度和开发设计的正确与否。对于详探井数目的确定、井位的选择、钻井的顺序以及钻井过程中必须取得的资料等都应作出严格的规定，并作为详探设计的主要内容。

详探井的密度应在初步掌握构造情况的基础上，以尽量少的井而又能准确地认识和控制全部油层为原则来确定。在一般简单的构造上，井距通常在两千米以上，但在复杂的断块油田上一口探井控制的面积可以达到 1 ~ 2km^3，甚至更小。详探井井位布置和打井顺序是应该经过充分研究以后认真而慎重地决定，这是提高勘探井成功率的关键。此时，认识含油层自身分布及变化是详探井的重要任务，但同时又要兼顾探边、探断层的工作。而在某些情况下，这些探井又可能是今后的生产井，因此和生产井网今后的衔接问题也必须进行考虑。详探井的布置方面，已经有许多较好的经验，但总的原则仍然是：应结合不同地质构造情况，具体地研究确定。

通过详探井的录井、岩心分析，测井解释等取得的资料，还应进行详细的地层对比，对于油层的性质及其分布，尤其是稳定油层的性质及其分布必须搞清，以便为下一步布置生产井网提供地质依据。与此同时，还要对主要隔层进行对比，对其性质进行研究，为划分开发层系提供依据。在通过系统地取心、分析以及分层试油，了解到分层产能以后，可以确定出有效厚度下限，从而为计算储量打下基础。

（三）油井试采

油井试采是油田开发前必不可少的一个步骤。通过试采要为开发方案中某些具体的技术界限和技术指标提出可行的确定办法。通常试采是分单元按不同含油层系进行的。要按一定的试采方案，确定相当数量的能够代表这一地区、这一层系特征的油井，按生产井要求试油后，以较高的产量较长时期地稳定试采。试采井的工作

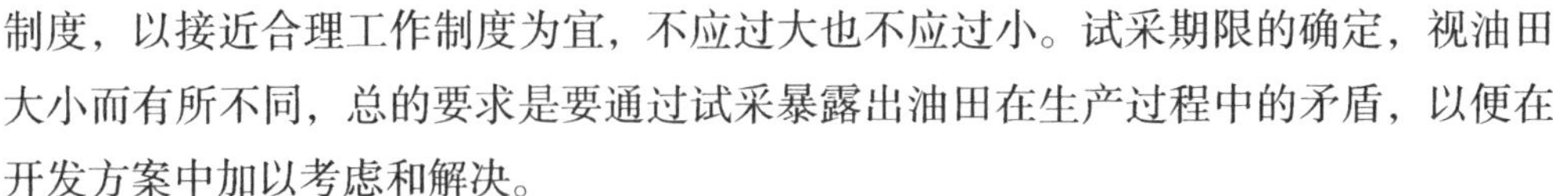

制度，以接近合理工作制度为宜，不应过大也不应过小。试采期限的确定，视油田大小而有所不同，总的要求是要通过试采暴露出油田在生产过程中的矛盾，以便在开发方案中加以考虑和解决。

试采的主要任务如下：

（1）认识油井生产能力，特别是分布稳定的好油层的生产能力以及产量递减情况；

（2）认识油层天然能量的大小及驱动类型和驱动能量的转化，如边水和底水活跃程度等；

（3）认识油层的连通情况和层间干扰情况；

（4）确定生产井的合理工艺技术和油层改造措施。此外，还应通过试采落实某些影响开采动态的地质构造因素（如边界影响、断层封闭情况等），为今后合理布井和确定注采系统提供依据。为此，有时除了进行生产性观察外，还必须进行一些专门的测试，如探边测试、井间干扰试验等。

在通常的情况下，试采应分区分块进行，因为试采的总目的是暴露地下矛盾、认识油井生产动态，所以油井的选择必须有充分的代表性，既要考虑到构造顶部的好油层，也要兼顾边部的差油层。同时必须考虑到油水边界、油气边界和断层边界上的井，以探明边水、气顶及断层对生产带来的影响。

上面说明了，详探试采井的平面布置应全面考虑。除此之外，在纵向上试采层段的选择，也应该兼顾各种不同类型的油层，尤其是对于纵向上变化大的多油层油藏。如各层间岩性变化大，原油性质变化大，油水（气）界面交错，天然能量差别大等，也应尽可能地分别有一定数量的试采井，以便为今后确定开发层系和各生产层段的产能指标提供可靠依据。

三、油田开发生产试验区

从详探资料井和试采井获得的对油藏的地质情况和生产动态的认识，是编制开发方案必备的基础。但仅此还不够，为了制订方案还必须预先了解在正规井网正式开发过程中所采取的重大措施和决策是否正确和完善，而这些问题单依靠详探资料井和试采井是不可能完全解决的。对于一个大型油田来讲，开展多方面试验，而且往往是大规模开发试验，是必不可少的。

对于准备开发的大型油田，在经过试采了解到较详细的地质情况和基本的生产动态以后，为了认识油田在正式投入开发以后的生产规律，应在详探程度较高和地面建设条件比较有利的地区，首先划出一块区域作为生产试验区。这一区域应首先按开发方案进行设计，严格划分开发层系，选用某种开采方式（如早期注水或依靠天然能量采油），提前投入开发，取得经验，以指导其他地区。对于复杂油田或中小型油田，不具备开辟生产试验区的条件时，也应力求开辟试验单元或试验井组。其试验项目、内容和具体要求，应根据具体情况确定。

开辟生产试验区是油田开发工作的重要组成部分。这项工作必须针对油田的具体情况，遵循正确的原则进行。生产试验区所处的位置和范围对全油田应具有代表性，使通过试验区所取得的认识和经验具有普遍的指导意义。与此同时，生产试验区应具有一定的独立性，既不因生产试验区的建立而影响全油田开发方案的完整与合理，也不因其他相邻区域的开发影响试验区任务的继续完成。

生产试验区的开发部署和试验项目的确定，必须立足于对油田的初步认识和国内外开发此类油田的经验教训。既要考虑对全油田开发具有普遍意义的试验内容，也要抓住合理开发油田的关键问题。

生产试验区也是油田上第一个投入生产的开发区。它除了担负进行典型解剖的任务以外，还有一定生产任务。在选择时应考虑油井的生产能力、油田建设的规模、运输等条件，以保证试验研究和生产任务都能同时完成，进展较快和质量较高。

（1）研究主要地层。主要研究油层小层数目，各小层面积及分布形态、厚度、储量及渗透率大小和非均质情况，总结认识地层变化的规律，为层系划分提供依据。

（2）研究井网。研究布井方式，包括合理的切割距大小、井距和排距大小以及井网密度等：①研究开发层系划分的标准以及合理的注采井段划分的办法；②研究不同井网和井网密度，对油层的认识程度以及各类油砂体对储量的控制程度；③研究不同井网的产量和采油速度，以及完成此任务的地面建设和采油工艺方法；④研究不同井网的经济技术指标及评价方法。

（3）研究生产动态规律和合理的采油速度

①研究油层压力变化规律和天然能量大小，合理的地层压力下降界限和驱动方式以及保持地层能量的方法；

②研究注水后油水井层间干扰及井间干扰，观察单层突进、平面水窜及油气界面与油水界面运动情况，掌握水线形成及移动规律，各类油层的见水规律。

（4）研究合理的采油工艺和技术以及增产和增注措施（压裂、酸化、防砂、降粘等）的效果。以上几点只是生产试验的主要任务，但在实际上还必须根据各油田的不同地质条件和生产特点确定针对该油田的一些特殊任务。如对于天然能量充足的油田来说，转注时间及合理注采比就必须加以研究，除了断层对油水地下运动的影响、裂缝、高渗透层、特低渗透层、稠油层、厚油层等的开采特点外，还有转注时间和合理注采比，都应结合本油田情况加以研究。

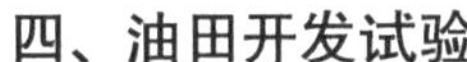

四、油田开发试验

上面讲了生产试验区的任务。但生产试验区仍是一个开发区，它不可能进行一个油田尤其是一个大油田开发过程中所需要进行的多种试验，更不可能进行对比性试验。为了弄清在一个油田开发过程中的各种类型的问题，还必须进行多种综合的和单项的开发试验，为制定开发方案的各项技术方针和原则提供依据。

随着油田建设的不断推进，开发程度的不断加深，以及开发中存在问题的进一步暴露，我们必须逐步而及时地开展各项开发试验，使得对油田开发这一客观事物的整个过程能够结合本油田的实际情况有更多更清楚的了解。对于油田开发工作者来讲，为了做好面临的开发工作，借鉴和参考国内外各种先进开发经验是重要的，特别是国内外具有相同类型和生产方式的油田的开发经验。但最根本的仍然是要就地进行试验，以从本油田获得合乎实际的切实可靠的经验。这是更有直接意义的。

这些试验可以分单项在其他开发区进行，也可以选择某些井组、试验单元等来进行。这些试验项目和名称的确定，应以研究开发部署中的基本问题或揭示油田生产动态中的基本问题或基本规律为目标来确定。针对不同油田的地质生产特点，人们可能采用的开采方式，各油田所需要进行的开发试验的项目可能差别很大，不能一律对待。这里只列出某些基本的和重要的项目，而各项试验进行的方法和具体要求同样也应根据具体情况提出。

(1) 油田各种天然能量试验。天然能量包括弹性能量、溶解气能量、边水和底水能量、气顶气膨胀能量。应认识这些能量对油田产能大小的影响，对稳产的影响，不同天然能量所能取得的采收率以及各种能量及驱动方式的转化关系等。

(2) 井网试验。通过这些试验，可以弄清楚包括各种不同井网（面积、行列……）和不同井网密度所能取得的最大产量和合理生产能力，不同井网的产能变化规律，对油层的控制程度以及对采收率和各种技术经济效果的影响。

(3) 采收率研究试验和提高采收率方法试验。通过这些试验，可以弄清楚在不同开发方式下各类油层的层间、平面和层内的干扰情况，层间、平面的波及效率和油层内部的驱油效率以及各种提高采收率方法的适用性及效果。

(4) 影响油层生产能力的各种因素和提高油层生产能力的各种增产措施及方法试验。影响油层产量的因素是很多的，如边水推进速度、底水锥进、地层原油脱气、注入水的不均匀推进、裂缝带的存在等。而作为提高产能的开发措施应包括油水井的压裂、酸化、大压差强注强采等。

(5) 与油田人工注水有关的各种试验。如合理的切割距、注采井排的排距试验，合理的注水方式及井网，合理的注水排液强度及排液量，合理转注时间及注采比，无水采收率及见水时间与见水后出水规律的研究等。还有一些特殊油层注水，如气顶油田注水、裂缝油田注水、断块油田注水及稠油注水、特低渗透油层注水等。

总之，种种开发试验都应针对油田实际情况提出，在详探、开发方案制订和实施阶段应集中力量进行，而在油田开发的整个过程中同样必须始终坚持进行开发试验，直至油田开发结束。油田开发的整个过程是一个不断深入进行各种试验的过程，而且应该坚持使试验早期进行，走在前面，以取得经验，指导全油田开发。

可以看出，详探阶段的主要任务是完整而深入地认识油层，包括静态情况和可能的动态情况研究。为了达到深入认识油层而又不耽误油层投入开发的时间，做到快速开发，必须正确处理好认识油层与开发油层的关系，针对不同油田的特点，明确提出详探阶段的任务和完成方法及要求。

详探及油田开发的准备阶段在油田勘探开发的整个程序中，构成独立的不能忽视的阶段。它是保证油田能科学合理开发所必经的阶段。但又必须考虑各阶段之间的衔接和交替，尤其详探阶段和正式开发阶段间的衔接和交替。大体上对于大型油田或高产油田，两个阶段应有明确分界，而对于复杂油田和小型油田（如断块油田），则不可能明确划分。详探任务和开发任务可能要相互交替和穿插，如井的布置要穿插进行。注采工程要穿插进行等。但两个方面的任务却是应明确区分并应圆满地完成，而不是取消某一方面的任务或用一个阶段去代替另一个阶段。

五、油田开发的方针和原则

当找到有工业价值的油田之后，如何进行合理开发是很重要的。要根据国民经济和市场对石油产量的需求情况，从油田地下情况出发，选用适当的开发方式，部署合理的开发井网，对油层的层系进行合理地划分和组合。

（一）油田开发的方针

油田开发必须依据一定的方针来进行，开发方针的正确与否直接关系到油田今后生产经济效果的好坏与技术上的成败。正确的油田开发方针是根据国家对石油工业的要求和油田长期的开发总结出来的。编制开发方案时不能违背这些方针。

编制油田开发方针应考虑以下几个方面的因素：

（1）采油速度，即以什么样的速度进行开发。

（2）油田地下能量的利用和补充。

（3）油田最终采收率的大小。

（4）油田稳产年限。

（5）油田开发经济效益。

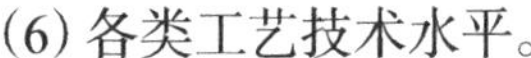

(6) 各类工艺技术水平。

(7) 对环境的影响。

以上几个因素往往是相互依赖和相互矛盾的，在编制开发方针时应统筹兼顾，全面考虑。

(二) 油田开发的原则

在编制一个油田的开发方案时，必须依照国家对石油生产的方针、市场的需求，针对所开发油田的实际情况、现有的工艺技术水平和地面建设能力，确定具体的开发原则与技术政策界限。这些原则从以下几方面作出了具体的规定：

1. 规定采油速度

采油速度是指油田 (藏) 年产油量与其地质储量的比值。采油速度问题是一个生产规模问题，一个油田必须以较高的采油速度生产，但同时又必须立足于油田的地质开发条件和采油工艺技术水平以及开发的经济效果。油田不同，其规定也不同。标准是应使可采储量的大部分在稳产期内采出。

2. 规定开采方式

在开发方案中必须对开采方式作出明确规定，利用什么驱动方式采油，开发方式如何转化，如弹性驱转溶解气驱，再注水、注气等。假如决定注水，应确定是早期注水还是后期注水以及注水方式。

3. 确定开发层系

开发层系是由一些独立的，上下有良好隔层，油层性质相近、驱动方式相近的油层组合而成，具备一定储量和生产能力。它用独立的一套井网开发，是一个最基本的开发单元。当开发一个多油层油田时，必须正确地划分和组合开发层系。一个油田用几套层系开发，是开发方案中的重大决策，是涉及油田基本建设的重大技术问题，也是决定油田开发效果好坏的重要因素，必须慎重加以解决。开发层系的划分将在第三章中专门讨论。

4. 确定开发步骤

开发步骤是指从部署基础井网开始，一直到完成注采系统，全面注水和采油的整个过程中所必经的阶段和每一步具体做法。合理的开发步骤要根据实际情况具体制定，通常应包含以下几个方面：

(1) 基础井网的部署。基础井网是以某一主要含油层系为目标而首先设计的基本生产井和注水井，同时也是进行开发方案设计时，作为开发区油田地质研究的井网。研究基础井网，要进行准确的小层对比，作出油砂体的详细评价，提供进一步层系划分和井网部署的依据。

(2) 确定生产井网和射孔方案。待油层对比工作完成后，根据基础井网，全面部署各层系的生产井网，依据层系和井网确定注采井井别并编制方案，进行射孔投产。

(3) 编制注采工艺方案。在全面钻完开发井后，对每一开发层系独立地进行综合研究，在此基础上落实注采井别、确定注采井段，最后根据开发方案编制出相应的注采工艺方案。

由上述可以看出，合理的开发步骤，就是如何认识油田和如何开发油田的工作程序。合理的、科学的油田开发步骤使得对油田的认识逐步提高，同时又是开发措施不断落实的保证。任何对合理开发步骤的偏离，都会导致对油田认识的错误和开发决策的失误。

5. 确定布井原则

合理布井要求在保证采油速度的条件下，采用最少井数的井网，最大限度地控制住地下储量，以减少储量损失。对注水开发油田，还必须使绝大部分储量处于水驱范围内，保证水驱控制储量最大。由于井网问题是涉及油田基本建设的中心问题，也是涉及油田今后生产效果的根本问题，所以除要进行地质研究外，还应用渗流力学方法，进行动态指标的计算和经济指标分析，最后作出开发方案的综合评价并选出最佳方案。

6. 确定采油工艺技术

在开发方案中必须根据油田的具体地质开发特点，提出应采用的采油工艺手段，尽量采用先进的工艺技术，使地面建设符合地下实际，使增产增注措施能充分发挥作用。

此外，在开发方案中，还必须对其他有关问题作出规定，如层间、平面交替问题，稳产措施问题以及必须进行的重大开发试验等。

第二节 油田开发方案的编制

一、油田开发方案编制的原则

(一) 具体编制原则

石油是一种重要的战略物资，对国民经济发展有特殊的意义。为充分利用和合理保护油气资源，加强对油田开发工作的宏观控制，应按照《矿产资源法》和有关政策来确定油气资源的开发方针及政策。

通过对油田的勘探及初期的试采，对油藏进行全面描述，便构成对油田的初步认识，在此基础上建立起油田完整的地质——力学模型。以此为依据，便可着手制定油田的整体规划，逐步地将其投入开发，以达到最佳开发油田的目的，取得最佳的经济效益。

在编制开发方案时，必须贯彻执行持续稳定发展的方针，坚持少投入、多产出、提高经济效益的原则，严格按照先探明储量，再建设产能，然后安排原油生产的科学程序进行工作部署。油田生产达到设计指标后，必须保持一定的高产稳产期，并争取达到较高的经济极限采收率。

在方案中，除油藏描述外，还应包括油田开发系统各部分，如油藏工程、钻井工程、采油工程、地面建设工程等。各部分都要从油藏地质特点和地区经济条件出发，精心设计，选择先进实用的配套工艺技术，保证油在经济有效的技术方案的指导下开发，确保整个油田系统在高效益下运行。

开发设计方案是油田建设前期的工程蓝图，必须保证设计的质量。具体地说，开发方案要保证国家对油田采油量的要求，即所制订的开发方案应保证可以完成国家近期和长远的采油量计划。而一个油田如何保持稳产，应有一个合理的技术经济界限。为此，需考虑注采比的高低，决定合理的开采强度以保证较长的开发年限。

油田开发方案还必须采用先进的开采技术，油田开采方式和井网部署必须适应油藏特点，进行多种数值模拟方案的对比和优化选择。油田要按不同油藏的开发，拟定配套的采油工艺技术。凡需要人工补充能量开采的油田，都要对补充能量的方式和条件作出论证。方案选择要保证经济有效地增加储量动用程度，扩大和提高油田的经济极限采收率，确保油田开发取得好的经济效益和较高的采收率。

要严格按油藏类型确定设计原则：

(1) 中、高渗透率多层砂岩油藏：其中大、中型砂岩油藏如果不具备充分的天然水驱条件，必须适时注水，保持油藏能量开采，不允许油藏压力低于饱和压力。

(2) 低渗透砂岩油藏：要在技术经济论证的基础上采取低污染的钻井、完井措施，早期压裂改造油层，提高单井产量。具备注气、水条件的油藏，要保持油藏压力开采。

(3) 气顶油藏：要充分考虑天然气顶能量的利用，具备气驱条件的，要实施气驱开采。不具备气驱条件的，可考虑油气同采，或保护气顶的开采方式，但必须严格防止油气互窜，造成资源损失，要论证射孔顶界位置。

(4) 边底水油藏：边底水能量充足的油藏要采用天然能量开采。要研究合理的采油速度和生产压差，要计算防止底水锥进的极限压差和极限产量，要论证射孔底界位置。

(5) 裂缝性层状砂岩油藏：要搞清裂缝发育规律，需要实施人工注水的油藏，要模拟研究最佳井排方向，要考虑沿裂缝走向部署注水井，掌握合适的注水强度，防止水窜。

(6) 高凝油、高含蜡的油藏：开发过程中必须注意保持油层温度和井筒温度。采用注水开发时，注水井应在投注前采取预处理措施，防止力筒附近油层析蜡。生产井要控制井底流压，防止井底附近大量脱气。

(7) 凝析气藏或带油环的凝析气藏：当凝析油质量浓度大于200g/m^{3}时，必须采取保持压力的方式来开采，油层压力要高于露点压力；当应用循环注气开采时，采出气体中凝析油藏含量低于经济极限时，可转为降压开采。

(8) 碳酸盐岩及变质岩、火成岩油藏：这些油藏一般具有双重孔隙介质性质，储层多呈块状分布。要注意控制底水锥进，在取得最大水淹体积和驱油效率的前提下，确定合理采油速度。

(9) 重油藏油藏：进行开发可行性研究，筛选开采方法。在经济、技术条件允许的情况下，采用热力开采。

(二) 油田开发指标预测及经济评价

根据油藏地质资料初选布井方案，设计各种生产方式的对比方案。各种方案都要通过油藏数值模拟计算，并用数值模拟方法，以年为时间步长预测各种方案开采10年以上的平均单井日产油量、全油1年产油量、综合含水量、年注水量、最终采收率等开发指标。在预测开发指标基础上，计算各方案的最终盈利、净现金流量、利润投资比、建成万吨产能投资、总投资和总费用，分析影响经济效益的敏感因素。经过综合评价油田各开发方案的技术经济指标，筛选出最佳方案。

二、油田开发方案编制的内容

油田开发方案是在详探和生产试验的基础上经过充分研究后，使油田投入正式长期开发生产的一个总体部署和设计。其内容包括油田自然地理、地层层序、区域构造、水文地质、流体物性、驱动类型、压力系统、储量计算、油田开发原则的确定、注水方式、投产程序、方案指标计算及技术经济指标计算等。

油田开发方案是指导油田有计划、有步骤地投入开发的一切工作的依据。油田开发方案的好坏往往会决定油田今后生产的好坏，涉及资金、人力的使用问题必须认真对待。国家规定，任何一个油田投入正式开发前，必须有详细的开发方案设计，待管理单位审查通过后，方可投入全面开发。

(一) 油田开发方案的主要内容

(1) 总论;

(2) 油藏工程方案;

(3) 钻井工程方案;

(4) 采油工程方案;

(5) 地面工程方案;

(6) 项目组织及实施要求;

(7) 健康、安全、环境要求;

(8) 投资估算和经济效益评价。

(二) 油田开发方案的基本内容

(1) 概况:包括自然地理条件、区域地质背景、油田勘探及评价程度。

(2) 油田地质特征:包括构造特征、地层程序和油层对比、储层特征、流体特征、压力和温度系统、原始驱动能量及驱动类型。

(3) 储量计算:包括储量计算方法,主要参数的确定,储量计算的分级、结果及评价。

(4) 油藏工程:包括开发方式、层系划分、井网部署、采油速度分析、采用油藏数值模拟,以及对不同方案进行产量预测,并优选出最佳方案。

(5) 钻井、完井:包括直井、定向井、水平井的钻井技术和井身结构,完井方式及完井管柱。

(6) 采油工艺:包括人工举升采油方式的选择,以及相应的技术设备。

(7) 地面工程:包括油气集输和储运系统、注水系统、供水、供电、通信、道路工程等。如果是海上油田,还应包括海上平台、单点系泊(生产储油轮的海上系泊点)及生产储油轮的设计。

(8) 经济分析:包括勘探、开发投资估算,油、气单位成本,价格预测,不同方案经济评价结果及最佳经济效益方案。

(9) 安全环保:包括生产安全措施,对污油、污水的环保要求,排放标准和处理措施。

三、油田开发方案编制的步骤

(1) 油藏描述;

(2) 油藏工程研究;

(3) 采油工程研究；

(4) 油田地面工程研究；

(5) 油田开发方案的经济评价；

(6) 油田开发方案的综合评价与优选。

四、油田开发方案的实施

开发方案优选决策后，就要考虑如何将所选定的最佳方案付诸实施，按部就班地会同有关工程部门予以实现。

(一) 开发方案的实施要求

开发方案中应明确规定，为实现最佳方案所需确定的几个问题，会同有关部门予以执行。以下是方案中应加以明确的四方面问题。

1. 钻井后井的投产及投注程序

在实施方案时，首先遇到的是布井方案中注采井钻井的次序问题。由于通常井只能一批一批地钻，那么，井从哪里开始钻起呢？这就涉及钻井程序的问题。

从钻井的程序来看，钻井可以是蔓延式和加密式地进行。蔓延式既可顺着走向，也可沿着构造倾角向上或向下；既可按照切割区块钻，也可采用其他形式。从投产的时间而言，既可短期一次投产，也可以逐批逐口投产；在投注方式上可先排液后注水，也可一开始就投注，并在井的生产制度上提出各种要求。比如，油田切割注水时，就存在着如何在注水井排上拉成水线，生产井应怎样生产才能保护水线的形成，并使油水边界均匀推进等问题，都应进行研究，明确予以规定。

以投产时间而言，是一次投产好还是逐步投产好，是全油田投产好还是局部或逐区块投产好，要权衡利弊。例如，打一口井投产一口井，从经济效益来看，对油田快速形成生产能力回收资金是有利的，对油田地质条件较清楚的情况是适宜的。然而，对于非均质油藏，地质规律尚未掌握清楚，往往由于主客观认识上的矛盾，很容易造成注采系统的不完善，不能发挥注水作用，使油田生产达不到预期的指标，造成后来生产被动的局面，不得不对方案进行大调整。但是，同时投产又势必造成资金周转太差，使当前经济效益降低太多，或者满足不了国家对产量的需要。因此，需要很好地进行分析研究。

2. 开发试验的要求与安排

在开发设计时，可能会发现有些重大问题难以解决，或者有些问题后果不清楚等，可以通过在油田开辟开发试验区来研究解决。这种做法对于大中型油田尤为重要。因为一个油田的开发过程很长，而认识上又存在着主客观的矛盾。于是，采取

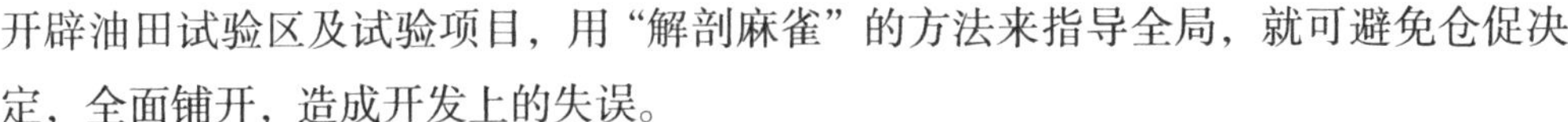

开辟油田试验区及试验项目，用“解剖麻雀”的方法来指导全局，就可避免仓促决定，全面铺开，造成开发上的失误。

因此，在有条件的油田应该开辟试验区，进行开发试验，提出项目及要求，是取得油田开发主动权的有力措施。

3. 资料录取和观察系统的要求

要想控制油田的开发过程，首先要把地下动静态参数及情况搞清楚。因此，必须在开发过程中系统地有计划地录取资料。资料的录取包括两方面的内容：

(1) 核实、检验、补充设计时尚不充分的资料，对原来的地层压力、温度、储量、油气水分布等再认识。

(2) 掌握不同时期油田开发的实际动态，为采取各项开发措施提供依据。在这方面，应有系统的分层测试资料、找水资料以及考虑在适当时期来分析油层水淹状况、地层物性的变化、采收率等，这对注水开发的油田尤为必要。只有了解油田剩余储量的分布、油旧的能量状况，才能有的放矢，解决油田存在的问题。

通常情况，在油田勘探开发中，最易忽视的问题是含水域资料的录取。要想开发好油田，必须了解与之有关的统一水动力系统的水域情况，包括水域的静态参数。水井应是油田很好的观察井，它不仅可以了解油田压力的变化，还可对它是否适合注水及有无原油外溢等进行监测。

在大多数情况下都可以通过在油田内部设置观察井来了解油田内部压力的变化及油水界面推进的情况，如华北任丘油田内部就有多口观察井。

总之，在设计时应明确油田动态监测的内容，需采用监测的测试手段、方法、时间和目的要求。在监测上大体有流体流量、地层压力、流体性质、油层水淹状况、采收率、油水井井下技术状况的监测等。

为了全面地搞好油田监测，可根据油田的情况确定一套油田动态的监测系统，按照不同的监测内容，确定观察点，建立监测网。建立动态监测系统时考虑资料务必全准、有代表性、有足够的数量。如大庆油田就把所有的自喷井作为压力观察井点，初期一个月测压一次，以后每季度测一次；抽油井选三分之一作测压点，每半年测压一次。观察井的分布要均匀些，能掌握压力的分布及变化，形成一个压力监视系统。选取二分之一的自喷井作分层测试，每年分层找水一次，取得分层测试资料；对抽油井要求要有三分之一至四分之一的井作测试观察点，每年测试一次；注水则以所有的分层注水井作测试观察点，每季分层测试一次；选取五分之一的或更多的注水井进行同位素放射性测井，每年测试一次。根据情况还可加密测试，建立一套流量测试系统。同样地，对流体性质测试、水淹监视、井下技术情况监测、观察井测试等均可建立系统，明确测试周期、方法、要求等。

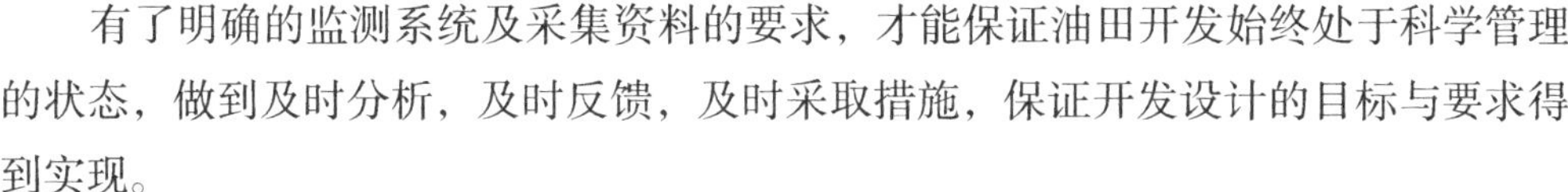

有了明确的监测系统及采集资料的要求，才能保证油田开发始终处于科学管理的状态，做到及时分析，及时反馈，及时采取措施，保证开发设计的目标与要求得到实现。

4. 增产措施

增产措施及其他增产措施是提高油水井单井生产和注水能力的最主要的方法。实践表明，要取得良好效果，必须能针对实际储层情况和开发要求，优选增产工艺及方法，优选实施的技术参数。如碳酸盐岩油田宜完井技产前进行酸化或酸压，保护油层，减少油层污染；又如特低渗砂岩多油层油田也应早期实行分段压裂技术。

（二）开发方案的实施

方案经批准后，钻井、完井、射孔、测井、试井、开采、工艺、地面建设、油藏地质、开发研究和生产协调部门都要按照方案的要求制定本部门具体实施的细则，并要严格执行。

按照油田地下情况，确定钻井的先后次序，尽快形成生产单元、区块完善的井网。对饱和压力高的油藏要先钻注水井进行排液，再转入注水。小断块油田、复杂岩性的油田在开发井基本钻完后，经过油层对比研究，尽快地研究注采井别、注采层系，投入生产。

方案要求补充能量的油田，要在注水（气）时间之前，建好注水（气）装置。

依照油藏工程设计和开发井完钻后重新认识，编制射孔方案，使整体或分区块射孔投产。按方案要求取全取准资料，所钻的开发井必须求得孔隙度、渗透率、饱和度等储层参数，及时地分析开发井新资料，不断修改地质模型。在方案实施一年后，重新核算地质储量和可采储量，修改开发指标，以此来安排生产。

综上所述，在开发方案完成、整体或区块开发井完钻以后，通过油层对比，要做好以下两方面的工作：

1. 注采井别及射孔方案的编制

这对部署开发基础井网及调整井网都适用。前面曾指出：考虑到认识与实际地层间存在的矛盾，钻井和射孔两步不宜并作一步走。从钻井完成至编制出射孔方案中间要有一个对油层再认识的过程，这点往往是射孔方案是否适宜的关键。大庆油田开发经验表明，除个别特殊情况外，应搞一个独立的单元（一个区或一个断块）完钻 80% 以上井后编制射孔方案，而不是单井射孔方案。

在井网钻完后，应对油层进行再认识。内容包括：对油层分布的再认识；对油层地质参数的认识；对底水、夹层、断层的再认识。对于调整井，还应对注水后储量动用程度统一编制射孔方案的再认识。

根据油层地质的特点和采油速度的要求，分区、分块来确定注采或完善注采系统。对于调整井，还需要结合动静态资料及水淹层解释资料进行综合分析。在静态资料的基础上，厚油层以水淹层解释为依据，动态资料为参考；薄油层以动态资料为依据，水淹层解释为参考，制作油层动静态综合图来分析各层见水情况、储量动用状况、油水平面分布，从而定量判断各井点含水饱和度和含水率。

在此基础上，制定射孔原则及细则。通常编制射孔方案应遵循以下原则：

(1) 属于同一开发层系的所有油层，原则上都要一次性全部射孔。调整井应该根据情况另作规定。

(2) 注水井和采油井中的射孔层位必须互相对应。在注水井内，凡是与采油井的油层相连通的致密层、含水层都应该射孔，以保证相邻油井能受到注水效果。

(3) 用于开发井网的试油井要按规定的开发层系调整好射孔层位，该射的补射，该堵的封堵。

(4) 每套开发层系的内部都要根据油层的分层状况，尽可能地留出卡封隔器的位置，在此位置不射孔。厚油层内部也要根据薄夹层渗透性变化的特点，适当留出卡封隔器的位置。

(5) 具有气顶的油田，要制定保护气顶或开发气顶的原则和措施。为防止气顶气窜入油井，在油井内油气界面以下，一般应保留足够的厚度不射孔。

(6) 厚层底水油藏，为了防止产生水锥，使油井过早水淹，一般在油水界面以上，保留足够的厚度不射孔。

对于调整井，主要是与原井网相互组合，组成完整的注采系统，考虑油田剩余储量的分布，确定射孔层位。在编制方案时，应同时考虑到安排原井网中部分油水井的转位、停注和补孔等。

最后，把经分析和研究制定的油水井的射孔层位落实到每一口井上，打印成射孔决议书，并付诸实施。

2. 编制配产配注方案

在油水井全部射孔投产以后，应进行油水井的测试，核定各井及油层生产与吸水能力，然后编制油田的配产配注方案。在大庆油田，这方案是与年度采油计划编制结合起来同时进行的。而且在开发初期以后，每年都要进行一次配产配注方案，在矿场上称年度综合调整方案。从内容上看，方案是大同小异，但在不同开发阶段，由于开采特点不同，主要问题不同，故各种措施也应有所不同。方案的主要点是油田注采压差和注采强度的确定与布置。

油田开发初期开始注水，基本上是保持注采平衡，使油层压力保持在原始压力或饱和压力的附近（根据油田具体情况而定）。凡是具有自喷能力的油井，都要保持油层压力，维持自喷开采。天然能量补给充足的油田，能够满足开发方案设计的采油速度要求，应该利用天然能量进行开发。在此期间，容易产生的问题是：油田、油井、油层受水驱的效果不普遍，某些区段油层压力偏低。因而，对这些地区首先要加强注水，稳定并逐步将油层压力恢复上去，不能一边注水，而另一边的压力及产液量仍继续下降。

在压力恢复阶段，生产井含水上升速度快的，应该采取分层注水、分层堵水等措施，尽量减缓含水上升速度。

对注水见效、油层压力得到恢复的油井，要及时调整生产压差，把生产能力发挥出来；对产能过低的油井，选择已经受到恢复压力的油层，进行压裂，提高其生产能力。

压力恢复的过程中，在油水边界和油气边界的地区要防止边界两侧的压力不平衡，以免原油窜入含气区或含水区而造成储量的损失。

在注水开发的多油层油田，应采用分层注水工艺，保证开发层系中的主力油层能够在设计要求的采油速度下保持压力，实现稳产。

对吸水量过高的主力油层，要适当控制注入速度，防止油井过早见水，影响稳产。当油井中部分主力油层已经见水并引起产油量下降时，应通过分层注水工艺控制主要见水层的注水量，加强其他油层的注水量，实现主力油层之间的接替稳产。同时也应通过调节主力油层平面上不同注水井的注水量，挖掘含油饱和度相对高的部位处的潜力。

在实现分层注水时，应根据注水井分层吸水剖面和油井分层测试找水的结构来确定分层注水层段。要逐步做到分砂层组和分层注水，尽量把主要出油藏的层位和主要出水的层位都单独分出来，实现主力油层的内部分层调节注水量。开发初期，注水层段可分得粗些，随着开发的进程，油水交互分布的情况越来越复杂，层段的划分相应要分得细些。

分层注水的数量应保证主要出油层位注够水，保持油层压力。在满足主要出油层注水量的同时，也要对其他油层加强注水，恢复和提高压力。

当主力油层平面上只有一井或少数井见水时，不宜急于大幅度控制注水，使油层压力降低，影响多数油井稳产。

在油井进行分层压裂、酸化或堵水等措施的层位，在注水井内部，应相应地调整分层注水量。在方案中，应确定油井和注水井内分层改造的层位和措施。

关于油田中后期调整配产配注的问题，将在后面涉及。一些原则及要求，尤其是年度配产配注方案的制订基本上是相同的，只是不同阶段油田油井含水量变化，油层注水中的三大矛盾（层内、层平面、层间），水驱油不平衡更加显著突出，在处

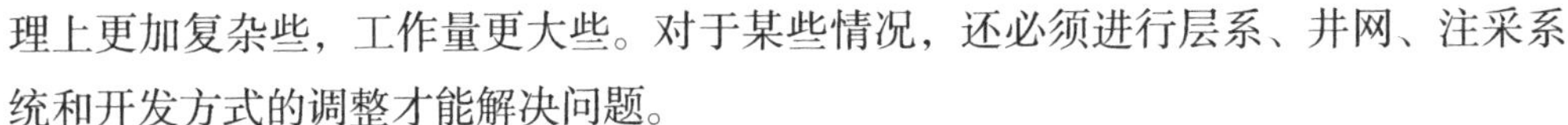

理上更加复杂些，工作量更大些。对于某些情况，还必须进行层系、井网、注采系统和开发方式的调整才能解决问题。

在编制方法上，大庆油田的做法是根据国家下达的产油量指标，或油田开发设计的采油速度指标，按照地质特征和开发形成的区块或生产管理单元分配产油量指标。先按区块或管理单元产油量变化趋势预测其产油量指标，再加上各项措施的增产油量，然后根据单井产油量的变化趋势和进行的措施，将产量指标落实到每口井上。

根据所定的产油量指标和含水率上升速度及提高压力的要求计算年配水量。

有了年配产指标和含水率及其上升值，即可算出年产液量。有了年提高压力的指标，就可根据压力和注采比的经济关系定出年注采比指标。

第三节　油田的注水开发

一、油田注水方式的选择

(一) 驱动方式的选择

油气藏驱动方式与油层压力有着密切的关系。

选择开发方式的原则：

既要合理地利用天然能量，又要有效地保持地层能量 (如注入流体等工作剂) 是对开采速度和稳产时间的要求。

目前对油田实行有效开发的方式、方法是很多的。保持地下足够的驱油能量，势必向油藏中注入相应体积的东西去弥补采出的亏空。因为水和气比较容易注入油层，来源又比较丰富，一般都可以就地取得，以水换油或以气换油自然也就比较经济。无论是注气还是注水，都要根据不同油藏的具体地质条件以及实际的需要和可能来进行，而且在油藏的什么部位注入、注入的水或气的具体要求及处理，还有注入技术工艺、注入量多少为适宜等，都需要经过专门的研究和设计，并通过现场试验后，逐步实施完成。

油气藏驱动方式主要有保持和改善油层驱油条件的开发方式、优化井网有效应用采油技术的开发方式、特殊油藏的特殊开发方式及提高采收率的强化开发方式。

(二) 考虑的因素

(1) 油藏特征，如边水、底水及其活跃程度 (有无液源供给)，油藏气水的物性。

(2) 断层情况、裂缝发育情况；有无原生气顶。

(3) 储层情况，渗透性及其分选性（或非均质性）。

(4) 地层油黏度、温度及压力。

(5) 敏感矿物，主要指水敏。

(6) 开发速度过大，会引起边水舌井，底水锥井，或造成次生气顶。

(7) 油层厚度及地层倾角大小。

(8) 注水时考虑水质、水源，与储层的配伍性，不堵塞地层等。

(三) 注水时间的选择

油田合理的注水时间和压力保持水平是油田开发的基本问题之一。对不同类型的油田，在油田开发的不同阶段进行注水，对油田开发过程的影响是不同的，其开发效果也有较大的差别。一般从注水时间上大致可以分为三种类型，即早期注水、晚期注水和中期注水。

1. 早期注水

早期注水是指在油田投产的同时进行注水或在油层压力下降到饱和压力之前就及时注水，使地层压力在饱和压力以上或保持在原始地层压力附近。

早期注水开发的油田，开始注水的时间有较大的差别。一般比油田投入开发的时间晚 1 ~ 2 年。

由于油层压力高于饱和压力，油层内不脱气，原油性质较好。注水以后，随着含水饱和度增加，油层内只是油水两相流动，其渗流特征可由油水两相相对渗透率曲线所反映。

这种早期注水可以使油层压力始终保持在饱和压力以上，使油井有较高的产能，并由于生产基差的调整余地大，有利于保持较高的采油速度和实现较长的稳产期。但这种方式使油田投产初期注水工程投资较大，投资回收期较长，所以早期注水方式不是对所有油田都是经济合理的，对地饱压差较大的油更是如此。

目前，早期注水开发的方式比较多见。油田早期注水有如下优点：

(1) 可延长自喷采油期并提高自喷采油量；

(2) 可采用较稀的生产井网；

(3) 可提高油井的产油量；

(4) 可减少采出每吨原油所需的注水量；

(5) 可以提高主要开发阶段的采油速度；

(6) 可使开发层系灵活并易于调整。

2. 晚期注水

晚期注水是指天然能量耗尽时开始注水。对原油性质好、面积不大且天然能量比较充足的油藏可以考虑采用晚期注水。

油田利用天然能量开发时，当天然能量枯竭以后进行注水，这时的天然能量将由弹性驱转化为溶解气驱。在溶解气驱之后注水，称为晚期注水，也称二次采油。溶解气驱以后，原油严重脱气，原油黏度增加，采油指数下降，产量下降。注水以后，油层压力回升，但一般只是在低水平上保持稳定。由于大量溶解气已被采出，在压力恢复后，只有少量游离气重新溶解到原油中去，溶解气和原油性质不能恢复到原始值。注水以后，采油指数不会有大的提高；而且此时注水将形成油水两相或油气水三相流动，渗流过程变得更加复杂。对原油黏度和含蜡量较高的油田，还将由于脱气使原油具有结构力学性质，渗流条件更加恶化。

但晚期注水方式在初期生产投资少，原油成本低。对原油性质好、面积不大且天然能量比较充足的油田可以考虑采用。

3. 中期注水

中期注水是指介于早期与晚期之间。一般情况下，在投产初期依靠天然能量开采，当油层压力降至饱和压力以后，在生产气油比上升至最大值之前进行注水。

从提高采收率角度，地层压力可以略低于饱和压力，一般降低 10%，采收率最高。中期注水介于早期注水和晚期注水两种方式之间，即投产初期依靠天然能量开采，当油层压力下降到饱和压力以后，在生产气油比上升到最大值之前进行注水，在中期注水时，油层压力要保持的水平可能有两种情形：

（1）使油层压力保持在饱和压力或略低于饱和压力，在油层压力稳定的条件下，形成水驱混汽油驱动方式。如果保持在饱和压力，此时原油黏度低，对开发有利；如果油层压力略低于饱和压力（一般认为在 15% 以内），此时从原油中析出的气体尚未形成连续相，这部分气体有较好的驱油作用。

（2）通过注水逐步将油层压力恢复到饱和压力以上，此时脱出的游离气可以重新溶解到原油中，但原油性质却不可能恢复到原始状态，产能也将低于初始值。由于生产压差可以大幅提高，仍然可使油井获得较高的产量，从而获得较长的稳产期。

对于中期注水，初期利用天然能量开采，在一定时机及时进行注水，将油层压力恢复到一定程度；这种注水开采在开发初期投资少，经济效益较好，也可以保持较长稳产期，并且不影响最终采收率。对于地饱压差较大，天然能量相对较大的油田，是比较适用的。

(四) 注水时机的确定

一个具体的油田要确定最佳注水时机，需要考虑以下几个因素：

(1) 天然能量的大小。油田的天然能量是指弹性能量、溶解气能量、边底水能量、气顶气能量和重力能量等。这些能量都可以作为驱油动力。不同油田，由于各自的地质条件不同，天然能量的类型将不一样，能量的大小也不一样，要确定一个油田的最佳注水时机，首先要研究油田天然能量的大小，研究这些能量在开发过程中可能起的作用。如有的边水充足且很活跃，水压驱动能够满足油田开发要求时，就不必采用人工注水方式开采；如有的油田地饱压差较大，有较大的弹性能量，此时就必须采用早期注水。总的一个原则就是在满足油田开发的前提下，尽量利用油田的天然能量，尽可能减少人工能量的补充，提高经济效益。

(2) 油田的大小和对产量的要求。不同油田由于自然条件和所处位置的不同，对油田开发和对产量的要求也是不同的。对小油田，由于储量少，产量不高，一般要求高速开采，不一定追求稳产期长，因此也就没有必要强调早期注水。但对大油田，由于必须强调保持较长时间原油产量的稳定，所以油田开发的方针和对产量的要求不同，对注水时机的选择亦不同。一个大油田投入开发，不仅对国家原油产量的增长起着很重要的作用，而且对国民经济其他相关部门的布局和发展有着很大的影响。因此，要求大油田投入开发后，产油量逐步稳定上升，在油田达到最高产量以后，还要尽可能地保持较长时间的稳产，不允许油田产油量出现较大的波动。在选择注水时机时，就要确保这个目标的实现，一般要求进行早期注水。

(3) 油田的开采特点和开采方式。由于不同油田的地质条件差别较大，其开采方式的选择与注水时间的确定也有一定关系。采用自喷开采时，就要求注水时间相对早一些，压力保持的水平相对要高一些，有的油田原油黏度高，油层非均质性严重，只适合机械采油方式时，油层压力就没有必要保持在原始油层压力附近，就不一定采用早期注水开发。

(4) 其他因素。主要指油田管理者的其他目标，这些目标可能是原油采收率最高、未来的纯收益最高、投资回收期最短和油田的稳产期最长。

总之，确定开始注水最佳时机最好的办法是先设计几个可能的开始注水时间，计算可望达到的原油采收率、产量和经济效益，然后研究对达到期望目标的影响因素。

(五) 油田注水方式 (注采系统)

注水方式是指油水井在油藏井所处的部位和它们之间的排列关系。目前国内外

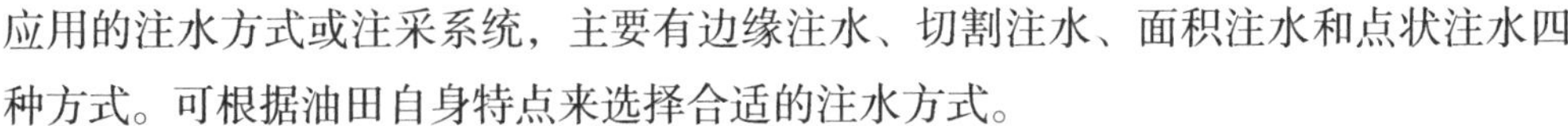

应用的注水方式或注采系统，主要有边缘注水、切割注水、面积注水和点状注水四种方式。可根据油田自身特点来选择合适的注水方式。

1. 注水方式

(1) 边缘注水。边缘注水就是把注水井按一定的形式部署在油水过渡带附近进行注水。

边缘注水方式的适用条件为：油田面积不大，为中小型油田，油藏构造比较完整；油层分布比较稳定，含油边界位置清楚；外部和内部连通性好，油层的流动系数较高，特别是注水井的边缘地区要有好的吸水能力，保证压力有效地传播，水线均匀地推进。

边缘注水根据油水过渡带的油层情况又分为边外注水、缘上注水、边内注水三种。

(2) 边内切割注水方式。对于面积大、储量丰富、油层性质稳定的油田，一般采用内部切割行列注水方式。在这种注水方式下，利用注水井排将油藏切割成为较小的单元，每一块面积 (一个切割区) 可以看成一个独立的开发单元，可分区进行开发和调整。

边内切割注水方式适用的条件是，油层大面积分布 (油层要有一定的延伸长度)，注水井排上可以形成比较完整的切割水线；保证一个切割区内布置的生产井和注水井都有较好的连通性；油层具有较高的流动系数，保证在一定的切割区和一定的井排距内，注水效果能较好地传到生产井排，以便确保在开发过程中达到所要求的采油速度。

采用内部切割行列注水的优点是：可以根据油田的地质特征来选择切割井排的最佳方向及切割区的宽度 (即切割距)；可以根据开发期间认识到的油田详细地质构造资料，进一步修改所采用的注水方式；用这种切割注水方式可优先开采高产地带，从而使产量很快达到设计水平；在油层渗透率具有方向性的条件下，采用行列井网，由于水驱方向是恒定的，只要弄清油田渗透率变化的主要方向，适当地控制注入水流动方向，就有可能获得较好的开发效果。但这种注水方式也暴露出其局限性，主要是：这种注水方式不能很好地适应油层的非均质性；注水井间干扰大，井距小时干扰就更大，吸水能力比面积注水低；注水井成行排列，在注水井排两边的开发区内，压力不需要总是一致，其地质条件也不相同，这样便会出现区间不平衡，内排生产能力不易发挥，而外排生产能力大、见水快。

在采用行列注水的同时，为了发挥其特长，减少其不利之处，主要采取的措施是：选择合理的切割宽度；选择最佳的切割井排位置，辅以点状注水，以发挥和强化行列注水系统；提高注水线同生产井井底 (或采油区) 之间的压差等。

(3) 面积注水方式。面积注水方式是将注水井按一定的几何形状和一定的密度均匀地布置在整个开发区上。根据采油井和注水井之间的相互位置及构成井网形状的不同，面积注水可分为四点法面积注水、五点法面积注水、七点法面积注水、九点法面积注水、歪七点面积注水和正对式与交错式排状注水。

(4) 点状注水。点状注水是指注水井零星地分布在开发区内，常作为其他注水方式的一种补充形式。从大庆油田的实践来看，切割行列注水适宜于分布稳定、油砂体几何形状比较规则的油层，而面积注水则适用于分布不够稳定、油砂体形状不够规则的油层。故认为面积注水方式对油层分布适应性要广些。但行列注水方式调整的灵活性要大些，而面积注水则采油速度要高些。

总之，应该结合具体油田的各种地质条件、流动特征以及开发的要求来选择最佳的注水方式。为此，必须进行各种方式的预测、计算及对比。

2. 选择注水方式的原则

(1) 与油藏的地质特性相适应，能获得较高的水驱控制程度，一般要求达到70% 以上；

(2) 波及体积大且驱替效果好，不仅连通层数和厚度要大，而且多向连通的井层要多；

(3) 满足一定的采油速度要求，在所确定的注水方式下，注水量可以达到注采平衡；

(4) 建立合理的压力系统，油层压力要保持在原始压力附近且高于饱和压力；

(5) 便于后期调整。

3. 采用面积注水方式的条件

(1) 油层分布不规则，延伸性差，多呈透镜状分布，用切割式注水不能控制多数油层；

(2) 油层的渗透性差，流动系数低；

(3) 油田面积大，构造不够完整，断层分布复杂；

(4) 适用于油田后期的强化开采，以提高采收率；

(5) 要求达到更高的采油速度时适用。

二、开发井网部署

油田开发的中心环节就是要分层系部署生产井网，并使该井网井距合理、对油砂体的控制合理，达到所要求的生产能力。在油田开发所涉及的诸多问题中，人们最关心的问题之一就是井网问题，因为油田开发的经济效果和技术效果在很大程度上取决于所部署的井网。在这个问题上，目前虽有许多理论研究成果，也有许多实

际油田开发经验的总结，但仍在不断对其进行研究。

(一) 影响井网密度的因素分析

井网密度是油田开发中影响开发技术经济指标的重要因素之一。油田所处的开发阶段不同，其井网密度会发生变化。井网密度主要受以下因素影响：

(1) 地层物性及非均质性：这里主要是指油层渗透性的变化，尤其是各向异性的变化，它控制着注入流体流动方向。对于油层物性好的油藏，由于其渗透率高，单井产油能力就较高，其泄油范围就大，这类油藏的井网密度可适当稀些。据现场资料统计，具有一定厚度的裂缝性灰岩、生物灰岩、物性较好的孔隙灰岩、裂缝性砂岩和物性好的孔隙砂岩，生产层的产能都比较高，井距可取 1 ~ 3km；物性较好的砂岩，井距一般取 0.5 ~ 1.5km；物性较差的砂岩井距一般取小于 1km。

(2) 原油物性：这里主要是指原油黏度。根据伊凡诺娃对 65 个油藏的研究表明，生产井井数对原油含水率影响很大——在采出等量原油的情况下，井网越密，原油的含水率就越低；原油黏度越大，原油的含水率就越高。井网密度对低黏度原油的开采影响不大。因此，对于高黏度油的油藏，应采用密井网开采；对于低黏度油的油藏，用少数井开采即可，但这不宜用于油层不稳定（不连续）的油藏。

(3) 开采方式与注水方式：凡采用强化注水方式开发的油田，井距可适当放大些，而靠天然能量开发的油田，井距应小些。

(4) 油层埋藏深度：浅层井网可适当密些，深层则要稀些，这主要是从经济的角度来考虑。

(5) 其他地质因素：如油层的裂缝和裂缝方向，油层的破裂压力，层理、所要求达到的油产量等都有影响。其中裂缝和渗透率方向性，层理主要影响采收率，而其他因素则影响到采油速度及当前的经济效益。

此外，井网密度还与实际油田开发过程中油层钻遇率及注采控制体积有关。

(二) 开发井网的部署原则

生产井的井网密度和部署是否合理，对整个油田开发过程的主动性和灵活性影响很大。确定合理井网首先应从本油田的油层分布状况出发，综合运用油田地质学与流体力学、经济学等方面的理论和方法，分析不同布井方案的开发效果，以便选择最好的布井方案。

1. 合理的尺度

一个油田井钻得越多，井网越密，则井网对油层的控制程度越高，对实现全油田的高产、稳产和提高采收率就越有利。因此，合理的布井方式和井网密度应该以提高采收率为目标，并在此基础上力争较高的采油速度和较长的稳产时间，以达到较好的经济效果。它衡量的尺度如下：

(1) 最大限度地适应油层分布状况，控制住较多的储量。

(2) 所布井网在既要使主要油层受到充分的注水效果，又能达到规定的采油速度的基础上，实现较长时间的稳产。

(3) 所选择的布井方式具有较高的面积波及系数，实现油田合理的注采平衡。

(4) 选择的井网要有利于今后的调整与开发，在满足合理的注水强度下，初期注水井不宜多，以利于后期补充钻注水井或调整，提高开发效果。此外，还应考虑各套层系井网之间的配合，以利后期油井的综合利用。

(5) 不同地区油砂体及物性不同，对合理布井也就要求不同，应分区、分块确定合理密度。

(6) 在满足上述要求下，应达到良好的经济效益，包括投资效果好、原油成本低、劳动生产率高。

(7) 实施的布井方案要求采油工艺技术先进，切实可行。

当然，在具体布井时，当需要考虑到某些情况，如断层、局部构造、井斜、油藏构造、地表条件（障碍物、居民点、森林、街道、铁路、河流等）、气顶分布情况、边水位置等时，往往要造成井网的变形、井位的迁移和变更。

应该指出，产层的非均质性往往在编制开发设计和工艺方案时，不可能全部搞清并把油田特点全部考虑进去。为此，对非均质油层合理开发方法是分阶段的布井和钻井。

第一阶段按均匀井网部署生产井和注水井。这套井网对相对均质油层条件是合理的，并能保证完成最初几年必需的产油量，保证油层主体部分得到开发。这批井又称基础井网。一旦取得这批井钻井成果、地球物理和水动力研究资料和开采所提供的有关油层非均质代表性综合资料后，即可着手改善井的布置。

第二阶段的井称为储备井或补充井，它只在需要的地方进行钻井，以使开发获得更大的波及体积。主要使未开采或开采较差的油区或油层投入生产，从而达到提高采收率的目的，使开发过程得到更好的调整，油田稳产期更长。

储备井所需井数与油层非均质程度、油水黏度比、基础井井网密度有关。井数的范围可变化很大，从基础井数的百分之几直至与基础井数相当，甚至更大。

研究表明，在基础井较稀的条件下，通过钻补充井增加新的注入线或一些点注入，可使油层开采强度低的地区投入开发。这样做最终井数不变，但比开发初期一开始用较密井网能取得更高的产量和采收率。

2. 加密井网常用的方法

在美国，大多采取布井后先采油再选择水井的做法：反九点法注水→五点法→加密井网→三次采油。在俄罗斯，采用两期布井，初期是较稀的均匀井网(称为“基础井网”)，第二期布后备井网。根据稀井网的地质资料和开采动态资料，详细搞清油层纵向上平面上的储量动用情况，针对剩余油饱和度分布，部署加密井，调整注采系统。后备井的加密在开发第二阶段和第三阶段早期进行，强调不均匀布井。

在开发过程中加密井网常用的方法如下：

(1) 应用数值模拟拟合历史动态，搞清目前含油饱和度和含水饱和度分布，预测其发展趋势，有针对性地加密布井。

(2) 全油田加密井前，先做小型试验，以取得加密方案的可行性及其技术经济效果。

(3) 同一油田，在油层发育好的部位井网密，油层较差部位井网稀，这是国外加密井的一般准则，如杜依玛兹油田，中部为 0.12 ~ 0.14km^2/ 口，边部 0.3km^2/ 口。

(4) 钻加密井的时机，与最终采收率关系不大，但从发挥效用而言，早一点好。

(5) 发展水淹层和剩余饱和度的测井技术。这是加密井射孔的一项关键技术，掌握此技术可达到事半功倍的效果。

(三) 基础井网开发目的层的选择

在全面布置各层系开发井网之初，先选定一个分布稳定、产能高、有一定的储量，对已由详探井基本控制住并具有独立开发条件的油层作为主要开发对象，布置它的正规开发井网，这样就能保证该套生产井网担负起对本开发区内其他层组的研究任务。这套井网就叫作该开发区的基础井网，主要油层可以按照此基础井网进行开发。而其他含油层系可以按此井网所取得的地质生产资料进行开发设计。这样就能保证在充分认识油层的基础上布井，使井网的布置能很好适应地层的实际情况。

基础井网是开发区的第一套正规生产井网。它的开发对象必须符合以下条件：

(1) 油层分布比较均匀稳定，形态易于掌握；

(2) 基础井网能控制该层系的 80% 以上的储量；

(3) 上下具有良好的隔层，以确保各开发层系能独立开采，其间不发生窜流；

(4) 有足够的储量，具备单独布井和开发的条件；

(5) 油层渗透性好，油井有一定的生产能力。

(四) 基础井网研究

基础井网的布井方案可以有多个。对于每一个方案，需要预先对其指标进行理论计算，根据计算结果可以对比各类开发指标，从而确定出最佳的基础井网布井方案。

基础井网研究的任务是根据所取得的全开发区的资料对本开发区的地质情况进一步深入研究，全面解剖，然后再根据资料和研究结果布置全开发区各层系的开发井网。

地质研究工作要对油砂体进行解剖、分类、排队，深刻认识油层的分布特征。油砂体分析的主要内容如下：

(1) 油砂体的延伸长度和分布面积与控制储量的关系；

(2) 油砂体的平均有效渗透率及其与控制储量的关系。

(五) 油田开发布井方案

布井方案是油田开发设计中最主要的方案。它应在综合应用详探、开发试验和基础井网等多方面资料的基础上，立足于本油田的实际地质情况、生产实践经验和室内实验结果，确定适合于本油田的开发方式、层系划分、注水方式和井网布置。这样的方案往往不止一个，而是许多个。因此，对每一种布井方案都要进行研究，研究油层对该井网的适应程度，研究各项生产指标及其变化规律以及研究各项技术经济指标等。

制订布井方案要按下列步骤进行：

(1) 划分开发层系。在进行油砂体和隔层研究的基础上，划分开发层系，确定本开发区采用几套井网独立开发，然后对每一层系单独布井。

(2) 确定油水井数目。有了油井数目以后，还应确定注水井的数目。注水井数应根据所采用的注水方式而定，一般是油井数的 1/3 ~ 1/2。

(3) 布置开发井网。在确定了井网密度之后，根据已取得的本开发区每一开发层系的各油砂体的大小，延伸范围、分布情况及储量大小等资料，合理布置注采井网，以便尽量多地控制住地下储量，减少储量损失。

(4) 开发指标计算和经济核算。对每一种布井方案进行开发指标预测和分析，比较不同布井方案的技术和经济指标之间的差异。

(六) 确定最佳方案

对每一个布井方案都应综合进行地质研究、开发指标预测和经济分析。在不同的布井方案中，各项指标很不一样，有的是这一方面优越，有的是另一方面优越，当对各项指标都进行计算和分析后，就可以进行对比，选取其中的最佳方案。

第三章　油气藏开发方案编制方法

第一节　油气藏开发方案编制概述

一个含油气构造经过初探，发现工业油气流以后，紧接着就要进行详探并逐步投入开发。所谓油气田开发，就是依据详探成果和必要的试油、试采资料，在油气藏评价的基础上对具有工业价值的油气田，按国内外石油市场发展的需求运作，以提高油气田开发效益和最终采收率为目的。根据油气田开发的地质特征，制定合理开发方案，并对油气田进行建设和投产，使油气田按方案规划的生产能力和经济效益进行生产，直至油气田开发结束的全过程，其中制订合理的开发方案是实现开发目的的基础。

一、油气藏开发方案编制的目的及意义

油气藏开发是一个人才密集、技术密集和资金密集型的产业，投资巨大。编制油气藏开发方案是建立在油气藏评价的基础之上的，并综合当时的法律、法规及政策，油气田地质条件和工艺技术，从多个开发方案中优选出实用、经济、先进的方案，对油气藏开发所作出的全面部署和规划。因此，其目的是科学规划和指导油气藏的开发，确保油气藏开发获得最大的经济采收率和利润。油气藏开发方案编制的主要意义在于其方案是油气田开发的纲领性文件，通过编制油气藏开发方案，可减少开发决策失误，降低油气藏开发投资风险，确保油气藏在预期的开发期内保持较长时间的稳产、高产和获得最大的利润。

二、油气藏开发方案编制的指导思想与基本原则

(一) 指导思想

油气藏开发的主体为企业，企业追求的目标是利润最大化，这就要求在开发过程中努力降低成本，提高对市场经济适应能力和抗风险能力。同时，油气又是一种不可再生资源，要求在开发过程中最大化合理利用资源。这些因素决定了编制开发方案过程中要针对不同类型油气藏，采用先进实用的技术不断降低开发成本，提高

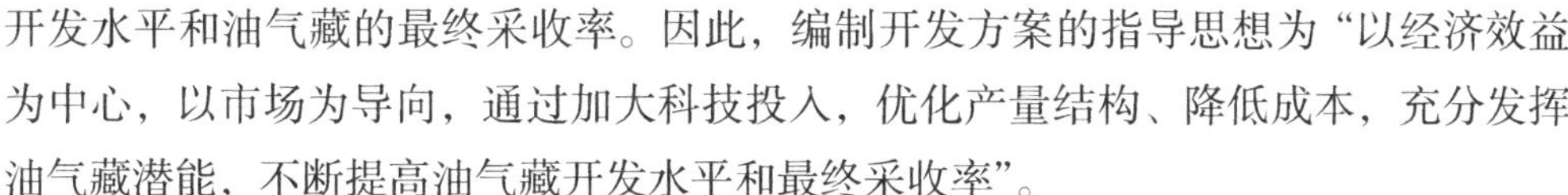

开发水平和油气藏的最终采收率。因此，编制开发方案的指导思想为“以经济效益为中心，以市场为导向，通过加大科技投入，优化产量结构、降低成本，充分发挥油气藏潜能，不断提高油气藏开发水平和最终采收率”。

（二）基本原则

油气藏开发方案设计要坚持少投入、多产出，具有较好的经济效益；根据当时、当地的政策、法律和油田的地质条件，制定储量动用，投产次序、合理采油速度等开发技术政策，保持较长时间的高产、稳产。概括地讲，油气藏开发方案编制需遵循以下三个基本原则：

（1）目标性原则。油气藏开发方案是石油企业近期与长远目标、速度与效益、近期应用技术与长远技术储备的总体规划。其目的是规范和指导油气藏的科学开发，获得最大的经济采收率和最大利润。因此，经济效益是油气藏开发方案编制的评价目标，油气藏开发方案中的各项指标必须全面体现以经济效益为中心。如采油速度和稳产期指标，一方面要立足于油气田的地质开发条件、工艺技术水平以及开发的经济效果，另一方面要应用经济指标来优化最佳的采油速度和稳产期限。

（2）科学性原则。油气藏开发方案以油气藏评价为基础，故在方案编制过程中，尽可能体现出油气藏的本质特征，对油气藏的开发井网、开发方式，开发速度、开发层系等重大问题应进行科学论证，同时通过多目标方案优选，确保油气藏开发的科学性。

（3）实用性原则。在编制过程中，对实施的内容、工作量和措施需作出明确的规定，使方案在实施过程中具有较强的针对性和可操作性，即遵循实用性原则。

（三）其他原则

不同类型油气藏在开发过程中的侧重点不同，在遵循基本原则的同时，编制开发方案时具体原则也有所区别。例如：

（1）大型、中型砂岩油藏若不具备充分的天然水驱条件，必须适时注水，保持油藏能量开采。一般不允许油藏在低于饱和压力下开采。

（2）低渗透砂岩油藏由于储层致密、自然产能低、油层导压系数低，易在钻井、修井过程中受污染，因此在技术经济论证的基础上采取低污染的钻井、完井措施，早期压裂改造油层，提高单井产量。具备注气、注水条件的油藏，要保持油藏压力开采。

（3）含气顶的油藏要充分考虑气顶能量的利用。具备气驱条件的要实施注气开采；不具备气驱条件的，可考虑油气同采，或保护气顶的开采方式，但必须严格防止原油窜入气顶，造成资源损失，要论证射孔顶界位置。

(4) 边水、底水能量充足的油藏要充分利用天然能量开采，重点研究合理的采油速度和生产压差，计算防止底水锥进的极限压差和极限产量，论证射孔底界位置。

(5) 裂缝性层状砂岩油藏由于裂缝发育，注水开发过程中易发生爆性水淹，影响开发效果和采收率，因此对需要实施人工注水的油藏，重点要认清裂缝发育规律。在认清裂缝发育规律的基础上，模拟研究最佳井排方向，考虑沿裂缝走向部署注水井，掌握适当的注水强度，防止注入水沿裂缝方向水窜，导致油井过快水淹。

(6) 高凝油、高含蜡的油藏，在开发过程中油井易结蜡，造成卡泵现象，地面管线因油温低易堵塞，因此必须注意保持油层温度、井筒温度和地面温度。注水开发时，注水井应在投注前采取预处理措施，防止井筒附近油层析蜡，造成储层堵塞，注水压力上升，注不进水。此外，油井要优化设计，控制井底流压，防止井底附近大量脱气产生析蜡而堵塞地层。

(7) 重油油藏在经济、技术条件允许的情况下，采用热力开采。

三、油气藏开发方案的内容

在编制油气藏开发方案之前，必须收集齐大量的静、动态资料。在开发方案设计之前，对油气藏各方面的资料掌握得越全面越细致，设计出的开发方案就会越符合实际。对某些一时弄不清楚的，开发方案设计时又必需的资料，则应开展室内试验和开辟生产试验区。一个完整的油气藏开发方案应当包括地质方案与工艺方案。地质方案是规划油气藏开发的基本纲领与具体路线，工艺方案则是规划实现地质方案的基本手段和技术措施。一般地说，油气藏开发方案报告中应包括以下内容：油气藏概况、油气藏地质特征，油气藏开发工程设计、钻井与采油工程和地面建设工程等方面的设计要求和方案实施要求。

油气藏概况中应包括的内容：油气藏地理位置，构造位置，含油面积、地质储量、勘探简况和试油情况等。涉及的地质基础资料图有油气藏地理位置图、油气藏地貌图、油气藏区域地质构造图、勘探成果图和储层综合柱状剖面图等。

油气藏地质特征中应包括构造及储层特征，流体性质、油气藏温度及压力系统、储量分布。涉及的基础资料图表有构造图，含油面积图，油气藏纵横剖面图，沉积相带图、小层平面图，油层厚度、孔隙度、渗透率等直线图，毛细管压力曲线、原油高压物性曲线，原油黏温曲线，相对渗透率曲线、温度压力与深度关系曲线等。如缺少相关资料，可采用类比方法或经验方法借用同等类型油气藏资料。

油气藏开发工程设计应包括开发层系的合理划分、合理井的网密度设计，油气藏驱动方式，油井举升方式及合理工作制度、布井方式，注水开发油气藏合理注水方式及最佳注水时机，油气藏压力水平保持，合理采油速度，稳产年限及最终采收率预测，油气田开发经济技术指标预测、多方案优化和方案实施要求。涉及的基础资料图表有：油气水性质，压力资料、试油成果，试井曲线、试采曲线、试验区综合开采曲线及吸入能力曲线、各方案单井控制地质储量，可采储量关系曲线，各方案水驱控制程度关系曲线、各方案动态特征预测曲线、各方案经济指标预测曲线、方案经济敏感性分析、推荐方案开发指标预测曲线和设计井位图等。

钻井工程、采油工程、地面建设工程设计的内容包括：钻井和完井的工艺技术与措施、储层保护措施，油水井投产投注的射孔工艺技术与措施，采油工艺技术与增产措施、油气集输工艺技术，注水工艺技术等。钻井工程、采油工程、地面建设工程的设计总体上既要满足油气藏开发工程设计的要求，又要努力应用新工艺、新技术，降低投资成本，提高经济效益。

四、油气藏开发方案编制的步骤

依据上述油气藏开发方案的内容，从开发地质角度看，核心为油气藏地质特征设计和油气藏开发工程设计。具体步骤分为以下几种。

(一) 综述油气藏概况

油气藏概况主要描述油气藏的地理位置、气候、水文、交通及周边经济情况，阐述油气藏的勘探历程和勘探程度，介绍油气田开发的准备程度。具体包括：发现井、评价井数量及密度，地震工作量及处理技术，地震测线密度及解释成果，取心及分析化验，测井及解释成果，地层测试成果，试采及开发实验情况，油气藏规模及含油气地层层系。

(二) 分析油气藏地质特征

油气藏地质特征主要包括油气藏的构造特征、储层特征、流体特征、压力与温度系统、渗流物理特征、天然能量分析、储量计算与评价。

(三) 编制油气藏开发设计方案

油气藏开发设计应坚持少投入、多产出，经济效益最大化的开发原则。主要包括开发层系确定、开发方式确定、采油（气）速度和稳产期限确定、开发井网确定，开发指标确定等内容。

(1) 确定开发层系：一个开发层系，是指由一些独立的、上下有良好隔层，油层物性相近、驱动方式相近、具备一定储量和生产能力的油气层组合而成，它用一套独立的井网开发，是最基本的开发单元。

(2) 确定开发方式：在开发方案中必须对开采方式作出明确规定。对必须注水开发的油田，则应确定早期注水还是晚期注水。

(3) 确定采油 (气) 速度和稳产期限：采油速度和稳产期的研究，必须立足于油气田的地质开发条件、工艺技术水平以及开发的经济效果，用经济指标来优化最佳的采油速度和稳产期限。

(4) 确定开发井网：井网部署应坚持稀井高产的布井原则。合理布井要求在保证采油速度的前提下，采用井数最少的井网，并最大限度地控制地下储量，以减少储量损失，对注水开发的油田还必须使绝大部分储量处于水驱范围内，保证水驱储量最大。由于井网涉及油田的基本建设及生产效果等问题，必须作出方案的综合评价，并选取最佳方案。

(5) 确定开发指标：油田开发指标是对设计方案在一定开发期限内的产油、水、气及地层压力所做的预测性计算结果，目前一般采用油藏数值模拟方法或经验公式计算。

(6) 制订出数种方案：在上述分析及计算的基础上，根据较合理的采油 (气) 速度制订出数种开发方案，列表待选。

(四) 方案评价与优选

方案评价与优选是根据行业标准对各种方案的开发指标进行经济效益计算；然后从中筛选出最佳方案实施。

(五) 标明方案实施要求

根据油气藏地质特点，对方案提出相应的实施要求：

(1) 钻井次序、完井方式，投产次序、注水方案及程序，运行计划要求。

(2) 开发试验安排及要求。

(3) 增产措施要求。

(4) 动态监测要求，包括监测项目和监测内容。

(5) 其他要求等。

五、某气藏开发方案编制实例

以大池干气田万顺场高点石炭系气藏开发方案为例，简述开发方案编制的内容及步骤。

(一) 气藏概况描述

气藏概况包括气藏区域地质位置及地理环境，勘探简史、气藏开采简况等。

(二) 气藏地质特征分析

气藏地质特征包括构造特点，石炭系地层、储层特征及储集类型等。

(三) 气水关系和流体性质确认

气水关系和流体性质包括确定气水界面和流体采样及分析化验。

(四) 气藏动态特征分析

气藏动态特征分析主要是进行生产阶段的划分和分析。

(五) 气藏储量核实

气藏储量核实包括储量计算的工作基础、容积法储量核算、动态储量计算方法(压降法、试井法、数值模拟法) 等。

(六) 气藏数值模拟

气藏数值模拟包括气藏地质模型建立、气藏数学模型建立、动态拟合等。

(七) 气藏开发方案编制及动态预测

依据开发条例，“储量在 $50\times10m^3$ 以上的气驱气田，采气速度 3%~5%，稳产期在 10 年以上”，制定出万顺场高点石炭系气藏的开发原则：在满足国民经济需要的前提下，立足现有气井，发挥气藏的高产优势，防止气藏严重水侵，保证气藏具有较长时期的平稳供气条件，达到较高的采出程度，高效合理地开发气藏，为整个气田的合理开发作出贡献。制定出四种开发规模 ($80\times10^4m^3/d$，$90\times10^4m^3/d$，$100\times10^4m^3/d$，$120\times10^4m^3/d$) 和两种生产方式 (增压开采、无增压开采)，组合成八种开发方案，然后进行各种方案下的动态预测。

(八) 气藏开发方案的经济分析

这一分析的目的是计算上述开发方案的成本，分析比较每个方案的最终经济效益。

(九) 方案综合对比及可行性方案推荐

(1) 采气速度高的方案，边部气井产水预兆更为明显，稳产年限低于10年;

(2) 增压开采方案其稳产时间及采出程度均比无增压开采方案效果好;

(3) 利用产值、利税和净现值对比，确定出气藏实施的可行性方案，并列出后备方案。

(十) 气藏动态监测

目的是进一步了解气藏动态变化，保证开发方案的顺利实施。

第二节　油田开发方式的选择

油田开发方式又称油田驱动方式，是指油田在开发过程中驱动流体运移的动力能量的种类及其性质。油田开发方式分为天然能量开采和人工补充能量开采两大类，天然能量开采是指利用油藏自身的能量和边水，底水能量开采原油而不向地层补充任何能量的开采方式。人工补充能量开采又分为注水、注气和热力采油等类型。其中注水开发是通过不断向油藏注水给油藏补充驱动能量的一种开发方式。注气开发则是通过不断向油藏注气给油藏补充驱动能量的一种开发方式。油田开发到底选用哪一种开发方式，是油藏自身的性质和当时的经济技术条件所决定的。

一、影响油田开发方式选择的因素

对于一个具体油田而言，有许多因素影响开发方式的选择。一般地说，在选择油田开发方式时，主要应考虑以下几个方面的因素:

(一) 油藏自然条件

油藏自然条件是指油藏地理环境、油藏天然能量、地质储量、油藏岩石和流体性质。

地理环境对开发方式选择的影响主要表现在：首先，应考虑当地其他可以作为驱油剂的资源量。对于一个天然能量有限的油田来说，可以使用人工补充能量的方法进行开发。使用人工作用的开发方式时，需要有足够的驱油剂。例如，对于注水开发方式来说，如果当地水资源比较缺乏，那么这种开发方式就不可行。其次，应考虑环境保护问题。使用人工作用方式进行油田开发时，往往需要对驱油剂进行地面处理，这会引起环境污染问题。如果附近居民比较集中，则这个问题必须考虑。

油藏天然能量包括油藏自身的弹性膨胀能量和边水、底水能量。据第二章相关驱动内容可知，对于一个实际开发的油藏，往往是多种驱动类型同时作用，即综合驱动。在综合驱动条件下，某一种驱动类型占支配地位，其他驱动类型的组合与转化，对油藏的采收率会产生明显影响。因此，要分析天然能量的大小，并尽量加以利用，根据天然能量的充足与否，确定开发方式。

油藏储量的大小对开发方式也起决定作用。如对于一个储量很小，而又有一定的天然能量满足需要的油藏，如果采用注水、注气或其他开发方式，由于地面建设费用高，而其利用率又低，因此其经济效益就不会很好，对于这种油藏，直接利用天然能量进行开发将会更合理。

油藏的岩石和流体的物理性质对开发方式也产生一定的影响。例如，对于一个稠油油藏，即使有很充足的边水能量或弹性能量，也很难使油藏投入实际开发，这时必须采用热力采油方式开采。

（二）工艺技术水平

对于一个具体油田，从理论上来说，可以找到一种理想的开发方式，但由于工艺技术水平的限制，实际中往往难以投入使用。例如，我国新疆某油田，由于它具有高压、低温、油稠、埋藏深、水敏性强等特点，常规水驱和蒸气驱显然不行。理想的开发方式是使用物理场或火烧油层开发方式，然而，由于工艺技术水平的限制，这两种方法目前都很难投入实际使用。

（三）采收率目标

油田采收率也是确定开发方式的重要内容。根据油藏试采的情况和油藏天然能量的大小进行分析，若油藏天然能量充足，采收率能够达到预期的目标，则可利用天然能量开采；若油藏天然能量不足，采收率比较低，则要考虑人工补充能量的方式开发。

（四）开发效益

任何一种开发方式，最后都必须以经济效益为目标。若油田在经济技术条件上不适合某种开发方式，则应考虑选用其他的开发方式。

二、油田注水开发方式

由于注水成本低，补充能量的开采方式首选注水开发。所谓注水方式是指采用人工注水补充能量的开发方式。根据油水井在油藏中所处的部位和井网排列关系，可分为边缘注水、切割注水、面积注水和点状注水等注水方式。

选择注水方式开发油田的原则有：与油藏的地质特性相适应，能获得较高的水驱控制程度，一般要求达到70%以上；波及体积大和驱替效果好，不仅连通层数和厚度要大，而且多向连通的井层要多；满足一定的采油速度要求，在所确定的注水方式下，注水量可以达到注采平衡；建立合理的压力系统，油层压力要保持在原始压力附近且高于饱和压力，便于后期调整。

三、开发方式的转换与接替

油田采用哪种开发方式，主要取决于油田自身的性质和当时的经济技术条件。开发方式的转换与接替实际上就是驱油能量的转换与接替。一个油田往往不是一种能量从始到终一直起作用。在一个阶段是一种能量起主要作用，在另一阶段可能是另一种能量起主要作用。由于注水成本低，一般最有意义的是人工补充能量开发方式与天然能量开发方式之间的接替，对注水开发油田来说，就是注水时机问题。

在油田投入开发初期即实施注水的开发模式，称作早期注水。在油田开发一定时期之后实施注水的开发模式，称作晚期注水。若油田的自身产能较低，必须依靠外部补充能量才能获得一定的产能，此时必须采用早期注水。天然能量不足的油田，为保持油田具有较高的产油能力，也必须采用早期注水。具有一定天然能量的油藏，为充分利用天然能量，可以适当推迟注水时间。油田何时注水，何时实现驱油能量的接替，要通过经济技术方面的综合研究之后才能确定。

第三节　开发层系划分与组合

所谓开发层系，就是把特征相近的油层组合在一起，采用一套开发井网进行开发，并以此为基础进行生产规划、动态研究和调整。到目前为止，在世界上所开发的油田中，绝大多数都是非均质的多油层油田，各个油层的物性差异往往很大。对多油层油田的开发，目前主要有两种方式：所有的油层组合在一起进行联合开发；将一些层合在一起作为一个层系，而将另外的一些层合在一起作为另一个层系，进行分层开发。为了提高原油的采收率水平，有必要对所有含油层进行分类，并划分和组合成一定的开发层系，采用不同的开发井网进行开发。开发层系是为了克服油田开发的层间矛盾而进行设计的，而油层的平面矛盾要靠井网的优化设计来克服。具体采用联合开发或分层开发、分层开发时各层系如何组合与划分，这些就是本节

所要研究的内容。

一、层间差别

一个油田往往由多个含油小层组成，小层数少则几个，多则几十个，甚至上百个，每个小层的性质都不相同，层间差别主要体现在以下几个方面。

（一）储层岩性和储层物性

储层岩石类型多种多样，有些储层为砂岩，有些储层可能为石灰岩或变质岩。由于沉积环境和成岩作用的不同，储层物性差别较大。储层物性的差别主要表现在孔隙度和渗透率上。

（二）流体性质

纵向上，储层中的流体呈现油气水多种流体互层，油气水性质较为复杂，并不一致。如不同储层的原油组分可能存在较大差异，某些储层原油可能是轻质、低黏中等密度原油，某些储层原油可能是重质、高黏高密度原油。

（三）压力状态

在第二章“油气藏压力系统”部分，我们了解到：纵向上，每一个储层的压力系统可能不完全相同，有些储层处于异常高压状态，有些储层属于正常压力系统，还有些储层可能处于异常低压状态。同时，有些储层可能封闭，地层压力下降快，有些储层可能与边水、底水相连通，地层压力下降缓慢。

（四）油水关系

纵向上，储层中的油气与周围水体的接触关系存在很大的差别，有些储层可能封闭，有些储层的油气带有边水、底水。同时有些储层具有统一的油水系统，有些储层具有不统一的油水系统。

二、划分开发层系的一般方法

（一）从研究油砂体入手，对油层性质进行全面的分析与评价

重点研究油砂体的形态、延伸方向、厚度变化、面积大小、连通状况，此外还有渗透率、孔隙度、含油饱和度，以及其中所含流体的物性及分布。在此基础上，对各油层组（或砂岩组）中的油砂体进行分类排队并作出评价，研究每一个油层组

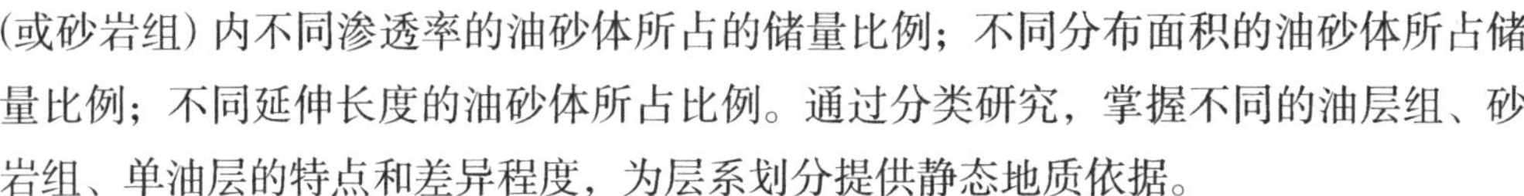

(或砂岩组) 内不同渗透率的油砂体所占的储量比例；不同分布面积的油砂体所占储量比例；不同延伸长度的油砂体所占比例。通过分类研究，掌握不同的油层组、砂岩组、单油层的特点和差异程度，为层系划分提供静态地质依据。

(二) 进行单层开发动态分析，为合理划分层系提供生产实践依据

通过在油井中进行分层试油、测试，具体了解各小层的产液性质、产量大小、地层压力状况，各小层的采油指数等。这一步工作也可模拟不同的组合，分采、合采，为划分和组合开发层系提供动态依据。

(三) 确定划分开发层系的基本单元并对隔层进行研究

划分开发层系的基本单元是指大体上符合一个开发层系基本条件的油层组、砂岩组、单油层。一个开发层系基本单元可以单独开发，也可以把几个基本单元组合在一起，作为一个层系开发。先确定基本单元，再根据每个单元的油层性质组合开发层系。

划分开发层系时，必须同时考虑隔层条件，在碎屑岩含油层系内，除去泥岩外，具有一定厚度的砂泥质过渡岩类也可作为隔层。选用的隔层厚度应根据隔层物性，开发时间，层系间的工作压差，水流渗滤速度，工程技术条件而综合确定。可以根据油层对比资料先确定隔层的层位、厚度，通过编绘隔层平面分布图来具体了解隔层的分布状况。

(四) 综合对比选择层系划分与组合的最优方案

对同一油田，可提出数个不尽相同的层系划分方案。通过计算各种组合下的开发指标，综合对比，选择最优方案。主要衡量技术指标是：不同层系组合所能控制的储量；不同层系组合所能达到的采油速度，井的生产能力和低产井所占的百分数；不同层系组合的无水采收率；不同层系组合的投资消耗、投资效果等经济指标。

总之，开发层系的划分是由多种因素决定的，划分的方法和步骤可以因情况而异。对所划分的开发层系还要根据开发中出现的矛盾，进一步分析其适应性，并要加以适当调整。

第四节　开发井网部署

一个油藏在发现和油藏评价后，即进入油田开发设计阶段，开发井网的部署是

油藏开发工程设计的重要环节，也是开发方案的主要内容之一。由于绝大多数天然油藏是非均质的，在生产压差一定的情况下，每口井的泄油半径是有限的，同时为了满足国家对石油的需求和提高油田开发经济效益，因此实际油藏需要一定数量的井来开采，这就提出了油田开发井网部署问题。所谓开发井网，是指若干油井在油藏上的排列方式或分布方式。开发井网包括井网形式和井数两个方面的内容。井网部署是在一定的开发方式和一定的开发层系下进行的，油田开发系统各个环节都要通过开发井网来实现，同时井网部署直接与经济效益相联系，它影响到钻井、采油、地面建设系统的选择与投资，同时还影响到油田的生产管理。因此，井网部署的合理与否，直接影响到油田的开发效果与开发效益。

一、选择井网密度应考虑的主要因素

一般地，选择井网密度应考虑的因素主要有地质和经济两大方面的因素，有时两种因素互相交织在一起。具体考虑的因素分述如下：

(1) 油层岩石和流体性质：这类因素主要包括渗透率、原油黏度和孔隙度。对于渗透性好的油层，由于其单井产油能力高，其泄油面积也就较大，因此对这类油藏，其井网可以稀一些；反之，对于低渗透油层，井网应密一些。一般情况下，渗透率越大，井的泄油半径也就越大。原油黏度的影响主要表现在两个方面。第一方面表现为原油黏度大，则渗流阻力大，应采用密井网，反之则相反。第二个方面表现为原油黏度对含水特征的影响，原油黏度大时，在同样含水率的情况下，密井网的采出程度比稀井网大，因此对于高黏度原油的油藏应采用密井网。从经济角度考虑，要求单井控制储量不应太低，因此孔隙度和有效厚度也必须同时考虑。

(2) 油藏非均质性的影响：油藏非均质性指储层和流体的双重非均质性。显然，非均质程度高，井网密度应大一些，非均质程度低，井网密度可以小一些。

(3) 开发方式的影响：天然能量充足的边水、底水油藏和保持注水开发的中高渗油藏井网密度可以小一些；而天然能量不足需要注水开发的中低渗油藏井网密度应大一些。

(4) 油藏埋藏深度的影响：油田钻井成本与埋深成正比例关系，油层越浅，钻井投资越少。因此，从经济角度考虑，对于浅油层，井网密度可适当高一些；对于深油藏，井网密度可适当低一些。

(5) 采油速度的影响：在单井产能一定的情况下，要达到较高的采油速度，则必须多增加生产井。因此，采油速度与井网密度也密切相关，在井网设计时也是考虑的因素。

(6) 其他因素：如地质方面油藏渗透率的各向异性、裂缝因素、经济方面的油田

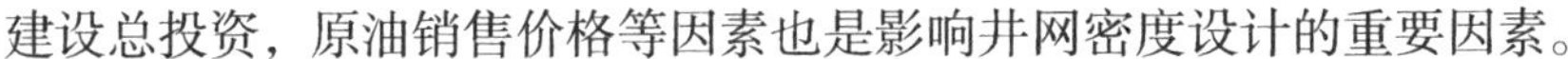

建设总投资，原油销售价格等因素也是影响井网密度设计的重要因素。

二、合理井网密度

油田开发的根本目的，一是获得最大的经济效益，二是最大限度地采出地下的油气资源，即获得最高的采收率。同时，满足这样两个目的的开发井网密度就是合理井网密度。很显然，油田合理井网密度就是经济效益最大化下的井网密度。确定油田合理井网密度通常采用综合经济分析法，或称综合评价法。

三、布井次数问题

对于油田开发全过程而言，布井次数问题是指在开发初期把所有的井都确定下来并投产，还是分成几个阶段布井。简单地说，布井次数问题要研究的是一次布井或者多次布井哪一种更合理的问题。如果采用多次布井开发，那么把开发初期所部署的井网称为基础井网，而把开发以后各阶段所布的井称为储备井。

(一) 多次布井的必要性

假如地层是非常均质的，并且在开发准备阶段就对地层情况认识得很清楚，那么可以说，在开发初期可以一次性地确定出最优井网。然而，由于两个方面的原因，不可能在开发初期就确定出最优井网:

(1) 由于天然油层往往是非均质的。其地质构造、物理特征都比较复杂，很难在开发初期就对油层认识得很清楚，这就不可能一次性地确定出最优布井方案，因此在油田开发的实践中初期往往采用较稀的井网。

(2) 在油田开发的不同阶段，由于地下条件会不断发生变化，因此不同的开发阶段对最优井网的要求是不相同的。

(二) 基础井网

基础井网是油田开发初期所部署的第一套正规开发井网，它是以均质地层为依据进行部署的。基础井网起着认识油藏地质特征和为国家生产石油的双重作用，由基础井网本身的特点所决定，因此对基础井网应提出如下四点要求:

(1) 基础井网所开发的油层应该是连续性好、均匀的、稳定的。

(2) 基础井网应部署在最好的开发层系上，并控制该层系 80% 以上的储量。

(3) 基础井网必须有足够数量的监测井。

(4) 基础井网完钻后不急于投产，而应根据井的测试资料对油层进行进一步的对比研究，以便在制定射孔方案时进行必要的调整。

(三) 储备井

在油田开发到一定阶段后，根据基础井网所取得的动、静态资料对油藏进行重新认识后所钻的调整井被称为储备井。储备井的主要作用是使油藏投入更全面地开发，从而提高当前采油速度和原油采收率。

储备井按其所钻的部位和作用的不同可以分成三类：

第一类储备井：这类储备井是钻在连续油层基础开发井之间的死油区上，它们的主要作用是使油层投入更强化的开发中去，以提高原油采收率。

第二类储备井：这类储备井是钻在不连续油层的孤立油砂体上，它的作用是提高不连续油层的采收率和采油速度。对于不连续油层的孤立油砂体，如果不补充钻井，则很难投入更有效的开发中去。

第三类储备井：这类储备井是钻在基础井之间能够被基础井网所控制的地方，但为了提高采油速度，仍需钻的一部分加密井。

第五节　采油速度优化

采油速度的优化是指在规定的开发评价期内，油田以多大的采油速度开采获得的经济效益最高。采油速度的大小主要取决于油田地质、工艺技术、注采井数，同时也与石油企业的经济效益密切相关。对于特定的油田，采油速度多大合适，要经过经济的、技术的综合评价之后才能够最终确定下来。

一、影响采油速度的因素

采油速度并非越高越好，采油速度的高低取决于油藏的地质条件和当时的经济技术条件。影响采油速度的主要因素是单井产量和采油井数。单井产量高，采油井多的开发方案，采油速度就高。但是，采油井数多会大幅增加开发投入，经济上往往不合算。因此，油田开发一般遵循“稀井高产”的原则。

单井产量除受到地质条件的限制之外，还受到油井工作制度的限制。对于渗透率较低的储层，很难提高单井产量，一般靠增大油井数量来提高油田的采油速度。对于一般的储层，靠放大油井的生产压差，也可以提高单井产量，进而达到提高采油速度的目的。但是，压差放得过大，会引起一系列的工程问题，如地层出砂、水锥加快、井底脱气等，进而降低油田的采收率。因此，对于特定的油藏，单井产量并不能无限地提高，而是存在一个合理的单井产量。

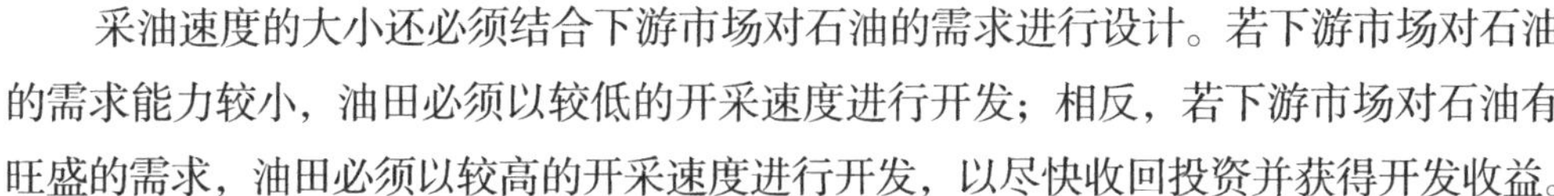

采油速度的大小还必须结合下游市场对石油的需求进行设计。若下游市场对石油的需求能力较小，油田必须以较低的开采速度进行开发；相反，若下游市场对石油有旺盛的需求，油田必须以较高的开采速度进行开发，以尽快收回投资并获得开发收益。

由于油田的产量是不断变化的，油田的采油速度也随开发时间而不断变化。稳产期的采油速度，一般称作油田的峰值采油速度。大量油气田开发实践表明，正常原油直井开采的峰值采油速度在2%左右比较合适；水平井的产能较高，峰值采油速度可以提高到3%～4%；天然气的流动能力较强，采气速度一般为5%～6%或更高的水平。

二、影响低渗透油藏注水开发效果的因素

(一) 地质因素

1. 孔隙结构特征

孔喉半径、孔隙形态、连通情况等均属于孔隙结构特征。由于在低渗透油藏中，孔径及喉道数量级等同于孔隙壁上流体吸附滞留层厚度，所以大多数孔隙中流体均为吸附滞留层流体，通常它们是不会参与流动的，若想流动则需有启动压力梯度，可若增大但启动压力梯度又会影响注水开发效果。

2. 砂体内部结构

砂体内部结构对低渗透油藏注水开发效果的影响很容易被忽略。在低渗透油藏中，一些物性变化会影响到流体的渗流场。其河道砂体的切割界面、内部低渗透和非渗透层等，均可在很大程度上起到对流体的遮挡作用。在同层内，纵向不同层次的单砂体互相之间存在着不渗透隔层，如泥质隔层等，因此其注采关系经常会不匹配。再就是在同一砂体内，沉积相带若存在变化，也可能会影响低渗透油藏两相带之间的连通情况。

3. 夹层频率

相关研究发现，在夹层当中存在非常多的斜交层面，如果是低渗透油藏，其倾角夹层会导致砂体内部的连通性大大降低。

(二) 开发因素

1. 渗流特性

低渗透油藏具有显著的渗流特征，其乃是非达西渗流，这种渗流的曲线一端是明显的非线性段，一端是拟线性段。非线性段的各点切线与压力梯度轴之间相交之点属于拟启动压力梯度，拟线性段的反向延长线与压力梯度轴的正值交点则属于启

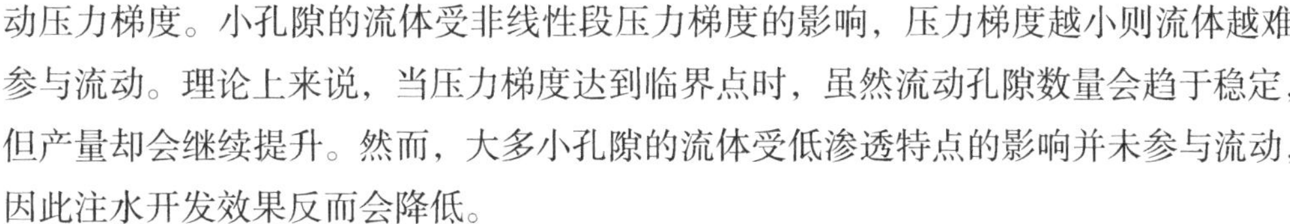

动压力梯度。小孔隙的流体受非线性段压力梯度的影响，压力梯度越小则流体越难参与流动。理论上来说，当压力梯度达到临界点时，虽然流动孔隙数量会趋于稳定，但产量却会继续提升。然而，大多小孔隙的流体受低渗透特点的影响并未参与流动，因此注水开发效果反而会降低。

2. 压敏效应

低渗透油藏存在严重压敏效应，孔隙随围限压力的增加，会逐渐发生变形，一般孔喉会拉长变细，但孔隙度变化不明显，因此造成渗透率急剧减小。在实际生产过程中，由于地层压力的不断降低，导致岩石骨架受到的额外压力越来越大，最终造成渗透率降低，影响到开发效果。

三、影响低渗透油藏注水开发因素改善对策

(一) 采用合注合采的方式开发小层单砂体

目前的采注方式为小层单元开发式，这里的小层其实是包含几个可继续分割互相叠加的单砂体，当采注时因每个单砂体之间的关系，可能造成局部浪费。新的开发层应对以往的小层进行进一步分化，只开采一个单一结构的砂体层，这样采用合注合采方式，可以有效提高纵向单砂体的开发完全度，提高开发效果。

(二) 通过适度地提高生产压差

压差体现在压力梯度上，压力梯度不但可以使孔隙中流体发生渗流流动，同时随着压差的增大还会带动更多孔隙中流体的渗流。适度地扩大生产压差，可以扩大油井的作业面范围。可以通过提高注水井的压力来达到提升生产压差的目的，同时还要防止压力过高压裂支撑岩层，造成套损套破的现象。还可通过降低生产井底的流动压力达到目的，同时应检测压力降低的量，不能引发压力敏感性破坏作用，造成反效果。压裂的应用，也可提高生产井的渗透率，增大油井开采面的控制范围。

(三) 合理规划化井距

合理规划井距，缩小注水井与采油井的距离也是提高开发效果行之有效的方案，小的井距布置可以提高注水压力对油井的影响，也就是提高启动压力梯度，增大可控的孔隙数量及开采面。但开井数量直接影响经济成本，应运用合理的技术经济分析优化来控制打井距离，才能得到想要的开发效果。某油田留 17 断块沙三低渗透油藏，井距由 300m 缩减到 150～200m，油产量提高 1 倍，注水量提高 2 倍，采油速度提升 2.6 倍，开发效果明显。

四、采油速度的优化

采油速度的优化一般根据油井的产能大小，选取不同大小的采油速度确定合理的井网密度和油水井数后，借助数值模拟方法或经验公式法来完成。常用优化采油速度的过程包括以下几点：

第一步，使用经验公式、类比法或室内水驱油试验确定出油田的采收率。

第二步，根据油藏相渗曲线，计算出无因次采液、采油指数，并结合目前工艺技术条件，计算出单井最高产液量。

第三步，设计若干个不同的稳产期采油速度，参照评价井产能的大小，可求出设计油井数目，同时可求出油藏在不同采油速度下的最高采液速度。

第四步，应用童宪章稳产期经验公式确定稳产年限；

第五步，应用剩余储采比法确定递减期的采油速度。

第六步，根据确定的不同年份的采油速度，可确定相应采出程度，由流度比公式反求出对应的含水饱和度，然后根据不同的饱和度，由分流方程求出含水率。

第七步，根据含水率，采油速度等指标计算其他累产油、累产液指标，按设定的注采比求出年注水量指标。

第八步，根据钻井成本、采油成本、注水成本、地面建设等投资，使用经济方法计算在评价期内的经济指标，对比不同采油速度下的经济指标，对应经济指标最好的采油速度即为最佳采油速度。

第六节　油藏开发方案优化

油藏开发方案优化是指按照油藏工程设计程序，对油藏工程设计内容进行充分论证，从经济技术角度优选出最合理的设计和最优方案的过程。开发方案的选择和优化大体分两方面的内容：一是技术指标的对比与选择；二是经济评价与选择。因此，本节重点介绍油藏开发工程优化设计主要内容，油田开发经济技术指标预测方法及优化。

一、油藏开发工程优化设计主要内容

（一）开发原则

根据当时、当地政策、法律环境和油田的地质特点与工艺技术条件，确立相应的开发原则。一般来说，国内外油田开发的基本原则如下：

(1) 少投入、多产出，并具有较好的经济效益原则。

(2) 有利于保持较长时间的高产稳产原则。

(3) 在现有工艺技术条件下油田获得较高采收率原则。

(二) 开发层系组合与划分

根据开发原则和地质特点确定是否需要划分层系。开发层系的划分参照本章第三节，层系组合的原则概括为以下几点：

(1) 同一层系内油层及流体性质、压力系统，构造形态，油水边界应比较接近。

(2) 一个独立的开发层系应具备一定的地质储量，满足一定的采油速度，达到较好的经济效益。

(3) 各开发层系间必须具备良好的隔层，以防止注水开发时发生层间水窜。

(三) 开发方式

在油藏评价的基础上，根据油藏天然能量大小，选择与确定合理开发方式。开发方式的合理选择与确定原则如下：

(1) 尽可能利用天然能量开发；

(2) 研究有无采用人工补充能量的必要性和可能性；

(3) 对应采用人工补充能量方式开发的层系，应分析确定最佳的能量补充方式和时机。

(四) 井网、井距和采油速度

利用探井、评价井试油成果或试验区生产资料计算油井产能、每米有效厚度采油指数；利用注入井试注或实际生产注入资料，计算每米有效厚度注入指数等。没有实际注入资料的油田可以采用类比法或经验法计算。根据油井产能和水井注入能力确定布井范围，确定不同的采油速度下的油水井数，提出若干布井方案，并计算各方案的静态指标、储量损失等参数。

(五) 开发指标预测，优选方案

(1) 根据油藏地质资料初选布井方案，设计各种生产方式的对比方案。

(2) 采用数值模拟方法，以年为时间步长计算各方案 10 年以上的平均单井日产油量，全油田年产油量、综合含水，最大排液量、年注入量、油田无水采收率和最终采收率等开发指标。

(3) 计算各方案的最终盈利，净现金流量，利润投资比，建成万吨产能投资，还本期和经济生命期、采油成本，总投资和总费用，分析影响经济效益的敏感因素及敏感度。

(4) 综合评价油田各开发方案的技术、经济指标，筛选出最佳方案。

(5) 给出最佳方案的油水井数、各阶段开发指标，最终采收率及对应的各项经济指标。

二、油田开发经济技术指标预测方法及优化

(一) 油田开发指标预测与优化

油田开发指标预测方法主要有经验公式法、水动力学概算法和数值模拟法等。目前主要预测方法以数值模拟法为主。数值模拟预测开发指标过程如下：

(1) 地质建模：通过详细的油藏地质研究，建立油藏储层的概念模型或静态模型，用于油藏模拟研究。

(2) 选择流体模型：数值模拟流体模型较全面，根据油藏中流体性质，选择相应流体模型。若属于黑油油藏，则应当使用黑油模型；若具有凝析气性质，或者是挥发性油藏，就应当考虑使用组分模型；若属于稠油热采油藏，就应当考虑使用热采模型等。

(3) 历史拟合：由于数值模拟涉及的原始资料类型很多，如沉积相分布、孔隙度、渗透率、相对渗透率，毛细管压力、润湿性等物性参数以及断层等构造因素的变化等，这些参数的本身都带有一定的不确定性，特别是井间参数的变化更难以准确预测。因此，目前历史拟合主要还是依靠油藏工程师的经验，用试算法来反复修改参数，进行试验。一些文献中报道了各种自动历史拟合的方法。这个问题的一种研究方向，是通过各种敏感性分析和回归函数来进行所谓的不确定追踪的方法。

(4) 预测及优化：一个油藏不同方案指标的预测和各种方案的对比优化，是在历史拟合结果比较准确的基础上，利用数值模型进行各种类型的方案预测。这些方案包括不同井网形式、不同井距、不同的采油速度、不同的驱动方式等，每种类型方案都要计算开发年限、含水率、采收率、稳产年限、稳产期采出程度、可采储量、累积水油比、总压降等基本开发指标，另外还要根据不同油藏的不同技术要求，预测其所需要的相应开发指标，然后进行分析对比，采用优化技术，优选出相对最佳的开发方案，包括驱动方式、井网形式、井距、采油速度等。

(二) 经济评价方法

油田开发的经济评价是决策过程中的一个重要环节，是在地质资源评价、开发工程评价基础上所进行的综合性评价。对通过产量实现的收入和可能发生的费用支出进行资金测算，围绕经济效益进行分析，预测油藏开发项目的经济效果和最优的行动方案，为其提供决策依据。

经济评价可以按投入资金和产出产品价值的时间因素分为静态分析和动态分析两种方法。静态分析法是指不考虑资金和产出产品价值的时间因素的影响，在投资费用上不考虑通货膨胀的因素，在产品价值上以不变价格为基础，不考虑今后市场价格变动的分析方法。这种方法虽直观易懂，也易于进行，但不完全符合客观实际。动态分析法是指把资金的时间价值考虑进去的一种经济评价方法。在考虑经济效果时，必须把时间价值充分考虑进去。只有这样，才能确切地反映投资项目的真实情况。

油藏经济评价参数主要有原油价格、投资成本、经营成本、利率和贴现率等。油藏经济评价指标主要有投资回收期、净现值和净资产收益率等。

(三) 方案优选

一个油田开发方案在开发指标上最高并不一定是最优方案，必须是经济上最优。一般地，根据数值模拟设计不同驱动方式、井网形式、井距、采油速度等开发方案预测的开发指标，按照经济评价的动态法计算评价指标，从中选出经济效益最好的方案作为推荐方案。

第四章　特高含水期油田开发技术

第一节　剩余油描述

一、概述

中国东部油田经过几十年的注水开发，很多地区油田含水率都达到90%以上，进入特高含水期，剩余油分布更加零散，很多技术人员都把此时期的剩余油分布特征描述为“总体分散，局部富集”。地下储集层中还存在较多的剩余油富集区，提高采收率的潜力仍然较大。因此，研究剩余油富集区的形成机理和分布规律，完善剩余油富集区的描述和预测技术，更好地挖掘剩余油，就成了油田开发的热点和难点问题。

一般认为，影响中国东部陆相多层复杂非均质油藏开发晚期剩余油形成与分布的内因是储集层的地质条件，外因是井网层系注采关系及生产状况等。内因是客观存在，外因是因采取措施不当造成的。对每一个特定的油田或油藏，内因都是固定的，而且要在开发过程中逐渐被认识。因此，外因也就是油田开发措施，包括开发方案、开发调整和提高采收率技术等，成了决定油藏开采过程中形成剩余油的主控因素。也就是说，油田开发井网、层系、注水方式及它们在开发过程中的调整、提高采收率做法、不同的增产增注措施等决定了剩余油富集区的形成机理和分布规律。概括地说，剩余油富集区决定了油藏的注采关系，包括注采井的平面空间位置、距离和注采强度。

一个油田、油藏或油层从开发设计开始就要确定合理的层系井网、注采方式等，以便使其采收率达到最高，剩余油减到最少。开发过程中的不断调整，也是为了改善因当时开发方案和开发措施不尽完善合理而造成剩余油过多的现状，用开发调整开采出原方案和措施采不出的剩余油，提高油田、油藏或油层的采收率。

水驱油田开发晚期剩余油受到重视的原因：一是油田晚期产量递减严重，尽量多采剩余油以便减缓递减趋势；二是剩余油更加分散，挖潜困难，千方百计想找局部剩余油富集区，以便以最小的投入采出更多的原油。目的都是提高采收率。

二、影响剩余油分布的地质条件

在剩余油问题研究上，大部分人员从地质角度出发，认为陆相沉积油田地质条件复杂是形成剩余油、使得水驱采收率偏低的原因。

陆相油田储集层复杂性具体表现为：

(1) 沉积是多旋回的，油田纵向上油层多，有的多到百层以上，而且层间差异大；

(2) 断层多，由断层分割成差异性较大的大小不同断块；

(3) 砂体分布零散，平面连通性差，且颗粒分选差，孔隙结构复杂，物性变化大，非均质性严重；

(4) 储集层间渗透率级差大，河道砂体渗透率多呈上部低、下部高的正韵律分布特征，加上重力作用，注入水易从下部窜流；

(5) 原油多属中质油，地下黏度一般为 10 ~ 15MPa · s，石蜡含量高，还有一部分重质稠油；

(6) 一般油田天然能量很小，大多数油田需要注水补给能量进行水驱开发。

如果油田的非均质性十分严重，那么再好的开发方案设计、工艺措施，再精细的开发调整措施，甚至各种提高采收率方法，都会在油田开发晚期留下相当数量的剩余油。

三、剩余油分布类型

一般认为剩余油有两大种，即宏观剩余油和微观剩余油，也可分为可动剩余油和不可动剩余油。

(一) 宏观剩余油

1. 大庆油田观点

大庆油田通过动静态资料综合判断认为，受油田开发方式影响的宏观剩余油分为 9 种类型：

(1) 井网控制不住型：剩余油主要在原井网未射孔或原井网未钻到的油层中；

(2) 注采不完善型；

(3) 二线受效型；

(4) 单向受效型；

(5) 滞留区型；

(6) 层间干扰型；

(7) 层内未水淹型；

(8) 隔层损失型；

(9) 成片分布差油层型。

2. 韩大匡院士观点

韩大匡院士认为剩余油富集部位包括以下几种：

(1) 不规则大型砂体的边角地区，或砂体被纵向或横向的各种泥质遮挡形成的滞油区；

(2) 岩性变化剧烈，在砂体边部变差部位及其周围呈镶边或搭桥形态的差储集层或表外层；

(3) 现有井网不能控制的小砂体；

(4) 断层附近井网难以控制的部位；

(5) 断块的高部位、微构造起伏的高部位以及切选型油层中的上部砂体；

(6) 优势通道造成的未被水淹的部位及层间干扰形成的剩余油区、井间分流线部位；

(7) 正韵律厚层的上部；

(8) 注采系统本身不完善或与砂体配置不良所形成的有注无采、有采无注或单向受效而遗留的剩余油区。

(二) 微观剩余油

1. 成因分类

应用微观渗流物理模拟技术，用天然岩心和人造微观网络模型进行了系统的水驱模拟实验，认为水驱后微观剩余油按照其形成原因可分为以下两大类。

(1) 微观剩余油是由于注入水的微观指进与绕流而形成的微观团块状剩余油。这部分原油在微观上没有被水波及，仍保持着原来的状态。

(2) 微观剩余油是滞留于微观水淹区内的水驱后残余油。与前一类剩余油相比，在孔隙空间中更分散，形状也更复杂多样。

2. 发育部位分类

根据对微观驱替实验薄片观察结果，按照水驱微观残余油占据孔隙空间的具体部位，可将其划分为以下 5 种基本类型：

(1) 簇状残余油：这种残余油是残留在被通畅的大孔道所包围的小喉道孔隙簇中，实际上是存在于微观水淹区内更小范围的死油。容纳簇状残余油的孔隙从绝对值上讲不一定都是小的，它们与周围孔隙的连通喉道较细长，注入水波及该部位时发生绕流。这种残余油在微观水淹区所占的比例较大。

(2) 角隅残余油：残余油呈孤立的滴状存在于被注入水驱扫过的孔隙死角处，而附近的绝大部分孔隙空间被注入水所填充。

(3) 喉道残余油：残余油呈孤立塞状或柱状残留在连续孔隙的喉道处，特别是

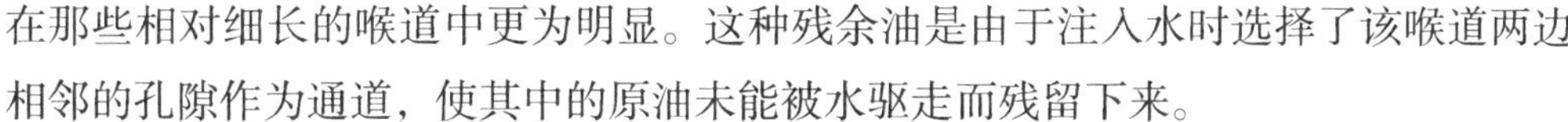

在那些相对细长的喉道中更为明显。这种残余油是由于注入水时选择了该喉道两边相邻的孔隙作为通道，使其中的原油未能被水驱走而残留下来。

(4) 溶蚀孔缝残余油：残余油残留在岩心的微观溶蚀孔缝中和这些孔缝边缘的岩石颗粒上。

(5) 孔隙颗粒表面的残余油：这种残余油呈全部连续厚薄不等的油环或油膜残留在孔隙周围的岩石颗粒表面，在油湿岩石中这种残余油比较典型。

四、剩余油描述方式

水驱油田开发晚期，无论宏观剩余油还是微观剩余油，在特定的地质条件下，都决定于注采关系及注采系统的完善情况；无论砂体的边角地区，断层、泥岩遮挡区，还是岩性剧烈变化部位，都不能形成完善的注采系统。二线受效型、单向受效型和滞留区型等剩余油，也是由于没有形成完善的注采系统造成的。找宏观剩余油就要详细研究储集层注采系统，乃至研究小层和单砂体的注采系统，选择合适的注采井组、最多的连通方向、一对一的注采关系，在有注无采、有采无注，甚至是无注无采的地方找剩余油。在没有定量描述剩余油方法之前，定性地确定剩余油就可以了，且在相当长的时间内也只能如此。

对于特定的油田微观剩余油，要研究油层的孔隙结构及有关的各项参数，研究水驱过程中黏滞力、重力、毛细管力、弹性力和惯性力五种力的作用和相互关系，再做些仿真的水驱油实验，但微观剩余油的定量描述还是很长远的问题，短期内做到定性描述就可以了。

总之，对于非均质严重的多油层油田，剩余油的存在是必然的，并且剩余油的存在并不是单一因素作用的结果，而是地质条件与开采条件的有机结合，其中地质条件是形成剩余油的先决条件，开采井网、井距及一些开采措施是决定剩余油分布状况的外部因素。地质条件相同的油田采用的井网、井距和开采措施不同，剩余油的分布状况就存在差异。相反，不同的油藏采用相同的井网，剩余油的数量和类型也不一致。对一个具体油田而言，地质条件是客观存在的，客观条件一定后，不同井网、井距和开采措施就决定了剩余油的存在形式和数量。随着油田井网加密，对油层的认识越来越接近实际，井网对油层的控制程度越来越高，油层动用状况不断改善，剩余油的数量越来越少，从而也就决定了对剩余油从易到难、从宏观到微观、从井网加密到三次采油的认识过程。

第二节　优势渗流通道描述与识别

一、优势渗流通道定义

优势渗流通道是指由于地质及开发因素导致在地层局部形成的低阻渗流通道。注入水沿此通道形成明显的优势流动，进而产生大量无效注入水循环层，俗称大孔道。在优势渗流通道的作用下，劣势渗流的区域或部位水驱效果差，有的甚至未被波及而形成剩余油富集区。低效、无效循环层在大庆油田的主要表现是：各种河道砂岩储集层由于自身向上变细的旋回性造成渗透率的差异性，加上油水的重力分异作用，造成注入水优先沿着河道砂体底部高渗透带向油井快速突进，并且在长期注水冲刷条件下，水相渗透率逐渐升高，形成油水井间相互连通的厚度不大的高渗透强水洗通道，当其驱油效率接近或达到残余油饱和度时，强水洗段的波及体积和驱油效率不再明显提高，形成注入水的低效无效循环场，严重干扰油层顶部及其他部位的吸水出油状况。这一定义特指油层内原始孔隙结构较好的高渗透部位，经长期水冲刷后所形成的大孔道。

水驱优势通道一般的概念是，根据达西定律，对于两个并行的流管进行水驱时，每条流管的渗流阻力与流管中水相有效渗透率成反比，与油水黏度比成正比。当第一条流管渗透率大于第二条时，水淹区长度大于第二条，导致渗流阻力越来越小于第二条，这种注入水沿第一条流管渗流能力大于第二条的现象被称为具有渗流优势。同样对于两个不相连通的层状油藏，具有高渗透、高含水饱和度的层具有渗流优势，因此可以定义这种注入流体或油藏流体流动阻力较小的通道为优势通道，这种优势通道存在于油层中的主河道、高渗透条带、裂缝和强水洗层等部位。

二、优势渗流通道成因

(1) 由于储集层非均质的存在，部分层位、部分方向上渗透率高甚至有裂缝存在，流体运移阻力小，注入水容易较快突破，这是产生优势渗流通道的内因。

(2) 在储集层中高渗透部位，随着注入水增多，含水饱和度越来越大，一般油藏在油水流度比大于1的情况下，后续注入水的流动阻力越来越低，使得优势通道的优势增加更明显。

(3) 由于注入流体的长期冲刷，造成部分储集层孔隙结构破坏，孔隙度、渗透率增加甚至润湿性发生改变，加剧了这部分渗流通道渗透率的增加和流动阻力的减小，促进了“大孔道”、高渗透条带的形成。

(4) 对于胶结程度差的储集层，影响大孔道形成的原因还有储集层的胶结程度、

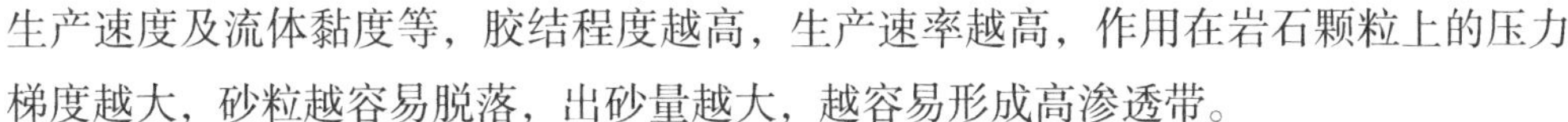

生产速度及流体黏度等，胶结程度越高，生产速率越高，作用在岩石颗粒上的压力梯度越大，砂粒越容易脱落，出砂量越大，越容易形成高渗透带。

三、优势渗流通道生产特征

优势渗流通道产生以后，生产指标会随之产生一定的变化。

(1) 采液指数在大孔道出现以前变化平稳，大孔道形成以后大幅度上升，油井产液量和含水率都大幅度上升。

(2) 注水井视吸水指数在大孔道形成前变化平稳，大孔道形成后，日注水量不变时井底压力下降，视吸水指数猛然上升。

若同一注采关系内两口注采井在同一个时期内油井采液指数和水井吸水指数均大幅上升，说明它们之间已形成了大孔道连通。

在同一注采单元中，被大孔道连通的井的采注比大于其他井，采注比大于1时有可能存在大孔道。

注水井井底压力变化情况也反映注水井和采油井之间的连通情况。大孔道形成后流体在近似管流的情况下，渗流阻力小，油井井底压力逐渐增加到接近水井井底压力。

四、优势渗流通道描述

有研究工作者根据示踪剂计算渗流通道的渗透率。由注水井注入一定浓度、一定量的示踪剂，测定油井示踪剂的产出曲线，计算水井和油井的通道数，再由示踪剂到达的时间，按照达西公式推导出通道的渗透率。

研究者认为，可根据计算的通道渗透率将地下流体通道分为渗流通道、窜流通道和似管流通道。把渗流通道分为低渗流通道（渗透率小于等于0.05μm^2）、中渗流通道（渗透率为0.05～1μm^2）、高渗流通道（渗透率为1～2μm^2）；窜流通道也分成小、中、大三级，渗透率分别为2～6μm^2、6～10μm^2、10～20μm^2；似管流通道渗透率大于20μm^2。

一般描述大孔道的主要参数有产水率、渗透率、渗透率级差、渗透率突进系数、渗透率变异系数、孔隙度和泥质含量等。

五、优势渗流通道判别方法

（一）试井监测

根据存在优势渗流通道地层的渗流特征，可近似用双重介质试井模型方法处理，将渗流通道看成裂缝，将低渗透层看成基质。

(二) 注水井井口压降曲线监测

注水井井口压降曲线越陡，优势渗流通道越明显，并可用 PI 指数法定量计算。

(三) 生产动态识别

选取优势通道的动态表征参数，如油水黏度、油水相有效渗透率、产油量、产水量、地层厚度、生产时间和井筒半径等，利用灰色关联理论等方法识别。

(四) 示踪剂监测

根据各井见示踪剂时间，反推示踪剂的推进速度，定性评价优势渗流通道是否存在。一般认为，示踪剂产出曲线尖而陡的注采井间存在优势渗流通道，平缓的不存在优势渗流通道。对示踪剂产出曲线拟合，还可定量解释渗流优势通道的几何和物理参数。

有人也用玻璃板填砂模型做过示踪剂在模型中形成和发展过程的实验，分别在实验模型大孔道形成前、形成过程中和形成后从注水井注入示踪剂，结果在大孔道形成以前注入的示踪剂几乎遍及整个模型，而大孔道形成后注入的示踪剂被限制在大孔道中，在大孔道形成过程中注入的示踪剂分布显示，大孔道主要是向前、向两侧逐渐扩展形成的。

(五) 测井曲线监测

渗流优势通道在测井曲线上的表现特征如下：

(1) 自然电位曲线上显示为偏离泥岩基线程度增大；

(2) 由于油田进入特高含水期开发后，存在优势渗流通道的油层已为特高含水，因此在测井曲线上显示为高水淹特征，深、浅探测曲线等电阻率值大幅度下降，并且深、浅探测电阻率的差值降低；

(3) 由于注入水的反复冲刷，形成渗流优势通道的砂体内孔隙度增加，高分辨声波时差增大。

第三节　储集层和流体性质变化

一、储集层性质变化

油层长期注水或注其他流体开发的过程中，地下储集层内参加渗流的油、水和

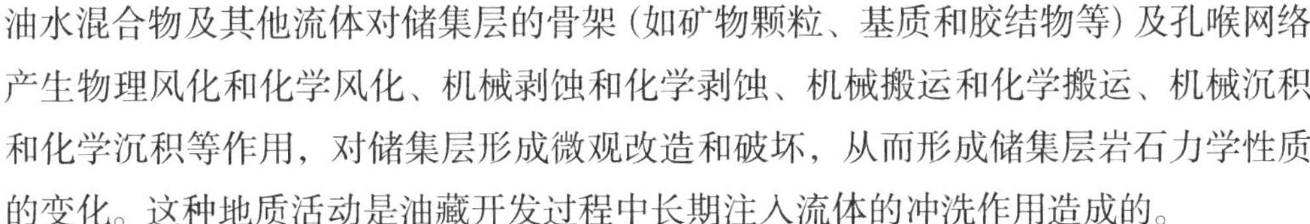

油水混合物及其他流体对储集层的骨架（如矿物颗粒、基质和胶结物等）及孔喉网络产生物理风化和化学风化、机械剥蚀和化学剥蚀、机械搬运和化学搬运、机械沉积和化学沉积等作用，对储集层形成微观改造和破坏，从而形成储集层岩石力学性质的变化。这种地质活动是油藏开发过程中长期注入流体的冲洗作用造成的。

（一）流体动力地质作用

1. 风化作用

风化作用分为物理风化作用和化学风化作用。

在长期注水开发过程中，由于注入水和油层温差大，而岩石矿物为热的不良导体，长期剧烈的温差使孔喉表面和内部骨架的收缩与膨胀发生不协调，导致地下储集层孔喉网络中的胶结物及骨架矿物在原地产生机械破碎，这就是油藏开发流体的物理风化作用。若注入水易溶蚀储集层中的孔隙结构，则随着开发阶段的推进，由于储集层基质和胶结物的溶蚀，导致储集层的骨架颗粒与注入水接触，从而进一步溶蚀储集层中的骨架矿物，使颗粒表面及内部被溶蚀，进而使储集层孔喉骨架、其他充填物及孔喉网络被改造或破坏，这就是油藏开发流体的化学风化作用。

2. 剥蚀作用

油藏流体的剥蚀作用是由于油藏流体长期对储集层冲刷造成的，也分物理剥蚀和化学剥蚀两种。剥蚀作用能对任何储集层的孔喉骨架和孔喉网络产生影响，导致破坏和改造，并将其产物剥离原地，同时也是地下储集层中物质运移的重要动力。剥蚀作用常使孔喉增大，进而可增加储集层的渗透率。

3. 搬运作用

油藏开发流体的搬运作用依据作用方式和特征可分为机械搬运和化学搬运两种。流体在地下储集层孔喉中渗流流速小，机械搬运能力相对弱，一般以化学搬运为主。机械搬运可使储集层中由于物理风化剥蚀作用而脱落的中细长石、黏土、地层微粒等产生运移。孔喉中的化学风化剥蚀产物一般呈胶体溶液或共溶液形式，一方面随着油和水搬运到地面，另一方面在一定条件下也可搬运到一定地方沉积下来，从而改造和破坏储集层的孔喉网络和骨架。

4. 沉积作用

油藏开发流体的沉积作用是指油藏开发流体将搬运的物质带到适当的场所后，因周围环境发生改变将其沉积下来的过程。根据沉积方式和沉积特征的不同，可分为机械沉积和化学沉积两种类型。机械沉积是指油藏开发流体所携带的长石、黏土和地层微粒等碎屑物质因流体流速发生改变而发生堆积的过程。若油藏开发流体在以胶体溶液和共溶液形式搬运过程中，物质在搬运的物理和化学环境发生变化时产生沉淀，这种沉积过程为化学沉积作用。

(二) 储集层性质变化

上述4种开发流体动力地质作用改变了注水开发油田储集层岩石的物理性质。储集层的孔隙结构发生变化，经强水洗后岩石表面黏土矿物明显减少，泥质含量下降，石英长石表面更干净。通过同一岩样水洗前后对比和毛细管压力曲线对比，发现大喉道半径所控制的孔隙体积比原来普遍增加，出现原来没有的大喉道。小喉道控制的孔隙体积比原来减少。由于孔隙结构变化，随之而来的是孔隙度变化、渗透率变化、润湿性变化和相对渗透率变化。

二、流体性质变化

在漫长的注水开发过程中，原油和注入水长期接触，产生一系列物理、化学反应，使原油性质发生变化。这种变化主要体现在原油密度、黏度、含蜡量、含胶量和凝固点等参数的变化，以及PVT性质（包括地下密度、地下黏度、体积系数、气油比、压缩系数、热膨胀系数和饱和压力等）的变化上。

造成原油性质变化的原因主要有以下几种：

(1) 在油藏开发过程中，原油密度较小，黏度较低，易于流动的轻质组分首先采出，剩余油中重质组分比例逐渐增多。

(2) 注入水携带的氧进入油层，原油发生氧化作用，也会使部分轻质组分变为重质组分。如胜坨油田二区注入黄河水中溶解氧含量为3～8mg/L，而采出的污水中溶解氧含量仅为0.01～0.6mg/L，损失的氧与原油发生了氧化作用。

(3) 硫酸盐还原菌等微生物会给原油性质带来一些伤害，地层压力下降和边部原油向内部渗流，也会引起原油性质变差。

在注水过程中，钙、镁和钡等矿物质因物理化学作用产生沉淀物，黏附在与之相接触的物体上，可能造成地层结垢，其危害是导致孔道堵塞、流体流动受阻，影响生产井的产油量。发生结垢的主要原因：一是油田水中含有高浓度的易结垢盐离子，在采油过程中，因地层压力和温度的变化，打破原先的物质平衡而形成垢；二是两种或两种以上不相容的流体混合在一起，流体中不同离子相互作用而生成垢。常见的垢有碳酸钙、硫酸钙、硫酸钡和铁化合物等。结垢的主要影响因素有注入水（包括混合污水回注水）与储集层水的成分及类型、压力、温度、水中含盐量和pH等。

三、油田特高含水期开发调整需考虑的问题

(1) 进行油藏模拟和开发指标计算时，所用的油层参数会与原始参数产生一定

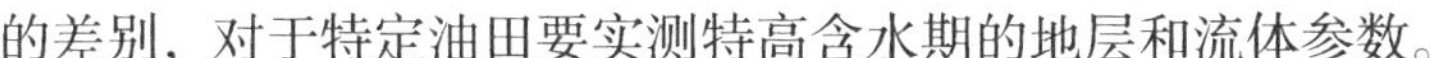

的差别，对于特定油田要实测特高含水期的地层和流体参数。

（2）油田特高含水期，由于长期水冲洗造成油层孔隙结构和润湿性改变，要研究此时的相对渗透率曲线和毛细管压力曲线变化，使之更符合油田实际，这项工作目前研究得还很少。

（3）油田开发提高采收率的主要任务是扩大波及体积，只有注入剂波及的油层才存在提高驱油效率的可能。油田一直到特高含水期仍然存在一定的未波及的宏观和微观油层，因此找寻单纯提高驱油效率的注入剂不是研究工作的主要目标。

（4）有研究认为，高孔隙度、高渗透率岩石经过长期注水冲刷后，产生渗透率降低现象。陈小凡等通过室内模拟实验认为影响渗透率的主要因素是岩石骨架构成及构造力、岩石孔隙结构、岩石岩相、颗粒大小分布、颗粒圆度和胶结程度等。对于中高渗储集层，首先，在注水初期，注入水对储集层岩石的作用主要以物理作用为主，造成储集层内颗粒迁移，堵塞孔隙喉道使渗透率下降；其次，砂岩中含有蒙皂石、高岭石和伊利石，随着注水驱替，蒙皂石膨胀，高岭石被打碎，部分堵塞小孔道，使孔隙的有效渗流半径减小，并可堵塞喉道，使小孔道半径变得更小，从而使得渗透率降低；最后，如果在驱替速度不大时，注水冲刷下来的小颗粒和充填物未冲出岩心，它们被冲刷到小孔道，使大孔道变得更大，小孔道变得更小甚至被堵死，导致岩心整体渗透率下降，这也是值得认真研究的问题。

第四节　开发调整技术

油田开发调整分为阶段性调整和经常性调整。

一、阶段性调整

阶段性开发调整是系统的调整，属重大技术改造和基本建设项目，必须经过科学论证，编制调整方案。调整方案可以整体部署，分步实施，并要与经常性调整紧密结合。

阶段性调整主要内容包括层系调整、注水方式及井网调整、注采系统调整、驱动方式调整（开发方式调整）。

（一）层系调整

层系的划分与调整基本上有两种：一种是层间差异大的多油层油田，按油层类型即渗透率的差异划分开发层系，把纵向上的高、中、低、差等油层分别各自组成

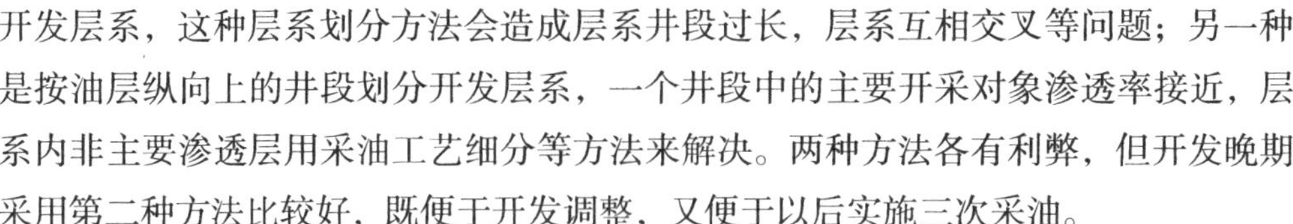

开发层系，这种层系划分方法会造成层系井段过长，层系互相交叉等问题；另一种是按油层纵向上的井段划分开发层系，一个井段中的主要开采对象渗透率接近，层系内非主要渗透层用采油工艺细分等方法来解决。两种方法各有利弊，但开发晚期采用第二种方法比较好，既便于开发调整，又便于以后实施三次采油。

1. 满足条件

在现有的层系条件下，储量动用较差时，就要找出原因进行调整。实践经验证明，作为一个独立的开发层系，最好满足以下条件：

(1) 具有一定的可采储量；

(2) 层数不宜过多，生产井段不宜过长，厚度要适宜，保证油井有较高的生产能力；

(3) 与相邻的开发层系间应具有稳定的隔层，以便在注水开发条件下不发生窜流和干扰；

(4) 同一开发层系内，油层的构造形态、压力系统、油水分布和原油性质等应比较接近；

(5) 油层的裂缝性质、分布特点、孔隙结构和油层润湿性应尽可能一致，以保证注水方式基本一致。

若原划分的开发层系与这些条件相差较多则需要进行调整。

2. 主要做法

(1) 细分开发层系；

(2) 井网开发层系互换；

(3) 层系调整和井网调整同时进行；

(4) 层系局部调整。

实际上，层系调整和井网调整是不可分割的整体，层系调整必然要进行井网调整，井网调整除在不变的层系内进行外，也要涉及层系调整。

（二）注水方式及井网调整

井网调整主要是调整层系的注水方式和选择合理井网。

1. 注水方式选择标准

(1) 尽可能做到调整后的油井多层、多方向受效，水驱程度高；

(2) 注水方式要与压力系统的选择结合起来，研究采液指数和吸水指数变化趋势，确定合理的油水井数比，使注入水平面波及系数大，能满足采油井提高产液量和保持油层压力的要求；

(3) 保证调整后层系内有独立的注采系统，又能与原井网搭配好，注采关系协调，提高总体开发效果；

(4) 裂缝和断层发育的油藏，其注水方式要视油田具体情况灵活选定，如采取沿裂缝注水或断层附近不布注水井等。

2. 合理井距选择标准

(1) 要有较高的水驱控制程度；

(2) 要能满足注采压差、生产压差和采油速度的要求；

(3) 要有一定的单井控制可采储量，有好的经济效益；

(4) 要处理好新老井关系，因新井井位受老井网制约，新老井分布尽可能均匀，注采协调；

(5) 要以经济效益为中心，确定不同油藏井网密度和最终采收率的关系。

3. 井网方式选择标准

一般不采用三角网，而采用方形井网，高渗透层井距最终采用 200 ~ 250m，中渗透层采用 150 ~ 200m，低渗透层采用 100 ~ 150m。注采井数比最好是 1 或逐渐趋近于 1。

4. 水驱油田开发晚期存在问题及层系井网总的调整原则

(1) 存在问题。水驱油田开发晚期，特别是多层非均质大油田，一般具有多套层系、多种井网，经过多年开采，经历了多次井网层系调整，井网层系比较复杂。大多数油田会存在如下问题：

①平面上多套井网相互交错，注采关系复杂，射孔交叉严重，注采井距很不均匀，影响水驱油状况和驱油效率，也就是影响采收率；

②纵向上开发层系相互交错，层间矛盾突出；

③多套井网射孔跨度大，射孔井段长达 100m 以上，有的甚至超过 200m，这对油田开采很不利；

④同一套层系中层数多，层间差异大，表现为渗透率级差大，渗透率变异系数大，由于单井射开层数较多，即使是细分注水后每个注水层段内的层数仍较多，有的达到 5 ~ 8 个小层，注水层段内油层渗透率差异仍然较大，仍有部分层不吸水。

(2) 调整原则

①统筹考虑水驱和今后三次采油的衔接；

②以油层分类为指导细化开发层系，由按开发对象性质组合层系、大段合采转变为细化层段后分对象细分调整；

③以单砂体有效控制理论为指导缩小井距，由以潜力为主转变为以提高单砂体控制程度为主进行井网优化；

④以剩余油分布特征为依据优化井型，由单一的直井开采转变为直井、水平井

等多种井网、井型开采。

(三) 注采系统调整

注采系统调整是指对原井网注水方式的调整，一般不钻井或钻少量井。注采系统调整，主要有以下几种方式：

(1) 原来采用边外注水或边缘注水，油藏内部的采油井受效差，应在油藏内部增加注水井；

(2) 原来采用行列注水，中间井排见不到注水效果或受效很差，应在中间井排增加点状注水或调整为不规则井网注水方式；

(3) 由于受断层影响，造成断层附近注采不完善，在断层附近地区进行局部注采系统调整，如增加点状注水井点；

(4) 裂缝发育而且主裂缝方向清楚的油藏，注水开发以后，沿裂缝方向迅速水淹，可将沿裂缝水窜的油井转注，形成沿裂缝注水的注采系统；

(5) 原来采用反九点法注水，随着油井含水率上升，产液量增长，注水井数少，满足不了注采平衡需求，可调整为五点法井网，形成注采井数比 1∶1 的注采系统。

(四) 驱动方式调整

驱动方式调整也叫开发方式调整。油田开发方式是指依靠或利用何种驱油能量来开发油田。开发方式有利用天然能量开发和人工补充能量开发等。开发方式的选择主要决定于油田的地质条件和技术经济条件。

油田开发方式主要包括一次、二次、三次采油等方式，即天然能量开发、人工注水注气开发、热采、混相驱、化学驱、微生物采油等。

在油田开发过程中，要根据油田具体情况确定调整方式和时机，进行开发方式调整。

到油田开发晚期，为了提高油田采收率一般要转换油田开发方式，根据不同油田具体情况采取各种三次采油方法。如中国很多油田特高含水期都采取了注聚合物驱油或复合驱油的三次采油方式，以提高油田采收率。

二、经常性调整

经常性的开发调整是在基本不改变开发层系井网条件下，采取各种地质、工艺技术措施对油水井的生产压差、注采强度和液流方向进行调整。每年在获得大量开发动态资料的基础上，根据不同开发阶段、潜力以及完成原油生产计划和改善开发效果的需要，编制并落实年度油田开发综合调整方案。

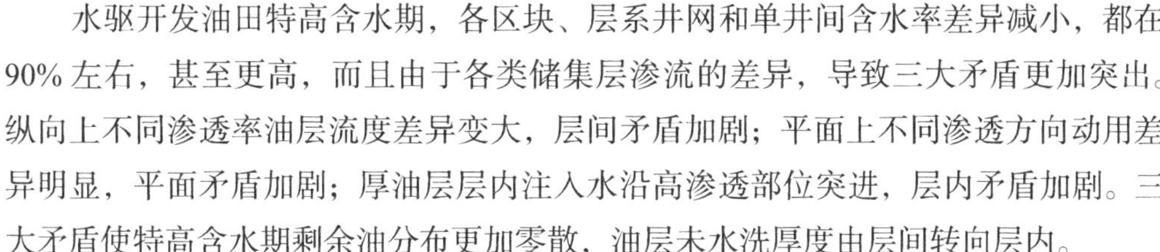

水驱开发油田特高含水期，各区块、层系井网和单井间含水率差异减小，都在90%左右，甚至更高，而且由于各类储集层渗流的差异，导致三大矛盾更加突出。纵向上不同渗透率油层流度差异变大，层间矛盾加剧；平面上不同渗透方向动用差异明显，平面矛盾加剧；厚油层层内注入水沿高渗透部位突进，层内矛盾加剧。三大矛盾使特高含水期剩余油分布更加零散，油层未水洗厚度由层间转向层内。

(一) 调整的主要内容

1. 注采量调整

年产油量由老井未措施产量、老井措施增油量和新井当年产油量三部分构成。如老井自然递减加快，要及时增加措施增油量和新井产油量，同时根据保持油藏分层注采平衡的需要和地下变化，调整不同类型油层的注水强度。

2. 注采压力调整

包括注水井压力调整、采油井压力调整和注采压差调整。要根据油层条件和吸水能力，分层调整注水压力和注采压差，协调注采关系，提高驱油效率。

3. 产能调整

主要对油水井采取分井或分层段的压裂、酸化、调剖和堵水等技术措施，提高较差油层的产油能力和吸水能力，控制或降低高渗透层吸水能力和产水量，以达到注采平衡，提高开发效果。

(二) 具体的调整措施

油田开发特高含水期，由于地下油水关系比较复杂，经常性地调整挖潜措施难度更大，因此调整措施的手段要更多，而且工作量更大。

具体的调整措施有注水井转注、油井补孔、注水井细分、油水井调剖、油井堵水、油水井压裂、油水井酸化、抽油井换泵、抽油机调参、油水井大修、油水井侧钻、周期注水及个别地方补井等13项。

不同措施有不同的目的，要根据油田的具体情况选择措施。使不同的措施起到相同的效果，是一项系统工程。要针对具体问题进行措施优化，以达到“两少一多”的调整目的，即产量递减少、含水上升少，增油量多。

(三) 调整需注意的问题

(1) 确定合理的注采比，想办法达到分层注采平衡，也就是平常说的要注好水、注够水。

(2) 确定合理的注水压力和地层压力水平及最低油井流动压力。

(3) 处理好控液和提液的关系，确定哪些油田部位油层或油井应当控液，哪些油田部位油层或油井应当提液。

(4) 根据油井、油层的差别，确定不同油层井组和油井应采取的挖潜措施，优化措施效果。

(5) 采取调整措施时，要分析经济因素，使采出的每吨原油都有经济效益。

第五节 对油田开发规律的认识

经历了几十年的水驱油田开发以后，各主力油田都相继到了油田开发晚期特高含水阶段。虽然特高含水阶段一直到油田废弃还没有完整的实践经验，但对水驱油田开发规律从实践到理论应该进行科学总结，在这里发表一些粗浅的看法，抛砖引玉，供业内专家批评指正。

一、科学划分油田开发阶段

油田开发是一个漫长的过程，特别是大油田一般都要经历上百年的历史。石油的开采方法大体上经历三代：20 世纪 40 年代以前是靠天然能量采油的一次采油阶段；20 世纪 40 年代以后是靠注水、注气恢复或保持油藏能量采油的二次采油阶段；20 世纪 50 年代以后，针对具体油藏情况，提出了各种提高采收率的新方法、新工艺、新理论，开始了三次采油阶段。

漫长的水驱油田开发过程也需要科学划分开发阶段，以便制定不同阶段的技术政策和经营管理政策。学者们认识了油田开发过程的客观规律，提出了两种科学划分水驱油田开发阶段的方法。实践证明，两种方法相辅相成，互通互补，把油田开发过程描述得非常客观真实，既有理论意义，又有实用价值。

一种是按产量的变化，也就是按平均采油速度的变化把油田开发过程划分为四个开发阶段：一是采油投产阶段；二是高产稳产阶段；三是产量下降阶段；四是收尾阶段。

另一种是中国目前采用的注水油田开发阶段划分方法，它是以含水率指标为划分依据，按油田含水级别划分为低含水期（含水率小于 20%）、中含水期（含水率为 20% ~ 60%）、高含水期（含水率为 60% ~ 90%）以及特高含水期（含水率大于 90%），其中高含水期又可分为高含水前期（含水率为 60% ~ 80%）和高含水后期（含水率为 80% ~ 90%）。

不同开采阶段的开发特征不同，相应采取的开发控制和调整措施也不一样。大

体上各开发阶段的调控指标有以下 10 项：

(1) 储量控制程度；

(2) 水驱储量动用程度；

(3) 可采储量采出程度；

(4) 含水上升率；

(5) 自然递减率；

(6) 地层压力；

(7) 流动压力；

(8) 注水压力；

(9) 剩余可采储量采油速度；

(10) 注采比。

二、油田开发基本规律

(一) 油水两相渗流规律——相对渗透率曲线

相对渗透率曲线反映了水驱油过程中把达西定律引用、推广到多相流中的基础参数变化。它是从试验过程中得到的，是研究水驱油机理的一项基本规律，也是评价油田开发效果的关键参数。到目前为止，相对渗透率曲线大体有以下 9 项用途：

(1) 油藏分析，特别是油藏模拟的重要参数；

(2) 计算含水率、分流量；

(3) 估算油藏含水上升率；

(4) 估算采油指数、采液指数；

(5) 判断润湿性；

(6) 计算流度和流度比，包括端点流度比和过程流度比；

(7) 判断束缚水饱和度；

(8) 判断残余油饱和度；

(9) 水驱特征曲线的理论基础。

当然，相对渗透率曲线还有很多问题需要研究，进一步发展研究的空间还很大，如长期水冲刷后相对渗透率曲线的变化、压力梯度对相对渗透率曲线的影响等。

(二) 流体流量之间变化规律——水驱特征曲线

采油过程中水驱特征曲线反映了水驱油田开发过程中累计产油量、累计产水量之间的统计规律。

由于累计产油量、累计产水量、累计产液量、累计水油比、累计液油比、含水率之间的密切关系，研究工作者在原始水驱特征曲线的基础上，利用上述这些参数之间的关系，引申和发展出一组这些参数之间的规律性关系。用它们之间的不同组合绘制出关系曲线，在不同坐标上表示，就可出现易于定量描述的直线段，利用这些直线段的特征可以预测出很多油田参数。

实践证明，水驱特征曲线有以下几个特点：

(1) 水驱特征曲线具有可叠加性规律；

(2) 在油藏进行调整措施后有中途转折性的规律；

(3) 水驱特征曲线直线段出现时间具有规律性；

(4) 特高含水期水驱特征曲线有上翘规律；

(5) 水驱特征曲线和油水相对渗透率曲线有内在联系，油水相对渗透率曲线是水驱特征曲线的理论基础。

(三) 油田产量变化规律——递减曲线

研究产量递减规律的方法一般是从总结油田生产经验入手，绘制产量与时间关系曲线，或绘制产量与累计产量关系曲线，然后选择恰当的标准曲线或标准公式来描述这一段关系曲线。在此基础上，根据标准曲线和公式外推以预测今后的产量变化趋势。

递减曲线法评估储量主要用于开发时间较长，有一定油水运动规律的油气藏，评估的储量具有时效性，一般最多为一年。多采用结果偏保守的指数递减曲线法计算储量。

(四) 油层工作方式规律——流入动态曲线

所谓油层工作方式，也就是油层中各种流体在油层多孔介质中、在稳定流条件下从油层流入井底的规律。它是根据多种流体（包括单相、两相，可压缩、不可压缩，牛顿、非牛顿流体等）在各种地下多孔介质中的稳定渗流微分方程式求解出的单井平面径向流动条件下油井稳定产量和压力值（或压差值）的关系式或关系曲线，也叫指示曲线。根据该关系式可求出油、水井的采油指数、吸水指数及井附近的平均地层参数等。

这种根据油井产量、油层压力、井底流压建立产量和生产压差之间的关系就是过去所说的稳定试井，它是通过人为地改变油井工作方式，在各种工作方式下测量其相应的稳定产量和压力值，根据这些数据绘制出指示曲线，并列出流动方程。

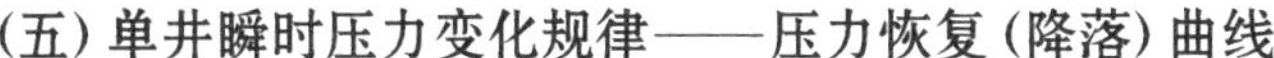

(五) 单井瞬时压力变化规律——压力恢复 (降落) 曲线

油井压力恢复 (降落) 曲线就是通常所说的不稳定试井曲线，它反映了流体在地下多孔介质中渗流的基本规律。就其范畴来讲，属于地下渗流力学的反问题。压力恢复曲线试井是运用已知的渗流规律来分析、判断、推测多孔介质的相关系数 (如渗透率、流动系数、导压系数和油层边界等)。如果给这种不稳定试井方法下个定义，可以这样认为：以渗流力学理论为基础，以多种压力测试包括流量测试仪表为研究手段，通过对生产井和注入井测油层压力恢复及降落曲线或井间层间干扰曲线，研究油层各种物理参数及生产能力的方法。

(六) 油层孔隙结构特征规律——毛细管压力曲线

通常可以把孔隙介质中的毛细管压力简单地定义为两种互不相溶流体分界面上存在的压力差。在孔隙中或毛细管里，由于毛细管表面对两相流体的润湿性不同，而形成弯液面，两相流体之间形成压力差，这个压力差就是毛细管压力。由于非润湿相界面总是凸形，所以非润湿相压力大于润湿相压力，故一般把毛细管压力写成非润湿相压力减去润湿相压力，为正值。

毛细管压力曲线的用途很多，它是水驱油过程中不可忽视的研究手段，也是研究油水过渡带和其中饱和度变化不可缺少的资料，但更重要的是通过毛细管压力曲线的测试和分析研究来表征储集层岩石的孔隙结构。

三、油田开发工作的规律性认识

(一) 不断认识的开发历程

由于油田具有复杂性，特别是严重的油层非均质性，必须通过开发逐步加深对油田的认识。

在漫长的油田开发过程中，随着科学进步和技术创新，认识油田的方法和技术不断改进，对油田的认识程度不断深化细化。

随着油田开发的进行，油气水在地下分布不断变化，储集层多孔介质的性质 (如油层孔隙结构、岩石润湿性等) 也在不断发生变化，因此也要在开发过程中不断加深对油田的认识。

油田开发的历程就是不断认识油田的过程，油田开发没有结束，对油田的认识就不会停止。

(二) 先易后难的开发程序

油田开发过程中对油藏地质的认识是不断深化的。开发初期由于资料较少，对于大面积分布的好油层认识比较清楚，对于零散分布的差油层认识较差；对于大的断块和纯油区认识得比较清楚，对于小断块和油水过渡带认识较差。因此，为减少风险、提高效益，油田开发一般都是以大面积分布、储量丰度比较大的主力油层纯油区为目标部署基础井网。一方面可以迅速形成产能并获得最佳的投资回报；另一方面由于资料增多，可以进一步清楚地认识差油层和相应储量，为以后开发创造条件。对于断块油藏也是如此。

这种先肥后瘦、先易后难的开发程序是油田合理开发的基本原则，这是客观认识油藏过程尽快获得较大经济效益决定的，也是开发技术不断创新决定的。

(三) 分而治之的开发方法

油藏开发方法有很多共性，但开发好油藏要研究每个油藏每个区块及每个油层的个性及特殊性，采取具体情况具体分析、不同情况区别对待、分而治之的开发方法，这样才能取得更好的开发效果。

分而治之的开发方法是由油藏地质特点、开发方式及开发效果决定的，是油田合理开发、制定不同开发规则和开发方案的需求，是采取不同作业区管理模式的需求。

复杂断块油藏更要因地制宜，区别对待，不同断块采取不同开发对策和注采井网，甚至是一块一策、一井一法，不同性质的矛盾采用不同的方法解决就是典型的分而治之的方法。

(四) 物质平衡的驱动方式

目前，油田开发的最好方式是利用一种驱油剂驱替油层中的原油。最常用的驱油剂就是水，当然，也有注气、注化学剂等驱油方式。为了使驱油剂达到最好的效果，需要研究驱油剂的作用机理、物理化学性质等诸多因素。另外，还有一个很重要的基础问题，就是无论选择何种注入剂都必须保持油层有足够的能量，使注入剂和采出油量保持注采平衡，不使地下储集层体积产生亏空或亏空过多。这就是驱替剂驱油过程中需要遵循物质平衡驱动方式的基本规律，也就是说应该要求驱替剂的注入量与原油及随原油的采出物基本达到平衡，保持注采比基本上等于1。

水驱油田保持比较充足的能量，需要保持较高地层压力，采取早期注水保持地层压力与原始地层压力接近为最好。

（1）保持地层压力与原始地层压力接近，才能使原油生产达到足够高的生产压差，保证足够高的油井产量。

（2）保持油层压力与原始地层压力接近，才能使开采过程中不至于因地层压力下降过多甚至低于饱和压力而出现地下原油大量脱气、明显改变原油性质的不利局面。

（3）压力敏感性强的变形介质油层，如果地层压力过低，就会因渗透率下降而影响原油产能和采收率。

总之，物质平衡的驱动方式是油田开发的基本规律。因为它是在油藏工程中应用的物理学基本定律，无论是在渗流力学领域，还是在油藏工程方法领域，它都是研究问题和解决问题的基本条件。

（五）逐步强化的开发手段

油田认识程度与油田实际情况相比总有一定的差距，可以说，直到油田开发结束，人们对油田的一些情况还认识不清楚。

油藏的差异性和对油藏认识的间接性、不确定性造成预测结果的不确定性或概率性，因而形成油田开发的风险性，所以初始的油田开发方案设计不可能一成不变地在油田开发全过程中执行。油田总是要不断进行开发调整，经过各类油田长期开发实践，认识到一条很重要的油田开发定律就是“逐步强化的开采手段”。

1. 开发层系由粗到细

合理划分和组合开发层系，是从开发部署上解决多油层非均质性的基本措施，是油田开发设计的首要内容。油田开发工作者确定了比较科学的开发层系划分与组合的原则和方法，也通过实践逐步认识到细分开发层系的重要性。但油田开发初期很难一次就把油田开发层系划分得很好，因为开发初期资料比较少，不可能超越当时对油层的认识程度，所以初期开发层系划分很不完善，一般划分得都比较粗，称为基础井网。经过一定开采阶段对地下情况进一步认识，再根据油层特点及动用状况逐步进行层系细分调整。

2. 开发井网由稀到密

井网密度问题一直是油田开发工作者关心和争论的问题。随着油田地质研究的深化和开发经验的积累，针对非均质油田，提出油田井网密度主要应取决于储集层的地质特点和储集层中流体的性质以及油藏极限可采储量的丰度和构成。一般来说，储集层的分层性越强、连续性越差、渗透率越低、原油黏度越高，要求的注采井距就越小，采用的井网就越密。由于开发初期受油层状况认识的局限，一开始不可能采用较密的井网，一般都是随着开发进程，对油层认识深化细化，为了提高发育比

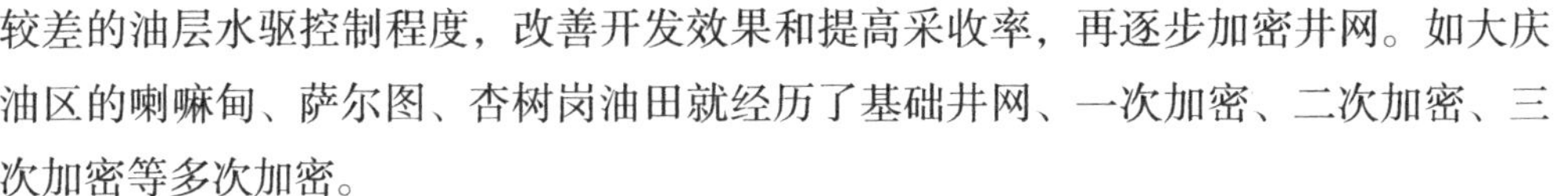

较差的油层水驱控制程度，改善开发效果和提高采收率，再逐步加密井网。如大庆油区的喇嘛甸、萨尔图、杏树岗油田就经历了基础井网、一次加密、二次加密、三次加密等多次加密。

3. 注采系统由弱到强

注水井与采油井的相对位置关系以及它们之间的数量比例组成注采系统，也就是平时说的注水方式。不同的注水方式和注采井数比是反映注采强度的主要标志。

为了尽快收回投资，取得较好的经济效益，注水开发油田在开发初期一般尽可能地多布油井，少布注水井。如过去行列注水时大多采用两排注水井夹三排生产井，面积注水时，多采用反九点法，注采井数比为 1 ∶ 3。随着油田含水率上升，特别是进入特高含水期，采液量增长较快，注采系统不适应的矛盾日益明显，表现为注水量满足不了产液量增长的需要，压力系统不合理，因此必须进行注采系统调整，强化注采系统，转注部分油井或新钻部分注水井增加注水井点，使注水量能够满足采液量增长的需要。如胜坨油田随含水率上升注采系统逐渐强化，1970 年注采井数比为 1 ∶ 3.9，1978 年为 1 ∶ 3.1，1996 年为 1 ∶ 1.8。

另外，在相同的井网条件下，注水井数少，对油层的水驱控制程度也低，因此，逐步强化注采系统还可以增加可采储量和提高采收率。

在多层非均质条件下，开发初期注采井网只能对一些主要油层形成比较完善的注采系统，很难兼顾绝大多数油层。因此，随着开发过程的推移，需要不断完善注采系统。现在已经提出了按单砂层完善注采系统的设想和做法，其目的是要提高油层动用状况和增加油田采收率。从这种意义上看，也是要逐步强化注采系统。

总之，世界上的大油田注采系统的发展趋势都是一样的，都符合由弱到强的变化规律。

4. 生产压差由小到大

生产压差是影响油田采油速度的关键因素。在井数一定的条件下，要提高采液量和采油速度，只有通过放大生产压差来实现。在水驱油田油水黏度比较大的条件下，油井开采的两条基本规律如下：

（1）随着油层内含水饱和度的增加，地层内的流动阻力逐渐缩小，采液指数不断增加，只有通过不断放大生产压差，才能保持采液量不断提高，保证油井的产量稳定或提高。

（2）油井生产时，特别是在自喷开采条件下，随着油井含水率增加，井筒内液柱回压不断加大，井底压力不断提高，只有不断放大生产压差，才能解放油井的生产能力，使采液量和采油量有所增加，这样做也能减少层间干扰，充分发挥不同渗透率油层的作用。

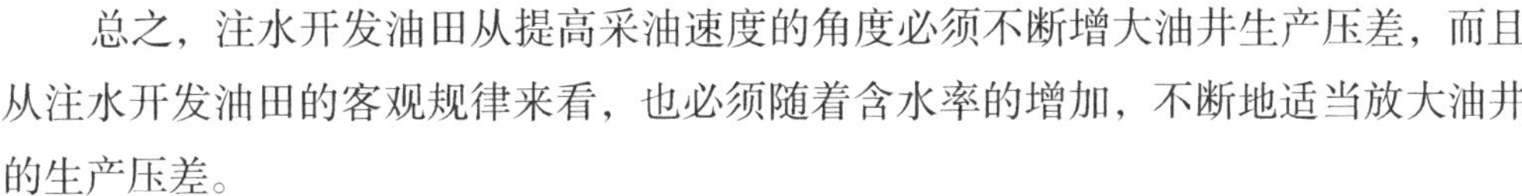

总之，注水开发油田从提高采油速度的角度必须不断增大油井生产压差，而且从注水开发油田的客观规律来看，也必须随着含水率的增加，不断地适当放大油井的生产压差。

5. 调整措施由少到多

到油田开发晚期，由于含水高，含油潜力区多呈分散状，要想控含水降递减，保持油田一定的采油速度，必须采取越来越多的调整挖潜技术措施，工作量也越来越大。

通过上述分析我们可看出，反映多层非均质油田开发趋势的内容可归纳为六句话，即开采对象由易到难、开发层系由粗到细、开发井网由稀到密、注采系统由弱到强、生产压差由小到大、调整挖潜措施由少到多。

未来的油田开发工作，在继续用注入剂驱油开采时，应该遵循如下原则：

(1) 增加储集层驱替通道，即增加驱油的渗流通道。研究增加驱油的宏观和微观渗流通道。

(2) 增加驱动压差，即增加驱动压力梯度，增大注入井和采油井的生产压差。

(3) 增加注入和采出井的渗流面积，大力发展复杂结构井。

(4) 在经济条件允许的情况下，增加注入剂驱油的冲洗倍数。

(5) 增加驱油注入剂的驱油效率，尽量把油层中的残余油多采出一些。

第五章　油藏开发调整技术与方法

第一节　层系调整技术与方法

在中低含水期，对开发初期的基础井网未做较大的调整，层系的划分是比较粗的。进入高含水期以后，层间干扰现象加剧，高渗透主力层已基本水淹，中、低渗透的非主力油层很少动用或基本没有动用，油田产量开始出现递减。进行细分开发层系的调整，可能把大量的中、低渗透层的储量动用起来，这是细分开发层系的必要性。另外，油井水淹虽然已很严重，但从地下油水分布情况来看，水淹的主要还是主力油层，大量的中、低渗透层进水很少或者根本没有进水，其中还能看到大片甚至整层的剩余油，具备把中、低渗透层细分出来单独组成一套层系的可能性。因此，进行开发层系细分调整是改善储层动用状况，保持油田稳产、增产、减缓递减的一项主要措施。

一、合理划分和组合开发层系的基本原则

(一) 开发层系内的小层数

国内外实践经验都表明，一套开发层系内的小层数越多，则实际能动用的层数所占的比例就越少，并且考虑到分层注水的实际能力有一定的限度，一套开发层系内主力小层数一般不超过 3 个，小层总数为 8 ~ 10 层，在细分调整时可以更少一些。

(二) 储层岩性和特性

储层物性中，渗透率级差的大小是划分开发层系最重要的参数之一。一套开发层系内的各小层渗透率之间的级差过大将导致不出油层数与厚度显著增加。根据胜利油田的胜坨、孤岛，大庆的喇萨杏等油田资料的分析，一套开发层系内渗透率级差大体控制在 3 ~ 5 以内较为合适。

还需要注意的是，由于沉积条件的不同，其水淹特点也不同。例如，反韵律储层的水驱油情况比正韵律储层均匀得多。因此，在合理组合层系时，还应考虑各小层沉积类型尽可能相近、层内韵律性相近。其他岩石的特性如孔隙结构、润湿性等

水驱油渗流特性参数最好也能相近。

（三）原油性质的差异程度

在组合开发层系时，各小层原油性质应该尽量相近，黏度的差异不要超过1～2倍。

（四）油藏的压力系统

在一套开发层系内，各小层应属于同一个压力系统，不然层间干扰非常剧烈。

（五）储量和产能

每套开发层系都是一个独立的开发单元，必须具有一定的物质基础，单井控制的可采储量必须达到一定的数值，要具有一定的单井产能，而且深度越大，所需要的单井可采储量及产能也要相应增大。因此，每套系统必须有一定的有效厚度，以保证这套层系的开发是有经济效益的。

（六）隔层

两套相邻的开发层系之间必须有分布稳定的不渗透隔层将两者完全分隔开，以免两套开发层系之间发生窜流，造成开发上的复杂性。在没有垂直裂缝的条件下，3m厚的稳定泥岩已是较好的隔层，若油层太多隔层又不太稳定，只能从中选相对比较稳定的泥岩层作为隔层。

实际工作中也会碰到无区域稳定隔层的情况，这时1m以上较稳定的泥岩层或厚度大但渗透率极低的砂层也可以在局部起到隔层的作用。

二、层系调整的原因

在多油层的油藏中，有些含油砂体或单层在水动力学上是连通的，需要分成多个开发层系，用不同的井网进行开发。

在中低含水期，对开发初期的基础井网未作较大的调整，层系的划分是比较粗的。进入高含水期以后，层间干扰现象加剧，高渗透主力层已基本水淹，中、低渗透的非主力油层很少动用或基本没有动用，油田产量开始出现递减。进行细分开发层系的调整，可能把大量的中、低渗透层的储量动用起来，这是细分开发层系的必要性；另外，油井水淹虽然已经很严重，但从地下油水分布情况来看，水淹的主要还是主力油层，大量的中、低渗透层进水很少或者根本没有进水，其中还能看到大片甚至整层的剩余油，具备把中、低渗透层细分出来单独组成一套层系的可能性。

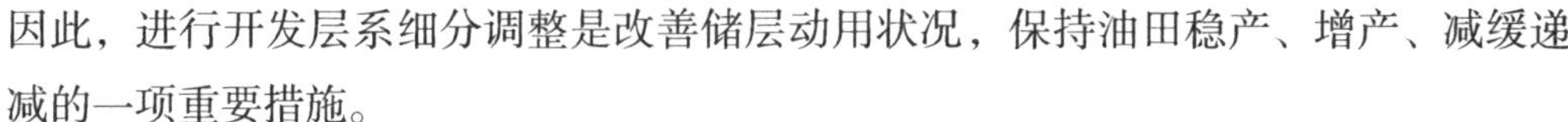

因此，进行开发层系细分调整是改善储层动用状况，保持油田稳产、增产、减缓递减的一项重要措施。

例如，大庆油田的萨尔图油藏顶部到高台子油藏底部，从压力系统到油水界面的一致性来说，可以认为是一个油藏。但用一套井网来进行开采时，每口井的射孔层段都可能达到300m。这样在注水以后，由于不同层位渗透率的差异，层间干扰严重，甚至出现层间倒灌的现象。

因此，在开发实践中，往往把厚度很大的一个油藏分成若干个开发层系。

三、层系调整的原则和方法

(一) 层系调整的原则

在既定的井网条件下，随着油田水淹程度的增加，油田分层调整挖潜余地越来越小，挖潜的难度越来越大。一是原井网控制的储量中，在油井多层见水的情况下，难以进行调整挖潜；二是原井网控制的储油层已经过反复调整，继续调整的空间缩小；三是原井网未控制住的油层，储量难以动用。因此，为了继续挖掘基础井网中的剩余潜力，只有在新的井网层系条件下进行。

在搞清调整对象的沉积类型和特征的基础上，又经过进一步现场试验和大量渗流力学研究，确定了细分层系开发调整的原则。

1. 油层相控原则

同一层系内油层的沉积条件大体相同。一般可按砂岩组确定调整和细分对象，使调整层段相对比较集中。

2. 物性级差原则

调整层系内油层物性要大体接近，三角洲前缘相沉积区渗透率级差不大于3，其他沉积区不大于5。

按沉积相划分调整层系后，应进一步考虑每一套层系的渗透率级差，在此用每口井的最大渗透率与最小渗透率比值来表示。

3. 层系独立原则

每套层系要有独立的注采系统，新老井要错开布井，井距为200 ~250m，水驱控制程度要达到80%以上。

4. 调整改造原则

在开采过程中要搞好分层（段）注水和分层措施调整，应用多裂缝或限流压裂改造等进攻性手段，提高较低渗透油层的动用程度。

5. 高效开采原则

每套调整层系的初含水率要求低于30%，平均单井日产油达到8～10t，平均单井可采储量达到（3～5）$\times 10^4$t。

（二）层系调整的方法

从我国的实际来看，根据油藏具体地质、开发状况的不同，层系细分调整有下述方法。

（1）新、老层系完全分开，通常是封堵老层系的井下部的油层，全部转采上部油层，而由新打的调整井来开采下部的油层。这种方法主要适用于层系内主力小层过多，彼此间干扰严重的情况。把它们适当组合后分成若干个独立开发层系，这种方法既便于把新、老层系彻底分开，又利于封堵施工。如果封上部的层、采下部的层，封堵施工难度大，且不能保证质量。

（2）老层系的井不动，把动用不好的中、低渗透油层整层剔出，另打一套新的层系井来进行开发。这种方法主要适用于层系内主力小层动用较好，只是中、低渗透非主力层动用差的情况。这种做法工程上简单，工作量小，但老层系和新层系在老井处是相联系的，两套层系不能完全分开，不能成为完全独立的开发单元，以至于在各层系的开发上难以掌握动态，更难以进行调整。

针对这种细分方法的弱点，有人提出分期布井的方法，即把原层系中的主力小层先布井开发，等含水到一定程度、产量即将出现递减时才把中、低渗透层作为一套独立的开发层系布井开发，靠新层系的投产来实现接替稳产。这样做的优点是两套层系完全相互独立，避免了相互干扰的影响，便于分别掌握其动态变化，并及时进行调整；由于中、低渗透层展布情况更为复杂，当主力层组成的层系投入开发时，可以利用这些井起进一步详探的作用，把这些中、低渗透层的展布和物性变化描述得更加清楚，为井网的部署提供合理的依据。但开发初期只靠第一套层系开采，油藏的产量可能会低一些，需要适当提高采油速度，以避免开发初期产量过低的缺点。这种做法会取得较好的效果。

（3）把开发层系划分得更细一些，用一套较密的井网打穿各套层系，先开发最下面的一套层系，采完后逐层上返。这种方法最适用于油层多、连通性差、埋藏比较深、油质又比较好的油藏。因为在这种条件下，需要划分的层系多，又需要比较密的井网，才能控制住较多的水驱储量，形成比较完整的注采系统，否则注水效果将会很差。由于井深、层系多，每一套井网都打很多井，经济上不合算，因此，只有打一套较密的井网，逐层上返，才能取得较好的经济效益。但这样做会导致整个油藏的开发速度可能比较低，开采时间拖得比较长，因此每一套层系都必须用比较

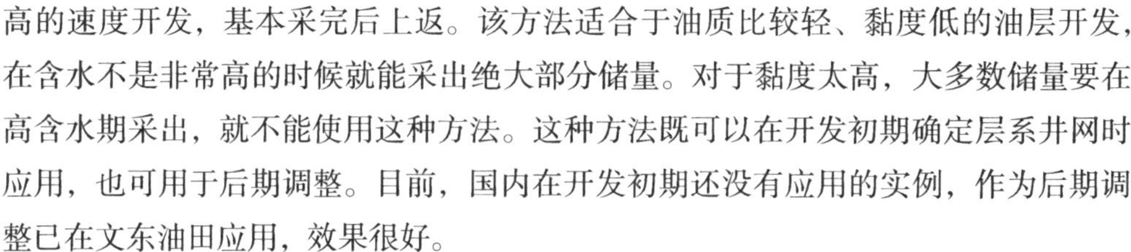

高的速度开发，基本采完后上返。该方法适合于油质比较轻、黏度低的油层开发，在含水不是非常高的时候就能采出绝大部分储量。对于黏度太高，大多数储量要在高含水期采出，就不能使用这种方法。这种方法既可以在开发初期确定层系井网时应用，也可用于后期调整。目前，国内在开发初期还没有应用的实例，作为后期调整已在文东油田应用，效果很好。

（4）不同油层对井网的适应性不同，细分时对中、低渗透层要适当加密。油田开发的实践表明，对分布稳定、渗透率较高的油层，井网密度和注采系统对水驱控制储量的影响较小，因此井网部署的弹性比较大；面对一些分布不太稳定、渗透率比较低的中、低渗透层，井网布置和井网密度对开发效果的影响变得十分明显，油层的连续性差，井网密度或注采井距与水驱控制储量的关系十分密切。因此，细分层系时对中、低渗透层适当采取较密的井距，有助于提高中、低渗透层的动用程度。

（5）细分层系，打一批新井也有助于不断增加油田开采强度，提高整个油田产液水平。为了保持油田在高含水期的稳产，随着含水率的上升，应不断提高油田的排液量，除提高单井排液量的措施外，打细分加密井，增加出油井点，也是整体提高油田排液量的重要措施。

（6）层系细分调整和井网调整同时进行。该方法是针对一部分油层动用不好，而原开采井网对调整对象又显得较稀的条件下使用的。这种细分调整是一种全面的调整方式，井打得多，投资较大，只要预测准确，效果也最明显。

（7）主要进行层系细分调整，把井网调整放在从属位置。一个油区开发一个时期后，证实井网是合理的，但由于层系划分得不合理而造成开发效果不好，这时进行层系细分调整是最有效的，可以把井网调整放到从属位置。

（8）对层系进行局部细分调整。这里说的局部调整一般有三种类型：一是原井网采用分注合采或合注分采，当发现开发效果不够好时，对分注合采的增加采油井，对于合注分采的增加注水井，使两个层系分成两套井网开发，实现分注分采；二是原层系部分封堵，补开部分差油层，这种补孔是在某层系部分非主力层增加开采井点，提高井网密度，从开发上看是合理的，但由于好油层不能都堵死，所以只能是局部调整措施，由于补孔施工对开采层的污染，所以在选择施工时，又受一定的限制，若不能增产就不应补孔；三是随着油田开发实践，对原来的油层、水层、油水同层的再认识，可能在油田内发现一些新的有工业价值的油气层，若可能的话也可以通过补孔开发这些油层。

凡是经过补孔实现层系细分调整的，都要坚持补孔增产的原则。

四、层系细分调整与分层注水

合理划分开发层系和分层注水是目前使用最为广泛的两类不同的减缓层间干扰方法。这两类方法各有其应用特点和阶段性，应用得好可以相辅相成。

(1) 开发层系的粗细牵涉到井数大量地增减，投资额相差很大。我国陆相储层油层数量多，非均质严重，因此一方面受到对油藏地质条件认识程度的限制，另一方面也受到经济条件的限制，在开发初期一般不可能把开发层系划分得非常细。

(2) 分层注水经济实用，但在技术上也有限制。由于同管分注各水嘴间存在着干扰，分的层段越多，不仅井下装置越复杂，成功率也越低。调配一次，花的时间很多，油层过深，技术难度也增大。从实用的观点来看，使用比较方便的是二级三段或三级四段分注。因此，靠分层注水完全解决多层砂岩油藏的层间干扰问题是不现实的，特别是含水越来越高、层间干扰越来越复杂时，单靠分层注水就难以阻止产量的递减。

综合上述两个方面的分析，可以认为，在油藏开发初期，以主力油层为对象，开发层系适当划分得粗一些，层系以内用分层注水的办法进一步减少层间干扰，等含水率增至这套系统已不适应时，再进一步进行以细分开发层系为主的综合调整。从我国 40 多年油田开发实践来看，这样一整套做法是行之有效的。

(3) 开发层系合理划分和分层注采工艺的使用是互相影响的。层系划分得比较细，简单一些的分层注采工艺就可以满足需要；层系划分得粗，对分层注水工艺的要求就比较高，如果划分得过粗，对分层工艺的要求超出其实际能够达到的水平，油田开发状况可能很快就会恶化，不得不过早地进行细分调整。例如，在编制喇嘛甸油田的开发方案时，过高地估计了分层注水的作用和实际可能达到的解决层间干扰问题的能力，层系划分过粗，对具有 45 ~ 90 个小层的油田只用一套半开发层系进行分注合采，使得在分层注采施工中，一口井下封隔器多的达七八级甚至九级，配水非常困难，成功率低，结果层间干扰严重，含水上升率高达 5% ~ 6%，纵向上油层动用差，开发效果不好。因此，在选择这两类方法的最优搭配时，要考虑以下因素。

①要以开发层系的合理划分为主。如果地质认识程度及经济分析许可，应尽可能把开发层系划分得细一些。我国开发层系的划分逐步由很粗到稍细的趋势说明，对于这个问题的认识已逐步符合我国油田的实际情况。

要正确估计分层注水实际上可能达到的能力和水平，在确定开发层系划分的粗细程度时，也要把这一条作为考虑的因素之一。

②这两类方法之间的搭配是否合理，要及时动用各种矿场测试资料，特别是密

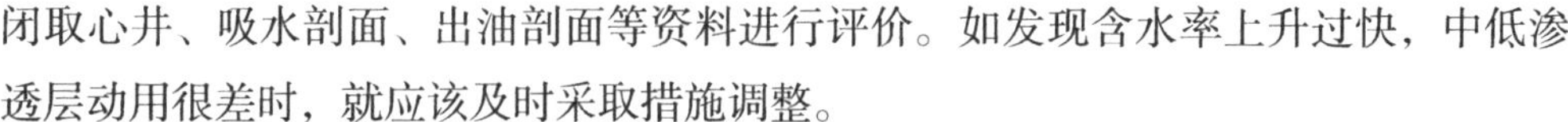

闭取心井、吸水剖面、出油剖面等资料进行评价。如发现含水率上升过快，中低渗透层动用很差时，就应该及时采取措施调整。

（4）虽然初期开发层系划分基本合理，但因含水率上升到一定程度，层间干扰严重，开发状况变坏，产量递减，而且继续用改善分层注采的办法已经不再奏效时，就应该进行以细分开发层系为主的综合调整。根据多年实践，细分调整的时机大体为含水率 50%～60% 是合适的。值得注意的是，层系细分以后不能忽视分层注水的作用，应该在新的更细的层系范围内，继续搞好分层注水的工作。

（5）在划分及组合分层注水层段时，要综合考虑注水井和相应采油井的分层吸水状况、分层压力、含水率和产量状况，要把开采状况差异大的层段尽量划分开，同一注水层段内的开采状况要尽量接近。特别是要把那些对油井开采效果影响大的高含水层，在相应注水井中单独划分出来。

第二节　井网调整技术与方法

合理地划分开发层系和合理部署注采井网是开发好油田的两个方面，两者各有侧重：前者侧重于调节层间差异性的影响，减少层间干扰；后者侧重于调节平面差异性的影响，使井网部署能够与油层在平面上的展布状况等非均质特性相适应，经济有效地动用好平面上各个部位的储量，获得尽可能高的水驱波及体积和水驱采收率。考虑到钻井成本在油田建设的投资额中占有很大的比重，如何以合理的井数获得最好的开发效果和经济效益是一个十分重要的问题。

一、井网调整的原因

油田注采井网调整的必要性有以下几个方面。

（1）油层多、差异大，开发部署不可能一次完成。我国陆相储层层数多，岩石和流体的物性各异，层间、层内和水平非均质性严重，各个油层的吸水能力、生产能力、自喷能力差别大，对注采井网的适应性以及对采油工艺的要求也都有很大不同，若采取一次布井的办法，则可能层系过粗、井网过稀，难免顾此失彼，使大部分中、低渗透储层难以动用；若层系过细、井网过密，则投入过大，经济效益差，甚至可能打出很多低效井甚至无效井。因此，应该采取先开采连通性好、渗透性好的主力油层，再开采连通性较差，甚至很差的中、低渗透层，多次布井，分阶段调整。这种方法比较适用我国多层砂岩油藏的实际情况，特别是大型和特大型油田，各局部区域之间也常有很大差异，一次布井更难以适应。

(2) 油藏复杂的非均质性不可能一次认识清楚。我国三角洲沉积多呈较薄的砂泥岩层，目前地震技术还不能把大小、厚薄等砂体的复杂形态和展布状况认识清楚，主要靠钻井获得信息。但在一定的井网密度下对于这些砂体形态和展布状况的认识有一定的限度。根据油田实践经验，大体上在探井的井网密度下只能认识到油层组这个级别；在探井加评价井的井网密度下，可以认识到砂岩组；当基础井网打完以后，对分布面积较大、渗透率较高的砂体可以认识得比较清楚；只有当层系细分调整井打完以后，才能反过来把比较零散和窄小的低渗透层认识清楚。因此，根据对初期开发准备阶段稀井网比较粗略的认识，一次性布完井将难以符合我国多层砂岩油藏复杂的非均质状况。因此，从这点来看，也应循序渐进，采取多次布井的方式，使我们对储层非均质性主观认识逐步接近于油藏的客观实际，才能正确地指导下一次的开发实践，获得好的开发效果。

(3) 油藏开发是动态的变化过程，一次性的、固定的开发部署不可能适应各开发阶段变动过程的需要。油藏注水开发的工作中，随着注入水的推进，地下油水分布情况不断处于动态变化中，层间、层内和平面矛盾不断在发展和转化，各层位、各部分的压力、产量、含水和动用情况也在不断发生变化。每当地下油分布出现重大变化，原油的层系、井网就可能不适应新的情况，需要进行综合性的重大调整。如果已有的层系、井网部署不随地下油、水分布的重大变化而及时调整，油藏的生产状况就可能恶化。特别是我国原油黏度一般偏高，大量的可采储量要在高含水期甚至特高含水期采出。由于高含水和特高含水期的开发对象、开采特点、主要对策和措施与中、低含水期有很大不同，对开发初期所确定的层系井网的调整是必要的。

综上所述，只有自觉地把握和应用多层砂岩油藏多次布井、及时调整的规律性，才能掌握油藏开发的主动权。

当油田的含水率达到80%以上，即进入高含水期时，地下的油水分布已经发生了重大变化，油层内已难以找到大片、成层、连续分布的剩余油，剩余油已呈高度分散状态，多分布于各砂体的边界部位、未动用的低渗透薄层以及表外储层，此时油藏平面差异性对开发的影响已经成为突出矛盾，靠原来的井网难以采出这些分散的剩余油，需要进一步加密井网。

二、井网调整原则

井网加密调整一般遵循下面四个原则。

(一) 调整表内储层与表外储层相结合

由于大庆油田的表外储层与表内储层属于同一储油系统，多数油层在平面上相

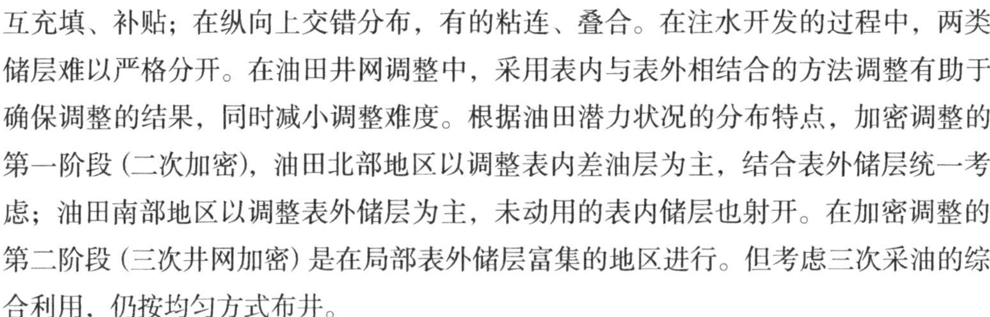

互充填、补贴；在纵向上交错分布，有的粘连、叠合。在注水开发的过程中，两类储层难以严格分开。在油田井网调整中，采用表内与表外相结合的方法调整有助于确保调整的结果，同时减小调整难度。根据油田潜力状况的分布特点，加密调整的第一阶段（二次加密），油田北部地区以调整表内差油层为主，结合表外储层统一考虑；油田南部地区以调整表外储层为主，未动用的表内储层也射开。在加密调整的第二阶段（三次井网加密）是在局部表外储层富集的地区进行。但考虑三次采油的综合利用，仍按均匀方式布井。

（二）井网部署应有利于向块状注水转化

二次加密井的部署应考虑新老井结合，综合研究提高油藏系统的注入水波及效率。研究表明，驱油终集点比较集中的块状注水方式比较有利。

块状注水就是用老的注水井、新打的调整注水井，包括目前和今后要转注的井，逐步变成用注水井切割和包围不同开采对象的一组油井，最后把一个开发面积较大的切割成许多较小的、封闭式的开发动态单元，简称块状注水。块状注水的优点是驱油的终集点集中、清楚，有利于高含水后期的开发动态分析；有利于改变液流方向，提高注水波及效率；有利于高含水后期的综合调整和挖潜。因此，各地区在二次调整部署时，都要新老井结合，提出注采系统调整部署的演化图。同时，油田二次加密后动态分析要逐步由分层系分析向分块分析转化。

（三）加密井与更新井统一考虑

在成片套损地区的加密井部署针对各类油层水淹状况的不同，应区别对待，全面研究，把更新调整和层系、井网调整井结合起来，整体部署。对于已处于高含水后期大面积分布的油层中的主力油层，可用一套井网合采，但对抽稀井点要有选择地射孔，即射开含水相对较低的层或部位，砂体平面上要有出路，不能形成死油区；中、高含水的非主力油层，由于油层太多，仍要分层系分采，对于非主力油层高渗透条带主体部位的特高含水层不应射孔，应利用其边部的变差部位采油；对未动用或动用很差的难采储层，要单独加密井网挖潜。成片套损区，也按均匀布井、块状注水的原则，综合部署注采系统。在上述原则基础上，再针对不同地区具体情况，在层系井网、注水方式、难采层开采全面研究的基础上，把打更新井、调整井结合起来综合考虑，整体部署。

（四）均匀布井选择性射孔

根据油田潜力的分析，表外储层潜力在全油田广泛分布，而且不同地区平均单

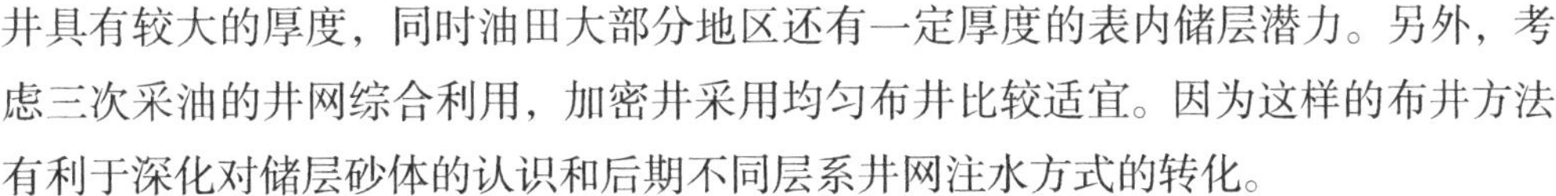

井具有较大的厚度，同时油田大部分地区还有一定厚度的表内储层潜力。另外，考虑三次采油的井网综合利用，加密井采用均匀布井比较适宜。因为这样的布井方法有利于深化对储层砂体的认识和后期不同层系井网注水方式的转化。

三、井网调整的主要做法

当油藏的含水率达到80%以上，即进入高含水期时，剩余油已呈高度分散状态，此时油藏平面差异性对开发的影响已经突出成为主要矛盾，靠原来的井网已难以采出这些分散的剩余油，需要进一步加密调整井网。

(一) 井网加密方式

一般来说，针对原井网的开发状况，可以采取下列几种方式。

1. 油水井全面加密

对于那些原井网开发不好的油层，水驱控制程度低，而且这些油层有一定的厚度，绝大多数加密调整井均可能获得较高的生产能力，控制一定的地质储量，从经济上看又是合理的。在这种情况下就应该将油水井全面加密。这种调整的结果会增加水驱油体积，采油速度明显提高，老井稳产时间也会延长，最终采收率得到提高。

加密调整井网开采的对象是：原井网控制不住，实际资料又证明动用情况很差的油层和已经动用的油层内局部由于某种原因未动用的部位。对于调整层位中局部动用好甚至已经含水较高的井位，不应该射孔采油或注水。

2. 主要加密水井

这种加密方式仍然是普遍的大面积的加密方式。在原来采用行列注水井网的开发区易于应用，对于原来采用面积注水井网的开发区用起来限制较多。

这种加密方式对于行列井网，主要用于中间井排两侧的第二排间。它适用的地质条件是：第一排间中、低渗透层均能得到较好的动用，再全面打井已没有必要，而第二排间差油层控制程度低，又动用差。这种情况下可以考虑这种方式，即注水井普遍加密，而在局部地区增加少量采油井。

加密调整的层位和上一种没有什么不同，但效果会有差别。老井稳产情况将会明显好转。全区采油速度的提高不如全面加密明显，甚至基本不提高，这是因为增加采油井点少，或者不增加，油井内的层间干扰问题得不到彻底解决。

对于面积井网，这种方式适用于地质储量已经很好地得到控制，但注采井数比较少，注水井数很少的情况。

3. 难采层加密调整井网

这种方式就是通过加密，进一步完善平面上各砂体的注水系统，来挖掘高度分

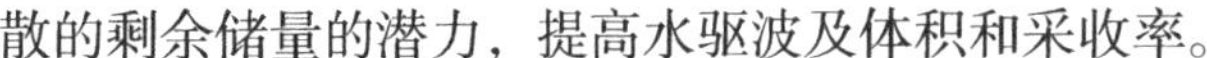

散的剩余储量的潜力，提高水驱波及体积和采收率。

难采层加密调整井网的开发对象包括泛滥和分流平原的河边、河道间、主体薄层砂边部沉积的粉砂及泥质粉砂层，呈零散、不规则分布，另外就是三角洲前缘席状砂边部水动力变弱部位的薄层席状砂，还有三角洲前缘相外缘在波浪作用下形成的薄而连片的表外储层，以及原开发井网没有控制的小砂体等。

部署难采层加密调整井网的原则和要求是：

(1) 由于这些难采层叠加起来普遍仍可达一定厚度，所以仍采用均匀布井方式；

(2) 由于这些难采层除少数大片分布的薄层席状砂以外，绝大多数分布零散，在平面上和纵向上交错分布在原来水淹层的周围，因此要根据水淹层测井解释结果，选择水淹级别比较低的层位，综合考虑老井的情况，按单砂体完善注采系统，进行不均匀的选择性射孔，射孔时切忌射开高含水层；

(3) 同一套难采层加密井网内的小层物性应大体相近，井段尽量集中，应具有一定的单井射开厚度，以保证获得一定的单井产量和稳产期。

4. 高效调整井

由于三角洲沉积的严重非均质性，到高含水期，剩余油不仅呈现高度分散的特点，还存在着相对富集的部位。高效调整井的任务是有针对性地用不均匀井网，寻找和开采这些未见水或低含水高渗透厚油层中的剩余油，这些井常获得较高的产量，因此称为高效调整井。

部署高效调整井的原则和要求如下：

(1) 由于油藏内砂体展布和高含水期的油水分布极其复杂，高效调整井必须在较密井网的基础上通过静、动结合的精细油藏描述才能有针对性地进行部署。重点寻找厚砂体上由于注采不完善而形成的原油滞留部位。

(2) 高效调整井以具有较高产能和可采储量的油井为主，这类油井可以不受原开发层系的约束，只射开未见水或低含水的厚油层。

(3) 为使高效调整井能比较稳定地生产，必须逐井逐层完善注采系统，为其创造良好的水驱条件，可利用其他层系的注水井补孔或高含水井转注，必要时可兼顾周围采油井的需要补钻个别注水井。

(二) 加密时机

对于零星的注水井和采油井，一般分为两种情况：一种是根据开发方案打完井，对油层再认识后，发现局部井区方案不够合理，通常是主力油层注采系统不完善，这时安排打零星调整井，使主力油层注采系统完善，这种井打的时间很早；另一种是局部地区开发效果不好，水淹体积小，需要打加密调整井，这些地区打井只有在把井下情况看准后才能部署，一般来说时间较晚些。

对于需要普遍打加密调整井的地区，钻井时间的选择取决于两个因素：一是需要，即从油田保持高产稳产出发，最晚的钻井时间也要比油田可能稳不住的年限早2～3年，在问题看准后，尽量及早实施；二是合理，最好与地面流程的调整和其他工作的改造结合进行。

对于主要打注水井的做法，在中含水期调整好些。这是因为只加密调整注水井，油井仍用原来的，这些采油井点含水越高，层间干扰越大，调整效果受到影响越大；况且高含水主力层又不能大面积停采，这样势必造成采水量较大，采出这些层的油，相对需要消耗的水量多，经济效果差。

（三）加密调整注意事项

（1）在同一层系新、老井网注采系统必须协调。

（2）加密井网应尽可能同层系的调整结合起来统一考虑。

（3）井网加密除了提高采油速度外，应尽可能提高水驱动用储量，这样有利于提高水驱采收率。

（4）射孔时要避开高含水层，以提高这批井的开发效果。加密井打完后，必须对油层情况和水淹情况进行再认识，复核原方案有没有需要调整的地方。在此基础上，编制射孔方案注意要逐井落实射孔层位，为保证这套井网的开发效果，除了非调整层布射孔外，中、高含水层一般不应射孔。注水井网射孔方法控制的严格程度可以比油井宽些。

（5）解决好钻加密调整井的工艺和测井工艺是调整效果好的保证。加密调整井的开采层位是调整层中的未见水层和低含水层。一口井只要把一个高含水层误射了，往往造成全井高含水，被迫提早实施堵水措施，就会影响加密调整井的效果，增加了成本。这就要求测井工艺能准确地找出水层，尤其是高含水层。

加密调整井是打在已注水开发的地区，整个油层中已有些层水淹，形成油层、水层交错，高压层、低压层交错的情况。除了测井解释水平要高外，钻井工艺要达到新的水平，对固井质量也要求很高。这时钻井再不会像开发初期那样，各个油层之间压力比较接近，而是各个油层的压力有很大差别，使钻井难度大大增加。

（四）井网局部完善调整

井网局部完善调整就是在油藏高含水后期，针对纵向上、平面上剩余油相对富集井区的挖潜，以完善油砂体平面注采系统和强化低渗薄层注采系统而进行的井网布局调整。调整井大致分为局部加密井、双耙调整井、更新井、细分层系采差层井、

水平井、径向水平井、老井侧钻等。

以提高注采井数比、强化注采系统为主要内容的井网局部完善调整，主要包括三个方面的措施：在剩余油相对富集区增加油井；在注水能力不够的井区增加注水井；对产量较高的报废井可打更新井。高效调整井的布井方式和密度取决于剩余油的丰度和质量。一方面要保证调整井的经济合理性，另一方面要有利于控制调整对象的平面和层间干扰，达到较高的储量动用程度。

（五）井网抽稀

井网抽稀是井网调整的另一种形式，它往往发生在主要油层大面积高含水时，这些井层不堵死将造成严重的层间矛盾和平面矛盾。为了调整层间干扰，或为了保证该层低含水部位更充分受效，控制大量的出水，有必要进行主要层的井网抽稀工作。

井网抽稀的主要手段有两种：一是关井；二是分层堵水和停注。

在多层合注合采的条件下分层堵水（包括油井和水井）的办法比地面关井要优越。只有在井下技术状况好，单一油层或者各个主要层均已含水高的情况下，关井才是合理的。

四、井网重组调整技术

井网重组调整技术研究是针对多层砂岩油藏细分层系后仍然存在突出层系内部水驱动用状况不均衡，开发效果差异大，而油藏不具备进一步细分层系的储量基础的矛盾而开展的针对性研究技术。具体研究思路是，首先从层间非均质性、层间储量动用程度均衡性等层间开发效果差异方面分析，判断井网优化重组的必要性。然后通过精细油藏地质建模、韵律层剩余油分布特征及影响因素研究、开发技术政策界限研究，确定井网重组的技术政策界限，最后编制井网重组方案。

五、不同注水方式比较

油田的注水方式按照油水井的位置与油水边界的关系可以分为边内、边外、边缘注水；按照注水井和油井的分布及其相互关系可以分为面积注水、行列注水和点状注水；此外，还有沿裂缝注水等，这些都是空间上油水井的相互关系问题。在油田注采井网调整过程中，必须了解每种注水方式的特点和应用条件。

（一）边内注水、边外注水和边缘注水的比较

边外注水不能利用边水的天然能量，却可以利用大气顶的弹性能量（对于带气

顶的油田)；边缘注水可以利用少部分的边水能量，也可以利用大气顶的能量；边内注水则两种天然能量均有可能充分利用。

边外注水由于注入水向含水区外流，所以消耗的注水量多，也就是消耗的注入能量远远大于采出油气所需要补充的能量；边缘注水与此类似，仅是数量少些；边内注水由于不存在水的外流问题，注入水全部可以起到驱油作用，所以经济效果最好。

边内注水存在注水井排上注水井间滞流区的调整挖潜问题，也就是储量损失问题，而边缘注水只有部分注水井间有储量损失，边外注水却没有储量损失。

边内注水如果处理不好，就有可能把可采出的原油驱进气顶或含水中去，这样就会降低油田采收率；边缘注水同样存在这一问题，可能性较边内注水更大，只是可能损失的储量有限；而边外注水却不存在这一问题。

(二) 行列注水、面积注水和点状注水的比较

面积注水使整个油田所有储量一次全面投入开发，全部处于充分水驱下开发，采油速度高。行列注水 (线状注水除外) 由于中间井排动用程度低，所以采油速度相对较低些，点状注水一般更低些。

在油层成片分布的条件下，行列井网的水淹面积系数较面积井网高，较点状注水也高，而且行列注水的一个很大的优点是剩余储量比较集中，多在中间井排和注水井排上富集，比较好找。面积注水的剩余储量比较分散，后期调整难度、工作量增加而且效果相对较差。

在地层分布零星的条件下，面积井网比行列井网有利，若再有断层的切割，点状井网也是较好的注水方式。对于均匀地层，一般来说采用行列注水比采用面积注水方式好。只有在地层非均质严重的情况下才用面积注水和点状注水。

行列注水方式在调整过程中，可以全部或局部地转变为面积注水，或在一些地区补充面积注水和点状注水。

(三) 正方形井网与三角形井网的对比

1. 正方形井网的特点

注采井网系统转换的灵活性：正方形井网可以形成正方形反九点注采井网、五点注采井网、线状注水井网、九点注采井网等，注采井数比可以在1∶3~3∶1变化，以适应不同储层特征的油藏。

井网加密调整的灵活性：当油田需要进行加密调整时，正方形井网可以很方便地在排间加井，进行整体或局部均匀加密，这样一来油藏整体或局部的井网密度就

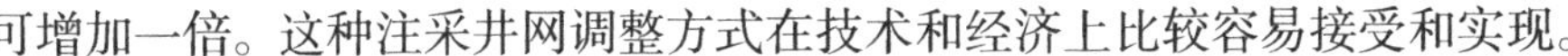

可增加一倍。这种注采井网调整方式在技术和经济上比较容易接受和实现。

2. 三角形井网的局限性

三角形井网很难进行均匀加密，要均匀加密，就得增加三倍井数，显然这是不可行的。三角形注采井网也可以看作一种特殊的行列注水井网，即在两注水井排之间夹两排生产井，生产井与注水井排的夹角不相同，水线比较紊乱，如果储层有裂缝存在，不论裂缝方位如何，总有生产井处于不利位置。

(四) 沿裂缝注水

在定向裂缝发育的砂岩油田，水沿裂缝迅速水窜，使该方向上的油井暴性水淹，所以必须沿着水窜方向布注水井，朝其他方向驱油才能获得最好的驱油效果。

六、井网调整案例

(一) 杜 28 块油田

1. 概况

杜 28 块位于曙三区西部，构造形态整体上为以北西向南东倾斜的单斜构造，主要开发目的层为杜家台油层，含油层面积 2.37km^2，地质储量 364×10^4t，可采储量 119×10^4t。

该块于 1977 年投入开发，采用一套层系、300 ~ 500m 井距不规则面积井网注水开发，2011 年开展了以水平井为主的调整挖潜，共实施新井 28 口，目前总井数达到 63 口，井距缩小到 150 ~ 250m。

目前区块共有采油井 42 口，开井 27 口，日产油 66t，平均单井 2.4t，含水 78.3%，累计产油 65.6 万 t，采油速度 0.55%，采出程度 18.0%，可采储量采出程度 54.9%；注水井 21 口，开井 12 口，日注水 342m^3，累注水 269 万 m^3，累计注采比 1.08。

2. 存在问题

(1) 受井网完善程度影响，平面动用差异大。区块整体采出程度为 13.5%，受井网完善程度影响，平面动用差异大。

主体井网完善，开发效果好，采出程度高。目前采油速度 0.69%，采出程度 27.3%。水驱见效明显，水驱控制程度高达 80%，可采储量采出程度 83%，注水见效以双向及多向见效为主。

边部井距大、井网不完善、开发效果差。目前采油速度 0.52%，采出程度 7.9%。边部常规投产产能低，早期有 6 口井，由于黏度大常规投产基本不出。水驱控制程

度仅有 40%，可采储量采出程度 24%，注水见效以单向见效为主。

（2）受原油物性影响，纵向动用差异大。纵向上杜Ⅰ油层组原油黏度高，平均在 1000MPa•s 以上；杜Ⅱ、杜Ⅲ黏度低，平均在 500MPa•s 以下。早期注水开发为大段笼统注采，造成纵向上各层水驱动用差异大，主力层杜Ⅱ 8-11 吸水采液强度较大。主力油层杜Ⅱ 8 动用程度高达 73% 以上，其他油层动用程度均在 40% 以下。

（3）部分井出砂严重，影响生产效果。区块内油井出砂严重，平均万立方米液量出砂量达到 3.9 立方米。油井因受出砂影响不能正常生产的井有 10 口井，其中出砂套坏 6 口井。

3. 潜力分析

（1）油层较为发育。边部油层厚度在 10m 以上，连通程度在 80% 以上。

（2）边部采出程度低，剩余油相对富集。边部受井网条件影响，水驱基本未见效，仅局部弱水淹，剩余油连片分布。其中，北部采出程度仅为 5.9%，剩余可采储量 29.1×10^4t；南部采出程度为 13.4%，剩余可采储量 20.6×10^4t。

（3）主体局部仍有剩余油富集。主体注采井网相对完善，水驱效果好，以中强水淹为主，但受井网条件限制，局部仍有井间剩余油富集。

（4）地层能量保持较好。杜 28 块原始地层压力 13.4MPa，饱和压力 12.3MPa。地层能量保持较好，主体目前压力系数 0.85，北部压力系数 0.85，南部压力系数 0.98。

4. 整体调整部署研究

在油藏精细研究的基础上，根据油藏潜力不同，在区块边部开展井网重构的同时，对主体进行局部井网完善。原则上部署区域油层厚度大于 10m、井距 180 ~ 200m、单井控制地质储量大于 5×10^4t。整体部署调整井 30 口，采用 200m 井距面积井网，完善注采井网 14 个。

（二）沙四段油藏

1. 介绍

中低渗油藏动用含油面积 123.4km^2，动用地质储量 1.08 亿万 t，主要包含沙三段、沙四段两套含油层系，其中沙三段油藏主要分布在中央隆起带西段，埋藏深度在 2950 ~ 3500m，主要为多层透镜体及单一岩性储层；沙四段油藏主要分布在南坡地区断裂带、洼陷东缘地区，埋藏深度从 1340 ~ 3100m，主要为构造复杂的多薄层及部分构造简单的单一岩性储层。中低渗油藏地质储量比重占采油厂已动用储量的 31.3%，是保持可持续稳定发展的重要阵地。

2. 井网适配调整的背景

油区中低渗油藏主要以浊积砂岩油藏为主，标定采收率 18.3%。油区中低渗透

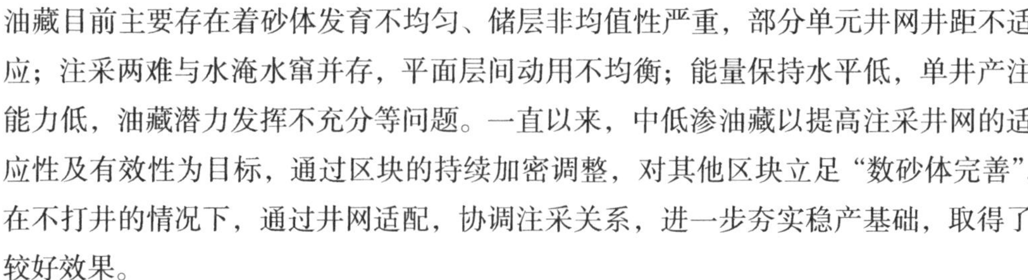

油藏目前主要存在着砂体发育不均匀、储层非均值性严重，部分单元井网井距不适应；注采两难与水淹水窜并存，平面层间动用不均衡；能量保持水平低，单井产注能力低，油藏潜力发挥不充分等问题。一直以来，中低渗油藏以提高注采井网的适应性及有效性为目标，通过区块的持续加密调整，对其他区块立足“数砂体完善”，在不打井的情况下，通过井网适配，协调注采关系，进一步夯实稳产基础，取得了较好效果。

3. 井网适配调整的主要做法

(1) 优化方式，提高注采井网有效性

①“三定一优”矢量井网加密。针对平面非均质性严重、注采井距大的问题，在深化储层物性、非均质性、地应力研究的基础上，实施“以地应力定井排方向、分区域定注采井距、分情况定矢量调整对策、优化注水方式”的“三定一优”矢量井网加密，提高采收率。调整后，区块水驱控制程度提高 7.7%，自然递减率降低 4.5%，注采对应率由 77.3% 上升至 80.9%；层段合格率提高 5.4%；水井治理初见成效，地层能量得到一定补充，油藏稳产基础得到进一步增强。

②核注翼采，转方向，调流线。针对储层非均质性差异造成砂体核部水淹水窜现象，通过转注变流线，提高波及面积。砂体核部转注工作量实施 8 井次，油井见效率 68%，起到了防止水窜，调整流线，确保油井见效的良好效果。

③水转油，井网归位，提高储量控制。针对区块井网不完善的现象，优选水井转油井，井网归位，提高储量控制程度。水转油井网归位工作量实施 6 井次，效果显著，目前已累计增油 4349t。如区块的 A 井水转油，井网归位后效果明显，初期日增油 5.1t/d，累增 787t。

④立足砂体井组式完善。针对中低渗油藏部分单元砂体零散，井网不完善的问题，2016 年加大了立足砂体、井组完善力度，首先通过水井强化注水，提高地层能量，特别是补孔未射层，增加油水井注采对应率，实现油井注水见效；然后通过油井补孔水井对应注水层，提高油井产能。后统计共实施油井工作量 25 口，已累增油 6159t。

(2) 转变思路，变措施为井网完善方式。坚持将工艺技术发挥到极致，最大限度提高工艺性价比的理念，将水力压裂和水力径向射流技术从增产增注措施转变为井网完善方式，利用压裂裂缝和径向钻孔适配井网，实现压头前移，实现实际注采井距满足理论注采井距的需求。

①变压裂增产措施为井网完善方式

调整以来区块实施老井压裂适配井网 8 井次，建立了有效的驱替压差。如 B 井区设计压裂半缝长 120 米。该井实施后初增能 3.3t/d，累增油 687t。

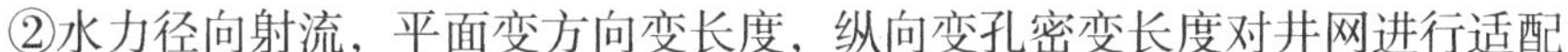

②水力径向射流，平面变方向变长度，纵向变孔密变长度对井网进行适配

区块共实施水力径向射流13井次，使井网得以有效适配。平面变方向变长度：如C井，根据理论测算，技术极限井距240m，实际注采井距327m。为改善井网适应程度，实施水力径向射流，在北东130° 和北东310° 各钻3个孔，避开主流线，挖掘分流线剩余油。水力径向射流后有效注采距离缩短到230m，对应油井也见到效果，日产油由3.3t/d上升到6.1t/d。纵向变孔密变长度：如对层内吸水差异大的问题，对不同岩性段，不同渗透率层段通过变射孔孔密及钻孔长度，根据吸水剖面测试，吸水差异得到改善。

(3) 精细调整，实现油藏有效均衡驱替

①堵调结合，均衡三场。针对井组平面水驱不均衡问题，开展堵水试验。堵调实施10天后对应油井相继见效，井组日油比调前增加5t/d，综合含水下降10.7%，井组累增油260t。

②矢量配注，激动压差。针对部分井组注水见效差、水淹水窜现象，加大矢量调配工作，激动压差、均衡注采流线，保持井组产量的相对稳定。

③高压分层，有效注水。针对纵向上各小层吸水不均衡，水驱效果差的现象，优选水井6井次实施高压分层注水，实现纵向上均衡驱替。

4. 实施效果

通过以上工作的开展，中低渗油藏开发形势向好，产量实现稳升，油藏稳产基础得到改善，注采对应率由69.6%上升到目前的71.3%；自然递减得到控制，由12.96%下降到目前的9.17%，下降3.79个百分点；单元稳升率进一步提高，单元指标得到改善。由于良好的开发效果，中低渗油藏SEC可采储量大幅提高。

第三节 注采结构调整优化技术

注采结构调整是一项很复杂的工程，它不仅涉及油藏工程研究，而且涉及采油工艺技术。在注采结构调整中必须充分发挥调整井、分层注水、分层堵水、分层压裂和优选油井工作制度等各种措施的作用。要搞好注采结构调整，首先要搞清楚不同油层的注水状况、开采状况以及地下油、水分布状况，掌握不同油井不同油层的生产能力、含水率和压力变化，在这个基础上研究油田的各种潜力。

一、注采结构调整的做法

注采结构包括注水结构调整和产液结构调整两个方面。

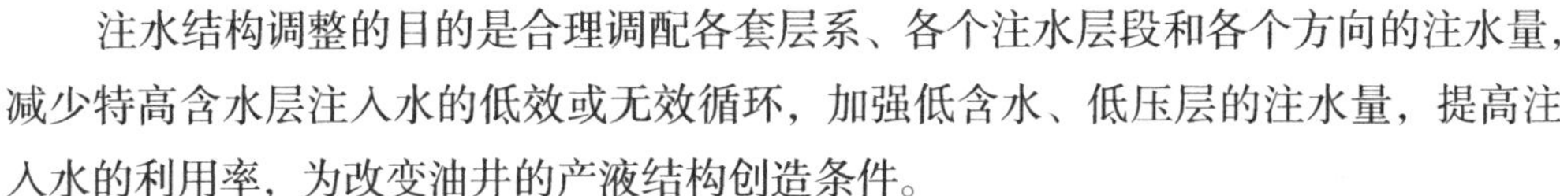

注水结构调整的目的是合理调配各套层系、各个注水层段和各个方向的注水量，减少特高含水层注入水的低效或无效循环，加强低含水、低压层的注水量，提高注入水的利用率，为改变油井的产液结构创造条件。

注水结构调整的主要做法包括以下几点。

(1) 在油水井数比较高、注采关系不完善的地区转注部分老油井或适当补钻新注水井，在成片套损区集中力量修复套损注水井或重新更新注水井，使原设计注采系统尽量完善。

(2) 针对油田各类油层的动用情况、含水率状况，不断提高注水井分注率，控制限制层的注水强度，提高加强层的注水强度，稳定平衡层的注水强度。

细分注水技术就是尽量将性质相近的油层放在一个层段内注水，其作用是减轻不同性质油层之间的层间干扰，提高各类油层的动用程度，发挥所有油层的潜力，起到控制含水率上升和产油量递减的作用，是高含水期特别是高含水后期改善注水开发效果的有效措施之一。

(3) 满足油层产液结构变化的需要，进行跟踪分析并不断调整。

针对实施措施后各油井和油层产出液增长或下降的变化，对开采效果不好的井或层，要及时进行原配注方案的检验分析，不断调整。

产液结构调整是在搞清储层层间和平面上储量动用状况差异及不同阶段投产油井含水差异的基础上，以提液要控水为原则，分区、分井、分层优选各种调整挖潜工艺技术，对含水率大于95%的特高含水井层进行分层堵水，对低含水井层通过分层措施加强注水，提高开采速度，对未动用的井间剩余油，通过钻加密调整井挖掘潜力，增加生产能力。

产液结构调整包括全油田分区的产液结构调整、分类井的产液结构调整、单井结构调整等方面。全油田分区的产液结构调整将全油田总的年产油量目标，按每区的含水率、采出程度、剩余可采储量、采油速度、潜力的分布和调整的部署等，分配到每个区，确定分区的年产液目标；分类井的产液结构调整在满足分区年产油量目标的前提下，根据基础井网和不同时期投入的调整井的含水率和开采状况，调整分类井的产液和含水结构；单井结构调整根据每类井确定的具体目标，把各种措施落实到各类井的每口井上，进行各类井井间的注水，采液和含水结构的调整。整个油田产液结构调整优化的关键，在很大程度上要优化好几处井网的产液量和产油量。

在进行注水产液结构调整时，对基础井网既不能放松调整工作，又不能只重视控制产油量的递减，而忽略控制含水率的上升。应该在充分做好平面调整的基础上，努力控制产油量的递减和含水率的上升，使基础井网的控水工作在不断改善其开发效果的基础上进行。油田在高含水期尤其高含水后期进行注水产液结构调整的优化

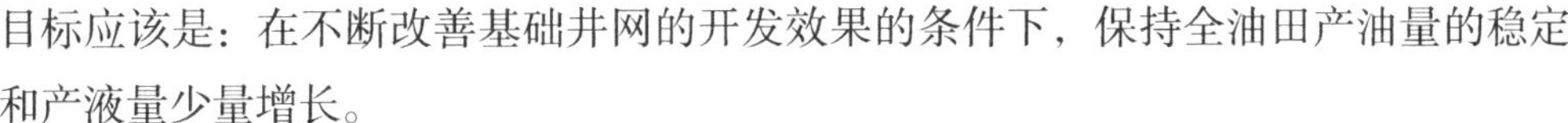

目标应该是：在不断改善基础井网的开发效果的条件下，保持全油田产油量的稳定和产液量少量增长。

二、注水开发技术政策

注水开发技术政策研究包括地层压力保持水平、合理注采比、合理注采井数比、合理井底流压、合理注水压力等内容。

提高油井产液量必须保持一定的压力，而一定的压力是靠注水系统来实现的。油田在注水开发过程中，必须建立一个合理的注采系统，既要保持合理的和较高的地层压力，满足较高泵效和达到最大单井产液量对压力的要求，为放大生产压差和提高采收率奠定基础，又要考虑地层吸水能力，注水泵压等注水条件，能够满足保持地层压力对注水量和注采比的要求。

通过对注采比的调整，保持比较高的地层压力，才能保持较大的生产压差，这是保证油藏有旺盛生产能力的关键。

适量提高注入水压力，不仅有利于增加吸水量，保持较高的地层压力，而且有利于减缓多层砂岩油藏的层间干扰，增加波及体积。但注水压力过高也可能反而加剧层间干扰，甚至造成套管损坏。注水井井底压力要严格控制在油层破裂压力以下。

从实践中常常可以发现，当注水压力提高到一定程度以后，少数高渗透层吸水量占全井吸水量的比重大幅度增加，而其他层或者其吸水量不能成正比例地增加，或者绝对值也有所降低，甚至停止吸水，这说明注水压力的提高反过来加剧了层间干扰。这种现象与油层内原来处于封闭状态的裂缝或裂缝张开有关。如果注水井井底压力高于油层的破裂压力，那么地层内没有天然裂缝或微裂缝，也会压开油层，形成人工裂缝。因此，严格控制注水井的井底压力小于地层破坏压力。

多层合采时，合理降低生产井流动压力，不仅有利于提高单井产量，而且有利于减少层间干扰，增加注入水波及体积，改善开发效果，但也要考虑油层条件的限制以及井底脱气和抽油泵工作效率等因素的影响。

要注意避免井间、区域间压力分布不均衡所造成的不良后果。在油田开发实践中经常可以看到，虽然总体上看注采是平衡的，压力系统是合理的，但由于油藏的非均质性，常常造成纵向上各小层间、平面上各井之间或区域间压力分布的不均衡性，不利于油藏的正常生产。这就要求我们不仅要从总体上把握注采的均衡性和压力系统的合理性，还要注意油藏各个局部的注采均衡和压力系统的合理分布。

三、强化采液保持油田稳产

在油田注水开发过程中，随着含水率上升，产油量逐渐下降，为了维持稳产，必须保持一定的增液速度。油田开发进入特高含水期后，液量的增加满足不了稳产的要求，产油量开始递减，递减率不同，对液量增长的要求也不同，相同含水率条件下，递减率越大，要求的增液量增长倍数越大。

提高油田排液量通常采用的方法是：①随着含水率上升，对自喷井放大油嘴或转抽，对抽油井调整抽油参数及小排量泵转为大排量泵等措施来降低油井井底压力，增大生产压差，使油藏中的驱油压力梯度得以提高，通过提高单井的排液量来提高整个油田的排液量；②采用细分开发层系、加密井网等方法，通过增加井数来提高油田排液量；③对低渗透油层或污染油层，采取酸化或压裂等油层改造措施。

这些方法不仅有利于延长油田的高产稳产期，也有利于提高油田的采收率。但在提高油田排液量的同时，若不注意提高注入水的利用率，将使产水量大幅增长，而产油量增长有限，有的还出现一口井或几口井大幅提高排液量所增长的油量，低于邻近井因压力下降带来的产量下降。

四、注采参数调整技术与方法

工作制度调整是指水驱油的流动方向及注入方式的调整，如调剖堵水、重新射孔、油井转注、改向注水、周期注水、水气交替、降压开采等措施。下面重点介绍周期注水、水气交替和降压开采。

(一) 周期注水

不稳定注水又称为周期注水，它不仅仅是一种注采参数调整技术，更被认为是一种以改变油层中的流场来实现油田调整的水动力学方法。它的主要作用是提高注入水的波及系数，是改善含水期油田注水开发效果的一种简单易行、经济有效的方法。

周期注水作为一种提高原油采收率的注水方法，其作用机制与普通的水驱不完全一样。在稳定注水时，各小层的渗透率级差越大，驱替前缘就越不平衡，水驱油的效果就越差。周期注水主要是采用周期性的增加或降低注水量的办法，使得油层的高低渗透层之间产生交替的压力波动和相应的液体交渗流动，使通常的稳定注水未波及的低渗透区投入了开发，创造了一个相对均衡的推进前缘，提高了水驱油的波及效率，改善了开发效果。

地层渗透率的非均质性，特别是纵向非均质性，有利于周期注水压力重新分布时的层间液体交换，有利于提高周期效应的效果。油层非均质性越严重，特别是纵向非均质性越强，周期注水与连续注水相比改善的效果越显著。

周期注水工作制度很多，但对某一油田来讲，并不是任何方式都可以使用。对于某一个具体的油藏来说，在实施中要根据油藏的具体地质条件，运用数值模拟方法或矿场实际试验情况来优选周期注水方式。

在周期注水过程中，应尽可能选择不对称短注长停型工作制度，也就是在注水半周期内应尽可能用最高的注水速度将水注入，将地层压力恢复到预定的水平上；停注半周期，在地层压力允许范围内尽可能延长生产时间，这样将获得较好的开发效果。

目前，油田开发一般采用连续注水方式，在连续注水一段时间后往往为了改善开发效果而转入周期注水，因此就存在一个转入周期注水的最佳时机问题。所谓最佳时机，就是在这个时间转为周期注水后，增产油量最多，开发效果最好。

合理的注水周期是实施周期注水的重要参数。停注时间过短，油水来不及充分置换；但如果过长，地层压力下降太多，产液量也随之大幅下降。而且，当含水率的下降不能补偿产液量下降所造成的产量损失时，油井产量将会下降。

关于周期注水，从实践中得出以下结论：

(1) 非均质性越强，不稳定注水方法增产效果越明显。尤其适用于带有裂缝的强烈非均质油田。

(2) 周期注水对亲油、亲水油藏都适用，但亲水油藏效果更好。

(3) 复合韵律周期注水效果最好，正韵律好于反韵律。

(4) 周期注水的相对波动幅度等于1时，周期注水的效果最好，在实际应用时，应使波动幅度达到实际允许的最大值。

(5) 周期注水的相对波动频率等于2时，此时注入水的波动频率与地层的振动频率达到共振，周期注水的效果最好。

(6) 在油田开发实践中，为了达到最佳的开发效果，应选择最佳的周期注水动态参数进行周期注水开发。

(二) 水气交替注入

为了改善正韵律厚油层底部水淹、顶部存在大量剩余油的开发状况，大庆油区进行了一系列水气交替注入提高采收率的矿场试验。经过水气交注，使地层保持一定的含气饱和度，导致注入能力降低，从而改善流度比，进而扩大水驱油效率，驱扫厚油层顶部的剩余油。

(三) 降压开采

降压开采主要用于油田开发的晚期，其目的主要是通过大幅降低油藏压力来提高采收率。水驱或其他的传统提高采收率的措施使油藏中仍存有大量的残余油，而且大量的残余油被封闭在未波及区，降压开采能使自由气和残余油从未波及区被采出。传统的降压开采主要应用于有气顶的油藏中。在油田的主要开发阶段，气顶并不产气，这主要是为了增加产油量并且保持油藏的能量，注水和注气也有助于维持油藏压力。然而在降压阶段，可以在气顶处钻井和射孔，这样可以产气并且使油藏压力迅速降低。这时气顶处就会产气、产液，并且水层的流动可以使油环处产出剩余油。随着人为注水强度改变和油藏地层压力下降，边水、底水将逐步入侵，使地层能量在一定程度上得到补充，并减缓压力下降速度；当水侵量使地层压力达到新的平衡时，天然水压驱动就转化为油藏的主要驱动方式。此时，重力作用将得到充分地体现和发挥。因此，降压开采过程就是边水、底水的入侵过程，同时也是人工注水驱动方式向天然水压驱动方式逐步转化的过程，更是充分发挥重力作用改善开发效果的过程，这些都是降压开采取得成效的重要条件。由于天然水压驱动是一种比较均匀、缓和的驱动方式，在一定程度上减小了高含水饱和度的大缝大洞对剩余含油饱和度高的中小缝洞的干扰，有利于发挥后者的生产潜力。显然，充沛的边水、底水天然能量和较高的地层压力水平是实施降压开采的一个重要条件。在这一点上，裂缝性碳酸盐岩潜山油藏的地下条件比常见的砂岩油藏要优越得多。

由于边水、底水的侵入，边部油水界面趋于上升，扩大了油藏自吸排油范围，同时油水渗流速度变缓，也延长了自吸排油时间，进一步改善了岩块的自吸排油效果，这一过程使油水关系得到了重新分布。

特别是裂缝系统的相互切割具有多重性，因此被大小裂缝切割的不同规模的岩块自吸排油现象也有多重性，即大的岩块自吸排油完结后，次一级岩块的作用仍在进行。目前，岩块系统油、水界面之下的自吸排油现象并没有结束，只是速度和效率变差。显然，在降压开采过程中岩块的自吸排油作用将按照其多重性的特点依次得以更好地发挥。

随着地层压力的降低，上覆有效压力将不断增大，并由此产生弹性力，导致裂缝孔隙的压缩闭合和原油体积的膨胀，从而使部分剩余油排驱出来。

正是基于以上对降压开采机制的认识，华北任丘雾迷山组裂缝潜山油藏进入后期开发阶段后，为了改善其后期开发效果，开展了控注降压现场试验。通过分析试验结果、对比数值模拟方案和综合各种研究成果，认为将注水井全面停注降压开采，取得了良好的试验效果。

第四节 开发方式调整技术与方法

一、开发方式调整的意义

油藏的开发方式是指以哪种或哪几种驱动能量开采原油，即油藏的驱动方式。开发方式一般分为依靠天然能量开采和注水或注气补充能量等方式。

油田开发到底选用哪一种开发方式，是由油藏自身的性质和当时的经济技术条件决定的。在选择油田开发方式时，一般要考虑天然能量大小，最终采收率大小，注入技术条件和开发经济效益等因素。

利用油藏的天然能量（包括油藏自身的能量和油藏边底水的能量）进行开采，又称为衰竭式开发。衰竭式开发避免了早期大规模的注入井投资，可减轻产油公司的经济压力。一个油藏能否采用衰竭方式开发，要根据油藏试采的情况及天然能量大小进行分析。如果一个油藏地饱压差较大，天然能量充足，一次开采的采收率可达到 20% 以上，则可以先用衰竭方式开采，而不需要补充人工能量。

油藏的开采方式和开发方式有所不同，开采方式是指采用哪种能量或方式将原油举升到地面，如自喷和机械抽油为不同的开采方式。自喷开采是油藏最经济又方便管理的开采方式。如东辛油田营 8 断块自喷开采 15 年之久，自喷开采期采出程度 34.54%，采出可采储量的 35%，油藏在综合含水率 80% 的情况下，还能保持自喷生产。为了保持油井自喷开采，也会用人工注水的方式补充地层能量。

开发方式的调整一般是在油藏动态生产规律和新的地质认识的基础上，从利用天然能量开采向注水（气）开发的调整。一般是从较低驱替效率的驱动方式，向较高驱替效率的驱动方式调整。

在实际油藏开发方式转换过程中，有以下几点经验做法：

（1）在储层中的含气饱和度还低于气体开始流动的饱和度以前进行注水，地下原油不会流入已被气体占据的孔隙空间，仍可得到很好的效果。

（2）关于合理地层压力保持水平，有的学者认为地层压力保持在饱和压力附近最佳，我国学者通过生产实践和研究认为，当地层压力高于饱和压力 10% 左右时，油层生产能力发挥最好。

（3）在异常高压油藏中注水是否保持原始油藏压力，要根据实际情况来定。

（4）国外开发实践和国内研究表明，带气顶的油藏的压力不能过高，以避免部分原油进入气顶而造成地下原油损失。

二、特低渗油藏开发方式的优化

油田开发是一项专业性强、复杂程度高、难度较大的工作，尤其是针对特低渗油藏的开发更是目前油田勘探开发的难点。特低渗油藏一般是指渗透力较低、渗透性较差的油藏，这类油藏在长期开发的过程中压力不断下降，产量逐渐降低，后续开发的难度巨大。针对特低渗油藏的开发，必须通过理论与实践相结合的方式对油藏开发的方式进行优化，通过大量的理论研究与实验总结规律，提出可行方案，切实解决特低渗油藏开发的难题。

(一) 特低渗油藏的开发特征

特低渗油藏主要是油层渗透性较差、渗透率较低的油藏，由于特低渗油藏的开采难度较大，针对特低渗油藏采用一般的采油方式很难达到理想的开采效果，并且在油藏长期开采的过程中，油层中的能量持续消耗，地层的压力不断下降，就会造成油井的开采效率不断降低，产量持续下降，甚至出现关井的情况，给油田企业造成巨大的经济损失。具体而言，特低渗油藏的开发主要具有以下特征。

(1) 由于特低渗油藏本身的特性，使得特低渗油藏油层的自然产能较低，油层的供液能力较弱，这就造成了特低渗油藏一次开采的出油量少、开采效率低的问题。

特低渗油藏地层中的孔隙较小、岩层的密度较大，这就使得原油在油层中的渗流阻力较大，原油的开发需要消耗大量的能量，并且随着特低渗油藏的持续开发，油层的压力不断下降，渗透率持续降低，这也造成了特低渗油藏的开发成本高、效率低、产量少的问题。

(2) 为了提高特低渗油藏的采油量，一般需要通过注水开发的方式增加油层的压力，但由于特低渗油层的开发具有非线性的特征，注水的压力上升较快，在实际的开采过程中必须做好增产增注的相关措施，控制油藏的注水压力，确保特低渗油藏的注水率，减少在油藏开发过程中发生水敏现象的概率，避免油层出现堵塞、膨胀等情况。

(3) 由于特低渗油藏亲水性的特征，使得特低渗油藏油层的吸水能力比较强，这就使得注水开发的难度也相对较大，注水的效果难以得到有效的把控，这也造成了特低渗油藏的产量稳定性较差的结果。

(二) 特低渗油藏开发方式的优化步骤

要解决当前特低渗油藏开发中的诸多难题，就需要通过理论与实践相结合的方式对特低渗油藏的开发方式进行优化，具体而言应当包含以下几个阶段。

1. 理论研究阶段

理论研究是特低渗油藏开发方式优化的基础，也是开展实践的前提，任何一种特低渗油藏开发技术的应用都需要经过大量的理论研究工作，在资料完备、准备充分的情况下开展实践。针对特低渗油藏开发方式的优化，需要参考国内外大量的研究成果，掌握特低渗油藏的开发特征，根据油藏渗流的规律以及流固耦合的研究成果，结合特低渗油藏的实际情况，提出可行的方案。

2. 实验研究阶段

通过大量前期的理论研究工作，可以掌握特低渗油藏原油的饱和度较低、束缚水饱和度较高、流动性较差、驱油效率较低等特点；通过大量的实验研究可以对特低渗油藏开发的渗透率、岩芯孔隙度、束缚水饱和度、束缚水下油最小启动压力等数据进行调控，从而通过实验发现规律，为特低渗油藏开发方式的优化提出可行建议。

3. 渗流规律研究阶段

通过大量的实验可以对特低渗油藏的渗流特点和渗流规律进行观察、记录和分析，根据实验数据建立相应的数学模型，探究特低渗油藏开发的理想化模式，提出优化特低渗油藏开发方式的相关计划。

（三）特低渗油藏开发方式的优化措施

通过对特低渗油藏的开发进行理论与实践的研究，根据大量数据分析可以总结出特低渗油藏的渗流规律，提出相应的特低渗油藏开发方式的优化措施。

1. 应用高效复合射孔技术

高效复合射孔技术是提高特低渗油藏渗流能力，增加油层压裂效果的重要技术手段，高效复合射孔技术通过将油藏开发中的射孔、裂缝延伸、清堵造缝三个关键步骤进行拆分，通过独立的装药操作来解决特低渗油藏开发中的压裂问题，提高压裂的效果，增加油藏的出油量。

2. 优化井网部署方案

对特低渗油藏的井网进行科学合理的规划设计也是提高特低渗油藏的开采效率，优化油藏开发方式的重要措施。具体而言，针对特低渗油藏应当在条件允许的情况下尽可能增加井网的密度，缩减井间距离，可以有效地提高特低渗油藏的开采效率，控制油藏开采的成本。

3. 对富集区块进行优选

更加科学地优化油田开发的区块，采用科学的手段对油田进行勘探，优先选择储量丰富、发育情况较好的区块进行开发，在此基础上不断扩大开发的规模，可以

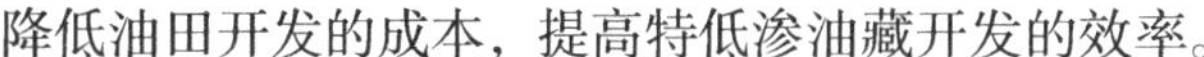

降低油田开发的成本，提高特低渗油藏开发的效率。

4. 对总体压裂设计进行优化

对于特低渗油藏的开发而言，压裂是油藏开发的重中之重，采用总体压裂的方式就是将整个油藏看作一个整体的工作模块，从整体层面对水力裂缝和油藏进行优化设计，通过调整水力压裂的参数达到提高采油量的目的。

深抽工艺的应用。通过增加特低渗油藏的抽油深度，可以增加油层的压力，提高渗流量，达到增加产量的目的。

三、开发调整实例

(一) 胜坨油田胜二区沙二段层系细分与调整

胜坨油田胜二区沙二段于1968年投入开发，初期划分为沙二上和沙二下两套开层系，分得非常粗。注水开发后尽管采取了分层注水的措施，层间干扰仍然非常严重，含水率上升很快，年含水率上升速度达4.1%～7.7%，采油速度仅0.7%～0.9%。

胜二区沙二段的渗透率非常高，但不同层之间的差异非常大。上油组各砂层组平均渗透率1.15～7.68μm²，相差6.68倍；下油组各砂层组平均渗透率为0.51～5.78μm²，相差11.5倍。沙二3砂层组平均渗透率最高为7.68μm²，沙二9砂层组平均渗透率最低为0.51μm²，相差15倍。

在中含水期就将二套开发层系细分为8套，每套层系内仅包括1～3个砂层组，有效厚度4.5～16.6m。胜二区主力油层沙二段共有13个砂层组，66个小层。

调整后开发效果大为改善，年产油量由调整前的69.93×10⁴t增加到197.75×10⁴t；上下油组的采油速度由原来的0.7%～0.9%提高到2.19%～2.43%；采收率则由21.3%～22.4%增加到37.2%～41.1%。

层系划分调整后各含油小层之间平均渗透率差异仍然很大，各小层平均渗透率最高的1^2，2^2，3^{3+4+5}层为9.3～10.73μm²，最低的1^1，7^7，8^5，9^1，11^1，11^3为0.51～1.12μm²，相差10～18倍。上油组34个含油小层，各层平均渗透率1.1～10.73μm²，相差9.75倍；下油组30个含油小层，各层平均渗透率0.51～8.09μm²，相差15.86倍。

二区沙二1～6砂层组原油黏度100～404MPa·s，沙二8～15砂层组原油黏度100～524MPa·s。

开发实践表明，在含水率较低时，使用分层注水的技术可以在一定程度上减少层间干扰，维持油田的稳产。但含水率越高，层间干扰更为严重，光靠分层注水的工艺就不够了，需要进行细分层系的调整。

(二) 喇嘛甸油田注采井网调整

喇嘛甸油田储层是以砂岩和泥质粉砂岩组成的一套湖相—河流三角洲相沉积砂体。纵向上与泥质岩交互呈层状分布，自下而上沉积了高台子、葡萄花和萨尔图三套油层，共分37个砂岩组，97个小层。平均砂岩厚度112.1m，有效厚度72m。喇嘛甸油田是一个受构造控制的气顶油田，全油田含油面积100km^2，原油地质储量8.1亿t。储层纵向和平面非均质性严重，上部砂体平均空气渗透率0.464～2.203μm^2，纵向渗透率级差可达5～8倍。地下原油黏度10.3MPa·s，原始溶解气油比48m^3/t，原始地层压力11.21MPa，饱和压力10.45MPa，地饱压差只有0.76MPa。

喇嘛甸油田开始采用了反九点法面积注水方式投入开发，之后油田综合含水率87.5%，采出程度23.2%。但油田全面转抽后，地层压力下降幅度大，压力系统不合理的问题特别突出。突出表现在：

(1) 原井网油水井数比大，注采关系失调，限制了油田产液量的进一步提高。由于采用了反九点井网，实际油水井数比在3.0以上。

(2) 压力系统不合理，原油在地层中脱气严重，使采液指数下降。

1990年年底油田总压差 -1.35MPa，地饱压差为 -0.59MPa，有60%的采油井地层压力低于饱和压力，平均流压只有5.5MPa。采油指数降低，产量递减加快。

(3) 由于注采井数比低，注水井负担加重，油田分层注水条件变差。

为了满足注采平衡需要，注水井放大水嘴和改为笼统注水提高注水量，加剧了层间矛盾，削弱了分层注水的作用，降低了注水利用率，客观造成了油田综合含水率上升过快。

为此在矿产试验的基础上，对原有井网进行调整，将反九点法面积井网的角井转注，调整为局部五点法或五点法注水井网。条带状发育的储油层改为行列注水，转注原井网中含水率较高的边井，以便控制综合含水率，使剩余油向中间井排集中，也便于后期的挖潜改造。注采系统的调整对于改善低渗透薄油层的开发效果不十分明显，这部分油层的开发效果改善，还有待于井网的二次加密调整。考虑到与二次加密调整井网的衔接，改为行列注水对差油层具有较强的适应性。

行列注水方式的井网调整工作分两步进行。第一步，隔排转注原九点法井网中注水井排东西方向的采油井，中间注水井排上的采油井不转注，仍为间注间采，形成两排注水井夹三排井的行列注水方式，注采井数比为1：1.67；第二步，将间注间采井排上的采油井转注，形成一排注水井一排采油井的行列注水方式，注采井数比为1：1。

调整后油田开发效果明显改善。压力系统趋于合理，地层压力恢复到原始压

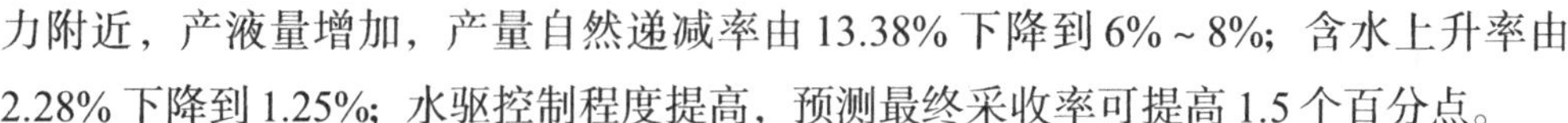

力附近，产液量增加，产量自然递减率由 13.38% 下降到 6% ~ 8%；含水上升率由 2.28% 下降到 1.25%；水驱控制程度提高，预测最终采收率可提高 1.5 个百分点。

（三）大庆油田萨北过渡带周期注采调整

萨北北部过渡带含油面积为 33.35km^2，地质储量 10949.1 × 10^{4}t，其属于河流三角洲沉积，地下原油黏度为 14.1MPa · s。

萨北北部过渡带地区油层的非均质性比较严重，原油物性差，黏度比较高，合采情况下，层间干扰严重，低渗透层储量动用程度低、生产能力差。基于上述情况，为了提高储层动用程度，降低综合含水率上升速度，增加原油采收率，多年来在萨北北部过渡带开展了周期注水。

萨北过渡带第四条带周期注水实践表明：越早采用周期注水，则对注水过程的强化越有利，停注期间产油下降的幅度越小，含水率下降的幅度越大。

对比相同停注方式下的降油幅度，随着油田含水率上升，同步停层的降油幅度由 13.3% 上升到 20.8%。交替停层的降油幅度由 2.4% 上升到 6.8%。

根据数值模拟结果选用的停注周期为 70 ~ 90d，但现场实施后，产液量下降幅度大，含水率下降不能弥补液量下降造成的产量递减，并且造成原油脱气，抽油泵气影响严重。根据周期注水后油井生产情况，摸索适合萨北北部过渡带开发特点的特高含水阶段的停注周期为 30d。

1. 周期注水方式的选择

北部过渡带在周期注水停注方式上，首先采用的是全井同步停注和隔排交替全井停注的方式，但这种停注方式下，油井产液、产油、含水率及压力等下降幅度相对较大，而在注水井恢复阶段，含水率上升速度过快。为进一步扩大波及体积，结合停注时液流方向的改变，将停注方式优化为交替停井停层，该停注方式降低了产液、产油的下降速度以及恢复注水后的含水率上升速度。

全井同步停注可提高厚油层中储量动用程度，而薄差层中的剩余油动用效果不明显。各层分期注、停，尤其是停注高渗透油层，应保持、加强低渗透油层注水，实际上高渗透率油层受到了周期注水的效果，低渗透率差油层主要受到分层注水的效果，减轻了层间干扰，更能起到“抑高扬低”的作用，取得稳油控水的效果。不同周期注水方式下的数值模拟结果表明，交替停层方式最终采收率较全井停注增加 0.5%。

2. 周期注水现场应用及效果

（1）在全年节约注水 6.44 × 10^{4}m^3 的同时，加强层的注水量得到了相对的提高。周期注水期间加强层的注水量分别达到了控制层的 1.32 倍和 1.80 倍，而正常注水加

强层注水量只是控制层的 75% 和 1.05 倍，减缓了层间矛盾，控制了含水率上升。

（2）油井受效效果较好，剩余油潜力得到发挥。第四条带的周期注水加强层注水时，周围油井产量上升，含水率下降；控制层注水时，油井产油量下降，含水率上升，但总体开发效果较好。

（3）周期注水整体取得了较好的效果。第四条带降液幅度 6.6%，周期注水期间产油量增加，含水率下降 0.72%。由于加强层注水周期长，累计增油 650t，因此在经济效益上加密井周期注水是可行的。

（4）地层压力向均衡过渡。北部过渡带第四条带连续实施周期注水 10 年，层系总压差 -0.22MPa，合理压力井数比例由 11.1% 上升到 42.2%。

（5）自然递减率得到有效控制，自然递减率由 16% 下降至 8%，提高最终采收率 0.29%。

第六章　钻井工程概论

第一节　钻井地质基础知识

一、岩层产状

岩层产状是指岩层在空间的位置，岩层则是指沉积物经过压实、胶结成坚硬的层状岩石。每个岩层都有上、下两个层面，即顶面和底面。

(一) 水平岩层

岩层产状近于水平的构造，称为水平岩层。水平岩层中较新的岩层总是位于较老的岩层之上。当切割岩层时，老岩层出露在河谷的低洼区，较新的岩层出露在较高的地方；不同地点，在同一高程出现的是同一岩层。

(二) 倾斜岩层

岩层层面与水平面之间有一定夹角，称为倾斜岩层。倾斜岩层常常是褶曲的一翼或断层的一盘，也可以是大区域内的不均匀抬升或下降所造成的。对于具有倾斜岩层的岩层，在不同地点，同一高程上出现的是不同时代的岩层。

岩层在空间的位置 (产状) 用走向、倾向和倾角确定，这三者称为岩层的产状要素，也称为岩层的产状三要素。

岩层的层面与水平面交线的延伸方向，称为走向，其交线称为走向线。岩层向下倾斜的最大倾斜线在水平面上投影所指的方向，称为倾向，它与走向正交。岩层层面与水平面之间所夹的平面角，即最大倾斜线与其在水平面上投影之间所夹的角，称为倾角。

(三) 直立构造

岩层受到强烈变位，使岩层倾角近于 90° ，称为直立岩层构造。

(四) 倒转构造

岩层形成以后，经受构造运动产生变形、变位，改变原始沉积时的状态，但仍

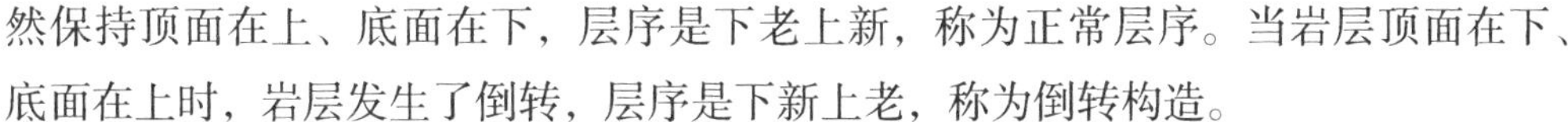

然保持顶面在上、底面在下，层序是下老上新，称为正常层序。当岩层顶面在下、底面在上时，岩层发生了倒转，层序是下新上老，称为倒转构造。

二、地质构造

岩石变形的产物称为地质构造，包括褶皱构造和断裂构造两大类。任何物体受外力作用都会产生三种变形：弹性变形、塑性变形、断裂。

(一) 褶皱构造

褶皱是指岩层受力变形，产生一系列连续的弯曲现象。此时，岩层的连续完整性没有遭到破坏，是岩层塑性变形的表现。褶皱的基本类型有两种：背斜和向斜。岩层向上弯曲，形成中心部分为较老岩层，两侧岩层依次变新，称为背斜；岩层向下弯曲，中心部分为较新岩层，两侧部分岩层依次变老，称为向斜。

如岩层未经剥蚀，则背斜成山，向斜成谷，地表仅见到最新的地层。岩层遭受剥蚀之后，地表可见到不同时代的地层出露，根据岩层的新老关系作有规律的分布。

在平面上识别背斜和向斜，如中间为老地层，两侧依次对称出现较新地层，则为背斜构造；如中间为新地层，两侧依次对称出现较老地层，则为向斜构造。

按照轴面的产状将褶皱分为以下几种：

(1) 直立褶皱：轴面直立，两翼岩层倾向相反，倾角大致相等。

(2) 倾斜褶皱：轴面倾斜，两翼岩层倾向相反，倾角不等。

(3) 倒转褶皱：轴面倾斜，两翼岩层倾向相同，一翼岩层正常，另一翼岩层倒转。

(4) 平卧褶皱：轴面近于水平，两翼岩层产状近于水平，一翼岩层正常，另一翼岩层倒转。

(5) 翻卷褶皱：轴面弯曲的平卧褶皱。

(二) 断裂构造

岩体、岩层受力后发生变形，当所受的力超过岩石本身强度时，岩石的连续完整性被破坏，而形成断裂构造。断裂构造包括节理和断层两种。

1. 节理

节理是指岩层、岩体中的一种破裂，破裂面两侧的岩块没有发生显著的位移，节理即裂缝。节理一般成群出现，凡是在同一时期同样成因条件下形成的，彼此平行或近于平行的节理归入一组，称为节理组。节理的长度不一，从几厘米到几十米。

根据节理的成因，将节理分为原生节理、风化节理和构造节理。原生节理指成岩过程中形成的节理；风化节理指地表岩石受风化作用而产生的节理；构造节理指在地壳运动过程中岩石受构造作用力而产生的节理，这种节理是最广泛存在的节理。

按节理力学成因，也可将节理分为张节理和剪节理。当岩石中的张应力达到岩石的抗张强度时，就会产生张节理。张节理多数是张开的，宽度不稳定，常充填石英脉、方解石脉。张节理在平面上分布的疏密程度一般不规则，往往在构造顶部或倾伏端处较密集。当岩石中的剪应力达到岩石的抗剪强度时，就会产生剪节理。剪节理常发育成两组节理，相交呈“X”形。剪节理一般是紧闭的，节理面平坦而光滑，剪节理可以延伸较远，比较平直。

根据节理与所在岩层产状的关系，可以将节理分为走向节理、倾向节理、斜向节理和顺层节理。根据节理走向与区域构造线方向的关系，又可以将节理分为纵节理、横节理和斜节理。

2. 断层

岩层或岩体受力破裂后，破裂面两侧的岩块发生了显著的位移，这种断裂构造称为断层。断层既有破裂，又有位移。一条断层由几个单元组成，称为断层要素。

断层面：指断层两侧的岩块沿之滑动的破裂面。由于两侧岩块沿破裂面发生了位移，所以在断层面上有摩擦的痕迹，常表现为无数平行的细脊和沟纹，称为擦痕。断层面上的擦痕常可以指示断层面两侧岩块的相对滑动方向。断层面可以是一个平面，也可以是许多破裂面构成的断裂带，宽度几米到数百米。断裂带中常有断层角砾岩、糜棱岩等。断层面与地面的交线称为断层线，是重要的地质界线之一。

断盘：指断层面两侧的岩块。当断层面倾斜时，位于断层面上面的断盘称为上盘，位于断层面下面的断盘称为下盘。按其运动方向，相对上升的一盘称为上升盘，相对下降的一盘称为下降盘。上盘可以是上升盘，也可以是下降盘，而下盘也同样如此。

地层断距：指同一岩层错开后其间的垂直距离，即地层缺失或重复的真厚度；铅直地层断距指同一层面在垂直方向上错开的距离，也称落差。

按断层两盘相对位移的方向，把断层分为正断层、逆断层和平移断层。

上盘相对下降、下盘相对上升的断层称为正断层。其规模大小不一，断层面一般较陡，常为40°~60° 。正断层主要是由于水平引张力和重力作用形成的。

上盘相对上升、下盘相对下降的断层称为逆断层。逆断层主要是由于水平挤压作用形成的。根据断层面倾角大小，把倾角小于45° 的逆断层称为逆掩断层。如果断层面倾角非常平缓，断层规模巨大，又称为碾掩构造，也称推覆构造。

断层两盘沿断层面走向相对移动的断层，称为平移断层，也称平推断层、平错断层。这种断层的断层面近于直立，主要是受水平剪切作用形成的。

按断层走向与岩层产状的关系。可把断层分为走向断层、倾向断层和斜向断层。

按断层的发育时期，又可把断层分为同生断层和后生断层。

正断层和逆断层常常成列出现，形成各种组合类型。如由两条或两条以上的倾向相同而又互相平行的正断层组合而成，其上盘依次下降，呈阶梯状，称为阶状断层，也称阶梯状断层；由两条走向大致平行而性质相同的断层组合成一个中间断块下降、两侧断块相对上升的构造称为地堑；由两条走向大致平行而性质相同的断层组合成一个中间断块上升、两侧断块相对下降的构造称为地垒。构成地堑和地垒的断层一般为正断层，但也可以是逆断层。数条逆断层或逆掩断层平行排列，其结果是使一盘覆于另一盘之上，相互叠置形如房瓦，称为叠瓦构造。

第二节　钻井工程主要设计

一、井身结构设计

井身结构包括套管层次和下入深度以及井眼尺寸（钻头尺寸）与套管尺寸的配合。井身结构设计是钻井工程设计的基础。合理的井身结构是钻井工程设计的重要内容，其主要依据是地层压力和地层破裂压力剖面。

（一）井身结构设计确定的原则

进行井身结构设计所遵循的原则：

（1）能有效地保护油气层，使不同压力梯度的油气层不受钻井液损害。

（2）应避免漏、喷、塌、卡等复杂情况产生，为全井顺利钻进创造条件，使钻井周期最短。

（3）钻下部高压地层时所用的较高密度钻井液产生的液柱压力，不致压裂上一层套管鞋处薄弱的裸露地层。

（4）下套管过程中，井内钻井液柱压力和地层压力之间的压差，不致产生压差卡阻套管事故。

（二）套管柱类型

套管的类型很多。正常压力系统的井通常仅下三层套管：导管、表层套管和生产套管。异常压力系统的井，至少多下一层技术套管。尾管则是一种不延伸到井口的套管柱。

1. 导管

导管的作用是在钻表层井眼时将钻井液从地表引导到钻井装置平面上来。这

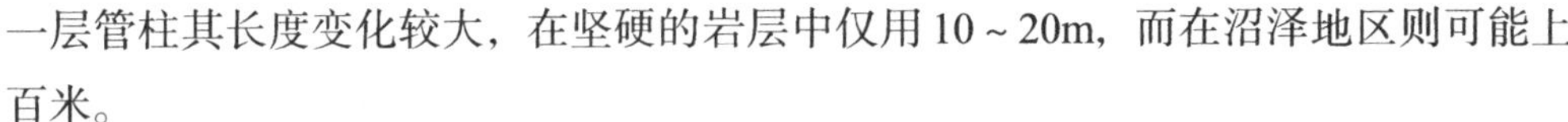

一层管柱其长度变化较大，在坚硬的岩层中仅用10～20m，而在沼泽地区则可能上百米。

2. 表层套管

表层套管下入深度一般在30～1500m，通常引导水泥浆返至地表。用来防止浅水层污染，封隔浅层流沙、砾石层及浅层气。同时用来安装井口防喷器以便继续钻进，它也是井口设备（套管头及采油树）的唯一支撑件，以及悬挂依次下入的各层套管（包括采油管柱）的载荷。

3. 技术套管

技术套管用来隔离坍塌地层及高压水层，防止井径扩大，减少阻卡及键槽的发生，以便继续钻进。技术套管还用来分隔不同的压力层系，以便建立正常的钻井液循环。它也为井控设备的安装、防喷、防漏及悬挂尾管提供了条件，对油层套管还具有保护作用。

4. 生产套管（采油或采气套管）

生产套管的主要作用是将储集层中的油气从套管中采出来，并用来保护井壁，隔开各层的流体，达到油气井分层测试、分层采油、分层改造之目的。通常水泥返至产层顶部200m以上。

5. 尾管

尾管分为钻井尾管和采油尾管。它的优点是下入长度短，费用低。在深井中，尾管另一个突出的优点是，在继续钻进时可以使用异径钻具。在顶部的大直径钻具比同一直径的钻具具有更高的抗拉伸强度，在尾管内的小直径钻具具有更高的抗内压力的能力。尾管的缺点是尾管的顶部通常要进行抗内压试验，以保证密封性。

6. 组合质量套管柱

组合质量套管柱是各段套管的质量和钢级不同，但其外径相同。

7. 异径套管柱

异径套管柱是从上到下各段套管的外径不同的套管柱。

（三）设计所需基础数据

1. 地质方面数据

（1）岩性剖面及其故障提示；

（2）地层孔隙压力剖面；

（3）地层破裂压力剖面。

2. 工程方面数据

（1）抽吸压力系数。上提钻柱时，由于抽吸作用使井内液柱压力降低的值，用

当量密度表示。

(2) 激动压力系数。下放钻柱时，由于钻柱向下运动产生的激动压力使井内液柱压力增加的值，用当量密度表示。

(3) 地层压裂安全系数。为避免上层套管鞋处裸露地层被压裂的地层破裂压力安全系数，用当量密度表示。安全系数的大小与地层破裂压力的预测精度有关。

(4) 井涌允量。由于地层压力预测的误差所产生的井涌量的允值，用当量密度表示。它与地层压力预测的精度有关。

(5) 压差允值。不产生压差卡阻套管所允许的最大压力差值，它的大小与钻井工艺技术和钻井液性能有关，也与裸眼井段的地层孔隙压力有关。

井身结构设计所需要的地质和工程数据应根据本地的统计资料来确定。

(四) 井身结构设计

井身结构设计即是套管层次和下入深度设计，其实质是确定两相邻套管下入深度之差，它取决于裸眼井段的长度。在裸眼井段中，应使钻进过程中以及井涌压井时不会压裂地层而发生井漏，并在钻进和下套管时不发生压差卡钻事故。

进行井身结构设计时，首先必须建立设计井所在地区的地层压力剖面和破裂压力剖面图。

(五) 套管尺寸与井眼尺寸选择及配合

套管尺寸及井眼（钻头）尺寸的选择和配合涉及采油、勘探以及钻井工程的顺利进行和成本。

1. 设计中考虑的因素

(1) 生产套管尺寸应满足采油方面的要求。根据生产层的产能、油管大小、增产措施及井下作业等要求来确定。

(2) 对于探井，要考虑原设计井深是否要加深，地质上的变化会使原来预测值难以准确，本井眼尺寸上是否要留有余量以便增下中间套管，以及对岩心尺寸要求等。

(3) 设计中要考虑到工艺水平，如井眼情况、曲率大小、井斜角以及地质复杂情况带来的问题。同时，应考虑管材、钻头等库存规格的限制。

2. 套管和井眼尺寸的选择及确定方法

(1) 确定井身结构尺寸一般由内向外依次进行，首先确定生产套管尺寸，再确定下入生产套管的井眼尺寸，然后确定中层套管尺寸等，依此类推，直到表层套管的井眼尺寸，最后确定导管尺寸。

(2) 根据采油方面要求来定生产套管。勘探井则按照勘探方面要求来定。

(3) 套管与井眼之间有一定间隙，间隙过大则不经济，过小会导致下套管困难及注水泥后水泥过早脱水形成水泥桥。间隙值一般最小在 9.5 ~ 12.7mm 范围内，最好为 19.0mm。

3. 套管及井眼尺寸标准组合

目前，国内外所生产的套管尺寸及钻头尺寸已标准系列化。套管与其相应井眼的尺寸配合基本确定或在较小范围内变化。

二、钻柱设计及下部钻具组合设计

(一) 钻柱的工作状态及受力分析

1. 钻柱的工作状态

在钻井过程中，钻柱主要是在起下钻和正常钻进这两种条件下工作。在起下钻时，整个钻柱被悬挂起来，在自重力的作用下，钻柱处于受拉伸的直线稳定状态。实际上，井眼并非是完全竖直的，钻柱将随井眼倾斜和弯曲。

在正常钻进时，部分钻柱 (主要是钻铤) 的重力作为钻压施加在钻头上，使得上部钻柱受拉伸而下部钻柱受压缩。在钻压小和直井条件下，钻柱也是直的，但当压力达到钻柱的临界压力值时，下部钻柱将失去直线稳定状态而发生弯曲并与井壁接触于某个点 (称为“切点”)，这是钻柱的第一次弯曲。如果继续增大钻压，则会出现钻柱的第二次弯曲或更多次弯曲。目前，旋转钻井所用钻压一般都超过了常用钻铤的临界压力值，如果不采取措施，下部钻柱将不可避免地发生弯曲。

在转盘钻井中，整个钻柱处于不停旋转的状态。作用在钻柱上的力，除拉力和压力外，还有由于旋转产生的离心力。离心力的作用有可能加剧下部钻柱的弯曲变形。钻柱上部的受拉伸部分，由于离心力的作用，也可能呈现弯曲状态。在钻进过程中，通过钻柱将转盘扭矩传递给钻头。在扭矩的作用下，钻柱不可能呈平面弯曲状态，而是呈空间螺旋形弯曲状态。

根据井下钻柱的实际磨损情况和工作情况来分析，钻柱在井眼内的旋转运动形式可能有如下四种：

(1) 自转。钻柱像一根柔性轴，围绕自身轴线旋转。

(2) 公转。钻柱像一个刚体，围绕着井眼轴线旋转并沿着井壁滑动。

(3) 公转与自转的结合。

(4) 整个钻柱或部分钻柱作无规则地旋转摆动。

在钻柱自转的情况下，离心力的总和等于零，对钻柱弯曲没有影响。

这样，钻柱弯曲就可以简化成不旋转钻柱弯曲的问题。

在井下动力钻井时，钻头破碎岩石的旋转扭矩来自井下动力钻具，其上部钻柱一般是不旋转的，故不存在离心力的作用。另外，可用水力载荷给钻头加压，这就使得钻柱受力情况变得比较简单。

2. 钻柱的受力分析

钻柱在井下受到多种载荷的作用。在不同的工作状态下，不同部位的钻柱受力的情况是不同的。

(1) 轴向拉力和压力。钻柱受到的轴向载荷主要有由自重产生的拉力、由钻井液产生的浮力和因加钻压而产生的压力。

(2) 扭矩。在钻井过程中钻柱受到钻头扭矩的作用，在钻柱各个截面上都产生剪应力。钻柱所受扭矩和剪应力的大小与钻柱尺寸、钻头类型及直径、岩石性质、钻压和转速、钻井液性质及井眼质量等因素有关，很难准确地计算。钻柱承受的扭矩在井口处最大，向下随着能量的消耗逐渐减小，在井底处最小。

在井下动力钻井中，钻柱承受的扭矩为动力钻具的反扭矩，在井底处最大，往上逐渐减小。

(3) 弯曲力矩。产生弯曲变形的钻柱在轴向压力的作用下，将受到弯曲力矩的作用，在钻柱内产生弯曲应力。在弯曲状态下，钻柱如绕自身轴线旋转，则会产生交变的弯曲应力。

弯曲应力的大小与钻柱的刚度、弯曲变形部分的长度及最大挠度等因素有关。

(4) 离心力。当钻柱绕井眼轴线公转时，将产生离心力。离心力将引起钻柱弯曲或加剧钻柱的弯曲变形。

(5) 外挤压力。在钻杆测试时，钻杆将承受很大的外挤压力。一般都在钻柱底部装一封隔器，用以封隔下部地层和管外环空。钻杆下入井内控制阀是关闭的，因此钻井液不能进入钻杆内，封隔器压紧后打开控制阀，地层流体才流入钻柱内。

此外，使用卡瓦进行起下钻时，钻柱将受到卡瓦很大的箍紧力。卡瓦的挤压作用，将使钻柱的抗拉强度降低，特别在钻深井时应予考虑。

(6) 纵向振动。钻进时，钻头转动（特别是牙轮钻头）会引起钻柱的纵向振动，在钻柱中性点附近产生交变的轴向应力。纵向振动和钻头结构、所钻地层性质、泵量不均匀、钻压及转速等因素有关。

(7) 扭转振动。当井底对钻头旋转的阻力不断变化时，会引起钻柱的扭转振动，因而产生交变剪应力，降低钻柱的寿命。扭转振动和钻头结构、岩石性质均匀程度、钻压及转速等因素有关。

(8) 横向摆振。在某一临界转速下，钻柱将出现摆振，其结果是使钻柱产生公转，引起钻柱严重偏磨。

由以上分析不难看出，钻柱受力严重的部位如下：

①钻进时，钻柱下部受力最为严重。

②起下钻时，井口处钻柱受到最大拉力。

③由于地层岩性变化、钻头的冲击和纵向振动等因素的存在，使得钻压大小不均匀，因而使中性点附近的钻柱受拉压交变载荷的作用，容易产生疲劳破坏。

（二）钻柱设计

1. 钻柱尺寸的选择

具体对一口井而言，钻柱尺寸的选择首先取决于钻头尺寸和钻机的提升能力。同时，还要考虑每个地区的特点，如地质条件、井身结构、钻具供应及防斜措施等。

一种尺寸的钻头可以使用两种尺寸的钻具，选择的基本原则如下：

(1) 在供应可能的情况下，应尽量选用大尺寸方钻杆。

(2) 在钻机提升能力允许的情况下，选择大尺寸钻杆是有利的。国内各油田目前大多用 127mm 钻杆。

(3) 钻铤尺寸一般选用与钻杆接头外径相等或相近的尺寸，有时根据防斜措施来选择钻铤的直径。近年来，在下部钻具组合中更多地使用大直径钻铤。因为使用大直径钻铤具有下列优点：

①可用较少的钻铤满足所需钻压的要求，减少钻铤也可减少起下钻时连接钻铤的时间；

②提高了钻头附近钻柱的刚度，有利于改善钻头工况；

③钻铤和井壁的间隙较小，可减少连接部分的疲劳破坏；

④有利于防斜。

2. 钻铤长度的确定

钻铤长度取决于钻压与钻铤尺寸，其确定原则是：保证在最大钻压时钻杆不承受压缩载荷，即保持中性点始终处在钻铤上。由 (6-1) 式可得钻铤长度计算公式：

$$L_c - \frac{S_N W_{\max}}{q_c K_B \cos\alpha} \tag{6-1}$$

式中：L_c——钻铤长度，m；

$W_{\max}$——设计的最大钻压，kN；

S_N——安全系数，一般取 S_N=1.15 ~ 1.25；

q_c——每米钻铤在空气中的重力，kN/m；

K_B——浮力系数；

α——井斜角，直井时，α=0°。

3. 钻杆柱强度设计

由钻柱的受力分析可知，不论是在起下钻还是在正常钻进时，经常作用于钻杆且数值较大的力是拉力。所以，钻杆柱的设计主要是抗拉强度的设计，即按抗拉强度确定其可下深度。在一些特殊作业（如钻杆测试）中，也需要对抗挤及抗内压强度进行校核。

在以抗拉伸计算为主的钻杆柱强度设计中，主要考虑由钻柱重力（浮重）引起的静拉载荷，其他一些载荷（如动载、摩擦力、卡瓦挤压力的影响及解卡上提力等）通过一定的设计系数考虑。

（三）下部钻具组合设计

一般常说的下部钻具组合主要是指钻头以上 30～40m 内对钻头工作特性有直接影响的一段钻柱，或者是除钻铤以外加其他钻井工具的一段钻柱。下部钻具组合主要是指满眼钻具组合和钟摆钻具组合。选择下部钻具组合方式的主要依据是地层特性和井斜控制的具体要求。

1. 下部钻具组合设计的基本原则

理想的下部钻具组合应满足以下几个方面的要求：

（1）能有效地控制井斜全角变化率及井斜角，从而保证井身质量；

（2）钻头工作的稳定性高，并能施加较大的钻压，有利于提高钻速；

（3）为了起下钻顺利并降低费用，在可能条件下组合应尽量简化。

对于定向井斜井段的下部钻具组合则主要应满足井眼轨迹控制的特别要求。

2. 满眼钻具组合设计

（1）满眼钻具的防斜原理及应用范围

钻铤弯曲和钻头的横向位移造成钻头偏斜（相对于井眼轴线）是引起井斜和井斜变化的主要原因。在钻头之上适当位置安放两个或多个与钻头直径相近的稳定器，减小钻铤弯曲变形并限制钻头的横向位移，这就是满眼钻具的基本防斜原理。

使用满眼钻具时，在一般情况下，井斜总是呈稳定或缓慢上升的趋势，因而不能用这种组合来降斜或灵活地控制井斜角的大小。

（2）满眼钻具组合设计

①近钻头稳定器。靠近钻头的稳定器应采用井底型稳定器并紧接钻头，其间不应加装配合接头或其他工具（如打捞杯等）。

②中稳定器与上稳定器的安放高度的确定。中稳定器和上稳定器的安放高度与满眼钻具组合的使用效果有重要的关系。确定中稳定器与上稳定器理想安放高度的

原则是尽量减小下部钻柱弯曲变形，从而使钻头偏斜角和作用在钻头上的弯曲偏斜力为最小值。中稳定器的理想安放高度主要取决于短钻铤尺寸、稳定器与井壁间隙值、井斜角及钻井液密度等因素。

应根据实际条件，尽可能选用适当的短钻铤，使中稳定器的实际安放高度接近理想高度。

上稳定器安放在中稳定器的上部，一般相距一根钻铤，单根长度约9m。针对特殊要求，可以采用比较精确的数学力学方法计算确定中稳定器和上稳定器的理想安放高度。组合部分采用单一尺寸钻铤时，采用纵横弯曲梁法计算较为简单方便。

③提高钻柱组合的弯曲刚度。

为了提高钻柱组合的弯曲刚度，在上稳定器之上适当位置根据需要可以再加稳定器。满眼组合部分的钻铤，特别是短钻铤，应采用最大外径厚壁钻铤。

④稳定器与井壁之间的间隙控制。

稳定器与井壁之间的间隙与满眼钻具组合的使用效果关系甚为重要，应当严格控制(特别是在井斜较严重的层段)，一般这一间隙越小越好，尤其是近钻头稳定器和中稳定器，与井壁间的实际间隙过大往往导致满眼钻具组合失效。

控制稳定器与井壁间的间隙的措施有两条:

a. 保证稳定器有足够大的直径;

b. 保持井眼稳定，避免井径在钻进的短时间内明显扩大。

一般情况下，近钻头稳定器和中稳定器直径与钻头直径的差值应不大于3mm，上稳定器直径与钻头直径的差值应不大于6mm。

3. 钟摆钻具组合设计

(1) 钟摆钻具的防斜原理及应用范围

在斜直井眼中，光钻铤组合是一种最简单的钟摆钻具。在切点以下未被井壁支撑一段钻铤的自重使钻头受到一个使之恢复垂直状态的力的作用，这通常称为“钟摆”效应。作用在钻头上的这个力即钟摆力可以抵抗地层造斜力和钻具弯曲偏斜力的作用。钟摆段钻铤越长，单位长度越重及井斜角越大，钟摆力也越大。

根据以上原理，钟摆钻具有广泛的应用范围，不仅用于降斜，也可用于增斜和稳斜，它是一种重要而简单的常规下部钻具组合。

(2) 钟摆钻具组合的设计

①光钻铤钟摆钻具设计。光钻铤钟摆钻具，就是选择最下面1 ~ 2柱钻铤的尺寸。应尽量采用可安全使用的大外径厚壁钻铤，这不仅可以增加钟摆力并可减小钻铤的挠度，还有利于钻头工作稳定。

②单稳定器钟摆钻具组合。在钻头上面适当高度处安放稳定器作支点，可以增

加有效的钟摆长度，这是增加钟摆力的有效方法。

设计单稳定器钟摆钻具组合主要是确定稳定器的安放高度（与钻头的间距）。在保证稳定器以下的钻铤在纵横弯曲载荷作用下产生弯曲变形，其最大挠度处不与井壁接触的前提下，尽可能高地安放稳定器，可以获得最大的钟摆抗斜力，这种钟摆钻具组合的抗斜效果一般都优于无稳定器钟摆钻具组合。

稳定器的理想安放高度取决于井眼尺寸、钻铤尺寸、稳定器直径、井斜角、钻压及钻井液密度等因素。

当稳定器以下采用同一尺寸钻铤量，可把钟摆钻具简化为一个简支梁。

③多稳定器钟摆钻具组合。为了增加下部钻铤柱的刚性及提高防粘卡能力，可以采用多稳定器钟摆钻具组合，即在单稳定器钟摆组合支点稳定器之上间隔一定长度（一般是一根钻铤）安放一只或多只稳定器。

4. 钟摆—满眼组合

在井斜严重的地层，用满眼钻具钻进时，井斜要逐渐增大，当接近或达到设计允许极限时，必须改用钟摆钻具并控制钻压，使井斜角缓慢地降下来。一旦恢复满眼钻进时，组合下至钟摆钻具钻进井段要遇阻甚至卡钻。为了避免这种情况的发生，在钟摆降斜时可将原满眼钻具接在钟摆钻铤段之上，组成钟摆—满眼组合方式，这样在恢复满眼钻进时，一般只需在钟摆钻铤长度井段划眼。

三、取心设计

（一）概述

1. 取心的目的

岩心是提供地层剖面原始标本的唯一途径，从岩心标本可以得到其他方法无法得到的资料。取心的目的如下：

（1）研究地层；

（2）研究生油层；

（3）研究油气层性质；

（4）指导油、气田开采；

（5）检查开发效果。

总之，在油、气田勘探、开发各阶段，为查明储油、储气层的性质或从大区域的地层对比到检查油、气田开发效果，评价和改进开发方案，任一研究步骤都离不开对岩心的观察和研究。

2. 钻进取心的几个环节

(1) 环状破碎井底岩石，形成岩心 (圆柱体)。

(2) 保护岩心。

(3) 取出岩心。

3. 取心钻进的评价指标

取心钻进时一般以“岩心收获率”来评价。其计算方法如下：

$$岩心收获率 = 实际取出岩心长度 / 本次取心钻进进尺 \times 100\% \quad (6-2)$$

取心钻进时，首先要保证较高的岩心收获率，在此前提下尽量提高钻速。

(二) 取心工具

1. 取心工具的组成

钻进取心工具种类很多，但基本组成都包括三个部分：取心钻头、岩心筒及其悬挂装置、岩心爪。

2. 取心工具分类

取心工具有不同的结构、类型。其分类如下：

(1) 按工具结构分。单筒取心工具：无内岩心筒。双筒取心工具：有内、外岩心筒。

(2) 按取心长度分。短筒取心工具：一般钻进取心为一个单根长度以内，即取心钻进时不能接单根。中、长筒取心工具：可连续取心钻进几十米至上百米。

(3) 按割心方法分。分为自锁式、加压式、差动式。

(4) 按取心方式分。常规取心工具：对取心无特殊要求。

特殊取心工具：对取心有一定要求，如防止污染岩心、保持井下原始状态、定向取岩心等。

3. 常规取心工具

对岩心无特殊要求时，常使用常规取心工具。

(1) 自锁式取心工具。它是在中硬地层、硬地层中取心的基本工具，对岩心成柱性较好的地层也适用。

(2) 加压式取心工具。加压式取心工具是松软地层取心的基本工具。加压式取心工具的加压方式有机械加压和水力加压两种方式。

机械式加压取心工具的特点在于取心工具上部连接一加压接头。

(3) 中长筒取心工具。中长筒取心时，钻进中途需接单根，但在松软地层取心钻进过程中不允许钻头提离井底，因此工具还需增加接单根的专用装置——滑动接头。

4. 特殊取心工具

（1）密闭取心工具。密闭取心就是用密闭液将钻取的岩心迅速保护起来的取心技术。密闭取心工具有加压式密闭取心工具、自锁式密闭取心工具等类型。

（2）保压密闭取心。保压密闭取心技术是取得保持储层流体完整岩心的一种有效方法。

（3）定向取心。定向取心是钻取岩心并确定其在原地的方位。定向取心的目的是了解地层的倾角、倾向、走向，以及地层及裂缝的产状、裂缝分布规律等，为制定开发方案提供依据。

（三）提高岩心收获率

1. 影响岩心收获率的因素

在钻取岩心中，影响岩心收获率的因素是多方面的，归纳起来有以下几个方面：

（1）地层；

（2）岩心直径；

（3）取心钻进参数；

（4）井下复杂情况。

2. 提高岩心收获率的措施

一般来说，提高岩心收获率应注意以下几个方面：

（1）制定合理的取心作业计划；

（2）正确地选择取心钻头和取心工具；

（3）工具在下井前应仔细检查；

（4）制定合理的取心钻进参数；

（5）严格执行操作技术规范；

（6）总结经验，不断提高取心工艺技术水平。

第三节　井筒技术

井筒技术主要包括钻井技术、测井技术、随钻测量技术、电缆地层测试技术、录井技术、测试技术和试采技术，还有井中物探技术，以往有地震测井，现在有垂直地震剖面技术和井中重力测井等。下面重点论述测井技术（包括随钻测量技术）、测试技术（包括电缆地层测试技术）的新进展。

一、测井技术

(一) 测井数据传输、显示和分析技术

测井数据传输技术是测井技术发展的基础，为了提高测井分辨率和增强测井解决问题的能力，井下测量数据量剧增，数据传输成为关键。新型井下信号微处理器与现有技术相结合使得测井数据发展到数字传输，大大增加了电缆数据传输能力。数据传输能力的提高为阵列和成像测井提供了必要的条件。阵列和成像测井仪器的数据传输率比其相应的前一代仪器的传输率要高一个数量级，可达500kbps。正在研究传输率更高的传输系统，并利用数据压缩技术，以获得超过5Mbps的数据传输率。目前，已研制出数据传输率为10Mbps的光纤电缆，但由于费用昂贵、电缆强度低等原因，其使用受到限制。

由于计算机和网络的发展与应用，地面记录系统的处理能力有了很大的提高，在现场可同时进行测井、数据传输和实时质量控制；在室内可对阵列和成像测井得到的非常巨大的数据体进行二维、三维彩色显示和各种分析研究，并通过卫星和网络系统进行现场和解释中心的通信，实时控制现场施工。随着数据处理水平的提高，成像测井的应用和作用将更大。

(二) 电缆测井及处理技术进展

随着更复杂、更隐蔽的油气藏的勘探和开发工作的开展，对测井提出了更高的要求：薄层、薄互层、裂缝性储层、低孔低渗层、复杂岩性储层的评价；高含水油田开发中剩余油饱和度及其分布的确定，固井质量和套管损坏等工程问题以及地层的非均质和各向异性等问题，需要测井从理论和测量技术上有更新的发展。常规测井技术的重大改进及成像测井技术形成正是基于上述背景。

改善测井评价地层的能力是测井仪器研究和发展的主要方面之一，通常有两种做法：一是调整仪器结构参数，改善仪器探测特性；二是在测量数据量的增加和准确的基础上，提高测井数据的后处理技术。下面从三个方面论述电缆测井技术的进展状况。

1. 成像测井技术的发展与应用

成像测井是跨世纪的测井技术，目前，成像测井技术正在逐步替代数控测井技术。成像测井技术是以Schlumberger公司的MAXIS-500多项任务采集和成像系统、Baker Atlas公司的ECLIPS-2000成像测井系统和Halliburton公司的EXCELL-2000成像测井系统为代表的。成像测井系统的主要特点如下：

(1) 高速采集、并行处理、局域网络的高性能计算机系统。实时采集、控制、处理、显示、解释大量的测井信息和成果。

(2) 高数据传输率的电缆遥测系统，数据传输率可达 500kbps，甚至更高。实现地面和井下仪器间的数据传输。

(3) 新一代的高分辨率、多探测深度的电、声、核和核磁测井仪器。

(4) 一套完整的适应各类复杂非均质储层参数定量评价和地质应用、工程应用的软件包。

成像测井的井下仪器主要有电成像、声成像和核磁共振成像测井三大类。在电成像测井仪中，较为典型的有：Schlumberger 公司的全井眼微电阻率成像测井仪、阵列感应测井仪和方位电阻率测井仪；Baker Atlas 公司的声电一体化测井仪、高分辨率感应测井仪和高分辨率侧向测井仪；Halliburton 公司的电成像测井仪、高分辨率感应测井仪等。

在声成像测井仪中，较为典型的有：Schlumberger 公司的偶极子声波成像仪、超声波成像仪和可组合地震成像仪；Baker Atlas 公司的声电一体化测井仪和环井眼数据成像仪；Halliburton 公司的声波扫描成像测井仪。

在核磁成像测井仪中，较为典型的有：Schlumberger 公司的核磁共振成像仪；Baker Atlas 公司和 Halliburton 公司的核磁共振成像仪。

值得说明的是，井眼声波成像仪器改进了声换能器设计和放置位置，并且使用较低的频率，使垂直分辨率范围在 10.2 ~ 30.5mm，声波图像质量更好。井眼电成像装置增加了传感器的数目，从而使有效的井眼覆盖率增加一倍以上，能够提供井壁地层或套管的部分或全部图像，从而能够评价天然裂缝和诱发裂缝，评价薄油气层，确定井眼附近的地质构造，识别沉积特征，解释沉积环境，并且还能够改善岩心定向及岩心与测井资料对比，识别井眼崩塌，评价套管损坏情况，等等。

另外，由于成像测井系统的数据传输率普遍提高，对于测井仪器数据的采集和传输极为迅速。可同时将更多的下井仪器进行组合，包括数控测井中的常规测井系列组合，使得一次测井中得到更多的地质和岩石物理数据，方便评价储层及更好地了解油气储层动态和静态特性。

2. 常规测井仪器的改善与新方法的发展

近年来，在原有常规仪器的基础上，出现了大量的所谓新仪器，这其中包括原有仪器的改进和新仪器的出现。

上面已经提及成像电测井仪，如新的感应和侧向测井仪器采用了阵列线圈和阵列电极来提高数据采集量，改善仪器的垂直和径向分辨率。同时，目前使用较多的还有电磁波传播测井和高分辨率地层倾角测井等。在常规感应测井的基础上，

Schlumberger 公司给出相量双感应仪器；Baker Atlas 公司给出双相量感应仪器，其性能均有所提高。尤其是 Halliburton 公司研制出的高分辨率感应测井仪，它的主要功能与其他公司的双感应一致，但其垂直分辨率为 0.6m，而探测深度达到 2.3m，较常规双感应测井增加了 40%。Baker Atlas 公司研制出的薄层电阻率测井仪的垂直分辨率为 5cm，探测深度可达 0.3 ~ 0.48m，也是一款较有特色和性能较好的电测井仪器。

另外，核测井技术也有新的进展，John R.Bayless 公司最近研制出两种新型核测井源，一种是强脉冲 X 射线发生器，另一种是高强度中子源。由于使用了加速器，完全没有必要使用放射性物质。该项技术将允许更小的直径、更高的测井速度，具有更大的探测深度，受井眼影响小，具有更高的灵敏度和统计精度。研制了高精度探测器的碳氧比测井（C/O），可以更好地测量套管外流体的饱和度。研制了使用高能中子发生器的脉冲中子孔隙度测井，受环境影响更小，且具有较高的垂直分辨率。在地球化学测井中，使用了自然伽马和次生伽马能谱测井方法来测量元素的丰度，再利用岩石模型转换成与粒度、孔隙度和阳离子交换量相关的矿物浓度，从而更好地确定岩石和黏土类型。

随着探测技术和电子技术的发展，在核测井领域出现了综合孔隙度测井仪，相当于把自然伽马能谱、岩性密度测井和中子测井组合在一个仪器中，虽然物理基础与过去的方法一致，但提高了效率和精度。

3. 数据处理技术的改进

目前在常规处理方法中，主要采用两种处理技术来提高测井资料垂直分辨率，一种是反褶积处理技术，另一种是阿尔法处理技术。一般对电阻率和声波测井数据应用反褶积处理，对中子和密度测井采用阿尔法处理。最近有关通过信号处理提高垂直分辨率的努力集中于改善反褶积技术、提高和扩展阿尔法处理，并引入这两种方法的结合，称为增强分辨率处理技术。例如，采用滤波后中感应测量值对深感应进行反褶积，将垂直分辨率从 1.8m 提到了 1m，而对探测深度无影响。

计算机的发展使得反演处理成为重要的数据处理方法，尤其是电测井曲线的反演处理。仪器的分辨率和探测深度受到仪器本身结构特性及地层和井眼条件的限制，为了提高分辨率和提高探测深度，尤其是在薄互层和泥浆侵入严重的井眼，常规电测井曲线的电阻率反演可以有良好的作用，目前是一项发展迅速的测井数据处理技术。

对于电成像测井仪器，由于其测量数据量大，可以进行成像以方便测井评价和地质应用。另外对于原始测量数据的软件聚焦处理是其主要的特征之一，如阵列感应测井，虽然线圈较多，但不再有聚焦线圈（硬件聚焦），而是采用计算机软件聚焦的方式，灵活地合成不同分辨率和探测深度的曲线，方便实际应用；对于阵列侧向测井，在部分利用常规的硬件聚焦的同时，同样采用了软件聚焦的方法，使实际测

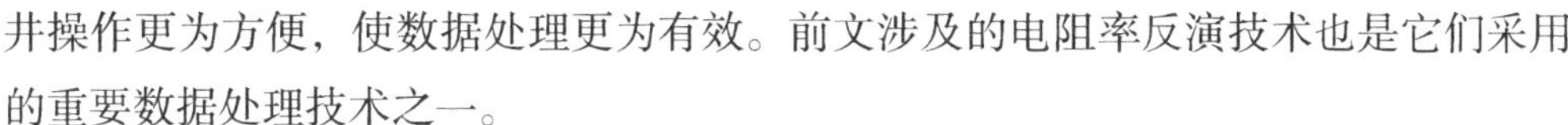

井操作更为方便，使数据处理更为有效。前文涉及的电阻率反演技术也是它们采用的重要数据处理技术之一。

(三) 随钻测量 (MWD) 技术

随钻测量（MWD，Measurement While Drilling）起源于地质导向，在测井业内，更习惯称为随钻测井（LWD，Logging While Drilling）。在20世纪80年代初期，随钻测井只能测量简单的电阻率曲线和自然伽马曲线，主要用于地层对比。后来，更为复杂的电阻率测量、密度测井仪和中子测井仪依次加入随钻测井家族。虽然有人习惯LWD专指地层评价测井服务，但在测井领域，一般对MWD和LWD不加区别。目前，国外在随钻测量（井）技术方面发展非常迅速，并在一定程度上达到替代电缆测井的程度，尤其是在高风险或大斜度及水平井和小井眼多侧向延伸井中，已经代替常规电缆测井。随钻测量技术的发展主要表现在如下几方面。

1. 数据传输技术的提高

随钻测井信号传输是随钻测井研究与应用的“瓶颈”问题。目前，随钻测量数据主要通过泥浆脉冲进行传输，传输速率非常低，仅为十几个比特/秒。同时，可采用数据压缩技术来获得更高的传输速率。一方面，利用电磁波进行随钻测井信号的数据传输已经开始应用，其限制在于可能受到地层深度和地层电性参数的影响。另一方面，在井下利用大存储量的存储器进行随钻测井信号的寄存，在起钻后带到数据中心处理也是一种重要的解决随钻测井信号处理的方法。

2. 测井仪器概况

在国外，LWD研究和应用发展很快，Anadrill公司有RAB、CDR和ARC5等随钻电测井仪器、ISONIC声测井仪器和ADN核测井仪器，Baker Hughes INTEQ公司有DPR、Navigator、MPR和Slim MPR随钻电测井仪器，Halliburton公司有CWR和SCWR等电测井仪器和CLSS声测井仪器，Sperry-Sun公司有EWR和EWR-Phase4等仪器，已经开始投入商业应用。

电测井仪器在钻头处进行测量，装有其他仪器的井下导向马达，其中包括定向自然伽马探测仪和方位电阻率电极，能作一种或多种探测深度的电阻率测量，如RAB仪器可利用电极的方位排列设计进行井眼电阻率成像。增加仪器测量的数目，提供多种独立的探测深度，另外还引入使用现有仪器来改善探测深度的方法。Sculumberger公司与Andrill服务部门研制出补偿双电阻率和补偿密度中子测量仪器，可提供地层电阻率、中子、密度及自然伽马能谱测井资料。用这些资料能提供可靠的岩性资料，进行孔隙度评价，预测孔隙压力及岩石的力学特征等，还能进行井眼补偿电磁波传输测量，具有两个探测深度，据测量结果可求得地层的真电阻率。

由于可能受移动的钻头和井下其他噪声干扰，随钻声波测井相对较为困难，因此目前的随钻声波测井服务非常昂贵，且测量资料质量相对差一些。据称，随钻核磁测井已经投入商业应用，但目前未见到实际的测井资料。

3. 小井眼测井技术

近几年，小井眼钻井技术有了很大发展。各家服务公司同时出现了专门用于小井眼的测井方法和仪器。如 BPB 测井服务公司的小井眼测井系列包括补偿密度、补偿中子、多接收器声波、双侧向、微电阻率以及地层倾角测井等。Halliburton 公司的小井眼高温测井系列包括自然伽马能谱、密度、双源距中子、声波全波、双感应及井径测量等。

4. 大斜度井和水平井中测井资料的解释

随着大斜度井和水平钻井技术的不断应用，发展了相应的测井技术（包括电缆测井、MWD 测井、挠性管测井以及定向聚焦仪器等）和测井解释方法。在国外，随钻测井已经成为常规的测井技术，出现所谓的 FEMWD，即随钻测量地层评价。在国内，由于技术和地质情况等客观条件的限制，随钻测井极为罕见，在大斜度井和水平井中主要应用常规的仪器系列，解释评价时在沿用常规的解释方法的同时，已经有针对大斜度井和水平井的解释方法。

（四）测井资料地质应用技术——测井地质学

随着测井技术从数控测井阶段发展到成像测井阶段，其在地质上的应用范围不断扩大，并形成了利用测井方法解释地质问题的一门边缘学科——测井地质学。

利用测井资料和地质资料相配合，可以进行地层层序划分和标定、沉积和微相研究、精细构造和裂缝定量研究、储层结构和岩石物理研究、油气藏和流体特性研究以及油气田工程地质研究，等等。在盆地、圈闭和油气藏三级综合描述评价中，测井资料也起着重要作用。

二、测试技术

测试技术发展也很快。地层测试可以同时取得油井产能、储层特性、污染和压力以及流体性质（包括高压物性）等几套参数。可以利用试井方法进行油藏地质研究，确定油水界面、油藏高度、油藏边界类型和距离。油气层改造技术的发展，扩大了储层评价范围。

主要从以下几个方面简述测试技术的新发展。

(一) 地层测试和试井技术

井下测试器主要有：常规地层测试工具是靠测试管柱加压坐封封隔器、上提下放测试管柱实现井底测试阀的多次开关井，进行多次开井流动生产及多次关井测压力恢复。膨胀测试工具，比常规的膨胀封隔器胶筒长 2 ~ 3 倍，更易贴紧不规则的裸眼井壁，实现膨胀跨隔测试。全通径测试工具由于其通径大和靠环空泵压来操作测试阀的特点，适用于海洋以及陆上高产、高压井和大斜度井，并且便于在测试过程中进行多种作业。

油气水分离方面，目前已发展了三相（油气水）分离技术，分离效果好，计量准确，处理量大，有利于保护环境。

井下测压方面，电子压力计逐步取代了机械压力计。目前，电子压力计的误差仅为 0.02%，为机械压力计的 1/10 以下。录取数据可达 10 万个点以上，工作时间可达 150 天以上。电子压力计提高了试井资料的质量和处理的水平，可较准确地探测到测试范围的储层连通情况以及断层、岩性等各类边界，对评价油气层起着重要作用。电子压力计有两种：一是井下储存式压力计，可长期置于井下自动录取数据，然后再取出进行资料处理，可大大降低成本；二是地面直读式压力计，在地面直接读出井下测量的数据并进行处理，及时指导测试作业，并保证测试成功。

(二) 测试配套技术

负压射孔—测试联作技术，即用油管传输射孔，可在压井液压力低于油气层压力情况下射孔，减小对油气层的伤害，提高油气层产能；还可与测试器组合，进行射孔、测试联合作业，提高效率。

连续油管测试技术是用一盘无连接螺纹的桡式油管把测试工具送入井下，可进行射孔、排液、压裂、酸化、侧钻、送桥塞和钻桥塞等多种作业，对大斜度井和小井眼尤为适用。有 25.4 ~ 76.2mm 不同规格，功能多，效率高，成本低。

桥塞封堵技术是用缆绳将桥塞送到预定深度、点火引爆、坐封桥塞。桥塞分为永久式、可回收式和可钻式，并分为不同的承压等级。此外，还有管柱下人的机械桥塞等。桥塞封堵技术既能满足分层测试的要求，又能节约成本、提高效率和安全性。

(三) 油气层改造技术

针对低渗透油气层和碳酸盐岩油气层的特点，从射孔、压裂、酸化到排液求产，已形成了一整套改造措施和评价技术。

（四）油气层评价和油气藏预测技术

地层测试资料和电缆式地层测试资料等，包含着丰富的地质信息。根据这些资料的计算机处理解释成果，可对油气层作出综合评价：一是能了解油气层污染情况，为油气层改造提供依据；二是能确定油气层的产能、压力、地层特性参数（如渗透率）和流体特性参数（如密度、黏度）等，为油气田开发提供储层和产能依据；三是能比较准确地预测油水界面、气水界面、油气藏边界类型和距离等，计算含油气面积和储量，是油气藏描述评价的重要方法之一。当前，美国科学软件公司的试井解释软件，具有油藏模型多、功能强、界面良好等优点。我国的试井解释软件也在推广应用。

第七章　石油储层改造

第一节　压裂、酸化基本原理

一、水力压裂

(一) 增产原理

水力压裂是指利用地面高压泵组，将高黏液体以大大超过地层吸收能力的排量注入井中，在井底憋起高压，当此压力大于井壁附近的地应力和地层岩石抗张强度时，在井底附近地层产生裂缝。继续注入带有支撑剂的携砂液，裂缝向前延伸并填以支撑剂，关井后裂缝闭合在支撑剂上，从而在井底附近地层内形成具有一定几何尺寸和导流能力的填砂裂缝，使井达到增产增注目的工艺措施。

导流能力是指形成的填砂裂缝宽度与缝中渗透率的乘积，代表填砂裂缝让流体通过的能力。

(1) 形成的填砂裂缝的导流能力比原地层系数大得多，可大几倍到几十倍，大大增加了地层到井筒的连通能力；

(2) 由原来渗流阻力大的径向流渗流方式转变为双线性渗流方式，增大了渗流截面，减小了渗流阻力；

(3) 可能沟通独立的透镜体或天然裂缝系统，增加新的油源；

(4) 裂缝穿透井底附近地层的污染堵塞带，解除堵塞，因而可以显著增加产量。

(二) 造缝机制

在水力压裂中，了解造缝的形成条件、裂缝的形态 (垂直或水平)、方位等，对有效地发挥压裂在增产、增注中的作用都是很重要的。在区块整体压裂改造和单井压裂设计中，了解裂缝的方位对确定合理的井网方向和裂缝几何参数尤为重要，这是因为有利的裂缝方位和几何参数不仅可以提高开采速度，而且可以提高最终采收率；相反，则可能会出现生产井过早水窜，降低最终采收率。

1. 裂缝起裂和延伸

造缝条件及裂缝的形态、方位等与井底附近地层的地应力及其分布、岩石的力

学性质、压裂液的渗滤性质及注入方式具有密切关系。

地层开始形成裂缝时的井底注入压力称为地层的破裂压力。破裂压力与地层深度的比值称为破裂压力梯度。

2. 裂缝形态

一般情况下，地层中的岩石处于压应力状态，作用在地下岩石某单元体上的应力为垂向主应力和水平主应力。

作用在单元体上的垂向主应力来自上覆层的岩石重量，它的大小可以根据密度测井资料计算。

在天然裂缝不发育的地层，裂缝形态（垂直缝或水平缝）取决于其三向应力状态。根据最小主应力原理，裂缝总是产生于强度最弱、阻力最小的方向，即岩石破裂而垂直于最小主应力轴方向。

（三）压裂液

1. 压裂液的组成

压裂液是一个总称，根据压裂过程中注入井内的压裂液在不同施工阶段的任务可分为以下几种：

（1）前置液。它的作用是破裂地层并造成一定几何尺寸的裂缝以备后面的携砂液进入。在温度较高的地层里，它还可起一定的降温作用。有时为了提高前置液的工作效率，在前置液中还加入一定量的细砂（粒径 100 ~ 140 目，砂比 10% 左右）以堵塞地层中的微隙，减少液体的滤失。前置液一般用未交联的溶胶。

（2）携砂液。它的作用是将支撑剂带入裂缝中并将支撑剂填在裂缝内预定位置上。在压裂液的总量中，这部分比例很大。携砂液和其他压裂液一样，有造缝及冷却地层的作用。

2. 泡沫压裂液

泡沫压裂液是近几年内发展起来的，用于低压低渗油气层改造的新型压裂液。其最大特点是易于返排，滤失少以及摩阻低等。基液多用淡水、盐水、聚合物水溶液；气相为二氧化碳、氮气、天然气；发泡剂用非离子型活性剂。泡沫干度为 65% ~ 85%，低于 65% 则黏度太低，超过 92% 则不稳定。

泡沫压裂液也具有不利因素：

（1）由于井筒气 / 液柱的压降较低，压裂过程中需要较高的注入压力，因而对深度大于 2000m 的油气层实施泡沫压裂是困难的。

（2）使用泡沫压裂液的砂比不能过高，在需要注入高砂比情况下，可先用泡沫压裂液将低砂比的支撑剂带入，然后再泵入可携带高砂比支撑剂的常规压裂液。

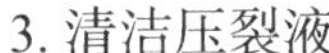

3. 清洁压裂液

近年来发展起来的表面活性剂压裂液，也称为清洁压裂液，是一种新型的压裂液体系，它不含任何聚合物，解决了压裂液对地层的污染，因此也叫无伤害（零污染）压裂液。这种表面活性剂压裂液不需要破胶剂、破乳剂、防腐剂等化学添加剂。目前，使用的常规压裂液的增稠剂均为高分子，相对分子质量均在1000万以上，而表面活性剂压裂液的相对分子质量只有几百，和其他的聚合物、植物胶相比，表面活性剂压裂液的增稠剂属于小分子范畴。表面活性剂压裂液由于是小分子，且在水中完全溶解，不含有固相成分，在裂缝中难以形成滤饼，不会对地层的渗透率和裂缝导流能力造成伤害。

其他应用的压裂液还有聚合物乳状液、酸基压裂液和醇基压裂液等，它们都有各自的适用条件和特点，但在矿场上应用很少。

（四）支撑剂

水力压裂的目标是在油气层内形成足够长度的高导流能力填砂裂缝，所以，水力压裂工程中的各个环节都是围绕这一目标，并以此选择支撑剂类型、粒径和携砂液性能，以及施工工序等。

1. 支撑剂的要求

（1）粒径均匀，密度小。一般来说，水力压裂用支撑剂的粒径并不是单一的，而是有一定的变化范围，如果支撑剂分选程度差，在生产过程中，细砂会运移到大粒径砂所形成的孔隙中，堵塞渗流通道，影响填砂裂缝导流能力，所以对支撑剂的粒径大小和分选程度是有一定要求的。以国内矿场常用的20～40目支撑剂为例，最少有90%的砂子经过筛析后位于20～40目，同时要求大于第一个筛号的砂重小于0.1%，而小于最后一个筛子的量不能大于1%。

比较理想的支撑剂要求密度小，最好小于2000kg/m^3，以便于携砂液携带至裂缝中。

（2）强度大，破碎率小。支撑剂的强度是其性能的重要指标。由于支撑剂的组成和生产制作方法不同，其强度的差异也很大，如石英砂的强度为21.0～35.0MPa，陶粒的强度可达105.0MPa。水力压裂结束后，裂缝的闭合压力作用于裂缝中的支撑剂上，当支撑剂强度比裂缝壁面地层岩石的强度大时，支撑剂有可能嵌入地层里；裂缝壁面地层岩石比支撑剂强度大，且闭合压力大于支撑剂强度时，支撑剂易被压碎，这两种情况都会导致裂缝闭合或渗透率很低。为了保证填砂裂缝的导流能力，在不同闭合压力下，对各种目数的支撑剂的强度和破碎率均有一定的要求。

（3）圆球度高。支撑剂的圆度表示颗粒棱角的相对锐度，球度是指砂粒与球形相近的程度。圆度和球度常用目测法确定，一般在10～20倍的显微镜下或采用显微照相技术拍照，然后再与标准的圆球度图版对比，确定砂粒的圆球度。圆球度不好的支撑剂，其填砂裂缝的渗透率差且棱角易破碎，粉碎形成的小颗粒会堵塞孔隙，降低其渗透性。

(4) 杂质含量少。支撑剂中的杂质对裂缝的导流能力是有害的。天然石英砂，其杂质主要是碳酸盐、长石、铁的氧化物及黏土等矿物质。一般用水洗、酸洗(盐酸、土酸)消除杂质，处理后的石英砂强度和导流能力都会提高。

(5) 来源广，价廉。

2. 支撑剂的类型

支撑剂按其力学性质分为两大类：一类是脆性支撑剂，如石英砂、玻璃球等；特点是硬度大，变形小，在高闭合压力下易破碎。另一类是韧性支撑剂，如核桃壳、铝球等；特点是变形大，承压面积随之加大，在高闭合压力下不易破碎。目前矿场上常用的支撑剂有两种：一是天然砂和陶粒；二是人造支撑剂。此外，在压裂中曾经使用过核桃壳、铝球、玻璃珠等支撑剂，由于强度、货源和价格等方便的原因，现多已淘汰。

(1) 天然砂。自从世界上第一口压裂井使用支撑剂以来，天然砂已广泛使用于浅层或中深层的压裂，而且都有很高的成功率。高质量的石英砂往往是古代的风成砂丘，在风力的搬运和筛选下沉砂而成，因此石英含量高，粒径均匀，圆球度也好；另外石英砂资源很丰富，价格也便宜。

天然砂的主要矿物成分是粗晶石英，性脆无解理，但在高闭合压力下会破碎成小碎片，虽然仍能保持一定的导流能力，但效果已大大下降，所以在深井中应慎重使用。石英砂的最高使用应力为21.0～35.0MPa。

(2) 人造支撑剂(陶粒)。最常用的人造支撑剂是烧结铝矾土，即陶粒。它的矿物成分是氧化铝、硅酸盐和铁-钛氧化物；形状不规则，圆度为0.65，密度为3800kg/m^3，强度很高，在70.0MPa的闭合压力下，陶粒所提供的导流能力约比天然砂的高一个数量级，因此它能适用于深井高闭合压力的油气层压裂。对一些中深井，为了提高裂缝导流能力，也常用陶粒作尾随支撑剂。

国内矿场应用较多的有宜兴陶粒和成都陶粒，强度上也有低、中、高之分，低强度适用的闭合压力为56.0MPa，中强度为70.0～84.0MPa，高强度达105.0MPa，已基本上形成了比较完整和配套的支撑剂体系。

陶粒的强度虽然很大，但密度也很高，给压裂施工带来一定的困难，特别在深井条件下由于高温和剪切作用，对压裂液性能的要求很高。为此，近年来研制了一种具有空心或多孔的陶粒，其空心体积约为30%，视密度接近于砂粒。试验表明，

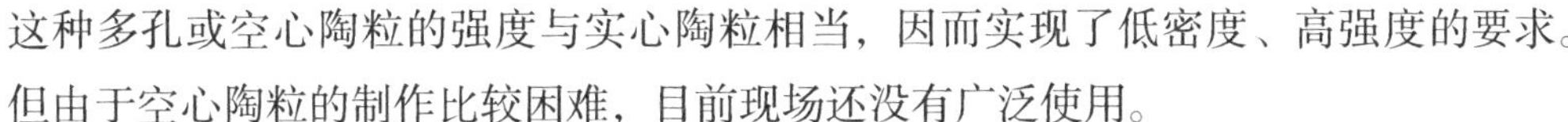

这种多孔或空心陶粒的强度与实心陶粒相当，因而实现了低密度、高强度的要求。但由于空心陶粒的制作比较困难，目前现场还没有广泛使用。

（3）树脂包层支撑剂。树脂包层支撑剂是中等强度低密度或高密度，能承受56.0～70.0MPa的闭合压力，适用于低强度天然砂和高强度陶粒之间强度要求的支撑剂。其密度小，便于携砂与铺砂。它的制作方法是用树脂把砂粒包裹起来，树脂薄膜的厚度约为0.0254mm，占总重量的5%以下。树脂包层支撑剂可分为固化砂与预固化砂，固化砂在地层的温度和压力下固结，这对于防止地层出砂和压裂后裂缝的吐砂有一定的效果；预固化砂则在地面上已形成完好的树脂薄膜包裹砂粒，像普通砂一样随携砂液进入裂缝。

树脂包层支撑剂具有如下优点：

①树脂薄膜包裹起来的砂粒，增加了砂粒间的接触面积，从而提高了抵抗闭合压力的能力。

②树脂薄膜可将压碎的砂粒小块、粉砂包裹起来，减少了微粒间的运移与堵塞孔道的机会，从而改善了填砂裂缝导流能力。

③树脂包层砂总的体积密度比上述中强度与高强度陶粒要低很多，便于悬浮，因而降低了对携砂液的要求。

④树脂包层支撑剂具有可变形的特点，使其接触面积有所增加，可防止支撑剂在软地层的嵌入。

3. 支撑剂的选择

支撑剂的选择主要是指选择支撑剂的类型和粒径，选择的目的是达到一定的裂缝导流能力。由于压裂井的产量主要取决于裂缝长度和导流能力，所以在选择支撑剂和设计压裂规模时，应立足于油层条件，要最大限度地发挥油层潜力，提高单井产量。研究表明：对低渗地层，水力压裂应以增加裂缝长度为主，但为了有效利用裂缝也需要有足够的导流能力；对中高渗地层，水力压裂应以增加裂缝导流能力为主。因此，支撑剂的选择非常重要。

影响支撑剂选择的因素如下：

（1）支撑剂的强度。选用支撑剂首先要考虑其强度。如果支撑剂的强度不能抵抗闭合压力，它将被压碎并导致裂缝导流能力下降，甚至压裂失败。一般地，对浅地层（深度小于1500m）且闭合压力不大时使用石英砂；对于深层且闭合压力较大时，多使用陶粒；对中等深度（2000m左右）的地层一般用石英砂，尾随部分用陶粒。

（2）粒径及其分布。虽然大粒径支撑剂在低闭合压力下可得到高渗透的填砂裂缝，但还要视地层条件而定，对疏松或可能出砂的地层，要根据地层出砂的粒径分布中值确定支撑剂粒径，以防止地层砂进入裂缝堵塞孔道。

由于粒径愈大，所能承受的闭合压力愈低，所以在深井中受到破碎及铺砂等诸因素限制，也不宜使用粗粒径砂。

(3) 支撑剂类型。不同类型支撑剂在不同闭合压力和铺砂浓度条件下，支撑裂缝导流能力相差很大。在低闭合压力下，陶粒和石英砂支撑裂缝的导流能力相近；在高闭合压力下，陶粒要比石英砂所支撑裂缝的导流能力大一个数量级；同时也可以看到铺砂浓度愈大，导流能力也愈大。这也是为什么要提高施工砂比的依据之一。

(4) 其他因素。支撑剂的嵌入是影响裂缝导流能力的一个因素，颗粒在高闭合压力下嵌入岩石中，由于增加了抗压面积，有可能提高它的抵抗闭合压力的能力，但由于嵌入而使裂缝变窄，从而降低了导流能力。

其他如支撑剂的质量、密度以及颗粒圆球度等也会影响裂缝的导流能力。

(五) 压裂设计

压裂设计是压裂施工的指导性文件，它能根据地层条件和设备能力优选出经济可行的增产方案。由于地下条件的复杂性以及受目前理论研究的水平所限，压裂设计结果 (效果预测和参数优选) 与实际情况还有一定的差别，随着压裂设计的理论水平的不断提高，对地层破裂机制和流体在裂缝中流动规律认识的进一步深入，压裂设计方案对压裂井施工的指导意义会逐步有所改善。

压裂设计的基础是对压裂层的正确认识，包括油藏压力、渗透性、水敏性、油藏流体物性以及岩石抗张强度等，并以它们为基础设计裂缝几何参数，确定压裂规模以及压裂液与支撑剂类型等。施工加砂方案设计及排量等受压裂设备能力的限制，特别是深井破裂压力大，要求有较高的施工压力，对设备的要求很高。

压裂设计的原则是最大限度地发挥油层潜能和裂缝的作用，使压裂后油气井和注入井达到最佳状态，同时还要求压裂井的有效期和稳产期长。压裂设计的方法是根据油层特性和设备能力，以获取最大产量 (增产比) 或经济效益为目标。在优选裂缝几何参数基础上，设计合适的加砂方案。压裂设计方案的内容包括：裂缝几何参数优选及设计；压裂液类型和配方的选择；支撑剂选择及加砂方案设计；压裂效果预测和经济分析等。对区块整体压裂设计还应包括采收率和开采动态分析等内容。

二、酸处理

酸化是油气井增产、注入井增注的又一项有效的技术措施。其原理是通过酸液对岩石胶结物或地层孔隙、裂缝内堵塞物 (黏土、钻井泥浆、完井液) 等的溶解和溶蚀作用，恢复或提高地层孔隙和裂缝的渗透性。酸化按照工艺可分为酸洗、基质酸化和压裂酸化 (也称“酸压”)。酸洗是将少量酸液注入井筒内，清除井筒孔眼中酸

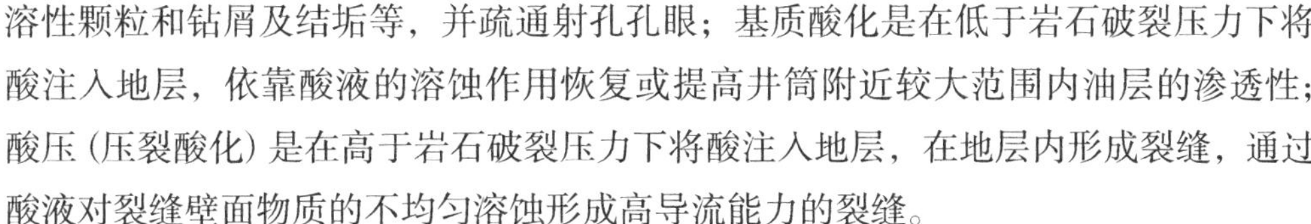

溶性颗粒和钻屑及结垢等，并疏通射孔孔眼；基质酸化是在低于岩石破裂压力下将酸注入地层，依靠酸液的溶蚀作用恢复或提高井筒附近较大范围内油层的渗透性；酸压（压裂酸化）是在高于岩石破裂压力下将酸注入地层，在地层内形成裂缝，通过酸液对裂缝壁面物质的不均匀溶蚀形成高导流能力的裂缝。

（一）酸液及添加剂

酸液及添加剂的合理使用，对酸化增产效果起着重要作用。随着酸化工艺的发展，国内外现场使用的酸液和添加剂类型越来越多。

1. 常用酸液种类及性能

碳酸盐岩油气层的酸化主要用盐酸，有时也用甲酸、醋酸、多组分酸（盐酸与甲酸或醋酸等的混合酸液）和氨基磺酸等酸液。为了延缓酸的反应速度，有时也采用油酸乳化液、稠化盐酸液、泡沫盐酸液等。

（1）盐酸。我国的工业盐酸是以电解食盐得到的氯气和氢气为原料，用合成法制得氯化氢气体，再溶解于水的氯化氢水溶液即盐酸液。纯盐酸是无色透明液体，当含有 $FeCl_3$ 等杂质时，略带黄色，有刺激臭味。盐酸是一种强酸，它与许多金属、金属氧化物、盐类和碱类都能发生化学反应。由于盐酸对碳酸盐岩的溶蚀力强，反应生成的氯化钙、氯化镁，盐类能全部溶解于残酸水中，不会产生化学沉淀；酸压时对裂缝壁面的不均匀溶蚀程度高，裂缝导流能力大；且其成本较低。因此，目前大多数酸处理措施仍使用盐酸，特别是使用28%左右的高浓度盐酸。

高浓度盐酸处理的好处如下：

①酸岩反应速度相对变慢，有效作用范围增大；

②单位体积盐酸可产生较多的 CO_2，利于废酸的排出；

③单位体积盐酸可产生较多的氯化钙、氯化镁，提高了废酸的黏度，控制了酸岩反应速度，并有利于悬浮、携带固体颗粒从地层中排出；

④受到地层水稀释的影响较小。

盐酸处理的主要缺点是：与石灰岩反应速度快，特别是高温深井，由于地层温度高，盐酸与地层作用太快，因而处理不到地层深部；此外，盐酸会使金属坑蚀成许多麻点斑痕，腐蚀严重。H_2S 含量较高的井，盐酸处理易引起钢材的氢脆断裂。为此，碳酸盐地层的酸化也试用了其他种类的酸液。

（2）甲酸和乙酸。甲酸又名蚁酸（HCOOH），无色透明液体，易溶于水，熔点为8.4℃。我国工业甲酸的浓度为90%以上。

乙酸又名醋酸（CH_3COOH），无色透明液体，极易溶于水，熔点为16.6℃。我国工业乙酸的浓度为98%以上。因为乙酸在低温时会凝成像冰一样的固态，故俗称

为冰醋酸。

甲酸和乙酸都是有机弱酸，它们在水中有一小部分离解为氢离子和羧酸根离子，且离解常数很低（甲酸离解常数为 2.1×10^{-4}，乙酸离解常数为 1.8×10^{-5}，而盐酸接近于无穷大），它们的反应速度比同浓度的盐酸要慢几倍到十几倍。所以，只有在高温深井中，盐酸液的缓速和缓蚀问题无法解决时，才使用它们来酸化碳酸盐岩层。甲酸比乙酸的溶蚀能力强，售价便宜，因此最好使用甲酸。

甲酸或乙酸与碳酸盐作用生成的盐类，在水中的溶解度较小。所以，在酸处理时采用的浓度不能太高，以防生成甲酸或乙酸钙镁盐沉淀堵塞渗流通道。一般甲酸液的浓度不超过 10%，乙酸液的浓度不超过 15%。

（3）多组分酸。多组分酸是一种或几种有机酸与盐酸的混合物。酸岩反应速度依据氢离子浓度而定。当盐酸中混掺有离解常数小的有机酸（甲酸、乙酸、氯乙酸等）时，溶液中的氢离子数主要由盐酸的氢离子数决定。根据同离子效应，极大地降低了有机酸的电离程度，当盐酸活性耗完前，甲酸或乙酸等有机酸几乎不离解；当盐酸活性耗完后，有机酸才离解，起溶蚀作用。所以，盐酸在井壁附近起溶蚀作用，有机酸在地层较远处起溶蚀作用，混合酸液的反应时间近似等于盐酸和有机酸反应时间之和，因此可以得到较大的有效酸化处理范围。

（4）乳化酸。乳化酸即为油包酸型乳状液，其外相为原油。为了降低乳化液的黏度，亦可在原油中混合柴油、煤油、汽油等石油馏分，或者用柴油、煤油等轻馏分作外相。其内相一般为 15%～31% 浓度的盐酸，或根据需要用有机酸、土酸等。

为了配制油包酸型乳状液，需选用“HLB 值”（亲水亲油平衡值）为 3～6 的表面活性剂作为 W/O 型乳化剂，如酰胺类、胺盐类、酯类等。乳化剂吸附在油和酸水的相界面上形成有韧性的薄膜，可防止酸滴发生聚结而破乳。有些原油本身含有表面活性剂（烷基磺酸盐等），当它们与酸水混合，不另加乳化剂，经过搅拌也会形成油包酸型乳状液。

对油酸乳化液总的要求是：在地面条件下稳定（不易破乳）和在地层条件下不稳定（能破乳）。所以，乳化剂及其用量、油酸体积比例应根据当地的具体条件，通过实验的方法确定。目前，国内外乳化剂的用量一般为 0.1%～1%，油酸体积比为 1：9～1：1。

由于油酸乳化液的黏度较高，用油酸乳化液压裂时，能形成较宽的裂缝。这样就减少了裂缝的面容比，有利于延缓酸岩的反应速度。更主要的是油酸乳化液进入油气层后，被油膜所包围的酸滴不会立即与岩石接触。只有当油酸乳化液进入油气层一定时间后，因吸收地层热量，温度升高而破乳；或者当油酸乳化液中的酸滴通过窄小直径的孔道时，油膜被挤破而破乳。破乳后油和酸分开，酸才能溶蚀岩石裂缝壁面。因此，油酸乳状液可把活性酸携带到油气层深部，扩大了酸处理的范围。

油酸乳化液除了缓速作用外，由于在油酸乳化液的稳定期间，酸液并不与井下金属设备直接接触，因而可很好地解决防腐问题。现场在配制油酸乳化液时，为了安全，一般仍在酸液中加入适量的缓蚀剂。

油酸乳化液作为高温深井的缓速缓蚀酸，在国内外都被采用。它存在的主要问题是摩阻较大，从而使施工注入排量受到限制。为此施工时可用“水环”法降低油管摩阻，以提高排量。此外，如何提高乳化液的稳定性，寻找在高温下能稳定而用量少的乳化剂；如何使油酸液在油气层中最终完全破乳降黏，以利于排液；如何寻找内相和外相用量的合理配方等，这些问题仍需进行研究。

(5) 稠化酸。稠化酸是指在盐酸中加入增稠剂（或称胶凝剂），使酸液黏度增加。这样降低了氢离子向岩石壁面的传递速度；同时，由于胶凝剂的网状分子结构，束缚了氢离子的活动，从而起到了缓速的作用。高黏度的稠化酸与低黏度的盐酸溶液相比，酸压时还具有能压成宽裂缝、滤失量小、摩阻低、悬浮固体微粒的性能好等特性。

酸液的增稠剂有：含有半乳甘露聚糖的天然高分子聚合物，如瓜胶、刺梧桐树胶等；工业合成的高分子聚合物，如聚丙烯酰胺、纤维素衍生物等。

国外使用的稠化酸，聚合物与酸液的质量比为 1∶10～1∶125。用该方法配成的稠化酸的黏度为 50～500MPa · s，加入的聚合物越多，黏度越高。

通过试验可以确定按不同比例配成的稠化酸的稳定性和时间与温度之间的关系。可选择恰当的比例预先配置，然后在一定温度和确信不会破胶的时间内，运往井场挤入地层，稠化酸在地层温度条件下，经过一定时间，即自动破胶，便于返排。若在实际施工中，需要配置超过 500MPa · s 的特高黏度酸液，则可在上述方法配制成的稠化酸中加入为原酸质量 0.1%～0.8% 的醛类化合物作为交联剂，如甲醛、乙醛、丙醛、2- 羟基丁醛、戊醛等。加入醛类化合物后，稠化酸的黏度甚至可达数万 MPa · s，因而可使配制稠化酸所需的聚合物用量减少，成本也就可以降低。

由于目前的这些增稠剂只能在低温（338K）下使用，在地层温度较高时，它们会很快在酸液中降解，从而使稠化酸变稀。此外，由于它的处理成本较高，所以在国外也较少采用。

(6) 泡沫酸。近年来使用于水敏性油气层、低渗透率碳酸盐岩油气层的泡沫酸发展得很快。泡沫酸是用少量泡沫剂将气体（一般用氮气）分散于酸液中所制成。气体的体积含量（泡沫干度）占 65%～85%，酸液量占 15%～35%。表面活性剂的含量为 0.5%～1.0% 的酸液体积。表面活性剂要与缓蚀剂有较好的配伍性。在天然裂缝发育的地层里，常以稠化水为其前置液以减少酸液的滤失。

泡沫酸在酸压中由于滤失量低而相对增加了酸液的溶蚀能力。泡沫酸的排液能力大，减少了对油气层的损害，再加上它的黏度高，在排液中可携带出对导流能力有害的微粒。泡沫酸在降低黏土之不利影响方面的作用，使它得到了广泛应用。

（7）土酸。对碳酸盐岩地层往往使用盐酸酸化就能达到目的，而对于砂岩地层，由于岩层中泥质含量高，碳酸盐岩含量少，油井泥浆堵塞较为严重而泥饼中碳酸盐含量又较低，在这种情况下，用普通盐酸处理常常得不到预期的效果。对于这类生产井或注入井多采用10%～15%浓度盐酸和3%～8%浓度的氢氟酸与添加剂所组成的混合酸液进行处理，这种混合酸液通常称为土酸。

土酸中的氢氟酸是一种强酸，我国工业氢氟酸的浓度一般为40%，相对密度为1.11～1.13。氢氟酸对砂岩中的一切成分（石英、黏土、碳酸盐等）都有溶蚀能力，但不能单独用氢氟酸，而要和盐酸混合配制成土酸使用，这是由于氢氟酸与碳酸钙和钙长石（硅酸钙铝）等反应生成的氟化钙沉淀能够堵塞地层。

2. 酸液添加剂

酸化时要在酸液中加入某些物质，以改善酸液性能和防止酸液在油气层中产生有害影响，这些物质统称为添加剂。常用的添加剂种类有缓蚀剂、表面活性剂、稳定剂、缓速剂，有时还加入增黏剂、减阻剂、暂时堵塞剂及破乳剂等。

（1）缓蚀剂。缓蚀剂的作用主要在于减缓局部的电池的腐蚀作用。其机制有三方面：①抑制阴极腐蚀；②抑制阳极腐蚀；③于金属表面形成一层保护膜。缓蚀剂的类型不同，起主导作用的方面也不一样。国内外使用的盐酸缓蚀剂分为两大类：无机缓蚀剂，如含砷化合物（亚砷酸钠、三氯化砷等）；有机缓蚀剂，如胺类（苯胺、松香胺）、醛类（甲醛）、喹啉衍生物、烷基吡啶、炔醇类化合物等。有机缓蚀剂比无机缓蚀剂的缓蚀效能高，有机和无机组成的复合缓蚀剂缓蚀效果最好，如炔醇类化合物和碘化物（碘化钾、碘化钠）混合成的复合缓蚀剂，能在120℃高温条件下，对28%HCl起较好的缓蚀效果。

（2）表面活性剂。酸液中加入表面活性剂，可以降低酸液的表面张力，减少注酸和排出残酸时的毛细管阻力，防止在地层中形成油水乳状物，便于残酸的排出。一般较多地采用阴离子型和非离子型表面活性剂，如阴离子型的烷基磺酸钠，烷基苯磺酸钠和非离子型聚氧乙烯辛基苯酚醚等。其用量为0.1%～1%，如证实油层酸化时油层内确有乳化物生成时，可于酸中加入破乳剂，如有机胺盐类，或季铵盐类和聚氧乙烯烷基酚类活性剂。

（3）稳定剂。酸液与金属设备及井下管柱接触，溶解铁垢和腐蚀铁金属，使酸液含铁量增多。

为防止氢氧化铁沉淀，避免发生地层堵塞现象，而加入的某些化学物质，称为

稳定剂。常用的稳定剂有醋酸、柠檬酸，有时用乙二胺四乙酸及氮川三乙酸钠盐等。

（4）增黏剂和减阻剂。高黏度酸液能延缓酸岩反应速度，增大活性酸的有效作用范围。常用的增黏剂为部分水解聚丙烯酰胺、羟乙基纤维素等，一般能于150℃内使盐酸增粘几个至十几个 MPa·s，长时间保持良好的粘温性能。上述增黏剂同时也是很有效的减阻剂，可使稠化酸的摩阻损失低于水。

（5）暂时堵塞剂。将一定数量的暂时堵塞剂加入酸液中，随液流进入高渗透层段，可将高渗透层段的孔道暂时堵塞起来，使以后泵注的酸液进入低渗透层段起溶蚀作用。常用的有膨胀性聚合物，如聚乙烯、聚甲醛、聚丙烯酰胺等。

（二）碳酸盐岩地层的盐酸处理

碳酸盐岩储集层是重要的储集层类型之一。随着世界各国石油及天然气勘探与开发工作的发展，碳酸盐岩油气田的储量和产量急剧增长，据统计，到目前为止，碳酸盐岩中的油气储量已超过世界油气总储量的一半，而产量已达到总产量的60%以上。

碳酸盐岩地层的主要矿物成分是方解石 $CaCO_3$ 和白云石 $CaMg(CO_3)_2$，其中方解石含量高于50%的称为石灰岩，白云石含量高于50%的称为白云岩。碳酸盐岩的储集空间分为孔隙和裂缝两种类型。根据孔隙和裂缝在地层中的主次关系，又可把碳酸盐岩油气层分为三类：孔隙性碳酸盐岩油气层；孔隙－裂缝性碳酸盐岩油气层（孔隙是主要储集空间，裂缝是渗流通道）；裂缝性碳酸盐岩油气层。碳酸盐岩油气层酸处理就是要解除孔隙、裂缝中的堵塞物质，或扩大沟通油气岩层原有的孔隙和裂缝，提高油气层的渗流性。

1. 盐酸与碳酸盐岩的化学反应

盐酸与碳酸盐岩反应时，所产生的反应物如氯化钙、氯化镁全部溶于残酸中。二氧化碳气体在油藏压力和温度下，小部分溶解到液体中，大部分呈游离状态的微小气泡，分散在残酸溶液中，有助于残酸溶液从油气层中排出。

盐酸的浓度越高，其溶蚀能力越强，溶解一定体积的碳酸盐岩石所需要的浓酸体积较少，残酸溶液也较少，易于从油、气层中排出。在解决酸化中的腐蚀问题时，使用高浓度盐酸的酸化效果较好。另外，高浓度盐酸活性耗完时间相对长，酸液渗入油气层的深度也较大，酸化效果好。

盐酸溶蚀碳酸盐岩的过程，就是盐酸被消耗的过程，这一过程进行的快慢程度可用酸岩反应速度表示。酸岩反应速度与酸化效果有密切的关系。在数值上酸岩反应速度可用单位时间内酸浓度降低值表示，也可用单位时间内岩石单位反应面积的溶蚀量来表示。

2. 影响酸岩反应速度的因素

盐酸的优点是溶蚀能力强，价格较低，但其与碳酸盐岩的反应速度快，活性酸的作用范围小。酸液在压裂裂缝中流动，仅需要几分钟到十几分钟，酸的活性就基本消耗完，活性酸的穿入深度一般只有十几米，最多几十米；盐酸在微小孔道中的流动，一般仅几十秒，最多不过 1～2min，酸的活性就能耗尽，活性酸的穿入深度仅为几十厘米。因此，如何延缓盐酸在地层中的反应速度是酸化工作中的重要课题。为此，需要研究影响盐酸与碳酸盐岩反应速度的因素。

由于盐酸与碳酸岩地层的反应比较复杂，涉及很多化学动力学基础理论，目前研究还不够，下面结合实验结果给出一些定性概念。

（1）面容比。当其他条件不变时，面容比越大，单位体积酸液中的 H^+ 传递到岩石表面的数量就越多，反应速度也越快。

（2）酸液的流速。酸岩的反应速度随酸液流动速度的增加而加快，这是因为随流速的增加，酸液的流动可能会由层流变为紊流，从而导致 H^+ 的传质速度显著增加，反应速度也相应增加。但是，随着酸液流速的增加，酸岩反应速度的增加小于流速增加的倍比，即酸液来不及反应完已经流入地层深处，所以提高注酸排量可以增加活性酸的有效作用范围，但排量过大会导致施工压力大于地层破裂压力，酸液沿裂缝流动，影响井筒周围的酸化解堵效果。

（3）酸液的类型。不同类型的酸液，其离解程度相差很大，离解的 H^+ 数量也相差很大，如盐酸在 18℃、0.1 当量浓度下，离解度为 29%，而在相同条件下醋酸的离解度仅为 1.3%，因此反应速度也不同。

酸岩反应速度近似与酸溶液内部的 H^+ 浓度成正比，采用强酸时反应速度快，采用弱酸时反应速度慢。

（4）盐酸浓度。盐酸浓度在 24%～25% 之间，随盐酸浓度的增加，反应速度也增加，超过这个范围后，随盐酸浓度的增加，反应速度反而降低，这是由 HCl 的电离度下降幅度超过 HCl 分子数目增加的幅度所造成的，因此在酸化处理时常使用高浓度盐酸。

（5）温度。温度升高，H^+ 的热运动加剧，H^+ 的传质速度加快，酸岩反应的速度也随之加快。

（6）压力。反应速度随压力增加而减慢。

其他的影响因素，如岩石的化学组分、物理化学性质等都会影响盐酸的反应速度。碳酸盐岩的泥质含量越高，反应速度相对越慢，碳酸盐岩油层面上粘有油膜，可减慢酸岩反应速度。增大酸液黏度如稠化盐酸，由于限制了 H^+ 的传质速度，也会使反应速度减慢。

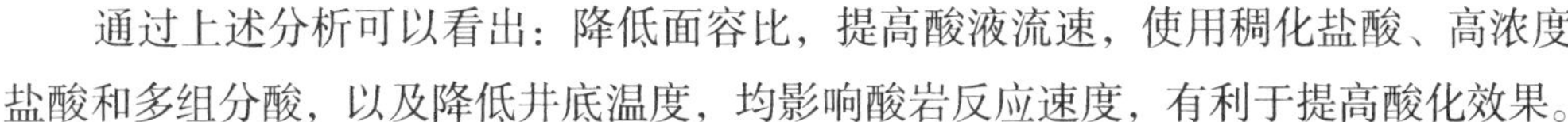

通过上述分析可以看出：降低面容比，提高酸液流速，使用稠化盐酸、高浓度盐酸和多组分酸，以及降低井底温度，均影响酸岩反应速度，有利于提高酸化效果。

（三）砂岩油气层的土酸处理

砂岩油气层通常采用水力压裂增产措施，但对于胶结物较多或堵塞严重的砂岩油气层，也常采用以解堵为目的的常规酸化处理。

砂岩是由砂粒和粒间胶结物组成，砂粒主要是石英和长石，胶结物主要为硅酸盐类（如黏土）和碳酸盐类物质。砂岩的油气储集空间和渗透通道就是砂粒与砂粒之间未被胶结物完全充填的孔隙。

砂岩油气层的酸处理，就是通过酸液溶解砂粒之间的胶结物和部分砂粒，或孔隙中的泥质堵塞物，或其他酸溶性堵塞物以恢复、提高井底附近地层的渗透率。

1. 砂岩地层土酸处理原理

一般地，砂岩油气层骨架由硅酸盐颗粒、石英、长石、燧石及云母构成，骨架是原先沉积的砂粒，在原生孔隙空间沉淀的次生矿物是颗粒胶结物及自生黏土，这意味着岩石初期形成后黏土即沉淀于孔隙空间，这些新沉淀的黏土以孔隙镶嵌或孔隙充填出现。

从砂岩矿物组成和溶解度可以看到，对砂岩地层仅仅使用盐酸是达不到处理目的的，一般都用盐酸和氢氟酸混合的土酸作为处理液，盐酸的作用除了溶解碳酸盐类矿物，使 HF 进入地层深处外，还可以使酸液保持一定的 pH，不至于产生沉淀物，其酸化原理如下：

（1）氢氟酸与硅酸盐类以及碳酸盐类反应时，其生成物中有气态物质和可溶性物质，也会生成不溶于残酸液的沉淀。

（2）氢氟酸与砂岩中各种成分的反应速度各不相同。氢氟酸与碳酸盐的反应速度最快，其次是硅酸盐（黏土），最慢的是石英。当氢氟酸进入砂岩油气层后，大部分氢氟酸首先消耗在与碳酸盐的反应上，不仅浪费了大量价格昂贵的氢氟酸，而且妨碍了它与泥质成分的反应。但盐酸和碳酸盐的反应速度比氢氟酸与碳酸盐的反应速度还要快，土酸中的盐酸成分可先把碳酸盐类溶解掉，从而能充分发挥氢氟酸溶蚀黏土和石英成分的作用。

总之，依靠土酸液中的盐酸成分溶蚀碳酸盐类物质，并维持酸液较低的 pH，依靠氢氟酸成分溶蚀泥质成分和部分石英颗粒，从而达到清除井壁的泥饼及地层中的黏土堵塞，恢复和增加近井地带的渗透率的目的。

2. 土酸处理设计

由于油气层岩石成分和性质各不相同，实际处理时，所用酸量、土酸溶液的成

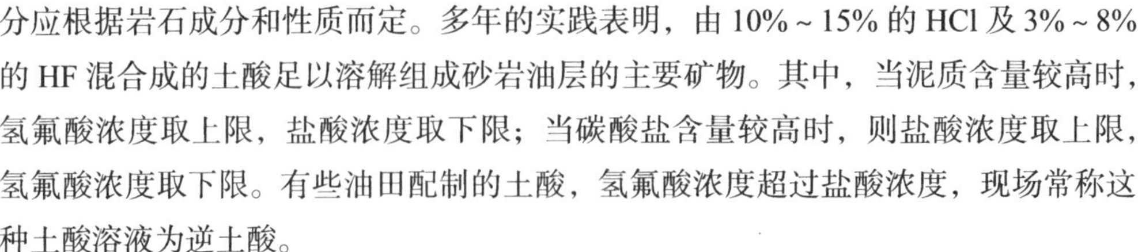

分应根据岩石成分和性质而定。多年的实践表明，由 10% ~ 15% 的 HCl 及 3% ~ 8% 的 HF 混合成的土酸足以溶解组成砂岩油层的主要矿物。其中，当泥质含量较高时，氢氟酸浓度取上限，盐酸浓度取下限；当碳酸盐含量较高时，则盐酸浓度取上限，氢氟酸浓度取下限。有些油田配制的土酸，氢氟酸浓度超过盐酸浓度，现场常称这种土酸溶液为逆土酸。

(1) 土酸酸化设计步骤

①确信处理井是由于油气层损害造成的低产或低注入量：主要采用试井分析确定表皮系数，结合钻井和生产过程确定储层损害的类型、原因、位置及范围。

②选择适宜的处理液配方，包括能清除损害、不形成二次沉淀酸液及添加剂等，这需要根据室内岩心实验确定。

③确定注入压力或注入排量，以便在低于破裂压力下施工。

当施工压力大于地层破裂压力时，对单油气层，酸液将沿着裂缝流动，而对井筒周围大部分的损害带起不到解堵的作用，同时由于砂岩油气层碳酸盐含量低，在不加砂条件下，施工结束后裂缝将闭合，酸化的效果肯定不理想；对于多油层非均质油藏，如果施工压力过高，导致低渗层内产生裂缝，绝大部分酸液进入低渗层裂缝，而对要处理的高渗层（在钻井过程中泥浆的损害往往很大）进入的酸液却很少，因而酸化效果也不会好。所以，必须控制施工排量或施工压力。

确定处理液量。酸液经过砂岩地层以均匀和稳定的方式渗流，但由于 HF 与长石、黏土及其他化学组成不明确的矿物和分布广泛的硅酸盐反应是很复杂的，很难用准确的化学反应动力学来模拟，所以土酸处理用液量的确定一般都用经验方法。

砂岩地层的土酸处理液一般都由三部分组成：前置液（预冲洗液）、酸化液、替置液（后冲洗液）。

(2) 提高土酸处理效果的方法。影响土酸处理效果的因素包括：在高温油气层内由于 HF 的急剧消耗，导致处理的范围很小；土酸的高溶解能力可能局部破坏岩石的结构造成出砂；反应后脱落下来的石英和黏土等颗粒随液流运移，堵塞地层。

目前，为提高酸处理效果使用最多的方法是就地产生氢氟酸，以使氢氟酸处理地层深处的黏土。

一种方法是同时将氟化铵水溶液与有机酯（乙酸甲酯）注入地层，一定时间后有机酯水解生成有机酸（甲酸），有机酸与氟化铵作用生成氢氟酸。此方法在 54 ~ 93℃（327 ~ 366K）都可以使用，可以产生浓度高达 3.5% 的氢氟酸溶液。

另一种方法是利用黏土矿物的离子交换性质，在黏土颗粒上就地产生氢氟酸（自生土酸）。其办法是先向地层中注入盐酸溶液，它与黏土接触后，使黏土成为酸性的氢黏土。然后使氟化铵溶液流经氢黏土，氟离子与黏土上的氢离子结合，在黏

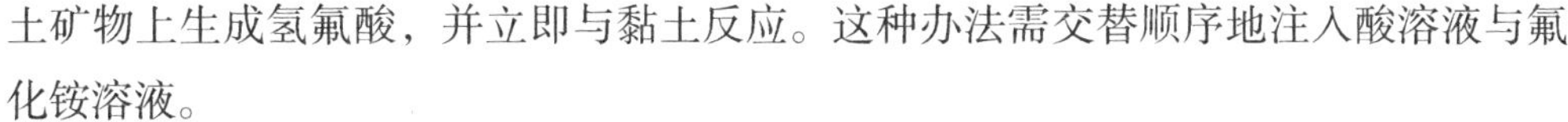

土矿物上生成氢氟酸，并立即与黏土反应。这种办法需交替顺序地注入酸溶液与氟化铵溶液。

根据报道，这两种方法在矿场上均起到了一定的效果。

三、酸化压裂技术

用酸液作为压裂液，不加支撑剂的压裂称为酸化压裂（简称“酸压”）。酸压过程中，一方面靠水力作用形成裂缝，另一方面靠酸液的溶蚀作用把裂缝的壁面溶蚀成凹凸不平的表面。停泵卸压后，裂缝壁面不能完全闭合，具有较高的导流能力，可达到提高地层渗透性的目的。

酸压和水力压裂增产的基本原理和目的都是相同的，目标是为了产生有足够长度和导流能力的裂缝，减少油气水渗流阻力。主要差别在于如何实现其导流性，对水力压裂，裂缝内的支撑剂阻止停泵后裂缝闭合，酸压一般不使用支撑剂，而是依靠酸液对裂缝壁面的不均匀溶蚀产生一定的导流能力。因此，酸化压裂应用通常局限于碳酸盐岩地层，很少用于砂岩地层。因为即使是氢氟酸也不能使地层溶蚀到足够的导流能力的裂缝。但是，在某些含有碳酸盐充填天然裂缝的砂岩地层中，使用酸化压裂也可以获得很好的增产效果。

与水力压裂类似，酸压效果最终也体现于产生的裂缝有效长度和导流能力。对酸压，有效的裂缝长度是受酸液的滤失特性、酸岩反应速度及裂缝内的流速控制的，导流能力取决于酸液对地层岩石矿物的溶解量以及不均匀溶蚀的程度。由于储层矿物分布的非均质性和裂缝内酸浓度的变化，导致酸液对裂缝壁面的溶解也是非均匀的，因此酸压后能保持较高的裂缝导流能力。

第二节　酸化与酸化压裂

一、酸化

(一) 酸化工艺的分类

酸化工艺按照施工方法可分三类：酸洗、基质酸化和压裂酸化。其中基质酸化应用最为广泛，经济收益可观。

酸洗的主要作用是清除井筒内的酸溶性结垢、疏通射孔孔眼或清除近井带的钻井泥浆的污染（如果钻井泥浆能和酸液进行反应）。施工时，将少量的酸液注入预定的井段或很少量地挤入射孔孔眼，达到设计的反应时间后，再返排出来。

基质酸化是在低于岩石破裂压力的情况下，让酸大致沿径向流入地层，溶解地层孔隙内的颗粒或堵塞物，通过扩大近井带的流道（蚓孔）来消除井筒附近的堵塞，并提高近井带的渗流能力，从而使油井产量增加或者恢复生产。

压裂酸化是在高于岩石破裂压力的情况下，将酸液挤入地层，在地层中形成裂缝；同时，酸液也与裂缝面的岩石发生反应，不均匀地刻蚀裂缝岩石面，形成沟槽状或凹凸不平的表面，在施工结束后，裂缝也不能完全闭合，这样就形成了具有一定几何尺寸和导流能力的人工裂缝，增大了油气井向井内的渗流面积，改善了油气的流动方式，就好比一条高速公路，大大改善了油气井的渗流情况，从而达到增产效果。而且如果地层存在高渗透带或裂缝带，酸压也可以使它们和井筒沟通起来，从而大大提高油井产量。

酸压工艺目前还不能用于砂岩储层，因为砂岩储层的胶结一般比较疏松，当酸大量溶蚀地层后，砂岩会松散，这样会引起地层在早期生产就出砂；另外，砂岩的油水系统复杂，酸压可能会压破储层边境，沟通水、气界面，导致储层能量的亏空或油层水淹、见气；而且，土酸在裂缝中与岩石是均匀溶蚀，不能像在灰岩中那样形成沟槽，一旦酸压结束，压开的裂缝将会大部分闭合，形成的裂缝导流能力低；最后，大量的土酸和地层反应后，可能会产生大量的沉淀物，将流道堵塞。所以，一般要避免对砂岩储层进行酸压。如果要大幅提高产能，可以采取填砂水力压裂的方法。

按照酸液的类型可将酸化分为两大类：一类是盐酸或其改性酸液类；另一类是土酸。随着高渗透油田开发越来越少，人们逐渐把目光投向低渗油田，低渗油田的增产措施是能否生产的关键。为此，各大酸化服务公司纷纷对自己的酸液体系进行革新，推出了泡沫酸、稠化酸、乳化酸、自生酸、化学缓速酸等酸液体系，使得较低渗透率或渗透性差别大的油层的产量得到了大大增加。

（二）基质酸化的现场设计和施工

1. 酸化过程步骤

一个完整的基质酸化过程包括如下 7 个步骤：

(1) 井层的选择；

(2) 储层伤害评价；

(3) 酸化增产措施的选择；

(4) 酸液和添加剂的选择；

(5) 施工方案设计；

(6) 现场执行；

(7) 酸化效果评价。

2. 井层的选择

在油藏开发初期，尤其对于新钻的碳酸岩油藏，为消除钻井污染和提高近井带的渗流状况，一般都会进行酸化作业，而且往往要通过对碳酸岩油层进行酸前、酸后测试来评价井的污染和酸化增产效果。这个时候，工作重点将会在如何优选酸化方案上。这些早期取得的资料将对油区的同类油层作业具有指导性的作用。

通过测试压力恢复能求出渗透率和当前的油藏压力，但测试的压力恢复并不会在每口井上都做。若未做测试压力恢复，为说明是否为欠产井，则应通过系统分析拟合目前产量或井底流压，并校正产层厚度、渗透率、油藏平均压力和表皮系数等参数。

找到欠生产井后，就要分析可能出现的原因。这需要依据已有的数据信息，包括以下五个方面：

(1) 地质和油藏资料：地层的构造，是否有断层、裂缝；

(2) 测井资料：如常规测井资料和解释成果，成像测井，核磁测井；

(3) 临井同层的生产测井；

(4) 本井或临井的生产数据，流体性质，PVT 参数，油藏的非均质性，油藏厚度，油水或油气界面；

(5) 结合工程数据：如完井方式（裸眼，套管井射孔完井，还是砾石充填完井）、生产完井方式（如油套管尺寸，是否带分割器完井等）、本井的作业史。

对油井没能达到预期产能的原因进行分析，并采取适当的补救措施，包括确定：是不由于生产管柱结蜡或结垢堵塞导致产量异常；是不油藏本身能量不足；是否需要人工举升或现存的举升方式是否适当和是否在正常运转。在某些情况下，产能受限于油管尺寸、井下设备或其他机械原因，而增产措施不能解决这些问题。一旦消除潜在的机械问题，并认为产量低的原因来自近井带地层，并且这个地层适合酸化，那么这口井可以作为增产措施实施的对象。

井的筛选还必须基于产能的潜在增值和增加的产值，以及在经济上是否盈利。显然，有大的生产潜能的井应进行增产作业，这个过程包括确定不造成脱砂或产砂的最大允许生产压差（临界生产压差）。用临界生产压差预测产量对评估施工经济潜力是非常重要的。

使用专业的设计软件，系统地筛选有潜力的候选井，基质酸化模拟软件和现场数据表明：只要正确设计和施工，砂岩油藏表皮系数减少 90%，碳酸岩油藏表皮系数达到预测是完全有可能的。

(三) 酸化设计

1. 酸液和添加剂的选择

分析完产能降低的原因和伤害物所处位置后，可以选择具有能溶解或分散伤害物酸液，或者具有能够在碳酸岩储层产生一条高导流通道穿过污染带的化学性质的液体作为增产液。选用化学添加剂，以及前置液和顶替液是为了提高主处理液的作用，防止酸腐蚀以及增产措施的实施过程中产生副产物降低产能。

目前常用的主酸有盐酸和氢氟酸，盐酸常用于碳酸岩地层，而氢氟酸常用于砂岩地层。选择主酸后，根据井段的长短、生产层段非均质的强弱、施工方式、经济效益来确定是否需要转向酸。

常用的酸液添加剂有以下几种。

(1) 缓蚀剂。以适当的浓度和形式存在于环境（介质）中时，可以防止或减缓材料腐蚀的化学物质或复合物，因此缓蚀剂也可以称为腐蚀抑制剂。它的用量很小（0.1%~1%），但效果显著。这种保护金属的方法称缓蚀剂保护。酸化中的缓蚀剂一般用来保护油套管、井下工具、采油树和地面酸化设备。

(2) 缓速剂。在酸液中加入活性剂后，由于它们被岩石表面吸附，使得岩石具有油润湿性，岩石表面被油膜覆盖后，能阻止酸向岩面传递，降低酸和岩石的反应速度，使酸能够进入更深的深度，达到更深的穿透长度。但应指出的是，由于岩石吸附了大量的活性剂，使得水润湿性的油气层变为油润湿性油气层后，会影响油的流动，不过由于酸化一般作用在近井周围，所以不会对油田的采收产率产生影响。

(3) 表面活性剂。表面活性剂的作用是降低油水界面张力，保证地层为水润湿，并防止酸渣生成。

(4) 铁离子稳定剂。所有的酸处理都需加入铁离子稳定剂。其主要分为三类：缓蚀剂保持 pH 低于 2.2，常用乙酸；在温度低于 50 摄氏度时，醋酸可抑制氧化物沉淀；整合剂或络合剂，与铁生产化学键并抑制其他反应，用于防止沉淀和酸渣的生成。防止铁从二价氧化为三价，二价铁有沉淀并有生产酸渣的可能性。

(5) 黏土稳定剂。黏土稳定剂是防止在施工过程中，入井液体引起储层中黏土的膨胀、分散、运移，从而对储层的流道造成堵塞，污染地层。

(6) 消泡剂。由于酸液中加有活性类的添加剂，会产生泡沫，因此会造成配制酸液时，泡沫从罐车顶部入口溢出。这一方面会腐蚀设备，且容易伤害作业人员；另一方面会导致配的体积不足，在施工时会造成泵的抽空，使泵的排量不够，从而影响酸化效果。其原理是：由于消泡剂在酸液表面铺展、吸附，其分子取代了起泡剂的分子，形成了强度较差的膜；同时，在铺展过程中带走临近表面层的部分溶液，使泡沫液膜变薄，降低了泡沫的稳定性，使之易于破坏，从而起到了抑制和破坏泡沫的作用。

(7) 助排剂。助排是一种活性剂，将其加入酸液中，可以降低酸液和原油之间的界面张力，从而减小毛细管阻力，这样可以使酸液容易进入油气层，降低酸化泵入压力，而且有利于反应后的残酸返排。

(8) 降阻剂。降阻剂一般是高聚合物溶液，高聚物添加剂使酸化、压裂液流过管道的湍流摩擦阻力得以大幅减小。有效地使用聚合物降阻剂，可以收到巨大的经济效益。使用痕量(若干 ppm) 高聚物添加剂，可以使湍流摩阻大幅降低 (50% 左右，甚至高达 80%)，因此可以在不增加功率消耗的情况下提高流体管道输送能力，使酸化压裂作业在低泵压下进行经济有效的强化处理。

(9) 暂堵剂。通过暂堵转向剂的应用，使酸液进入低渗透层，增大地层渗透率，提高采收率。

在确定酸液和添加剂后，必须要做酸液与原油的配伍性试验：酸液和原油混合后产生乳化的或产生沉淀的，酸液的配方必须重新考虑。

2. 方案设计

进行方案设计首先要确定酸化的用酸量，酸量的确定要考虑如下因素：

(1) 目的层的岩性特征，岩石的矿物组成，碳酸岩的含量、黏土含量等；

(2) 污染半径和原因；

(3) 地层流体性质；

(4) 钻井泥浆体系和特性；

(5) 地质特征和测井资料：渗透率，是否有隔层、断层、边界等；

(6) 井型：其是直井、定向井、水平井，还是裸眼井；

(7) 生产管柱或测试管柱；

(8) 井的生产情况；

(9) 实验室测试结果；

(10) 经济效益。

(四) 酸化效果评价

1. 酸前评价

在油田开发前期或一个油层动用初期，为了获得必要的数据，一般都会在酸化前对油井进行测试和压力恢复，得出表皮系数、生产指数和重要的油藏参数。如果是费用或别的原因，没有做测试，对于自喷井，可以对比酸前后同一油嘴下的油压的大小来大致判断酸化是否成功。

2. 酸后评估

酸化后，在油田开发初期，往往会进行测试，对比酸前的表皮系数，可判断施工效果。如果没有酸后测试，井投入生产后，需要对油井的生产进行连续的生产动态监测，此时可以和临井对比来判断酸化的效果。

对酸化评价最直接的方式是进行酸前和酸后测试并进行压力恢复，判断表皮系数是否降低到负数，产油指数是否得到了较大的提高。

二、酸化压裂

(一) 酸化压裂技术的原理

酸化压裂技术与普通的支撑及压裂技术，最终的目的都是使油田裂缝更宽，产生更强的流通性，从而确保更强的排液能力。详细说来，施工人员在运用支撑剂压裂技术过程中，一般会将陶粒与石英砂等砂石料填入裂缝，用来避免因压力降低而导致的裂缝闭合状况，从而保障了裂缝流通性。然而，与之相对应的酸化压裂技术，施工人员在应用过程中，仅利用不均匀的裂缝表层效应即可，而无须支撑剂的使用。从酸化压裂的适应性来讲，更适用于白云岩地层或石灰岩油田地层的开采作业，这是酸化压裂与支撑剂压裂的差异所在。酸化压裂在实际的应用过程中不需要支撑剂，因此其流程更加简洁，适用性也更强。

从实际研究中可以看出，酸化压裂技术在我国目前的石油开采过程中得到广泛应用。从工艺分类主要包括酸洗、酸压及基质酸化三个领域。酸含量也可以分为不同类型，如平衡酸、闭式酸、普通酸等。酸液可以通过裂缝流动，可以把阻拦的坚硬岩石和一些阻碍物的物质腐蚀掉，使地层的渗透力增强，在石油和天然气开采的，过程中遇到的矿物质都是碱性的，会与酸性物质发生化学反应，反应产生的物质也是可溶性盐，所以酸性物质注入得越多，油气层被溶解的物质也就越多，裂缝也会越大，液体的流通性就会增强，这样堵塞洞口的物质就会被融化，因此提高了地层渗透能力。酸化压裂技术现实应用当中表现出来的种种优势，大多数工业乃至许多石油公司认为这是提高产量的重要手段。为了充分发挥压裂酸化技术应用的价值，需要对形成环境中的碳酸盐组分进行详细研究，以确定酸的良好应用，不仅可以减少酸后残留物的发生，也是增加流体流动的重要保证。如果在必要的时候还可以适当加入乳化剂以及稠化剂等多种物质来改变浓稠度。

(二) 酸化压裂技术工艺分析

酸化压裂技术应用于油田开采中主要包括基质酸化、酸压等流程，开采人员在

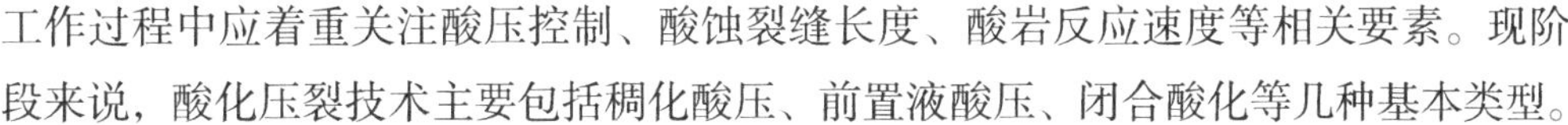

工作过程中应着重关注酸压控制、酸蚀裂缝长度、酸岩反应速度等相关要素。现阶段来说，酸化压裂技术主要包括稠化酸压、前置液酸压、闭合酸化等几种基本类型。

1. 稠化酸压技术

稠化酸压技术中所用的稠化酸是由酸液、稠化剂、添加剂等成分组成的，盐酸是酸液配置中较为普通的组成成分。稠化酸使用过程中的主要意义是在酸液内部掺加水溶高分子，能够实施酸液体系本身的黏稠度得到一定提高。稠化酸压技术按照其应用特点以及类型来说，可划分为稠化剂与交联凝胶酸两种。在实际的油田开采中，开采人员也会按照其类型进行分类使用，因其所含的酸液类型与浓度有着一定的差异性。一般情况下，若是在渗透性一般的油田储层进行开采作业时，开采人员合理应用稠化酸能够形成大约30m的酸蚀裂缝以供流通。值得一提的是，稠化酸在渗透性较差或者较强的油田储层进行使用时并没有太好的效果，同时在使用过程中还应着重关注反排现象，避免因高黏度稠化酸出现不利影响。此外，稠化酸除了能够提升酸液导流效果，使其快速穿透地层，还能有效避免因二次酸化的缘故导致环境受到破坏。

2. 前置液酸压技术

酸压进行中涉及的前置液黏性较强，实现对其的完全利用，对地层压裂有着较好的效果，这是由于前置液酸压技术能够在一定程度上降低表层岩体温度，并有效限制裂缝尺寸。开采人员可据此对酸液与岩石间的前置液使用间距进行合理把握，确保其可以进入最长裂缝。此外，运用前置液对油田采取酸压处理，由于其具备较强的黏性，会使得酸压逐渐生成不均匀沟槽，这对于裂缝导流性能的提升有着较强的促进作用。开采人员还应控制好前置液与酸液的黏度比，保证其具备较好的黏性效应，这是因为若是黏度比过小，黏性就会变低，酸液流速就会大大增加。此外，开采人员还应加强控制滤饼速度，一旦裂缝与滤饼出现粘连，酸液会较快地穿过滤饼，在其上面留下孔洞。

3. 闭合酸化技术

一般情况下，开采人员在遇到油田闭合裂缝这种情况时，会填入少量酸液，以确保井眼与井筒裂缝一直保持开启。但在闭合裂缝中灌入酸性溶液时需要注意严格控制酸液比例，使其能够保持适宜状态，以便上层气流与井底能够实现密切结合。在油田开采中，开采人员若是发现条件允许，可结合使用多级交替技术与闭合酸化技术，这需要开采人员能够在实际的开采作业中将前置液与酸液交替注入裂缝，以此来提升酸液效果，降低酸液损失，并对裂缝进一步拓宽，使得酸液效果能够得到一定提升。闭合酸在裂缝口处理中有着较强的腐蚀作用，加强其应用，不但能够实现酸化增产，还能提升导流能力，相比于其他技术，组合形式的闭合酸有着更好的效果。

（三）酸化压裂技术的应用难点

酸化压裂技术已在许多油田得到应用。但如果地层结构较为复杂，或者地层渗透率极低，特别是水平井压裂酸化技术就会变得更加困难。

如新疆克拉玛依油田，在地层温度高达135℃时，压力系数会达到2.0的情况下会让酸液的流动受阻，与碳酸物质反应的时间较短，不仅不能达到效果，还让酸液浪费。

酸化压裂技术在应对二氧化碳含量较高和含硫量高的油气田时，也显得力不从心，国内部分油气藏含硫严重超标，二氧化硫过量燃烧困难，大量的硫化氢存在于储层中，带来巨大的安全风险，也会给酸化压裂技术带来一定的困难，更会阻碍油气的开采和运输。

碳酸盐岩油藏以孔隙为主，含天然裂缝和溶洞，将导致大量酸液漏失，笼统压裂酸化效果差。

如伊拉克艾哈代布油田，水平井段超过1000m采用连续油管拖动酸化压裂依然存在一定的限制，需要考虑辅助布酸方法，而且排量受限，要求酸液体系具有好的降阻和缓蚀性能，减小对地层伤害。

（四）酸化压裂技术前景展望

与发达国家相比，我国的酸化压裂技术在油田开采过程中应用程度并不高，在各方面的发展仍然不够完善，还有很大的进步空间。就现阶段而言，开采人员在油田开采过程中应用酸化压裂技术，需要全方位考虑油田储层的应力特征以及岩性特征，然后根据实际情况选择适宜的酸化压裂技术，如此才能最大限度地提升油田产能，这需要开采人员在开采前对油田的地质情况进行全面深入的勘察，避免因对地质条件缺乏足够了解而导致不能选择适宜的酸化压裂技术，以致不能发挥出其最大功效。在未来阶段，相关技术人员需加强对特殊区块油藏的研究，以实现与深井压裂技术与超深井压裂技术的不断调整、改进与优化，为提升油田产能奠定坚实基础。

第三节　复杂块状特低渗油藏储层改造与注采问题

目前，特低渗储量在中国石油已探明储量和未动用储量中占相当大的比例，对我国石油产量自给水平的提升有着十分重要的意义。如何合理地开发该类油藏已成为低渗油藏工作者面临的一个重要问题。因此，开展特低渗油藏开发方式优化研究，

提高特低渗油藏的动用率和采收率对我国石油工业的发展具有重要的意义。

一、复杂块状特低渗油藏特征

（一）地质特征

复杂块状特低渗油藏的主要地质特征有以下几点。

（1）储量大，物性差。在我国，一半以上的低渗油藏属于特低渗油藏，渗透率为（1～10）×10^{-3}μm^2。在低渗透砂岩储层中，一般黏土和碳酸盐胶结物比较多、岩屑含量较高，孔隙度小于20%的储量占85%以上，孔隙度小于10%的储量占一半左右。

（2）油藏类型单一。在我国，低渗油藏以弹性驱动油藏为主，大部分属于常规油藏，60%以上的储量存在于岩性油藏和构造—岩性油藏两种类型中。

（3）孔喉细小，溶蚀孔发育。低渗储层以粒间中小孔隙为主，喉道半径大多数小于1.5μm，溶蚀孔隙相对比较发育，非有效孔隙所占比例较大，导致储层渗透性较差。

（4）储层非均质性严重。不同微相之间储层渗透率差异较大，主要是由于水进、水退形成储层纵向上的沉积旋回规律变化，储层在压实作用、溶蚀作用和胶结作用共同影响下，孔隙度和渗透率不断发生变化。

（5）裂缝发育。在我国，低渗储层中常常成组出现分布比较规则的构造裂缝，这些裂缝产状以高角度为主，切穿深度大、宽度小，渗透率变化范围较大。

（6）束缚水饱和度高。低渗油藏一个重要特点就是油层束缚水饱和度高，有些储层高达60%，一般在30%～50%。

（7）储层敏感性强。在低渗砂岩油藏储层中，黏土和基质含量高、成岩作用强、碎屑颗粒分选差、孔喉较小，容易造成各种损害。

（8）原油性质好。低渗油藏原油一般具有黏度小、密度小、胶质沥青质含量低的特点，它们的含蜡量和凝固点高，原油性质好是一个很重要的有利开发因素。

（二）开发特征

复杂块状特低渗油藏的主要开发特征是有以下几点。

（1）天然能量低，产量和一次采收率低。渗流阻力大，岩性致密导致在开发过程中需要很大的生产压差，油井的自然产能较低，大部分需要压裂增产工艺才能获得开采价值。依靠天然能量阶段，年递减率高，地层压力下降快，一次采收率低。为了高产稳产从而获得较大的采收率，对低渗透油田一般采用人工保持压力的方式

进行开采。

(2) 注水压力上升快，需要增产增注措施。由于启动压力的存在，低渗油藏呈现非线性渗流特征，随着渗透率减小，启动压力增大。为了提高注水量，一般通过提高注水压力来实现，但有些地层与水质不配伍导致黏度矿物膨胀，吸水指数下降，注水压力上升较快，只能靠采用增产增注措施来提高注水量。

(3) 生产井见注水效果差，低压、低产现象严重。其中一个原因是注水井和油井之间渗流阻力较大，导致生产井见效慢、效果差；另一个原因就是在注水井附近形成高压区，注水压力上升较快，有效压差变小，注水量减少，导致“注不进、采不出”现象的出现。

(4) 稳产难度大。低渗透油田一般润湿性表现为亲水性，束缚水饱和度高，油相的相对渗透率下降快，两相流动区域窄，油藏见水后采液指数下降快。为了延长稳产年限，需要全面考虑，仔细研究相应措施来达到提液的目的。

(5) 裂缝性油田吸水能力强，水驱各向异性明显。裂缝性油田启动压力低，吸水能力强，利用压力恢复曲线计算得到的有效渗透率是空气渗透率的十几倍，有的是几十倍。在指示曲线拐点以下，吸水量平稳变化，超过拐点，吸水量急剧增加，因此注水压力应控制在拐点以下。对于生产井来说，裂缝两侧见效较好，但沿着裂缝方向，水窜严重，应采取相应措施控制水窜。

二、技术难点与对策

(一) 技术难点

(1) 针对复杂块状特低渗油藏储层厚度大、非均质性强、渗透率非常低的储层特征，提出一种有效进行储层改造、降低非均质性影响、提高储层有效动用程度的技术方法对于油田具有较强的实际意义。

(2) 由于复杂块状特低渗油藏的特征，室内模拟难度大，需要有效地抽象模拟环境，为储层条件模拟和储层开发模拟提供基础。

(3) 针对复杂块状特低渗油藏储层的特征，得到适用于复杂块状特低渗油藏储层改造的配方体系。

(4) 如何对复杂块状特低渗油藏储层改造进行准确性、定量化的参数确定，为矿场实践提供指导。

(二) 技术对策

(1) 开展油藏宏观和实验室微观特征研究，通过详细的地质特征与油藏特征分

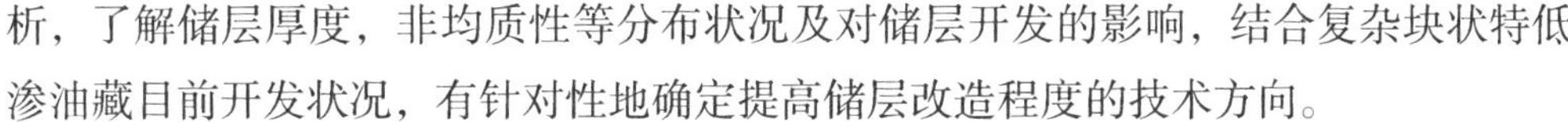

析，了解储层厚度，非均质性等分布状况及对储层开发的影响，结合复杂块状特低渗油藏目前开发状况，有针对性地确定提高储层改造程度的技术方向。

(2) 进行详细的技术调研与探索，参考借鉴其他复杂、低渗油藏开发经验，得到适合于复杂块状特低渗油藏储层改造的一种有效手段，通过室内优化和矿场试验，确定技术的应用可行性，为技术推广奠定基础。

(3) 对多类模型进行实验，不断调整，得到与实际储层特征渗流实验规律相同的室内实验模型；同时保留或选择性保留与油藏条件相同的模拟环境，扩大实验开展范围。参考储层改造相关方法，得到适用于复杂块状特低渗油藏储层改造的配方体系。

(4) 在对比实验结果的同时，建立复杂块状特低渗油藏储层改造的数学模型，建立相应的产能模型，利用数值方法对储层改造参数进行定量化优化与规律认识，为矿场应用中相应工艺参数确定奠定基础。

第四节　CCUS 关键技术与方法

一、CCUS 技术的起源与发展

CCUS 是二氧化碳捕捉利用和封存技术的英文缩写。这项技术源于天然气伴生二氧化碳分离技术，逐渐形成了驱替增采油气技术。在全球变暖的大环境下，便发展成为实现碳中和目标不可或缺的先进技术，其概念的内涵也在不断地向外扩展。

在我们现在使用的 CCUS 技术中，捕集技术起源最早。当时主要应用在天然气伴生二氧化碳的分离生成过程中。在 20 世纪初，我们利用化学溶剂从天然气气流中将二氧化碳分离出来，最终得到了高纯度的甲烷气体。随着二氧化碳商业价值逐渐被挖掘出来，捕获二氧化碳的相关技术也得到了进一步提高。20 世纪 90 年代，碳捕集作为应对全球气候变暖的主要技术，广泛受到国际各国的关注。进入 21 世纪以后，随着世界各国的新型技术不断地成熟和发展，CCUS 所包含的技术内容更加广泛，生物质能碳捕集与封存和直接空气捕集等一些新的负排放技术也逐渐被纳入其中。

二、胜利油田 CCUS 关键技术与方法

胜利油田自主研发多套二氧化碳驱油与封存实验设备和注采输装备，突破国外技术壁垒，填补国内空白，替代了进口设备，并在国内胜利、华东、江苏、长庆、延长等多家油田进行推广应用。

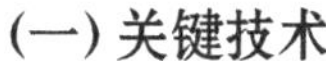

(一) 关键技术

1. 多孔介质中流体相态测试系统

研制了多孔介质中流体相态测试系统，用于测试多孔介质条件下的流体相态变化参数，并建立了直接法与间接法两种表征方法，对多孔介质中流体相态变化特征进行准确定位，测量多孔介质中流体相态变化参数，为油藏流体相态规律研究提供技术手段。

2. 高温高压多相界面性质测试系统

自主研制了高温高压多相界面性质测试系统，实现了油藏条件下气—液—固多相界面性质的动态、定量评价及可视化观察，为研究气驱沿程界面性质变化，明晰驱油机制提供了有效手段。

3. 高温高压扩散系数测定仪

研发高温高压扩散系数测定仪，考虑了 CO_2 溶于原油引起的原油体积膨胀及多孔介质迂曲度、孔隙度等对扩散系数的影响，实现 70MPa、150℃条件下多孔介质中扩散系数的测定。

4. 高温高压在线核磁驱替装置

自主研发了高温高压在线核磁驱替装置，最高工作压力 35MPa，最高工作温度 85℃。该装置将核磁共振检测与动态驱替相结合，实现了水驱、气驱条件下流体饱和度的实时测试，形成了油水动用孔隙下限研究方法，明确了注入介质与岩石耦合作用下流体动用孔隙界限。

5. 高温高压 CO_2 驱微观渗流实验装置

自主研发了高温高压 CO_2 驱微观渗流实验装置，最高工作温度 300℃，最高工作压力 100MPa，解决了微量注采控制、图像的瞬态捕捉和模型制作的难题，可用于不同注入方式下微观驱油机制研究。

6. CO_2 驱流体溶解分配测定装置

自主研制了 CO_2 驱流体溶解分配测定装置，最高工作压力 70MPa，最高工作温度 150℃。建立了 CO_2 在油水中溶解分配系数测定技术，实现了不同压力、不同含水饱和度条件下 CO_2 在油水中的分配系数测定，并形成了 CO_2 在油水中溶解分配系数图版。

7. 高温高压双管长岩心驱替装置

自主研发了高温高压双管长岩心驱替装置，最高工作压力 70MPa，最高工作温度 150℃。能够模拟非均质油藏 CO_2 驱油与封存的驱替过程，为矿场气驱方案设计提供数据支持。

8. 超高压二氧化碳注气管柱

自主研发了超高压二氧化碳注气管柱，解决了高压气密封难题，实现气密封压差 50MPa，耐温 170℃。在胜利、华东、江苏、长庆、延长等油田现场试验 105 井次，气密封有效期最长 6.5 年。

9. 多功能采油管柱

自主研制了包含挂片器、毛细管测压装置、高气液比气锚和生产控制阀等工具的多功能采油管柱，具有高气油比深抽、腐蚀监测与控制、实时压力测试、储层保护与安全作业等功能，适用气液比达到 $400m^3/m^3$，在胜利、华东等油田实施 32 口井，平均泵效由 16.7% 提高至 33.9%。

10. 高效密闭地面注入系统

自主研发了模块化、系列化、自动化、标准化的注入装备，形成了一套高效密闭的地面注入系统，包括存储、注入、计量控制三个模块，实现了注入全过程中 CO_2 的净零排放，降低了能耗。

（1）存储模块。采用分体式的设计，将储罐本体和管汇流程分别成橇并留有接口，在使用时组装成一个整体，管汇流程橇在底部，储罐本体在上部，解决了罐内液体重力压头不够的问题，保证在地面完成生产操作。在管汇流程上配备了空温式汽化器及自力式调节阀，能够将罐内的压力始终稳定在 2MPa 左右，10 天内温升不超过 3℃。

（2）注入模块。研发了高效密闭的注入装置，在注入泵泵头加装了高压气液分离装置，将注入过程中气化的二氧化碳回收至储罐中，无须强制外排，实现了 CO_2 在系统中的内循环，提高了泵效，实现了注入全过程中的净零排放。

（3）计量分配模块。研究了气相、密相和超临界 CO_2 密度补偿修正算法，并集成到通用 V 锥流量计中，配套电动阀，实现多井同时注入的计量调节，解决了目前国内无法实现一泵对多井同时注入的难题。

11. 采出气 CO_2 回收装置

针对产出气的规模和产出气中 CO_2 的含量，开展了采出气 CO_2 回收工艺优化，自主研发了四种不同的采出气 CO_2 回收装置并进行了现场试验，均取得良好效果。

（二）配套软件研发技术

1. CO_2 驱油藏工程综合分析平台

研发了具有自主知识产权的 CO_2 驱油藏工程综合分析平台，包括油藏筛选与潜力评价模块、MMP 预测模块、注入井井筒模拟计算模块、油藏工程智能优化模块、驱油埋存一体化经济评价模块五个模块，提供了一套油藏工程的快速评价的解决方

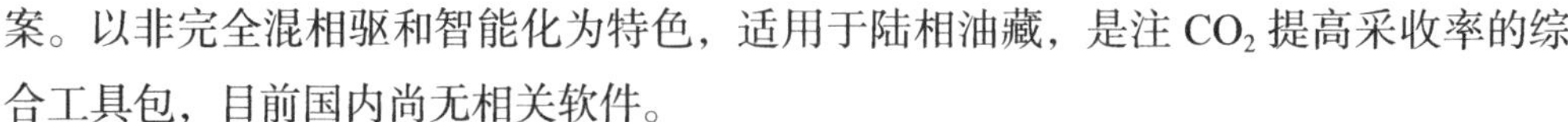

案。以非完全混相驱和智能化为特色，适用于陆相油藏，是注 CO_2 提高采收率的综合工具包，目前国内尚无相关软件。

2. 多相多组分非线性油藏数值模拟软件

研发了具有自主知识产权的多相多组分非线性油藏数值模拟软件，是新一代数值模拟理论架构下的常规及非常规油藏数值模拟软件，能够精确、高效地对黑油和组分模型进行动态模拟。软件考虑了多孔介质内流体相态特征、非完全混相驱替特征、扩散及启动压力梯度、物性与相渗时变等特点，采用嵌入式离散裂缝模型、棱柱型非结构化网格剖分方法，兼容 Eclipse 数据格式，具备千万网格模型模拟的能力，包括网格模型、流体模型、岩石模型、流体岩石相互作用模型、井和生产制度五个模型。

3. 低渗透油藏二氧化碳驱试井解释软件

建立了不同井网和井型开采方式下二氧化碳驱组分数学模型，基于有限体积法对模型进行求解，采用同步扰动随机逼近算法对多参数自动拟合，研发了具有自主知识产权的低渗透二氧化碳驱试井解释软件，实现了低渗透油藏直井和压裂直井的二氧化碳驱试井解释功能。软件包括数据管理及预处理模块、油藏模型建立模块、试井解释模块、成果输出及共享模块、曲线查看和帮助等部分，有效提高试井解释研究水平。

（三）CCUS 配套技术发展规划

胜利油田密切结合国家 CCUS 与 CO_2 资源化利用发展的重大需求，通过研究，形成一批碳捕集、利用与封存基础科学理论和实验方法，突破一批关键核心技术，研制一批关键注采输装备，建立完善相关技术标准、操作规范及 CCUS 管理体系，形成完整的科研体系和社会服务环境管理支撑体系。

1. 近期发展目标

建成相对完善的组织管理体系，建立有效作业和管理机制，完善 CCUS 实验能力，构建相对成熟的 CCUS 系统研发平台与创新基地，突破一批 CO_2 捕集、利用与封存关键技术。

2. 中远期发展规划

围绕我国 CCUS 技术发展路线和技术发展目标，积极追踪国内外 CCUS 技术的前沿，突破一批 CCUS 关键基础理论和技术，实现成本和能耗显著降低。开展碳捕集、利用与封存关键技术研究，解决工程和产业领域中的重大技术和共性技术难题，实现碳捕集和利用技术的工程化和产业化，为国家“碳达峰、碳中和”目标的实现提供技术支撑和服务。

第八章　生产测井原理

第一节　生产测井基本知识

生产测井为了解和分析井下以及地层内流体流动问题提供了有效的技术方法。它不仅可以检查井下水动力条件的完整性，而且可以求取油层的物性参数，评价油层的生产特性及动态变化特征。由于生产测井主要是研究油层性质及动态，因此，了解油层物理和开发地质等方面的知识就很有必要了。

一、储层流体的物理性质

石油、天然气和水是油气藏中存在的主要流体，也是研究储层流体的主要对象。石油是指以气相、液相或固相碳氢化合物为主的烃类混合物。在地层温度和压力条件下，以气相存在并含有少量非烃类的气体，称为天然气；以液相存在并含有少量非烃类的液体，称为原油；在地层温度和压力以气相存在，当采至地面的常温常压下可以分离出较多的凝析油，称为凝析气。以三者为主体的储层，分别称为气藏、油藏和凝析气藏。

石油开发测井主要是应用物理学方法，在生产井段对井内流体和储集层进行测量。因此，储层流体的物理性质不仅是油气藏工程计算的基础理论，也是测井系列选择和资料解释的重要依据。

(一) 流体的物理属性

原油、天然气和地层水同样具有一般流体的物理属性。下面主要讨论流体的密度、重度、膨胀性、压缩性和黏性。

1. 流体的密度和重度

流体和其他物质一样，具有质量和重量。单位体积的流体所具有的质量称为流体的密度，用 ρ 表示。均匀流体各点处的密度均相同，其密度为：

$$\rho=m/V \tag{8-1}$$

式中：m——流体的质量，kg；

V——流体的体积，m^3。

单位体积流体所具有的重量称为流体的重度，用 S 表示。对于均匀流体，其重度为：

$$S=G/V \tag{8-2}$$

式中：G——流体的重量，N；

V——流体的体积，m^3。

2. 流体的膨胀性和压缩性

当作用在流体上的压力增加时，流体所占有的体积将减小，这种特性称为流体的压缩性。通常用体积压缩系数为：

$$C_p=-\frac{1\Delta V}{V\Delta P} \tag{8-3}$$

式中：ΔP——压力增高量，Pa；

V——流体原来的体积，m^3；

ΔV——体积变化量，m^3。

C_p 指的是在温度不变时，压力每增加一个单位，单位体积流体的体积变化量。式中的负号表示压力增加时体积缩小。

当温度变化时，流体的体积也随之变化，温度升高，体积膨胀，这种特性称为流体的膨胀性。用温度膨胀系数 C_t 来表示：

$$C_t=-\frac{1\Delta V}{V\Delta T} \tag{8-4}$$

式中：ΔT——流体温度的增加值，K；

其他符号同前。

一般情况下，液体的压缩系数都小，工程上一般不考虑它们的压缩性和膨胀性。但当压力、温度的变化比较大时，就必须考虑压缩性和膨胀性的影响。

对于气体，它不同于液体，压力和温度的变化对体积的改变很大。在热力学中是用气体状态方程式来描述它们之间的关系的。

在一般情况下，流体的压缩系数和膨胀系数都很小。对于能够忽略其压缩性的流体称为不可压缩流体。不可压缩流体的密度和重度均可看作常数。反之，对于压缩系数和膨胀系数比较大，不能被忽略，或密度和重度不能看成常数的流体称为可压缩流体。但是，这种划分并不是绝对的。例如，通常把气体看成可压缩流体，但当气体对于固体的相对速度比在这种气体中当时温度下的音速小得多时，气体密度的变化也可以被忽略，按不可压缩流体来处理。

3. 流体的黏性

黏性是流体阻止发生剪切变形和角变形的一种特性。当流体中发生层与层之间的相对运动时，速度快的层对速度慢的层产生一个拖动力使它加速，而速度慢的层对速度快的层就有一个阻止它向前运动的阻力，拖动力和阻力是大小相等方向相反的一对力，分别作用在紧挨着但速度不同的流体层上，这就是流体黏性的表现，称为内摩擦力或黏滞力。

流体的黏性是由于分子间的内聚力的存在和流体层间的动量交换而造成的。为了维持流体的运动，就必须消耗能量来克服由于内摩擦力产生的能量损失，这就是流体运动时会造成能量损失的原因。

牛顿经过大量的实验研究，于1686年提出了确定流体摩擦力的所谓“牛顿内摩擦定律”，其数学表达式为：

$$F = \mu \frac{du}{dy} A \tag{8-5}$$

式中：F——内摩擦力，N；

du——两层流体之间的速度差，m/s；

dy——两层流体之间的距离，m；

A——两层流体之间的接触面积，m^2；

μ——与流体性质有关的比例系数，Pa・s。

运动黏滞系数或称运动黏度 v 的单位是 m^2/s，其定义为：

$$v=\mu/\rho \tag{8-6}$$

式中：其他符号同前。

温度对流体的黏滞系数影响很大，并且对液体和气体的影响不同。温度升高时液体的黏滞系数降低，流动性增加。气体则相反，温度升高时，黏滞系数增大。这是因为液体的黏性主要是由分子间的内聚力造成的，温度升高时，分子间的内聚力减小，ρ 值降低。而造成气体黏性的主要原因是气体内部分子的乱运动，它使得速度不同的相邻气层间发生质量和动量的交换，当温度升高时，气体分子乱运动的速度加大，速度不同的相邻气层之间的质量和动量交换随之加剧，所以气体黏性增大。

实验证明，只要压力不是特别高时，压力对动力黏度 ρ 的影响不大，而运动黏度 v 则不然，因为它和 ρ 有关，所以对于可压缩流体来说，v 与压力是密切相关的。在考虑到压缩性时，更多的是用 μ 而不用 v。但如果压力较高时，譬如在地层条件下，压力就变成重要影响因素。压力增高，流体的黏度增大。另外，在高压下气体的黏度特性类似于液体，温度增加则黏度降低。

需要说明的是，自然界中存在的流体都有黏性，统称为黏性流体或实际流体。对于完全没有黏性的流体称为理想流体，这种流体只是一种假想，实际上并不存在。但是，引进理想流体的概念是有实际意义的。因为黏性的问题十分复杂，影响因素

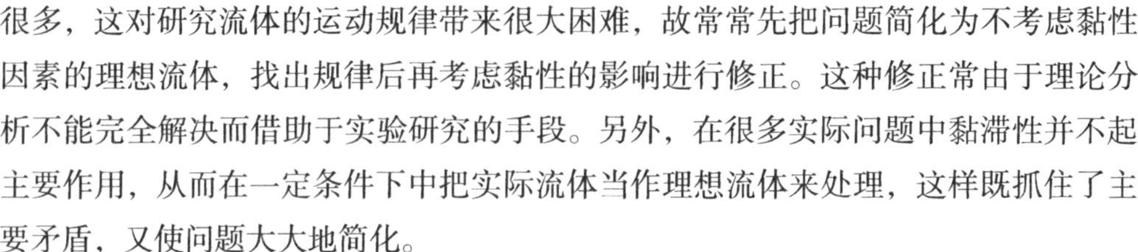

很多，这对研究流体的运动规律带来很大困难，故常常先把问题简化为不考虑黏性因素的理想流体，找出规律后再考虑黏性的影响进行修正。这种修正常由于理论分析不能完全解决而借助于实验研究的手段。另外，在很多实际问题中黏滞性并不起主要作用，从而在一定条件下中把实际流体当作理想流体来处理，这样既抓住了主要矛盾，又使问题大大地简化。

（二）油气的分类及相态

1. 油气的分类

原油的化学成分相当复杂，一种典型原油可含有分属18个经系的数千种化合物。在目前化合物的定义下，假定测试可以实现，完成原油的全化学分析也是十分困难的，而不完全的类型分析对确定原油的物理性质常常是无用的。

鉴于按照各组的化学成分分类遇到的困难，目前普遍应用一种简单的分类方法，把石油分为烷烃基和沥青基两种。烷烃基油中烷烃占优势，低温下会产生相当数量的透明石蜡，这些石蜡不易被腐蚀或氯仿、二硫化碳溶解。而沥青基油慢慢蒸馏会产生一种有光泽的黑色固体残渣，残渣呈贝壳状裂开且易被氯仿或二硫化碳溶解。但这种分法只是一种大致分类，大多数沥青基油含有固体烃的迹象。多数烷烃基油也会产生一些沥青渣。所谓“混合基”油，上述两种现象发生的程度差不多。

很多情况下仅根据相对密度对原油分类，只用浮体比重计测量就可确定。典型的天然气含60%～80%的甲烷组分，其余主要由C_2、C_3、C_4、C_5等轻烃组成。但也有的天然气发现只含7%的甲烷。通常，少量的氮气、二氧化碳、硫化氢、氦可认为是杂质。然而，足量的H_2S和He现在可以用于工业开采。由于N_2和CO_2不能贡献热量，当含量太大时天然气便不能燃烧。CO_2和H_2S与水混合有腐蚀作用并能引起钢铁材料变脆，H_2S还是一种剧毒气体。直到C_5或C_6的气体和挥发性烃类的化学分析相对要容易和便宜一些，可以采用低温蒸馏、质谱测定或色谱分离法。分析结果用摩尔分数表示，物质的量乘以摩尔质量就得到各组分的质量。根据相对密度确定天然气类型是简单可行的，它在井场用一个天平就可以实现。

2. 烃类的相态

天然的烃类系统，是由一个范围比较宽的组分构成。烃类混合物的相态，取决于混合物的组分和不同组分的性质。一般用ρ-T平面图描述油气层流体的相特性，作为单相流体存在时的界线和两相平衡状态下的油气比。

多组分的相态图包含临界点、临界凝析温度点、临界凝析压力点。

在临界点各相的性质相同，如密度和特定体积都相同；临界凝析温度点是液相和气相平衡共存的最高温度点；临界凝析压力点是液、气两相平衡共存的最高压力

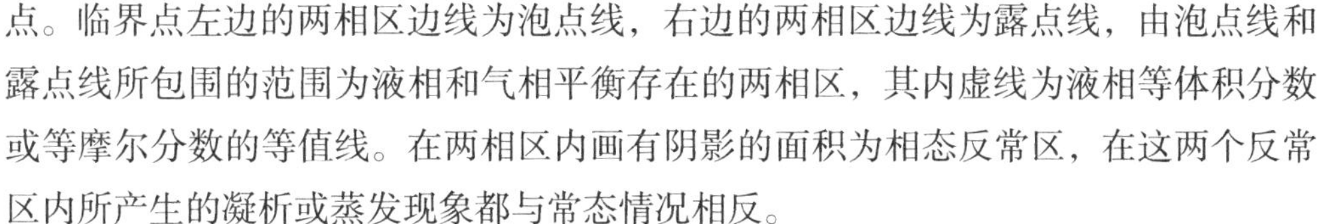

点。临界点左边的两相区边线为泡点线，右边的两相区边线为露点线，由泡点线和露点线所包围的范围为液相和气相平衡存在的两相区，其内虚线为液相等体积分数或等摩尔分数的等值线。在两相区内画有阴影的面积为相态反常区，在这两个反常区内所产生的凝析或蒸发现象都与常态情况相反。

每种烃类流体都有其独特的相图。两相包络线的形状及其在 ρ-T 平面图上的位置，取决于烃类的化学成分以及各组分的相对含量，其总的趋势是随相对分子质量的增大而向右下方偏移。油藏开发过程中，随着轻烃成分的采出，原油的重烃成分相对含量将变大，其相图也会不断变化，趋势是包络线向右向下移动。

(三) 地层原油的性质参数

1. 饱和压力

饱和压力又称为泡点压力，表示在地层条件下，原油中的溶解气开始分离出来时的压力。当饱和气的原油在井筒内向上流动时，饱和压力就是与一定深度相联系的压力。

油层饱和压力是地层中烃类存在状态和出现两相渗流的界限，也是反映和控制油藏驱动方式的重要标志。饱和压力还是井筒内是否出现液气两相管流的界限，是生产测井解释必需的一个重要参数。

饱和压力往往是对一定量的气体而言的，可理解为该压力下，在标准条件下测定的已知体积的气体，刚好全部溶于已知体积的罐存油中。因此，饱和压力的大小，主要取决于油、气的组分和的温度，温度升高，饱和压力也就增大。

2. 溶解气油比

在地层条件下的原油溶解有天然气。单位体积原油中天然气的溶解量（这两种体积都要换算到地面标准条件之下）称为溶解气油比，又称天然气溶解度。

溶解气油比常用 R_s 或 GOR 表示，单位为 m^3/m^3，有时干脆不用单位。现场使用中，一般 R_s 指压力和温度从储层条件降落到标准条件下时，从油溶液中分离出来的气量与油在库存条件下体积的比值。

溶解油气比的大小，取决于地层内的油、气性质、组分、地层温度和饱和压力的大小。原油比重愈低，则溶解气量愈高。

在某一压力下，能溶解于一定数量油中的气量有一个最大极限值。泡点压力下，正好使已知体积的气体全部溶解掉，油处于饱和状态，此时 R_s 称为 R_{sb}。当压力高于泡点压力时，由于现存的气体已全部溶于油中去了，没有更多的气体再被溶解，故仍有 R_s=R_{sb}，但此时油处于未饱和状态，若有更多气体的话，还能溶解。而当压力低于泡点压力时，由于没有足够的压力使所有已知体积的气体全部溶解掉，所以

$R_s<R_{sb}$，此时油处于过饱和状态，并伴随有游离气。

3. 原油的密度

原油密度定义单位体积原油的质量：

$$\rho_o=m_o/V \tag{8-7}$$

式中：ρ_o——原油的密度，kg/m^3；

m_o——原油的质量，kg；

V——原油的体积，m^3。

在实际应用中，由于以 kg/m^3 单位表示的密度数值太大，所以常以 g/cm^3 为单位表示，二者关系为 1g/cm^3=1000kg/m^3。

4. 原油的黏度

原油黏度是影响油层产量的重要因素，也是影响井筒内管流的一个重要参数。了解原油黏度对于分析油层动态、了解管流状态、试井以及提高采收率都是必要的。

地层原油黏度除受地层温度和地层压力的影响外，还受到构成原油的组分和天然气在原油中溶解度的影响。原油中沥青质与胶质含量愈高，原油的比重愈大，其黏度也就越高。当油中溶解有气体以后，使液体分子间的引力部分变为气体分子引力，内摩擦力变小，故黏度会减小。一般地层油的黏度比地面脱气原油低 3 ~ 5 倍。

(四) 地层水的性质参数

在油藏条件下，地层水以束缚水状态或边底水部分的自由水状态存在。它的物性参数的大小，主要取决于地层压力、地层温度、地层水中的含气量和地层水的矿化度。由于很难取得束缚水的样品，习惯上都用自由水的性质来代表油藏中水的性质。要想准确得到地层水的物性数据，应当进行井下取样和 PVT 分析。下面仅介绍估算地层水性质参数的有关相关经验公式。

1. 溶解气水比

溶解气水比又称天然气在地层水中的溶解度，定义为单位体积（在标准条件下）地层水中天然气的溶解量。在同样条件下，溶解在已知体积水中的气量，大约只是溶解于相同体积油中溶解气量的 1/60。因此，一般情况下生产测井可以不考虑水中溶解气的影响。但在产水量远高于产油量时，溶解气水比的影响就不容忽略了。

溶解气水比 R_{sw}（或用符号 GWR 表示）主要取决于压力的高低，温度影响较小。此外，含盐量也会影响 R_{sw}，地层水矿化度越高，R_{sw} 越小。

2. 地层水的压缩系数

地层水的压缩系数定义为，在地层条件下每变化 1MPa 压力，单位体积地层水的体积变化率。

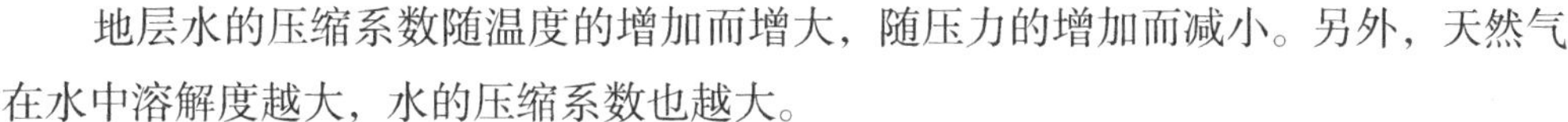

地层水的压缩系数随温度的增加而增大，随压力的增加而减小。另外，天然气在水中溶解度越大，水的压缩系数也越大。

3. 地层水的体积系数

地层水的体积系数 B_w 定义为，采出地面条件下 $1m^3$ 的水的体积，所占有的地层水的体积量。一般情况下，压力和温度变化以及溶解气水比对水的体积系数影响不大，故生产测井快速直观解释往往假定 B_w=1.0。

4. 地层水的密度

地层水的密度定义为单位体积地层水的质量，常用单位为 g/cm^3。地层条件下，水的密度主要受温度、压力和地层水中含盐量的影响。压力增高或含盐量增多，会使 ρ_w 增大；温度升高或溶解气量增多，都会使 ρ_w 变小。由于地层水中溶解气量较小，对地层水密度影响不大，一般情况下可不予考虑。

二、储层岩石的物理性质

储层由岩石和流体组成，了解储层岩石的特性与了解储层流体特性有着同等重要意义。在油气田详探阶段，通过探井和评价井的岩心分析、测井解释和矿场试井，所取得的储层岩石物性资料，是进行油、气藏评价和编制开发方案必不可少的重要参数。在油气田开采过程中，由于岩石结构的变化，所有的岩石物性都会出现一些变化，也就是说它们都是动态参数。应用生产测井资料评价产层特性，离不开对储层岩石物性的必要了解。本节着重介绍储层岩石的孔隙度、饱和度、润湿性、渗透率、毛管压力和有效压缩系数等有关物性参数。

(一) 孔隙度

储集岩的孔隙空间，不仅对油、气的运移、积聚关系密切，而且在开发过程中对油、气的渗流，以及它们在岩石孔隙中的分布或再分布，均具有十分重要的影响。为了衡量储集岩孔隙性的好坏和定量表征岩石中孔隙体积的大小，提出了岩石孔隙度的概念，定义为岩石本身的孔隙体积与岩石体积之比值。

对于任何实际的储层，并不是所有的孔隙都是连通的。只有那些相互连通的孔隙才具有储集油、气的能力。因此，通常又将孔隙度划分为总孔隙度和有效孔隙度。前者定义为总孔隙体积与岩石体积的比值，后者定义为连通孔隙体积与岩石体积的比值。

按照油田开发工程的观点，彼此连通的孔隙未必都能参与渗流。有些孔隙由于其喉道半径极小，在通常的开采压差下难以使流体渗过。此外，亲水的岩石孔壁表面常存在着水膜，相应亦缩小了孔隙通道。因此，从油田开发实践出发，又将同含油岩石中流动着的流体体积相等的孔隙体积与岩石总体积的比值定义为流动孔隙度。显然，流动孔隙度随地层中的压力梯度和流体的物理、化学性质而变化，在数值上是不确定的。综上所述，不难理解总孔隙度 > 连通孔隙度 > 流动孔隙度。

岩石的孔隙度受上覆岩石压实作用的影响，特别是疏松或非胶结性砂岩。在开采过程中，如果油藏压力降低，则孔隙度也将降低。这种情况在异常高压油气藏的开发中，常采用消耗方式进行。在注水开发的油藏中，由于保持了油藏压力，这种情况影响很小，但经过注入水的冲洗，一部分胶结物可能被破坏冲走，从而使岩石的孔隙结构和渗透性发生变化。

目前，研究岩石孔隙度的方法可以划分为两类：一种是以实验室测量为基础的直接方法；另一种是以各种测井方法为基础的间接方法。补偿中子、补偿密度或岩性密度、长源距声波等测井方法，不仅在裸眼井内，而且在有利条件下的套管井内，都能比较准确地确定储层岩石的孔隙度。

（二）含油饱和度

理论分析和实际工作都证明：在油藏形成的过程中，并不是全部地层水都被油气替出去，而总会有一部分水与油气一起留在储层岩石的孔隙空间。这种水称为共存水。当这种水量低到一定程度不能在正常生产中流动时，称为束缚水。

油藏投入开发之前，所测出的岩石含油饱和度，称作原始含油饱和度。如用探井测井资料求出的 S，即是原始含油饱和度。油层的原始含水饱和度一般是束缚水饱和度，其数据介于 20% ~ 50% 之间。油藏投入开发后，随着油层能力的下降，油、气饱和度的数值与分布亦在变化。注水开发的油田，从低含水期进入中含水期或高含水期，其综合含水率的提高，本身就表征油层含水饱和度的增大。这种含水饱和度就是人们通常所说的自由水或可动水饱和度，它在不同的开发时期具有不同的数值。

剩余油饱和度指油层能力衰减或注水开发后，剩余在油层岩石孔隙内的含油饱和度。剩余油可能是连通性不好的孔隙中的残余油，也可能是注入水绕流留在大孔道中心部位的剩留油。当剩余油在油层内变为不可能流动或完全处于被俘留的状态时，岩石孔隙内的含油饱和度被称为残余油饱和度。显然，残余油饱和度只是一个广义的概念。

油层流体饱和度的变化是油田动态和开发分析的主要依据之一。研究油、气、水饱和度的方法，除了常规的实验室方法和特殊的岩心分析（如毛管压力曲线）方法以外，地球物理测井方法已成为一种广泛应用的重要方法。油田勘探初期，主要用电阻率测井求地层含油饱和度。油田开发以后，在开发井、调整井、加密井内，除电阻率测井方法外，还用脉冲中子、核磁共振等测井方法求含油饱和度，特别是注水开发的油田，必须有水淹层测井系列。在已下套管的生产井内，主要采用脉冲中子测井和过套管电阻率测井确定地层的目前含油饱和度或残余油饱和度。

众所周知，用测井资料确定地质参数必须有可靠的解释关系作为依据，如阿尔奇方程最先用来确定纯砂岩的含油饱和度，如今已成为经典解释公式。我国结合油田实际总结的经验关系式，往往用于测井解释见到好的效果。

(三) 渗透率

在压力作用下，岩石允许流体通过的性质，称为岩石的渗透性。用以衡量流体渗过岩石能力的大小，就是通常所说的岩石的渗透率。

在正常的油藏压力和流动条件下，气体流动的滑脱效应影响很小，可以不予考虑。但是，由于沉积岩的成层沉积特性，储集层一般是非均质的，地层不同部位取心测得的渗透率并不相同。很多储层岩石的渗透率服从对数正态分布，也有的服从一般正态分布或者其他分布。

假设岩石完全为某种流体所饱和时，岩石与流体之间不发生物理化学反应，在压力作用下岩石容许该种流体通过能力的大小，称之为岩石的绝对渗透率。然而，实际油层大多是油、水，甚至是油、气、水三相共存于孔隙中。注水开发的油田，油、水不仅是共存，而且同时流动。倘若地层压力低于饱和压力，油层中还可能出现油、气、水三相共存并同时流动。为了研究多相流体在岩石中的渗滤能力与性质，有必要引出有效渗透率和相对渗透率的概念。有效渗透率是在多相同时流动的条件下，多孔介质对某一相的渗透率，有时又称为相渗透率。相对渗透率定义为有效渗透率与绝对渗透率的比值，常以百分数或小数表示。

相对渗透率是饱和度的函数，它除受到岩石的非均质性、孔隙结构及分布的影响外，还受到润湿性、流体类型和分布等各种因素的影响，并受到流体饱和过程的影响。以油水两相的相对渗透率为例，按照流体饱和流动过程的不同，而区分为驱替和渗吸两种类型的相对渗透率曲线。通常驱替的相对渗透率曲线，是指亲水岩石被水 100% 饱和的条件下，用非润湿相原油驱替润湿相水的测试结果，它描述了油藏形成过程的相渗透率变化。渗吸的相对渗透率曲线，指亲水岩石被束缚水和原油两相饱和条件下，再用水驱替非润湿相原油的测试结果，它描述了油藏中水驱油的过程，油田注水开发常用的就是这种渗吸曲线。对于亲水岩石来说，驱替和渗吸两种流动过程油相对渗透率曲线并不重合，其差异在于不同的饱和过程，影响到流体在岩心中的分布和毛管压力的滞后特性。

岩石的渗透率是一个张量，一般来说储油岩石不是均质的各向同性的，这一点碳酸盐岩储层特别突出。就是砂岩储层，除了水平和垂直方向的渗透率有差别外，在平面上各方向的渗透率也往往是有差别的。只有当这种差别不大时，才可以近似看作各向同性。岩石中存在裂缝时（碳酸盐岩由于有脆性，其中裂缝发育程度更高），沿裂缝方向与逆裂缝方向的渗透率依照裂缝的张开度可能有几个数量级的差异，沿裂缝方向将是主渗透率的分布方向。

岩石压实作用对渗透率的影响，要比对孔隙度的影响明显得多。如果在油田开发过程中油藏压力下降，在上覆岩石压力的作用下，岩石的渗透率会变差，从而降低了油井的产能。这一现象在异常高压储层或裂缝性储层中更为明显。注水开发的油田，由于保持了地层压力，岩石压实作用的影响不存在，但经长期注水冲刷后，岩石粒间充填的黏土矿物，有的被水冲零散，有的被冲走，岩石的孔隙喉道半径发生变化，渗透率增大。此外，利用测井资料估算渗透率是一种有用的间接方法。

（四）毛细管性质

储层岩石具有十分复杂的孔隙系统，这种孔隙系统可以视为由大小尺寸不同、形状各异的毛管网络所组成。因此，油、水及岩石作为一个整体，其毛管现象将十分突出，它直接影响流体在孔隙中的分布和渗流。由于岩石的毛细管性质与油层流体的表面张力和岩石的润湿性有关，所以首先讨论油层流体的表面张力和岩石的润湿性。

1. 油层流体的表面张力

表面张力是两种流体接触面上由于流体分子间引力不平衡而引起的界面张力。水分子间的力在流体中间是平衡的，但在表面上是不平衡的，于是产生界面张力。也可以看作是作用于界面边界线单位长度上的力，其方向平行于界面或为沿界面所作的切线方向（对于弯曲界面）。

表面张力不仅存在于流体界面，在流体—固体或固体—固体界面上也同样存在。但固体的表面张力很难实验测定，因此对油层往往只讨论流体界面上的表面张力。

油层中油水表面张力的变化范围为 20 ~ 40mN/m，主要受温度、压力、溶解气及流体成分所控制。温度和压力对油水表面张力的影响本来不大，但由于它们影响天然气在油、水中的溶解度，从而影响变得十分突出。当压力高于饱和压力时，温度升高或压力增大均使表面张力降低；当压力低于饱和压力时，温度升高仍使表面张力降低，但压力增大会使表面张力增高。此外，石油中的极性成分越多，原油相对密度、黏度越高，油水表面张力也越大。

2. 岩石的润湿性

润湿性定义为当两种非混相流体同时呈现于固相介质表面时，某一流体相优先

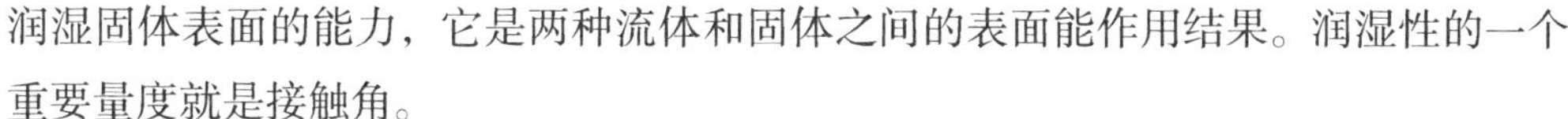

润湿固体表面的能力，它是两种流体和固体之间的表面能作用结果。润湿性的一个重要量度就是接触角。

岩石表面的润湿性，不是亲水就是亲油，或者是既不亲水又不亲油的中性，这取决于流体和岩石的化学成分和油藏饱和的历史。

3. 毛管压力

毛管压力是多孔介质的微细毛管中，跨越两种非混相流体弯曲界面的压力差。从普通物理学中我们知道，由于表面张力作用的结果，任何弯曲液面都存在一附加压强。

第二节　流量测井及流量计

一、涡轮流量计测井

(一) 涡轮流量计

涡轮型流量计的传感器由装在低摩阻枢轴扶持的轴上的叶片组成。轴上装有磁键或不透光键，使转速能被检流线圈或光电管测出来。当流体的流量超过某一数值后，涡轮的转速同流速成线性关系。记录涡轮的转速，便可推算流体的流量。

井下涡轮流量计多种多样，大致可以分为敞流式和导流式两种类型。敞流式流量计主要有连续流量计和全井眼流量计两种，其特点是可以稳定速度移动仪器，连续地沿井身进行测量流动剖面，可以在较宽的流量范围内使用。连续流量计的叶片直径较小，仅测量流道中心部分流体，低压、低动量气体倾向于绕过涡轮，而不使涡轮转动。为了改进横剖面测量，全井眼流量计采用折叠式叶片，下井通过油管时合拢，测量时可以张开，反映流道截面上约 80% 的流体的流动，从而改善了测量性能。

导流式流量计主要有封隔式流量计、伞式流量计两种，其特点是在探测深度先封隔原有流道，把井内流体导入仪器内腔后集流测量，主要用于测量低流量的油气井。之前的导流式流量计采用皮囊封隔器，可以在没有射孔炮眼的部位，密封流道进行测量，但封隔器易损坏，操作不方便。伞式流量计采用金属片和尼龙布构成伞式封隔器，提高了使用寿命和测井成功率，但由于金属片不能和井下管壁完全密封，仍有少量流体由间隙流过，所求流量值误差较大。后来在金属伞的外面又加一个胀式密封圈（又称之为“胀式流量计”），克服了封隔器的易损和密封问题，能用于气流或液流，对于多油气层的井测试特别有用。

不同类型的涡轮流量计，涡轮变送器的结构可能不同。如全井眼流量计的涡轮由四个可折叠的叶片构成，而连续流量计的叶片数目一般 2 ~ 8 个，叶片倾角 30°或 45° 。

虽然涡轮变送器的结构各异，但涡轮流量计的工作原理是一样的，都是把经过管子截面的流体线性运动变成涡轮的旋转运动。当流体轴向流经变送器时，流体流动的能量作用在叶轮的螺旋形叶片上，驱使叶轮旋转。

(二) 敞流式涡轮流量计测井

连续流量计和全井眼流量计均不带导流机械装置，测量在井筒内原有流动状态下进行，既可以移动仪器连续测量，也可以固定仪器进行点测。不同类型的仪器除响应特性有一定差异外，测量方法和解释技术基本相同。

1. 仪器测量

测量注入剖面或产出剖面，要求在稳定注入或生产条件下进行。通过观察井口压力和流量有无变化，便可推知井内流动是否稳定。测量时，仪器从油管或油 – 套环空下入射孔井段，扶正器使仪器居中，以合适的恒定速度上提或下放仪器进行测量，按井深连续记录涡轮的每秒转数以及电缆移动速度。为了选择合适的测量速度和检验井下刻度，仪器往往需要停在产出或吸入流体的层段上部进行点测，记录测量深度和涡轮转速。

连续流量计和全井眼流量计测井的突出优点是可以测取连续变化的流动剖面，并且测井工艺简单。使用的有利条件是中、高流量的单相流，多相流动条件下连续流量计的应用效果变差。再者，这两种测井资料定量应用的精度很大程度上取决于测井资料质量和井下刻度的准确性。

2. 井下刻度

敞流式涡轮流量计测井的显著特点，是必须通过精确的井下刻度以保证测井资料质量，提供定量分析的基础。

所谓井下刻度，就是建立仪器响应频率和流体速度之间的精确关系。

井下刻度的方法，是通过在流动的液体中，仪器用多个分别向上和向下的绝对速度，测量记录响应曲线来实现的。

3. 测井资料定性分析

敞流式涡轮流量计测井资料定性分析目的在于判断流体产出或吸入的层位，估计体积流量的大小。一般来说，涡轮转速曲线倾斜变化的井段便是产液层或吸水层，但必须注意电缆速度、管道内径以及流体黏度有无变化，应该参考射孔位置，对涡轮转速曲线、电缆速度曲线以及井径曲线进行综合分析。

4. 测井资料定量解释

敞流式涡轮流量计测井资料定量解释是在定性分析基础上进行的，目的在于求准井下各个层位的体积流量，采用统计分析的方法，称为“多次测量解释法”。

多次测量解释法强调同时利用涡轮流量计正、反转动的测量资料，要求现场测量时必须选择合适的测井速度，以保证仪器向上测量与向下测量录取到正、反两个方向的涡轮转速资料，并且每个测点必须有 4 ~ 5 次上测及相同数量下测的合格资料。这是因为在生产井中，不同层位甚至同一射孔井段的不同位置，可能产生出不同性质的流体，涡轮流量计测量的流动响应线可能会有不同的斜率和阈值。此时若用单一方向的测量结果，流体黏度的变化可能错误地被解释为流体的产出或吸入，真实流速有变化也可能会被掩盖而不能分辨。

二、核流量计测井

核流量计测井是利用人工放射性同位素作标记物，观测井下流体流量剖面的一种测井方法。该方法用于测量笼统注入井和生产井的流动剖面，主要在涡轮流量计所不能测量的低流量或抽油井内使用。

(一) 核流量计

核流量计测井属于一种标记测量方法，首先采用喷射器放出放射性示踪剂，使其与井内流体以同一速度流动，然后采用伽马探测器测量记录标记物的速度，进而求出流体的体积流量。

核流量计测井之所以采用放射性同位素作为标记物，是由于放射性同位素具有较强的伽马放射性，便于采用伽马探测器进行测量。测量时喷射的放射性示踪剂，实际上是由放射性同位素和稀释溶液组成的液团，需要合理选择和配制。

放射性同位素一般选择伽马射线能量较强、半衰期适中、成本较低、使用安全的物质。

稀释溶液应当选用与井下流体密度相当而又能溶于其中的物质，否则喷射的放射性液团与井内流体之间将产生滑脱现象，导致荒谬的解释结果。对于注水井，一般选用水溶性的盐酸或水即可。对于油气井，一般选择油、气或苯等有机溶剂。对于油水混合流动的生产井，则需要选用油水兼容的通用型特种溶剂，而实际上当含水率大于 60% 以后，常用水作稀释剂。

核流量计由放射性示踪剂喷射器和伽马探测器组成。根据井的类型和流量大小，流量计有不同的装配结构和测量方式。喷射器可以有一个或两个，两个喷射器的仪器可以同时携带水溶和油溶的示踪剂，适用于井下油、水多相流测量，测量时一般

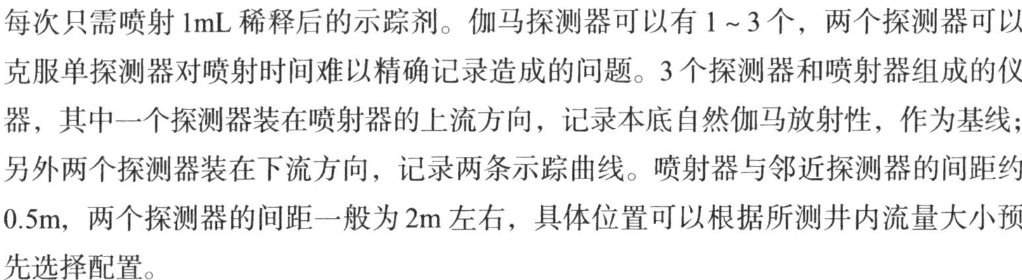
每次只需喷射 1mL 稀释后的示踪剂。伽马探测器可以有 1 ~ 3 个，两个探测器可以克服单探测器对喷射时间难以精确记录造成的问题。3 个探测器和喷射器组成的仪器，其中一个探测器装在喷射器的上流方向，记录本底自然伽马放射性，作为基线；另外两个探测器装在下流方向，记录两条示踪曲线。喷射器与邻近探测器的间距约 0.5m，两个探测器的间距一般为 2m 左右，具体位置可以根据所测井内流量大小预先选择配置。

（二）核流量计测井方法

放射性示踪流量计用于测量笼统注水剖面和产出剖面。在注水井内测量时，喷射器装在探测器的上部，自下而上逐点进行测量。当在生产井内测量时，喷射器则需装在伽马探测器的下部，测量顺序也相反，自上而下逐点进行。由于生产井内的流体要产到地面，使用放射性同位素要特别慎重，应尽量选用半衰减短的同位素，并严格控制使用剂量，以免对地面上的人、畜造成危害。一般能用其他方法测产出剖面时，就不用放射性示踪方法。目前，只是一些机械抽油井环空测试时用这种方法。放射性示踪流量计测量流量的方法有 3 种，根据井内流量大小和仪器组装特性，可以选用定点测量、连续测量或跟踪测量方法。

1. 定点测量方法

核流量计测注水剖面，当井内流体速度较快时，选用定点测量方法。该方法是在稳定注水条件下，自下而上，依次将仪器停在每个测点（射孔井段的底部和每两个射孔层位之间至少选一个测点，顶部则应选择两个以上测点），喷射示踪剂后，记录放射性液团流经两个伽马探测器的时间。

2. 连续测量方法

核流量计定点测量时，若测点处流体速度很低，则放射性液团在到达探测器以前，可能会发生严重的弥散作用，以至于无法分辨通过计数器的时间。此时，应该选用连续测量方法。连续测量也是自下而上进行的，与定点测量不同的是仪器以稳定的速度一边上提一边测量，依次在各选定深度喷射示踪剂，连续记录每个探器接收的伽马射线强度随井深的变化情况。为了求得分层流量，射孔井段的底部、顶部以及每两个射孔层间必须至少喷射一次；对于射孔厚层，层内也可以喷射数次，以检查层内吸水非均质性。

连续测量工艺简单，节省时间，可以给出连续变化的注入剖面。更重要的是，由于仪器移动测量，缩短了示踪剂液团经过探测器的旅行时间，减弱放射性弥散影响，因而可以分辨较低的流量。但是，仪器上提速度的任何变化以及对流体流动的扰动，都会造成一些影响，所以，连续测量解释结果的精度稍逊于定点测量方式。

3. 跟踪测量方法

当射孔层之间的距离足够大时，可以用单探测器的核流量计，喷射放射性示踪剂后，沿流体流动方向，多次跟踪测量记录示踪剂造成的钟形伽马曲线，然后求出相应位置管道中心的流速。

第三节 流体识别测井

一、压差密度计测井

压差密度计又称密度梯压计，利用两个相距约 60cm 的压敏波纹管，测量井筒内流体两点间的压力差值。对于摩阻损失不大的井眼，测出的压力梯度正比于流体密度。测量结果对于识别井内流体的类型以及流动状态都有重要应用。

（一）测量方法原理

压差密度计压敏箱和伸缩腔内充满密度为 ρ_0 的煤油，当仪器置于密度为 ρ 的流体内时，流体便对压敏箱产生一个作用力使浮动接管及与其相连的磁性插棒一起移动，从而使换能器的线圈内输出一个同井内流体密度 ρ 有关的信号。

（二）测井数据采集

压差密度计测井需要进行精确的仪器刻度和严格的质量控制。根据原理，流体的密度是磁棒位移的函数，正比于换能器的输出电压。

压差密度计测井前、后都要进行井场刻度。

测井过程中的质量控制还包括对井下情况的了解、正确操作控制和完整的资料记录。要了解井内出砂情况，以免妨碍仪器测量。要了解井斜、井底温度和压力，检查立管压力，了解油管内油气界面深度以及油管上部 30m 处油的密度。仪器上测和下测必须保证有良好重复性，在井底静液柱和高于产液口 6m 以上的交连井段内，至少以恒定速度进行一次上测和一次下测，观察测井读数是否相同。测量过程中还需注意观察电缆张力和套管接箍显示。测量井段的井斜度数记录在报告中，但不能改变仪器刻度作井斜校正。

压差密度计通常居中测量。在测井过程中，井内流体一旦进入仪器和套管之间变小的环形截面处，其流速就会增大，这时流体绕着移动的测量仪器还会产生一个附加的速度增量，对测量结果造成影响。因此，压差密度计必须在下井仪器平稳起落时测量和记录，以提高测量精度。测井速度不得超过 3000m/h。

(三) 测井资料解释

生产井中压差密度计测井曲线的定性分析可以区别进入井眼的流体类型和划分流体界面，定量解释则可以确定两相流中的持液率。另外，所测压力梯度值与流量测井资料综合分析，可以判断井内流体的流动机构。一般来说，在射开层段的边缘上压差密度计读数有变化，即表明可能有流体进入井内。若有明显数量的自由气进入油、水液柱中，测值会变低；如果有水进入油或气相中，测值会变高。但要注意，应将流体进入与井筒内流体界面处发生的密度变化仔细区分开来。

然而，如果压差密度计在经过一个射孔井段时没有见到测值变化，并不一定该层没有产出流体，也可能是该层接纳井内流体，或者产出与井眼内已有流体密度相同的流体，应当结合涡轮转速曲线分析判断。所谓产出同密度的流体并非一定是同样性质的流体，比如一个井内水柱中有少量气体从中流过，混合密度与油相近，如果有油进入井眼，压差密度值不会有什么变化。

在停产井中，气、油、水会按重度分离，压差密度曲线可以准确划分流体界面。

二、伽马流体密度计测井

(一) 测量方法原理

伽马流体密度计主要由伽马源 (γ)、记数管及测量油道组成。γ 源一般选用 ^{137}Cs，它具有半衰期长 (33 年)、能量适中 (0.661MEV) 的特点。γ 源固定在测量油道中央，它与探头之间的距离可以调节，以保证仪器的灵敏度和较高计数率，一般取 L=40cm。测量时，井内流体由 γ 源四周流入油道，从另一端液孔流出，γ 射线经过被测流体及镀片照射到探头上，由闪烁探头或盖革—米勒计数管记录每秒脉冲数目，并按给定关系转换为密度值记录。

伽马流体密度计测井前、后需在井场作刻度检验，用一个刻度器检查仪器的灵敏度和分辨率，并记录在测井图尾，作为质量控制数据。测量过程仪器由扶正器居中，限制一定的测井速度，以避免时间常数 r 的影响。

(二) 测井资料应用

伽马密度计测井资料的解释应用与压差密度计基本相同，但应用条件和特点差异较大。压差密度计测量的是井筒内流体垂向深度间的压力差值，其优点是可以探测整个流动截面，但当井筒斜度较大或水平时，测量分辨率降低甚至无效。而伽马密度计测量的是井筒内流经仪器油道的那部分流体，其缺点是只能探测流动截面的一部分，但在井筒斜度较大或水平时，仍可测量应用，问题是此时受各相流体的重力分异作用影响较大。

鉴于上述特点，伽马密度计测井数值可能与管内实际存在的流体平均密度有一定差异。定量应用测井数值时，应该对井剖面上测井曲线的整体变化趋势进行分析，一方面要消除放射性统计误差影响，另一方面要选取有代表性的流动截面读数。

三、电容法持水率计测井

电容法持水率计测井是测量生产井内流体持水率的一种重要方法，按其传感器结构可分为环空式和取样式两种。环空式用于连续测量或点测，取样式用于点测。测井资料主要用于识别流体类型和求解各相比例。

(一) 测量方法原理

电容法持水率测井是利用油、气与水的介电特性差异测定水的含量的。由于碳氢化合物与水具有显著不同的介电常数，水的相对介质常数为60~80，油气的相对介电常数为1.0~4.0，因而当测井方法得当时，可以具有较高的分辨能力。

电容法持水率计是轴心电极和仪器外壳组成的一个同轴圆柱形电容器，流过其间的流体相当于电介质。当油、气、水以不同的比例混合时，电介质的介电常数也不同，从而电容器有不同的电容量。测量同电容量有关的信息，便可推知混合流体中水的含量。

(二) 环空式持水率计测井

环空式持水率计传感器内绝缘层与外电极（仪器外壳）之间的环形空间设计适当的截面积，使液流通过时不改变原有的流动状态。仪器将内圆柱体作为振荡电路的一部分，振荡频率是环形空间流体介电常数的函数，测量并记录仪器的频响，然后间接求出井底持水率。环空式电容持水率计可用于连续测量或定点测量。测量前，仪器要在地面温度和压力下校准，把探头分别放在空气、油和水中观察它的频响。井底条件下频响的确定，还需进行压力和温度校正。

严格地讲，测井资料解释应该包括三个步骤：首先，对地面校准的油、水读数进行压力和温度校正，求出井底条件下纯油和纯水的频响；其次，对仪器的测井读数按井下油、水频响进行刻度，求出含水指数，这个含水指数可以认为接近于持水率数值；最后，按实验图版由含水指数求出含水率，或者按照适用的经验相关规律进行解释。新型数控测井仪的测井资料，可由车载计算机按已经输入的各种关系图版，将仪器记录频响经温度和压力校正后输出，还可直接转换为持水率值输出并

显示。

根据测量原理，测井读数是探头对井下某一位置高度管子内实际存在的各相混合流体的响应，因此反映的应是水的就地体积分数（持水率）。由于各相流体间可能存在滑脱现象，持水率大小并不等于含水率，所以还需要进行滑脱影响校正后才能求出井底含水率。

（三）取样式持水率计测井

理论和实验均表明，如果油、水在传感器内呈层状分布，则电容法持水率计的测量响应基本上是线性的，并且可以测量较高的持水率。大庆油田研制的找水仪上所带的持水率计，其结构仍为一个柱状电容器，但在进液口和出液口分别加了一个球阀和单流阀。测量时仪器停在预定深度上，取样断电器断电，弹簧带动球阀密封进液口，上部单流阀自动关闭，实现对集流后经环形空间的流体取样；然后静置一定时间，让油、水按重度分离后测量记录与电容量有关的电位差值，完成一次测量。此后，断电器通电，衔铁拉开球阀，新的液流进入取样室把原有样品冲洗干净，移动其他位置继续测量。

取样式电容持水率计的优点是测量响应近似线性，测量目的是可以用于持水率较高的情况，克服环空式仪器的不足。然而，其应用效果的优劣取决于取样室内油、水的分离情况。由于油、水完全分离一般需要较长时间，特别是井内流体如果原来是乳浊状态，可能几个小时也不会完全分离，加之取样室和电极的沾污影响，使得取样式电容持水率计的测量精度太低。因此，目前主要采用环空式持水率计测量油井内的持水率参数。

四、流动成像测井

油气井内多相流体的流动属于非均匀介质动态问题，需要采用非线性测量方法研究解决。传统流体识别测井技术采用的是局部空间上平均的线性测量方式，无法获取流体介质空间分布信息，难以提供油井内流动剖面的详细情况。近年来，随着观测科学和计算机技术的进步，属于非线性测量范畴的流动成像测井技术得到快速发展，它可以对井内流动进行实时检测，获取多相流体的二维或三维分布信息，通过处理给出相分布廓形，实现流形辨识和确定相含率、相速度，从而为油井生产状况评价和油藏动态分析提供准确可靠的依据。在应用需求的拉动和科技进步的推动下，流动成像测井已成为目前国内外地球物理测井界的一个研究热点。

(一) 流动成像测量原理

流动成像测井是对油气井内流动的流体进行成像测量。成像测量的实质是运用一个物理可实现系统来完成对被测物场某种特性分布的 Radon 变换和逆变换。Radon 变换体现为对物场不同方向的投影测量，反映的是投影方向上某种物场特性分布参数对投影数据的作用变化规律；Radon 逆变换则是运用投影数据确定该物场特性分布参数的过程。

从基本原理上说，流动成像测量与人们所熟知的医学 CT 成像检测是相同的。但由于测量对象、测量目的以及运行环境不同，无论是信息的获取方式和处理方法，还是测量结果的分析方法和解释技术，流动成像测量技术与 CT 技术比较均有显著不同，其特点如下：

(1) 被测物场始终处于剧烈运动、变化的状态，要求测量系统具备在线获取物场信息的能力和对信息实时处理的功能。

(2) 被测物场具有很强的非均匀性，造成物场与敏感场之间相互作用的非线性特性严重，使得图像重建比较困难。被测物场环境和测量条件往往较差，要求测量系统不仅与被测管道的几何形状和机械特性实现“匹配”，而且必须适应被测对象的物理环境（如压力、温度）和化学特性（如腐蚀性）；被测物场的图像重建和分析比较复杂，不仅需要阐明重建图像的物理意义，而且需要提取与流体运动变化有关的特征参数。

从油气井内流体的流动特性分析，流动成像测井属于对非均匀介质动态的非线性测量，其基本内容包括三个部分：一是采用特殊设计的敏感器空间阵列，通过不同方向的投影测量获取井内流体中某种既定特性分布的信息；二是运用信息处理技术及图像重建算法，实时重建和显示流体流动截面的图像；三是通过对重建图像信息的分析和解释，获得井内流体的分布状态及其流动变化特征。

(二) 流动成像测井方法

流动成像测井属于对非均匀介质动态的非线性测量，通过对油气井内多相流体信息的投影扫描和反演处理，实时成像显示流体分布及流动状况。目前，商品化的仪器有电导法和电容法两类，采用电导探针或电容元件构成阵列测量探头，分别利用油气与水的导电特性和介电特性差异辨识井内流体，对流动截面的测量局限于个别点上，已在水平井中见到应用效果，但对物场信息投影测量的数据量和分辨率未能满足成像要求。我国提出的电磁法采用环状阵列电极测量探头，综合利用油气与水的导电和介电特性差异辨识井内流体，可以测量获得多相流体流动截面的清晰图

像，正在研制开发全新的流动成像测井系统。

1. 电导法流动剖面测井

探针式电导法采用电导探针构成阵列测量探头，利用油气与水的导电特性差异辨识井内流体，目前已开发出测井商用技术和仪器。斯仑贝谢公司推出的数字式流体成像仪器 DEFT（Digital Entry Fluid Imaging Tool）将 8 个电导探针（起初只有 4 个探针）分别装在扶正器的 8 个弹簧叶片上，构成测量探头。仪器测量时根据探针附近流体的导电性区分油气与水，导电性流体为水置逻辑，非导电流体为油或气置逻辑。测量数据用于确定持水率比较简便，每个探针处的局部持水率的计算可简化为测遇水的时间与总测量时间之比，测量精度约为 5%。其次，通过处理离散液泡计数和电缆速度可以估计各个探针处的液泡浮升速度，并通过内插获得流动截面上速度场的分布图像。DEFT 测量数据用于重建水平井或大斜度井中流体的层状流动图像比较容易和可靠，但对其他流动机构图像的重建则需要先验知识，并且只能给出粗略估计。

美国 Computalog 公司推出的流动剖面分析仪器 FPT（Flow Profiling Tool）与 DEFT 相似，探头由 3 个电导探针装在三臂井径仪上组成，仪器可以通过弹簧片的收缩、伸张或旋转实现对流动截面上不同位置流体的测量，对于持水率的测量精度同样约为 5%。此外，FPT 的 3 个井径臂上也可以改装热导率或声阻抗传感器，分别通过检测传感器的温度衰减率和声波衰减速率指示被测流体中各相的就地体积分数。该仪器在低速流体中应用效果较好，持率计算与井眼斜度等因素有关。

2. 电容法流动剖面测井

电容法采用电容器原理构成阵列测量探头，利用油气与水的介电特性差异辨识井内流体。美国 Baker Atlas 公司与壳牌国际勘探开发集团联合研究，开发出一种多电容流动剖面测井仪器 MCFM（Multi-Capacitance Flow Meter），采用 28 个电容传感器，分成 8 列排列在 S 形旋翼上构成阵列测量探头，其中第 1、2、7、8 列上各有 4 个等间距分布的传感器。仪器装有定向装置，保证测量时旋翼总是处于垂直方向，使得 8 列传感器依次处于整个井眼横截面的 8 个不同位置。该仪器可以定点测量或连续测量，每个电容传感器的测量值提供流体的局部就地体积分数，第 1、2、7、8 列上各个传感器的测量值通过相关处理，可以给出相应位置流体的相速度，并且可以将测量记录的时序数据换算到频率域，通过与来自实验室资料的功率谱比较，识别出流动机构。

3. 电磁法流动成像测井

电磁法采用环状阵列电极构成测量探头，综合利用油气与水的导电特性和介电特性差异辨识井内流体。石油大学（北京）提出的电磁波流动成像测井方法，测量探头设计为同一基准面上等间距环状排列的 N 个同样的电极，每个电极分别置于伞状绝缘支撑臂的末端，以便下井时收拢可以通过较小的空间，测量时张开可以推向套管内壁。

仪器测量时，首先向其中的一个电极供给电压恒定、频率一定的激励信号，其他 N-1 个电极作为测量电极，在不同方向上接收流体介质作用下的响应信号，依次进行，能够得到 N（N-1）/2 个独立测量数据。这些测量数据分别反映了被测流动截面上不同部位介质的电性参数，由计算机根据特定算法将其转化为图像像素，进而重建和显示流动截面图像。

电磁成像测量方法直接测量的物理参数是井内流体的电容率和电导率，工作频率的选择着重从有利于测量流体的 s、o 参数考虑，同时考虑井下电磁场的特性以及测量条件的影响。此外，为克服“软场”影响（亦即对管道中心部位流体的分辨率低），通过在探测电极上、下加屏蔽电极，在测量电极的左、右加聚焦电流，以解决理论模型与测量响应不一致的广义散射问题。目前已研制出测量探头，并通过可行性检验。

第四节　温度测井

温度是一个很重要的物理参数，自然界中任何物理、化学过程都紧密地与温度相联系。对于人们的直观感觉，温度是表征物体冷热程度的参数；而对于热力学过程，温度则是反映系统热平衡的一个状态参数。从微观上看，温度是物体内部分子无规则运动剧烈程度的标志，温度愈高，则平均分子热运动愈剧烈，亦即温度与分子热运动的内能紧密地联系着。

一、温度测井仪工作原理

温度测井仪由井下温度计和电子线路组成，生产测井常用的有普通井温仪、纵向微差井温仪、径向微差井温仪 3 种类型。井下温度计是温度测井仪的探头，其作用原理决定着仪器的工作方式，目前主要采用电阻温度计，少数情况下用到 PN 结温度计和热电偶温度计。

（一）电阻温度计

温度测井仪多采用电阻温度计，其原因是电阻温度计精确度高而且测温范围大。温度测井仪作用原理是利用导体的电阻温度变化特性。

电阻温度计采用桥式电路，利用不同金属材料电阻元件的温度系数差异，间接求出温度的变化。金属导体中的自由电子运动受热时互相碰撞的概率增高，因而电阻率发生变化。

普通井温仪测量的是井内各个深度流体温度值，测量曲线反映井内温度梯度变化情况。还有一种微差井温仪，测量的是井轴上一定间距的温度变化值，并以较大比例记录显示，能更清楚反映井内局部温度梯度的变化情况。通常不用专门的微差井温仪测量，而是通过对井温仪送到地面的信号进行处理，获得微差井温显示。其原理是将下井仪送到地面的信号模拟量首先转变成直流模拟量，一部分送到电位差计记录，即得梯度井温曲线；另一部分送入微差道，分经快道和慢道在微差乘法器的输入端叠加，慢道的信号被延迟 5.5s，和快道信号的深度差将是测速乘以 5.5s。随着梯度井温仪下放测井，慢道信号和快道信号不断比较。如果温度梯度正常，相比是个常数，显示是一条直线；如果温度梯度异常，微差井温就有明显变化。

(二) 井内温度测量

温度测井可以在稳定生产或注入的流动条件下进行，也可以在关井后的静止条件下测量。为获得最优资料，对于流动测井，要求测前 48h 内生产或注入条件（流量、压力和温度等）要保持稳定；对于静态测井，不允许有注入或泄漏，否则会干扰测井信息。在所有测井项目中，必须最先进行温度测量，并在仪器下放过程中进行，以免仪器与电缆运动破坏原始的温度场。如果需要重复测井，应将仪器提到测量井段上部停数小时，使被搅动的温度场恢复平衡后再进行测量。

温度测井对仪器标定、测速控制和测井条件选择都有严格要求，在温度测井之前和仪器维修之后，都必须对仪器常数、热惯性、灵敏度等进行标定。

二、温度测井曲线定性分析

温度测井对井下管内或管外的流动情况都能产生响应，因此井温曲线在油田开发中有特别广泛的应用，不仅可以提供表征井内流体状态和油气层性质的温度参量，而且可以用于生产动态分析和井内技术诊断。温度测井资料解释目前仍以定性分析为主，分析的基本方法是将温度测井曲线同地温梯度线对比或将多次测量曲线进行比较，发现异常并分析产生异常的原因，从而对井下可能发生的情况作出推断。

(一) 确定地温梯度

地温梯度值随地区不同有很大变化，是油田开发过程中温度测井对比分析的基础。原始地温梯度的确定应取值于注入或采油前的基准温度测井资料。如果没有基

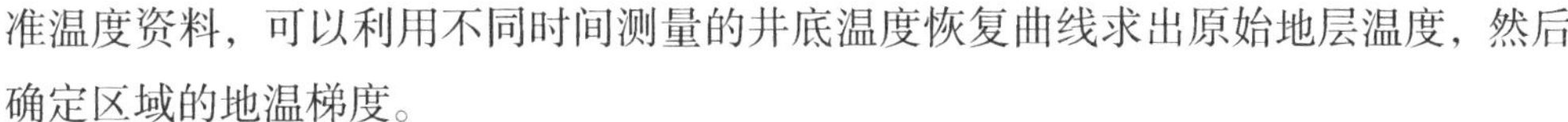

准温度资料，可以利用不同时间测量的井底温度恢复曲线求出原始地层温度，然后确定区域的地温梯度。

对于一般油井可采用梯度井温曲线，结合地区经验确定地温梯度。简便方法是根据井底静液柱的温度显示，参考地区特点的斜率或关井一段时间测得的井温曲线斜率，自下而上画出地温梯度线。

(二) 划分注水剖面

当向井内注入不同温度的水时，浅部位主要受注入流体温度影响，井温曲线会显示高于或低于地层温度。随着深度增加，注入水获得来自地层的热能，井温曲线可能逐渐与地温梯度线平行。井温曲线上平行于地温梯度线部分，称为渐近线。注入液通过吸水层段时，若岩层均匀且很厚，则由于地层吸同一温度的水而井温曲线可能变化不大。在吸水层段下部，受底部原始地层温度影响，井温曲线将很快趋向地温梯度线。

根据以上特征，流动井温曲线能够指示单层吸水井段。但对于多层注入情况，由于层间距离有限，井温曲线在整个吸水井段变化不大。只有在吸水井段下部，井温曲线很快回到地温梯度线，从而可以明确指示吸水底界面。然而，关井测量井温恢复曲线，能够显示多层注入时的各吸水层段。

在一口注水井中注水一段时期，然后关井并在某一周期内多次进行温度测井，观察井温剖面恢复到原来地温值的过程。由于吸水冷却带半径大而且强，而未吸水层降温带半径小而且弱，吸水层位回到地温的速率比未吸水井段要慢得多，从而在恢复井温曲线上显示出异常。

(三) 判断生产层位

在井下产液层位，由于产出流体携带的热量，加上流动过程摩擦作用产生的热量，使井温比地温要高。虽然流进井筒的产液温度可能不同，但产层上部的井温曲线最终都在地温梯度线上方，其渐近线与地温梯度线之间的差值与流体的密度成正比。因此，根据温度测井曲线开始偏离地温梯度线的部位，可以判断产液层位。

在井下产气层位，当自由气从储层的高压状态进入井筒较低压力下时，气体分子扩散，体积膨胀而吸热，从而在出气口附近形成局部低温异常。但是，当气体在地层中流动由于摩擦而产生的热比它膨胀时吸收的热多时，井温曲线上不会产生负异常。另外，当生产一段时间再关井时，气体膨胀在井温曲线上造成的负异常马上就会消失。因此，一般对于高压气层，可以根据温度测井曲线上的负异常显示，判断出气口的部位。为了增大温度异常，可在测井前用热液洗井，然后再测量井温曲线。

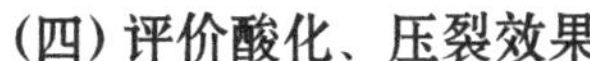

(四) 评价酸化、压裂效果

进行酸化处理时，挤入地层的酸液和地层中堵塞通道的化合物反应，产生放热效应。酸化后测井温，曲线上的正异常显示，可以确定酸液进入的层位。

压裂作业时，会有一定数量的压裂液挤入被压裂的地层。如果压裂液的温度与地层温度不同，则压裂后恢复期间测量井温，根据曲线异常变化，便可确定被压裂开的层位。

三、温度测井资料定量解释

温度测井资料在有利条件下还可用于估算产出或吸入的流体流量。从理论上讲，通过求解适当单值性条件下的热扩散方程，可以求出已知性质流体的质量流量。近年来，采用数值模型对热传导进行求解，正在不断发展井温资料的定量解释。但是，由于温度测井的影响因素非常复杂，目前只能给出一定条件下的观察和研究结果。

第五节　压力测井

压力是一个重要的流体动力学参量，同时也是油田开发的一个重要参数。压力指介质垂直作用在单位面积上的力。这种压力是由于分子的重量和分子运动对器壁撞击的结果。在物理学中常用绝对压力，而在工程上往往对超出大气压力的压力感兴趣，仪表测值直接指示超出大气压力的数值，称为表压力。

压力测井用电缆将压力计下入井内，不仅可以测取井眼内流体的流动压力和静止压力，也可以测取地层内流体的压力及其变化，分析评价油井生产状况和油层生产性质。

一、油藏压力的成因

储层中的油、气之所以能够流入井底甚至喷出地面，是因为油层中存在着某些驱动力，这些驱动力可以归结为油层压力。一般来说，油藏某一深度处的压力一是来源于上覆岩层的地静压力或称压实压力；二是来源于边水或底水的水柱压力。由于油层是一个连通的水动力系统，当油藏边界在供水区时，在水柱压头的作用下，油层的各个水平面上将具有相应的压力数值。有些油层虽然没有供水区，但在油藏形成过程中，经受过油气运移时的水动力作用，地质变异时的动力、热力及生物化学等作用，也能使油层内具有一定数值的压力。

油田投入开发前，整个油层处于均衡受压状态，这时油层内部各处的压力，称为原始地层压力。原始地层压力的数据与油藏形成的条件、埋藏深度以及与地表的连通状况等有关。在多数沉积盆地中，油藏压力与深度成正比，其压力梯度值0.07 ~ 0.12at/m 范围内变化。油田一般用第一批井中测取的地层压力代表原始地层压力。

油田投入开发后，原始地层压力的平衡状态被破坏，地层压力的分布状况发生变化，这种变化贯穿于油田开发的整个过程。处于变化状态的地层压力，一般用静止地层压力和流动压力表示，主要通过生产井和观察井内的压力测量取得。

在油藏一定深度处，覆盖层压力等于孔隙内流体压力与在个别岩石质点之间作用的颗粒压力（又称“基质压力”）之和。由于在一定深度覆盖层压力是常数，流体压力下降将导致颗粒压力相应的增加；反之亦然。通常所说的地层压力，实际上是指岩石孔隙内流体压力。

在同一个水动力系统内，流体压深关系是受油藏邻近的水压所控制的。

如果某一地层的流体压力异常，那么该地层必然与其周围地层隔绝，因而静水压力到地表的连续性无法建立。造成异常压力的原因可能有温度变化、地质变化等。如储层隆起会引起水压相对其埋藏深度来说偏高，储层下降则会产生相反效果。再有，不同矿化度的水之间的渗透也可能造成异常压力，起密封作用的页岩在离子交换中相当于一个半渗透膜，如果其内水的矿化度较周围水高，渗透将造成异常高的压力。

烃类压深关系与静水压力不同之处在于油和气的密度小于水，因而其压力梯度较小。油的典型压力梯度为 7917.71Pa/m，气的典型压力梯度为 1809.76Pa/m。

油田开发中很重要的一个问题是要判明各油层的压力系统（或称“水动力系统”）。同一压力系统内，各井点折算到标准深度（一般是海平面或油水界面）的原始地层压力值相等或近似。利用各油层或同一油层不同部位所测得的压力资料，整理成压力梯度曲线，凡属同一水动力系统的油层，压力梯度曲线只有一条。如果有数条压力梯度曲线时，就说明各油层不属于同一压力系统。在同一水动力系统内，如果能进一步测得油层中流体的压力梯度，还可以判断流体的性质，确定流体界面的位置。

二、压力测井仪工作原理

目前，生产测井所用的井下压力计主要有应变压力计和石英晶体压力计。测量井内流动压力和井底静止压力一般用应变压力计，不稳定试井则常用较高精度的石英晶体压力计。电缆地层测试往往同时用两种压力计测量。

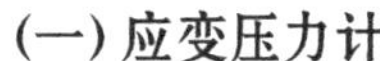

(一) 应变压力计

应变式压力计的作用原理是利用弹性元件受压力作用后，产生一定的变形。为了测量这个变形的大小，将金属丝应变电阻片贴附在弹性元件表面，使其随弹性元件一起变形，这个变形应力将引起金属丝的电阻变化，根据电阻变化的大小测量未知压力。在测量过程中只需弹性元件极微小地变形，所以应变式压力计具有较高的固有频率，能够测量快速变化的压力。

应变式压力计传感器的结构主要决定于使用要求，常设计成膜式和测力计式。所谓膜式，即应变电阻片直接贴在感受被测压力的弹性膜上；测力计式则是把被测压力转换成集中力以后，再用应变式测力计的原理测出压力的大小。

应变压力计的读数主要受温度影响和滞后影响。温度影响主要是由于镍铬合金丝的电阻率随温度变化而变化。尽管压力计同一骨架绕有相同的参考线圈和应变线圈进行温度补偿，但由于温度突然改变后需要一定时间才能达到热平衡，两个线圈之间会存在温差而导致压力读数的偏差。因为线圈升温比降温过程容易得多，故应变压力计下放测量比上提测量稳定得更快。

滞后影响取决于施压方式。压力增加过程中，应变压力计的读数将有过低的趋势；反之，压力降低过程中读数有过高的趋势。对绝大多数应变压力计，滞后影响的最大误差在 ±68947.6Pa（10psi）范围内。如果压力测井过程中下放测量，滞后影响比上提测量要小。如果压力计、面板、井下电子单元作为一个系统进行标定并作温度校正，将提高仪器测量精度。应变压力计的车间刻度是用一个可变温度的烤箱与一个静重压力器相连接，选择不同温度和压力进行测量，以静重压力器的标准值作横坐标，仪器读数与标准值的差值作纵坐标，作出不同温度下的校正曲线。测井过程按照实际井温由刻度图确定压力校正值，对测值校正后再输出压力读数。

应变压力计的分辨率为模数转换器的一个单位，即 6894.76Pa（1psi）。其重复性主要受滞后影响，为满刻度的 ±0.05%。仪器的绝对精度主要取决于压力系统的标定方式，如果不作任何校正，误差可高达满刻度的 ±1%；经过标定并作温度校正后，精度可为满刻度的 ±0.13%。

(二) 石英压力计

石英晶体压力计是以压电效应为基础设计的。石英是一种压电晶体，在受外力作用后，其内部正负电荷中心发生相对位移，因而产生极化现象，电极表面将呈现出与被测压力成正比的束缚电荷。将石英晶体传感器接入振荡电路，响应频率的变化便反映压力的变化。

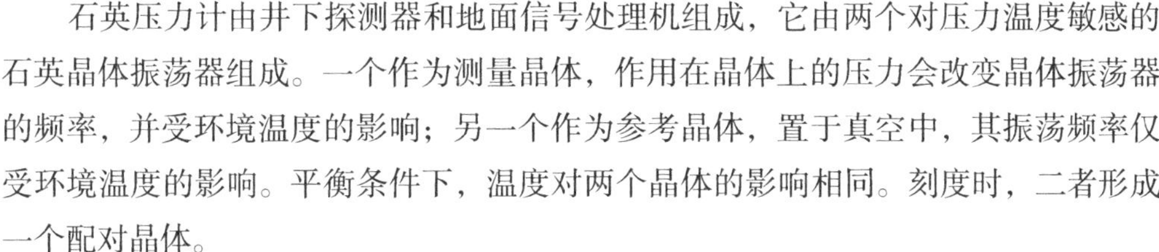

石英压力计由井下探测器和地面信号处理机组成，它由两个对压力温度敏感的石英晶体振荡器组成。一个作为测量晶体，作用在晶体上的压力会改变晶体振荡器的频率，并受环境温度的影响；另一个作为参考晶体，置于真空中，其振荡频率仅受环境温度的影响。平衡条件下，温度对两个晶体的影响相同。刻度时，二者形成一个配对晶体。

三、稳定流动压力测井

稳定流动压力测井是在油气井稳定生产条件下进行测量的，不同工作制度下的稳定流动压力测井又称为稳定试井。稳定流动压力测井和稳定试井的主要目的在于分析井内流体流动状态，估算油、气井产能，确定油层入井流量关系，评价油井产状和油层特性。

(一) 流动压力测井应用

生产剖面测量离不开压力测井，井下压力计常和温度计、流量计、流体密度计或持水率仪组合测井，压力读数可以指示井内流动压力的变化，有助于流体参数换算、井内流体性质以及流动机构的判别。

油气井的产能可以用生产指数来衡量，生产指数建立了产量变化同井底压力变化的关系。

在稳定生产条件下测得的井底压力同地面产量的交会图，可用于确定入井流量关系，求出井底任意流压下的产量。入井流量关系和生产井的垂直举升能力结合，还可以评价井的工作条件。

如果在稳定生产条件下同时测得各层的压力和流量，作出各层产量同其压力的交会图，还可以评价各个储层的生产特性以及层间干扰情况。

(二) 稳定试井压力分析

油井稳定试井是基于油井在一定时间内稳定生产，其地层压力相对稳定这一概念基础上。在短时间内改变油井的工作制度，即放大或缩小油嘴，其流动压力和产量都要改变，但其地层压力和采油指数可以保持相对稳定。这样只要测出两种工作制度的流动压力和流量，就可以比较容易地求出地层压力和采油指数。

采用稳定试井法可以不关井求地层压力和采油指数，这样不影响油井生产，减少产量损失，高寒地区还可以防止冬季发生结冻事故。对于高含水自喷井，用稳定试井法求地层压力更为方便。稳定试井法的优点是不需应用一些很难确定的参数，如折算半径、供油面积、导压系数等，只要改变油井的工作制度即可求出采油指数

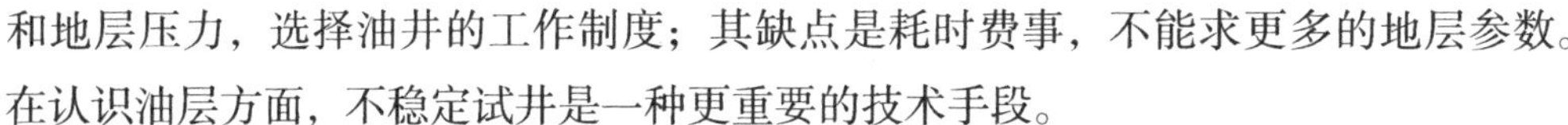

和地层压力，选择油井的工作制度；其缺点是耗时费事，不能求更多的地层参数。在认识油层方面，不稳定试井是一种更重要的技术手段。

四、不稳定流动压力试井

不稳定流动压力试井有压力恢复测试和压力降落测试两种基本方式。当井的工作制度改变时，压力变化是逐步向外传播的，一直传到油藏边界上。压力变化传到边界以前这段时间称为传播期(又称“不稳定期”)。在传播期内，外边界的影响可忽略不计，地层可以假设是无限大的，有相同的压力分布规律。压力变化传到油藏边界之后，若外边界有液体补充，当进入量与采出量相等时，便形成稳定流；如果外边界是不渗透的，地层内各点压力均开始下降，当产量维持不变时，各点的压力下降速度相等，这个时期叫作拟稳定期。传播期与拟稳定期之间常称为过渡期。本节讨论低饱和油藏不稳定流动压力试井分析的理论和方法，分析方法稍加修改亦适用于高饱和油藏及气藏。

(一) 不稳定压力分析的理论

不稳定流动压力试井分析的基本公式是压力扩散方程的定端流量解。除了在短暂的不稳定流动期外，该解严格地决定于油藏边界条件。将一口井以定流量生产时不同时刻的解进行叠加，可以得出适用于分析油井的任何压力测试资料的通用公式。

1. 表皮效应处理

表皮效应指储集层靠近井壁部分完好情况的影响。在绝大多数情况下，钻井、完井、射孔、开采过程都会引起地层损害。相反，压裂、酸化等各种地层改造措施会引起地层渗流条件的改变。这些变化往往发生在油井周围地层的一个有限范围内，当流体通过这个范围时，就会产生一个附加压力降。

实际上，不单是地层渗透率改变会引起附加压力降，井筒倾斜、限流以及油井性质和程度不完善等都可能产生附加的压力降。因此，由附加压力降估算的表皮系数包括了地层渗透率变化引起的真表皮系数和其他因素引起的假表皮系数。只有当假表皮系数正确予以估计时，才能由真表皮系数准确判断地层的损害或改善程度。

2. 储存影响处理

一般情况下，试井是在地面上关井或开井。压力恢复测试时，生产闸门关闭后，油层的产油量不是立即降到零，而是继续产油，并存在于井筒内，过一段时间地层产油量才真正降到零，真正的压力恢复才开始。从地面关井到真正的压力恢复开始这一段叫续流阶段。压力降落测试时也有相类似的情况，地面开井后，油并没有马上从地层流出，开始采的是存在井筒内的油，过一段时间地层才与地面的出油量相

等，这段时间叫作井眼储存阶段。

(二) 压力恢复资料分析方法

不稳定压力试井是确定油层参数的有效方法。通过合理的试井设计和精确的资料分析，可以部分或全部求得所需的油层参数原始地层压力、平均地层压力、渗透率、表皮系数、排流面积及几何形状因子。

压力试井最常用的三种形式是单流量压力降落测试、压力恢复测试和多流量压力降落测试。传统试井是用钢丝起下压力计测量记录的，连续的压力与时间数据在井下记录，然后取到地面再对资料分析解释。

近年来，许多油田用综合生产测井仪代替钢丝井下压力计进行试井，不仅采用高精度的石英压力计，测量记录随时间变化的压力响应，而且往往同时测量记录涡轮流量计转速、井底温度和流体密度值。采用综合生产测井仪试井，便于通过计算机监视和控制试井的全过程，测量信息能够实时传送到地面记录和显示，测量精度较高，记录信息丰富，可以通过对流量数据进行褶积或反褶积处理，校正初期压力测试资料，求准地层参数，并可以有效缩短试井时间，进行多相流动试井分析。

(三) 流量和压力综合分析法

在任何一次不稳定试井过程中，井筒的储存能力和几何形状，井筒四周的复杂状况以及外部边界，都会影响到油井的不稳定流动动态。在对压力—时间测试资料进行分析时，为了确定地层的产能、井壁阻力及平均地层压力，必须考虑到上述各种现象的影响和它们所经历的时间长短。即使不考虑非均质、多层和双重孔隙度这些因素，变化的井筒储存和井筒几何形态的综合影响，通常使得正确判定 Horner 法的直线段非常困难，也会使标准曲线法无法给出肯定结果。采用生产测井组合仪器同时测量层面流量和压力数据，并应用褶积方法或反褶积方法正确分析解释，可以克服传统试井及解释方法的缺陷，有效节省测试时间，改善试井分析结果。

第九章　石油钻井设备

第一节　起升系统

起升系统的功能是下放、悬吊或起升钻柱、套管柱和其他井下设备进出井眼。在整个建井过程中，起升系统一直起到非常重要的作用。起升系统由井架、天车、游动滑车、大绳、大钩及绞车组成。

天车装在井架顶部，游动滑车用大绳吊在天车上。大绳的一端装在绞车滚筒上(叫“快绳”)，另一端固定在井架底座上(叫“死绳”)。绞车滚筒旋转时缠绕和放开快绳，使游动系统上下起落。游动滑车下边挂有大钩，以悬吊钻具。

一、井架

(一) 用途

支承全部钻柱的重量；起钻时将起出的立根靠在井架的指梁上。

(二) 结构

井架主要由以下六部分组成：

(1) 井架本体：多为由型材组成的空间桁架结构。

(2) 天车台：用于安置天车和天车架(人字架)。

(3) 二层台：包括井架工进行操作的工作台和存靠立根的指梁。

(4) 钻台：进行钻井操作的工作台，在其上安置有绞车、转盘等设备。

(5) 工作梯：攀登井架的扶梯。

(6) 底座：在井架的底部，安放在基础上，其上是钻台。

钻井工艺要求井架具有足够的承载能力，以保证能起下一定深度的钻柱和下放一定深度的套管柱。井架应具有足够的工作高度和空间，以及足够的钻台面积。工作高度越高，可以起下立根的长度就越长，可节省时间。井架的天车台与钻台应足够大，以安装天车，并保证起下操作时游动系统畅行无阻；保证钻台上便于布置设备、安放工具、方便工人安全操作，使司钻有良好的视野。

(三) 类型

1. 塔形井架

塔形井架是最古老的一种井架结构形式，是截面为正方形或矩形的空间结构。整个井架是由许多单个构件用螺栓连接而成的非整体结构（可拆结构），便于运输。由于它具有很宽的底部基础支持和很大的组合截面惯性矩，因此其整体稳定性好。

2. K 形井架（开式塔形井架）

K 形井架是由截面为矩形、前面敞开（或大部分敞开）的若干段焊接结构用螺栓或销子连接组装成整体的空间结构，其正视外形呈塔状，侧视外形呈直立状。该类井架截面尺寸较小，内部空间较小，整个井架本体分成数段，每段均为焊接的整体结构，便于地面水平组装，可依靠绞车的动力，通过人字架将井架起升到工作位置；搬迁时可拆卸开，分段运输。

3. A 形井架

在结构形式上，A 形井架的整个井架由两个等截面的空间杆件结构或管柱式结构的大腿通过天车台和井架上部的附加杆体与二层台连接成“A”字形的空间结构。该类井架可水平分段拆装、整体起升，拆装方便、迅速；井架外形尺寸不受运输条件限制，而且钻台宽敞，操作方便。该类井架在深井钻井中使用较多。

4. 桅形井架

桅形井架外形呈桅杆状，是截面为矩形或三角形的空间杆件整体焊接结构，有整体式和伸缩式两种，一般利用液缸绞车整体起放，整体或分段运输。桅形井架工作时向井口方向倾斜，需利用绷绳保持结构的稳定性，以充分发挥其承载能力。桅形井架结构简单轻便，但承载能力小，只用于车装钻机和修井机等，多用于钻浅井。

二、天车、游动滑车和钢丝绳

(一) 用途

钻井过程中要起下沉重的管柱，为了减小滚筒所承受的拉力，装设了一套复滑轮系统（即游动系统）。天车相当于定滑轮组，游动滑车相当于动滑轮组。用钢丝绳将天车和游动滑车（简称“游车”）联系起来便组成了复滑轮系统，可以大大减小绞车在各种钻井作业中的负荷和起升机组发动机应配备的功率。

（二）结构

1. 天车

以大庆 I-130 型钻机配套使用的 TC_1-130 型天车为例：6 个滑轮装在两根轴上（两轴的轴心线一致），每根轴上有 3 个轮子，每个轮子里装有两副弹子盘（轴承），两根轴固定在天车底座上。

2. 游动滑车

游动滑车轮数总是比与其配套的天车轮数少 1 个，但其车轮的尺寸、构造和类型均与天车轮相同。TC_1-130 型的 5 个游动滑车轮装在一根轴上，轴固定在两边的侧板上，下边有提环，用以悬挂大钩。

3. 钢丝绳

现场上一般把游动系统所用的钢丝绳称为大绳。大绳起着传递绞车动力的作用，要求它能承受一定的拉力，而且要柔软、耐磨。钢丝绳是许多根钢丝先拧成股，然后几股围绕着麻芯捻成的。麻芯的作用是储存润滑油以润滑钢丝。

除了滚筒上的钢丝绳外，其他地方也使用不同直径的钢丝绳，如井架绷绳、悬挂吊钳用的钢丝绳，以及从场地向钻台吊钻杆用的动力小绞车上的钢丝绳等。

（三）快绳拉力的计算

天车、游动滑车、钢丝绳和大钩通常统称为游动系统。常说的游动系统结构指的是游动滑车轮数 × 天车轮数，中深井钻机一般为 4 × 5，深井钻机为 5 × 6，超深井钻机可用到 10 × 10 以上。

（四）穿大绳的方法

井架安装好后，在井架顶部的人字架上装一滑车，利用绞车将天车吊升到井架天车台上，用 U 形卡子固定。天车装好后，将游动滑车放在钻台正中，用大绳把天车和游动滑车穿接起来。穿大绳的方法有两种：一种是顺穿法（平行穿法）；另一种是花穿法（交叉穿法）。

顺穿法的优点是：穿法比较简单，二层台扣吊卡较方便，滑轮偏磨轻。其缺点是：游动滑车大钩起落不平稳、易摆动，快绳在滚筒上易缠乱。

花穿法的优点是：快绳在滚筒上不易缠乱，游动滑车大钩起落平稳，大绳不易摆动。其缺点是：穿绳较麻烦，二层台扣吊卡不方便，天车轮、游动滑车轮易偏磨。

穿绳顺序由死绳端开始，要从钻机绞车向井架大门方向引大绳过天车第 1 滑轮，而不是从井架大门向钻机绞车方向引大绳过天车第 1 滑轮，否则钢丝绳偏磨轮槽严重。

三、大钩

(一) 用途

(1) 起下钻时，用大钩上的 U 形耳环挂上吊环、吊卡以起下钻柱；
(2) 钻进时，用大钩吊起水龙头和钻柱；
(3) 固井时，用大钩悬吊套管；
(4) 进行其他作业。

(二) 结构

它主要由钩体、钩杆、上筒体、下筒体、提环和提环座等组成。

大钩的钩体、提环和提环座等主承载件均采用特种合金钢材料制成，具有良好的机械性能和较高的承载能力。提环和提环座采用销轴连接，筒体与钩身采用左旋螺纹连接。钩杆与提环座固定在一起，使钩身与筒体可绕钩杆回转或沿钩杆上下运动。筒体内装有内外弹簧，起钻时能使立根松扣后向上弹起。轴承采用推力滚子轴承，筒体上端装有摩擦定位装置。大钩的制动机构可使钩身在 360° 范围内每隔 45° 锁住。钩舌装有闭锁装置，水龙头提环挂入后，钩身可自动闭锁，避免水龙头提环脱出。

四、绞车

钻井绞车不仅是起升系统的设备，而且也是整套钻机的核心设备，是钻机三大工作机之一。

(一) 用途

(1) 起下钻柱和下套管；
(2) 钻进时控制钻压，送进钻头；
(3) 利用猫头上卸钻柱丝扣，起吊重物并进行其他辅助工作；
(4) 通过绞车带动转盘 (有的不通过绞车带动转盘)；
(5) 整体起放井架。

(二) 结构

钻井绞车是多用途的起重工作机。绞车的种类繁多，有单轴、双轴、三轴及多轴绞车，也有单滚筒绞车和双滚筒绞车，在速度上还有两速、四速、六速和八速绞

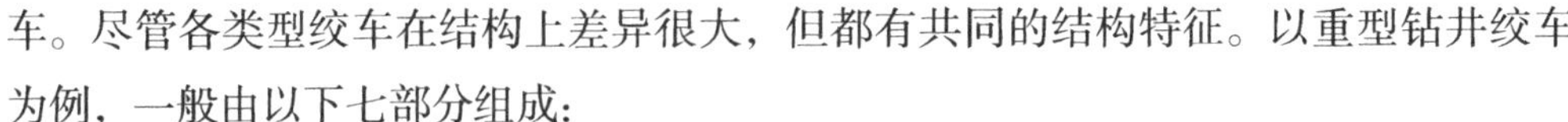

车。尽管各类型绞车在结构上差异很大，但都有共同的结构特征。以重型钻井绞车为例，一般由以下七部分组成：

(1) 滚筒、滚筒轴总成。是绞车的核心部件。

(2) 制动机构。包括主刹车和辅助刹车。

(3) 猫头和猫头轴总成。用以紧、卸丝扣，起吊重物。

(4) 传动系统。引入并分配动力和传递运动，其主要部件是传动轴。

(5) 控制系统。包括牙嵌、齿式和气动离合器，以及司钻控制台、控制阀件等。

(6) 润滑系统。包括黄油润滑、滴油润滑和密封传动、飞溅或强制润滑。

(7) 支撑系统。有焊接的框架式支架或密闭箱壳式座架。

第二节　旋转系统

旋转系统主要包括转盘和水龙头两大部件，其主要作用是在向井内输送钻井液的情况下带动井下钻柱旋转。

一、转盘

(一) 用途

(1) 在不断地往井内送进钻柱的情况下带动井内钻柱旋转，传递扭矩到钻头；

(2) 下套管或起下钻时，转盘承托井内全部管柱的重量；

(3) 在井下动力钻具钻井中，转盘制动钻柱以承受反扭矩。

(二) 结构

转盘通过一对锥齿轮副实现减速，使转台获得一定范围内的转速和扭矩，驱动钻具进行钻井作业。

转盘主要由转台装置、主补心装置、输入轴总成、锥齿轮副、上盖、底座等组成。

锥齿轮副采用螺旋锥齿轮，齿轮均由合金钢经热处理制造而成。锥齿轮副的啮合间隙可由主轴承下部和输入轴总成轴承套法兰端的调整垫片来调整。

转台装置是转盘用于输出转速和扭矩的旋转件，主要由大锥齿圈、转台、主轴承及下座圈等组成。大锥齿圈与转台紧密配合装在一起，主轴承采用主辅一体式结构的角接触推力球轴承。下座圈与转台用螺栓连接，可起到支承主轴承下座圈的作用。

输入轴总成是转盘动力的输入部件，为筒式结构，由轴承套、轴承、输入轴及小锥齿轮等组成，输入轴由一个圆柱滚子轴承和一个调心滚子轴承支承在轴承套内。

主补心装置为剖分式结构，其内孔装入补心装置后可使用四销驱动滚子方补心进行钻井作业。主补心装置与转台、补心装置均用制动块连接。

底座是采用铸焊结构的刚性矩形壳体，其内腔有润滑油池。底座内设有左右两个曲拐式锁紧装置，可将转台在正反两个转向锁住，以适应顶部驱动钻井、动力钻井或特殊钻井作业时承受反扭矩的需要。上盖是用花纹钢板焊接而成的矩形面板，用内六角螺钉固定在底座内。

绞车传过来的动力通过链轮、水平轴和一对锥齿轮传给转台。转台中间放有大方瓦和方补心以带动方钻杆旋转。大方瓦内有锥面，起下钻时放进卡瓦以卡住井内的钻柱。转台下边有一对负荷轴承，用以承受井内钻柱重量；上边有防跳轴承，用以承受钻井过程中向上的冲击力。

二、水龙头

水龙头是钻机上具有显著专业特点的设备，它集多种功能于一身，既要使钻柱旋转，又要悬吊钻柱，同时还要循环钻井液。它是连接起升系统、旋转系统和循环系统的枢纽。

(一) 用途

(1) 悬持旋转着的钻柱，承受大部分乃至全部钻柱的重量；

(2) 通过水龙头可以向转动着的钻柱内输入高压钻井液。

特殊的功用对水龙头的设计、制造和使用提出了很高的要求。在设计、制造时，要使水龙头既能承受较大的负荷，又能在承重的条件下保证所悬吊的钻柱自由旋转，同时还需要具有良好的密封性能，保证高压钻井液的循环，且具有较长的使用寿命。

(二) 结构

水龙头主要由固定部分、旋转部分和密封盘根组成。

(1) 固定部分：由提环和外壳连接，鹅颈管下连冲管并固定在外壳上，冲管的下端插在中心管中间。

(2) 旋转部分：主要是中心管、下接钻柱。中心管和外壳之间有负荷主轴承，主轴承上边有防跳轴承，以防止钻柱跳动时引起中心管跳动。为防止中心管摆动，下边装有扶正轴承。

(3) 密封盘根：在转动部分和固定部分之间有空隙，为防止漏钻井液和漏油，在间隙内装有盘根。冲管和中心管之间装有冲管盘根，中心管和外壳之间（上面和下面）装有机油盘根，以防漏机油。

第三节　循环系统

一、钻井泵

（一）用途

钻井泵是循环系统的关键设备，是整个液力系统的原动机，也是整个钻机的“心脏”。一般用钻井泵在高压下向井内输送钻井液以清洗井底的岩屑并冷却钻头，有时还用其进行配水泥浆和注水泥作业，此外亦可用其处理井下事故，如解卡时向井内泵入原油或解卡剂、纠斜时打水泥塞等。

（二）分类

(1) 按缸数，可分为双缸泵和三缸泵；

(2) 按活塞在一个缸中往返一次排出或吸入液体的次数，可分为单作用泵和双作用泵；

(3) 按液缸的布置方案及其相互位置，可分为卧式泵、立式泵、V 形泵和星形泵等；

(4) 按活塞式样及排液方式，可分为活塞泵和柱塞泵。

目前石油钻井现场中常用的钻井泵主要是双缸双作用卧式活塞泵和三缸单作用卧式活塞泵。

（三）结构及工作原理

尽管钻井泵类型不同，但其结构大同小异，都由动力端（驱动部分）和液力端（水力部分）组成。动力端主要包括底座、装皮带轮的传动轴、主轴（曲轴）、齿轮、曲柄、连杆、十字头等。传动轴两边伸出的轴端上可由左方或右方装皮带轮，以便于整套钻机的安装。

液力端主要包括泵头、缸套、活塞、活塞杆、盘根盒、阀和空气包等，其用途是通过活塞对液体的作用将机械能变为液体势能。

双缸双作用往复钻井泵和三缸单作用往复钻井泵右侧为动力端，左侧为液力端。

液力端完成钻井液的吸入和排出，动力端则将皮带轮的转动转变为活塞的往复运动。

以双缸双作用往复钻井泵为例：当动力传递到钻井泵的动力端，大皮带轮转动时，便通过曲轴连杆机构带动拉杆和活塞做往复运动。当活塞从左向右运动时，活塞左侧缸套内的压力降低，钻井液罐中的钻井液推开吸入阀进到缸套内；当活塞运动到最右边时，缸套内充满钻井液，这时活塞开始向左运动，吸入阀在压力作用下关闭，而排出阀开启，钻井液在活塞的推动下进入循环管路中。当缸套左侧排出钻井液时，右侧则吸入钻井液，然后活塞向右运动，右侧排出钻井液，左侧吸入钻井液。这样重复进行，钻井液就被不断地泵入井内。这种钻井泵因其活塞两侧都有吸入和排出作用，故称为双作用泵，同时由于一个泵上有两个缸，故称为双缸双作用泵。三缸单作用泵有三个缸，反活塞的一侧有吸入和排出作用。

由于活塞的往复运动不是等速的，故钻井泵的排量不均匀，泵的压力也随之波动，引起泵本身的震动，并使泵的工作效率和寿命降低。另外，钻井液压力和排量不均对钻进很不利，可能引起井壁坍塌或漏失等井下事故。为了使钻井泵的排量和压力趋于均匀，可在泵的出口处安装空气包。

空气包是利用其储存气体的可压缩性进行工作的。当钻井泵瞬时排量大于平均排量时，压力增加，包内橡胶囊中的气体被压缩，部分液体进入包内，可减小出口排量，也可缓冲管路压力。当钻井泵瞬时排量小于平均排量时，空气包则排出部分液体，补充出口流量。

欲使空气包起到很好的作用，就需要它有相当大的体积。目前多采用预压空气包，即空气包内预先加一定压力的气体，这样既可减小空气包的体积，又可提高其工作效率。

在整个循环管路中，任一处发生阻碍都会导致泵压升高。若泵压超过允许值，则会发生危险。为了避免发生事故，泵的出口处装有安全阀。

当钻井液压力过大时，可以将上边的销钉剪断，钻井液便从侧面排空。需要特别注意的是，要严格按照规定选择和安装销钉，排空口上要安装管线，防止钻井液喷出伤人。

二、固控系统

钻井液中一般都含有固相。有些固相是有用的，如膨润土、化学处理剂、重晶石等；有些固相则是有害的，如钻屑、砂粒等。将钻井液中的有害固相清除掉，保留有用固相的工艺称为固相控制，简称固控。

机械固控法是使用机械设备将钻井液中的固相颗粒分离出来，从而达到固控目的的方法。

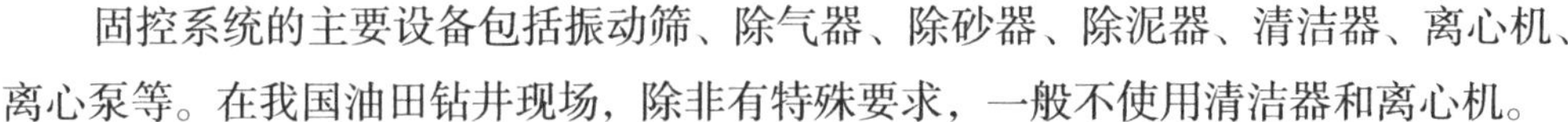

固控系统的主要设备包括振动筛、除气器、除砂器、除泥器、清洁器、离心机、离心泵等。在我国油田钻井现场，除非有特殊要求，一般不使用清洁器和离心机。

(一) 振动筛

振动筛是对钻井液进行固控的第一级设备，又是唯一能适用于加重钻井液的常规分离设备，因此它是固控的关键设备，担负着清除大量钻屑的任务。振动筛主要由筛架、筛网、激振器、减振器等组成。

振动筛的工作原理就如同常用的筛子一样，通过机械振动将粒径大于网孔直径的固体颗粒通过黏附作用将部分粒径小于网孔直径的固体颗粒分离出来。从井口返出的钻井液携带着岩屑流向振动筛的筛网表面，经筛分后，固相颗粒从筛网尾部排出，含有小于网孔尺寸固相颗粒的钻井液透过筛网流入循环着的钻井液系统中，完成第一级分离。

振动筛一般是通过电动机带动偏心轴转动而产生振动的，通过振动将筛网上粒径大于网孔直径的颗粒筛掉。在选用振动筛时，首先要根据钻井液中固相的尺寸及粒度分布选择合适的筛网。筛布上网孔的大小常用“目”来表示。所谓筛布的目数，是指筛布 1in 边长所开孔数。目数越大，则孔眼越小。目前现场上使用的筛网一般为 20 ~ 80 目。钻上部井段时，可选用目数小一些的筛网；钻下部井段时，可选用目数稍大一些的筛网。目数太大的筛网，孔眼太小，很容易产生“桥糊”现象，影响正常工作。

(二) 除气器

除气器是将钻井液中的气体除掉的一种装置，它虽然不直接参与钻井液的固相控制，但对固控有重要的影响。当钻井液中的气体含量较多时，会使钻井液密度下降，致使离心泵压力降低而直接影响旋流器的工作。因此，除气器在钻井过程中也是不可缺少的，一般应安装在振动筛之后。

除气器有真空式、常压式、离心式三种。下面介绍真空除气器。

真空除气器由罐体、真空泵、水气分离器、空心轴、叶轮等组成。

真空除气器是利用真空泵的抽汲作用在真空罐内造成负压区，钻井液在外界大气压的作用下通过吸入管进入空心轴，再从空心轴窗口向四周喷射，与罐壁发生碰撞，破碎气泡，使气液分离，气体被真空泵抽出，液体则在叶轮的旋转作用下从排出管排至钻井液罐中。

(三) 旋流器

旋流器壳体上部呈圆筒状，形成进口腔；侧部有一个切向进液管，顶部中心有一涡流导管，构成排液口（溢流口），处理后的液体从此口流出；壳体下部呈圆锥形，锥角一般为 15°～20°；底部为排砂口（底流口），固体从该口排出。

钻井液沿切向或近似切向由进液管进入旋流器内并高速旋转，形成两种螺旋运动：一种是在离心力作用下，较大、较重的颗粒被甩向器壁，沿壳体螺旋下降，由底流口排出；另一种是液相和细颗粒形成的内螺旋向上运动，经溢流口排出。

旋流器的两个重要的技术性能是其处理能力和分离能力。处理能力包括进料能力和排出固相颗粒的能力。进料能力是指在一定的进料压力下所能处理的进料量，通常称为处理量。分离能力是指旋流器在一定条件下分离固相粒度的大小及数量的多少。分离数量的多少通常以百分比表示，又称分离率。

一般情况下，旋流器的分离能力与旋流器的直径有关：直径越大，分离的颗粒也越大；直径越小，则分离的颗粒越小。同一直径的旋流器，由于设计不同，其分离能力和处理能力也不同。

按其分离能力，旋流器可分为除砂器、除泥器和微型旋流器三类。现场上常用的有除砂器和除泥器。

（1）除砂器。直径为 150～300mm（6～12in）的旋流器称为除砂器。其处理能力为进料压力 0.2MPa 时不低于 20～120m^3/h。正常工作的除砂器可清除约 95% 的粒径大于 74μm 的岩屑和约 50% 的粒径大于 40μm 的细砂颗粒。为了提高使用效果，在选用除砂器时，其许可处理量必须为钻井时最大排量的 125%。

（2）除泥器。直径为 50～125mm（2～5in）的旋流器称为除泥器。其处理能力为进料压力 0.2MPa 时不低于 10～15m^3/h。正常工作的除泥器可清除约 95% 的粒径大于 40μm 的岩屑和约 50% 的粒径大于 15μm 的颗粒。除泥器亦能将粒径为 12～13μm 的重晶石颗粒除掉，因此不能用它来处理加重钻井液。在选用除泥器时，其许可处理量应为钻井时最大排量的 125%～150%。

（四）清洁器

清洁器是旋流器与超细网振动筛的组合，其上部为旋流器，下部为超细网振动筛，属于二次处理设备。其处理过程分为两步。第一步是旋流器将钻井液分离成低密度的溢流和高密度的底流。第二步是超细网振动筛将高密度的底流再分成两部分，一部分是重晶石和其他小于网孔直径的颗粒，透过筛网可以进行回收；另一部分是粒径大于网孔直径的颗粒，从筛网尾部排出。清洁器的筛网一般选用 100～250 目的，要根据振动筛的形式和负荷量来具体确定。

（五）离心机

钻井液离心机是固控设备中固液分离的重要设备之一，通常安装在固控系统的最后一级，用来处理非加重钻井液，可以处理掉粒径在2μm以上的有害固相。处理加重钻井液可除去钻井液中多余的胶体，控制钻井液黏度，回收重晶石。此外，离心机也是处理废弃钻井液、防止其污染环境的一种理想设备。

离心机根据其工作形式可以分为三种：转筒式离心机、沉降式离心机和水力涡轮式离心机。下面主要介绍现场常用的沉降式离心机。

沉降式离心机的核心部件为由锥形滚筒、螺旋输送器和变速器所组成的旋转轴总成。螺旋输送器通过变速器与锥形滚筒相连，二者转速不同。多数变速器的变速比为80∶1，即滚筒每转80转输送器转1圈。因此，若滚筒转速为1800r/min，则输送器的转速为22.5r/min。其分离机理是：待处理的加重钻井液经水稀释后，通过离心机旋转轴总成上的一根固定进液管（即输送器）上的钻井液进口进入由锥形滚筒和输送器涡形叶片所组成的分离器。此时，钻井液被加速到与输送器或滚筒大致相同的转速，在滚筒内形成一个液层。调节溢流口的开度可以改变液层厚度。在离心力的作用下，重晶石和大颗粒固相被甩向滚筒内壁，形成固相层。固相层由螺旋输送器铲掉，并输送至锥形滚筒处的干湿区过渡带，其中大部分液体被挤出，基本上以固相通过滚筒小头的底流口排出，自由液体和悬浮的细固相则流向滚筒的大头，通过溢流口排出。

第四节　驱动与传动系统

驱动设备与传动机构是钻机的重要组成部分。驱动设备提供各工作机需要的动力，而传动机构则将动力机与各工作机连接起来，将动力传递并分配给各工作机。

一、驱动类型

现代钻机采用的驱动类型可分为两大类，即柴油机驱动和电驱动。柴油机驱动的钻机称为机械钻机，电驱动的钻机称为电动钻机。除在电网附近钻井时使用电动钻机以外，深井、超深井钻机采用电动钻机的情况也日益增多。

（一）柴油机驱动

柴油机驱动可分为柴油机直接驱动和柴油机—液力驱动。

(1) 柴油机直接驱动：以柴油机为动力，经减速箱等机械传动机构将动力传递给各工作机，如大庆Ⅰ -130 型钻机即采用此种驱动方式。

(2) 柴油机 - 液力驱动：以柴油机为动力，经液力耦合器或变矩器，再经机械传动机构将动力传递给各工作机，如 ZJ45 型钻机、F320-3DH 型钻机都采用此种驱动方式。

(二) 电驱动

电驱动按其发展历程可分为交流 AC-AC 驱动、直流 DC-DC 驱动、交直流 AC-SCR-DC 驱动、交流变频驱动。

(1) 交流 AC-AC 驱动：由柴油机交流发电机组或电网向交流电动机供电，经机械传动驱动绞车、转盘和钻井泵。

(2) 直流 DC-DC 驱动：由柴油机直流发电机组向直流电动机供电，经机械传动驱动绞车、转盘和钻井泵。

(3) 交直流 AC-SCR-DC 驱动：由柴油机交流发电机组发出交流电，汇聚汇流母线，经可控硅整流，再向直流电动机供电，经一对一或二对一安装，驱动绞车、转盘和钻井泵。

(4) 交流变频驱动：由柴油机交流发电机组发出交流电，经变频器成为频率可调的交流电，驱动交流电动机带动绞车、转盘和钻井泵。

二、驱动方案

驱动方案有很多种，主要区别在于动力设备类型及其功率在绞车、转盘、钻井泵三工作机上的分配方式。典型的驱动方案有以下三种。

(一) 统一驱动

该驱动方案装机功率利用率最高，而且由于各动力机可以替换使用，各机组的运转可靠性高。该优点对于柴油机驱动来说特别重要，所以柴油机的统一驱动是最普遍使用的一种方式，如大庆Ⅰ -130 型钻机和 ZJ45 型钻机即使用此种传动方案。

(二) 分组驱动

该驱动方案既可用于柴油机驱动，又可用于电驱动。一般将转盘和绞车分为一组，钻井泵单独为一组。其传动系统比统一驱动简单，更适合于高钻台、低机房的情况。目前现场上用此种传动方案的有 F320-3DH 型钻机和其他电动钻机。

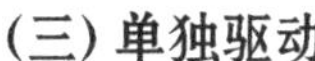

（三）单独驱动

单独驱动即各工作机单独选择大小不同的动力机驱动。这种驱动方案常用于电驱动或机电混合驱动，装机功率利用率不高，缺乏相互调剂作用，但传动简单。

从现有的钻机来看，柴油机驱动主要采用统一驱动方案，电驱动（包括交、直流）主要采用分组驱动方案。但为了布置方便，或为了加强洗井与喷射效果，单独驱动的机泵组无论对柴油机驱动还是电驱动都是较常见的。

三、传动机构

钻机工作机的动力来自发动机，但由于发动机的驱动特性与工作机的使用要求之间存在一定的矛盾，来自发动机的动力必须经处理后才能传递给工作机。

传动机构包括能够传递和分配动力的所有变速箱、并车箱、正车箱、倒车箱、离合器、链条传动副、皮带传动副等传动部件，其作用是按钻井工艺的要求给钻井泵、绞车和转盘等工作机传递和分配动力。

第五节　气控系统

如前所述，现代石油钻机是多工作机的联动机组。要使各机构和系统有机地结合成一个整体，准确、协调、高效率地工作，必须有灵敏准确、安全可靠的控制系统。

一、钻机控制系统的功用

无论采用何种控制方法，钻机的控制系统都应具有以下功用：

（1）动力机的启动、停车、并车及调速；

（2）绞车滚筒的启动、停车、换挡和刹车；

（3）转盘的启动、停车、换挡和倒车；

（4）钻井泵的启动与停车；

（5）传动系统的挂合与脱开；

（6）辅助机组的（如气压机、发电机等）启动与停车。

二、钻井工艺对控制系统的要求

为了保证高速优质钻井，控制系统应能满足以下三方面的要求：

(1) 控制迅速、柔和、准确、安全可靠；
(2) 操作灵活方便，控制相对集中；
(3) 结构简单，维修方便，造价低廉。

三、钻机气控制系统的特点

可用于石油钻机的控制系统有多种方式，包括机械控制、气控制、液压控制、电控制和综合控制等。由于气控制系统具有以下特殊的优点，因此它是目前钻机上应用最广泛的一种控制方式。

(1) 经济可靠。气控制系统的介质为空气，比液压控制系统经济；可采用轻便可靠的气管线，如橡胶管、低压钢管传递；空气几乎不受周围环境变化的影响，腐蚀性较小；经除水、干燥等处理后，在寒冷的条件下仍能可靠地工作。

(2) 传递控制信号迅速灵活。空气流动性好，能迅速充满执行机构；系统中采用了快速放气阀，使摘、挂气动离合器的操作更为迅速。

(3) 控制柔和、准确。气体具有一定的压缩性，可使工作柔和、无冲击；在工作压力范围内，能保证控制的准确性。

(4) 使用安全，不易燃，无污染。

四、钻机气控制系统的组成

钻机气控制系统主要由四部分组成，现以转盘气控制流程为例进行说明。

第一部分是动力机构，是将动力机的机械能转换为气体的压能的转换设备，包括空气压缩机 (压风机) 和储气罐。

第二部分是执行机构，是将输出的气体压能转换为机械能的转换设备，包括气动马达、气缸和气动离合器等。

第三部分是控制操纵机构，包括各种控制阀，如调压阀、旋塞阀等。

第四部分是辅助机构，包括气管线、接头和维护装置等。

第六节　井控系统

井控系统的主要功能是控制井内压力，阻止地层流体无控制地流入井中。它有以下功能：发现井涌；在地面关井，防止井喷、循环压井；在有压力的条件下活动井下管柱；导流放喷。

井控系统的设备主要包括防喷器组、控制装置、井控管汇、钻具内防喷工具等。

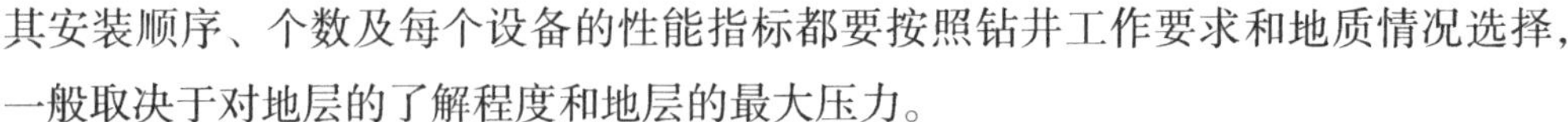

其安装顺序、个数及每个设备的性能指标都要按照钻井工作要求和地质情况选择，一般取决于对地层的了解程度和地层的最大压力。

防喷器是整个井控系统的核心。防喷器可分为闸板（全封、半封）防喷器、环形防喷器和旋转防喷器等多种，其作用是在相应的工作条件下关闭井口，阻止地层流体进入井内或流出地面。

一、防喷器组

（一）闸板防喷器

闸板防喷器是将一对闸板从防喷器的内部两侧向中间推动，以封闭钻柱外的环形空间（半封）或整个井筒（全封）。关闭防喷器通常用液压驱动，液压失灵时可手动操作。

（二）环形防喷器

环形防喷器曾称为万能防喷器、多效能防喷器，它采用一个有加强筋的合成橡胶芯子作为密封元件，该元件能向中心收缩而达到密封的目的。在全开位置时，密封元件的内径等于防喷器的通孔直径；需要关闭时，通过液压控制，挤推橡胶芯子向中间运动，从而包紧防喷器中的钻杆、方钻杆或其他管柱，可以对任何形状或任何尺寸的钻柱或电缆进行压力封闭，还可以在封闭条件下允许钻杆慢慢地上下活动。

（三）旋转防喷器

旋转防喷器是实施欠平衡钻井的专用井控设备。旋转防喷器安装在井口防喷器组的顶部（防溢管被旋转防喷器取代），其作用是封闭钻具（方钻杆、钻杆等）与井壁之间的环形空间，在限定的井口压力条件下允许钻具旋转、上下活动，实施带压钻井作业（边喷边钻）；允许带压进行短起下钻作业，与强行起下钻设备配合可以进行带压强行起下钻作业。

旋转防喷器主要由旋转头、自封头、旋转筒、外壳、方补心及两副轴承组成。关井以后，需要在井口有压力下钻进时，可与闸板防喷器或环形防喷器配合，将钻柱下入井内，并使旋转防喷器的自封头胶皮将方钻杆抱紧，实现密封；钻进时，方钻杆通过旋转防喷器的方补心带动旋转头和旋转筒转动，从而实现在关井条件下继续钻进。

二、控制装置

(一) 用途

(1) 预先制备与储存足量的压力油并控制压力油的流动方向，使防喷器迅速实现开关动作；

(2) 当压力油量减少，油压降低到一定程度时，控制装置将自动补充储油量，使压力油始终保持在一定的压力范围内。

(二) 组成

控制装置由蓄能器装置（远程控制台）、遥控装置（司钻控制台）和辅助遥控装置（辅助控制台）组成。

蓄能器装置是制备、储存与控制压力油的液压装置，由油泵、蓄能器、阀件、管线、油箱等元件组成。通过操作换向阀可以控制压力油输入防喷器油腔，直接使井口防喷器实现开关动作。

遥控装置是使蓄能器装置上的换向阀发生动作的遥控系统，间接使井口防喷器实现开关动作。遥控装置安装在司钻台上司钻岗位的附近。

辅助遥控装置安装在值班室内，作为应急的备用遥控装置。

三、井控管汇

井控管汇主要包括节流与压井管汇等。

井口四通右侧安装节流管汇，左侧安装压井管汇，当钻至油气层附近，管汇处于“待命”工况。

(一) 节流管汇

1. 功用

(1) 通过节流阀的节流作用，实施压井作业；

(2) 通过节流阀的泄压作用，降低井口压力，实现软关井；

(3) 通过放喷阀的大量泄流作用，保护井口防喷器组。

2. 组成及原理

节流管汇主要由节流阀、闸阀、管线、压力表等组成。手动节流管汇的两个常用与备用节流阀都是手动节流阀。五通上除装有套压表外，还装有立压表。立压表的管线自立管引入。

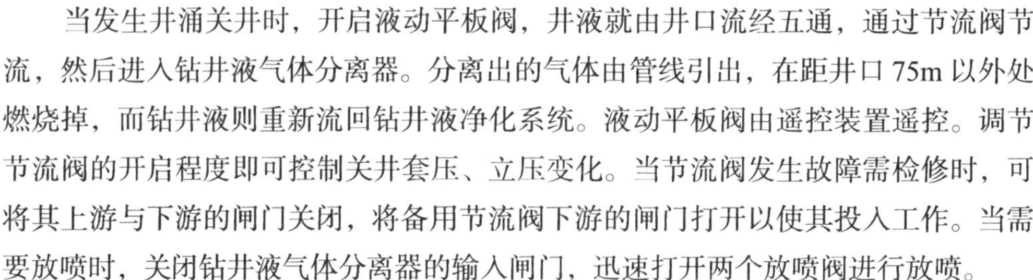
当发生井涌关井时，开启液动平板阀，井液就由井口流经五通，通过节流阀节流，然后进入钻井液气体分离器。分离出的气体由管线引出，在距井口 75m 以外处燃烧掉，而钻井液则重新流回钻井液净化系统。液动平板阀由遥控装置遥控。调节节流阀的开启程度即可控制关井套压、立压变化。当节流阀发生故障需检修时，可将其上游与下游的闸门关闭，将备用节流阀下游的闸门打开以使其投入工作。当需要放喷时，关闭钻井液气体分离器的输入闸门，迅速打开两个放喷阀进行放喷。

（二）压井管汇

1. 功用

（1）当用全封闸板封井口时，通过压井管汇强行灌注加重钻井液，实施压井作业；

（2）当发生井喷时，通过压井管汇往井口强行注清水，以防燃烧起火；

（3）当已发生井喷并着火时，通过压井管汇往井筒中强行注灭火剂，协助灭火。

2. 组成及原理

压井管汇主要由单流阀、手动闸阀、五通等组成。

当用全封闸板全封井口，钻井液无法正常循环时，可利用压井管汇向井中灌注加重钻井液，此时需在压井管汇上接高压泵，使钻井液经单流阀进入井筒进行压井。压井管汇不可用作起钻灌注钻井液管线，否则将严重冲蚀管线与阀件，降低压井管汇的耐压性能。

四、钻具内防喷工具

（一）用途

（1）装在钻具管串上的专用工具；

（2）与井口防喷器组配套使用；

（3）用来封闭钻具中心通孔。

（二）组成

现场常用钻具内防喷工具由方钻杆球阀、钻杆回压凡尔等组成。方钻杆球阀又分为方钻杆上球阀和方钻杆下球阀。方钻杆上球阀使用时安装在方钻杆上端，方钻杆下球阀使用时安装在方钻杆下端。钻杆回压凡尔装在钻杆上，允许钻井液自上而下流动，但不允许钻井液自下而上流动。

第七节　顶部驱动钻井装置

顶部驱动钻井装置（Top Drive Drilling System，TDS）主要由水龙头—钻井马达总成、马达支架和导向滑车总成、钻杆上卸扣装置总成等设备组成。

一、水龙头—钻井马达总成

(一) 用途

(1) 提供钻柱旋转的动力；
(2) 快速制动钻柱；
(3) 具有水龙头的作用。

(二) 结构

水龙头—钻井马达总成由水龙头、马达和一级齿轮减速器等组成。电动机传动驱动主轴上端装有气动刹车，用于马达的快速制动。马达轴下伸轴头装有小齿轮，与装在主轴上的大齿轮啮合，主轴下方接钻柱。水龙头主止推轴承装在上齿轮箱内，上齿轮箱固定于整体式水龙头提环上。由主止推轴承支撑的主轴 / 驱动杆通过一个锥形衬套连接大齿轮。两个齿轮箱体构成齿轮的密封润油室，并支撑钻杆上卸扣装置。

二、马达支架和导向滑车总成

(一) 用途

(1) 当马达支架的支点位于排放立根的位置上时，可为起升系统设备运作提供必要的间隙空间；
(2) 用以支撑马达和其他所有附件；
(3) 导轨起导向作用，钻进时同时承受反扭矩。

(二) 组成

导向滑车类似于海洋钻机上使用的滑车结构，由导向滑车焊接框架和马达支架两部分组成。

导向滑车焊接框架上装有导向轮。马达支架包括支架与马达壳体总成间的一个支座。整个导向滑车总成沿着导轨与游车导向滑车一起运动。当钻井马达处于排放立根的位置上时，导向滑车则可作为马达的支承梁。导轨装在井架内部，两端用支座固定。

钻井马达总成通过马达壳体上的两支耳轴销与导向滑车相连。马达总成在钻柱上沿导轨上下运动时，耳轴销可使马达总成与导轨保持良好对中。马达自身的重量由马达校正液缸来平衡，该液缸安装在马达齿轮箱和马达支架下横梁之间。钻井时液缸允许自动找正，当钻具重量减小时还能维持马达沿垂直轴向不偏移。

三、钻杆上卸扣装置总成

(一) 用途

(1) 为顶部驱动装置提供提放 28m 长立柱并用马达上卸立柱扣的能力；

(2) 可在井架任意高度卸扣；

(3) 可吊鼠洞中的单根；

(4) 接立根时不需井架工将大钩拉靠到二层台上。

(二) 组成

钻杆上卸扣装置总成包括扭矩扳手、内防喷器（滑动式下防喷阀）和防喷阀启动器、吊环连接器和限扭器、吊环倾斜装置、旋转头总成。

扭矩扳手位于内防喷器下部的保护接头一侧，它的两个液缸连接在扭矩管和下钳头之间，下钳头延伸至保护接头公扣下方。

内防喷器是全尺寸、内开口、球形安全阀式的，带花键的远控上部内防喷器和手动下部内防喷器形成内井控防喷系统，远控上部内防喷器是钻杆上卸扣装置的一部分。上卸扣时，扭矩扳手同远控上部内防喷器的花键啮合产生扭矩。

第十章　井控技术

第一节　概述

一、井控及其相关的概念

(一) 井控的概念

井控，英文是 Well Control，有的叫作 Kick Control，即井涌控制，还有的叫作 Pressure Control，即压力控制。各种叫法本质上是一样的，都是说明要采取一定的方法控制住地层孔隙压力，基本上保持井内压力平衡，保证钻井的顺利进行。井控作业要从钻井的目的和一口井今后整个生产年限来考虑，既要完整地取得地下各种地质资料，又要有利于保护油气层，有利于发现油气田，提高采收率，延长油气井的寿命。为此，人们要依靠良好的井控技术进行近平衡压力钻井。目前的井控技术已从单纯的防喷发展成为保护油气层、防止破坏资源、防止环境污染，已成为高速低成本钻井技术的重要组成部分和实施近平衡压力钻井的重要保证。

人们根据井涌的规模和采取的控制方法之不同，把井控作业分为三级，即初级井控、二级井控和三级井控。

初级井控是依靠适当的钻井液密度来控制住地层孔隙压力，使得没有地层流体侵入井内，井涌量为零，自然也无溢流产生。

二级井控是指依靠井内正在使用中的钻井液密度不能控制住地层孔隙压力，因此井内压力失衡，地层流体侵入井内，出现井涌，地面出现溢流，这时要依靠地面设备和适当的井控技术排除气侵钻井液，处理掉井涌，恢复井内压力平衡，使之重新达到初级井控状态。这是目前培训钻井人员掌握井控技术的重点。

三级井控是指二级井控失败，井涌量大，最终失去控制，发生了井喷 (地面或地下)，这时使用适当的技术与设备重新恢复对井的控制，达到初级井控状态。这是平常说的井喷抢险，可能需要灭火、打救援井等各种具体技术措施。

一般讲，要力求使一口井经常处于初级井控状态，同时做好一切应急准备，一旦发生井涌和井喷能迅速地做出反应，加以处理，恢复正常钻井作业。

（二）与井控有关的概念

1. 井侵

当地层孔隙压力大于井底压力时，地层孔隙中的流体（油、气、水）将侵入井内，通常称之为井侵。最常见的井侵为气侵和盐水侵。

2. 溢流

当井侵发生后，井口返出的钻井液的量比泵入的钻井液的量多，停泵后井口钻井液自动外溢，这种现象称之为溢流。

3. 井涌

溢流进一步发展，钻井液涌出井口的现象称之为井涌。

4. 井喷

地层流体（油、气、水）无控制地涌入井筒，喷出地面的现象称为井喷。井喷流体自地层经井筒喷出地面叫地上井喷，从井喷地层流入其他低压层叫地下井喷。

5. 井喷失控

井喷发生后，无法用常规方法控制井口而出现敞喷的现象称为井喷失控。这是钻井过程中最恶性的钻井事故。

总之，井侵、溢流、井涌、井喷、井喷失控反映了地层压力与井底压力失去平衡以后井下和井口所出现的各种现象及事故发展变化的不同严重程度。

二、井喷失控的原因

综观各油气田发生井喷失控的实例，分析井喷失控的直接原因，大体可归纳为以下十四个方面：

（1）起钻抽吸，造成诱喷。

（2）起钻不灌钻井液或没有灌满。

（3）不能及时准确地发现溢流。

（4）发现溢流后处理措施不当。比如，有的井发现溢流后不是及时正确地关井，而是继续循环观察，致使气侵段钻井液或气柱迅速上移，再想关井，为时已晚。

（5）井口不安装防喷器。井口不安装防喷器主要是认识上的片面性：其一，实行口井大承包后，片面追求节省钻井成本，想尽量少地投入钻井设备，少占用设备折旧；其二，认为地层压力系数低，不会发生井喷，用不着安装防喷器；其三，井控装备配套数量不足，配有的防喷器只能保证重点探井和特殊工艺井；其四，认为几百米的浅井几天就打完了，用不着安装防喷器。

（6）井控设备的安装及试压不符合要求。比如：放喷管线、钻井液回收管线、内控管线各部位的连接不是法兰丝扣连接，而是现场低质量的焊接；连接管线的尺寸、壁厚、钢级不合要求；弯头不是专用的铸钢件，弯头小于90；放喷管线不用水泥基墩固定，或是虽然固定了但间隔太远；放喷管线没有接出井场，管线长度不够；防喷器及节流管汇各部件没有按规定的标准试压，各部件的阀门出现问题最多，有的打不开，有的关不上，有的刺漏；防喷器不安装手动操纵杆；不安装灌钻井液管线，而是把高压内控管线当作灌钻井液管线使用；井口套管接箍上面的双公升高短节丝扣不规范，造成刺漏；防喷器与井口安装不正，关井时闸板推不严，造成刺漏；防喷器橡胶件老化，不能承受额定压力；控制系统储能器至防喷器的液压油管线安装不规范，漏油；储能装置控制系统摆放位置不合要求等。

(7) 井身结构设计不合理。表层套管下的深度不够，技术套管下的深度又靠后，当钻到下部地层遇有异常压力而关井时，在表层套管鞋外憋漏，钻井液窜至井场地表，无法实施有效关井。还有的井应该在打开油气层前实施先期完成，可往往设计上却是后期完成，给井控工作带来了麻烦。

(8) 对浅气层的危害性缺乏足够的认识。许多人认为浅气层井浅，最多几百米深，地层压力低，不会惹麻烦。而实际上，井越浅，平衡地层压力的钻井液柱压力也越小，一旦失去平衡，浅层的油气上窜速度很快，时间很短就能到达井口，很容易让人措手不及。而且浅气层发生井涌、井喷，多是在没有下技术套管的井，即使关上井，也很容易在上部浅层或表层套管鞋处憋漏。所以，浅气层的危害性必须引起人们的重视，要从井身结构和一次控制上下功夫。

(9) 地质设计未能提供准确的地层孔隙压力资料，造成使用的钻井液密度低于地层孔隙压力。

(10) 空井时间过长，又无人观察井口。空井时间过长一般都是由于起完钻后修理设备等。由于长时间空井不能循环钻井液，造成气体有足够的时间向上滑脱运移。当运移到井口时已来不及下钻，此种情况下关闸板防喷器不起作用，关环形防喷器要么没有安装，要么胶芯失效，往往造成井喷失控。

(11) 钻遇漏失层段发生井漏未能及时处理或处理措施不当。发生井漏以后，钻井液液柱压力降低，当液柱压力低于地层孔隙压力时就会发生井侵、井涌乃至井喷。

(12) 相邻注水井不停注或未减压。这种情况多发生在老油田、老油区打调整井的情况。由于油田经过多年的开发注水，地层压力已不是原始的地层压力，尤其是遇到高压封闭区块，它的压力往往大大高于原始的地层压力。如果采油厂考虑原油产量，不愿意停掉相邻的注水井，或是停注但不泄压，往往就会造成钻井的复杂情况发生。

(13) 钻井液中混油过量或混油不均匀，造成液柱压力低于地层孔隙压力。这种情况多发生在深井、探井、复杂井。出于减少摩阻、改善钻井液性能、稳定井壁、钻井工艺的需要，往往要在钻井液中混入一定比例的原油，但在混油过程中，加量过猛导致不均匀，或是总量过多，都会造成井筒压力失去平衡。此外，当卡钻发生后，由于需要泡原油、柴油、煤油解卡，从而破坏了井筒内的压力平衡，此时如果不注意二次井控，常常会造成井涌、井喷，酿成更重大的事故。

(14) 思想麻痹，违章操作。由于思想麻痹、违章操作而导致的井喷失控在这类事故中占有一定的比例，解决这个问题要从严格管理和技术培训两个方面入手，做好基础工作。

大量的实例告诉我们，井喷失控是钻井工程中性质严重、损失巨大的灾难性事故，其危害可概括为以下六个方面:

①打乱全面的正常工作秩序，影响全局生产。

②使钻井事故复杂化。

③井喷失控极易引起火灾和地层塌陷，影响周围千家万户的生命安全，造成环境污染，影响农田水利、渔场、牧场、林场建设;

④伤害油气层、破坏地下油气资源;

⑤造成机毁人亡和油气井报废，带来巨大的经济损失;

⑥涉及面广，在国际、国内造成不良的社会影响。

三、对井控工作的正确认识

几十年来，井控工作所取得的成绩是很大的，积累的经验是十分丰富的。但是，井喷失控造成的损失也是巨大的，教训是十分深刻的。严峻的事实使人们对井控工作的认识正在逐步端正，逐步提高。

在过去较长的时间里，人们头脑中对井控工作存在着两种不正确的认识。其一，由于过去井控装备简陋，不能有效地关井，特别是对高压油气层的井，为了防止井喷，使用重钻井液钻井，只要井不喷，就片面地认为井控工作做好了，至于是否污染油气层，毁坏油气层，则考虑甚少。其二，使用低于油气层压力的低密度钻井液钻井，试图用井喷发现油气藏。虽然其主观愿望不能说坏，其结果却是相反，井喷后不仅不能进行正常的钻井作业，而且井喷后的压井作业不可避免地对油气层造成严重的损害。

上述两种不正确的认识及其造成的客观后果让人们认识到：只有实施近平衡压力钻井和采用先进的井控技术才是发现油气层、保护油气层的唯一正确途径。近平衡压力就是使用合理的钻井液密度形成略大于地层孔隙压力的液柱压力，达到对所钻地层实施一次控制的目的。做到既不污染地层，也不发生井喷。一旦一次控制未

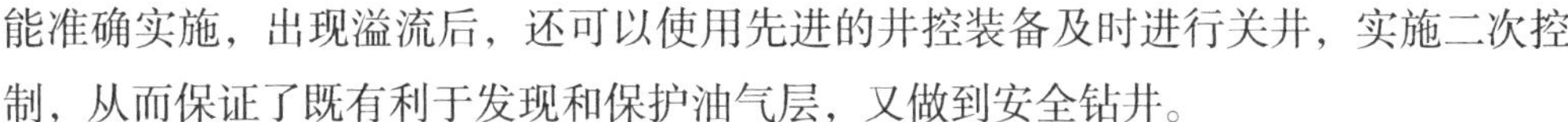

能准确实施，出现溢流后，还可以使用先进的井控装备及时进行关井，实施二次控制，从而保证了既有利于发现和保护油气层，又做到安全钻井。

四、井控工作特点

(一) 地层压力预报的不确定性

大量的钻井实践表明，异常高压地层的存在具有普遍性，油气储层常常具有异常高压特征。从地质环境看，在异常压力层与正常压力层之间，必然存在不传递压力的“围栏”或“封闭圈”，将异常压力层中的地层流体封闭起来。所以，异常压力层(区域)是一个“封闭”的系统，也称“压力圈闭”系统。圈闭层的作用是阻隔其内部地层流体与外界的连通，使其内流体的能量得不到释放而保持高的压力状态。压力圈闭垂直方向的岩层叫“盖层”，通常是致密页岩、盐岩、硬石膏、石膏、白云岩等地层。地层异常高压主要是自然形成，成因是多方面的，主要有以下几种：

1. 地层的被压实作用

沉积层在形成过程中，随着地层埋藏深度的增加和地温的增加，孔隙流体膨胀，而地层的孔隙空间随地层载荷的增加而被压缩。在地层具有足够的渗透性通道情况下，地层中流体会迅速排出，保持正常的地层压力；由于地层被压实，若地层中流体的排出通道被堵塞或严重受阻，随地层埋藏深度增加而增大的上覆岩层压力将引起孔隙压力增大，地层孔隙度也将大于相同深度的正常值，这一压实作用是沉积地层产生异常高压的主要原因。

2. 黏土成岩作用

在泥质岩的成岩过程中，不仅产生机械的压实作用，同时黏土本身的矿物成分也会发生变化，主要表现为蒙脱石的脱水和向伊利石的转化作用。蒙脱石在压实和地温的共同作用下，黏土结构晶格开始破裂，蒙脱石的层间水(束缚水)变成自由水，致使岩石孔隙中的自由水体积大量增加，会引起异常高的地层压力。

3. 密度差的作用

在钻进构造斜度较大的气层，圈闭底部由底水封闭时，储层的底水与圈闭外的水系统连通，圈闭中的气藏压力则由底水压力传递引起。在圈闭中孔隙流体的密度比本地区地层水密度小时，由于密度差的作用，在圈闭构造的上部会形成异常高压。

4. 构造运动

构造运动会引起各地层之间相对位置的变化，如深部的正常压力地层上升处于埋深较原来位置较浅的深度时，相对于较浅深度位置的地层来说则处于高压状态。还有断层、横向滑动、褶皱或侵入等构造运动挤压圈闭，会引起圈闭内地层流体压

力增大。

5. 流体运移作用

具有高压力状态的流体运移进入正常压力储层，可能是自然运移，也可能是人为向低压层注水（注气）。从深层油藏向上部浅层运移的流体可能导致浅层变成异常压力层，人为向低压层注入流体其目的就是提高储层压力。

这些仅是定性的讨论，还有其他一些引起地层异常高压的原因。要据此分析确定出异常高压地层的地层压力值是很有难度的工作。

地层压力是地层的属性之一，我们只能认识它，希望准确地知道其值大小，以便于钻井过程中能实施有效的控制。可是，在钻达异常高压地层之前，要准确地预知地层压力值，不是容易的事。钻进前的地层压力检测方法主要是利用地震资料分析的方法和参考邻近井资料的方法，利用地震资料分析预测地层压力，是借用地面测取的地震资料来推出地下数千米深处的地层参数，结果误差是可想而知的。参考邻近井资料来预测本井地层压力，在一定条件下比利用地震资料分析会更可信些，但参考邻近井资料毕竟不同于本井，地层的地质条件会对预测产生影响，有时还会很大。如对裂缝性地层，钻到裂缝和没钻到裂缝遇到的地层压力会有很大的不同。钻进过程中的地层压力检测方法都是基于在钻进进入储层过程中的钻井参数分析、循环出口钻井液的“显示”分析、返出岩屑分析等录井资料与数据的分析处理。对正在钻进的地层压力进行预测，用好了这些方法有助于及时发现地层异常高压。但每一种方法都有一定的适用条件或适用地层，都会由于某一因素的影响而出现误报和影响地层压力值的预测。

此外，由于施工井底压力波动使井底压差发生变化，其量值是很难准确把握的。在钻井过程中，井底压力的大小除与钻井液密度密切相关，还与钻井作业状态有关。通常在起钻过程井底压力最低；下钻或钻进过程，井底压力相对较高；井漏过程的井底压力变化与环空液面下降高度有关。在井底压力不能准确把握的情况下就更不能准确地把握地层压力了。

（二）油气井压力控制有规定

长期的钻井实践使石油工作者认识到，实施近平衡压力钻井和采用科学的井控技术是发现油气层、保护油气资源、实现安全钻井的正确途径。对油气井压力控制要求采用近平衡压力钻井，即井底压力略大于地层压力的钻井作业方式，设计合理的钻井液密度对所钻地层实施初次井控。若钻井过程中一次井控未能有效控制住地层流体侵入，发生溢流现象，应及时发现，并允许通过井控装置及时实施关井操作，允许采用合适的压井方法实施压井作业，使井筒恢复到初次井控状态，即能够实施

二次井控。

油气田做好井控工作，必须抓好五个环节：思想重视、措施正确、技术培训、严格管理、装备配套。

(三) 从业人员培训有行业要求

行业要求从业人员必须定期参加井控技术培训，通过井控技术培训，使参加培训的学员理解井下各种压力的概念及相互之间的关系；掌握井控设备的基本组成、结构、工作原理、安装、调试、使用、维护保养、检测、故障判断和排除，及含硫化氢地区井控设备的安装和材质的选用要求；掌握溢流产生的基本原因，能够及时发现溢流并迅速关井；掌握各种工况下的关井程序和岗位职责；关井后能准确获取立管压力、套管压力、钻井液密度和溢流量等数据；了解天然气溢流的特点；掌握压井基本参数计算及压井方法；了解特殊工况下的关井程序和处理方法；掌握石油与天然气钻井井控、井下作业井控方面的相关规定、标准、要求与做法，了解井控实施细则及应急预案和硫化氢的防护知识；掌握欠平衡钻井井控的有关知识；部分参加培训的学员会组织防喷演习并能对防喷演习进行讲评。

培训对象可能有钻井队大班、司钻、副司钻、井架工、大班司机、大班泥浆等现场操作人员，有工程技术人员、工程监督监理、钻井队队长、钻井安全监督，有主管钻井生产、技术、安全的领导及钻井生产管理人员，有井控车间的技术人员和设备维修的现场服务人员，有地质设计、地质监督、测井监督及欠平衡钻井、固井及井下作业、综合录井、钻井液、取心、打捞、定向井等专业服务公司的相关技术人员。不同人员对井控技术培训学习，要求其应在全面了解井控技术知识的基础上有所侧重。

五、做好井控工作的对策

井控工作包括井控设计、井控装备、钻开油气层前的准备工作、钻开油气层和井控作业、井喷失控的处理防火、防 H_2S 安全措施、井控技术培训等七个方面。

我们认为要搞好井控工作，必须做好以下六个方面的工作：

(一) 各级领导必须高度重视井控工作

要充分认识井喷失控是钻井工程中性质严重、损失巨大的灾难性事故。井控技术是钻井工程中十分重要的一项技术。在钻井作业中，采取积极措施，坚持近平衡压力钻井，做好井控工作，既可以及时发现和保护油气层，又可以防止井喷和井喷失控，实现安全生产。在钻井作业中，一旦发生井喷，就会使井下情况复杂化，无

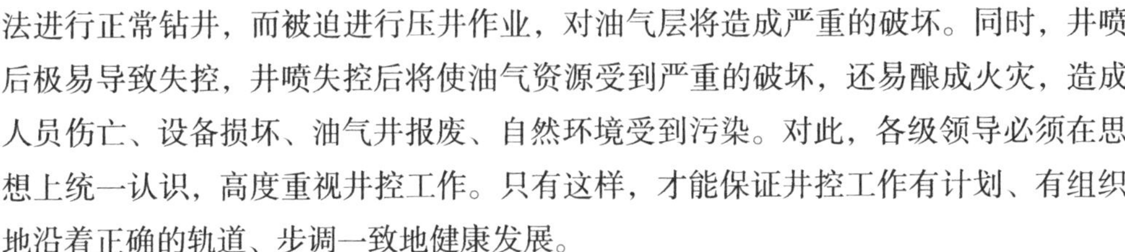

法进行正常钻井，而被迫进行压井作业，对油气层将造成严重的破坏。同时，井喷后极易导致失控，井喷失控后将使油气资源受到严重的破坏，还易酿成火灾，造成人员伤亡、设备损坏、油气井报废、自然环境受到污染。对此，各级领导必须在思想上统一认识，高度重视井控工作。只有这样，才能保证井控工作有计划、有组织地沿着正确的轨道、步调一致地健康发展。

（二）搞好井控工作，必须全面系统地抓好五个环节

要搞好井控工作，必须紧紧抓住思想重视、措施正确、严格管理、技术培训和装备配套五个环节。

思想重视是指各级领导要高度重视井控工作。不要把井控工作与保护油气层对立起来。井控技术是实现近平衡压力钻井的基础技术，井控技术搞好了，有利于发现和保护油气层，提高油气井的产量，又可以防止井喷失控，实现安全生产。

措施正确主要指及时发现溢流和发现溢流显示后按正确的关井程序实行有效控制并及时组织压井作业，尽快恢复正常的钻井工作。

严格管理指在整个过程中，必须认真贯彻相关规定，建立健全井控管理系统。要认真执行钻开油气层前准备工作的检查验收制度、岗位责任制度及后勤保证制度。

井控技术培训主要指：凡直接指挥钻井队现场生产的领导干部和技术人员、井队基层干部和正、副司钻必须经过井控技术培训考核，取得井控操作证；对钻井队岗位工人要进行井控知识的专业培训，使钻井工人掌握基本的井控技术本领，一旦出现井喷预兆，都能按岗位要求协调，正确地实施井控操作，确保安全生产。

装备配套指应按科学钻井装备配套标准，逐步配齐相应压力等级防喷器、节流管汇及控制系统。

（三）要认真对待浅气层钻井的井控工作

浅气层的存在，往往是发生井喷失控事故的潜在危险。浅气层虽然压力不高，但由于它距地面近，一旦井筒内液柱压力与气层压力失去平衡，天然气就会很快地窜到地面。如果井口未安装防喷器或者处理不当，一瞬间就可能发生井喷失控事故，过去在这方面的教训是深刻的。因此，在地质设计上要包括对浅气层的预告，工程上要根据地质提供的浅气层的位置、压力和范围，着重做好井身结构设计、钻井液设计、井控设计及泥浆池液面监测工作，把发生在浅气层的井喷失控事故的可能性控制在最低程度。

(四) 在注意高压油气井防喷的同时，也要注意中、低压油气井的防喷

大量的事实表明，不论是高压油气井，还是中、低压油气井，只要不按客观规律办事，思想麻痹，处理措施不当，都有可能造成井喷失控。同时统计数字表明，在钻开中、低压油气层时发生井喷失控的比例大于钻开高压油气层。井下的油气水层中，不论哪一层的地层孔隙压力高于当时井筒内静液柱压力时，都有可能导致井喷，尤其是目前在各油气田的井控装备还不尽如人意的情况下。当前下，充分注意到中低压油气层的井也会发生井喷失控是十分重要的。忽视了这一点，思想上就会放松警惕，施工中就易马虎凑合，井控技术培训工作就不能认真抓好，井控技术规定的贯彻就会流于形式，其后果是不言而喻的。

(五) 井控工作要各部门密切配合，常抓不懈

井控工作是多方面组成的系统工程，需要各部门通力合作，密切配合，互相协调，才能发挥整体作用。同时井控工作是一项十分细致的工作，需要坚持不懈、用毫不放松的严格管理来保证。只要各级领导上下一致，连续抓它数年，养成习惯，形成制度，我们的井控工作一定会基础更扎实，成效更显著。

(六) 要严格执行石油与天然气钻井井控技术规定

在全面总结我们石油系统几十年来井控技术的基础上，吸收国外先进经验和技术，我国的井控技术向科学化、标准化和正规化方面迈出了一大步。各油气田要结合本地区油气钻井的特点，制订实施细则和各项行之有效的制度，一丝不苟地贯彻执行，在贯彻实施中，要注意发现新情况、总结新经验，努力提高井控工作水平。

第二节 井控设计

一、与井控设计有关的后勤供应、成本与安全

(一) 后勤供应

井的位置规定了后勤方面的一些条件。很明显，一口在非洲热带森林的井与一口在大庆或塔里木的井的设计是不同的，多数问题是由井位很远引起的。怎样才能把各种材料、设备、人员及钻机运送到非洲热带丛林里去？钻机可以拆散，由直升机吊运到井场，在井场上再重新组装。而钻井液可能使用那种很贵的聚合物材料。

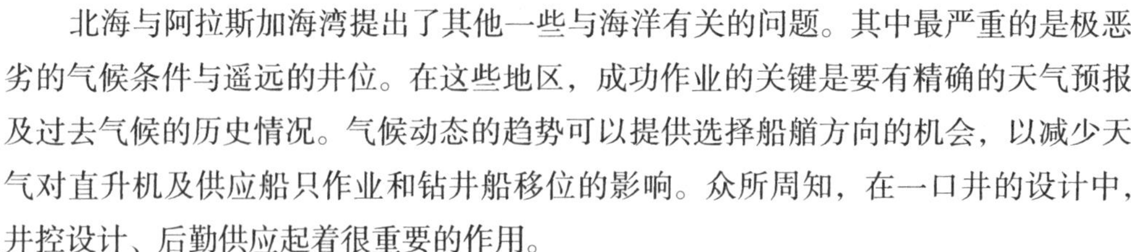

北海与阿拉斯加海湾提出了其他一些与海洋有关的问题。其中最严重的是极恶劣的气候条件与遥远的井位。在这些地区，成功作业的关键是要有精确的天气预报及过去气候的历史情况。气候动态的趋势可以提供选择船艏方向的机会，以减少天气对直升机及供应船只作业和钻井船移位的影响。众所周知，在一口井的设计中，井控设计、后勤供应起着很重要的作用。

(二) 成本与安全

当今，一个好的钻井计划，包括井控设计，主要考虑两个因素：成本与安全。用花费在钻井上的全部资金除以总的井深，就会得到一个成本的相对值，用这个相对值可与邻近区域的其他井进行对比。一个好的钻井计划的目标是降低每米的成本。影响成本的因素如下：

(1) 钻井位置；

(2) 安装和运移钻机；

(3) 钻机成本；

(4) 钻井液费用；

(5) 套管和水泥；

(6) 钻头、工具、材料、油料；

(7) 各种仪器设备的租金；

(8) 电测。

降低成本的方法有许多。但是，井控所需要的器材、设备、管材和人员是应当绝对保证的，否则可能招致灾难。如井喷，则将造成人员生命的损失，或者完全把一口井报废而没有任何产量。

一口井可以设计成能提供最大安全的井。在那些我们还没有掌握地层压力和井内复杂问题的边远勘探地区的实践，多次证实了这种设计是有价值的。

二、压力剖面

(一) 地质资料与地震资料对比

通常是用邻近控制井的资料来提示探井将要遇到的钻井复杂问题。邻近控制井的选择必须与所设计的探井在同一断块上，且地层层位相对应，构造的位置也相近似。地质构造图应包括有邻近控制井有关必要的资料，这些资料是：

(1) 断层位置；

(2) 构造的等高线；

(3) 邻近井的井位。

探井的地层顶部位置可根据邻近井的资料进行设计。在邻近井资料很少的情况下，可使用地震资料来确定浅气层的位置、地质构造和地层压力的顶界。

(二) 地层压力的确定

为了精确地掌握井内各层段的预计地层压力，可以采用以下四种方法建立地层压力曲线：

(1) 邻近井的钻井液密度和钻井报告；

(2) 邻近井电测曲线的评价；

(3) 邻近井的 dc 指数曲线；

(4) 取自地震层段的传播时间。

①邻近井的钻井液密度和钻井报告。

了解地层压力的传统方法是研究该地区邻近井的钻井液记录和钻井报告。钻井液密度会很好地显示地层和压力的大小。任何井下问题如井涌、井漏、压差卡钻等都会包括在钻井液记录里。而钻井报告对于钻井液设计及在钻井中所遇到的各种问题，都会提供更加详细的资料。另外，报告中还列出了套管位置、钻头记录、试压结果。

有时使用钻井液密度去估算地层压力可能会造成很大的误解。许多旧井钻进所使用的钻井液密度超出地层压力 $0.24g/cm^3$。有时在那些易出故障的页岩 (裂缝的、脆性的或膨润土层) 地区，为了减少复杂情况，使用更高的钻井液密度。

同样，由于这种办法没有考虑到地层，而地层是必须考虑的，因此从钻井液记录与钻井报告所得到的资料需要进行修正，特别是对于有断层与盐丘等的地层，必须考虑到设计的差异。

②电测资料、dc 指数及传播时间评价。

A. 电导率；

B. 电阻率；

C. 层段传播时间；

D. 密度测井；

E. 孔隙度测井。

在没有邻近井作参考的勘探地区，就必须通过使用高级计算技术，把地震数据转换成层段传播时间，经速度分析解释以后，把层段速度标定成地层孔隙压力梯度或当量钻井液密度。

③地层压裂梯度。

使用足够的钻井液密度以防止井喷的重要性是不言而喻的，但是，同样重要的是要注意过大的钻井液密度会使较浅的或较弱的地层产生裂缝或使裂缝延伸，造成钻井液漏失。这除了损失价格十分昂贵的钻井液外，还降低了钻井液的静液柱压力，从而造成井喷条件。

A. 当钻井液液柱压力超过某一地层的破裂压力，就会发生井漏，这种情况产生的条件如下：

a. 钻井液密度（静液压力）太高；

b. 环形空间过大的压力损失（当量循环密度）；

c. 过快的下钻速度造成过大的激动压力；

d. 钻头冲击（压力激动）；

e. 井涌时，套管压力太高。

B. 为了减少压裂地层的危险，在钻井作业时可以控制的几个因素是：

a. 在不受到潜在的井涌威胁下，尽可能使钻井液密度维持最低；

b. 为了减少环形空间的压力损失，而维持低的钻井液黏度和静切力。

c. 避免过大的循环速度；

d. 中断循环后再开泵时，泵压需慢慢地提高，这一点在钻井液切力大时特别重要；

e. 按照整个钻井液柱压力要小于最小地层破裂压力的原则，来计算最大套管压力；井涌发生后，初始关井套管压力不应超过这一数值；

f. 在危急情况下，要降低下钻速度。

在求出地层孔隙压力的基础上，选用第三章中提供的方法，求出全井段的地层压裂压力，画在地层孔隙压力剖面图上，即为地层压裂压力剖面。

三、套管程序的确定

（一）套管种类

1. 影响套管程序的因素

选择最佳的套管层次及下入深度通常比任何其他工艺对钻井的经济性与安全性影响都大。影响套管程序的因素主要有：

(1) 封隔并保护淡水层和非固结地层；

(2) 封隔块状的蒸发岩（蒸发盐）和易出故障的页岩井段；

(3) 在钻异常压力地层前先隔开低压裂梯度的地层；

(4) 在钻正常压力井段时先隔开异常高压地层。

2. 选择套管

选择套管程序，首先考虑的是压力剖面。它是地层压力曲线、破裂压力梯度曲线与有效钻井液密度曲线的综合图。有效钻井液密度是所需的钻井液密度加上各种附加的压力，如环形空间的压力降、起下钻的激动压力或抽吸压力。对于那些危险的渗透层，在钻入过渡带前、钻入过程中、钻过后都应当把压力标注在压力剖面中。

(1) 击入式管或结构管。这种管子既可以击入地下，也可以螺旋钻入地下，视当地情况而定。对于海上，这种管子要下入海底以下 30m。

(2) 导管。导管用来封隔土层、胶结不好的地层，并提供一个耐久的套管坐放位置。导管同样也是下在钻穿含油气地层以前。

(3) 表层套管。表层套管用来封隔含淡水的砂层及任何有危害的浅层，下入深度依地区而不同，一般在 300 ~ 1200m 之间。下得越深，套管鞋处承受的钻井液密度也越大。表层套管要多次承受 1.44 ~ 1.68g/cm^3 的钻井液压力，使钻井达到总井深而不用下另一层套管。某些深的、有异常压力的井需要另下一层套管，称为中间套管或技术套管。

(4) 中间套管或技术套管。技术套管用于保护上部薄弱的地层，免受因平衡下部地层用高密度钻井液的影响，或是用于隔开上部高压地层以便在下部地层使用低密度钻井液。当上一层套管鞋处的有效钻井液密度达到破裂压力梯度或者在套管鞋处达到测试极限时，就应下技术套管，如果有效的钻井液密度超过该处的压裂梯度，就会产生井漏。

当高压层在低压层的上面时，技术套管应下过高层以便能以较小钻井液密度钻进下面的低压层。如果不下套管，就可能出现一些问题。上部地层所用的高密度钻井液可能压裂下部地层，从而可能造成最困难的井控条件。这种情况就会在上部发生气侵，在下部发生井漏。如试图用超平衡方法钻进下部低压层，将会降低机械钻速并可能损害产层。

(5) 生产套管。如果井有生产能力，完井之前，下入生产套管，水泥返高应当封过油气层以上 150m。

(6) 抗硫化氢 (H_2S) 套管。硫化氢会造成氢脆现象。在预计有硫化氢的地区，对于没有用水泥封固的套管要使用特殊钢材。

(二) 确定套管下入深度

下入深度和层次的设计考虑以下四条原则：

(1) 保护油气层，不受钻井液的损害；

(2) 避免事故；

(3) 钻下部高压层用的高密度钻井液，不致压破上部套管鞋处的地层；

(4) 下套管中，不因压差卡套管。

四、钻井液设计

(一) 钻井液的选择

钻井液的设计标准要基于完成主要功能、适合地层特性、合理的密度。钻井液的黏度和静切力应当高到足以携出岩屑并且在循环停止时悬浮岩屑。从控制井下压力的观点来看，适当的黏度与静切力对于支承重晶石是必要的，这样钻井液密度应足够高，以便使钻井液的静液柱压力稍高于地层压力。钻井液密度，由下式决定：

$$\rho_m=\rho_f+\alpha \tag{10-1}$$

式中: ρ_m——钻井液密度，g/cm^3；

ρ_f——裸露井段最高地层压力，g/cm^3;

α——安全附加值，油井为 0.05 ~ 0.10g/cm^3；气井为 0.07 ~ 0.15g/cm^3。

所钻地层的类型对于钻井液选择影响很大。如钻蒸发岩，就有必要使用一种不会渗漏到地层里的液体。如钻盐岩层应使用盐水钻井液或油基钻井液，以防止出现大的溶洞。又如某些页岩对钻井液的水相十分敏感，这就需要设计一种水相对所钻页岩不敏感的钻井液。

井内的多孔渗透地层具有过滤介质作用。钻井液中的液相进入这种地层而把沉积的固态物质留在井壁的表面。如这种多孔渗透层含有油气，则这种过滤可以很容易改变井眼周围的孔隙度与渗透率，从而引起油气产量下降。从钻井的立场来看，在多孔渗透层上沉积大量固相物质，会产生许多力学方面的问题，这样就在钻杆上或压差卡钻的钻杆上产生过大的扭矩和阻力。为此，需要严格控制钻井液的失水，以便减少固体的沉积。

(二) 估算与检验钻井液材料

仔细地准备钻井液方案包括估算井内每个井段钻井液的消耗量。这些数量多是根据过去经验或者是钻井液的处理量来决定的。在开钻前井场应有足够的钻井液材料。材料的消耗必须根据每天的清单进行检查，以保证材料及时供应。

(三) 钻井液性能

为了钻井和起下钻安全，有两个主要性能必须规定和控制，以减少井内过大和不适当的压力。这两个性能，一是密度，二是黏度。控制密度是为了减少压裂薄弱

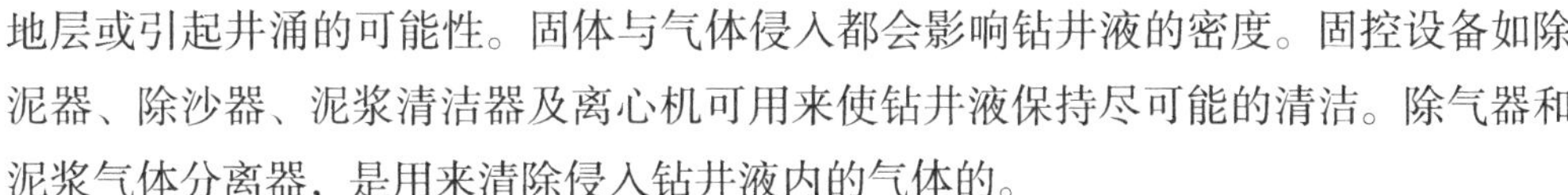

地层或引起井涌的可能性。固体与气体侵入都会影响钻井液的密度。固控设备如除泥器、除沙器、泥浆清洁器及离心机可用来使钻井液保持尽可能的清洁。除气器和泥浆气体分离器，是用来清除侵入钻井液内的气体的。

控制黏度是为了减少起下钻时提放钻具及循环钻井液时所产生的各种问题。黏度可以根据不同的问题采取不同方式进行处理。

(四) 对硫化氢的考虑

用于含有硫化氢地层的钻井液既可以是水基的，也可以是油基的。不管用哪种，都必须进行特殊的考虑。

在钻含硫化氢地层时，油基钻井液可以和中和硫化氢的净化剂一起使用。在海上，岩屑在处理以前必须除去原油。

水基钻井液要与中和硫化氢的净化剂一起使用，并且要维持钻井液的 pH 至少为 10，以便使硫化氢在其他组分里保持破裂状态。

五、井控设备选择

井控装备及其工具的配套和组合形式、试压标准、安装要求按规定执行。液压防喷器压力等级的选用以全井最高地层压力为依据。

在选择设备前对于规划地层压力、井眼尺寸、套管尺寸，以及各项条例的问题需要很好地了解。

设备可以分为三类：压力控制设备、监视设备、固相控制设备。

(一) 压力控制设备

1. 允许关闭情况

这种设备是在钻井作业中保持和控制地下压力。所设计的设备组合，在下列情况下允许关闭：

(1) 在钻柱与套管柱之间有井涌；

(2) 环形空间是关闭的，而在钻杆里的流动由于没有机会使用安全阀，不能自行制止井涌；

(3) 在起钻时发生井涌；

(4) 在有必要向井泵注时，如挤注水泥作业。

当在环形空间井涌时，大多数情况下需要关井。闸板或环形防喷器芯子封闭在钻杆上，以便于进行压井。

当液流从钻杆内喷出，安全阀又不能关闭时，通常的办法是关上全封闸板，或

剪切全封闸板，使切断的管子下部掉在井内。

2. 海上钻井作业要求

在海上钻井作业对井的每个阶段都有一些必须完成的要求，这些要求是：

(1) 击入式管子和导管：一个遥控的环形防喷器，能循环钻井液，装有分流系统的防喷器组，安装在海底。

(2) 表层套管：装有三个遥控防喷器，其额定压力超过最大预计的地层压力。

(3) 技术套管：装有四个遥控防喷器，其额定压力超过最大预计的地面压力。

(4) 防喷器至少每周要试压一次，闸板式防喷器组要满载试压，环形防喷器试压到其额定压力的 70%。

(5) 计划每次起下钻活动一次防喷器组，对于闸板式防喷器至少一天一次，对于环形防喷器至少一周一次。

3. 压力控制系统其他部件

在压力控制系统里还有其他部件也同样必须工作状态良好，它们是：

(1) 节流和压井管线；

(2) 节流管汇；

(3) 关闭装置；

(4) 分流系统；

(5) 海中隔水导管 (用于海底防喷器组)；

(6) 辅助设备；

(7) 除气器。

(二) 监视设备

石油工业中使用的监视设备是很广泛的 (从现场的计算机化的监控设备到基础的钻井参数监控设备)，在钻井作业中用于检测井涌的最小设备有泵的冲数器、泥浆罐液面指示器、流量指示器、气体检测器和起钻监控系统。很难打的外围探井和复杂井，通常需要更好的设备和训练有素的人员，以便连续监控钻井作业。在油田打井，因为有许多邻近井资料可利用，同时也很好地掌握了地层压力情况，所以只需要基本的监测设备。

(三) 固控设备

为了使钻井液维持良好的状态并减少处理的成本，必须使用各种固控设备。大多数作业所需要的设备是除泥器、除砂器、泥浆清洁器、离心机和振动筛。

（四）用于防硫化氢的特殊设备

在那些有硫化氢的地区必须有检测与监控硫化氢的设备。这些设备系统在硫化氢浓度超过 5mg/L 时需要发出听觉警告信号。此外，需要提供防毒面具、鼻罩及空气呼吸器、管汇和软管。

六、应急计划

在制订应急计划时（即事故可能发生时）主要考虑三方面的问题：人员安全、防止污染、恢复控制。

（一）人员安全

在预计含有硫化氢的井区，必须保证人员的安全。这不仅包括钻井人员，同样也包括邻近公众的安全。硫化氢是一种剧毒致死的气体，在浓度超过 500mg/L 时，几分钟人员就会死亡，以 8h 加权平均值为基础，硫化氢最大的可接收量为 20mg/L。

因此，应制订应急计划，并且告知有关人员下列事项：

（1）有关硫化氢与二氧化硫的一般知识和对身体的危害；

（2）安全规程；

（3）每个人员的责任和任务；

（4）确定安全地区；

（5）撤离计划；

（6）医务人员及设备的清单；

（7）在陆上井发生紧急情况时，所有需要订约的邻近公众的清单。

（二）污染控制

污染控制是应急计划的另一个重要部分。在油井井喷的情况下，数以万方的石油可能释放到整个环境里来。如果不加控制，释放到环境里的原油会污染许多自然区域。海洋钻机位于有可能被原油污染的海滩、捕鱼区、渔场、候鸟栖居区、蚝与虾的养殖场、疗养区，以及候鸟迁移地区。不加控制的井喷，对公众是很有害的，同时也有害于作业者。

一旦发生事故，有几种不同级别的控制污染的方法：

第一级是公海回收。这种类型的回收是从海面上撇取由失控钻井船流出来的未经燃烧的原油。这种系统称为撇油器系统。它不是用来捕捉原油，而是固定地截住并回收原油。这种作业，只有天气允许才可以昼夜进行。

第二级是浅水回收。这种回收具有保护海岸线及从海滩浅水中清除原油的作用。这种系统由浅水撇油器驳船、自驱式浅水撇油器和原油拖把组成。拖把是一条聚丙烯绳索，在这绳索上编有聚丙烯的条带。

除了这些回收装置外，还使用各种吸附剂来保护海岸，吸收那些可能到达岸边的原油。

大气监测是第三级防污染措施，它的目的是确定浮油的位置、范围、特征，便于放置撇油装置，使浮油到达海岸之前回收。

(三) 恢复控制

在应急计划里，这是第三方面的考虑。许多情况下，在靠近发生井喷的井必须钻救援井。为了能使救援井钻至井喷层位，它的井斜与方位需要精确定位，为此应使用多点测斜。按有关规定，在钻直井，井斜小于3° 时，每钻30m测斜一次。在定向井中(井斜大于3°)，造斜以前每150m要测斜一次，增斜段每30m需测斜一次。

在含硫化氢的地区，进行多点测斜时，应当小心谨慎，并应在钻达含硫化氢地层以前进行。这样即使在井失去控制的条件下也能精确定出地层位置。

在含硫化氢的地区另外一个问题是在发生井涌时如何处置。作为规划的一部分必须作出决定，是用泵把气侵循环出来并点燃天然气烧掉呢，还是用泵把气侵顶回地层去。这必须考虑到井深、气侵量大小、地层完整性、井眼形状和井的位置等参数。如果气侵要循环出来，必须小心处置由于硫化氢燃烧而产生的有毒的二氧化硫气体。

七、满足井控安全的钻前工程及合理的井场布局

从井控安全角度考虑，一口井的井控工作是从钻前工程就已经开始了。在进行钻前工程前，必须考虑季节风向、道路的走向位置，进而确定井场的方向位置，机泵房的方向位置，循环系统的方向位置，油罐、水罐、泥浆贮备罐的方向位置，值班房、材料房、地质房的方向位置，放喷管线的走向等。从某种意义上讲，井场的布局合理与否决定着井控工作的成败。有的井场布局是倒井场，道路先经过油罐区机泵房，而后进入井场。一旦发生井喷失控给就会救援车辆进井场造成极大的困难(例如，四川天东五井)。在钻前施工时，要把油罐区、机泵房布置在季节风的上风向位置。放喷管线走向不要对向宿舍区、民房及其他重要设施。

第三节　井控技术

一、溢流与关井

(一) 溢流发生的原因

井底压力小于地层压力是导致溢流发生的根本原因，而钻遇地层的渗透性特征对溢流发生有一定影响。引起井底压力小于地层压力的原因则是多方面的，主要有以下几方面：

1. 地层压力掌握不准确

在钻开异常高压地层时，由于对地层压力掌握不准确，造成钻井液密度设计偏低，不能平衡地层压力，导致溢流发生。这种情况在地质条件复杂地区和新探区较为常见，应引起高度重视，并尽力做好地层压力的预报工作，使地层压力的预报尽可能准确。因此，在钻井工程中必须认真研究地层剖面特性，充分考虑各种可能，同时加强随钻地层压力检测工作，根据实时测得地层压力调整钻井液密度。

2. 井内钻井液液面降低过多

由于井内钻井液柱高度下降，静液柱压力减小，造成井底压力小于地层压力，这是引起溢流发生或井喷的一个重要原因。造成井内钻井液柱高度下降的原因主要有两个：

(1) 起钻灌注钻井液前起钻过程起出一定体积的钻具，井内钻井液面会有下降，致使井内静液柱压力降低。按照 IADC 规定：灌注钻井液前井内的压力下降不应超过 0.5MPa。通常情况下，每起出 3 ~ 5 柱立柱的钻杆，或起出 1 个立柱的钻铤，应向井内灌注 1 次钻井液，灌入井的钻井液量应等于起出钻具的体积。

(2) 井漏引起井内钻井液面下降。在碳酸盐地层钻遇裂缝、溶洞或在高渗透地层钻进时，常常会发生井漏，引起井内钻井液柱高度下降。钻遇中渗透地层或低渗透地层，停止钻井液循环时间过长，也会由于漏失导致井内钻井液柱高度下降。井内钻井液高度下降对浅井井底压力的影响比对深井要大，因此，在钻开浅油气层时应更加重视。

3. 钻井液密度下降

在钻进过程中，引起钻井液密度下降的主要原因是：钻进异常高压地层时，地层中的低密度流体侵入钻井液而引起钻井液密度下降，静液柱压力减小。当地层流体侵入钻井液后，如不及时采取措施，把受侵污的钻井液再次泵入井内，地层流体的侵入会进一步增加，钻井液密度则会进一步下降，形成恶性循环，最后可能导致

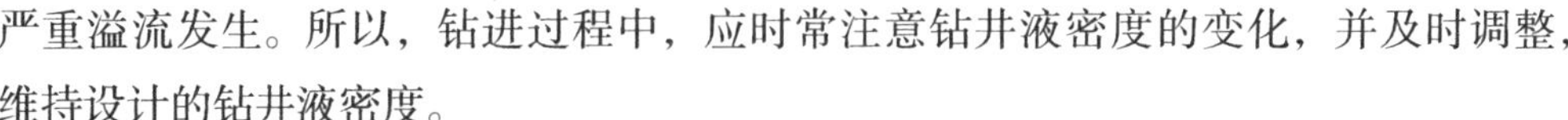

严重溢流发生。所以，钻进过程中，应时常注意钻井液密度的变化，并及时调整，维持设计的钻井液密度。

4. 抽汲压力的作用

起钻过程产生的抽汲压力是引起井底压力减小的一个重要原因。统计资料表明，25% 以上的溢流由起钻时的抽汲压力引起。

(二) 溢流发生后的关井

1. 明确井控设备各阀件的关闭状态

常规钻井井控设备是指实施油气井压力控制技术的所有设备、专用工具、仪器仪表及管汇，它是为了实施近平衡压力钻井而研制配备的，是关井的物质基础。

在正常钻井过程中，各阀件的开、关状态应明确，通常要求现场有标示牌给出标示，以便于关井操作。

2. 常规钻井发生溢流的关井程序

钻井工程中发现溢流应及时关井，在通常的陆上钻井过程中，在不同的钻井作业状况下实施关井，应采取不同的关井程序。

(1) 钻进时发生溢流的关井程序：

①发出信号，停泵、停转盘；

②上提方钻杆并使接头出转盘面 0.4 ~ 0.5m (慢速)；

③开平板阀，适当打开节流阀，并使其所在的管线畅通，其他管线关闭；

④关防喷器 (先关环形防喷器，再关半封闸板防喷器)；

⑤关节流阀试关井；

⑥观察记录关井立管压力、套管压力和钻井液罐的钻井液增量，注意地面设备及井下地层条件的允许关井压力；

⑦及时向钻井工程师或值班干部报告。

(2) 起下钻杆时发生溢流的关井程序：

①发出信号，并停止起下钻作业；

②抢接钻具内防喷工具，或投钻具止回阀。若情况允许，应尽可能多地往井内下入钻杆；

③开平板阀，适当打开节流阀，并使其所在的管线畅通，其他管线关闭；

④关防喷器 (先关环形防喷器，再关半封闸板防喷器)；

⑤关节流阀试关井；

⑥观察记录关井套管压力和钻井液罐的钻井液增量，注意地面设备及井下地层条件的允许关井压力；

⑦及时向钻井工程师或值班干部报告。

(3) 起下钻铤时发生溢流的关井程序：

①发出信号，并停止起下钻作业；

②抢接带有钻具内防喷工具的钻杆单根，或投钻具止回阀。(若情况允许，尽可能多地往井内下入钻杆)；

③开平板阀，适当打开节流阀，并使其所在的管线畅通，其他管线关闭；

④关防喷器 (先关环形防喷器，再关半封闸板防喷器)；

⑤关节流阀试关井；

⑥观察记录关井套管压力和钻井液罐的钻井液增量，注意地面设备及井下地层条件的允许关井压力。

(4) 下套管发生溢流的关井程序：

①发出信号，并停止下套管作业；

②若情况允许，进行下套管作业；

③开平板阀，适当打开节流阀，并使其所在的管线畅通，其他管线关闭；

④关防喷器 (先关环形防喷器，再关半封闸板防喷器)；

⑤关节流阀试关井；

⑥观察记录关井套管压力和钻井液罐的钻井液增量，注意地面设备及井下地层条件的允许关井压力；

⑦及时向钻井工程师或值班干部报告。

(5) 固井作业发生溢流的关井程序：

①发出信号，并停止其他作业；

②继续注替作业；

③开平板阀，适当打开节流阀，并使其所在的管线畅通，其他管线关闭；

④关防喷器 (先关环形防喷器，再关半封闸板防喷器)；

⑤调节节流阀，使放出液量小于固井注入液量，直到碰压为止；

⑥观察记录关井套管压力、井口压力和钻井液罐的钻井液增量，注意地面设备及井下地层条件的允许关井压力；

⑦及时向钻井工程师或值班干部报告。

(6) 空井时发生溢流的关井程序：

①发出信号，并停止当前作业；

②开平板阀，适当打开节流阀，并使其所在的管线畅通，其他管线关闭；

③关防喷器 (先关环形防喷器，再关全封闸板防喷器)；

④关节流阀试关井；

⑤打开环形防喷器;

⑥观察记录关井套管压力和钻井液罐的钻井液增量，注意地面设备及井下地层条件件的允许关井压力;

⑦及时向钻井工程师或值班干部报告。

空井发生溢流时，若情况允许，可在发出信号后抢下入几柱钻杆，然后按起下钻杆的关井程序进行关井。

如果溢流严重，有立刻发生井喷的可能，应迅速关闭环形封井器和节流阀（或节流阀前面的平板阀）使井关闭，采用硬关井方法关井。

在测井作业时发生溢流，若为液侵溢流且溢流情况不严重，可争取起出电缆后，按空井工况进行关井；若为气侵溢流或溢流情况严重，应果断将电缆切断，按空井工况进行关井。

我国一些油气田根据各自油气田的实际情况和经验，在基于上述基本关井程序的基础上，制定了自己的关井程序。

二、压井

常规压井方法主要指司钻法（两步控制法）、工程师法（等待加重法）、边循环边加重压井法。这些压井方法在钻井工程中常被采用，为油气井的二级井控发挥了重要的作用。

（一）司钻法压井（两步控制压井法）

对通常情况下的气侵溢流，由于关井后气相会滑脱上升对井内压力产生较大的影响，不建议较长时间关闭井口，推荐采用司钻法进行压井作业。基本做法：发生溢流关井后，第一步先用原钻井液循环排出井内受侵污的钻井液，关井，等待压井用钻井液加重到设计重浆密度；第二步用重浆循环压井。在施工过程中应维持井底压力等于或略大于地层压力，避免施工过程出现新的井侵。

在压井施工过程中，立压和套压总是相互关联的，立压的控制曲线与套压的变化规律是进行压井施工操作的依据，常把两条曲线作在一个图中以便于应用。

结合本曲线图实施司钻法压井操作。

（1）用原浆排污循环过程:

①缓慢启动泵，同时逐渐打开节流阀，使套管压力保持关井套压值不变，直到泵排量调整到压井排量;

②当排量调整到压井排量后，调整节流阀使立管压力等于初始循环立管压力不变循环;

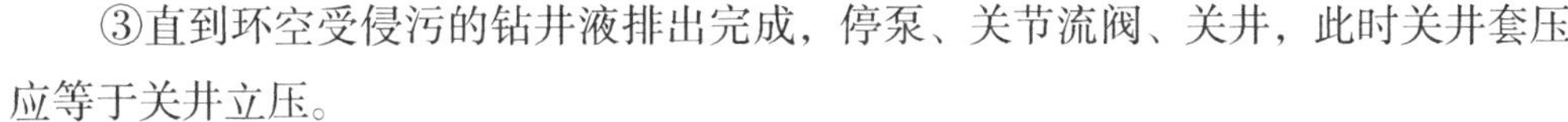

③直到环空受侵污的钻井液排出完成，停泵、关节流阀、关井，此时关井套压应等于关井立压。

若关井套压还大于关井立压，说明刚才的排污循环过程中又有了新的地层流体侵入环空，则需重复上述循环排污过程以排除新的受侵污钻井液。同时抓紧配制加重钻井液，准备压井。

(2) 用重浆循环压井过程：

①缓慢启动泵，同时逐渐打开节流阀，保持第一步排污循环过程末的关井套压不变 (等于关井立压)，直到泵排量调整到压井排量；

②保持压井排量不变，向井内不断注入加重钻井液，在重浆注入重浆到达钻头过程中，调整节流阀，使套压一直等于第一步排污循环过程末的关井套压不变 (也可控制立管压力由初始循环立压逐渐下降到终了循环立压)，直到重浆到达钻头处；

③重浆到达钻头后，调整节流阀，控制立管压力等于终了循环立管压力不变，直至加重钻井液从环空返出井口；

④停泵、关节流阀、关井，此时的关井套压、关井立压均应等于零，说明压井成功。

(3) 压井施工完成后，确定是否需要增加钻井液密度设计的安全附加值，然后恢复正常的钻井作业。

(二) 工程师法压井 (等待加重压井法)

对通常情况下的液侵溢流，推荐采用工程师法进行压井作业。气侵溢流在确认关井安全情况下可考虑采用工程师法压井，基本做法：继续关井，待钻井液加重到要求密度后，经过一次循环压井完成压井施工。工程师法压井等待时间略长，施工时间较短，在施工过程中应维持井底压力等于或略大于地层压力，避免施工过程出现新的井侵。

在压井施工过程中，立压和套压总是相互关联的，立压的控制曲线与套压的变化规律是进行压井施工操作的依据，常把两条曲线作在一个图中以便于应用。

结合本曲线图实施工程师法压井操作：

(1) 缓慢启动泵，并逐渐打开节流阀，使套压保持关井套压基本不变，调整泵排量到压井循环排量，调节节流阀，使立管压力等于初始循环立压；

(2) 保持压井排量不变，向井内不断注入加重钻井液，在重浆到达钻头的过程中，调整节流阀，控制立管压力由初始循环立压逐渐下降到终了循环立压，直到重浆到达钻头处；

(3) 重浆由井底上返到达井口过程中，通过调节节流阀保持该循环过程的立压

为终了循环立压不变；

(4) 经过一个循环周时间，重浆循环到井口，停泵、关节流阀、关井，此时的关井套压、关井立压均应等于零，说明压井成功。

压井施工完成后，确定是否需要增加钻井液密度设计的安全附加值，然后恢复正常的钻井作业。

(三) 边循环边加重压井

在发现溢流关井后，对当前井况进行分析并完成压井施工单填写。若有必要，开始一边加重钻井液一边循环压井，在一个或多个循环周内完成压井作业，每个循环周过程中的钻井液密度是在逐步增加，最后达到要求重浆密度。

当储备的高密度钻井液不足，需边加重边调整钻井液，且井下情况较为复杂需及时压井时，多采用此方法进行压井施工。该方法可以在最短的时间内制止住井侵，施工过程使井口承受压力最小，施工时间最短，但应考虑现场压井所需数据和材料能否尽快给出。

用第一次加重浆压井循环过程类似于工程师法的压井循环过程，只是压井用钻井液密度低于本次压井要求的钻井液密度，使得终了循环立压比用工程师法压井循环时的终了循环立压要高些。

往后用进一步的加重浆 (压井液密度比上一次略大，低于或等于本次压井要求的钻井液密度) 压井，其压井循环过程则类似于司钻法压井循环流动过程。

由于压井循环过程中井内参加流动的流体密度在改变，每次循环的初始循环立压、终了循环立压、套压变化规律在量值上有所不同。经过两次或多次增加压井液密度循环，直到压井液密度达到本次压井要求的钻井液密度，完成最后一次压井循环，结束压井施工，恢复正常的钻进作业。

第四节　非常规井控技术

有些现场发生的问题不能直接用这些传统的“循环出气侵钻井液”的方法解决。不过，大多数情况不会太大地改变井控的基本步骤。每一井喷的情形是独特的，常规井控技术有时不能充分解决问题，因为有些情形下不能进行循环。例如，钻柱不在井底、井漏、钻柱堵塞或空井等。当出现这种非常规情形时，就需要用非常规的井控技术。本章讲述以下四种非常规井控技术：体积控制法、硬顶法、钻头不在井底压井法、低节流压力法。

一、体积控制法

这是在不能循环的情况下而要实现井控，即不循环调节井内压力的方法。其要点是在维持井控时，从系统中放出钻井液以允许气体膨胀和运移。这种方法的实质仍是“保持井底压力恒定”的技术。其目的是在不超过任何裸露地层破裂压力或设备压力极限情况下维持井底压力恒定，防止额外地层流体涌入井眼。在钻柱堵塞时或井内钻井液不能循环时，这种方法特别有用。如果使用“等待加重法”，在循环建立之前必须使用体积法。为了说明体积控制技术，先要研究一下气体的具体运移情况。

(一) 气体的运移

气侵物在井底或近井底处进入井眼。通常气侵物的密度比当时所用钻井液的密度小得多。密度的差异将使密度较小的流体在密度较大的流体中向上运移。试想在钻进或起下钻时发生气体井涌的情形：检测到气侵后关井，此时气体通常仍向地面运移，并携带气泡圈闭的压力一起上移。气泡上移的速度取决于下列因素：

(1) 环空间隙；

(2) 井眼中气体与液体的相对密度差；

(3) 钻井液的稠度；

(4) 环空中气泡的形状 (气泡在环空的一侧上移而钻井液在其对侧下移)。

已有一些预测气泡运移速度的数学模型，但这些模型太复杂，在现场难以应用。为了指导井控作业，可根据地面压力反应，预测井内气泡运移速度。此近似方法有一定的假设条件：如果不允许气体膨胀而温度又保持恒定，则气泡内的压力将不会有大的变化。温度不变的假设在运移距离较短时是准确的。因此，对计算地面压力每一微小增量引起的井内气体运移速度的变化，这一方法也相当准确。

(二) 钻柱在井底、钻柱与环空连通的情形

钻柱在井底或近井底时，如果环空和钻杆连通，问题不会十分复杂。如果井眼流体密度已知，通过钻杆压力便可直接算出井底压力。这可用来指导压井作业。这种情况下，通过放掉环空中一定体积钻井液，保持钻杆压力不变，就会使井底压力保持恒定。然而，保持钻杆压力不变是一件困难的事情。一个重要的因素是，不管使用哪种控制方法，如果井底压力保持恒定，气泡膨胀的体积将是相同的。预测出为保持井底压力不变而要放掉的钻井液体积和预计气体到达地面时的环空压力固然重要，但更重要的是必须制订出应急计划以防地层破裂而井漏。

（三）钻柱堵塞、离开井底或空井的情形

当钻柱堵塞，即钻柱与环空不连通时，只能通过观察地面环空压力来指导井控。对要放掉的钻井液的体积和地面压力进行预测是可能的，也可算出井底压力，把计算值与许可值进行比较。排放到地面的钻井液体积与用司钻法循环出井涌的体积相同。对现场作业来说，计算是十分烦琐的。

（四）井涌的大小、程度未知

在不知道气侵程度的情况下也可能进行井控。这一过程要求准确地观察关井环空压力，从井中放掉一定体积的钻井液并准确地测量出放掉流体的体积。其步骤如下：

（1）关井后，记下套压，允许环空压力增加到一预定的值（通常高于初始关井套压 0.7MPa 到 1.4MPa）。这可给地层空隙压力施加一压力附加值以保证安全。

这一安全附加值是必需的。因为从井中放出钻井液时难以维持确切的压力。在放钻井液过程中如有压力波动，该关井压力附加值可防止更多的地层流体进入井眼。当然，在确定安全增量时一定要考虑到地层的压裂。如果过平衡太大，可能会引起地层破裂和由此而造成的井漏，最恶劣的情况是可能引起地下井喷。

（2）允许套压额外增加 0.35 ~ 1MPa（破裂压力将限制该值）。缓慢地、有控制地放掉钻井液并仔细地测量放掉钻井液的体积，从放掉钻井液的量计算出钻井液液柱静压力损失量，计算出井底压力。如果井底压力过平衡太多，重复放钻井液步骤（小增量地放），直到过平衡在要求的范围内，通常高于预计地层压力 0.700 ~ 1.400MPa。

注意事项：

①如果不知道气泡的位置，计算出的钻井液体积可能有误差，这就存在使井眼欠平衡的危险，会使额外的地层流体进入井眼，以致使控制过程复杂化。如果有钻杆压力的话，可用关井环空压力作为备用手段来指导压井过程。

②保持环空压力恒定可能非常困难，这取决于气泡的运移速度和井队人员操作节流阀的能力。保持环空压力恒定的另一途径是放掉少量的钻井液和压力。放完后，计算出井底压力，看井底是否维持适当的平衡。

（3）重复这一步骤，允许压力增加，然后放掉少量钻井液，直到气体到达地面或压力稳定为止。

（4）气体到达地面时将少量的加重钻井液缓慢地泵入环空中。稀钻井液，如加重的盐水作用最好，因为其黏度较低能相当快地通过气侵钻井液下行。然后放掉气体，直到关井套压降低的值与泵入重浆产生的静液压头值相等为止。不要放掉液体，

允许液体有充足的时间通过气体下行。泵重浆时由于压缩气柱可能增加地面压力。这一增加的压力也应放掉。

尽管这种方法难以最终解决问题，因为有时应泵入的加重钻井液没有泵入井内，但当不能循环或循环不理想时，它是解决气体运移的一种方法。当气体在井内上升时一定允许它膨胀，这一点应特别注意。否则，在裸眼层段或套管上会作用有较高的压力，这会造成地面或地下井喷。然而，这种方法比起循环出气侵钻井液的司钻法来并不更加困难或危险。

(五) 空井时的井控

当钻具起出井眼时，如发生井涌，处理办法是：要么在空井时控制井，要么强行将钻具下入井内。

钻具起出井眼的井控取决于所用的钻井液和进入井眼的地层流体的类型。要列出所有可能存在的情形是困难的。一种情形是当钻井液是盐水而地层流体为气体。

(六) 体积控制法评述

体积控制法并不复杂，只需一只压力表、一台控制放钻井液和准确测量放掉钻井液量的设备即可。首要的是记住关井套压与井眼中气液柱压力之和等于井底压力这一点。要跟踪放出液体的量并观察关井套压。仔细观察放出井眼的质量以保证在作业过程中维持要求的井底压力。

放掉钻井液体积的预测和关井套压预测需相当严密的数学计算。这种计算在学术上可能很有刺激性，但对现场作业来说太费时、费事、费力。这里所介绍的方法着重在气体定律，能在井场上容易而安全地实行。要再次强调的是，井底压力等于关井套压加上井内液柱与气柱静压力。因此，读取关井套压并计算注入或放出钻井液的压力增减，能够用来维持要求的井底压力。

(七) 体积控制法的现场步骤

在所有的井底常压井控法中，井队人员对体积控制法了解最少，原因是必要的计算看起来很复杂。在现场实际作业中这种方法可大大地简化而产生良好的效果。考虑到许多变量的不准确性，有必要忽略一些变量而对另一些变量作一估计以使这一方法适合现场应用。该步骤仅需要气侵的基本知识、简单计算和记录压井作业步骤的系统方法，记录从井内流出的钻井液体积或泵入井内的钻井液体积。这一计算不会高准确度地计算出地层的压力，但能产生高于平衡压力的合理可用的压力变化值。当地层压力是产生地面压力的驱动力的时候，关井初始状态就成了其后所有变

化的基准线；也是对井队放浆或灌浆的比较精确和有效的指南。这里的假设条件有：

(1) 与总的钻井液柱压力相比，初始状态下井涌的压头和密度很小，因此可忽略不计；

(2) 能够准确地测量出放出的钻井液体积（即泵入容积 16m 或更小的起下钻罐，能测到 80L 的精度）。

(3) 放出钻井液以有控制的方式进行（用手动节流阀）；

(4) 使用一取样软管，了解放出的是气体还是液体；

(5) 从同一个压力表上采集地面压力，压力表范围相当准确地在观察的范围之内（即避免在大刻度表盘上读小的读数）。如果地面有多处可读出压力，读压力时必须只使用一只压力表，而其他表仅作备用（即在步骤实施中间不要更换压力表）。

二、硬顶法

硬顶法压井技术是扣装井口之后常用的。在有些情况下硬顶法是使井得到控制最便捷的方法。由于井下损坏而不能使用常规法进行循环，必须使用硬顶法。但事先应特别小心，以保证硬顶压井引起的压力不会进一步损害井眼。

在扣装井口之后，在开始硬顶压井之前，井眼状况要么处于分流状态要么处于关井状态。如果处于关井状态，井口压力通常处在最高值。泵送压力必须高于该值以迫使流体泵入井中。这会给井眼、裸眼井段和井口作用更大的应力。扣装作业之后的另一种常见的情况是将正喷的或分流的井转变为静压力控制之下。

假定井下条件、井中的钻具和地面设备能承受关井压力和硬顶压井所施加的额外压力，则可以适当关井，以合适的速度泵入钻井液将井压住。

每一种情形都须根据具体情况仔细地判断。在考虑硬顶法的多数情况下，如果在压力恢复升高前进行硬顶压井的话，所产生的地面压力都较小，这决定于以下因素：

(1) 井眼的几何形状（钻具的外径、内径、井径、井斜等）；

(2) 压力恢复的速度（井的喷量）；

(3) 喷流的性质（压缩性、温度、密度等）；

(4) 向井内泵送的速度；

(5) 泵送钻井液的密度和流变性。

这些因素本质上很复杂，本身不能一般化、经验化，因此，推荐使用计算机辅助技术来指导硬顶作业。这可对每一口井进行仔细而彻底的分析。

如果所选定的方法是关井后马上泵入压井液，则必须确定一最优排量。在大多数喷后情况下，井下状况一般不清楚或不能确定套管或井口是否损坏。在将井压住之前说不清因喷流或发热而损坏的问题。这会使井队难以对压井作业做出决策，因为一定要避免进一步的损坏。在某些稀有的情况下，盖帽之后的压井作业可能会产生灾难性的后果。因此，当正喷井或分流井压井时须格外地小心和仔细研究。然而，许多井都用硬顶法进行了成功的压井。

压井作业时注意减小地面泵送压力。这样也减小了井下压力，因为地面压力是井下压力的一面镜子。试想井眼正分流而选用硬顶法压井，必须对压井方法、压井速度、钻井液密度和流变性进行仔细计算和对比研究，建议使用计算机辅助技术。

三、钻具离开井底压井

尽管起钻前要求井队检查井眼是否处于静态并处于控制之下，但正常起下钻过程中仍可能有大量的井涌发生。当钻到压力增加的地层（不是大超压）时，常会发生问题。此时的孔隙压力处在静态钻井液密度与当量循环密度之间。停止循环时，当量循环密度的影响将消失。然后上提方钻杆井眼会有抽吸压力，其作用可能会达到在钻头下方抽吸进某些地层流体。在现有的近平衡状态下，地层涌入物会跟着钻头上行。当钻杆起出井眼一半时，气体开始巨大地膨胀并继续上升膨胀，迫使更多的钻井液排出井眼，这更进一步降低了静液压头。如果不快速采取措施，便会发生井喷。在井眼到达这一阶段并关井之前，必须把握这一过程。

考虑这样一种情形，即钻井液密度接近套管鞋处地层的破裂梯度（或其他弱裸眼地层），当下钻时司钻瞬间分散了注意力使钻柱快速下冲，钻柱的快速下落造成很大的激动压力，结果招致超过弱地层的破裂梯度，而造成钻井液严重漏失。钻井液液面下落而不能测出，从而造成液柱压力损失。压力下降直到等于油藏压力。油藏可能在漏层上方，但多在漏层下方。漏失继续到漏层，那么油气层的流体就会进入井眼环空、膨胀，很快环空钻井液面就会到达地面，形成溢流。向井内注钻井液，因量大而无法实现。此后很快便失去了控制。

另一个非常规情况是在井涌之前或控制井涌时已卸开了钻具。这种情况可能发生在起下钻时。根据井控情况的一份油田现场调查，大部分井涌发生在正常压力范围内起钻的过程中。

每一个公司都有详细的控制起下钻井涌的步骤，应按这些步骤进行。然而，下列准则应予以遵守：

（1）千万不要试图超越井涌；

（2）如果已察觉井正在喷涌，要毫不迟疑地关井。

井控的经验表明应迅速采取措施，而不是像某些作业者建议的那样对井涌先进行评估。尽快地发现井涌是控制井涌的关键。没有任何情况允许井眼继续喷涌，除非可采取措施分流。

要准确地确定起下钻时井眼应排出和灌入的钻井液量（钻杆钢的体积，如果堵了水眼则加上钻杆容积）。如果起钻时从不喷钻井液到喷钻井液，应确定出原因。如果起钻仍喷，那么可能是井涌。如果观察到这种情况，应格外注意，停止起钻。座上卡瓦，使钻杆接头高于钻盘面。然后接上并上紧对扣阀将它关上，保证井内充满钻井液，尽快地关井。这里不提倡软关井。如果要关井的话，应尽快地关上，毫无疑问，这是唯一明智的方法。关井后，可通过节流阀将井涌分流回灌浆罐。检测并记录喷流量得到初始流量。分流一段时间以后，喷流量最大为800L时，应把井关上。如果井已强烈喷涌，不应再考虑回流。

如果井况要求，不允许井涌钻井，建议的关井方法是打开手控节流阀将溢流引入钻井液气体分离器；关掉万能防喷器或闸板防喷器，然后关节流阀而关井。观察压力增加，保证不超过最大允许套压。提起方钻杆插入并接到关闭的对扣阀上。打开该阀并检测关井钻杆压力和关井套管压力，直到压力稳定为止。每几分钟读出并记录一次压力。此时决定是在此点压井，还是强行下钻到井底然后压井。注意：如果尝试软关井或低节流压力法，一定确定队伍能胜任这项工作。这需要进行仔细的计划和专门的培训。常规的井控培训不培训钻井人员低节流压力法和体积控制法作业。

如果决定在该点压井，所需的钻井液密度比钻头下到井底时所需密度大，也比钻开地层所用的钻井液密度大。其优点是当此高密度压井钻井液循环到钻柱周围时可把井打开。缺点是井眼尽管此时处于平衡状态，而井涌仍会向上迁移（尽管其上部有超压井密度钻井液）。井队必须准备将气体循环出井或实施体积法压井。

如果井是稳定的，则可以下钻（不必是强下），但不要下得过深，否则，增加的钻井液密度会增加套管鞋处的静液压头而引起地层破裂，增加地下井喷的可能性。一般的方法是在首先注意到喷流时先用超压井密度钻井液将井压住，然后使用正常的通过钻杆泵送钻井液的方法压井。把井打开，下入一段而经过计算知道套管鞋处地层不会破裂的距离。根据过压井密度和下入的距离，以及所需的最终钻井液密度而降低钻井液密度，此时的钻井液密度即应为原先钻井时的钻井液密度。如果当循环和降低钻井液密度时井眼开始喷涌，再增加一点密度看井眼是否稳定下来。如果返出有气侵，应关上防喷器，并使返出物通过钻井液气体分离器。再下入一段并降低钻井液密度。继续这一过程，直到钻柱下到井底，钻井液密度降到原钻井液密度为止。循环钻井液，至井眼稳定，然后起钻到套管鞋处。在此处循环，看钻井液密度是否足以克服抽吸压力，然后恢复到正常的钻井作业。

强下到井底然后压井：如果看到气体上升（压力增加），方法有二：一是强行下钻，二是用体积法控制。体积法需用几天的时间，大大地增加了卡钻的可能性。如果要进行强行下钻，要强下到钻头位于气泡下方或到底为止。如果钻杆已强下到井底，可以使用以前钻该地层的钻井液密度或稍重点的钻井液进行循环。是否要强行下钻决定于井队和钻机的准备情况。通常气体以150~450m/h的速度上升，这具体取决于井眼和钻井液的状况。对于稀薄的钻井液，气体上移的速度可达1067m/h。路易斯安那州立大学实验井上天然气从井底迁移到地面（2286m，井内流体为水）时间不到两小时。

四、低节流压力法

低节流压力法是标准的或常规的循环井控法的改型。经典的井控法假设在整个压井过程中井底压力保持不变或稍高于初始稳定的关井压力。低节流压力法与经典法不同的是，它允许井底压力降低甚至低于初始关井压力，并可允许更多的地层流体进入井内，然后将之循环出去。在正常情况下不需使用低节流压力法，但特殊情况要求使用这种方法。

从概念上讲，低节流压力法与欠平衡钻井相似。钻致密的高压气层，用低密度钻井液，使用旋转头，进行的是欠平衡钻井。有时，油藏压力约高达2.04g/cm^3，而所用钻井液密度仅为1.32g/cm^3，这样，在旋转头上便作用了约2.758MPa的压力。钻进过程中允许地层产出流体。使用这种方法大大地降低了钻井时间和成本。在电测、起下钻和下套管前将井压住。在井控情况下，当表套下得较浅而有长裸眼井段时这种方法可用得恰到好处。若套管下得较深而裸眼井段较短（这种情形并不常见），则可不用低节流压力法。计算井涌容许系数以适应预期的井涌的大小及其密度，在井涌容许系数低于该地区可接受的风险系数时下套管，这都会使低节流压力法无用武之地。

低节流压力法用于下列情况：

（1）为了保护井队人员；

（2）为了保护钻机和地面设备；

（3）为了保护套管鞋处地层，减小地下井涌、地下井喷和气体从套管外（套管下得浅）窜出的可能性，低节流压力法的使用与最大许可地面压力有关。

关井时套压很快接近最大许可地面压力时，通常意味着井眼设计不充分，井队本应采取措施避免这种情形。这时可以维持最大地面许可压力，开始将压井钻井液泵入井中而实行动态压井。

更为典型的是，井控开始时很正常，但套压逐步接近最大许可地面压力，对此，可用以下几种方法处理。如果这种状况是井涌顶部已经进入套管封固段，可不必担心或采取措施。因为正用的是恒定井底压力法。当井涌的前端通过了套管鞋时，套管鞋处的临界压力开始下降。此时，应当依据计算的井底压力和套管鞋处液静压力确定出套管鞋处实际的当量钻井液密度。井涌前端上行离套管鞋越远，只要套压不超过套管或井口的额定工作压力，就越不用担心。

如果套管鞋处计算的压力大于破裂压力，可用以下几种方法处理。一种是短时间地释放相同量的环空压力，这会释放套管鞋处的压力，同时也减小井底压力和泵送压力。压井过程中井底压力也应包括环空摩擦压降作为安全系数。只要压力降低不超过环空摩擦压力，井控压力就不会发生大的变化。如果减小压力超过了环空摩擦压耗，井底压力就将小于地层压力同一值，因而地层流体就会进入井眼。但第一个气泡的前端现在远在井眼的上方，应对套管鞋处继续进行压力计算以尽快地施加正确的回压。这可减少第二次井涌量。继续按正常情况进行压井，但应继续有控制地循环至少到第二次井涌完全循环出井口为止。如果怀疑井内仍有井涌，建议使用节流阀控制，继续循环。另一种方法是降低泵的排量。要选定多个低泵速循环排量。用压力与排量的关系曲线图，以内插法可准确地求出实际记录的排量之间的那些排量值。在压井时，通常选用低排量中最快的一个排量以减小总的钻机时间、费用和卡钻的危险等。然而，使用较低排量是有益的，特别是压力达到临界时，应停泵关井，记录关井套压。为了保证泵启动时恒定的环空压力，应以最低的泵速重新开泵。另一种方法是保持环空压力不变在运转中改变泵排量。保持所用的对钻井液密度校正过的排量将压力控制传到钻杆，继续作业。如果计算的套压仍然接近套管鞋的临界值，可能需要再降低一点回压。

压井时始终都要观察返出的钻井液，当接近最大许可地层压力时，应特别当心井漏。现场经验指出，5%～15%漏失不会从实质上影响控制的基本步骤。如果所有的或大部分的钻井液漏掉就不能使井得到控制。最后，应评估地层涌出物的来源。如果气体来自非常致密的地层，而套管鞋处地层相对较弱，进入井眼气体会很少。允许气体进入井眼，可能不会造成复杂情况，但如流进套管鞋处地层就会造成严重问题。如果气体来自高产气藏，减压后采用经典井控法进行压井时一定要格外小心，要补偿环空摩擦当量压降。只要可能的话，应维持压力并检测漏失。当这种情况发生时，在裸眼井段钻进应尽可能慎重，只要作业一恢复正常控制，即下套管。

第十一章　水平井钻井新技术

第一节　水平井钻井概述

一、水平井的分类及特点

水平井是最大井斜角保持在90°左右，并在目的层中维持一定长度的水平井段的特殊井。水平井钻井技术是常规定向井钻井技术的延伸和发展。

目前，水平井已形成三种基本类。

(1) 长半径水平井（又称“曲率水平井”）：其造斜井段的设计造斜率K<6°/30m，相应的曲率半径 R>286.5m。

(2) 中半径水平井（又称“中曲率水平井”）：其造斜井段的设计造斜率 K=（6°~20°）/30m，相应的曲率半径 R=286.5 ~ 86m。

(3) 短半径水平井（又称“大曲率水平井”）：其造斜井段的设计造斜率 K=（3° ~ 10°）/m，相应的曲率半径 R=19.1 ~ 5.73m。

应当说明以下几点：其一，上述三种基本类型的水平井的造斜率范围是不完全衔接的（如中半径和短半径造斜率之间有空白区），造成这种现象的主要原因是受钻井工具类型的限制；其二，对于这三种造斜率范围的界定并不是绝对的（有些公司及某些文献中把中、长半径的分界点定为8°/30m，会随着技术的发展而有所修正，例如，最近国外某些公司研制了造斜率在 K=（2°~71°）/30m范围的特种钻井工具（大角度同向双弯和同向三弯螺杆马达），在一定程度上填补了中半径和短半径间的空白区，提出了“中短半径”（intermediate radius）的概念，有关中短半径造斜率马达及其在侧钻水平井中的应用将在本书第七章详加介绍；其三，实际钻成的一口水平井，往往是不同造斜率井段的组合（如中、长半径），而且由于地面、地下的具体条件和特殊要求，在上述三种基本类型水平井的基础上，又繁衍形成多种应用类型，如大位移水平井、丛式水平井、分支水平井、浅水平井、侧钻水平井、小井眼水平井等。

二、水平井的应用

水平井有以下一些方面的应用：

(1) 开发薄油藏油田，提高单井产量。水平井可较直井和常规定向井大大增加

泄油面积，从而提高薄油层的油产量，使薄油层具有开采价值。

(2) 开发低渗透油藏，提高采收率。

(3) 开发重油稠油油藏。水平井除扩大泄油面积外，如进行热采，还有利于热线的均匀推进。

(4) 开发以垂直裂缝为主的油藏。水平井钻遇垂直裂缝的机遇比直井大得多。

(5) 开发底水和气顶活跃的油藏。水平井可以减缓水锥、气锥的推进速度，延长油井寿命。

(6) 利用老井采出残余油。在停产老井中侧钻水平井较钻调整井（加密井）要节约费用。

(7) 用水平井注水、注气有利于水线气线的均匀推进。

(8) 用水平探井可钻穿多层陡峭的产层，往往相当于多口直井的勘探效果。

(9) 有利于更好地了解目的层的性质。水平井在目的层中的井段较直井长得多，可以更多、更好地收集目的层的各种特性资料。

(10) 有利于环境保护。一口水平井可以替代几口直井，大大减少了钻井过程中的排污量。

(11) 用丛式水平井扩大控制面积，减少丛式井的平台数量和征地费用。

三、水平井井身剖面设计

(一) 井身剖面设计原则

井身剖面设计应该是能保证实现钻井目的，满足采油工艺及修井作业的要求，有利于安全、优质、快速钻井。在对各个设计参数的选择上，在自身合理的前提下，还要考虑相互的制约，要综合地进行考虑。

1. 选择合适的井眼形状

复杂的井眼形状，势必带来施工难度的增加，因此井眼形状的选择越简单越好。

从钻具受力的角度来看，目前普遍认为，降斜井段会增加井眼的摩阻，引起更多的复杂情况。增斜井段的钻具轴向拉力的径向的分力，与重力在轴向的分力方向相反，有助于减小钻具与井壁的摩擦阻力。而降斜井段的钻具轴向分力，与重力在轴向的分力方向相同，会增加钻具与井壁的摩擦阻力。因此，应尽可能不采用降斜井段的轨道设计。

2. 选择合适的井眼曲率

井眼曲率的选择，要考虑工具造斜能力的限制和钻具刚性的限制，结合地层的影响，留出充分的余地，保证设计轨道能够实现。在能满足设计和施工要求的前提

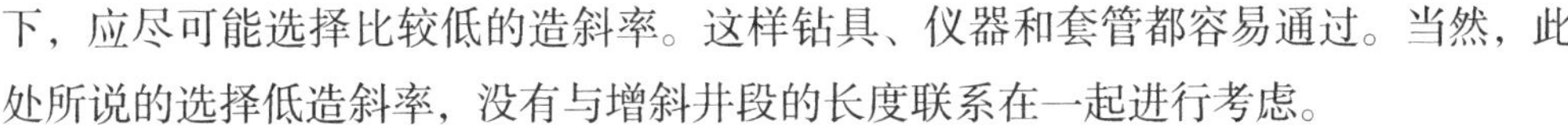

下，应尽可能选择比较低的造斜率。这样钻具、仪器和套管都容易通过。当然，此处所说的选择低造斜率，没有与增斜井段的长度联系在一起进行考虑。

另外，造斜率过低，会增加造斜段的工作量。因此，要综合考虑。常用的造斜率范围是（4°～10°）/100m。

3. 选择合适的造斜井段长度

造斜井段长度的选择，影响着整个工程的工期进度，也影响着动力钻具的有效使用。若造斜井段过长，一方面由于动力钻具的机械钻速偏低，使施工周期加长，另一方面由于长井段使用动力钻具，必然造成钻井成本的上升。所以，过长的造斜井段是不可取的。若造斜井段过短，则可能要求很高的造斜率，一方面造斜工具的能力限制，不易实现，另一方面过高的造斜率给井下安全带来了不利因素。所以，过短的造斜井段也是不可取的。应结合钻头、动力马达的使用寿命限制，选择出合适的造斜段长，一方面能达到要求的井斜角，另一方面能充分利用单只钻头和动力马达的有效寿命。

4. 选择合适的造斜点

造斜点的选择，应充分考虑地层稳定性、可钻性的限制。尽可能把造斜点选择在比较稳定、均匀的硬地层，避开软硬夹层、岩石破碎带、漏失地层、流沙层、易膨胀或易坍塌的地段，以免出现井下复杂情况，影响定向施工。造斜点的深度应根据设计井的垂深、水平位移和选用的轨道类型来决定，并要考虑满足采油工艺的需求。应充分考虑井身结构的要求，以及设计垂深和位移的限制，选择合理的造斜位置。

（二）水平井常用井身剖面及特点

根据长、中半径水平井常用井身剖面曲线的特点，剖面类型大致可分为单圆弧增斜剖面、具有稳斜调整段的剖面和多段增斜剖面（或分段造斜剖面）几种类型，不同的剖面类型在轨迹控制上有不同的特点，待钻井眼轨迹的预测和现场设计方法也有所不同。

1. 单圆弧增斜剖面

单圆弧增斜剖面是最简单的剖面，它从造斜点开始，以不变的造斜率钻达目标，这种剖面要求靶区范围足够宽，以满足钻具造斜率偏差的要求，除非能够准确地控制钻具的造斜性能，否则需要花较大的工作量随时调整和控制造斜率，因而一般很少采用这种剖面。

2. 具有切线调整段的剖面

具有切线调整段的剖面又可分为：

(1) 单曲率—切线剖面：具有造斜率相等的两个造斜段，中间以稳斜段调整。

(2) 变曲率—切线剖面：由两个（或两个以上）造斜率不相等的造斜段组成，中间用一个（或一个以上）稳斜段来调整。

(3) 多造斜率剖面：多造斜率剖面（或分段造斜剖面），造斜曲线由两个以上不同造斜率的造斜段组成，是一种比较复杂的井身剖面。

3. 常见剖面类型

水平井的剖面类型很多，最常见的是单增斜剖面、双增斜剖面、三增斜剖面，大多时候开钻前的设计为二维剖面，少数是三维剖面，一般海上三维剖面用得多。

(三) 剖面优化

水平井井身剖面设计是水平井钻井施工的首要环节，其剖面优化能有效地降低钻进过程中的摩阻扭矩、降低施工难度和提高中靶精度。

对于油藏地质情况了解得不够详细准确、油层较薄、水平井钻井经验较少、缺少 MWD 测量仪器的情况下更倾向选择三增剖面，便于控制增斜过程，精确中靶。

对地质情况比较熟悉、油层较厚、水平井钻井有一定经验的情况下则更倾向于选择双增剖面。双增剖面便于快速优质钻进，尽快实施着陆控制，降低钻井成本，并且双增斜直剖面也是水平钻井技术成熟地区选用最多的着陆控制剖面类型。

四、水平井钻井工艺技术

水平井与直井相比，井下情况比直井要复杂得多，不仅要稳定井斜角和井眼方位，还由于重力作用、摩擦力、岩屑沉降等诸因素而涉及其他一系列问题，使水平井的安全钻进与直井相比也有所不同。

在水平井中，由于重力的作用，井斜角超过 30° 以后的井段内，岩屑就会逐渐沉降到下井壁，形成岩屑床，钻井液携砂性能好、悬浮能力强，则形成岩屑床所需时间长。反之，则形成岩屑床所需时间就短。现场实践发现，岩屑床在井斜角为 30°~60° 之间的井段内，是不稳定的，也是较危险的，当沉积到一定厚度后，岩屑床会整体下滑从而造成沉砂卡钻。

预防和清除岩屑床是水平井安全钻井与直井安全钻井相比显著的不同之处，应采取以下措施：

第一，在钻进中发现扭矩增加不正常，就要查明原因，如无其他原因，说明已经形成岩屑床；

第二，在每次接单根或每次起下钻时，都要记录钻柱的摩擦阻力，发现摩擦阻力增加，说明井下已经存在岩屑床，就要采用短程起下钻和分段循环的办法清除岩

屑床；

第三，发生沉砂卡钻后，忌硬提解卡。最好的处理方法是接上方钻杆，大排量循环，进行倒划眼。此外，为了减小水平井钻井的作业风险，确保井身质量，还要采取以下安全钻井技术措施，做好着陆控制和水平段控制。

(一) 操作注意事项

(1) 下金刚石钻头前应确保井底干净，必要时应专程打捞。

(2) 动力钻具入井前应检查旁通阀是否灵活可靠，并在井口试运转，工作正常后方可入井。

(3) 弯外壳井下马达下井扣必须上紧，不允许用动力钻具划眼。

(4) 带井底动力钻具或稳定器钻具下钻，均应控速、匀放。

(5) 带弯接头、弯外壳井下马达或稳定器钻具起钻，禁止用转盘卸扣。

(6) 搞好井眼的净化工作，钻井液的含砂量低于0.3%，提高动力钻具的使用寿命。

(7) 定向钻井过程中，应实测摩阻力，除去摩阻力外，下钻遇阻不能超过50kN，起钻遇卡不能超过100kN。

(8) 每次起钻检查扶正器外径，并按要求更换。更换扶正器后，严格控制下钻速度，遇阻划眼，且划眼要精心操作，不能急于求成，防止卡钻或转盘倒钻，预防钻具事故发生。

(9) 维护好钻井液性能，滤饼摩阻尽可能小，钻柱在井内静止时间不能超过3min，否则必须大范围上下活动钻具，防止卡钻。

(10) 严格控制起、下钻速度，防止压力激动压漏地层和抽汲井喷。

(11) 进入气层后坚持短程起下钻。

(12) 含硫化氢地区钻井，应注意防止硫化氢对钻井液的污染和对钻井、测井等工具的腐蚀，应加强硫化氢监测，钻井液中加入除硫剂，并注意人身安全，防硫化氢中毒。

(13) 按井控相关标准搞好井控工作，严禁井喷失控事故的发生。

(二) 着陆控制的技术要点

(1) 防止因地层因素、工具造斜率等诸多因素造成实钻井眼的造斜率低于理论预测值，为下部井段钻进控制井眼轨迹留有余地。

(2) 在着陆控制过程中，实钻井眼的造增率高于井身剖面造斜率，现场通过改变井下钻具组、导向钻进方式等技术措施，会使井眼的造增率降下来的。若实钻井

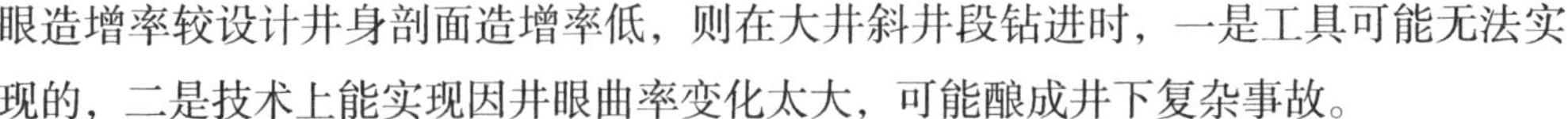

眼造增率较设计井身剖面造增率低，则在大井斜井段钻进时，一是工具可能无法实现的，二是技术上能实现因井眼曲率变化太大，可能酿成井下复杂事故。

(3) 着陆控制就是对垂深和井斜的匹配关系的控制，垂深往往对井斜有着误差放大作用。

(4) 方位控制对一口水平井尤为重要，由于各种原因井眼轨迹偏离设计线，需要进行扭方位作业时，尽早扭方位不但会使工作量减少，而且也会降低施工作业的难度。

(5) 稳斜探顶就是在油气顶界位置不确定时，提前垂深上达到预定进入角值，克服了油气在高度上误差，减少了工程的工作量(井眼上、下反抠)，提高了井眼控制成功率。

(6) 在水平井钻井过程中，矢量进靶时不但要控制钻头与靶窗平面的交点位置，而且还要控制钻头进靶时的方向。它涉及水平井着陆点的位置、井斜角、方位角、工具面等，是一个位置矢量。

(7) 动态监控包括对实钻井眼轨迹的计算描述、预测井眼轨迹发展趋势，是对井眼轨迹过后分析和误差计算，是对当前使用的工具和所采用的技术措施的评价。

(三) 水平段钻进技术要点

水平段控制的技术要点为：钻具稳平、上下调整、多开转盘、注意短起、动态监控、留有余地、少扭方位。

(1) 优选稳平能力强的单弯动力钻具组合，尽量减少水平段轨迹调整工作量，强化钻井技术措施，加快水平段钻井速度。

(2) 采用小角度单弯或反向双弯动力钻具组合，在水平井段钻进时不但具有增斜、降斜和扭方位作用，而且还具有复合钻进稳斜效果。

(3) 在水平段钻进过程中，应多开动转盘进行复合钻进，降低摩阻，有效地清洁井眼，消除破坏岩屑床，有效地控制井眼轨迹，提高钻井速度。

(4) 为了保证井眼清洁，防止井眼不被岩屑堵塞，防止或避免井下复杂事故发生，在水平段钻进时要每隔一定的间距(50 ~ 100m)进行一次短期下钻作业。

(5) 对实钻井眼轨迹进行随钻跟踪计算，预测水平段井眼发展趋势。现场及时作出井下判断和下一步施工决策。

(6) 随钻跟踪分析钻头位置距靶体上、下、左、右四个边界的距离。由于随钻仪距井底有 13 ~ 17m 距离及地层因素等原因，当时井底、井斜、方位等数据存在着滞后现象，故在水平段控制要强调留出足够的进尺来调整井眼轨迹，确保井身质量满足地质要求。

(7) 控制好着陆点进靶方位，减少水平段扭方位次数，降低水平井施工风险，应该尽早把井眼方位调整好，利用靶底宽度允许的方位误差钻完水平段。

随着水平井、工具仪器及配套钻井工艺技术的发展，目前国内外水平井钻井技术已日臻成熟和完善，并形成了一整套综合性配套技术。作为常规钻井技术应用于所有类型的油气藏，部分油田已应用此项技术进行整体开发。

五、水平井在油气勘探开发中的应用和效益

除了少量的非石油方面的应用(如用水平井作为引排煤层中甲烷的通道；对埋藏很深而用常规方法无法开采的煤层，可采用就地气化方法，用水平井作为注入空气、氧气及产出煤气的通道等) 以外，水平井主要用于石油和天然气的勘探与开发，可大幅度地提高油气产量，具有显著的综合效益。根据国内外水平钻井的生产实践，水平井具有如下的优点和应用：

(1) 开发薄油藏油田，提高单井产量。水平井可较直井和常规定向井大大增加泄油面积，从而提高薄油层中的油产量，使薄油层具有开采价值。

(2) 开发低渗透油藏，提高采收率。

(3) 开发重油稠油油藏。水平井除扩大泄油面积外，如进行热采，还有利于热线的均匀推进。

(4) 开发以垂直裂缝为主的油藏。水平井钻遇垂直裂缝的机遇较直井大得多。

(5) 开发底水和气顶活跃的油藏。水平井可以减缓水锥、气锥的推进速度，延长油井寿命。

(6) 利用老井采出残余油。在停产老井中侧钻水平井较钻调整井 (加密井) 要节约费用。

(7) 用丛式水平井扩大控制面积，减少丛式井的平台数量。

(8) 用水平井注水、注气有利于水线气线的均匀推进。

(9) 用水平探井可钻穿多层陡峭的产层，往往相当于多口直井的勘探效果。

(10) 有利于更好地了解目的层的性质。水平井在目的层中的井段较直井长得多，可以更多、更好地收集目的层的各种特性资料。

(11) 有利于环境保护。一口水平井可以替代一口到几口直井，大量减少钻井过程中的排污量。

第二节　水平井固井

由于过去着重于研究垂直井的固井，对大斜度井和水平井固井研究不多，水平井的固井成功率极低且费用比其他完井方法高，过去已经完成的水平井中采用固井完井的极少。

一、提高大斜度井及水平井的固井质量研究

前面已经分析了导致大斜度井和水平井固井失败的主要原因是环空下部的钻井液窜槽和环形空间上部自由水的聚积。Haliburton 固井公司和 Exxon 生产研究公司联合进行了解决倾斜井固井质量的试验，提出了提高大斜度井及水平井固井成功率的措施。

（一）试验步骤

把试验井筒放入滤液套筒中，使试验井筒的砂岩孔隙的水达到饱和。通过固定在滤液套筒上的出口来监控渗入渗透性地层中的流体。在滤液套筒的外侧包有一层热水加热套，试验期间温度分别保持在：

（1）循环时，180° F;

（2）钻井液胶凝期，200° F;

（3）水泥候凝期，200° F。

选择以上温度是为了尽可能真实地模拟在许多深井固井作业的各种条件。试验中使用水基钻井液，钻井液密度为 12lb/gal。每个试验之前都要在室温和温度为 120° F 的条件下测量所用的各种不同的钻井液性能（失水、密度、流变性等）。

试验中所用的水泥浆密度为 16.9lb/gal。水泥浆采用循环式混合器混合，在泵入井下前分批装入储罐内。在存储期间，在一定的温度条件下，使用 FANN35 型黏度计测定水泥浆的流变性。水泥浆的屈服值特定范围为 20 ~ 60lb/100ft^2。前面的试验已经确认水泥浆的流变性在顶替过程中不起主要作用。为了消除不同的泵速差，以 4bbl/min 作为标准的顶替泵速，即相应的平均环空流速大约是 4ft/s。水泥浆在这个速度下呈层流状态，这与大多数现场固井作业类似。

在一口典型的倾斜井中，钻井期间循环钻井液、电测和下套管时停止循环钻井液，完成这种作业程序以后，在固井前，再循环钻井液，设计这些试验步骤是为了模拟实际作业时的流动和静止过程。

顶替试验在温度 180° F 的条件下，开始以 3bbl/min 的排量循环钻井液 1h，并记

录通过渗透性地层的滤失量。然后，把水的温度加热到200° F，在此条件下，钻井液静止24h。为了维持滤失量，使“井筒”与“地层”之间保持100psi的压差以便在渗透性“地层”上形成泥饼，记录此期间的滤失量。

在钻井液胶凝期之后，在温度180° F的条件下，再次以3bbl/min的排量循环1h，记录这个循环期间的滤失量。

在180°　F的温度条件下，以预先确定的隔离液体积和泵入的水泥浆量，以4bbl/min的排量顶替钻井液，记录此作业期间的滤失量。泵入水泥浆量的体积在10～30bbl。

在水泥浆泵到预定的位置后，将温度升高到200° F，候凝24h。然后冷却，等试件冷却后，卸开试验装置。将试件切成薄片，测量并计算套管的居中率和顶替效率求出环空面积的上半部和下半部分的顶替效率。

(二) 提高顶替效率

Haliburton固井公司和Exxon生产研究公司对提高倾斜井固井成功率进行了一系列的试验，提出了提高钻井液效率。归纳起来有以下几方面：

(1) 影响顶替效率的最关键的因素是钻井液体系。在一定的倾角下，钻井液屈服值有一个临界值，小于这个值，环空底部就会出现连续的钻井液窜槽；随着井倾角的减小，防止钻井液窜槽形成所要求的屈服值也减小。

(2) 对大斜度井和水平井，在固井前，循环的时间至少是3倍于井筒的钻井液体积循环所需时间，或者循环到进出口钻井液性能达到平衡为止。如果可能，循环时钻井液流态应达到紊流状态，以帮助消除岩屑或钻井液固相沉淀槽。另外，注水泥前或注水泥期间必须避免井内钻井液处于静止状态，务必使其保持最充分的循环。

(3) 管柱的运动如转动或往复（上、下）运动，产生一种促使钻井液流动的驱动力，同时，管柱的运动有助于打碎钻井液聚结的团块和聚积在团块中的疏松岩屑。如果在套管本体上附加有钢丝井壁清洁器，那么将进一步提高管柱运动的效果。

(4) 在水平井固井中套管的扶正问题比垂直井更为关键。因为液柱压力对井眼水平段的顶替过程不再产生作用，要使在环形空间狭窄部分中的胶凝钻井产生流动则更加困难。

因此，建议套管的居中率至少60%，如居中率在70%则更好。当沉淀槽出现时，扶正器能对顶替过程产生作用。研究表明，套管扶正器的弓形弹簧片明显地能把流体改变为一个比较容易带走的钻井液流型，这个效应在扶正器两侧几英尺内明显可见。

(5) 为了达到最大限度地顶替钻井液，在斜度井和水平井中使用隔离液和冲洗剂尤其重要。呈紊流流态稀的隔离液比其他流体更有助于使胶凝的钻井液团块和沉淀槽运移。当井内是加重的水基钻井液时，使用冲洗剂和隔离液能有助于控制气窜、水泥胶结和漏失问题。下面是一组井眼倾角为 80° ，在渗透性和非渗透性地层两种条件下，使用稀的冲洗剂或黏性的冲洗剂做了沉淀和不沉淀钻井液的顶替效率试验。

对于油基钻井液，在选择冲洗剂和隔离液时，有其他几个因素必须考虑：

①相溶性是获得好的顶替效率的基本条件。主要是选择的隔离液、冲洗剂与井内油基钻井液和水泥浆能相溶。不管流态怎样，当上述流体相互接触的界面达到相溶时，最大限度地使钻井液流动，以提高顶替效率。

②采用表面活性剂提供这样的相溶性和水的润湿表面，使它能有效地消除管柱表面和地层表面的油污，使水泥浆与管柱、地层表面达到较好的粘接。

③对钻井液的顶替效率起决定作用的是环空流速。不论什么流态，环空流速越高，顶替效果越好。最为理想的是用能获得环空紊流的泵流速注入隔离液和水泥浆。然而，由于受水泥浆性能的限制，要使水泥浆的流动达到紊流状态不现实，重要的是要以高泵速泵入。但无论如何，在水平段的循环压力不能超过地层的破裂压力，以防止水泥浆侵入产层。为此，在固井前必须使用电脑模拟计算固井时井下循环压力；还要用电脑提供固井所需要的其他资料。

④井眼和套管尺寸对顶替效率产生极大的影响。对垂直井来说，最佳的环空间隙是 3/4in。而在水平井，最佳的环空间隙至少是 1in。这样将提供充足的空间来进行顶替并使摩擦压力降到最低限度(假设套管居中率为 70% 左右)。

(三) 水泥浆的设计

为了保证提供适合于水平井固井的水泥浆设计，主要考虑两个特别的试验，即修正自由水试验和水泥浆沉淀试验。水平井自由水的存在为产层的互相串通提供了一条流体通道。为了确定自由水存在，在修正自由水试验中，水泥浆试验条件应模拟井下循环温度和压力，然后将已加热的水泥浆冷却到 190° F 以下，并调试到倾角 45° 的状态下进行 API 自由水试验。这个设计自由水为零的水泥浆的试验结果在大段水平段内没有自由水分离的显示。

在实际试验中必须修改测定自由水的程序，模拟井下温度、压力及井的倾角进行测定。每个试验都要求自由水为 0%。

即使水泥浆设计的自由水含量已达到 0%，从水泥浆中产生的固相沉淀仍然是一个问题。必须做一个在垂直状态下的沉降试验，即类似前述的 API 自由水试验，并测定圆柱上、中、下各部分的密度。

设计的水泥浆密度取决于地层的性质，并且包括考虑了固井作业时所产生的附加压力，不能超过地层的破裂压力。有几种减少水泥浆密度的方法，如泡沫水泥、膨胀水泥。泡沫水泥用于降低水泥浆的密度，以减轻潜在的地层破裂威胁。允许两种注水泥方案，即一级注水泥与用液压操作的多级注水泥。当固相沉淀和胶凝的钻井液团块不能被运移时，可使用膨胀水泥，以改善水泥固结，限制窜槽产生的产层串通。

为了预防在注水泥期间水泥浆失水和替钻井液后过量的滤液漏失，在要封固的水平产层段的水泥浆中可用降失水剂。建议在这些井段的水泥浆，在井下循环温度条件下，API 失水值小于 100ml/30min。

随着水平井固井的研究，为消除聚积在环形空间上部的自由水槽，C.Zurd、Georges 和 M.Martin 等人根据井下温度，从以下三个方面进行大量的试验以求获得解决：

（1）在硫酸盐的离子中，加入一定量的分散剂，产生过饱和状态以促使迅速的水化和铝酸盐结晶，这样硫酸盐和铝酸盐的化合作用在水泥颗粒之间形成一种实在的支撑结构。$CaCl_2$ 添加剂也许能形成这种支撑结构以防沉淀。

（2）增加间隙水的黏滞性。例如，使用乳胶能增加水在流动中的压力损失。

（3）增加一些具有惰性的微小固相颗粒。由于它非常细小（只有水泥颗粒的 1/10 ~ 1/100），这些大量的（占水泥质量 5% ~ 25%）微小颗粒占据水泥颗粒之间的间隙，从而大大增加间隙水在流动中的压力损失。

（四）隔离液的设计

（1）油包水乳化液、油基钻井液具有以下两个特性，这两个特性直接关系到固井的成功：

①当钻遇到渗透性地层时，所设计的钻井液具有极小的失水，并具有很好的流动性能。在环形空间没有脱水作用，或者在地层的表面上形成泥饼。

②油包水乳化液能使井眼稳定，并且在钻井作业期间具有很好的润滑性。然而考虑到在固井时，由于亲油环境导致水泥浆跟它接触的表面不相粘接，因此要设计一种隔离液并通过试验选择一种最好体系，产生一个亲水环境使水泥浆与其接触的表面粘接，使油层隔绝。

（2）在设计隔离液体系时，需要从三个方面进行测定：

①鉴定这些隔离体系对原浆的作用；

②选择最好的表面活性剂加到原浆中以获得一个井下亲水环境；

③测定选用的隔离液用量和泵入速度以获得最大限度的清洁效果。

一般来说，标准的注入隔离液的程序分为两步。第一步把作为钻井液的油基钻

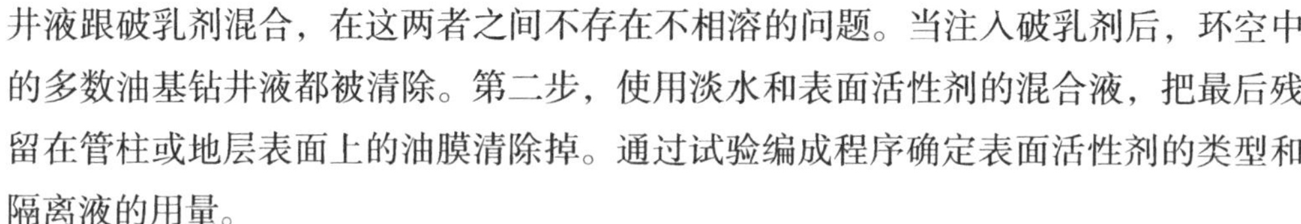

井液跟破乳剂混合，在这两者之间不存在不相溶的问题。当注入破乳剂后，环空中的多数油基钻井液都被清除。第二步，使用淡水和表面活性剂的混合液，把最后残留在管柱或地层表面上的油膜清除掉。通过试验编成程序确定表面活性剂的类型和隔离液的用量。

二、大斜度井注水泥问题

(一) 问题的提出

大斜度定向井较大的井斜角所带来的一系列问题，在注水泥施工中显得十分突出：低劣的固井质量，导致油气水层互窜，严重影响增产措施的进行。国内外许多研究者通过实验室模拟装置试验，找出影响大斜度井固井质量的诸多因素。

(1) 钻井液在井眼低边的固相沉积易形成钻井液滞留带而影响水泥环质量。

(2) 在大斜度井中，由于拉力和重力作用，套管总是靠向井眼的上井壁或下井壁而形成管柱偏心，以致严重影响水泥浆的顶替效率。

(3) 在倾角较大的井中，水泥浆析出的自由水在井眼高边聚集，形成通道，导致水窜。

(4) 水泥浆的稳定性差导致颗粒沉淀，使井眼高边部位水泥浆变稀，低边部位水泥浆变稠。凝固后，高边产生强度较弱的渗透性生水泥石，而低边存在强度较大的低渗透水泥石，高边这种弱强度高渗透性水泥石不能充分分隔油气水层，可能导致井内流体在环空中流动。

上述存在的不同于直井的问题，公认的解决办法是：套管居中，优化水泥浆设计，优化钻井液体系，选择合适的隔离液，确定顶替排量和顶替过程中活动套管。

(二) 钻井液性能的讨论

钻井液性能是影响注水泥顶替效率的关键参数之一；破坏钻井液胶凝强度、克服钻井液的屈服应力，才能使钻井液在井眼环空窄边空隙中流走。要想增大由摩擦压力降产生的壁剪切应力，提高钻井液排量，增加摩擦压力降和套管居中度 (增大环空窄边间隙)，可以把壁剪切应力增到胶凝强度以上。但井眼状况 (如泵压、地层漏失等) 限制了排量的大幅度提高，所以在注水泥前要充分循环钻井液，清除岩屑；调整钻井液性能，减小胶凝强度以便钻井液在环空偏移间隙中有良好的流态。

隔离液首先倾向于向上流进环空宽边间隙，而窄边间隙流体保持静止或缓慢流动。窄边间隙的流体产生流动的前提是摩擦压力降、水泥浆隔离液与钻井液密度差产生的剪切应力之和大于钻井液的屈服值。

降低钻井液的屈服值，可以提高窄边间隙中钻井液的替浆率。

(三) 套管居中度

增大环空窄边间隙，对于克服钻井液的屈服应力十分有利。大斜度井中的套管串在重力作用下，更易形成管柱偏心，驱替钻井液的难度几乎按指数律增加。研究结果表明，要从环空窄边间隙中把钻井液充分驱除，套管与井壁的间距必须大于67%。

1. 加弓形旋流式弹簧扶正器，提高套管居中度

根据套管重量、井斜角大小、扶正器起动力决定扶正器最佳安置间距。大斜度井较直井需要更多的扶正器，但多扶正器往往增加套管串在井眼中的阻力，套管下行困难。用计算机模拟装置计算扶正器间距和数量，确保在一定的支承条件下使其附加阻力最小。

(1) 狗腿度大的井段，扶正器数量多。

(2) 斜度大的长井段多加扶正器，一般一根套管上一只。

(3) 致密岩层的倾斜井段，可适当多加扶正器。

(4) 疏松砂岩段少加扶正品，防止扶正器肋条嵌入井壁，增加套管下行阻力。肋条的嵌入使套管扶正器失去扶正作用。

旋流式扶正器的最大优点是可以取得最佳紊流效果。在6个肋条间隔中安装3个导向叶片、导向角350°~400° 、张开角1000° ~ 1150°，使水泥浆在环空中形成一定的旋流场；排量越大，旋流强度越大，易于破坏钻井液的胶凝强度，对于提高水泥浆顶替效率更有帮助。

2. 利用套管浮漂法原理，提高套管居中度

顶替水泥浆时采用部分密度较低的钻井液，碰压后，管内较轻的流体使管柱在压差作用下产生向上的浮力，减轻套管对扶正器的负荷，使套管更有利于居中。

(四) 隔离液与冲洗液

大斜度井注水泥，隔离液密度一般大于或接近钻井液密度，有利于克服钻井液的屈服应力。同时，也要认真优选隔离液的组分和类型，使其流动性好，易形成紊流。隔离液若需加重，必须验证其沉降特性，防止固相沉积导致低边窜槽。

大斜度井常常在隔离液之后，注入一定量的密度大于隔离液小于后续水泥浆的冲洗液，增加紊流接触时间，一般要求8 ~ 10min。对于大斜度井中使用油基钻井液的情况，除满足上述要求外，应选用亲油、亲水性好的冲洗隔离液，并加入一定浓度的非离子型表面活性剂和阴离子表面活性剂，有效地改变环空水润湿环境，清除

套管和井壁表面的油污，提高水泥与套管及井壁的胶结强度。

(五) 水泥浆设计

对于大斜度井注水泥施工，水泥浆设计应提出更高的要求。除常规直井水泥浆的设计程序外，必须增加三项特殊的性能试验：

1. 水泥浆自由水含量试验

根据 API 规范测定自由水含量为 1% 时，在加热和倾斜 45° 的条件下将达 7%，因此，API 测定方法在大斜度井中是不适用的。必须在倾斜和井底循环温度条件下测定水泥浆内自由水含量，并使自由水含量为 0 或接近 0。实验表明，若在倾斜 45° 条件下自由水含量达到 0，则在更大斜度范围内也不会有自由水析出，可防止在井眼高边部位形成水窜槽。

2. 水泥浆滤失量

大斜度井中滤失量要求小于 50ml/（7MPa，30min），加入胶乳降失水，不但达到降低滤失量的目的，也有助于分子固相和稳定水泥浆。

3. 水泥浆固相沉降试验

把测量仪器置于垂直位置，静止 2h 后分别测量容器顶部、中部和底部的水泥浆密度，要求其密度差小于 $0.06g/cm^3$，否则，易在斜井眼垂直剖面上形成密度差，上稀下稠，使井眼高边条带上水泥石强度较低，产生窜槽。优选抗沉淀的分散剂的最佳浓度，不但能稀释水泥浆，降低其摩擦阻力，形成紊流顶替，而且能较好地防止固相沉淀，提高封固质量。

大斜度井的客观因素决定了其注水泥施工与直井有截然不同的技术方法。套管居中度、隔离液的性能、钻井液性能的调整水泥浆设计等一系列技术问题的解决，对于提高水泥浆顶替效率、减少窜槽、提高封固质量具有重要意义。

三、保护碳酸盐岩气层的固井技术

(一) 水泥浆对碳酸盐岩气层损害机理

1. 碳酸盐岩气层地层特点

(1) 岩石矿物组分以角砾白云岩为主，夹薄层灰岩。其中含黏上矿物 0.45% 左右，且多以伊利石为主，含少量高岭石、绿泥石。孔隙度一般为 0.5% ~ 12%，孔隙直径大多数小于 1μm，微裂缝大多数小于 1mm，渗透率为 $0 \sim 20 \times 10^{-3}m^3$，地层压力系数为 0.012 ~ 0.013MPa/m。

(2) 裂缝充填物种类较多，以方解石晶体为主，其次为石膏、次生云石、有机

质、泥质、硫铁矿等，对压力沟通作用明显，对酸、碱、盐较敏感。

（3）岩性变化大，地层孔壁光滑，增加了微粒损害的可能。地层存在 H_2S、CO_2 等酸性气体及 $CaCl_2$ 型地层水。石灰岩多层系分布，有多个压力体系，碳酸盐岩常处于高压差作用下。

2. 固井施工时对碳酸盐岩气层的伤害

根据碳酸盐岩气层岩性特点，在固井施工时对它的伤害主要有以下几个方面：

（1）注水泥作业失败造成的伤害。表现为水泥浆顶替效率差，水泥浆窜槽；水泥与地层和套管胶结情况不好，形成孔隙，对各油、气、水层封闭能力差；高温下水泥石强度退化等。

（2）水泥浆滤液对储层的伤害。在高温高压作用下，水泥浆所产生的滤液（失水）高达 1000 ~ 1500ml，pH 达 11 ~ 14，高含钙，此外还有 Mg^{2+} 等。水泥浆滤液使地层中的泥质成分吸水膨胀，水化分散，堵塞油、气通道。滤液使油、气层可溶性盐溶解，产生化学沉淀物（结垢），使油气流通道面积缩小。滤液在表面张力作用下，成水珠分布在油气之中，破坏了油气层流动的连续性，同时滤液可能使孔隙内不稳定的固体颗粒运移而聚集在孔隙的喉道处形成堵塞。

（3）水泥浆固相颗粒对储层的伤害。水泥浆固相颗粒穿入储层孔隙通常要比滤液穿入浅。其伤害程度极大取决于储层孔隙大小、钻井时钻井液在井壁形成泥饼质量及井筒超压情况。在正压差作用下，比岩石喉道小的固相颗粒进入地层，被挡在小孔喉处而堵塞孔喉和填充裂缝，随着地层渗透率的增加，其损害程度也增大。碳酸盐岩裂缝一般为 1mm，直径 10m 以下的微粒对地层的损害最为严重。固井时，由于水泥浆密度较大，压裂地层，水泥浆便会在裂缝和孔隙中形成水泥石，填死油、气通道，造成对储层的永久伤害。

为了搞清碳酸盐岩油、气藏的岩性特征，采用了油层特性、岩心化验、压汞、粒度、差热等技术对碳酸盐岩岩心进行了分析化验，认为碳酸盐岩气层的主要损害是固体颗粒的侵入引起裂缝、孔隙堵塞，同时存在滤液的侵入引起地层泥膜及化学反应的伤害。

（二）保护碳酸盐岩气层的固井技术

根据水泥浆及其滤液对碳酸盐岩气层伤害的机理不同，采用了以下固井技术来达到保护油气层的目的。

1. 优选完井方法

碳酸盐岩气层与上覆二叠系、三叠系的地层压力比较相对较低，如将它们暴露在同一尺寸的裸眼内，在压差作用下，必然对碳酸盐岩气层造成较大伤害。选择了

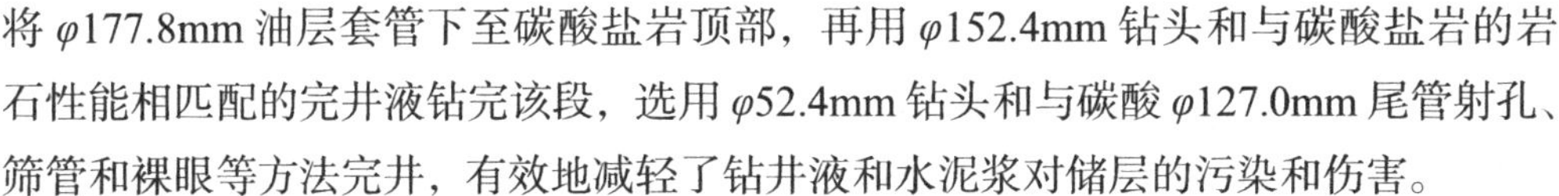

将 φ177.8mm 油层套管下至碳酸盐岩顶部，再用 φ152.4mm 钻头和与碳酸盐岩的岩石性能相匹配的完井液钻完该段，选用 φ52.4mm 钻头和与碳酸 φ127.0mm 尾管射孔、筛管和裸眼等方法完井，有效地减轻了钻井液和水泥浆对储层的污染和伤害。

2. 搞好固井设计，提高固井质量

根据固井质量方面已有的研究成果和技术，充分利用现有的地面装备，认真做好固井前的准备工作和固井设计。使用各种水泥外加剂（如防气窜、不渗透、加重、低密度和膨胀水泥等），以克服油气水在水泥浆中的窜失。合理设计水泥浆的流变性，努力改善水泥浆的顶替效率，提高水泥浆与井壁和套管的胶结强度。

3. 平衡压力固井，防止井漏

在整个固井期间，为了保证地层中的流体不窜到井内而水泥浆又不会漏入地层，在固井施工中应注意以下几个方面的问题：

（1）控制水泥浆密度。水泥浆密度应根据油气层压力来确定，但是，该地区地质情况复杂，对地层压力和破裂压力都不能准确掌握，根据现场经验，水泥浆密度可参照钻井时的钻井液密度来确定，使用调重剂来控制和调整水泥浆密度，使水泥浆密度与钻井液密度一致，进行平衡固井。

（2）控制套管下放速度。为了避免下放套管速度过快产生过大的激动压力憋漏地层，应控制套管下放速度。采用下套管环空返速等于钻进时钻具环空返速的办法来确定下套管速度，多口井的实践证明此方法是可行的。

（3）施工排量的确定。从保护油气层的角度出发，紊流注水泥浆是最佳注水泥浆方法。但是，塞流注水泥浆由于需要控制的参数较多（如要求环空同心等）且技术上比较困难，现场上一般选用紊流注替水泥浆。紊流注替水泥浆排量较大，使用这样的施工排量会产生较大的环空流动阻力而把地层憋漏。实际施工中，从水泥浆配方入手，改变水泥浆的流变性，降低水泥浆的流动阻力，或使用水泥旋流居中器，使之在较低的上返速度下提高顶替效率，达到固井要求。

（4）水泥浆失重时的压力平衡。经过多次实验，发现水泥浆的失重是在初凝之后才发生。对于多产层的气井，为了平衡各气层的压力，又要避免在候凝期间憋压过大，造成井漏现象，采用了两凝或多凝水泥浆固井，施工时，按不同的水泥浆其稠化时间不同进行多次别回压，补偿水泥浆失重产生的压降值，达到了预期效果。

4. 使用较好的水泥外加剂，降低水泥浆失水，改善水泥浆流变性

一般水泥浆失水量高达 1000 ~ 1500ml，这样的水泥浆在井内高温、高压作用下，会产生大量的滤液。滤液如进入地层，使油气层受到伤害；如留在井内，则会在套管环空形成自由水，为油、气提供通道，产生窜槽。同时，由于水泥浆的滤失量大，水泥浆因急剧失水形成泥饼，使套管与井眼之间的环形空间造成堵塞，造成注水泥

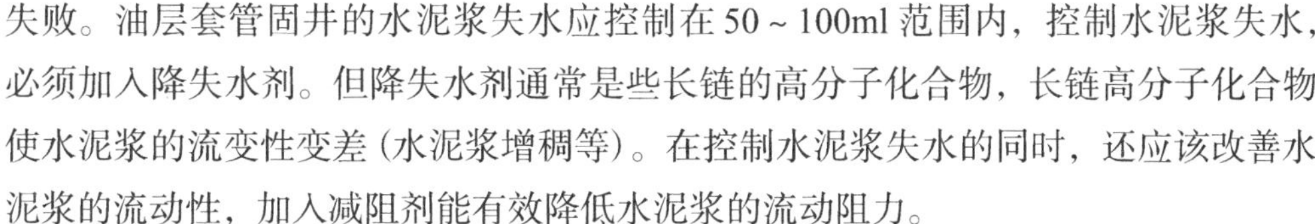

失败。油层套管固井的水泥浆失水应控制在50～100ml范围内，控制水泥浆失水，必须加入降失水剂。但降失水剂通常是些长链的高分子化合物，长链高分子化合物使水泥浆的流变性变差（水泥浆增稠等）。在控制水泥浆失水的同时，还应该改善水泥浆的流动性，加入减阻剂能有效降低水泥浆的流动阻力。

5. 保护井壁已形成的泥饼屏蔽物

在钻开油气层的过程中，钻井液会在井壁形成泥饼。这层泥饼屏蔽物能阻止水泥浆进入地层。下套管前，在保证套管能下到设计井深的前提下，对油气层一般不进行划眼处理，以免破坏井壁已形成的泥饼。

第三节　水平井钻井新技术

一、国内外水平井钻井技术的发展方向和趋势

水平井技术以其高效益的原油开采效果，加速了水平井钻井技术的发展，并于20世纪90年代开始大规模应用，目前已作为常规钻井技术应用于几乎所有类型的油藏。

目前国外水平井钻井技术在井身结构设计、钻具配置、钻头、井下动力钻具、轨迹控制、泥浆技术、井控技术方面通过研究都有了很大提高，大大降低了水平井的技术风险，美国的水平井已达90%～95%的技术成功率。现在，大、中、短及超短曲率半径水平井，其井身质量、钻速、钻时、钻井成本、综合效益都可以得到保证。水平井的钻井成本已基本上可以控制到五六年前常规直井的成本水平。

钻水平井最多的国家是美国和加拿大。在国外，地质导向技术在水平井（侧钻水平井）钻井中已经普遍应用，水平井钻井工具最重要的发展趋势之一，就是用旋转导向钻井系统取代目前所用的可转向钻井马达。目前，国外水平井钻井轨迹已从单纯通过起下钻更换下部钻具弯接头和旋转钻柱改变工具面角来改变方位和井斜的阶段，进入了利用电、液或泥浆脉冲信号从地面随钻实时改变方位和井斜的阶段，使水平井钻井进入了真正的导向钻井方式。可转向井下马达的问世和应用提高了井眼轨迹控制能力，减少了起下钻次数。近年来，为了提高油气采收率，老井开窗侧钻短半径（12～30m半径）水平井，已成为水平井钻井的另一个重要发展趋势，而为提高短半径钻井能力，许多公司专门研制出了新型短半径钻井系统；以铰接式钻井马达和非铰接式钻井液马达为基础的系统，以及旋转导向短半径钻井系统。

国外水平井钻井技术正在朝集成系统方向发展，即以提高成功率和综合经济效益为目的，综合应用地质、地球物理、油层物理和工程技术等，对地质评价和油气

藏筛选、水平井设计和施工控制进行综合优化。而其技术的应用也朝综合方向发展，近几年大位移水平井、小井眼水平井和多分支水平井等钻井完井技术获得了迅速发展并大量投入实际应用。采用的技术包括导向钻井组合、随钻测量系统、串接钻井液马达、PDC 钻头和欠平衡钻井等。

我国是继美国之后，世界上最早钻成水平井的国家之一，最初通过大规模的水平井钻井技术攻关研究，取得了丰硕的成果。后来在继续完善和推广水平井钻井技术的同时，在辽河、胜利、新疆和冀东等油田又开展了老井侧钻水平井技术研究及大位移钻井技术的实验研究工作。我国完成的水平井中，除少数是探井外，主要是开发井。对于不同类型的水平井，在地质、工程优化设计、井眼轨迹控制、钻井（完井）液、完井（固井）、测井和射孔、老井侧钻水平井等关键技术上均取得突破，同时，研制成功数十种新工具和新仪器。国内目前水平井钻井技术正往综合应用各种配套技术方面发展。

二、主要技术发展应用的情况

（一）国外主要技术发展应用情况

1. 水平井钻头

国外许多公司研制出了耐磨损、抗冲击的各种新型水平井钻头，由于钻头技术的进步，目前国外许多水平井钻井的钻速已是几年前的 2～3 倍。

2. 井下动力马达

井下动力钻具在国外具代表意义的新进展是螺杆钻具和井下动力马达。近 5 年来，井下钻井马达的发展取得了快速进步，其主要进步包括：大功率的串联马达及加长马达，转弯灵活的铰接式马达，以及用于地质导向钻井的仪表化马达。其他进步包括：为满足所有导向钻具和中曲率半径造斜钻具的要求，用可调角度的马达弯外壳取代了原来用的固定弯外壳；为使马达获得更大弯曲度，在可调角度的弯外壳和定子之间使用了镀一铜柔性衬里；为了获得更好的定向测量，用非磁性马达取代了磁性马达。

3. 旋转导向短半径钻井系统

以前，大多使用由铰接式钻铤、稳定器和钻头等组成的短半径钻井系统钻短半径井。但这种老式的短半径旋转钻井系统存在定向控制困难，起下钻频繁和钻速低等问题。为克服这些问题，降低钻井成本，美国 Amoco 公司近年来研制出了改进的旋转导向短半径钻井系统。该系统由抗偏转的 PDC 钻头、改进的柔性接头、转向套方向指示器和铰接式钻铤等组成。

改进的柔性接头上有两个扭矩传递齿和一个可在钻具旋转时保持扭矩传递齿啮合的止推套。该柔性接头能使钻头充分倾斜以按要求钻短半径井眼，并能有效地传递钻压、扭矩和拉力，该转向套实为一个旋转定向套，通过逆时针旋转钻柱可使之定向。其方向指示器实际上是一个简单的井下阀，用于提供地面信号以帮助转向套定向。当逆时针旋转钻柱至钻柱上的参考点与转向套的最大偏心度对准时，该阀就会使钻井液从旁边流入环空引起地面泵压下降，从而表明已将钻具调整到理想的方向。

4. 小井眼水平井钻井系统

（1）小眼井水平井与常规水平井的成本对比。为了降低钻井成本和在小直径套管内实施老井开窗侧钻水平井，小井眼水平井钻井技术取得了很大发展，小井眼水平井的应用也呈不断增长趋势。目前在国外，从 φ114mm 套管中开窗侧钻 φ92mm 小井眼水平井已属于成熟技术，而且还能钻多分支小井眼水平井。老井侧钻和钻新井都可以应用小井眼水平井技术，而且可以大大降低钻井成本。

（2）小井眼水平井旋转导向钻井系统。为提高水平井的钻井效率和钻速，消除使用钻井马达钻井所存在的问题，Amoco 公司研制出了用于取代钻井马达的旋转导向钻井系统。为了提高老井侧钻小井眼水平井的能力和降低钻井成本，该公司还研制出了小井眼水平井旋转导向钻井系统。规格为 φ79mm、φ114mm、φ152mm，分别用于从 φ114mm、φ140mm、φ178mm 套管内侧钻中、短曲率半径的小井眼水平井。φ152mm 小井眼水平井旋转导向钻井系统的造斜井段钻井工具由柔性接头和非旋转套等组成。这种工具能沿任何方向钻曲线井眼。到目前为止，Amoco 公司已使用它的小尺寸旋转导向钻井系统从老井中成功地钻了 40 多口中、短曲率半径的小井眼水平井。

5. 径向水平井转向器

目前径向水平井转向器已由机械式转向了液力式。美国 PetrolPh-sics 有限公司和 Bechtel 投资公司在其研制的Ⅲ型转向器的基础上又研制了新型液力转向器。由缸筒、活塞、弹簧、提升侧板组成。活塞上部与高压油管柱相连，下部连接转向机构，其上安装有高压密封，缸筒与提升侧板相连。将钢质柔性钻杆插入高压密封后，高压密封的上部形成一个高压工作腔。高压液经进液孔作用在缸筒上，缸筒与提升侧板向上运动使转向机构弯曲转向，同时压缩活塞下部的弹簧。喷射钻进完成后，将钻杆抽出高压密封，上部高压腔卸压，在弹簧弹力及缸筒和提升侧板等自重作用下，将转向机构收直，以便调整新的方位钻下一个径向井眼。国内石油大学也已进行了径向水平井技术的研究，完成了工具的研制，并进行了现场的试验。

(二) 国内主要技术发展应用情况

国内长、中、短三种半径类型的水平钻井技术发展情况如下：

1. 水平井地质、钻井优化设计技术

目前国内已有水平井区块及井位优选方法、水平井完井方式选择及井身结构设计、水平井轨道优化设计方法、水平井管柱设计及其与井壁接触摩阻和钻柱屈曲计算方法、环空清洁与携屑计算方法、倒装钻柱设计及水平井钻头选型等。

2. 水平井井眼轨迹测量和控制技术

在测量技术上，国内已能生产单点、多点、有线、无线随钻和陀螺五种类型的测斜仪器，并掌握其使用工艺。在控制技术上，国内已能生产各种规格、形式的固定角度及地面可调角度的弯外壳螺杆钻具，完成了下部钻具组合的变形分析及轨迹预测方法，完善和掌握了控制轨道所需的多种下部钻具组合及其使用工艺。其中包含老井侧钻（小井眼）水平井的测量与轨迹控制技术。

3. 水平井取心技术

主要包括改进现有转盘钻井取心工具，使之适合水平段和大斜度井段取心的要求，研制了螺杆钻具取心工具，并掌握了相应的取心工艺。

4. 水平井钻井液、完井液技术

主要根据水平井对钻井液、完井液要减低摩阻、强化携屑、防止井塌和保护油层四项要求，研制或评价了多种体系，如阳离子聚合物体系、水包油乳化体系、正电胶钻井液体系、生物聚合物体系和两性离子聚合物体系等，并研制成多种所需的化学处理剂。

5. 水平井固井完井技术

已经掌握了水平井下套管固井、筛管、砾石充填及裸眼四种完井技术，研制了多种套管附件，如管外封隔器、弹性限位扶正器、适用于水平段的单流阀等，可以适应多种类型油藏完井的要求。特别是侧钻水平井短半径小井眼热采水平井完井（固井）配套技术取得成功（包括完井管柱和专用工具）。

三、小井眼水平井钻井

(一) 小井眼水平井技术简介

小井眼水平井技术是指用直径小于等于6″ 的井眼穿过目的层，井斜不小于86°，并保持这一角度直至打完水平段的一种钻井技术。具有小井眼井和水平井的双重优点，具有机械钻速高、钻井成本低、环境污染物排放量少等优势，在老油田加密井开采剩余油、老井和报废井改造再利用，以及特殊油气藏资源的开采中得到广泛应用。小井眼钻井技术在国外研究起步较早，20世纪50年代美国就开始使用该项技术，节约了钻井成本，20世纪60年代前后是国外小井眼技术发展的高峰期，世界上各石油公司共钻超过3200口小井眼井，取得了较高的经济效益。进入21世纪之后，国际油价居高不下，小井眼技术未得到足够重视，技术也未取得实质性突破。直到近10年来，各老油田开发进入后期和国际油价的下跌，小井眼技术和小井眼水平井技术再次进入高速发展阶段，除了在1000m以内浅井中得到应用，在垂深超过3500m的深井中也得到较大范围应用，并取得了良好效果。

（二）小井眼水平井钻井优势

1. 技术发展迅速

目前，国内外针对小井眼钻井技术的研发进展飞速，从小井眼钻井钻机、配套工具（井口、防喷、井下动力钻具）到小井眼钻井的整套技术（井控技术、固井技术及钻井液优化等），都获得了快速的发展，促进了小井眼钻井技术安全高效的发展。

2. 环保压力减小

国内外对钻井过程中的环境问题非常重视，常规钻井过程中会产生大量的钻屑、废油、泥浆及钻井液，还有噪声污染、空气污染等，都对环境造成了污染。这些问题，采用小井眼钻井后，得到了有效解决。小井眼钻机小，相对常规井眼钻井来说，井径小了一半，占地面积随之减少，钻井液的使用量及岩屑排放量大约降低了70%。

（三）配套技术及工艺

小井眼水平井技术的成功应用，井身结构设计必须合理，设计原则是首先要保护好油气层，其次是要杜绝漏、喷等井下复杂情况发生，确保钻井顺利进行；然后是确保钻井液液柱压力能够有效平衡井内压力，不能将套管鞋处裸露地层压裂，还要能够平衡地层压力；最后优化设计套管层次和下入深度，确保裸眼井段的长度即为两相邻套管下入深度之差。对钻井周期和成本、井深和造斜点位置、裸眼段长度、完井方式和地层三项压力，以及钻遇地层不同岩性特征等多因素进行综合考虑，确定最佳井身结构。套管层次：深部地层岩性较为稳定，根据以往该区块设计经验和水平井钻井经验，通过优化套管与钻头尺寸配合，采用三层套管设计方案形成特定井身结构系列，当出现复杂情况后每层之间可以加放一层非标套管。二开的井控和井壁稳定问题，可以通过提高钻井液密度平衡地层压力来解决，从而缩短钻井周期、降低钻井成本。

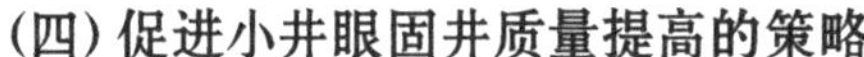

(四) 促进小井眼固井质量提高的策略

1. 使用套管扶正器

沿着 Φ101.6mm 套管周边进行 6 个扶正器的焊接，使它们均匀地分布在同一圆周上，通过 1 根套管可以进行 1 到 2 组的安装，具有较大斜度的井段可以提高扶正器的密度。间隙比的最小值应当超过 API 标准中提出的 0.66，这一工艺能够有效地保证套管位置处于中间，并且使水泥能够分布均匀，并且工艺所需的成本较低。研究发现，刚性扶正器在小井眼中的应用效果较好，其主要的优势表现在扶正的点位较多、阻流不大、不容易出现脱落并且成本较低，只要保证其分布的合理性，就能够起到很好的效果。

2. 回插式液压尾管悬挂器固井工艺

(1) 要将水泥浆注入。工具达到既定的井下深度以后，将水泥浆正注，在水泥浆的注入量达到一定体积以后将小胶塞投入其中，将顶替液替入实现对小胶塞的推动使水泥浆持续向下运动。在小胶塞到达空心胶塞位置时，对水泥浆和空心胶塞进行推动使得他们共同向下移动到处于尾管底部的回压阀位置，水泥浆注入环节结束。

(2) 在水泥浆注入结束以后，将尾管向上提拉，使水泥浆回落，然后再将尾管重新插到井的底部，使环空内的水泥浆能够再次分布均匀，并将管柱正向旋转若干圈。

(3) 憋压坐挂。当环控内的水泥浆分布较为均匀以后，将悬挂器向上提拉使其到达坐挂位置憋压产生一定的压力，将液缸剪销剪短，活塞向上移动，实现对卡瓦的推动，使其坐挂在 Φ177.8mm 的套管内壁上。

3. 预封堵水技术

在下井眼钻穿设计的预封段完成以后，依据实地检查获取到的孔隙度、地层性质等进行水泥的选择和配比，并配置成水泥浆封堵量剂，将其泵入预封段并进行挤压使其到达目标层段，在封堵时要对破裂压力等参数进行考量，使挤入压力尽量大，从而使尽量多的封堵剂进入地层内部。一方面，水泥到达既定的地层空隙以后，会起到堵塞的效用。另一方面，因为水泥浆具有的失水属性，在渗透性较高的岩石当中会受到压力差的作用出现失水发生沉淀产生滤饼，通过滤饼颗粒的不断增多，水泥浆失水持续放慢，需要的压力不断增加，最后会在地层当中形成硬块，造成孔道和空隙的堵塞，达到堵漏封窜的效果。

(五) 小井眼水平井钻井技术方案设计

1. 钻具组合设计原则

首先，要保证水平段旋转钻进过程中的稳斜能力。相对于滑动钻进方式，旋转钻进能够提高钻压传递效率，从而对水平段钻进速度与延伸能力起到很好的提升作用。而要想将旋转钻进优势发挥彻底，必须优化导向钻具组合，优选各项钻井参数，对旋转钻进方式下，导向钻具组合的稳斜效果进行提升，保证水平段能够尽可能多地采用旋转钻进方式。其次，要保证水平段滑动钻进过程中的造斜能力。水平井在长水平段具有非常明显的摩阻问题，在滑动钻进时，很难对轨迹进行调整，因此，对滑动钻进过程中，导向钻具组合的造斜率提出了一定的要求。滑动钻进时，过高的造斜率会在该井段造成较大的井眼曲率，进而大幅度加大摩阻扭矩；而过低的造斜率会降低轨迹调整速度，一旦滑动钻进井段过长，就会对整体的钻井速度造成影响，更有甚者会导致脱靶。

2. 钻头的合理选型

(1) 牙轮钻头。目前，国外应用比较普遍的是碳化钨合金镶齿牙轮钻头，其中贝克休斯的牙轮钻头最具有代表性，实现了比较小的轮轴直径及较厚的锥形外壳，可适应高速转速。

(2) 金刚石钻头。国外的成品钻头有 PDC 钻头、天然金刚石钻头及 TSP 金刚石钻头，其钻头耐磨结构紧凑，对硬岩石地层的适应性很高。

第四节　水平井定向井射孔新技术

一、水平井射孔

水平井射孔和水平井测井一样，首先要考虑在井斜超过一定范围的大斜度和水平井的条件下，采取有效的方法和工具组合，将射孔枪柱推送至射孔井段或井底，保证射孔枪准确到位，安全发射和上提出井口。按推送方法而言，目前水平井射孔使用最普遍的方法是油管输送射孔。

为了提升油田的生产产量，研发出了水平井射孔技术。简单来说，就是在作业现场，将直井设施做一个水平延伸打井，要求斜度要接近 90° 。它的泄油面积可以直接达到直井的 3 倍以上，油井的生产速度和采收率得到了大大的提升，同时在开展后续作业工作时也可以起到辅助增产的作用，开采完毕后，要进行封堵工作，较于传统作业而言应用水平井射孔技术后，这项工作开展起来更为便利，所以真正意义上降低了油田开采成本。此外，水平井射孔技术的现场作业是一次性完成，过程中没有中断，因此能够有效防治采油作业中由于压力不均衡所致发生的砂石沉降等问题，大大缩短了作业的时间并且控制了整个过程的成本。

(一) 设计基础

1. 考虑因素

(1) 重力对射孔枪柱下放没有帮助，大的井眼摩擦阻力增加了射孔枪柱活动的困难。

(2) 井眼摩擦力和狗腿限制了射孔枪柱的旋转能力。

(3) 不使用撞棒法点火。

(4) 通常需要射开很长的地层段 (可长达上千英尺)，应以最少点火次数完成设计射孔井段。

(5) 从每个射孔孔眼获取最高的生产率。

(6) 射孔系统应该机械性能可靠、操作灵便、成本低。

2. 最佳选择

(1) 实践证明，油管输送射孔是目前最好和最通用的水平井射孔方位，它在一次下井中，可完成全部射孔任务，使用工作管柱上提和下放射孔枪柱。

(2) 射孔枪液压点火使用环空压力进行控制。

(3) 负压射孔，以获得最大生产率。

下面以贝克砂控公司的一种水平井油管输送射孔系统为例，介绍这种射孔方法的设备和作业程序。

(二) 基本射孔装置

1. 射孔枪

贝克射孔系统标准射孔枪和特殊射孔枪的技术规范包括射孔枪身外径、孔眼分布相位、枪身孔眼密度、枪身挤坏压力和鉴定条件，聚能射孔弹类型、质量，炸药类型等。

为了适用于 7in 或更大直径的套管 (水平井常用套管尺寸为 7in) 射孔及为了防止疏松砂岩地层射孔的枪身砂卡现象，普遍选用密度 10 孔 /ft 的低边射孔枪。在低边射孔时，推荐使用砾石充填型聚能射孔弹。

如果射孔选全相位射孔，根据设计流量、射孔层段长度、水泥环厚度，选用砾石充填型聚能射孔弹或深穿透型聚能射孔弹。

2. 点火装置

大斜度和水平井的特殊井下条件，尤其是那些充满固体颗粒流体的井眼，由于摩擦力和障碍物的影响，机械点火装置 (撞棒等) 的成功率低，不建议使用。目前，液压点火装置是水平井射孔系统使用的最可靠和最普遍的点火系统。

压实地层采油和提高生产率负压射孔最受欢迎。液压点火装置包括点火头、转换工具和负压阀。

液压控制点火系统分两种：油管加压点火系统和环空压力点火系统。

(1) 油管加压点火系统。这是一种直接向油管柱内注入液体和气体以产生射孔枪发射所需压力的点火方法。在使用部分空油管柱时，为了获得设计点火压力，必须使用氮气，然后，在延迟点火时间前的5～6min内，必须很快放掉氮气，才能获得设计负压。虽然可以重新设计具有较长延迟点火时间的油管压力系统，但它仍存在两个缺点：①需要氮气，据计算，这是一笔相当可观的附加费用；②在坐封隔器、起下管柱或在进行油管和地面设备压力测试时，有发生过早点火的可能性。为了防止事故发生，在系统设计时，必须考虑系统的机械可靠性和安全性。

(2) 环空压力点火系统。在产生环空压力之前，点火头是液压平衡的。装在封隔器里的转换工具或封隔器液压旁通把封隔器之上的环压传递到点火头，使射孔枪发射。负压阀可防止油管柱下井时进入流体。在下油管柱过程中，通过控制向油管柱灌注获得设计液位的流体量以选择负压值，使点火头引爆的同一环空压力将首先打开负压阀。如果不首先打开负压阀，射孔枪就不会点火。因为使用完全分隔的流体通道来控制射孔枪点火，所以在获得设计的负压值之前，排除了射孔枪发射的可能性。

通过比较，环压点火系统是设计灵活和操作方便的最好点火系统，它符合设计基础的要求。因此，这种点火系统得到广泛应用，受到现场欢迎。

虽然负压射孔优点多，但不一定是必需的，要根据实际情况而定。例如，对很疏松的地层射孔，建议把负压值减至最小或甚至采用正压射孔。正压射孔系统不使用分隔器，它的点火装置和附件有两种。“B”型液压点火头和投球式液压点火头的异径接头是其一种，作业时，把有橡胶涂层的1%in的球泵至该接头的座上，然后，向下给油管加压，使“B”型液压点火头点火，射孔枪发射。另一种是“D”型液压点火头，这种点火装置有一个破裂盘，它在一定油管压力作用下破裂。这种系统加上时间延迟功能后，也可用于负压射孔。

使用正压射孔，即使射孔地层很疏松，也要推荐全相位射孔。在这种情况下，射孔枪遇砂卡的可能性是小的。研究证实，对于一口水平井的高边射孔，可以进行有效的砾石充填。

3. 封隔器

(1) 常用于水平井射孔的封隔器：

①“RS”型封隔器(改进的“RS”型封隔器)，要求装配转换工具。

②“EA”型封隔器，要求装转换工具。

③“SC”型封隔器，不要求装转换工具，它有代替转换工具作用的压力通道。

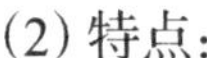

(2) 特点：

①通过工作管柱的简单上提、下放和最小次数的旋转运动，可使封隔器进行多次坐封和解封。

②除了具有循环通道外，三种封隔器还有压力通道。

③上述三种封隔器适于长半径水平井射孔；对于造斜率分别为 (20°~750°) /100ft 和 (1.5°~3°) /ft 的中半径和短半径水平井射孔，基本上使用特种间隙的封隔器或柔性封隔器。

4. 定位装置

对于很疏松的地层，在进行负压射孔时，为了防止地层坍塌和射孔枪砂卡，要求采用套管低边射孔和使用定位装置，例如，钻井普遍使用的导向工具，焊在射孔枪身一侧的简单扶正凸块等。贝克砂控公司使用装有“A”型旋转接头的旋转定位装置，该公司还研制了一种更先进的定位装置，如滚轴串列或滚珠轴承接头，它们的优点是不使射孔枪外径增加。

(三) 水平井射孔的作业要求

在现场应用水平井射孔技术时，作业过程中要注意很多细节和问题。主要涵盖以下几个方面。系统要进行确认是否已把井段分成几个射孔子。通过分段确认，可以使得导爆索的爆速变慢，从而防止射孔弹出现爆燃现象，也不会出现卡枪和作业面爆炸等事故。而且子系统相对独立的工作，就可以在油田作业现场进行分期、分批起爆，有顺序的作业可以防止同时爆破而产生冲击波对水平井造成损坏。在进行作业时，应用水平井射孔技术的同时要进行数次的磁控定深度。根据地下油井不同的深度，要在不同的深度位置，进行多次的磁控定深工作然后取一个平均值。在直井中运用磁控定深，在水平井中则不然，要运用磁控定位，要注意二者的区别，过程中根据水平和垂直的数据辅助，可以有效地增加准确性，让其拥有一定的精确度，从而降低因层位确定而带来的失误概率，可以完美控制过程中的作业成本，为后续的工作打下良好的基础。想要应用好水平井射孔技术，其中要点之一就是水平井射孔器械的选择，主要是由相关技术人员根据该地区的地质条件和分析现场作业的实际情况来进行考量器械的选择，同时，必须要根据现场情况对射孔枪的位置参数进行调整设定，才能维持水平孔能够一直处于稳定的水平状态。此外，对于水平井射孔技术现场作业实际应用的过程中，涉及的相关器械，包括弹架轴承、弹架结构等都需要根据水平井射孔技术的应用要求进行改造，确保机械设备能够满足现场技术生产条件。水平井射孔器的选用是这项技术的关键，要根据现场生产区域的地质条件和实际作业情况，合理合规地选择合适的水平井射孔技术的相关器械。

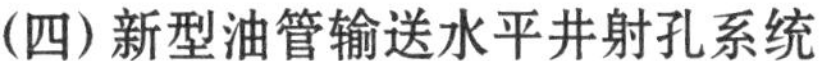

(四) 新型油管输送水平井射孔系统

新型油管输送水平井射孔系统是贝克砂控公司推荐的一种可射孔井眼斜度达 88° 的新型油管输送水平井射孔系统，其特点如下：

(1) 无须氮气产生空油管负压，用环压点火，可获得最大射孔效率。使用“P”型液力负压阀，向点火头输送环压。在射孔枪点火的同时，负压阀换位，地层流体进入油管。使用“B”型点火头，无须使用常压室和计算，可在任何深度自动对点火头进行压力补偿，重复进行负压射孔。在地面，可在全部作业时间内，保持完全的点火控制。

(2) 射孔封隔器。在大斜度井内，通过简单的上提 / 下放和最低限度的旋转，使封隔器重复坐封和卸封，利于射孔枪柱及时解卡和精确定位。贝克射孔全径封隔器操作简便，密封可靠，流体流动不受限制。

(3) 仅由封隔器、点火、射孔三种装置组成这种射孔系统。这种完井系统比完成相同射孔工作量的钻杆测试系统简单得多。

(五) 典型射孔作业程序

(1) 连接下述射孔工具系统 (从下至上)：

①射孔枪栓；

②平衡式液压点火头；

③油管短节 (如果需要)；

④专用液力负压阀；

⑤有液压排泄孔和旁通系统的可回收井壁式封隔器；

⑥工作管柱。

(2) 下井，向油管柱内灌注流体，以获得设计负压液面。

(3) 射孔枪定位和封隔器坐封。

(4) 安装、调试面设备和进行压力测试。

(5) 按设计施加的环空压力 (2400 ~ 2900psi) 对射孔枪点火。

(6) 让地层流体按要求流入井筒。

(7) 上提，打开封隔器旁反循环压井。

(8) 射孔系统提出井口。

(六) 确定负压值

负压值的选择是设计油管输送负压射孔的一个重要环节。因为负压影响射孔孔

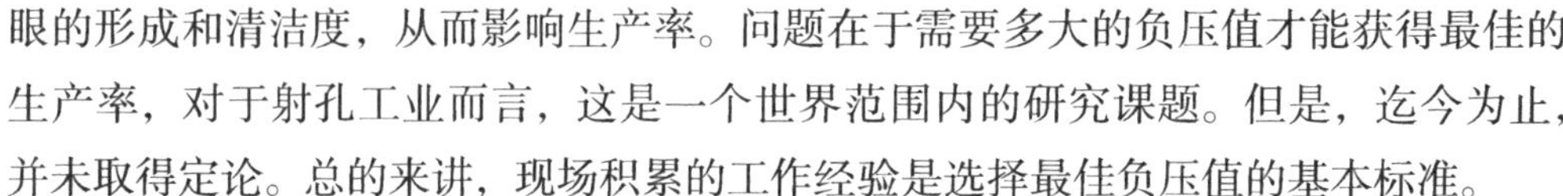

眼的形成和清洁度，从而影响生产率。问题在于需要多大的负压值才能获得最佳的生产率，对于射孔工业而言，这是一个世界范围内的研究课题。但是，迄今为止，并未取得定论。总的来讲，现场积累的工作经验是选择最佳负压值的基本标准。

（七）准备工作

（1）在射孔作业之前，要求洗井，使井筒干净，并向井筒灌入清洁的、过滤后的流体。

（2）为使射孔后出砂造成的有害影响减至最低限度，采用下述工艺措施：在射孔之前，向射孔井段内注入生物聚合物段塞。这种聚合物的黏度很高，具有一点或不具切力，可以使用聚合物的这种特性把地层出砂量控制到最小，避免射孔枪砂堵或遇卡事故。使用混有黏性丸的互溶剂有助于油分散于水基凝胶上，便于油被凝胶带走和井内的油流换向。

（3）如果射孔井深比较浅，可能要求接钻铤，以提供必需的封隔器坐封质量。如果要求接钻铤，钻铤应下放在封隔器上方的斜度较小的井眼部分。这将有利于上部的扭矩和质量向井底传递。

（八）水平井射孔技术的新工艺

高效水平射孔技术是以射孔完井技术和高能气体压裂技术相结合为基础的，其原理是操作速度慢、炸药速度快，由于二者燃烧速度的差异，钻井和压裂是有时间的，施工完成后，一旦点火，火药和炸药就会燃烧。这些气体和井中的液体一起流入钻井孔，逐渐接近含油、含气地层，最终完成地层裂缝，从而提高了渗透率和孔隙率，显著提高了产量。该技术发展相对成熟，已被国内主要石油公司广泛采用，水平井钻井技术分为两类：

一是在装置上自上而下依次设置穿孔枪、爆震发射器和气体释放管（含压裂剂）。

二是现场使用相对较多的方法。将钻头和裂缝保持在弹簧架上，一开始在直井采用高效钻井技术，经过长时间的开发和改进，在正确的井上使用。高效钻井技术的主要特点是：钻井后，压裂作业量大大减少，大大减少了施工作业对环境的污染，技术相对成熟，运行时间短，可大幅度节省施工成本和人工成本，即节约成本，提高生产能力，增加工作量。可以进行相应的调整，为不同地层选择合适的钻井参数，可以大大提高作业和生产效率。可以利用环境的完善性，在现场钻水平井时，为了高效、稳定地生产出理想的水平井，必须考虑司钻的材料、司钻的强度和气密性，以及整个钻井系统的结构和配置。

在作业现场应用射孔调剖技术的过程中，作业人员必须考虑到不同作业区渗透

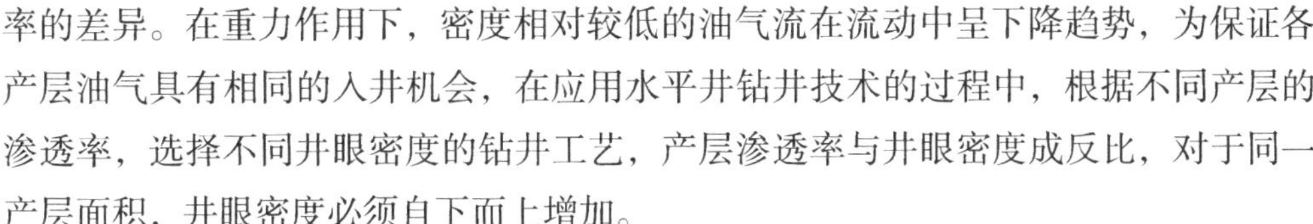

率的差异。在重力作用下，密度相对较低的油气流在流动中呈下降趋势，为保证各产层油气具有相同的入井机会，在应用水平井钻井技术的过程中，根据不同产层的渗透率，选择不同井眼密度的钻井工艺，产层渗透率与井眼密度成反比，对于同一产层面积，井眼密度必须自下而上增加。

二、气藏射孔完井动态

用有限元法来研究射孔密度、射孔深度、相位角、地层渗透率、地层的各向异性，以及紊流系数对气藏射孔完井动态的影响。分析结果表明，当渗透率较低（<10mD）时，紊流效应可以忽略不计射孔深度和相位角对产量的影响。在各向异性的地层中，射孔密度如高达 12 孔 /ft（29 孔 /m），射入深度小于 15in（38cm），才能使该井可与裸眼完井的情况媲美。在高渗性地层中，紊流效应可使产量减少 75%。

三、射孔完井效率评价

在射孔完井效率评价中，影响评价的因素很多。通过在实践中反复探索、验证，提出了利用储层系数消除储层差异影响并对油气藏动、静态参数综合分析，以及利用评价油气层损害的产率比和表皮系数评价射孔完井效率的两套方法。经过对磨溪气田雷 - 气藏的射孔完井效率评价，效果明显。在评价中还发现评价结果对射孔优化设计在现场应用的正确性有决定性的作用，对射孔弹的研制具有指导作用。两种方法都能对射孔完井效率进行正确评价，第一种方法更适合在现场大量使用。

射孔完井效率的好坏一直是完井效果评价中不容易说清楚的一个问题。其困难主要体现在两个方面：一是射孔作业与完井作业的各个环节紧密相连，不易将其效果单独分离出来；二是不同井的储层及地层流体参数各不相同，进行井与井之间的射孔完井效率对比有一定的困难。近十年来，在射孔完井效率评价方面做了很多工作，并在实践中反复探索、验证了很多方法。这里提供比较有效的一些现场射孔完井效率评价方法。

射孔完井效率评价是对完井中射孔这一环节对井产能的影响进行评价，其实质是油气层损害评价技术。因此，射孔完井效率评价就围绕着产能与油气层损害进行。

油气井产能受到很多因素影响，在进行井与井之间产能对比的时候，情况更加复杂。但在不同的储层，总能找到一个能够真实反映储层或接近反映储层好坏的综合系数，称为储层系数。利用这个系数消除井与井储层差异的影响（产量储层系数），再通过对油气藏动、静态参数的综合分析，就能够对不同井的射孔完井效率进行评价。

第十二章　特殊钻井工艺技术

第一节　取心钻井

在油气田勘探开发过程中，可以采用地球物理测井、岩屑录井、钻井液录井等方法收集各种资料，以便从一口井中了解井下各种情况，但这些方法都具有一定的局限性，只有岩心才是最完整的第一性资料。通过对大量岩心的分析研究，可以取得非常完整、准确的地质资料，如油气层的分布规律、厚度、岩性、孔隙度、渗透率、含油饱和度、裂缝发育情况等，这可为制订合理的勘探开发方案、提高钻井效益等提供可靠的依据。

取心钻井是获取地下岩心的重要手段。评价取心钻井水平最重要的指标是岩心收获率，即实际取心长度占进尺的百分数。

在保证获得较高的岩心收获率的前提下，还要努力提高取心钻进的单筒进尺，以提高取心钻进的效率和效益。

一、取心工具

我国大多采用钻进取心法，因此使用筒式取心工具。取心钻进过程包括钻出岩心、保护岩心和取出岩心三个主要环节。为完成这三个环节，取心工具一般包括取心钻头、岩心筒、岩心爪、扶正器和回压凡尔等部件。

(一) 取心钻头

取心钻头是钻出岩心的工具，其切削刃分布在一个环形面积上，以便对岩石进行环形面积的破碎，从而形成岩心。

取心钻头有多种类型，如刮刀取心钻头、领眼式硬质合金取心钻头、“西瓜皮”取心钻头和金刚石取心钻头。取心钻头的切削刃要求对称分布，切削刃的耐磨性要一致，以保证钻头工作平稳，以免钻头歪斜和偏磨而破坏岩心。同时，要求岩心爪距钻头底面的距离尽可能短，使岩心形成后能很快进入内岩心筒，以免被破坏和冲蚀。

(二) 岩心筒

石油钻井中常用的岩心筒由内、外筒组成。内岩心筒的作用是存储及保护岩心。取心时为了使岩心顺利进入内岩心筒，应使筒内壁光滑、无弯曲、无变形，流进筒内的液体应随时排出，避免冲蚀岩心。为了有效地保护岩心，要求钻进时内岩心筒不转动，因此一般将内岩心筒用悬挂式滚动轴承装置悬挂在外岩心筒上。外岩心筒的作用是在取心时传递和承受钻压和扭矩，带动钻头旋转并保护内岩心筒。因此，要求外岩心筒具有较高的强度，并且无弯曲、无变形。

整个岩心筒的长度一般为 5 ~ 13m。用于硬地层的岩心筒较长，用于软地层的则短些。

(三) 岩心爪

岩心爪的作用是取岩心和承托已取的岩心柱。因此，要求岩心爪具有良好的弹性，允许岩心顺利进入且不被破坏，能有效地割断岩心根部，有足够的强度，在钻进和割心时不会断裂，起钻时能可靠地托住岩心。常用的岩心爪有一把抓式、卡箍式、卡板式、卡瓦式等结构。

(四) 扶正器及回压凡尔

外岩心筒扶正器可保持外岩心筒和钻头工作稳定，并有利于防斜。内岩心筒扶正器可以保持内岩心筒稳定，特别是在长筒取心工具中，它可使钻头与内岩心筒保持良好的对中性，岩心易于进入内岩心筒，不易偏磨岩心。但在井下情况复杂时，使用外岩心筒扶正器容易发生卡钻，且使用外径不合适的内岩心筒扶正器会带动内岩心筒旋转，不利于保护岩心。因此，扶正器的选择和使用一定要合理，以提高取心收获率，延长钻头使用寿命。

回压凡尔是装在内岩心筒上端的一个单流凡尔，用以防止钻井液冲蚀岩心，同时允许岩心顶部的钻井液排出，保证岩心顺利入筒。

二、取心工具类型

为了提高岩心收获率，适应不同地层取心的需要，发展了各种不同结构的取心工具。下面简单介绍几种常用的取心工具。

(一) 短筒取心工具

在取心钻进中不接单根的取心称为短筒取心。常用的短筒取心工具有川式取心

工具、胜 4-206 型取心工具、长三 -1 型取心工具等。

(二) 长筒取心工具

在取心钻进中允许上提方钻杆接单根，一次取心长度在两根单根钻杆以上的取心称为长筒取心。长筒取心工具与短筒取心工具的最大不同点是前者的岩心筒长，并且在岩心筒上部配有滑动接头，使之在起钻接单根时钻头可以不离开井底，以防岩心损坏。长筒取心有时一次取心可长达 100 多米，且保持 100% 的岩心收获率。

(三) 密闭取心工具

密闭取心的目的是使岩心不受污染，保持地下油、水饱和度和真实状态，以提供更真实、可靠的资料。密闭取心工具内筒中事先装入一种保护液，取心时保护液逐渐被挤出来，并在岩心表面形成一层保护膜，以阻止钻井液对岩心的侵污。

(四) 压力取心工具

压力取心工具是取心工具中最复杂的一种，到目前为止，仍在不断地改进和完善。

所谓压力取心，就是能取得接近原始地层压力的岩心。这种工具保持了常规双筒取心的基本原理，不同点是在常规工具内外岩心筒之间附加了一套关闭机构，因而在割心的同时可将岩心关闭，密封在取心筒中，以相对地保持岩心的原始压力，并且在内岩心筒的顶部增设了一套结构复杂的压力补偿系统，以补偿起钻过程中岩心内流体的压力扩散。

三、取心工艺

(一) 取心工具的选择和检查

选择取心工具主要是依据地层岩性和井下条件，合理选择钻头、岩心爪的类型及工具长度。软地层取心一般选用刮刀式或硬质合金取心钻头，硬及研磨性好的地层可选用领眼式硬质合金或金刚石取心钻头。深井取心时，要尽量选择使用寿命长的钻头。

岩心爪的选用原则是：一般地层用一把抓式，中硬地层用卡板式，硬及破碎性地层用卡箍式及卡板式复合型，坚硬而致密的地层用卡箍式。

地层松软、岩心胶结性差或破碎性的地层所用取心工具宜短一些；岩性硬而所选钻头又能取得较高进尺时，可选用中长筒取心工具。

确定取心工具后，下井前，施工人员要对工具进行全面检查。检查的内容主要有：

(1) 悬挂轴承性能良好，保证内岩心筒转动灵活。

(2) 内外岩心筒无变形、裂纹和伤痕，其弯曲度不能大于1mm/m。

(3) 回压凡尔球和球座密封可靠，排液畅通，无刺漏现象。

(4) 分水接头各个水眼必须畅通。

(5) 岩心爪弹性良好、无裂纹，尺寸、类型符合要求。

(6) 钻头内外径尺寸符合要求，钻头完好无损。钻头内径至少要比岩心筒内径小3～4mm。

(7) 各丝扣连接部分无松动、刺漏现象。

取心工具各部分检查合格，并丈量好主要部分的尺寸后方可组装。

(二) 取心钻进参数配合

取心钻进仅破碎一个环形面积的岩石，因此钻头的承压面积小。同时，外岩心筒管壁较薄，为了保护好岩心，提高岩心收获率，选择的钻压、转速和排量等参数均要比全面钻进钻头用的小些，但要适当，否则太小会导致钻速慢、进尺低、取心时间长、效益低，且对保护岩心不利。以216mm取心工具为例，推荐如下参数（具体要根据地层岩性、工具及井下情况灵活掌握）配合。

(1) 钻压：硬地层60～80kN，软地层适当小些。

(2) 转速：一般采用低速，硬地层50～80r/min，软地层100～110r/min，井深时要降低转速。

(3) 排量：硬地层15～20L/s，软地层适当增大排量。对于胶结疏松的砂岩等地层，为防止冲坏岩心，应降低排量。

(4) 泵压：一般不超过10MPa。

(5) 钻井液性能：应尽可能采用优质轻钻井液钻进，保证井下安全并充分净化井底。

(三) 取心操作

1. 下钻

取心下钻与普通钻进的下钻程序基本相同，只是要格外小心。岩心筒入井时，必须在井口卡好安全卡瓦，防止其滑脱落井。下钻操作要平稳，不得猛放、猛刹，严防顿钻，禁止划眼。下钻至井底以上10m左右时开始循环钻井液。循环开泵时要用小排量，泵压应控制在8～8.5MPa，以防压差过大剪断销钉。待循环正常后，缓

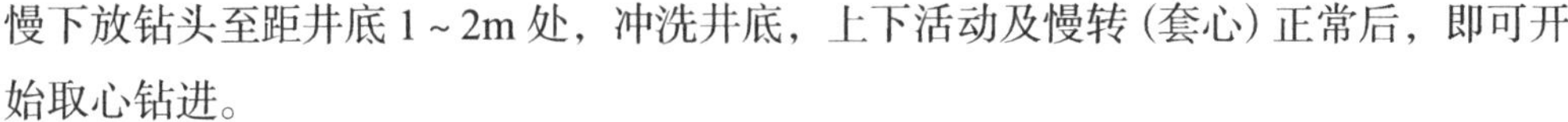

慢下放钻头至距井底1～2m处，冲洗井底，上下活动及慢转（套心）正常后，即可开始取心钻进。

2. 取心钻进

开始取心时（造心）要轻压启动。对于中硬或硬地层，要缓慢加20～30kN钻压，钻进0.1m左右，钻头工作平稳后方可逐渐增至规定钻压钻进。对于疏松地层，一开始就可以加足钻压。

短筒取心或中筒取心应事先配好方入，尽量避免中途接单根；送钻要保证平稳均匀，不得溜钻、中途停泵及提钻等；尽量减少蹩钻、跳钻，控制钻压，不得放空；密切注意泵压变化及岩屑返出情况，恰当掌握钻头使用时间。

3. 割心

使用不同的取心工具需配合使用不同的割心方法。

使用川式取心工具时，割心岩层大多是岩性较为致密、胶结性良好的地层。钻完进尺后停止送钻，但不要停泵，按原转速旋转15min左右，待悬重恢复后上提钻具即可。割心后应上提钻具并沿不同方向转动，慢慢下放以检查岩心是否割断或井内有无余心及余心的长度等。经查岩心割断后，即可上提钻具0.5m左右，循环钻井液后起钻。

使用胜4-206型取心工具时，配合使用投球加压割心法（机械加压割心法）。割心层位一般选在泥岩段为宜。钻完进尺就停止旋转2～3min，并记好方入，上提钻具0.4m，使加压接头方入完全拉开，此时的方入称为投球方入，并做好标记。停泵，打开立管上面的丝堵，投球，开泵用钻井液送球，且每2min投入1只，共投4只，全部投完后再循环钻井液10min，适当转动钻具以防卡钻，最后停泵缓慢加压，滑放钻具。当钻具下到原停钻方入时，要特别注意观察剪断销钉显示（方钻杆向下猛一跳动），经反复拉开加压2～3次，证明销钉已剪断，再继续下压5格，然后提钻到打钻方入位置，间断转动转盘割心。试探转盘无憋劲、无倒转，则岩心已被割断，可循环钻井液后起钻。

4. 起钻

起钻要平稳，要用吊钳松扣，旋绳卸扣，不准使用转盘卸扣。起钻中要及时灌钻井液，起出钻头后应将其保护好，及时顶出岩心，并按顺序将岩心放在岩心盒内。同时，仔细丈量岩心长度和直径，计算岩心收获率，做好记录。

在整个取心工作中，各项操作要求都较高，必须由有丰富操作经验的人员完成，以保证高的岩心收获率和其他指标。

第二节 定向钻井

定向钻井是指使井身沿着预先设计的方向和轨道钻达目的层的钻井工艺方法。

定向钻井工艺是为适应特殊的需要而发展起来的，它与在钻直井过程中由于井斜而引起的井眼偏斜有着本质的区别。定向钻井是根据地面、地下条件及特殊的目的，经专门的设计和施工，使井眼轨迹按预定方向（并非垂直）钻达目的层位，以解决用常规直井不能解决的问题，如特殊的地面条件限制了用直井开发地下油藏，地下地层条件使钻直井非常困难或不可能，以及技术上需要用定向钻井处理事故、达到特殊目的等。

一、定向井井身剖面

（一）井身剖面设计原则

由于定向井的特点，要保证最终钻达目的"靶点"，就必须综合本地区的地质情况、地层自然造斜规律及钻井技术条件等各因素，进行合理的井眼轨迹设计，即井身剖面设计。一般设计的原则可归结为四点：

（1）保证实现定向钻井的目的；

（2）尽可能利用地层自然造斜规律；

（3）有利于安全、快速钻进；

（4）有利于以后的采油和修井作业。

（二）井身剖面类型

在上述设计原则的指导下，还要针对具体条件确定出一口井的具体剖面。目前常用的定向井井身剖面有三大类、十小类。这三大类属基本类型，其他类型是对这三类的发展。

类型Ⅰ：造斜深度较浅，在达到所要求的井斜角后，保持这一角度钻达目的层。这种井身剖面类型多用于不需要下中间套管和具有单一油层的中深井中，或水平位移较大的深井中。

类型Ⅱ：在接近下表层套管的井深开始造斜，造斜完后下表层套管，然后稳斜钻进到预定的水平位移，降斜钻进，最后使井眼垂直进入目的层。这种井身剖面适用于多油气层、有盐水层等复杂情况、需要下中间套管的深井。

类型Ⅲ：具有较长的垂直井段，便于在上部实行快速钻进。这种井身剖面适用

于地层倾角较大、要求闭合距不太大的多油气层深井。

所有的井身剖面都可以认为是四种基本井段的组合。这四种基本井段为垂直段、增斜段、稳斜段、降斜段。现场上见到的十种具体剖面是：直—增（即Ⅲ型）；直—增—降至垂直；直—增—降；直—增—降—直；直—增—降—稳；直—增—稳（即第Ⅰ型）；直—增—稳—降至垂直；直—增—稳—降；直—增—稳—降—稳；直—增—稳—降—直（即Ⅱ型）。

二、定向井造斜方法及原理

定向钻井中的造斜是使垂直井眼在某一深度上偏斜一定角度的工作。如何造斜是定向钻井的关键问题之一。钻井过程中可利用地层的自然条件造斜，但这种造斜能力有限，而且有时方向会与设计的不一致。因此，要使井眼按照预定轨迹延伸，还需要专门的造斜工具和方法。定向钻井的造斜方法主要有转盘钻造斜和井下动力钻具造斜。

（一）转盘钻造斜

1. 槽式斜向器

这是一种转盘钻井使用最早的造斜工具，一般用套管焊制而成。导斜面与圆柱母线的夹角称为导斜角，是表征槽式斜向器造斜能力的一个重要参数。

槽式斜向器下部做成楔形，以便于固定到井底（插入井底）；其上接头上有销钉孔，便于与钻具连接。

用槽式斜向器造斜需要采用小尺寸的钻头及相应的钻具组合，定向下钻，快到井底时以一定的速度冲向井底并施加一定的压力，使楔形尖插入井底并剪断销子（要控制好钻压）。开始钻进时要轻压慢转，待钻头离开导斜面后可稍加钻压，钻进4 ~ 5m后即可起钻，连同槽式斜向器一起起出。然后换用原尺寸的钻头下井扩眼，并沿斜井眼方向继续钻进。若井斜角度不够或方位不对，可再次下入槽式斜向器重复上述操作再次造斜。

这种方法在老井侧钻时仍经常使用。

2. 水力喷射造斜钻头

这种造斜钻头只适用于软地层的造斜。水力喷射造斜钻头的结构与普通三牙轮钻头相同，仅是钻头的三个水眼尺寸不同或三个喷射角不同。

水力喷射造斜钻头造斜的基本原理是靠钻头水眼的定向射流对地层的直接冲蚀作用形成斜井段。造斜时，通过地面定向或井底定向的方法将下到井底的水力喷射造斜钻头的大水眼对准所要造斜的方位，然后锁住转盘，用大排量喷射。要充分发

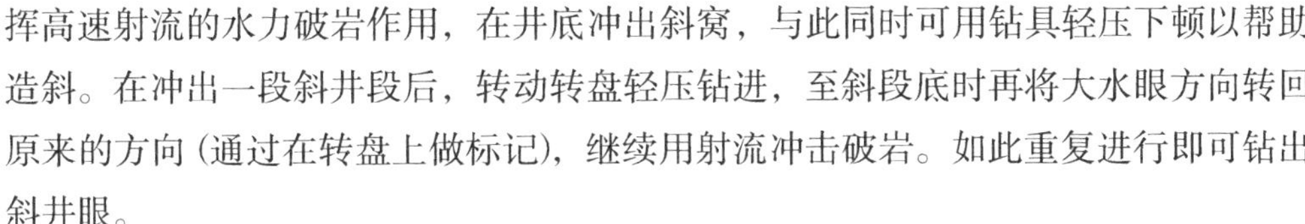

挥高速射流的水力破岩作用，在井底冲出斜窝，与此同时可用钻具轻压下顿以帮助造斜。在冲出一段斜井段后，转动转盘轻压钻进，至斜段底时再将大水眼方向转回原来的方向（通过在转盘上做标记），继续用射流冲击破岩。如此重复进行即可钻出斜井眼。

3. 扶正器造斜钻具

转盘钻井使用上述两种造斜工具和方法造斜，造斜过程中每次下钻都要定向，很费时间。目前已发展了使用扶正器组合的造斜钻具，这种钻具造斜时不须定向。

扶正器造斜钻具的基本结构是：钻头 + 扶正器 + 一根钻杆（或小尺寸钻铤）+ 钻铤（3 ~ 4 柱）。其主要造斜原理是：在钻压作用下钻头上边所接的钻杆（或小钻铤）发生弯曲，且在下扶正器的支点作用下利用杠杆原理给钻头施加较大的侧向力，从而产生斜向钻进。

这种造斜钻具组合的关键点是近钻头扶正器的位置确定。实践表明，扶正器距钻头最合适的距离为 0.9 ~ 1.5m，扶正器与钻头的直径差一般为 3 ~ 5mm。为增加其造斜能力，在造斜钻进中常采用大钻压、低转速以促使扶正器以上的钻具弯曲，从而使钻头上具有足够的造斜力。但这种造斜钻具在由直井段向外造斜时无法控制方向，因此在造斜点开始造斜的井段必须使用其他造斜工具先钻出一定方位上的一个斜井段，然后使用扶正器造斜钻具组合进行连续造斜。

调节扶正器与钻具的配合，还可以形成稳斜钻具和降斜钻具。

（二）井下动力钻具造斜

井下动力钻具造斜又称滑动钻进造斜，是指在钻进过程中依靠井下动力钻具带动钻头旋转破碎岩石，而钻具本身不转动，只做滑动前进。

1. 井下动力钻具造斜工具的类型

滑动钻进造斜工具的类型有三种，即弯接头 + 动力钻具、弯外壳螺杆钻具和偏心垫块。

（1）弯接头 + 动力钻具。弯接头接在动力钻具和钻铤之间。弯角越大，造斜率越高；弯曲点以上的刚度越大，造斜率越高；弯曲点至钻头的距离越小，且重量越小，造斜率越高；钻进速度越小，造斜率越高。此外，造斜率的大小还与井眼间隙、地层因素、钻头结构类型有关。

（2）弯外壳螺杆钻具（弯外壳）。弯外壳螺杆钻具是将动力钻具的外壳做成弯曲形状，它比弯接头的造斜能力更强。

（3）偏心垫块。在动力钻具壳体的下端一侧加焊一个垫块或只装一个偏心扶心器。垫块的偏心距高度越大，造斜率越高。

2. 井下动力钻具造斜的原理

由弯接头＋动力钻具组成的滑动钻进造斜工具入井前处于自由弯曲状态。在井眼中，钻柱的弯曲受到井壁的限制，使得钻头对井壁产生造斜力（弹性力或指向力）。此外，钻头轴线与井眼轴线不重合，产生了对井壁的横向破碎和对井底的不对称破碎，在井下动力钻具带动钻头旋转的过程中，造斜工具不转动，这就保证钻头朝一定方向偏斜一定角度，从而达到造斜的目的。弯外壳螺杆钻具和偏心垫块造斜工具的造斜原理与此相似。

三、定向井的方位控制

合理设计井身剖面，选择适当的造斜工具，是定向钻井的首要条件。但必须控制好井眼延伸的方位，才能使井眼沿预定轨迹到达目的地。

在井身剖面设计中，为了以最短的路径和最方便的施工钻达目的层，大多设计成以不变的方位角定向钻进。但在实际钻进中，由于地质条件等各种因素的影响，井身轴线很难完全按设计的轨道延伸，这就需要及时测量并予以纠正。通常用以纠正井眼方位的方法是调整造斜钻具在井底的作用方位。

装置角用以描述钻头在井底圆周上的位置。在井底圆周上，由井眼低边指向井眼高边的射线称为高边方向线。过高边方向线的铅垂面即为井斜铅垂面。造斜工具轴线构成的平面称为工具面。工具面与井底平面的交线称为装置方向线，它指示造斜工具的作用方向。

四、定向方法

为了保证定向井井眼沿着设计的轨道延伸，首先必须保证造斜工具在井底的方位与设计方位一致，通常将确定造斜工具在井底的正确位置的工作称为定向。

（一）地面定向法

地面定向法就是将井下造斜工具的弯曲方位通过在地面下钻时刻有“十”字记号的钻杆自下而上逐根传递到地面，然后转动转盘将造斜工具的方位调整到设计方位上。这种方法最古老，所用工具最简单，但工艺烦琐，费时较多，误差较大，仅限于浅井、方位精度要求不高的定向井中使用。

地面定向法的定向原理是在钻杆上打印“十”字记号。要在一根钻杆的公、母两头分别打印记号，但必须在同一母线上，以便能够准确地将井下工具的方位逐步地传上来。用打完记号的钻杆下钻，并以造斜工具的弯曲方位记号为准，依次用量角器测量钻柱接头上下“十”字记号的角差，做好记录。下完钻后，根据最后一根

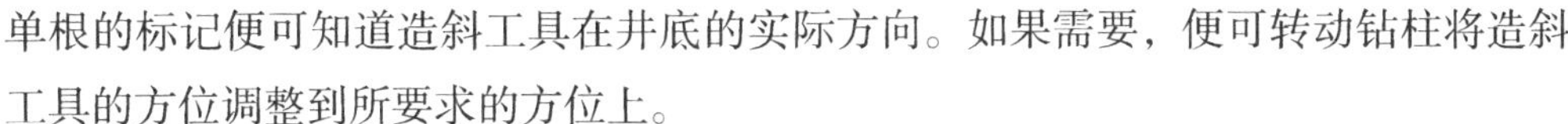

单根的标记便可知道造斜工具在井底的实际方向。如果需要，便可转动钻柱将造斜工具的方位调整到所要求的方位上。

(二) 井底定向法

井底定向法是将能够标记造斜工具的工具面方位的短节随钻柱下至井底，定向时将测斜仪从井口下入，直接测量工具面方位，取出后可读出井底工具面的位置，从而实现定向。根据造斜工具面标记方法的不同，井底定向法可以分为以下两种：

1. 定向磁铁标记法

这种方法是在无磁钻铤内壁嵌入定向磁铁块，并以此指示造斜工具弯曲的方位。这种仪器中有两套罗盘装置，上罗盘的指针被磁铁吸引指向一定位置，其北极即造斜工具的弯曲方位；下罗盘的北极指示地磁方位以测出井眼的倾斜角及方位角。将这两套罗盘记录卡片合在一起，便可确定出井眼方位、井斜角及装置方位角，从而进行井底定向。

2. 定向键标记法

这是一种用途广泛的标记方法，定向键所在的母线标志着造斜工具的工具面方位。测量时只要测到定向键的方位，就可知道造斜工具的工具面方位。在测量仪器的罗盘面上有一条“发线”，在测量仪器的最下面有一个定向鞋，定向鞋上有一个定向槽。仪器安装时应使发线与定向槽在同一个母线上对齐。当仪器下到井底时，定向鞋的特殊曲线将使定向槽自动卡在定向键上，从而使罗盘面上的发线方位可表示造斜工具的工具面方位。在照相底片上，罗盘的指针标志着井斜方位，由此可以求得造斜工具的工具面方位。

(三) 随转定向法

随钻定向法利用随钻测斜仪器可以直接测出井底的工具面位置，并通过有线或无线方式传输到地面，不仅可以实现定向，而且可以随时监测工具面的位置。

第三节　水平钻井

水平钻井是指在地下某一深度的地层中沿水平方向钻出一段水平井眼的工艺过程。水平钻井技术是在定向钻井技术的基础上发展起来的。

水平井是最大井斜角超过 86°，井身沿着水平方向钻进一定长度的井。由于水平井可使泄油面积增大，一口井可以穿过几个油气层，能开发用常规方法无法开采

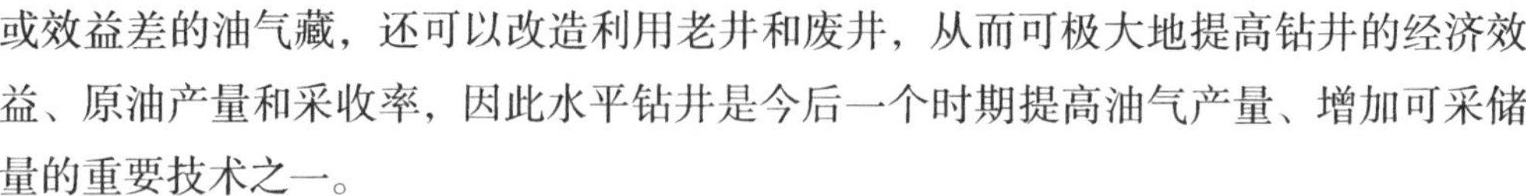

或效益差的油气藏，还可以改造利用老井和废井，从而可极大地提高钻井的经济效益、原油产量和采收率，因此水平钻井是今后一个时期提高油气产量、增加可采储量的重要技术之一。

一、水平井剖面类型

水平井是由定向井发展而来的，与定向井类似，水平井也有不同的井身剖面，以适应不同的地质条件和钻井技术的要求。目前按水平井钻进过程中由垂直方向转向水平方向的曲率半径的大小将水平井分为四种，即超短曲率半径水平井、短曲率半径水平井、中曲率半径水平井和长曲率半径水平井。

水平井的剖面形状基本有以下三种：

(1) 双增剖面，即整个水平井井眼由垂直段—增斜段—稳斜段—增斜段—水平段五段组成。这种剖面的井眼曲率变化平缓、施工难度小，达到的水平延伸段长，适用于油层埋藏深、水平位移大的井。这种剖面属于长曲率半径水平井，钻具与井壁的摩擦力较小。

(2) 变曲率单增剖面，即整个水平井井眼由垂直段—增斜段—水平段三段组成，但增斜段的增斜率并非在整个增斜段都不变。这种剖面也属于长曲率半径水平井。

(3) 圆弧单增剖面。这种剖面的增斜段的增斜率不变，即曲率半径相同，所以增斜段为一圆弧。其水平井井眼同样由垂直段—圆弧段（增斜段）—水平段三段组成。这种剖面适用于中曲率半径和小曲率半径水平井，大曲率半径水平井有时也可用此剖面。圆弧单增剖面从垂直段到水平段的斜井段长度可以较短，最宜用于油藏深度较浅的井。

对于超短半径水平井而言，其剖面可以认为是垂直段—造斜段（很小）—水平段，也可以认为是垂直段—水平段。这是因为其造斜段很小（≤ 0.3m），与井眼的横向尺寸相差不大，故可以认为由垂直段直接转到水平段，中间只是一个造斜工具的弯曲段。

二、水平钻井系统

能够完成水平井钻井工艺过程的配套设备和工具称为水平钻井系统，由于长、中、短和超短曲率半径水平井的结构和应用领域不同，因而其钻井的工艺和设备也各不相同，即出现了不同的钻井系统。

（一）超短曲率半径水平钻井系统

这种水平钻井系统的特点是：

(1) 用高压水射流破岩钻进，而不用钻头机械钻进；

(2) 钻柱不旋转；

(3) 靠作用在射流喷嘴内腔的静液压力自动送钻，即破岩、清岩，推动钻头前进全由地面高压泵（压裂泵或大型钻井泵）提供的高压液体来完成，因而不需要大钻机，只需要功率较小的车装钻机作为起升设备即可。

PETROPHYSICS 公司的水平钻井系统可以钻出直径 50～100mm，长 30～60m 的水平井眼，其由垂直到水平的转弯半径为 0.3m 左右。PENETRATORS 公司的钻井系统可钻出直径 16～20mm，长 3m 左右的水平井眼，它与垂直段基本呈 90° 角，类似射孔。

超短曲率半径水平井主要用来恢复老井的产能，当然也可用于新井的增产。它既可在所需开发油层的同一水平面上钻出多个水平井眼，也可在多个水平面上钻出多个水平井眼，对于开发薄油层、稠油层、低渗油层、垂直裂缝性油层具有良好的效果。

超短曲率半径水平井的钻井工艺技术与常规钻井工艺技术相比有十分明显的特点。以 PETROPHYSICS 公司的水平钻井系统为例，其工艺过程可归纳为以下几个步骤（以老井眼中钻水平井为例）：

(1) 将老井眼中对应着生产层位置的油层套管磨铣掉一段（1.5～3m）。

(2) 下入扩孔钻头，将该段井眼扩大（直径 0.6～1.2m）。

(3) 用高压油管下专用斜向器到扩眼段，并将斜向器的上端与油层套管通过卡瓦固定在一起。

(4) 将直径 32mm 的低碳钢生产油管（也用作钻杆）及与之相连的射流钻头（喷嘴）下入高压油管内。

(5) 开泵钻进。首先是斜向器在液体压力的作用下由垂直状态变为弯曲状态（曲率半径为 0.3m），然后随着泵压的升高，液压推动钻头和生产油管（钻杆）进入并通过斜向器，完成造斜（即转弯），同时高压液体通过喷嘴以极高的速度射出，冲击破碎岩石，形成水平井眼。

(6) 通过调节高压液体的压力、缆绳的拉力来控制和调节钻进的速度。

(7) 在钻进一段或钻完一个水平井眼后，下入一种柔性外壳测斜仪，进行井下测量。

(8) 根据测量结果，通过方向控制机构或钻进速度调节来控制和调节钻井的方向。

(9) 钻完水平段后可不将生产油管（钻杆）起出，进行完井。完井的步骤是：①用电化学方法割掉钻头；②进行砾石充填；③沿水平段内的生产油管进行电化学

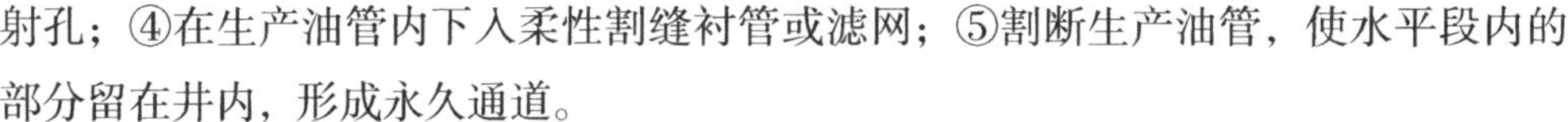

射孔；④在生产油管内下入柔性割缝衬管或滤网；⑤割断生产油管，使水平段内的部分留在井内，形成永久通道。

（10）提起和收回斜向器。如果要在同一位置的不同方向上再钻另一水平井眼，则只需将斜向器转动一个方向即可重新开始钻进。

（二）短曲率半径水平钻井系统

短曲率半径水平钻井系统的地面设备等与常规钻井设备相同，但按其动力来源的不同，短曲率半径水平钻井系统可分为两种，即地面动力钻井系统和井下动力钻井系统。

1. 地面动力钻井系统

典型的短曲率半径地面动力钻井系统——短曲率半径铰接系统的造斜钻具组合使用一种万向节式（铰接式）工具，可钻出曲率半径 6 ~ 10m、长 30m 的较大水平井眼。

预弯曲导向管将横向力作用到钻头上，而钻头则由不转动的预弯导向管内部的铰接式传动轴驱动旋转，其旋转扭矩来源于地面上的动力水龙头（或转盘）。在造斜段使用带旋转扶正器的钻铤，以减小扭矩。在水平段，通过改变近钻头扶正器的长度和直径来控制井眼的方向。

2. 井下动力钻井系统

短曲率半径马达系统与短曲率半径地面动力钻井系统都是由 EASTMAN CHRISTENSEN 公司开发出来的。该系统使用铰接式短马达，可钻出 300 ~ 500m 长水平井眼。

该系统的钻井步骤：

（1）钻造斜段：①将造斜钻具组合下入井内；②造斜，监控造斜率。

（2）钻完造斜段：①采用高边定向法钻完造斜井段；②起钻。

（3）测量造斜井段：用测斜仪测量造斜段。

（4）钻水平段：①将稳斜钻具组合下入井内，直线钻进或修正井眼轨迹；②用测量系统监测井眼轨迹；③钻达水平段终点。

（5）测量水平段：用测量仪准确测定所钻井眼轨迹。

（三）中曲率半径水平钻井系统

中曲率半径大直径井眼的造斜段一般用带有弯接头、弯外壳稳定器的马达钻进，其水平段通常用导向马达或带双斜式万向节的马达钻进。

在这些大直径井眼（140 ~ 318mm）中，通常使用随钻测量仪、低速马达和牙轮

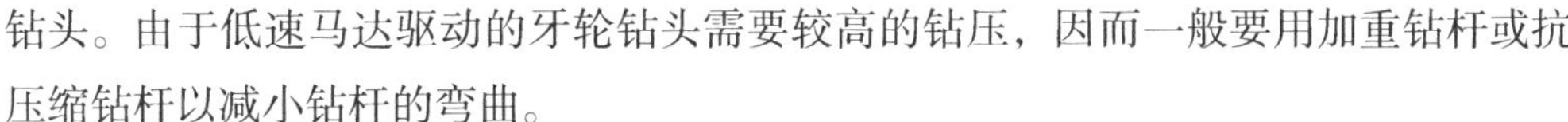

钻头。由于低速马达驱动的牙轮钻头需要较高的钻压，因而一般要用加重钻杆或抗压缩钻杆以减小钻杆的弯曲。

小直径中曲率半径井眼（89～140mm）的造斜井段一般用光滑钻具组合钻进。这种钻具组合使用带垫块或稳定器的高转速双弯马达，以便将钻头推向一侧造斜，其水平段一般用导向马达或旋转钻具组合钻进。

（四）长曲率半径水平钻井系统

钻长曲率半径水平井眼使用的工具与钻中曲率半径井眼使用的工具相似，不同的是长曲率半径井眼的弯曲率较小，井眼的造斜率一般为（1°～3°）/10m。最初，长曲率半径井眼经常用旋转钻具组合钻进，目前则多用导向马达进行造斜，因为这种马达的钻井速度较高，定向控制也更为精确。

三、旋转导向钻水平井

旋转导向钻井是相对于井下马达的滑动导向钻井而言的，即采用旋转导向钻井系统在旋转钻井方式下实现井斜和方位的调整。旋转导向钻井技术从根本上消除了滑动导向，解决了滑动导向的所有缺点；同时，该技术配合先进的随钻测量技术和井下控制技术，通过双向通信技术，在进行井下测量信息实时反馈的同时还可以实现工具造斜能力的井下自动调整，从而实现井眼轨迹的连续和自动控制，使复杂井眼轨道的实现能力得到极大的提高，在水平钻井中得到了有效应用。

旋转导向钻井系统一般包括井下旋转导向钻井工具系统、测量及上行通信系统、地面监控系统、下行通信系统等。

测量及上行通信系统与传统的导向钻井没有太大区别，主要有MWD（Measurement While Drilling，随钻测量）和LWD（Logging While Drilling，随钻测井）等。地面监控系统一般是在原有的MWD/LWD地面信号采集系统的基础上增加实时监控系统，包括数据处理、下传指令的产生等软硬件系统。

下面以AutoTrak^{G3}旋转导向钻井系统为例介绍井下旋转导向钻井工具系统。

AutoTrak^{G3}钻井系统的井下系统由三个可以单独更换的部分组成，即导向单元、传感器短节和电源—双向通信单元。导向单元与传感器短节之间用一个柔性稳定器交叉接头连接，而传感器短节与电源—双向通信单元之间则由一个刚性稳定器接头连接。

(一) 导向单元

1. 用途

导向单元用于控制钻进方向。

2. 结构

AutoTrakF^{G3} 导向单元包括导向肋板、不旋转导向稳定器套筒、旋转驱动轴、水力控制阀、控制电路和测斜传感器等。该部分有三个液压操作肋板，都连接着控制电路和测斜传感器。该单元可以通过高压流体来分别控制三个活塞，它们在三个导向肋板上分别施加一个可以控制的液压力。这三个力的合力引导工具按照设定的造斜度沿着设计的井眼轨迹钻进。当井眼轨迹偏离并需要调整合力的方向时，可以通过地面发出的液压脉冲命令和井下电路来协调实现。

(二) 传感器短节

1. 用途

传感器短节可以在尽可能短的钻具组合内根据压力监测和动态监测来提供定向控制和地层评价。

传感器短节具有中央处理器处理、数据存储、定向测量控制、温度检测、井眼和环空压力测量、方位伽马测井和电阻率测井等功能。

主内存板有两个重要的功能：一个是执行和控制该工具的各种命令，另一个是存储功能。

2. 结构

AutoTrak^{G3} 传感器短节实际上就是各种随钻测量（MWD）和随钻测井（LWD）工具的所在地。

主内存板是一个由八个闪存集成电路结合而成的有 32MB 内存的主板，各种数据都存储在这个内存板上。压力 / 伽马控制板将光电倍增管、前置放大器、高压电源等集成在一起，这种新的设计取消了链接的过程，提高了装置的可靠性。工具通信端口 (转储端口) 是用来进行内存转储、连接通信工具和工具诊断的连接端口。

(三) 电源—双向通信单元

1. 用途

该单元主要负责工具脉冲序列、下行链路的识别，以及发电和脉冲发生器的控制。此外，该单元还有一个可调断路器及温度监控器的功能。

2. 结构

发电机为井下的所有模块提供电力。一个泥浆涡轮通过磁耦合驱动交流发电机工作，有时称其为磁分离器。6¾in 钻具水轮机的工作范围是 1400 ~ 2500L/min，它的发电机可以产生 45 ~ 135V 的直流电流，其最大输出功率为 250W，可以保证为系统持续供应电力。

脉冲发生器在钻井液流动过程中通过限制钻井液流动而产生压力脉冲。限制钻井液流动的部件称为阀座或限流器。当钻井液流动到阀座时，只有压力超过一个固定的数值才能通过阀座，从而使阀座两边的压力不同而产生压力差。

下行链路控制器中 DLC 持续监控来自 AVR 的涡轮转速，然后决定何时发送下行链路。它会通知主机有一个下行链路正在进行中，下行链路结束后，还会通知主机下行链路的内容和状态。

四、水平钻井与完井的特点

（1）与定向井相比，水平钻井的难度更高，对设备、工具和施工的工艺技术要求也就更高。水平井钻进过程中的主要问题是：①由于自重导致钻具贴向井眼下侧井壁，摩擦阻力增大；②钻压施加困难；③严格控制井眼轨迹较难；④岩屑不易被带出，易造成井下事故；⑤井壁不稳定；⑥固井难度大；⑦井下测量困难。

（2）所有这些问题在水平井的设计和施工中都应该给予高度重视，并采取有效的措施予以解决。主要可从以下几个方面采取措施：①可采用大功率的顶部驱动钻井装置，优选钻具组合；②使用优质钻井液，保持井眼具有良好的清洁、润滑、稳定性能；③采用先进的随钻测量技术和连续井眼轨迹控制技术，如旋转导向钻井技术；④选择合适的固井、完井方法等。

第四节　套管钻井

一、不可回收套管钻井技术

不可回收套管钻井是指在套管钻井中，底部钻具组合不可回收，完钻后钻头留在井底进行固井作业的钻井技术。下面以威德福公司开发的不可回收套管钻井系统为例进行介绍。不可回收套管钻井系统采用一只钻头打完全部进尺，套管内预先放置固井浮箍，钻至预定井深后利用特殊装置将下部钻头胀裂，然后固井。

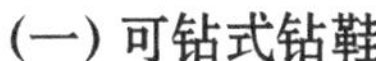

(一) 可钻式钻鞋

可钻式钻鞋又称套管钻井专用钻头，是威德福公司于2000年发明的专利产品，其英文名称为DrillShoeTM。迄今为止，钻鞋已发展到第三代产品。其本体由特殊的铝合金材料制成，保径齿和切削齿为聚晶金刚石复合片，镶在钻头底部和侧面的三个呈Y形刀翼上，与一般PDC钻头不同的是其齿形为椭圆形，因此切屑作用更强。

钻鞋的喷嘴由铜制成，喷涂内涂层以增加其抗冲刷能力，可以钻掉。钻达预定深度后，上提管串1.5m，投球憋压使钻鞋内的活塞下行，将带有喷嘴的中心活塞顶出，同时将刀翼胀开并推向井壁，这样留在井底的只有具有可钻性的内胎和喷嘴。完成转换的可钻式钻鞋将露出六个钻井液孔，而内置弹簧卡可以阻止活塞滑回钻鞋主体。

(二) 套管钻井动力传递系统

套管钻井动力传递系统主要包括套管钻井矛，内置式套管驱动装置和TorkDrive工具等。

1. 套管钻井矛

套管钻井矛由一个1.5m长的短节、安全阀、旁通阀、升高短节、H-E套管矛、套管矛密封装置和牛嘴组成，一端与顶驱连接，另一端可以插入套管中，通过下压和左右旋转即可上卸扣，从而简化了接套管的操作程序，节省了套管上扣的时间，保证了作业的安全。这种套管钻井矛也可用于下套管作业，在下套管遇阻、遇卡时可以开泵循环，转动套管，减小阻力和上提拉力。

2. 内置式套管驱动装置

用于9～13in套管的内置式套管驱动装置的提升能力达到455t，扭矩达到5×10^4lb・ft（1lb・ft=0.1383kg・m）；用于16～24in套管的内置式套管驱动装置的提升能力达到1263t，扭矩达到5×10^4lb・ft。

3. TorkDrive工具

这种紧凑型TorkDrive工具是威德福公司开发的快速固井系统的重要组成部分。这种快速固井系统与传统固井装置相比，其安全性和效率都得到了较大的提高，同时也使用户的选择范围更大。在使用时，这种工具安装在钻机的顶驱上。紧凑型TorkDrive工具在内外扣模式下都可以使用，并且适用的套管尺寸范围较广。由于其尺寸进行了缩减，所以安装和拆卸钻机时的效率更高，可以应用于陆上钻机系统。TorkDrive工具可远程操纵，使用顶驱的动力对套管进行上扣。

TorkDrive工具非常适合套管钻井作业和尾管划眼作业，并且还具有旋转、下压、活动套管的能力。这种工具可以与任何顶驱钻机系统相匹配，并且可以不经任

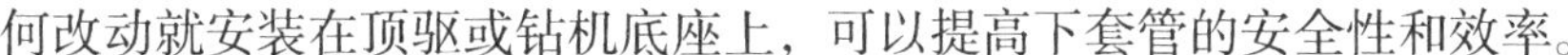

何改动就安装在顶驱或钻机底座上，可以提高下套管的安全性和效率。

由于钻鞋是一次性的，这种不可回收套管钻井技术只限于在钻进距离较短、一只钻头就能钻穿目的层的条件下使用，因此该技术较多用于表层套管。

二、可回收套管钻井技术

可回收套管钻井就是用套管柱代替钻柱传递水力和机械能量至底部钻具组合，通过套管内空间下入或取出可回收式底部钻具组合的钻井技术。

可回收套管钻井系统主要由套管驱动系统、钻井锁工具、底部钻具组合等组成。

(一) 套管驱动系统

大功率的顶驱能够将各类尺寸的套管进行连接。钻进时，顶驱夹持并旋转套管。一个由液压驱动的抓钩抓住套管，传递扭转载荷和轴向载荷至套管串。封隔器皮碗在抓钩下面进行密封，紧贴套管内壁，钻进时，钻井液在中间循环而不溢漏。套管驱动系统具有较大的载荷承受能力，可以处理 7 ~ 20in 套管。如果由套管直接传递扭矩，则可能导致套管丝扣损坏，因此在套管柱上端和顶驱输出轴之间安装了一个套管驱动头。套管可直接与驱动头连接，由内部卡瓦夹紧，并由内部的打捞矛和密封元件共同进行密封。驱动头由液压驱动，由顶驱进行控制。先由顶驱传递钻机的扭矩至套管驱动头，再由套管驱动头将旋转扭矩传至套管。驱动头的上部安装了一个小型的防喷器，以便在发生井涌或井喷时能够及时关井。套管驱动头的主要作用是传递扭矩、起下套管和密封循环钻井液。套管驱动头的使用可减少接单根的工作量，也可增加钻台的安全系数。整个套管驱动系统可加速对套管的操作处理，避免上卸扣对螺纹连接的损伤。

(二) 钻井锁工具

钻井锁工具是可回收套管钻井系统的关键装备之一，它包括能够传递钻具组合轴向载荷的轴向锁紧器、传递扭矩的扭矩锁紧器、液压密封装置，以及与下部钻具组合的连接短节等。它与带键槽的剖面进行啮合，把套管上的扭矩传递给底部钻具组合，同时与无轴向移动的轴向锁紧器啮合，将压力和张力载荷传至井底的钻具组合。位于钻具组合上部的钻井锁工具的主要作用是通过传递扭矩将钻具组合锁定在套管底部，其液压密封装置可保证套管与底部钻具组合的密封。钻进时，钻井锁工具将底部钻具组合锁定在套管上，使其既不能转动，也不能沿轴向移动。当需要更换钻头或井下工具串时，锁紧器解锁，井下工具被从套管内打捞至地面。整个过程中，钻井液循环和套管柱旋转不受影响。

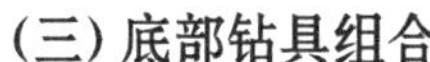

(三) 底部钻具组合

底部钻具组合作为可回收套管钻井系统的核心工具，通常由下部的井下扩眼器和导向钻头组成。导向钻头和井下扩眼器钻开井眼的尺寸必须保证套管能够下入。底部钻具组合上的稳定器可防止工具在套管内部移动。套管外的扶正器可使套管居中并降低套管与井壁接触处的磨损破坏。套管鞋通常由硬质材料制成，以确保穿过套管鞋的井眼是全通径的。如果扩眼器钻的井发生缩径，可提供一个扭矩指示。对于直井，需要在钻具组合上安装稳定器以进行井的垂直控制；对于定向井，还要安装导向钻井液马达、无磁钻铤、MWD 工具。除了钻井液马达要比同井径的一般定向井小之外，其他部分均与传统规格相似。套管鞋与 MWD 工具之间需要接一根无磁钻铤，以保证钻头至套管鞋所需的距离。

第五节　连续管钻井

一、连续管地面钻机

连续管地面钻机主要包括连续管、滚筒、注入头、井控系统和循环系统等。

(一) 连续管

连续管是钻井作业的工作管柱，是钻井液的循环通道。连续管管柱间无连接，外径不变，外径尺寸一般为 12.7 ~ 114.3mm。

(二) 滚筒

滚筒用于缠绕连续管。滚筒的筒心直径一般为 1.52 ~ 1.83m，可绕外径为 25.4mm 的连续管 7952m，可绕外径为 31.8mm 的连续管 6705m。滚筒轴是空心的，中间由高压堵头隔开。滚筒轴的一端装有高压气液旋转接头，与液体或气体泵送装置的出口连接。连续管的首端经滚筒轴与旋转接头相通，可泵入液体或气体。这样，在连续管整个作业期间就可连续泵送和循环钻井液。滚筒轴的另一端装有旋转电接头。电接头与轴中间的高压堵头由多芯电缆连接。滚筒的旋转可由液压马达控制。

(三) 注入头

注入头是一套液压驱动装置，在下入连续管时提供向下的推力，推动连续管下

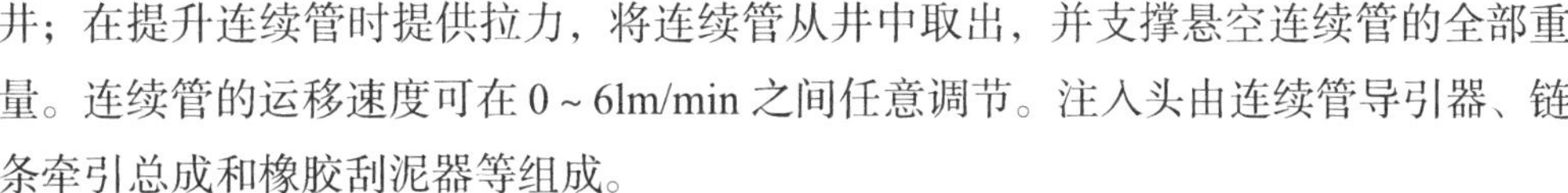

井；在提升连续管时提供拉力，将连续管从井中取出，并支撑悬空连续管的全部重量。连续管的运移速度可在 0 ~ 6lm/min 之间任意调节。注入头由连续管导引器、链条牵引总成和橡胶刮泥器等组成。

链条牵引总成是液压驱动的反向旋转、双链条夹持的牵引式连续管起下装置。在牵引链条的外侧嵌装管卡，管卡的轮廓与连续管周边一致。一系列的液压压力辗把管卡在连续管上压紧，以产生摩擦牵引力。注入头的顶部装有导引架。导引架是由一系列滚子组成的弧形架，其弯曲半径等于滚筒直径，以便将连续管导入和导出牵引链条。

(四) 井控系统

井控系统用于处理井喷。

井控系统中的防喷器组总成有四套防喷器心子，从上到下依次是：

(1) 全封心子，用于井失控时在地面封井。心子的弹性密封元件彼此压紧，实现全封。

(2) 连续管剪断心子，用于防喷器以下的连续管卡死或有其他需要时剪断连续管。机械截断时，剪切板围拢连续管并加压，使连续管在剪切力的作用下被断开。

(3) 卡瓦心子，为单向齿，用于支撑管重。另外，当卡瓦压紧管子并将其固定时，可防止井内高压将连续管从井内冲出。

(4) 不压井作业心子。其密封弹性元件的尺寸与连续管的外径相匹配。当密封弹性元件紧靠连续管时，可将连续管外环空与地面隔离。

卡瓦心子上面的防喷器有法兰出口，用于井控时压井。防喷器组总成的下面装有排液三通，用于向地面返出循环钻井液。

二、井下动力钻具组合

连续管钻井技术的核心是以连续管作为钻柱，采用井下动力驱动钻头旋转破岩钻进。因此，其关键技术体现在井下动力钻具上。

在该钻具组合中，除最下端的井下动力钻具（液力马达）直接带动钻头旋转（与常规钻具相同）外，其他各部分的特殊功能如下：

(一) 连续管连接器

这是一个外凹型连接件，通过丝扣与连续管相连，以保证其具有抗扭和抗钻进振动的能力。

(二) 紧急分离工具

在钻进过程中，该工具在钻具遇卡时可使连续管与下部钻具分离，并使液压和电力通信安全切断。

(三) 多路传输接头

实现井下与地面的数据传送。

(四) 定向工具

当连续管钻水平段时，需要旋转钻具来改变井眼的方位和井斜。定向工具具有在地面控制定向和实时测得井下数据的能力，它由电动马达和传动机构组成。

(五) 助推器

当连续管钻井向水平延伸时，由于摩阻和管柱在井中的螺旋弯曲，钻压会降低。助推器有助于通过锚定钻柱来控制钻压，抵消钻井作业中产生的无功扭矩和负荷。

(六) 循环阀

在连续管钻井期间，有许多情况需在钻头不转时保持循环，循环阀可满足这一要求。

(七) 下负载变送器

下负载变送器的作用是协助助推器工作。

(八) 导向工具

用电缆控制的导向工具在钻进过程中起控制轨迹的作用。

第六节 海洋钻井

海洋钻井与陆地钻井的基本工艺技术是相同的。但由于海洋环境与陆地的差别，使得海洋钻井的设备装置和实施钻井工艺技术的具体方法与陆地钻井又有差别。

一、海洋钻井装置

海洋钻井装置的作用是提供一个安装钻井设备、进行钻井操作等活动的安全场所。目前已有的海洋钻井装置按照其能否运移分为固定式和移动式两大类。固定式钻井平台一般用于浅水区的海洋钻井，主要有钢结构平台和钢筋混凝土平台两种；移动式钻井平台可适应不同的水深条件，比较灵活，主要有沉浮式钻井平台、自升式钻井平台、半潜式钻井平台和钻井船。

(一) 固定式钻井平台

固定式钻井平台从材料上讲多为钢质或钢筋混凝土平台。典型的钢结构固定式钻井平台。它由三部分组成，最上面是工作平台，中间部分是导管架，下部是桩柱。导管架上端顶着工作平台，下端插入海底。桩柱穿过导管架打入海底，支撑和稳定整个平台。

为了减小平台面积，固定式钻井平台一般都制成两层：上层安置井架、钻机、放置钻杆及套管、起重设备等；下层主要布置钻井液循环系统及发电机等。

固定式钻井平台的基本特点是：稳定性好，钻井过程中基本不受海浪影响，钻井完成后还可用作采油平台；但其结构庞大，建造困难，不能灵活移动。固定式钻井平台多用于浅海开发已探明的、有开发价值的油田上。

(二) 移动式钻井平台

1. 沉浮式钻井平台

沉浮式钻井平台又称沉底式或坐底式平台，其上部平台与固定式平台类似，其下部结构带有若干个浮筒或浮箱。当浮筒或浮箱中充水时，平台下底可下沉坐于海底，此时即可在平台上进行钻井作业；当浮筒或浮箱的水排出后，平台上浮，此时可以将平台拖到别处，所以此种平台属于移动式平台。

沉浮式钻井平台适应的水深较浅。水较深时，由于稳定性要求，必然使平台变得非常庞大和复杂。因此，目前所用的沉浮式钻井平台大多用于水浅、浪小、海底较平的海区钻井。

2. 自升式钻井平台

自升式钻井平台主要由两部分组成，一部分是船体形平台，另一部分是桩脚。桩脚可插入海底而支撑平台。桩脚一般有三根或四根，截面呈圆形或正方形。通过特殊的升降机构可使平台和桩脚上下相对移动，体现出能自己升降的特点。

自升式钻井平台在钻井前被拖到井位处，抛锚定位，而后通过升降机构将桩脚

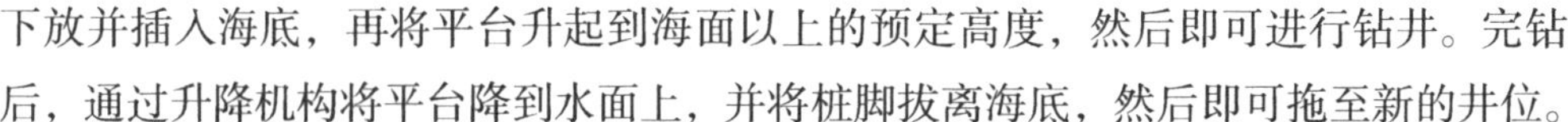

下放并插入海底，再将平台升起到海面以上的预定高度，然后即可进行钻井。完钻后，通过升降机构将平台降到水面上，并将桩脚拔离海底，然后即可拖至新的井位。

自升式钻井平台最关键的部分是升降机构，有液压式、气压式和电动齿条齿轮机构等。我国自己制造的“渤海一号”自升式平台的升降装置是插销式液压控制机构。该机构有八只液压缸，上面四只为主液压缸，分别给四根大腿上的插销机构提供动力，下面四只为副液压缸，协助主液压缸系统使工作平台上升或下降一个销孔距离时起换手支撑的作用。

自升式钻井平台升降时当桩脚插到海底后，首先插入下插销，退出上插销，主液压缸活塞回收，空载提升上横梁到上一个销孔的位置；然后将上插销插入销孔，主液压缸稍微进油使上插销吃力，将下插销退出；主液压缸进油，使液压缸上升，并带动平台上升；当下插销上升到合适的销孔位置时插上下插销，退出上插销，即完成一次插销交替吃力地上爬。这种过程重复进行，即可将平台升起。

3. 半潜式钻井平台

这种平台结构与沉浮式钻井平台相似。半潜式钻井平台在工作时呈半潜状态漂浮在海面上，可弥补沉浮式钻井平台只能在浅水区钻井的不足。同时，由于工作时其浮筒处在水面以下的一定深度，受波浪的影响较小，所以具有较好的稳定性。半潜式钻井平台采用抛锚定位；在运移时将浮筒中的水排出，使吃水减少，甚至可浮到海面，从而减小航行阻力。

4. 钻井船

钻井船是一条装备有钻井设备和器材的特殊船只。与半潜式钻井平台不同，钻井船完全漂浮在水面上工作。钻井船能适应在较深的水域钻井，比较灵活，并具有自航能力。但由于钻井船完全漂浮在海面上，靠抛锚定位，所以受风、浪、潮的影响很大，稳定性相对较差。目前使用的钻井船及半潜式钻井平台都采用动力定位系统，以配合锚定系统维持其稳定性。

二、海洋钻井工艺技术特点

由上述海洋钻井装置的特点可以看出，在使用固定式平台和坐底式平台钻井时，由于井口位置相对于平台是固定的，其工艺技术基本与陆地钻井无甚差别。

但在使用半潜式钻井平台或钻井船时，由于海底井口和平台的位置受风、浪、潮等影响而会产生偏离；同时由于海水的运动，整个钻井装置会随之平移、升降和摇摆，这会给钻井施工带来一系列新的问题，因此从井口装置到钻井工艺、完井方法都必须有新的发展。

(一) 水下井口装置

为了使井口装置满足平台的升降运动和平移运动，要求井口装置具有一定的伸缩性和可弯曲性，而具备这些性能的部件很难承受由于关井或反循环所形成的高压，所以必须将防喷器放在这些可伸缩和可弯曲的部件之下，于是出现了水下井口装置。水下井口装置主要包括以下三个系统：

1. 导引系统

导引系统的作用有两个：一是导引和对正井口装置的各部件，使之能在水下进行准确的安装与接卸；二是引导钻具和其他工具顺利进入海底井口。导引系统包括井口盘、导引架、导引绳及导引绳张紧机构等。

2. 防喷系统

井下防喷系统主要包括三个防喷器，即一个钻杆半封闸板防喷器、一个全封闸板防喷器和一个环形防喷器，以及钻井四通和放喷管线、控制管线。放喷管线由海底接到平台上，以便在钻台上控制井口装置。

3. 隔水管系统

隔水管系统装在防喷器的上部，其作用是隔绝海水，导引钻具，形成钻井液循环的回路，它可随浮动平台做升降和平移运动。隔水管系统包括连接器、挠性接头和球接头、隔水管、伸缩隔水管、隔水管张紧器等。

(二) 导管井段施工

使用浮式平台钻井时，导管井段的施工非常重要。导管可封固海底的软泥段，稳固海底井口，形成稳固的开钻基点和安装井口盘等装置的基础。下入海底的导管一般长 30m 左右。

对于导管井段的施工，可用钻头钻出导管井眼，也可用射流的方法冲出一个井眼，即所谓的喷射法。通常在不太坚硬的海底下导管时使用喷射法，这种方法将安装井口盘、钻导管段井眼和下导管固井三个工艺在一次下钻中完成。具体步骤如下：

(1) 将导管头、导引架和井口盘连接并固定在一起，由平台上下入海水中；

(2) 将喷射钻具 (喷射头 + 钻铤 + 送入接头 + 钻杆) 从导管内下入，使喷射头露出导管鞋，送入接头与导管头相连接；

(3) 继续下钻，将导管、井口盘、导引架一起下入，当喷射头接近海底时开泵，用高压水射流冲出井眼，井口盘到达井底时停泵；

(4) 停泵后，先正旋钻柱倒开送入接头与导管头的连接，然后注水泥，起出全部钻具。

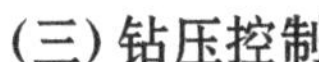

(三) 钻压控制

使用浮式平台钻井时，由于平台随着海水的升降运动而运动，井内钻具也随之做升降运动，使得钻头忽而离开井底，忽而冲向井底，以致无法稳定钻头上的钻压，更谈不上准确调节钻压的大小，同时还会造成各种井下事故。这些问题的存在使得钻井难以进行。

为解决这些问题，使用了伸缩钻杆。伸缩钻杆由内筒、外筒、中间密封件组成。其中内外筒接触面为棱柱面，可以传递扭矩，也可以在轴向相对滑动。

在钻井过程中，通常将伸缩钻杆接在钻铤的上面，这样可使下部的钻铤重量作用在钻头上，而上部钻柱的重量由大钩提起。当浮式平台做升降运动时，伸缩钻杆下部的钻铤不会随之升降，而是始终加压于钻头上，这样可以基本上满足钻井的技术要求，但也存在钻压不便调节、井深掌握不准、难以准确送钻等缺陷。

为了克服伸缩钻杆的不足，使用了恒张力大钩。它可以使整个钻柱不随浮式钻井平台的升降而升降，并可随时调节钻压的大小。

在大钩与游动滑车之间装有一个液缸，称为大钩油缸。大钩油缸内充有一定压力的压力油，其对活塞的作用力可以将整个钻柱重量顶起。减小油的压力即可给钻头加压，调节油的压力即可调节钻压。

当移动式钻井平台上升时，大钩油缸随之上升，而活塞与整个钻柱不上升，此时油缸的下腔容积变小，油缸中的油流向储能器。当浮动平台下降时，大钩油缸随之下降，此时储能器的油流向大钩油缸，使活塞和整个钻柱保持不下降。通过调节储能器上腔气体的压力，即可调节钻头上的钻压。

(四) 固井及完井特点

用移动式平台钻井时，井口装置处于水下，下套管固井时具有一定的特点。

下套管前，要先将导管头以上的装置 (隔水管等) 全部提出；下套管时，要用导引架将套管鞋引入海底井口，使套管头坐于导管头上；然后注水泥，待注水泥替钻井液完毕后，正转钻杆，卸开送入接头，起出钻杆和伸缩钻杆。

海洋钻井的井口完成方法主要有两种：一种是将采油树装在水面以上，称为水面完井法；另一种是将采油树装在海底，称为水下完井法。一般固定式平台钻井后可采用水面完井法，其他类型平台钻井后可采用水下完井法。

水下完井法的优点是不需再建采油平台，且水下具有自然保温作用，不妨碍水上航行等；其缺点是井口复杂，井口的操作、检修及井口装置的安装、拆卸等都需要遥控，技术难度大。

第十三章　钻井过程中的保护油气层技术

第一节　钻井过程中油气层损害原因及影响因素

一、钻井过程中油气层损害的原因

钻开油气层时，在正压差、毛管力的作用下，钻井液的固相进入油气层造成孔喉堵塞，其液相进入油气层与油气层岩石和流体作用，破坏油气层原有的平衡，从而诱发油气层潜在损害因素，造成渗透率下降。钻井过程中油气层损害的原因可以归纳为以下五个方面：

（一）钻井液中分散相颗粒堵塞油气层

（1）固相颗粒堵塞油气层。钻井液中存在多种固相颗粒，如膨润土、加重剂、堵漏剂、暂堵剂、钻屑和处理剂的不溶物及高聚物鱼眼等。钻井液中小于油气层孔喉直径或裂缝宽度的固相颗粒，在钻井液有效液柱压力与地层孔隙压力之间形成的压差作用下，进入油气层孔喉和裂缝中形成堵塞，造成油气层损害。损害的严重程度随钻井液中固相含量的增加而加剧，特别是分散得十分细的膨润土的含量对其影响最大。其损害程度还与固相颗粒粒径大小、级配及固相类型有关。固相颗粒侵入油气层的深度随压差增大而加深。

（2）乳化液滴堵塞油气层。对于水包油或油包水钻井液，不互溶的油水二相在有效液柱压力与地层孔隙压力之间形成的压差作用下，可进入油气层的孔隙空间形成油—水段塞；连续相中的各种表面活性剂还会导致储层岩心表面的润湿反转，造成油气层损害。

（二）钻井液滤液与油气层岩石不配伍引起的损害

钻井液滤液与油气层岩石不配伍诱发以下五个方面的油气层潜在损害因素：

（1）水敏。低抑制性钻井液滤液进入水敏油气层，引起黏土矿物水化、膨胀、分散，是产生微粒运移的损害源之一。

（2）盐敏。滤液矿化度低于盐敏的低限临界矿化度时，可引起黏土矿物水化、膨胀、分散和运移。当滤液矿化度高于盐敏的高限临界矿化度时，亦有可能引起黏

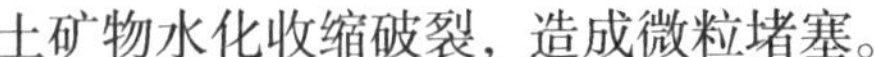

土矿物水化收缩破裂，造成微粒堵塞。

（3）碱敏。高 pH 值滤液进入碱敏油气层，引起碱敏矿物分散、运移堵塞及溶蚀结垢。

（4）润湿反转。当滤液含有亲油表面活性剂时，这些表面活性剂就有可能被岩石表面吸附，引起油气层孔喉表面润湿反转，造成油气层油相渗透率降低。

（5）表面吸附。滤液中所含的部分处理剂被油气层孔隙或裂缝表面吸附，缩小孔喉或孔隙尺寸。

（三）钻井液滤液与油气层流体不配伍引起的损害

钻井液滤液与油气层流体不配伍可诱发油气层潜在损害因素，产生以下五种损害：

（1）无机盐沉淀。滤液中所含无机离子与地层水中无机离子作用形成不溶于水的盐类，例如，含有大量碳酸根、碳酸氢根的滤液遇到高含钙离子的地层水时，形成碳酸钙沉淀。

（2）形成处理剂不溶物。当地层水的矿化度和钙、镁离子浓度超过滤液中处理剂的抗盐和抗钙、镁能力时，处理剂就会因盐析而产生沉淀。例如，腐殖酸钠遇到地层水中钙离子，就会形成腐殖酸钙沉淀。

（3）发生水锁效应。滤液进入孔喉中与油或气形成界面，引起界面张力变大，使油气的流动阻力变大，造成伤害，特别是在低孔、低渗气层中最为严重。

（4）形成乳化堵塞。特别是使用油基钻井液、油包水钻井液、水包油钻井液时，含有多种乳化剂的滤液与地层中原油或水发生乳化，可造成孔道堵塞。

（5）细菌堵塞。滤液中所含的细菌进入油气层，如油气层环境适合其繁殖生长，就有可能造成孔道堵塞。

（四）相渗透率变化引起的损害

钻井液滤液进入油气层，改变了井壁附近地带的油气水分布，导致油相渗透率下降，增加油流阻力。对于气层，液相（油或水）侵入能在储层渗流通道的表面吸附而减小气体渗流截面积，甚至使气体的渗流完全丧失，即导致“液相圈闭”。

（五）负压差急剧变化造成的油气层损害

中途测试或负压差钻井时，如选用的负压差过大，可诱发油气层速敏，引起油气层出砂及微粒运移。对于裂缝性地层，过大的负压差还可能引起井壁表面的裂缝闭合，产生应力敏感损害。此外，还会诱发地层中原油组分形成有机垢。

二、钻井过程中影响油气层损害程度的工程因素

钻井过程损害油气层的严重程度不仅与钻井液类型和组分有关，而且随钻井液固相和液相与岩石、地层流体的作用时间和侵入深度的增加而加剧。影响作用时间和侵入深度的主要是工程因素，这些因素可归纳为以下四个方面：

（一）压差

计算井深处的钻井液有效液柱压力与该处地层压力的差值，称为钻井压差。压差是造成油气层损害的主要因素之一。在一定压差下，钻井液中的滤液和固相就会渗入地层内，造成固相堵塞和黏土水化等问题。井底压差越大，对油气层损害的程度越深，对油气层渗透率的影响也更为严重。此外，当钻井液有效液柱压力超过地层破裂压力或钻井液在油气层裂缝中的流动阻力时，钻井液就有可能漏失至油气层深部，加剧对油气层的损害。负压差可以阻止钻井液进入油气层，减少对油气层的损害，但过高的负压差会引起油气层出砂、裂缝性地层的应力敏感和有机垢的形成，反而会对油气层产生损害。

压差过高对油气层损害的危害已被国内外许多实例所证实。国外某油田在钻开油层时，如压差小于 10.3MPa，产量接近 636m^3/d；如压差大于 10.3MPa，则产量仅为 318m^3/d。美国阿拉斯加普鲁德霍湾油田针对油井产量递减问题进行过 3 年的调查研究，分析了多个环节对油气层损害的影响。其结论是，在钻井过程中，由于超平衡压力条件下钻井促使液相与固相侵入地层，导致油气层的渗透率降低 10% ~ 75%。薄片鉴定和扫描电镜分析也证明，微粒侵入油气层将是油气层损害的主要原因之一。由此可见，压差是造成油气层损害的主要原因之一，降低压差是保护油气层的重要技术措施。钻井过程中，造成井内压差增大的原因有：

(1) 采用过平衡钻井液密度；

(2) 管柱（钻柱、套管等）在充有流体的井内运动产生的激动压力；

(3) 地层压力监测不准确；

(4) 水力参数设计不合理；

(5) 井身结构不合理；

(6) 钻井液流变参数设计不合理；

(7) 井喷及井控方法不合理；

(8) 井内钻屑浓度；

(9) 开泵引起的井内压力激动。

负压差可以阻止钻井液进入油气层，减少对油气层的损害。但负压差过大将引

起油气层出砂及有机垢的形成，甚至造成井喷。

(二) 浸泡时间

在钻井过程中，油气层的浸泡时间包括从钻入油气层开始至完井电测、下套管、注水泥和顶替钻井液完成这一段时间。这段时间包括以下正常作业程序：

(1) 纯钻进时间；

(2) 辅助工作时间 (起下钻、接单根、设备检修保养、循环钻井液等)；

(3) 完井电测；

(4) 下套管前通井处理钻井液；

(5) 下套管，注水泥浆，直到顶替钻井液完成。

在钻开油气层过程中，若钻井措施不当，或其他人为原因，造成掉牙轮、卡钻、井喷或溢流等井下复杂情况和事故后，就要花费大量的时间去处理，这样将成倍地增加钻井液对油气层的浸泡时间。当油气层被钻开时，钻井液固相或滤液在压差作用下进入油气层，其进入数量和深度及对油气层损害的程度均随钻井液浸泡油气层时间的增长而增加，浸泡过程中除滤液进入地层，钻井液中的固相在压差作用下也逐步侵入地层，其侵入地层的数量及深度随时间增加而增加，浸泡时间越长侵入越多。

(三) 环空返速

钻井液在环空内上返的断面平均流速，称为环空返速。钻井中，环空流速设计不合理，也将损害油气层的渗透率。

环空返速越大，钻井液对井壁泥饼的冲蚀越严重，因此，钻井液的动滤失量随环空返速的增高而增加，钻井液固相和滤液对油气层侵入深度及损害程度亦随之增加。此外，钻井液当量密度随环空返速增高而增加，因而钻井液对油气层的压差亦随之增高，损害加剧。

环空流速对油气层损害的原因可归纳为以下两点：

(1) 高的环空流速，即环空流态为紊流时，井壁被冲刷，使井眼扩大，造成井内固相含量增加。井眼扩大的问题是一个涉及地层、钻井液性能和钻井液环空流态的复杂问题。对于泥岩水化后发生剥蚀、掉块、垮塌引起的井眼扩大和盐岩、玄武岩等不稳定地层的井眼扩大，一般采取钻井液柱压力与地层压力平衡、抑制水化、保持渗透压力平衡、控制失水、改善造壁性能等措施。另一个重要措施是控制环空流态为层流状态，层流避免了对井壁冲刷、冲蚀作用，一定条件下，对井壁稳定起主导作用。

(2) 高环空流速在环空产生的循环压降将增大钻井液对井底有效液柱压力，即增大对井底的压差。

一般情况下高环空流速由以下原因引起：

水力参数设计中未考虑井壁冲蚀条件，致使排量设计大而导致环空流态为紊流。

起下钻速度太快，在环空形成高流速，特别是当井下出现复杂情况（遇阻卡时）且开泵时，快速下放管柱就会在环空产生极高的流速。

(四) 钻井液性能

钻井液性能好坏与油气层损害程度紧密相关。因为钻井液固相和液相进入油气层的深度及损害程度均随钻井液静滤失量、动滤失量、高温高压滤失量的增大和泥饼质量变差而增加。钻井过程中起下钻、开泵所产生的激动压力随钻井液的塑性黏度和动切力增大而增加。此外，井壁坍塌压力随钻井液抑制能力的减弱而增加，维持井壁稳定所需钻井液密度就要随之增高，若坍塌地层与油气层在一个裸眼井段，且坍塌压力又高于油气层压力，则钻井液液柱压力与油气层压力之差随之增高，就有可能使损害加重。

在各种特殊轨迹的井眼（定向井、丛式井、水平井、大位移井、多目标井等）的钻井作业中，钻井液性能的优劣对油气层损害的间接影响更加显著，除了上述已经阐述的钻井液的流变性、滤失性和抑制性，钻井液的携带能力和润滑性直接影响着进入油气层井段后作业时间的长短，不合理的钻井液携带能力和润滑性将使钻井液对油气层的浸泡时间延长，使油气层损害加剧。

第二节 保护油气层的钻井液技术

钻井液是石油工程中最先与油气层相接触的工作液，其类型和性能好坏直接关系到对油气层的损害程度，因而保护油气层的钻井液技术是搞好保护油气层工作的首要技术环节。我国通过“七五”攻关和“八五”“九五”推广应用与发展，保护油气层的钻井液技术已从初级阶段（仅控制进入油气层的钻井液密度、滤失量和浸泡时间）进入比较高级的阶段，针对不同类型油气层基本形成了系列的保护油气层钻井液技术。

一、保护油气层对钻井液的要求

钻开油气层钻井液不仅要满足安全、快速、优质、高效的钻井工程施工需要，

而且要满足保护油气层的技术要求，这些要求主要有以下几个方面：

(1) 钻井液密度可调，满足不同压力的油气层近平衡压力钻井的需要。

我国油气层压力系数为0.4～2.87，部分低压、低渗、岩石坚固的油气层，需采用负压差钻进来减少对油气层的损害，因而必须研究出从空气到密度为3.0g/cm^{3}的不同类型钻井液才能满足各种需要。

(2) 钻井液中固相颗粒与油气层渗流通道相匹配。

钻井液中除保持必需的膨润土、加重剂、暂堵剂等外，应尽可能降低钻井液中膨润土和无用固相的含量。依据所钻油气层的孔喉直径，选择匹配的固相颗粒尺寸大小、级配和数量，用以控制固相侵入油气层的数量与深度。此外，还可以根据油气层特性选用暂堵剂，在油井投产时再进行解堵。对于固相颗粒堵塞会造成油气层严重损害且不易解堵的井，钻开油气层时，应尽可能采用无固相或无膨润土相钻井液。

(3) 钻井液必须与油气层岩石相配伍。

对于中、强水敏性油气层应采用不引起黏土水化膨胀的强抑制性钻井液，例如，氯化钾钻井液、钾铵基聚合物钻井液、甲酸盐钻井液、两性离子聚合物钻井液、阳离子聚合物钻井液、正电胶钻井液、油基钻井液和油包水钻井液等。对于盐敏性油气层，钻井液的矿化度应控制在两个临界矿化度之间。对于碱敏性油气层，钻井液的pH值应尽可能控制在7～8；如需调控pH，最好不用烧碱作为碱度控制剂，可用其他种类的、对油气层损害程度低的碱度控制剂。对于非酸敏性油气层，可选用酸溶处理剂或暂堵剂。对于速敏性油气层，应尽量降低压差和严防井漏。采用油基或油包水钻井液、水包油钻井液时，最好选用非离子型乳化剂，以免发生润湿反转等。

(4) 钻井液滤液组分必须与油气层中流体相配伍。

确定钻井液配方时，应考虑以下因素：滤液中所含的无机离子和处理剂不与地层中流体发生沉淀反应；滤液与地层中流体不发生乳化堵塞作用；滤液表面张力低，以防发生水锁作用；滤液中所含细菌在油气层所处环境中不会繁殖生长。

(5) 钻井液的组分与性能要都能满足保护油气层的需要。

钻井液所用的各种处理剂对油气层渗透率影响要小。要尽可能降低钻井液处于各种状态下的滤失量及泥饼渗透率，改善流变性，降低当量钻井液密度和起下管柱或开泵时的激动压力。此外，还必须有效地控制处于多套压力层系裸眼井段中的油气层可能发生的损害。

二、屏蔽暂堵保护油气层的钻井液技术

屏蔽暂堵保护油气层的钻井液技术（简称“屏蔽暂堵技术”）是一项新技术。此

项技术主要用来解决裸眼井段多压力层系地层保护油气层技术难题。即利用钻进油气层过程中对油气层发生损害的两个不利因素（压差和钻井液中固相颗粒），将其转变为保护油气层的有利因素，达到减少钻井液、水泥浆、压差和浸泡时间对油气层损害的目的。

屏蔽暂堵技术的技术构思是利用油气层被钻开时，钻井液液柱压力与油气层压力之间形成的压差，在极短时间内，迫使钻井液中人为加入的各种类型和尺寸的固相粒子进入油气层孔喉，在井壁附近形成渗透率接近于零的屏蔽暂堵带。此带能有效地阻止钻井液、水泥浆中的固相和滤液继续侵入油气层，其厚度必须大大小于射孔弹射入深度（我国目前常用的射孔枪 89 枪能射穿 400mm 以上，102 枪射孔深度超过 700mm），以便在完井投产时，通过射孔解堵。

近几年，屏蔽暂堵技术已从常规的砂岩油气藏延伸到特殊油气层。

（1）裂缝油气层是一类不同于常规砂岩油气藏的特殊油气层，其特殊性在于这类油气层的油气渗流通道以裂缝为主，钻井液对油气层的损害不仅表现为对裂缝渗流通道的堵塞，而且钻井液与裂缝面基岩接触会对基岩造成损害（这种损害有可能延伸到储层深部，对产能的影响尤为严重）。针对这一损害特点，暂堵的要求必须满足近井壁，不进入裂缝更理想。而要实现暂堵要求，用压汞资料显然难以揭示裂缝的特征。构成该技术的一部分是裂缝暂堵的计算机模拟，还有一部分裂缝的面形扫描。

裂缝暂堵的计算机模拟首先将裂缝用二维模拟或三维模拟的方法在计算机中得到，即根据天然裂缝的特点，将裂缝的两个表面模拟成两个间距随机变化的曲线或曲面，并给出裂缝的统计裂缝宽度值，然后以不同的暂堵材料在计算机上进行暂堵的模拟实验，再据此组配暂堵剂进行实验验证。模拟结果表明：对于裂缝表面，实现稳定暂堵所需要的颗粒状粒子的直径应该达到裂缝平均宽度的 0.8 倍以上，复配一定量的非规则粒子（片状、棒状、纤维状、椭球状、纺锤状等）可以进一步提高暂堵的效果（如缩短暂堵时间、提高暂堵强度、提高反排效果等）。

由于裂缝表面的特殊性，由计算机模拟得到的裂缝能否代表真实的裂缝，还需要有真实的带裂缝的地层岩心给以验证，裂缝的面形扫描技术可以满足这一需求。该技术是将实际的裂缝两个表面的对应区域用激光扫描，将扫描所得转化为三维图形，再通过计算将其转化为地应力条件下的裂缝宽度。使用上述技术研制的裂缝暂堵剂已在四川和吐哈入井使用，效果良好。

（2）致密储层是另一类不同于常规砂岩油藏的特殊储层，这类储层的特殊性在于基岩渗透率很低，滤液的侵入对这类储层的产能有显著影响，同时，滤液的侵入是借助毛管压力的作用，是一种自发过程，即滤液与亲水的储层岩石一接触就会自动侵入储层，形成阻止储层流体进入井筒的液体屏障，造成储层损害。因此，降低这类储层的主要途径是：一方面，借助钻井液的内外泥饼控制滤失量；另一方面，提高滤液黏度和降低钻井液滤液的表面张力，以减少钻井液滤液的侵入量。

(3) 砂岩、石灰岩气藏与常规砂岩油藏的不同点在于储层流体是气体，由于气体的流动黏滞系数远小于液体的黏滞系数，一旦液相在近井壁周围形成阻止储层流体进入井筒的液体屏障(水锁效应，又称“液相圈闭”)，储层损害将很难消除。这类储层的保护重点是降低水锁效应、减少钻井液滤液的侵入，即在使用屏蔽暂堵技术的同时，用表面活性剂降低气—液—固界面的表面张力，通常亲水型表面活性剂可将表面张力降到 30×10^{-5}N/cm 以下，经过优选和复配后可以降得更低。

(4) 疏松砂岩稠油油藏的特殊性在于储层岩石胶结性差，存在比较显著的应力敏感性，在实施屏蔽暂堵技术时，不仅要将钻井液的分散相粒度分布调整到与储层的孔喉分布相匹配，而且所使用的压差应尽量避免引起疏松砂岩储层变化而导致应力敏感。在暂堵颗粒的选择上，由于疏松砂岩的孔喉尺寸比较大，按 2/3 架桥原理设计的钻井液固相粒度难以控制储层钻开时大量钻井液的侵入(现场表现为进入储层时会有少量的渗漏)，即使架桥时间同样为 10～30s，而高渗地层将使侵入液体的总量增加，因此架桥粒子的选择应该大于 2/3。我国渤海湾地区的油藏是比较典型的疏松砂岩油藏，常规钻井液的粒度最大为 50～60 μ m，不能满足储孔喉 100 多微米的暂堵要求，将钻井液的粒度最大尺寸调节到 100 μ m 左右后，并使粒度分布图形呈现双峰。经现场实验，达到了预期效果。有资料介绍：对于高渗透疏松砂岩储层，钻井液的粒度分布为双峰型是一种较理想的分布，其中的大尺寸部分用于快速架桥，小尺寸部分用于逐级填充。

许多油气藏并不都是单一类型，针对不同的油气层类型，将保护不同类型油气层的钻井液技术予以有机组合，形成了近年来保护油气层的一系列新钻井液技术。以致密碎屑岩裂缝气藏为例，在考虑储层保护钻井液时，须同时面对气藏、裂缝、致密，通过裂缝暂堵、降表面张力，并结合储层改造，使川西致密碎屑岩裂缝气藏的评价和开发取得了显著的效益，进而形成了针对川西致密碎屑岩裂缝气藏的开发策略——保护与改造并举。

第三节　保护油气层的钻井技术

在钻井过程中，油气层损害的主要因素有两个。一是当钻开油气层时，存在着井内钻井液有效液柱压力与地层压力差，致使钻井液中的滤液和固相进入地层而损害油气层。二是钻开油气层需要一定的时间，油气层被钻井液浸泡而遭受损害。要使油气层损害保持在最小限度内，就必须将压差控制在最小安全值范围内，为了减钻井液对油气层的浸泡时间，就必须以最短的时间钻穿油气层，进行完井电测、下套管、注水泥浆固井。因此，为了保护油气层，减少污染，就要求有一套高速、优质、安全的钻井工艺技术。

一、平衡压力钻井技术

平衡压力钻井不但明显提高机械钻速，降低钻井成本，而且能有效地保护油气层，并可将诸如压差卡钻、井壁不稳定和井喷（漏）等井下复杂情况和事故减少到较低限度。平衡压力钻井是指钻进时井内钻井液柱的有效压力等于所钻地层的地层压力。

平衡压力钻井是一项综合性的钻井工艺技术，包括钻前地层压力和地层破裂压力预测、井身结构设计、井控设计、合理钻井液密度的确定、钻井中的地层压力检测。

（一）地层压力和地层破裂压力

地层压力和地层破裂压力是平衡压力钻井的基础数据，地层压力和地层破裂压力应通过多种检测方法的对比确定，误差控制在5%以内。

（二）井身结构设计

井身结构设计是钻井工程设计的基础设计，它是实施平衡压力钻井的基本保证。平衡压力钻井采用最小钻井液密度，尽量减低井底压差。其结果是井下油气相当活跃，井涌和溢流可能发生，所以要有安全可靠的井口装置加以控制。防喷装置的安装和使用都与井身结构密切相关。

（三）安全起下钻速度

起下钻时，钻柱在泥浆中运动所产生的附加压力称为波动压力。下钻产生的波动压力称为激动压力，使井内压力增加；起钻产生的波动压力称为抽吸压力，使井内压力减小。下钻时当井内液柱压力与激动压力之和大于地层破裂压力或低压地层压力时就要引起井漏；起钻时当泥浆液柱压力减去抽吸压力后的剩余有效压力小于高压地层压力时，地层流体就要流入井内而出现井涌，严重时如处理不当就会造成井喷。现场实践表明，由于波动压力引起的井喷和井漏在这类事故的总数中占有很大的比例。

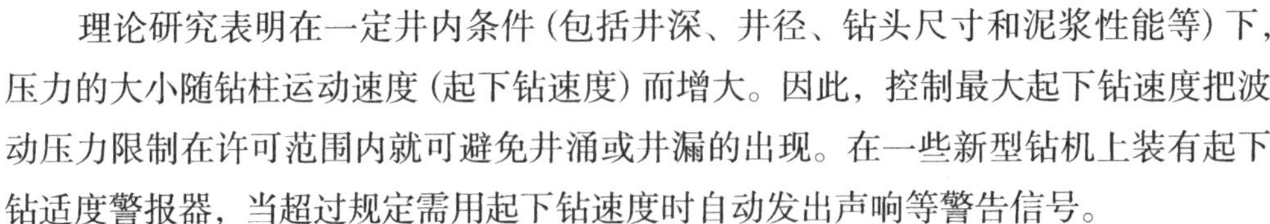

理论研究表明在一定井内条件（包括井深、井径、钻头尺寸和泥浆性能等）下，压力的大小随钻柱运动速度（起下钻速度）而增大。因此，控制最大起下钻速度把波动压力限制在许可范围内就可避免井涌或井漏的出现。在一些新型钻机上装有起下钻适度警报器，当超过规定需用起下钻速度时自动发出声响等警告信号。

国内外油田25%的井喷是由于起钻速度过高而引起的。下钻产生的激动压力将增大井的有效液柱压力而压裂地层引起井漏。由于抽吸压力的交替出现，将使井壁失去稳定，出现坍塌。为了防止井下复杂事故，保护油气层，必须控制起下钻速度。有关安全起下钻速度的确定，西南石油学院和中原石油勘探局在瞬态波动压力研究的基础上，根据国内油田常用井身结构、钻柱组合和钻井液性能编写了波动压力应用手册。

（四）平衡压力井控技术

当地层流体压力大于井内钻井液有效液柱压力时，将发生溢流，如控制不及时将发生井喷。失控的井喷不仅污染周围环境、农田、水利和渔牧等，还将影响人民的生命安全，甚至人亡井毁，造成巨大的经济损失和不良的社会影响，并将严重破坏地下油气资源，损害油气层。在钻井作业过程中，井控技术是实施近平衡压力钻井的保证，它既可以及时发现和保护油气层，又可以防止井喷和井喷失控。一旦发生溢流和井喷，必须进行压井作业。超平衡的压井作业，对油气层将造成严重的损害。

（1）溢流或井喷处理。当溢流或井喷发生后，在井口未失控的条件下，应及时进行压井作业。为了在压井过程中不损害油气层，压井设计的原则必须遵循压井过程中保持井内有效液柱压力（环空流体静、动水压力和套压）等于油气层压力，即平衡压力压井。有关压井方法及失控井喷请参看有关专著。

（2）井控技术培训。由于井控技术对钻井工程和油气层保护的重要性，国内外都十分重视对钻井工程技术人员和工人进行有关井控技术的培训。例如，四川石油管理局和中原石油勘探局为了模拟井控条件和培训井控人员，分别建立了全尺寸井控模拟实验井，并广泛开展了井控技术培训工作。

二、欠平衡钻井技术

在设计条件下，钻井液液柱静压头对井底所施加的压力低于要钻地层的压力时所进行的钻井叫欠平衡钻井。欠平衡钻井不但能提高油井的产能，还能大幅度提高机械钻速。欠平衡钻井分为流钻（也叫“边喷边钻”）和人工诱导的欠平衡两种。目前广泛使用的欠平衡钻井工艺主要有泡沫钻井、空气钻井、雾化钻井、充气钻井液钻井、井下注气钻井。

(一) 欠平衡钻井保护油气层的原理

欠平衡钻井是一种保护油气层的好方法。其保护油气层的原理是，把近平衡和过平衡造成的下列地层损害的原因完全克服掉：

(1) 可避免因钻井液滤失速度高造成的细颗粒和黏土颗粒运移；

(2) 可避免钻井液中加入的固相和地层产生的固相侵入地层；

(3) 在高渗层中可避免钻井液浸入；

(4) 可避免对水相或油相敏感的地层在与钻井液接触时产生影响地层渗透率的反应；

(5) 可避免黏土膨胀、化学吸附、润湿性反转等一系列物理、化学反应；

(6) 不会产生沉淀、结垢等不利的物理化学反应；

(7) 不存在旨在抑制侵入深度的低渗滤饼的设计问题。

(二) 适合欠平衡钻井的地层

根据目前的研究结果，欠平衡钻井主要适用于下列地层：

(1) 高渗、固结良好的砂岩和碳酸岩；

(2) 高渗、胶结差的地层；

(3) 微裂缝地层；

(4) 负压和枯竭地层；

(5) 对水基钻井液敏感，以及地层流体与钻井液不相容和脱水地层。

(三) 欠平衡钻进所需要的辅助设备

井下注气欠平衡钻进具有调整钻井液密度灵活、钻速快等优点。但井下注气欠平衡钻进需要一些特殊的辅助设备。这些特殊的辅助设备是：

(1) 注气系统和管汇，包括注入泵、气源管汇和注入管汇以及寄生管等。

(2) 防喷器组。为了保证安全，在欠平衡钻进中应使用专门用于循环的井口设备和防喷器组。典型的防喷器组的结构是，环形防喷器下面安装一闸板防喷器，在闸板防喷器下面安装一盲板防喷器，在盲板防喷器下面再安装一闸板防喷器。

(3) 旋转头的作用是密封钻杆与环空返出的流体，迫使返出流体从导流管线排到气体分离系统。

(4) 地面分离设备，主要由气体分离器、真空除气器、分离罐、储油罐和火炬等组成。分离设备的作用是将返出液中的气体分离出来送往火炬，然后把返出液中的油分离出来送往储油罐。

(5) 强行起下钻装置。

(四) 钻井液的选择

人工诱导的欠平衡钻井，很难在整个钻井过程中完全保持连续的欠平衡。为保证全部钻井过程中不产生油气层的损害，在选择钻井液时应考虑下列因素：

(1) 钻井液与地层产生流体的相容性；

(2) 产出液对钻井液的稀释问题；

(3) 钻井液的黏度；

(4) 对流自吸作用；

(5) 选择合适的钻井液密度，以便在井筒内形成合理的负压差。

(五) 井身结构和完井方法要求

(1) 井身结构。由于低压钻井技术使用的目的是开发低压低渗透油气层，为了井下安全，有效保护油气层，必须对上部不同压力体系的井段进行封固。井身结构设计的原则按地质条件（易垮、塌盐岩层等复杂地层）及地层压力和地层破裂压力进行合理设计。

(2) 完井方法。裂缝性（石灰岩）油气层，采用先期裸眼完井；渗透性（砂岩）油气层，中间套管下到油气层顶部，再用低压流体钻开油气层，下入油层套管。

(六) 安全和防腐

欠平衡钻井的安全问题至关重要。除了考虑设备的安全问题，对注入气体的氧气含量也要严格控制。一般情况下，注入气的含氧量不能超过5%，否则就认为是不安全的。欠平衡钻井的腐蚀问题要比近平衡和过平衡钻井严重得多，腐蚀可使钻井成本上升30%左右。目前国外已研究出非化学和化学两种欠平衡钻井的防腐方法。

(七) 泡沫钻井

泡沫钻井是利用稳定泡沫作为循环介质的一种钻井技术。稳定泡沫是由气体、液体和表面活性剂配制的一种流体，密度一般为0.032～0.064g/cm^3，泡沫流体静压力是水的1/20～1/50，这样的钻井流体密度不仅能极大地减少或避免油气层的损害，而且可获得高的机械钻速，减少浸泡时间。泡沫具有较高的携岩能力，约为水的10倍，为一般钻井液的4～5倍。其含液量低，为泡沫体积的3%～25%，这可大大减少液体对油气层的浸泡和损害。泵入井内的流体无固相，且泡沫为一次性流体，钻进中固相不会重新进入井内，可以减少固相对油气层的损害。

1. 泡沫钻井适用范围

适用钻开油气层，特别是低压油气层及严重水敏性油气层、严重漏失井段，当地层水渗流速度大于 $10m^3/d$ 时不宜采用。若超过该值可采用泡沫钻井液钻井。

2. 泡沫钻井设计

泡沫是一种多相可压缩性流体，因此泡沫流体的流动力学参数是随状态函数而改变的，要使全井泡沫保持稳定状态，保持良好的携屑能力，必须合理设计各井段的泡沫质量。

(1) 设计程序。确定安全携屑能力时的泡沫质量：泡沫流体的携岩能力主要取决于泡沫质量。泡沫的携岩能力还与井口回压、井口气体和液体注入量、环空返速、泡沫流体的流变特性、岩屑浓度和井深等因素有关。有文献推荐注入气量为 $12 \sim 30m^3/min$，加入液体为 40 ~ 200L/s，注入压力保持在 1.47 ~ 3.43MPa，环空流速保持在 15 ~ 30m/min，可将岩屑送到地面。

确定注入排量：注入排量应满足泡沫特征值在 0.55 ~ 0.98，环空返速大于岩屑沉降速度。

确定注入压力：泡沫钻井流体力学参数的计算一般采用多相流理论中的均相流模型对其流动参数进行预测。

由注入压力和排量选择地面设备。

(2) 泡沫钻井设计计算。泡沫钻井设计流体力学参数计算包括以下内容：泡沫流变性、泡沫密度、静态压力、动态压力、固相摩阻系数和钻头喷嘴压降。

(3) 泡沫钻井使用的地面设备。泡沫钻井使用的地面设备有压风机、泡沫发生器、旋转密封头和钻井泵（或水泥车）。

(八) 充气钻井液钻井

充气钻井液钻井是将空气和钻井液通过地面混气装置泵入井内作为循环介质的钻井技术。充气钻井液密度可控制在 $0.45 \sim 1.20g/cm^3$，它不但能大大降低井内液柱压力，并且具有良好的携岩能力，从井内带出钻屑并经地面净化和脱气的钻井液还可再经泵和空气混合使用。

1. 充气钻井液钻井的优点及适用范围。

(1) 充气钻井液密度可调范围大，对油气层损害小，可提高油气产量。

(2) 通过水带和页岩坍塌层可避免卡钻的危险。

(3) 消除空气钻井可能引发的井下爆炸。

(4) 充气钻井液钻井较一次性的泡沫钻井经济。

2. 充气钻井液的钻井设计。

(1) 在给定地层压力、井身结构和钻柱组合条件下，设计钻井液密度和空气排量。

(2) 计算环空压降、静压。

(3) 计算井底压力。

(4) 计算喷嘴压降。

(5) 计算钻柱内钻头处压力、钻柱内压降和静压。

(6) 确定注入压力。

充气钻井液钻井流体力学参数计算是建立在多相流理论基础上的，且井内流道又受状态函数控制，因此各流动参数的计算十分复杂。目前西南石油学院钻井教研室和新疆石油管理局钻井工艺研究所合作，以多相流理论中的分相流模型研制了在不同地层压力条件下气液比的合理选择、环空气液两相流型的划分、注入压力、井底动压力、静压力、喷嘴压降的计算机程序，这套程序通过新疆石油管理局现场试验，与现场实测数据吻合较好。

3. 充气钻井程序

循环钻井液一定时间后开始充气，充气量达到设计要求时开始钻进。若发现气量不足，调整充气量至设计值。单根钻完停止充气，注入钻井液上起方钻杆，接单根继续钻进。

4. 充气钻井液钻井设备、工具及仪表

充气钻井液钻井主要设备及仪表有空压机、真空除气器、气液混合器、旋转密封头、钻杆单流阀、密度计、流量计及嗅敏检漏仪。

5. 充气钻井液钻井中影响因素的控制

充气钻井液钻井流体力学参数设计，研究的是气液两相流体在井眼中作一元稳定流动，由于不同的井深，流体所处热力学状态不一样，因此设计参数中的注入压力，井底静、动压力对气液比，钻井液密度和井口回压特别敏感。分析这些因素的影响，可以在现场施工中有效地调节控制这些因素。

(1) 气液比。气液比一般控制在 10：1 ~ 30：1，气液比是影响井底流动压力、流型划分和注入压力的主要因素。通过有关实际参数计算表明，随着气液比增加，流型分段趋向于气泡流段减短，而段塞流段增加。

(2) 钻井液密度。在使用充气钻井液钻井中，钻井液密度一般控制在 102 ~ 1.20g/cm^3 之间。钻井液密度对井底流动压力的影响是明显的。随着钻井液密度增加，井底流动压力增加。

(3) 套压。低压钻井技术是开发低压低渗透油气层的主要手段，也是保护油气

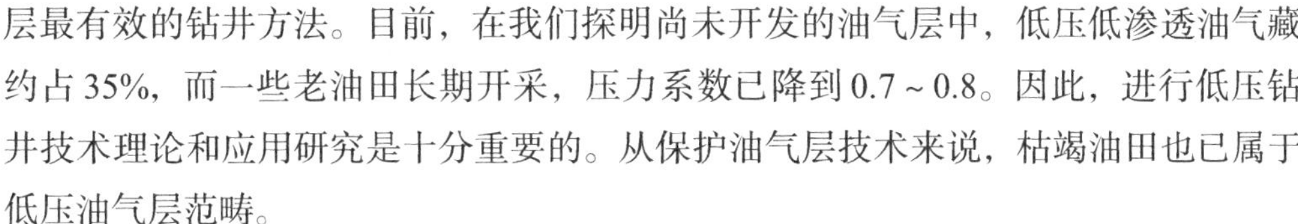

层最有效的钻井方法。目前，在我们探明尚未开发的油气层中，低压低渗透油气藏约占35%，而一些老油田长期开采，压力系数已降到0.7～0.8。因此，进行低压钻井技术理论和应用研究是十分重要的。从保护油气层技术来说，枯竭油田也已属于低压油气层范畴。

第四节　保护油气层的固井技术

固井作业是钻井完井的重要环节。固井质量的好坏不仅直接影响到今后钻井的安全，而且还影响到油气井的长期开采生产和总的采收率。和其他作业一样，固井作业也会对油气层造成不同程度的损害，甚至造成油气资源的严重损失。需要指出的是，固井作业对地层的损害不仅有和钻井液引起的地层损害相似的原因和规律，也有其特殊的作用机理和规律，所以，有必要加以专门论述。

钻井液对油气层的损害，国内外都做了大量工作，有关文献和专著较多，而且有比较统一的见解和结论。

而水泥浆对油气层的损害还需进一步做工作和研究。

一、固井质量和保护油气层之间的关系

固井质量的主要技术指标是环空封固质量，而环空的封固质量直接影响油气层在今后各项作业中是否会受到损害，其原因有以下几点：

(1) 环空封固质量不好，不同压力系统的油气水层相互干扰和窜流，易诱发油气层中潜在损害因素，如形成有机垢、无机垢、发生水锁作用、乳化堵塞、细菌堵塞、微粒运移、相渗透率变化等，从而对投产的油气层产生损害，影响产量。

(2) 环空封固质量不好，当油井进行增产作业，注水、热采等作业时，各种工作液就会在井下各层中窜流，对油气层产生损害。如酸化压裂液窜入未投产油气层，而没能及时反排，就会对该油气层产生损害；注入水窜入未投产的水敏油气层，就会使该层中岩石发生水化膨胀分散，从而影响有效渗透率，水的进入亦改变了该层相渗透率等。

(3) 环空封固质量不好，会使油气上窜至非产层，引起油气资源损失。

(4) 固井质量不好，易发生套管损坏和腐蚀，引起油气水互窜，造成对油气层的损害。

综上所述，固井质量不好是对油气层的最大损害，而且还会影响到油气井生产全过程。

二、固井过程中提高固井质量和保护油气层的途径

衡量固井技术水平的主要标准是固井质量和减少对油气层的损害。要求固井施工后要形成一个完整的水泥环，使水泥与套管、水泥与井壁固结好，水泥胶结强度满足要求，油气水层封隔好、不窜、不漏，对油气层不产生损害。要达到以上要求，就必须从改善水泥浆性能、实行合理压差固井、提高水泥浆顶替效率以及防止水泥浆失重引起的气窜等方面做好工作。

(一) 改善水泥浆性能

重视油井水泥系列及外加剂的研究，早期的油井水泥只有 1 ~ 2 种，水泥外加剂到 1940 年只有 3 种。水泥外加剂的发展速度较快，用量很大，美国水泥外加剂的用量占油田化学总用量的 38%。水泥外加剂的使用，对调节水泥浆性能、满足不同井深的固井起着重要作用。现已发展到 9 类上百种产品，配制的水泥浆性能可在井底温度 238℃中使用。水平井和复杂井同样可以加入不同外加剂达到注水泥的要求。根据产层特性和施工井况，采用减阻、降失水、调凝、增强、抗腐蚀、防止强度衰退等外加剂，合理调配水泥浆各项性能指标，以满足安全泵注、替净、早强、防损害、耐腐蚀及稳定性的要求。

(二) 合理压差固井

合理压差固井是指水泥浆在注替过程和候凝过程中，井眼与套管环形空间液柱总压力略大于地层空隙压力，且不发生漏失和油、气、水窜通。实现合理压差固井，有利于减少对油气层造成损害和保证固井质量。然而在固井作业中常因压差不合理，造成对油气层的损害，水泥环封固质量变差。压差不合理表现在两个方面：一是在注替水泥浆过程中，由于追求高速，加上水泥浆密度高、封固井段太长，造成压差过大而压漏地层，水泥浆进入油气层引起油气层的损害。二是压差过小，常表现为注替过程中油、气、水层没有压稳，造成在候凝期间窜槽或井喷。在候凝期间，因没有考虑水泥浆失重引起的环空压力减低，造成油、气、水层窜通。要实现合理压差固井，就要从以下几个方面着手：

(1) 搞好固井设计。合理压差固井设计要考虑和满足以下条件：

①针对油气藏类型和井下条件进行设计。

②依据准确的油气藏地层孔隙压力。

③水泥的流变性能要满足合理压差要求。

④环空液柱静压力与流动摩阻力之和要小于封固井段内最低地层破裂压力，要

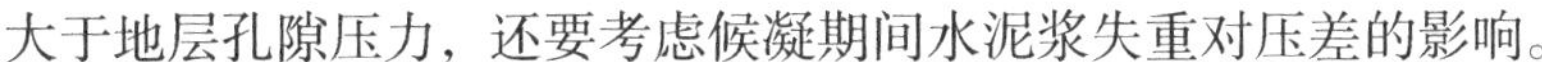

大于地层孔隙压力，还要考虑候凝期间水泥浆失重对压差的影响。

(2) 符合实际的措施

①减小水泥浆流动阻力。为减小水泥浆流动阻力，可在水泥浆中加入降失水剂，防止失量过大、滤饼过厚产生附加阻力，从而改善水泥浆性能，实现紊流顶替；或采用适当顶替速度，实现塞流顶替。

②合理选择静液柱压力。合理选择水泥浆密度，调整钻井液、冲洗液、隔离液密度。减少一次水泥浆注入量，可采用双级注水泥等方法。

③防止由于失重引起的环空压力减低。可在水泥浆中加入防气窜剂，或采用双凝水泥固井或在井口憋回压。

(三) 提高水泥顶替效率

在注水泥和替泥浆过程中，钻井液能否被顶替干净是注水泥作业成功的关键，否则不能有效地封隔油、气、水层，影响油田正常生产。因此，提高顶替效率是获得固井高质量的关键。为了提高顶替效率应该采取以下措施：

(1) 注水泥前处理钻井液性能。使钻井液具备流动性好、触变性合理、失水造壁性好的特点。

(2) 采用优质冲洗液和隔离液。

(3) 合理安装旋流扶正器，尽量保证套管居中。

(4) 尽可能延长主封固段紊流接触时间，保证冲洗液、隔离液、水泥浆以紊流状态流动。

要想方设法把粘附在套管壁和井壁上的钻井液尽可能地驱替干净。保证水泥环与套管和井壁胶结牢固。

(四) 防止水泥浆失重引起的环空窜流

水泥浆在环空静止后，由于水泥浆发生物理—化学变化，不能对地层传递有效压差，这一现象称为失重。导致水泥候凝过程中地层油气水窜入环空，在套管外形成串槽。如果高压盐水窜入水泥柱，还可导致水泥浆长期不凝。

1. 水泥浆失重的机理

(1) 水泥胶凝引起失重。失重的第一阶段主要是水泥浆胶凝引起的。在初始阶段水泥浆呈液体状态，随着水泥与水的化合反应，水泥浆中的水不断减少，产生的水化矿物不断增加，并伴有析晶过程的进行，致使水泥浆中固相含量不断增加。水化矿物的胶体性质使水泥浆的胶凝强度也随之增加，胶凝悬挂现象亦增强，表现失重现象以较快速度增加。但此时水泥浆体系的性质仍保持液体状态，部分自重仍能产生静压。

（2）水泥浆的网状结构引起失重。失重的第二阶段胶凝强度继续增加，水泥颗粒间形成相互连接的有足够强度的网状结构后，水泥的自重完全被悬挂于管壁上，水泥浆自重不能产生静压。但是，这时部分自由水还存在其中，还能够在网架中的空隙中流动，因此水泥浆柱静压此时表现为等高水柱静压。随着水泥反应深入，固相含量继续不断增加，网架结构的空隙在不断变小，水的流动阻力增加，水泥浆柱静压变得逐步低于水柱静压值。表现为缓慢的失重过程。一旦网架结构的空隙小到毛细孔的程度，水的自重不能再传递压力，水泥浆柱的缓慢失重过程也就结束了。

（3）水泥浆体积收缩引起失重。在水泥浆呈液体状态时，体积收缩可由水泥浆柱上面的水泥浆或其他流体（如钻井液）给予补充，随着浆体流态性能的消失，对压力的传导能力也逐渐丧失，水泥浆体积收缩得不到补充，只能消耗原有储备能量，使水泥浆柱内部压力不断减少，导致水泥浆初凝以后水泥浆柱压力很快失重到零值及产生负值效应。

2. 防止水泥浆失重引起环空窜流的措施

防止环空窜流，除确保良好顶替效率外，主要措施是采用特殊外加剂，通过改变水泥浆自身物理化学特性以弥补失重造成的压力降低。最有效的办法是采用可压缩水泥、不渗透水泥、触变水泥、直角稠化水泥及多凝水泥等。此外，还可采取分级注水泥、缩短封固长度及井口加回压等工艺措施。

（五）降低水泥浆失水量

为了减少水泥浆固相颗粒及滤液对油气层的损害，需在水泥浆中加入降失水剂，控制失水量小于 100mL（尾管固井时，控制失水量小于 50mL）。控制水泥浆失水量不仅有利于保护油气层，而且是保证安全固井、提高环空层间封隔质量及顶替效率的关键因素。

（六）采用屏蔽暂堵钻井液技术

钻开油气层时采用屏蔽暂堵钻井液技术，在井壁附近形成屏蔽环，此环带亦可在固井作业中阻止水泥浆固相颗粒和滤液进入油气层。

（七）推广应用注水泥计算机辅助设计软件

该软件包括一口井固井全过程的仿真设计，主要部分有水泥浆体系和性能设计、平衡压力注水泥设计、注水泥流变学设计、防止油气水窜设计、套管柱设计、扶正器安放位置设计，以及制定注水泥施工计划表和数据库等。该软件既可提高设计速度及科学化水平，又可人机联作预测施工情况并选择最优方案，还可在施工结

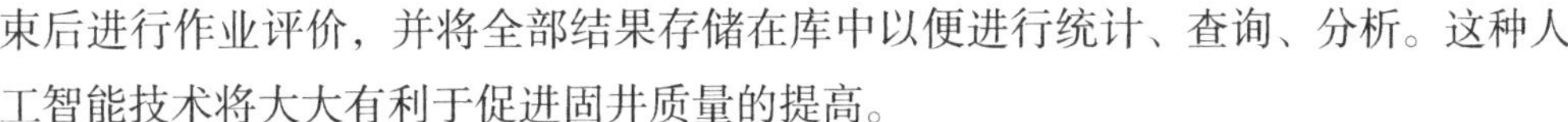

束后进行作业评价，并将全部结果存储在库中以便进行统计、查询、分析。这种人工智能技术将大大有利于促进固井质量的提高。

三、保护油气层固井技术

固井过程中保护油气层的核心问题是尽量减少水泥浆滤液和固相颗粒侵入油气层。解决这一问题的主要途径是采用合理压差固井。然而，我国有许多油气田油层压力系数非常低，往往低于0.8。在这些地区进行固井施工，需保证固井时不发生漏失。减少对油气层的损害，就必须针对油气藏的特点，采用特殊的保护油气层的固井技术。常用的有低密度水泥固井、尾管固井、分级注水泥固井、用管外封隔器注水泥技术等。

(一) 低密度水泥固井技术

低密度水泥固井可以降低套管外液柱压力，从而降低水泥浆液柱压力与地层孔隙压力差，实行合理压差固井，减少对油气层的损害，有利于保护油气层。低密度水泥浆密度的大小取决于减重剂种类，由于加入的减重剂种类不同，其密度降低的程度也不同，低密度水泥浆加入材料和密度范围大体分为普通低密度水泥、低密度水泥、超低密度水泥三类，这三类低密度水泥浆都符合失水量较小、流变性好、水泥强度高的要求。下面分别介绍三种低密度水泥浆及使用情况。

1. 普通低密度水泥

(1) 水泥浆密度范围：1.4 ~ 1.6g/cm^3。

(2) 使用的减重剂：硅藻土、飞灰、膨润土、火山灰、膨胀珍珠岩等。

实践证明这种水泥有以下特点：

①水泥浆密度低，可降低固井时环空液柱压力，在封固井段长达1000m时，75℃低密度水泥浆比普通水泥浆降低环空压力40 ~ 45MPa，对防止井漏和保护油气层非常有利。

②施工时泵压低，U 型管效应小，有利于控制水泥浆上返速度。

③利用常规固井设备可以配灰和进行固井作业。

④水泥浆失水量小，可防止因失水量大所引起的固井憋泵事故。同时，胶结时间较短，有利于控制油气水的浸入，提高固井质量。

⑤对50多口井的固井声幅图质量分析，可以看出75℃低密度油井水泥的固井优质率高。井浅时，井下温度变低，声幅幅度稍有增加的趋势。

2. 低密度水泥

(1) 水泥浆密度范围：1.2 ~ 1.4g/cm^3。

（2）常使用的减重剂：粉煤灰空心微珠、空心陶瓷微珠等。

（3）空心微珠水泥浆现场应用情况。空心微珠水泥在四川局现场应用30多井次，解决了低压漏失层的压力平衡固井问题，保证了固井质量。特别是在平落坝构造环境中，压力低，漏失层多，基本上采用空心微珠水泥固井，获得了良好的效果，避免和减少了水泥浆的漏失，减少了对产层的损害。

3. 超低密度水泥（泡沫水泥）

（1）水泥浆密度范围：0.9～1.2g/cm^3。

（2）泡沫水泥的配制方法。泡沫水泥是超低密度水泥，这种水泥是在水泥浆中混入一定比例的气泡形成泡沫水泥浆，以降低水泥的密度。当前配制泡沫的方法有两种。一种为机械法。即在水泥浆中掺入发泡剂和稳泡剂，使气体混在水泥浆中，再使用机械方法使气体均匀地分散在水泥浆中，形成稳定的泡沫水泥浆。另一种为化学法。即在干水泥中掺入发泡物质和控制剂，当水泥和水混合一段时间，该物质与水泥中的某些化学成分反应，产生出气体形成泡沫水泥浆。第一种方法可根据固井施工的实际情况，随时调节气体量满足水泥浆密度要求，但施工较复杂。第二种方法施工简便，但发气物质与水泥浆中某些化学成分反应产生气体需要一定的时间，发气量也不易控制。因此，机械法是世界上采用最多的一种方法。研究和使用泡沫水泥，主要是解决低压易漏失的固井问题。新疆石油管理局是我国使用泡沫水泥最早的单位。

（3）泡沫水泥现场应用情况。新疆的火烧山油田油层压力低，压力系数低，钻进中发生钻井液漏失，用空心微珠水泥固井也发生漏失，后试验用泡沫水泥固井，开始固井合格率比较低，通过不断总结经验，摸索规律，当年固井质量有了大幅度的提高。

（二）尾管固井技术

近些年来，我国油气藏类型不断增多，对固井技术的要求越来越高，尾管固井技术也相应得到了发展。尾管固井技术就是套管不延伸到井口的一种固井方法。尾管顶部为悬挂器，它靠卡瓦和锥套挂在上层套管内壁上，与上部套管的重叠长度一般为50～150m。尾管固井的主要优点如下：

（1）采用尾管固井，上部环形间隙大，可降低固井施工的流动阻力，减少对油层的压力，有利于保护油气层。

（2）减少深井一次下入的套管长度，既减轻了套管总重量，也减轻了下套管时的钻机负荷。

（3）可避免技术套管上部的磨损，通过回接同样起到技术套管的作用。

(4) 可以节省套管和水泥，降低钻井成本。

(5) 可以保证尾管在井下挺直，提高固井质量。

(三) 分级注水泥技术

分级注水泥，就是应用分级注水泥器，在一口井中使注水泥作业分成二级或三级 (自下而上分段) 完成的注水泥方法。分级注水泥方法具有以下优点：

(1) 降低环空液柱压力，防止漏失，防止损害油气层。

(2) 在高压油气井，可分级注入不同稠化时间的水泥浆；在完成第一级注水泥施工后，打开循环孔，反循环钻井液，形成对地层的回压，直至第一级水泥凝固。这样可防止环空高压油气上窜。

(3) 在多油气层，且油气层段间隔长时，在间隔段不注水泥，可节省水泥。

(4) 可用较低功率的水泥泵，以较高速度顶替水泥浆，在环空形成紊流，有利于提高封固质量。

(5) 可使用两凝水泥固井。

通过实践，国内各油田均把分级注水泥技术列为保护油气层固井的重要措施之一。

(四) 套管外封隔注水泥技术

套管外封隔注水泥技术，就是应用连接在套管串的外封隔器，在注水泥及水泥凝固过程中，实现套管环空封隔。它可以解决高低压复杂井、易漏井和调整井的气窜与漏失问题，还可以解决油层上部的岩石塌落。套管外封隔注水泥技术一般有以下几个特点：

(1) 施工操作简便，不需要改变原固井施工工艺。

(2) 适用范围广，可用于各种不同条件的油气井。

(3) 工具的膨胀密封体自动随井径和井下压差变化而变化。

(4) 阀系统能可靠地保护和准确地控制工具安全座封。耐高温，常用的可耐温套管外封隔注水泥技术，常与分级注水泥、尾管固井技术及水泥外加剂综合运用，有效地解决了隔离油、气、水层，恶性漏失层，长封固段注水泥等问题，为保护油气层和复杂井固井开拓了较为广阔的途径。

第十四章　试油作业技术

第一节　射孔—酸化—测试—封堵一体化技术

在试油测试中，通常测试获得高产天然气流后，要取出测试工具，必须先进行堵漏压井。而压井堵漏难度较大，漏失量大，堵漏时间长，堵漏压井后又引起测试管柱易卡、易埋等新的复杂情况，处理起来耗时耗力；多次堵漏后对地层污染伤害也大，后期二次完井往往需要对储层重新改造才能达到生产要求。随着试油完井技术的发展，需要将气层试油和完井纳入一体化综合考虑，希望通过实施试油完井一体化工艺提高试油—完井整个工期的作业效率，节约作业时间和成本。

试油完井一体化技术研究，可以实现在测试作业结束后，直接从封隔器处起出管柱，将上部测试工具及油管起出，完成试油及测试资料录取，同时封隔器及配套封堵工具留在井底，减少压井堵漏工序，直接实现对储层的封堵，保护油气层。

一、技术原理

区块探井通过测试获得工业气流后，需要先对地层实施暂堵，起出测试管柱获取压力温度资料，最后根据资料情况决定回采或转入上试其他层位。如果采用上述传统试油完井方式，不仅需要压井、起测试管柱，一旦决定封堵产层，就需要打水泥塞封堵，如果决定回采，今后还需要钻塞、重新改造、重下完井管柱，工序上烦琐，带来的安全隐患也较多，尤其是井筒完整性降低，不利于气井长期安全地开采生产。

上述难点在一些地区普遍存在，为此提出了一种新思路：测试结束后将地层直接封堵，同时又确保取出电子压力计数据。换言之，在试油测试下入管柱时就提前考虑后期封堵完井，在测试结束后，利用测试管柱中的封堵工具对产层实现封堵，直接将地层与油管的通道隔断，从根本上避免压井堵漏带来的一系列难题和风险，故称为试油完井一体化技术。如果该技术可行，将大大提高试油完井效率，节约试油完井时间和成本，为完井提供安全的井筒环境。欲实现上述技术的现场应用，需要从管柱设计、工具配套方面引入试油完井一体化的概念，把测试管柱和完井管柱合二为一，根据探井的勘探开发需求，一趟管柱实现试油和封堵完井两种功能。

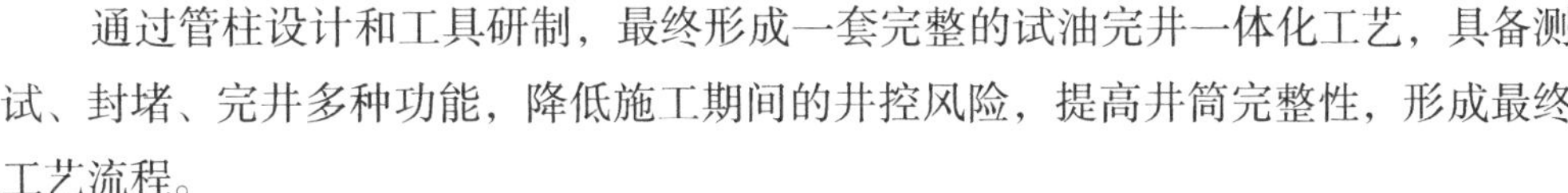
通过管柱设计和工具研制，最终形成一套完整的试油完井一体化工艺，具备测试、封堵、完井多种功能，降低施工期间的井控风险，提高井筒完整性，形成最终工艺流程。

二、管柱结构与工艺流程

1. 管柱结构介绍

测试—封堵完井一体化管柱，主要针对测试后无论获气与否，都将封堵产层转入上层试油。这种情况下，试油和完井的目的性明确，试油为获得地层压力温度数据，测试结束后封堵完井，因此建议采用专用工具携带电子压力计完成测试，采用双向卡瓦可回收液压封隔器进行坐封。在测试完后，通过 RDS 阀隔断一次性地层，最后从 RTTS 安全接头处进行倒扣，起出上部管柱获得资料。

2. 工艺流程介绍

（1）下测试—封堵完井一体化管柱，如管柱带有射孔枪，则需进行电测校深，调整射孔枪对准产层。

（2）拆封井器，换装采气井口，对采气井口副密封试压合格。

（3）连接采气井口至地面测试流程管线，试压合格。

（4）若为带射孔枪管柱，则进行加压射孔；若为不带射孔枪管柱，产层已打开，则用环空保护液控压反替出井内压井液。

（5）油管内投入坐封球，侯球入坐，记录坐封基准油压及套压。

（6）油管内逐级加压坐封封隔器。

（7）泄油压至坐封基准油压，环空加压进行验封。

（8）若验封合格，则油管内加压憋掉球座；若验封不合格，则重复坐封过程。

（9）酸化施工或放喷排液，开关井测试。

（10）环空加压击破 RDS 循环阀破裂盘，开启循环孔，关闭球阀，实现封堵。

（11）循环压井液压井，敞井观察。

（12）拆采气井口，换装封井器，试压合格。

（13）上提管柱，拉断伸缩器剪销，倒开 RTTS 安全接头，实现丢手。

（14）起出安全接头以上管柱。

三、关键工具

（一）大通径 RDS 阀

大通径 RDS 阀采用和普通 RDS 阀同样的结构，RDS 阀上预装有指定破裂值的

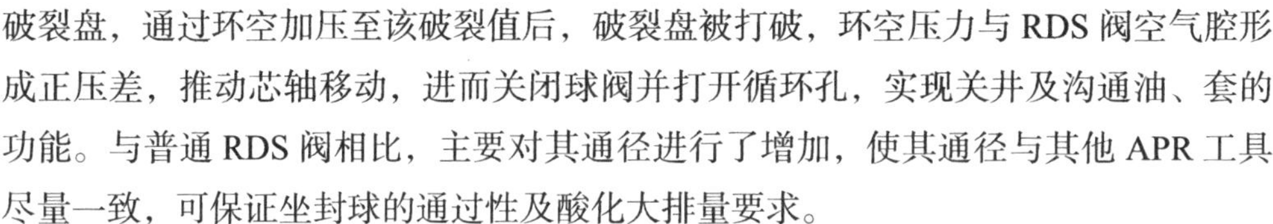

破裂盘，通过环空加压至该破裂值后，破裂盘被打破，环空压力与 RDS 阀空气腔形成正压差，推动芯轴移动，进而关闭球阀并打开循环孔，实现关井及沟通油、套的功能。与普通 RDS 阀相比，主要对其通径进行了增加，使其通径与其他 APR 工具尽量一致，可保证坐封球的通过性及酸化大排量要求。

（二）RTTS 安全接头

RTTS 安全接头由上接头、芯轴、反扣螺母、外筒、“O”形圈、短节、张力套和下接头组成。它接在封隔器之上，当封隔器被卡时，对管柱施加拉力，使张力套断开，然后进行上提下放和旋转运动，使安全接头倒开，起出安全接头以上的管柱。

（三）70MPa 可回收双向卡瓦液压封隔器

该封隔器在井下通过管柱内打压，水力锚卡瓦受内压差作用张开撑在套管内壁上。同时压力经中心轴上传压孔，从内向外通过传压接头进入液缸内，推动活塞向下运动剪断坐封销钉，继续下行后挤压胶筒，同时卡瓦滑套固定剪销被剪断。卡瓦滑套下移，机械卡瓦沿着卡瓦滑套轨道张开卡住套管内壁，卡瓦滑套停止运动，活塞带动锁环外筒继续下移，自上而下挤压胶筒形成密封。与此同时，活塞下端受压的弹簧推动内锁环沿锯齿螺纹下移，时刻锁定位移（内锁环外锥面在弹簧力的作用下始终与锁紧接头内锥面相配合，内锁环内扣与锁紧芯轴上的外扣相配合），使胶筒始终处于受挤压状态保持密封。这时封隔器处于工作状态。解封时，上提管柱使封隔器承受拉力，剪断解封销钉（解封吨位可根据需要通过调节解封销钉数量来调整），中心轴上移，露出传压孔沟通环空和地层。锁紧芯轴下端的锁键同步从中心轴外圆面上滑到下端的凹槽。继续上提管柱，卡瓦滑套挂在锁紧心轴上的挡圈上后，提松卡瓦滑套，解松机械卡瓦，卡瓦沿燕尾槽回位，胶筒呈自由状态，静止 15min，待胶筒回缩，解封完成。

四、功能及应用范围

（一）管柱功能

（1）通过在测试后环空加压打开 RDS 阀建立隔断。

（2）封隔器为 70MPa 双向卡瓦液压可回收封隔器，既能满足测试期间射孔—酸化管柱压差要求，又能长时间作为封堵工具的悬挂器。封隔器为液压永久坐封，测试完后只能从封隔器上部丢手，如需取出封隔器，则通过上提直接解封。

（3）管柱可带枪进行联作，也可以在射开产层的情况下进行。

（4）管柱依靠 RTTS 安全接头脱手。

(5) 管柱在实现封堵后，可以通过 RDS 阀和常闭阀建立循环。

(6) RDS 阀推荐使用大通径的，最好和其他 APR 工具内径保持一致，保证坐封球通过性及酸化大排量要求。

(7) 该管柱适用于 5in 和 7in 套管，工作压力 70MPa。

(8) 建议管柱带伸缩节，除了补偿管柱收缩，另一个重要目的是在后期脱手后方便钻台操作。

(二) 应用范围

该工艺封堵原理简单易行，操作简单可靠，管柱适用性强，大部分易漏地层均可采用这种管柱；对易漏储层封堵可靠，避免压井，节约作业时间；工艺与 APR 测试工艺基本相同，工艺成熟。

普遍适用于高压易漏地层，比如，高磨地区龙王庙组，尤其是上面有多层试油层且该层可能发生井漏的工况，试油测试后需要进行封堵的产层。

第二节　试油完井一体化技术

试油完井一体化技术是射孔—酸化—测试联作技术的一种延伸，它将试油的工序和完井的工序通过一趟管柱结合在一起，管柱在实现射孔—酸化—测试的基础上又加上了封堵—完井的功能。通过进一步设计使管柱具备回插通道，可重新沟通地层实现二次完井，并对管柱进行力学计算分析，依照射孔、酸化、测试等不同工况进行了校核，确保一体化管柱的安全性。

一、技术原理

试油完井一体化技术在射孔—酸化—测试—封堵一体化技术上增加了生产功能，即今后测试层位需要开采，可将完井油管带上配套插管直接插入封隔器中，打开油管通道，快速实现“二次完井”。

二、管柱结构与工艺流程

(一) 测试—封堵—生产完井一体化技术

1. 管柱结构介绍

射孔—酸化—测试—封堵一体化管柱实现了测试—封堵的目标，进一步考虑，

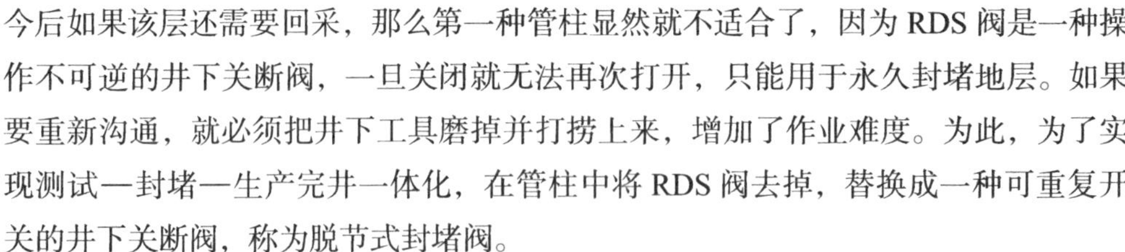
今后如果该层还需要回采，那么第一种管柱显然就不适合了，因为 RDS 阀是一种操作不可逆的井下关断阀，一旦关闭就无法再次打开，只能用于永久封堵地层。如果要重新沟通，就必须把井下工具磨掉并打捞上来，增加了作业难度。为此，为了实现测试—封堵—生产完井一体化，在管柱中将 RDS 阀去掉，替换成一种可重复开关的井下关断阀，称为脱节式封堵阀。

2. 工艺流程介绍

(1) 下测试—封堵—生产完井一体化管柱，如管柱带有射孔枪，则需进行电测校深，调整射孔枪对准产层。

(2) 上提管柱，正转管柱，使封隔器右旋 1/4 圈，下放管柱，撑开封隔器下卡瓦，继续施加坐封重量在封隔器上，挤压胶筒；施加一定的管柱重量到封隔器上后，上提管柱，拉紧封隔器使得上卡瓦撑开胶筒完全膨胀，完成封隔器坐封。

(3) 环空加压进行验封，若验封不合格，则重复坐封过程。

(4) 拆封井器，换装采气井口，对采气井口副密封试压合格。

(5) 连接采气井口至地面测试流程管线，试压合格。

(6) 若为带射孔枪管柱，则进行加压射孔。

(7) 酸化施工或放喷排液，开关井测试。

(8) 通过 RDS 循环阀或常闭阀进行循环压井，敞井观察。

(9) 拆采气井口，换装封井器，试压合格。

(10) 循环井内压井液，全井试压，确定一个基准压力；接方钻杆上提管柱，保持左旋扭矩上提管柱，密封脱节器处左旋（反转）1/4 圈即可实现上部管柱的丢手，同时旋转开关阀，球阀关闭，隔断下部地层；全井在丢手后以该基准压力为参照，再进行一次全井试压，确认球阀是否关闭可靠，如果未能完全关闭，则重新插入密封脱节器重复丢手，如果依然未能关闭，可直接进行堵漏压井。

(11) 起出密封脱节器以上管柱。

(12) 如需回插生产，则更换密封脱节器密封件后，重新回插入旋转开关阀内，通过棘爪推动旋转开关阀，开启球阀，沟通下部地层。

(二) 测试—暂堵—生产完井一体化技术

1. 管柱结构介绍

射孔—酸化—测试—封堵一体化管柱与测试—封堵—生产完井一体化管柱，基本满足了大部分高压气井的需求，但仍需要考虑某些井特殊的地质和工程要求，比如：

(1) 套管固井质量差，清水条件下套管承压能力受限，不能使用压控式工具；

（2）最后一层试油，不用回收封隔器。

2. 工艺流程介绍

（1）下测试—暂堵—生产完井一体化管柱，如管柱带有射孔枪，则需进行电测校深，调整射孔枪对准产层。

（2）拆封井器，换装采气井口，对采气井口副密封试压合格。

（3）连接采气井口至地面测试流程管线，试压合格。

（4）若为带射孔枪管柱，则进行加压射孔；若为不带射孔枪管柱，产层已打开，则用环空保护液控压反替出井内压井液。

（5）油管内投入坐封球，候球入坐，记录坐封基准油压及套压。

（6）油管内逐级加压坐封封隔器。

（7）泄油压至坐封基准油压，环空加压进行验封。

（8）若验封合格，则油管内加压憋掉球座；若验封不合格，则重复坐封过程。

（9）酸化施工或放喷排液，开关井测试。

（10）油管内直推压井液，投入暂堵球，通过液柱压力与地层压力的压差，使暂堵球落在暂堵球座上，暂堵下部地层。

（11）环空加压击破 RDS 循环阀破裂盘，开启循环孔，循环压井液压井，敞井观察。

（12）拆采气井口，换装封井器，试压合格。

（13）上提管柱，正转倒开锚定密封，实现丢手。

（14）起出锚定密封以上管柱。

（15）更换锚定密封件，回插锚定密封，油管内加压憋掉暂堵球及球座，重新沟通地层，进行生产。

三、关键工具

（一）测试—封堵—生产完井一体化技术

1. 伸缩节

伸缩节主要由外筒、芯轴、活塞、连接短节及下接头等组成，其作用是在管柱中提供一段伸、缩长度以帮助补偿测试或酸化期间管柱的伸长、压缩，使封隔器上的钻压保持恒定，确保封隔器密封。

2. 大通径 RDS 阀

大通径 RDS 阀采用和普通 RDS 阀同样的结构，RDS 阀上预装有指定破裂值的破裂盘，通过环空加压至该破裂值后，破裂盘被打破，环空压力与 RDS 阀空气腔形

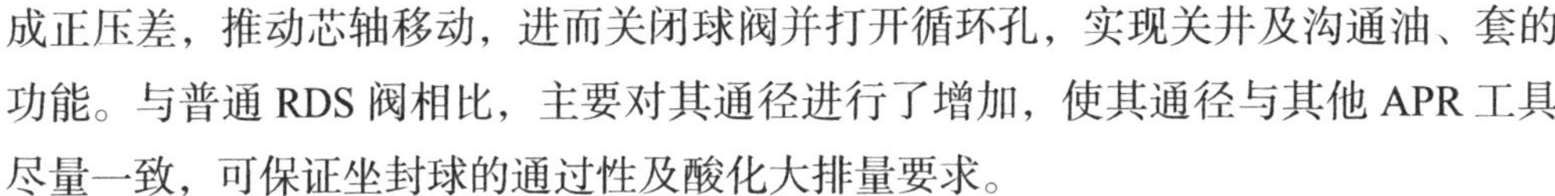

成正压差，推动芯轴移动，进而关闭球阀并打开循环孔，实现关井及沟通油、套的功能。与普通 RDS 阀相比，主要对其通径进行了增加，使其通径与其他 APR 工具尽量一致，可保证坐封球的通过性及酸化大排量要求。

3. 常闭阀

常闭阀主要由上接头、球阀、芯轴、循环孔、剪切销钉、下接头组成。入井时循环孔关闭，需要循环液体时，投球入井，球坐落到芯轴顶部，通过液压差推动芯轴剪断销钉，芯轴下移露出循环孔，即可开始循环。

4. RTTS 安全接头

RTTS 安全接头由上接头、芯轴、反扣螺母、外筒、“O”形圈、短节、张力套和下接头组成。它接在封隔器之上，当封隔器被卡时，对管柱施加拉力，使张力套断开，然后进行上提下放和旋转运动，使安全接头倒开，起出安全接头以上的管柱。70MPa 可回收双向卡瓦液压封隔器在井下通过管柱内打压，水力锚卡瓦受内压差作用张开撑在套管内壁上。同时压力经中心轴上传压孔，从内向外通过传压接头进入液缸内，推动活塞向下运动剪断坐封销钉，继续下行后挤压胶筒，同时卡瓦滑套固定剪销被剪断。卡瓦滑套下移，机械卡瓦沿着卡瓦滑套轨道张开卡住套管内壁，卡瓦滑套停止运动，活塞带动锁环外筒继续下移，自上而下挤压胶筒形成密封。与此同时，活塞下端受压的弹簧推动内锁环沿锯齿螺纹下移，时刻锁定位移（内锁环外锥面在弹簧力的作用下始终与锁紧接头内锥面相配合，内锁环内扣与锁紧芯轴上的外扣相配合），使胶筒始终处于受挤压状态，保持密封。这时封隔器处于工作状态。解封时，上提管柱使封隔器承受拉力，剪断解封销钉（解封吨位可根据需要通过调节解封销钉数量来调整），中心轴上移，露出传压孔沟通环空和地层。锁紧芯轴下端的锁键，同步从中心轴外圆面上滑到下端的凹槽。继续上提管柱，卡瓦滑套挂在锁紧芯轴上的挡圈上后，提松卡瓦滑套，解松机械卡瓦，卡瓦沿燕尾槽回位，胶筒呈自由状态，静止 15min，待胶筒回缩，解封完成。

5. 脱节式封堵阀

可脱手回接式井下关井阀是一种全通径工具，它一般接在非旋转坐封的封隔器上方，可用于临时封井、更换管柱等作业；是通过反转、上提管柱实现从封隔器上部关井并脱手管柱的功能；还可通过锚定密封直接插入密封外筒实现管柱回接、开井的功能；如果有需要，回接后还可再次通过反转、上提管柱实现从封隔器上部关井并脱手管柱的功能。该工具一般与非旋转坐封的封隔器连接使用，为防止在脱手关井后井底压力过大发生封隔器上窜的可能，因此建议使用具有防上窜能力的封隔器。需要上提脱手更换管柱时，脱手后要打压检验关井情况，所以受井口装置的制约，在操作该工具之前需要进行循环压井；工具在入井前左旋螺纹手紧即可，防止

入井后脱手困难。

工具用于测试、完井一体化管柱作业中，利用其脱手关井、回接开井的功能实现测试和完井管柱的更换，并实现更换期间对产层的封堵，避免起下钻、压井、堵漏引起的一系列难题和风险，增加井筒安全保障措施，提高试油完井效率，节约试油完井成本。其结构由3部分组成：脱手部分、回接部分及开关井部分。

6. 坐封球座

坐封球座由外筒跟座芯组成，为双筒结构，座芯与外筒之间预装有剪切销钉，在封隔器进行坐封操作时，先由油管内投入略大于座芯通径的钢球，等待一定时间后球坐落于座芯上并封闭油管通道，此时通过向油管内加压，则可对封隔器进行坐封操作。

(二) 测试—暂堵—生产完井一体化技术

1. 永久式双向卡瓦液压封隔器

永久式双向卡瓦液压封隔器是一种套管井中液压坐封的永久式封隔器，具备丢手及二次回接功能，可以回收或检修、更换封隔器以上管柱。丢手后，封隔器上的双向机械卡瓦及内锁定机构，保证封隔器稳固地悬挂在套管中，可以承受下部管柱重量。此封隔器主要包括4大部件，即锚定密封总成、封隔器、双公磨铣延伸筒、坐封球座，其中锚定密封总成与生产封隔器为反扣连接。

2. 暂堵球座

暂堵球座与坐封球座结构一致。

四、功能及应用范围

(一) 测试—封堵—生产完井一体化技术

1. 管柱功能

(1) 通过脱节式封堵阀在丢手时拉动球阀封堵地层，无须借助压差，封堵严密。

(2) 封隔器为70MPa双向卡瓦液压可回收式封隔器，既能满足测试期间射孔—酸化管柱压差要求，又能长时间作为封堵工具的悬挂器。

(3) 管柱可带射孔枪进行联作，也可以在射开产层的情况下进行。

(4) 管柱脱节式封堵阀处脱手，建议同时下入RTTS安全接头，作为丢手的备用手段。

(5) 管柱在实现封堵后，可以通过RDS阀和常闭阀建立循环，优先选用RDS阀，在套管操作压力不够的情况下，再考虑使用常闭阀来循环。

(6) RDS 阀推荐使用大通径的，最好和其他 APR 工具内径保持一致。

(7) 该管柱适用于 5in 和 7in 套管，工作压力 70MPa，也可双封跨封隔。

(8) 建议管柱带伸缩节，除了补偿管柱收缩，另一个重要目的是在后期脱手，方便钻台操作。

(9) 钻台操作。

2. 应用范围

该工艺依靠球阀封堵，原理简单，一旦封堵成功，不受压差的影响，封堵严密。对易漏储层封堵可靠，避免压井，节约作业时间。不仅实现测试—封堵，对封堵后的方案制订也预留了自由灵活的操作空间，可就此完井；可以封堵上试；也可更换生产管柱回插完井，而无论何种方式，都将地层与油管通道完全隔断，对油气层起到良好的保护作用。避免了将 RDS 阀留在井底，减少了工程成本；脱节式封堵阀可重复开关，比 RDS 阀具有更大的成本优势。普遍适用于“三高”气田的易漏地层。

(二) 测试—暂堵—生产完井一体化技术

1. 管柱功能

(1) 通过投球式利用自然压差在测试后对地层进行封堵。

(2) 封隔器为永久式双向卡瓦液压封隔器，完井生产可靠，既能满足射孔—测试要求，又能悬挂井下封堵工具，必要时还可以通过机械上提解封，将整个管柱起出。

(3) 管柱可带射孔枪进行联作，也可以在射开产层的情况下进行。

(4) 管柱依靠锚定密封脱手，在脱手不成功的情况下，可油管穿孔循环和油管切割。

(5) 管柱在实现暂堵后，可以通过 RDS 阀和常闭阀建立循环，优先选用 RDS 阀，在套管操作压力不够的情况下，再考虑使用常闭阀来循环。

(6) RDS 阀推荐使用大通径的，最好和其他 APR 工具内径保持一致。

(7) 该管柱适用于 5in 和 7in 套管，推荐工作压差 70MPa。

(8) 建议管柱带伸缩节，除了补偿管柱收缩，另一个重要目的是在后期脱手，方便钻台操作。

(9) 该管柱的封堵球座座芯外径小于坐封球座座芯外径，目的是方便今后回采。推荐两种回采方式：重新下入完井管柱插入锚定密封，油管内加压打掉封堵球座销钉，球和座芯被打入井底，油管重新沟通；在之前的封隔器上部重新下入一个封隔器，油管内加压打掉封堵球座销钉，球和座芯被打入井底，油管重新沟通。

2. 应用范围

综合了射孔—酸化—测试—封堵一体化管柱和测试—封堵—生产完井一体化管柱，测试后可对易漏储层实现封堵，避免压井，节约作业时间，特别适合易漏地层。管柱后期可选择方案余地很大，可完全起出，也可封堵完井，还可回插重新沟通地层。管柱结构简单，与在川渝地区使用的常规完井管柱相近。封堵依靠球座，作业成本低，投球式封堵，操作简单。管柱适用性强，尤其是存在窜气、固井质量差的特殊井筒，该管柱几乎不受限制。

五、试油完井一体化技术在“三超”气井中的应用

多年来，国内气田普遍将试油和完井分为两步进行，通常测试获得高产天然气流后，要取出测试工具，必须先进行堵漏压井，而压井堵漏难度较大，漏失量多，堵漏时间长，堵漏压井后又引起测试管柱易卡、易埋等新的复杂情况，处理起来耗时耗力。多次堵漏后对地层污染伤害也大，后期二次完井往往需要对储层重新改造才能达到生产要求。因此，随着试油完井技术的发展，在大量理论论证及实践应用的基础上，通过对永久式封隔器、封堵工具、测试工具的合理优选及工艺优化设计，形成了试油完井一体化工艺技术。可以实现在测试作业结束后，直接从封隔器处起出管柱，将上部测试工具及油管起出，完成试油及测试资料录取，同时封隔器及配套封堵工具留在井底，减少压井堵漏工序，直接实现对储层的封堵，保护油气层。若后期测试层位需要开采，则将完井油管带上配套插管直接插入封隔器中，打开油管通道，可快速实现“二次完井”。

双探3井是四川油气田的一口重点预探井，目前也是川渝地区最深的一口井，井深7620.52m，井底温度164.3℃，预计地层压力超过110MPa，属于典型的超深、超高压、高温的“三超”气井。其测试作业难度远远大于“三高”气井，对试油工艺、井下管柱、测试工具及地面流程设备等都提出了苛刻的要求，给整个试油测试作业也带来了严峻的考验。试油完井一体化技术在该井不仅获得了成功应用，更大大缩短试油周期，有效降低试油作业成本。

（一）工艺技术介绍

1. 工艺流程

下试油完井一体化管柱，调整射孔枪对准产层—换装井口并试压合格—连接地面流程井口管线并试压合格—加压射孔—油管内投坐封球入座—逐级加压坐封封隔器—验封—加压憋掉球座—酸化施工—放喷排液—测试求产—油管内直推压井液，投入暂堵球—环空加压启动RDS循环阀，循环压井—敞井观察—换装井口并

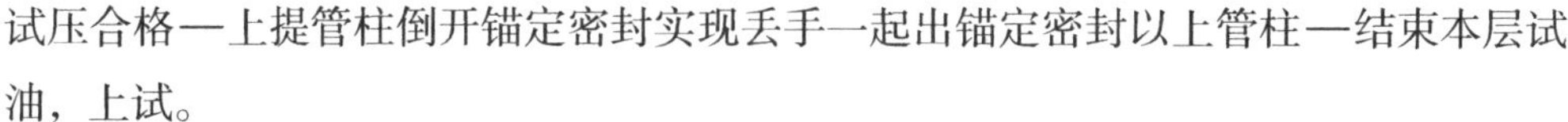

试压合格—上提管柱倒开锚定密封实现丢手—起出锚定密封以上管柱—结束本层试油，上试。

2. 工艺特点

（1）测试作业结束后可对易漏储层实现封堵，避免堵漏、压井困难，节约作业时间，特别适合川渝地区易漏地层。

（2）通过投球式利用自然压差在测试后对地层进行封堵，作业成本低，操作简单。

（3）管柱依靠锚定密封脱手，即使脱手不成功，也可利用油管穿孔循环和油管切割起出上部工具。

（4）管柱后期可选择方案余地很大，可完全起出，也可封堵完井，还可回插重新沟通地层。

（5）管柱结构简单，与在川渝地区使用的常规完井管柱相近。

（二）试油测试作业难点

1. 小井眼测试工具强度较低

该井测试工具及封隔器须在106.28mm尾管中进行施工作业。其中坐封段井深达7535m，静液柱压力高达75MPa，酸化时井底无排量最高压力高达195MPa，常规小井眼工具因其尺寸限制，抗内压、抗挤毁强度较同级别大尺寸工具低，同时机械结构也更加复杂，在深井恶劣工况条件下的机械性能也较同级别大尺寸工具低，对于该井测试作业是极大的挑战。

2. 高温对装备影响大

该井井深7538.1m处实际电测温度为161.89℃，推算至井深7620.52m处井底温度164.3℃，温度较高。高温不仅会引起很大的温度应力，还会导致管材强度下降等问题，大大增加试油测试设备、工具密封件密封失效的风险。在高温环境中，测试作业所用的仪器、仪表，特别是电子仪器、仪表的灵敏度会降低，甚至失效。

3. 管柱密封性能要求高

该井预计井口关井压力为90MPa，过高的关井压力要求测试管柱必须具有良好的密封性能。此外，该井设计酸化最高施工泵压为120MPa，酸化时井底无排量最高压力为195MPa，整个测试管柱及井底封隔器将承受较大的密封压差，对管柱安全是一个严峻的考验。同时，该井作业工况复杂，管柱不但要承受很大的静载荷，而且还要承受很大的交变动载荷，大大影响封隔器密封性能，甚至存在封隔器失封的风险。

4. 施工期间井控风险高

该井超深、压力超高，起、下管柱过程中容易出现溢流、井漏等井控风险。另外，因上部套管清水最高承压为70MPa，关井压力高达90MPa，在整个酸化、测试、关井施工过程中一旦井底封隔器失封将造成上部套管损坏，导致严重的井控问题。

5. 管柱应力分布情况复杂

此次作业工艺为射孔—酸化—测试联作，作业工况较多，不同工况下管柱交变应力情况均不同，导致管柱应力分布情况复杂，恶劣工况下管柱安全保障难。

（三）应对措施

1. 测试管柱优化组合

紧密结合地层条件和施工工艺对现有小井眼工具进行合理优选，选择了强度等级更高的高温高压型小井眼工具。为加强井筒完整性，在管柱中加入具有井下关断功能的关井阀，增加井控屏障，使油套管始终处于受控状态，另外根据工具结构简单、可靠的原则，选择了同时具备循环、关断功能的高温高压型破裂盘式井下安全循环阀。其空气腔绝对抗外挤压力高达200MPa，全力满足酸化及测试施工工况中的强度要求，确保RDS阀不会意外关闭。搭配了外置偏心式托筒，在强度足够的前提下，还留出足够的通径，满足$100\times104m^3$级大产量测试的需要。封隔器选择承压能力更强带双向卡瓦结构的永久式完井封隔器，防止不同工况下的交变载荷造成封隔器位移而导致失封。采用“两球一座”的双极球座，实现坐封球、暂堵球共用一个球座，简化管柱结构，减少接箍数量，降低漏失风险。优选气密封性能良好的油管，优化油管组合，管柱上部选用12.09mm的厚壁油管，改善管柱轴向载荷分布情况，保障试油测试作业期间管柱安全。

2. 开展测试管柱力学计算分析

(1) 管柱组合单轴应力强度校核：

①抗拉强度校核。全井管柱坐封后在清水中拉伸应力安全系数最小为1.79；酸化施工过程中拉伸应力安全系数最小为1.42；放喷测试过程中拉伸应力安全系数最小为2.01；井下关井压力恢复期间拉伸应力安全系数最小为1.52，均不小于设计拉伸应力安全系数1.30。因此，从纵向抗拉强度看，管柱强度安全，且有足够的强度储备系数。

②抗内压强度校核。根据不同工况条件，酸化及放喷测试工况为管柱最恶劣工况，结合温度效应、鼓胀效应等因素考虑，管柱组合中油管变径处应力分布影响最大。在不同工况下，管柱的抗内压强度不小于1.98，均大于设计抗内压强度安全系数1.12，满足施工要求。

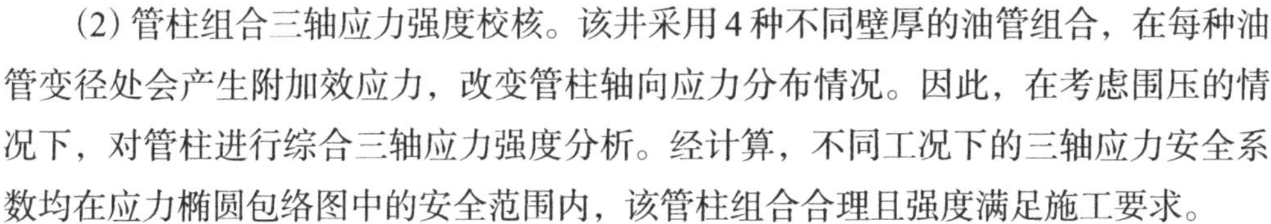

(2) 管柱组合三轴应力强度校核。该井采用4种不同壁厚的油管组合，在每种油管变径处会产生附加效应力，改变管柱轴向应力分布情况。因此，在考虑围压的情况下，对管柱进行综合三轴应力强度分析。经计算，不同工况下的三轴应力安全系数均在应力椭圆包络图中的安全范围内，该管柱组合合理且强度满足施工要求。

3. 工具密封件优选

测试工具所有“O”环密封件均选择具有更高热稳定性和高抗老化性的 viton 氟橡胶材质密封环，提供更好的密封性能。封隔器胶筒选择目前耐高温性能最好的 95duro 级别的氢化丁腈橡胶（HNBR）以保证测试期间封隔器及管柱的密封性。

4. 工具无损探伤

为避免工具本体上可能存在的点蚀及内应力裂纹，确保作业成功，入井工具本体均进行了具有国际先进的 BV 无损探伤检测。

第三节　地层测试数据跨测试阀地面直读技术

在试油测试中，为了减少井筒内存储效应的影响，国内外普遍采用关井底测试阀的方法进行关井复压。当采用这种方法时，试油工程师不能适时监测和计算井底压力、温度变化情况，很难恰当地确定关井时间，难以确保取全、取准测试资料。

而采用地层测试数据跨测试阀地面直读技术可以在测试过程中适时监测井底电子压力计的工作情况并获取测试数据，利用获取的井下测试数据帮助决定关井时间、确定压井钻井液密度、判断工具工作状况等，从而及时采取各种措施，调整测试工作程序，确保取全、取准地层测试资料。同时，利用获取的井下历史数据还可实现快速解释，搞清楚储层特性，从而提高测试作业时效。

一、技术原理

地层测试数据跨测试阀地面直读技术主要采用基于电磁场井下无线传输方法，是一种无线式半双工通信技术，一方面，可以将井下传感器的相关信息传输到地面；另一方面也可以将地面的控制指令传输到井下系统。该技术通过井下发射器将电子压力计的电信号转换成无线通信信号，发送到安装在测试阀上方的接收器，接收器将接收到的通信信号转换成电信号后再通过电缆传输到地面信息处理平台，该平台对井下压力、温度数据进行实时监测，试油工程师可以进行实时数据分析、解释，在第一时间做出相应措施。同时，试油工程师又可在地面信息处理平台通过电缆向接收器发出指令，接收器向井下发射器发送指令，井下发射器将收到的信号转换成

电信号传递给电子压力计，对电子压力计的工作程序进行更改，实现双向通信。

该技术井下无线通信采用的是一种基于似稳恒电磁场的通信原理，在油管、测试工具、套管、井口和封隔器中形成一个闭环电路，通过接收器检测微小电压变化来传输数据。无线发射器和井下接收器之间的通信方式由于采用电磁场，信号传播距离远，接收信号强度大。

二、关键工具和装备

地层测试数据跨测试阀地面直读技术主要是将井下电子压力计的压力、温度数据转化为电磁脉冲信号，利用电缆下入井下接收器，在一定距离范围内实现无线对接，达到数据实时上传和地面指令下达。该工艺的关键工具和装备包括井下发射器、井下接收器、地面信息平台。

(一) 井下发射器

井下发射器的主要功能是将压力、温度数据无线上传至接收器，认真执行接收器下传的指令。主要包括机械部件、电子电路、压力计和电池等，其中电子电路是井下发射器的核心部件。电子电路包括发射接收模块、传感器模块、功放模块、电源模块 4 个部分，分别可实现信号发射、压力温度数据采集、信号放大和提供动力源的功能。井下发射器的设计需要综合考虑密封结构、抗压强度、耐温、仪器通径等因素影响。

电子压力计采用具有高可靠性和高精度特性的石英晶体，几十年来国际石油界一直把这类石英晶体压力计作为行业压力测量标准。其压力敏感元件为石英谐振器，输出频率随所加的压力发生变化。全石英构成的压力敏感元件保持了单晶石英所固有的高重复性和高稳定性的优异特点。传感器中另有一石英谐振器温度探头专用于对压力值进行数字化温度补偿。传感器总成同时输出压力频率和温度频率，以便在整个压力和温度测量范围内求算温度补偿后的精确压力值。

(二) 井下接收器

井下接收器在有线电缆地面直读技术中起着桥梁、纽带的作用，主要是与地面和井底同时进行双向通信：一方面，接收无线发射器向上发射的信号，并通过与其连接的电缆将接收到的井底数据信号上传至地面；另一方面，井下接收器可以接收地面下达的指令，并无线下传给井底无线发射器。井下接收器的机械结构设计主要考虑耐温、与管径的匹配以及内部电子电路的密封等问题。

井下接收器采用耐磨损弹簧接触片，下井过程中，可以根据井内油管的内径，

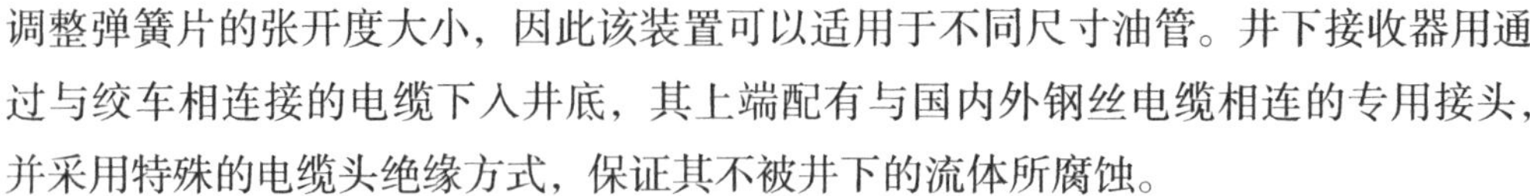

调整弹簧片的张开度大小，因此该装置可以适用于不同尺寸油管。井下接收器用通过与绞车相连接的电缆下入井底，其上端配有与国内外钢丝电缆相连的专用接头，并采用特殊的电缆头绝缘方式，保证其不被井下的流体所腐蚀。

（三）地面信息平台

地面交换机主要包括地面天线耦合工具箱、工控机和配套软件。其主要功能包括以下三个方面：实时数据存储，能够实时保存传感器数据，在仪器取出地面时进行离线读取，同时支持在线读取保存的历史数据；高速数据上传，能够以较高的速率将井下传感器数据传输到地面上，支持存储的历史数据上传；控制指令下行，能够在地面上控制井下发射装置的开关，以便节省井下发射电池的电力。同时，能够控制井下发射装置的数据发送状态，可以在实时采集数据发送和历史数据发送之间进行切换。

地面信息平台的工作模式分为 3 个状态：发送实时数据状态、发送历史数据状态和停止状态。当收到相应指令时，系统就在不同的工作模式之间切换，达到系统灵活可控的目的。

地面天线耦合工具箱需要连接 220V 电源，同时配备 ±18V 的直流电源输出。该直流电源只在调试时使用，正常工作时无须使用。收发天线端口分别与地面调试工具箱的 B0～B6 相连。收发状态的切换采用面板中间的按钮来控制。当按钮按下时表示发生状态，按钮弹起时表示接收状态。面板右下方的 DA 端口与工控机的采集卡输入端相连，AD 端口与工控机的采集卡输出端相连。两个测量端口通常情况下悬空，在需要调试时可以与示波器相连，以便于观察信号波形。

配套软件运行在工控机上，操作系统要求更新版本，同时安装 LabView 应用软件和 Matlab 应用软件，并且安装对应的采集卡驱动程序，主要功能有波形显示、参数显示和发送控制指令 3 大功能。软件对硬件配置的要求不高，当前的主流计算机均可满足软件运行需求。

三、功能与应用范围

该技术井下无线对接与双向通信稳定、可靠，在 320m 内可稳定传输，传输速率最大达到 1024bit/s，最高工作温度 150℃、最大工作压力 140MPa，最长稳定工作时间 640h、最大录取数据容量 32000 组。该技术可广泛应用于探井、开发井的试油测试作业中。针对采用存储式电子压力计需要在测试结束提出管柱后，才能获取测试数据，资料是否取全、取准需要依赖经验判断的问题，该技术可以实时准确地获得井下相关数据，解决测试的盲目性，在测试过程中即可适时进行分析、解释，确

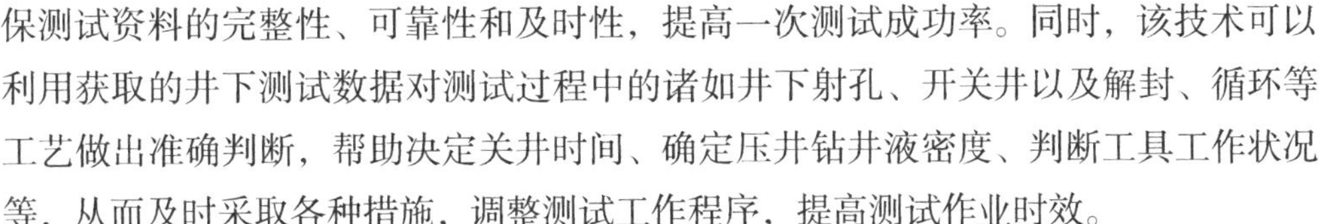
保测试资料的完整性、可靠性和及时性，提高一次测试成功率。同时，该技术可以利用获取的井下测试数据对测试过程中的诸如井下射孔、开关井以及解封、循环等工艺做出准确判断，帮助决定关井时间、确定压井钻井液密度、判断工具工作状况等，从而及时采取各种措施，调整测试工作程序，提高测试作业时效。

第四节　井下测试数据全井无线传输技术

在试油测试中，目前主要采用存储式电子压力计记录井底流动压力和井底关井压力，需要在测试前将压力计随管柱下放至井底，只能在测试结束后起出压力计，得到井下压力、温度数据。

井下测试数据全井无线传输技术是上节所论述的地层测试数据跨测试阀地面直读技术进一步发展的结果，井下测试数据全井无线传输技术解决了地层测试数据跨测试阀地面直读技术需要借助电缆实现远距离传输的问题，避免了起下电缆所带来的施工复杂和井控风险的问题。该技术可以实现在试油过程中，实时监控井下压力温度数据，对于整个试油测试作业具有非常重要的作用。

一、技术原理

井下测试数据全井无线传输技术主要采用基于电磁波的井下无线传输方法。其中，电磁波还具有载波能力强的优点，特别适用于在油管—套管—大地介质中传输信号，目前大多数井下信号向地面传输均采取电磁波作为主要传输手段。

井下测试数据全井无线传输技术采用无线式半双工通信技术，可以将井下传感器的相关信息传输到地面，同时也可以将地面的控制指令传输到井下系统。该技术通过无线发射器将电子压力计的电信号转换成电磁波信号，利用大地—套管—油管介质直接发送到地面，地面安装的接收天线将接收到的电磁波信号转换成电信号后传输到地面信息处理平台。同时，还可在地面信息处理平台通过天线向无线发射器发出指令，无线发射器将收到的信号转换成电信号传递给电子压力计，对电子压力计的工作程序进行更改，实现双向通信。

二、关键工具和装备

井下测试数据全井无线传输技术采用无线传输的方式将井下电子压力计的压力、温度数据转化为电磁波信号，无线上传至地面天线，再通过地面信息处理平台处理信号，也可在地面通过天线将信号无线发射至无线发射器，达到数据实时上传和地面指

令下达。该工艺的关键工具和装备包括无线发射器、无线中继器、地面信息平台。

(一) 无线发射器

无线发射器采用和地层测试数据跨测试阀地面直读技术中所用的井下发射器同样的结构。与井下发射器相比，主要在电子电路上进行了改进，以进一步提高发射能力和地面信号接收能力，其主要改进集中在以下几个方面：采用了发射自适应接收增强模块，信号编码方面采用了扩频技术。

电阻率在井的不同深度均不同，由于地层电阻率不同，电磁波传递的效率也不同。对于电阻率较高或接触电阻较低的地层，电磁波传递效率高，此时，可采用较高的发射频率，提高数据传输效率。对于电阻率较低或接触电阻较高的地层，电磁波传递效率低，此时，为了保证传输的稳定性，可采用较低的发射频率。通过采用自适应技术，根据电阻率和回路电阻自动实现接收和发射频率的调整，可较好地提高信号的稳定性。

(二) 无线中继器

由于全井无线地面直读技术利用了油管—套管—大地介质实现无线传输，而通过试验表明，电磁波在油管—套管—大地介质衰减严重，目前全井无线地面直读技术单极最大传输距离仅在4000m左右，对于大于5000m的深井、超深井难以满足要求，制约了全井无线地面直读技术的应用范围。为此，通过采用中继传输的方式，可以进一步延伸全井无线地面直读技术传输距离，为全井无线地面直读技术在深井、超深井中的应用奠定基础。

无线中继器机械结构与井下发射器一致，其电子电路模块主要包括3个部分：单片机、信号放大器和功率放大器。其中，单片机是信号处理中枢，信号放大器用于放大数据信号和指令信号，功率放大器用于将数据信号和指令信号传输出去。

由于中继模块既要传输数据信号，又要传输指令信号，为了防止中继信号、数据信号、指令信号之间相互干扰，需要对这些信号规定传输协议。具体来说，中继信号和井下模块发送的数据信号之间采用时分复用的方式，而数据信号和指令信号则采用频分复用的方式。井下模块的时隙被划分为发送数据、休眠和接收指令3个部分循环进行。中继模块的时隙则划分为信号接收和信号转发两个部分循环进行。当中继模块在信号接收时隙中判断收到信号时，就对信号进行转发，否则继续接收信号。地面模块的时隙也划分为信号接收和指令发射两个部分，地面模块的时隙转换是由操作员人为控制的。中继模块的工作状态不受指令影响，它始终处于信号接收和信号转发状态的切换。

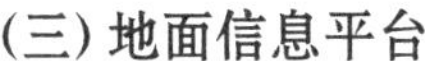

(三) 地面信息平台

地面交换机主要包括地面天线接发装置、工控机和配套软件。其主要功能包括以下两个方面：实时数据存储，能够实时保存传感器数据，在仪器取出地面时进行离线读取，同时支持在线读取保存的历史数据；控制指令下行，能够在地面上控制井下发射装置的开关，以便节省井下发射电池的电力。同时，能够控制井下发射装置的数据发送状态，可以在实时采集数据发送频率之间切换。地面信息平台的工作模式分为两个状态：发送实时数据状态和停止状态。当收到相应指令时，系统就在不同的工作模式之间切换，达到系统灵活可控的目的。

配套软件运行在工控机上，操作系统要求更新版本，同时安装 LabView 应用软件和 Matlab 应用软件，并且安装对应的采集卡驱动程序，主要功能有波形显示、参数显示和发送控制指令 3 大功能。软件对硬件配置的要求不高，当前的主流计算机均可满足软件运行需求。

三、功能与应用范围

井下测试数据全井无线传输技术是上节所论述的地层测试数据跨测试阀地面直读技术进一步发展的结果，该技术避免了地层测试数据跨测试阀地面直读技术需要借助电缆所带来的施工复杂和井控风险的问题，同时还可实现试油测试全过程监测。井下测试数据全井无线传输技术双向通信稳定、可靠，最大传输距离 5000m，传输速率最大达到 18bit/s，最高工作温度 150℃，最大工作压力 140MPa，最长稳定工作时间 1000h，最大录取数据容量 32000 组。

该技术可广泛应用于探井、开发井的试油测试作业中，可以在测试过程中适时监测井底压力、温度数据，对测试过程中的诸如井下射孔、开关井以及解封、循环等工艺作出准确判断，帮助决定关井时间、确定压井钻井液密度、判断工具工作状况等，从而及时采取各种措施，调整测试工作程序，提高测试作业时效，确保取全、取准地层测试资料，及时准确地搞清楚储层特性，为现场施工提供准确、可靠的科学决策依据。

第五节　超高压油气井地面测试技术

一、超高压油气井地面测试特点

近年来，随着勘探开发技术的不断发展，出现了一批超深、超高压、超高温气

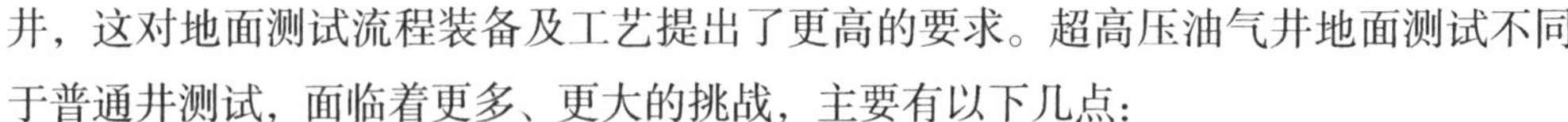

井，这对地面测试流程装备及工艺提出了更高的要求。超高压油气井地面测试不同于普通井测试，面临着更多、更大的挑战，主要有以下几点：

(1) 井口压力大，常规设备难以满足测试需求；

(2) 超高压条件下分离和计量难度大；

(3) 放喷测试时携砂流体对设备冲蚀严重；

(4) 人员在超高压环境下操作，作业风险高；

(5) 大产量高压气井易形成水合物导致冰堵，增加了测试风险。

因此，在进行超高压油气井地面测试设计时不仅要考虑设备承压能力，满足超高压测试的要求，更要从工艺上对测试流程进行改进和完善，最大限度地减少或消除工艺安全带来的测试风险。

二、地面流程组成

根据超高压油气井地面测试特点，满足工艺、安全要求的典型超高压油气井地面测试工艺流程如下。

(1) 放喷排液流程：采油（气）树—除砂设备（除砂器等）—排污管汇—放喷池。放喷排液流程主要用于油气井测试计量前的放喷排液及液体回收。流程保证含砂流体经过的设备尽可能少，并配备了除砂器和动力油嘴等，能够最大限度地保护其他测试设备不受冲蚀。此外，两条排液管线分别独立安装和使用，且均配备有固定油嘴和可调油嘴，可相互倒换使用。

主要设备：地面安全阀及 ESD 控制系统、旋流除砂器、主排污管汇、副排污管汇、远程控制动力油嘴。

(2) 测试计量流程：采油（气）树—除砂设备（除砂器等）—油嘴管汇—热交换器—三相分离器—（气路出口—燃烧池）或（水路出口—常压水计量罐）或（油路出口—计量区各种储油罐）。

测试计量流程主要用于油气井的测试计量。流程配备了完善的在线除砂设备、精确计量设备、主动安全设备以及防冻保温设备，大大提高了测试精度及作业安全。

主要设备：地面安全阀及 ESD 控制系统、旋流除砂器、双油嘴管汇、MSRV 多点感应压力释放阀、热交换器、三相分离器、丹尼尔流量计、计量罐、化学注入泵、电伴热带、远程点火装置。

(3) 超高压油气井地面测试计量流程特点

超高压油气井地面测试除了具备常规地面测试流程的测试功能（放喷排液、计量、测试、数据采集、取样、返排液回收等）和安全功能（紧急关井、紧急泄压等），还有如下特点：

①超高压流体的有效控制；

②流程除砂、抗冲蚀能力强，具备连续除砂和排液能力；

③油、气、水的精细分离和产量精确计量；

④安全控制技术完善，智能化程度高，超高压区域大量采用远程控制技术，减少操作人员的安全风险；

⑤测试流程满足多种工序施工要求；

⑥防冻、保温性能优良。

三、关键装备

(一)140MPa 远控型油嘴管汇

1. 结构

管汇主体由 1 只 78—140 手动闸阀、4 只 78—140 液动闸阀、1 只 78—140 液动节流阀、1 只 78—140 固定式节流阀、2 件 78—140 三通、2 件 78—140 汇流管（与节流阀连接处镶嵌硬质合金)、2 件带仪表法兰的五通构成。管汇整体橇装，带 4 个标准吊点和叉车插孔。液动闸阀和可调节流阀选择液缸双作用执行器，使用远程液压控制系统进行操作。

2. 控制系统组成

(1) 系统主要由气体及液压动力回路、控制阀组和辅助设备组成。

(2) 气体及液压动力回路主要由减压阀、单向阀、过滤器、球阀、气动泵、压力表、易熔塞和蓄能器等部件组成。

(3) 气体回路采用纯净干燥的压缩空气，主要用于驱动气动液体增压泵的启停、调节气动增压泵的输出压力、紧急关断和易熔塞关断回路等。液压动力采用气动液体增压泵和蓄能器联合供油。

(4) 控制阀组主要由中继阀、溢流阀、三位四通阀、单向阀和球阀等部件组成，用于控制 5 个平板闸阀和 2 个安全阀的动作。

(5) 辅助设备主要由机柜、油箱、吸油过滤器、液位计、气体管路和液体管路等部件组成。

3. 控制系统结构原理

液压油通过气动液泵进行增压，气动液泵的动力为低压空气。气动液泵输出压力的大小受驱动气压力大小控制，可以进行无级调节。

通过控制液压油到闸板阀和安全阀的通断实现对每个阀门的开关，紧急关断按钮和易熔塞可确保紧急情况下停泵，关闭安全阀，保证生产安全。

(1) 气源流程：气源通过过滤和减压后分为三路，一路作为执行器控制阀组的先导气源，控制各类阀的开启和关闭；一路控制系统先导回路压力，紧急情况下可以实现停泵和关闭安全阀；一路为气动泵提供动力，实现高压油的输出。

(2) 液压油流程：油箱内液压油经过过滤后进入气动泵实现增压，一部分能量蓄积在蓄能器组中，高压液压油分为两路，分别进入闸板阀控制阀组回路和安全阀控制阀组回路；主回路上安装有安全溢流阀，保证所有阀的液控压力在设定压力范围内工作，同时也起到保护管线和阀的作用，以实现装置的安全保护。采用2台20L蓄能器并联，充气压力8.9MPa，最大工作压力35MPa。主要作用是提供大流量、稳定供油压力、作为应急油源，满足5只阀同时开关和安全阀的打开。系统工作时，要把蓄能器开关阀打开。

(3) 液动平板阀控制原理：通过调节三位四通阀的不同位置机能，将高压液压油输送到闸板阀的上液压缸或下液压缸，从而实现闸板阀的开启或关闭动作。在单向阀的作用下，当未进行开关动作时，闸板阀将稳定在设定位置。

(4) 液动可调节流阀控制原理：通过调节阀控制通往节流阀执行机构的液压油的流量，可以控制节流阀在开启或关闭过程中的开关速度，从而进行不同开度的调节。

(5) 安全阀控制原理：通过向安全阀内输入高压液压油或对液压油泄压，实现安全阀的打开和关闭，保证作业安全。

(6) 安全附件功能：控制柜装有紧急关断阀，一旦紧急关断阀拍下，系统停止供油并降压，同时将安全阀关闭。

(7) 易熔塞防火关断功能：当发生火灾时，环境温度迅速上升至易熔塞的熔化温度，使易熔塞熔化并释放紧急关断阀门的控制气源和泵的驱动气源，实现停泵关阀。

(二) 三相分离器

1. 结构

测试用油气水三相分离器主要由以下几个部分组成：

(1) 分离器容器及内部元件；

(2) 流体进口管路；

(3) 气路控制和计量系统；

(4) 油路控制和计量系统；

(5) 水路控制和计量系统；

(6) 安全系统；

(7) 控制系统及气源供给系统；

(8) 进出口旁通管汇。

分离器内部元件主要包括折射板、整流板、消泡器、除雾器、防涡器、堰板等。

2. 工作原理

地层流体进入三相分离器后，首先碰到折射板，使流体的冲击量突然改变，流体被粉碎，液体与气体得到初步分离，气体从液体中逸出并上升，液体下沉至容器下部，但仍有一部分未被分离出的液滴被气体夹带着向前进入整流板内，在整流板内其动能再次降低而得到进一步分离。由于通过整流板之后，气体的流速可提高近40%，气体中夹带的液滴以高速与板壁相撞，使其聚结效率大大提高，于是聚结的液滴便在重力作用下降到收集液体的容器底部，液体收集部分为液体中所携带的气体从油中逸出提供了必要的滞留时间。

夹带大量液滴的气体通过整流板进一步分离后，夹带有小部分液滴的气体在排出容器之前，还要经过消泡器和除雾器。消泡器可使夹带在气体中的液滴重新聚结落下，从而使气体净化；气体出口处的除雾器同样也起到了使夹带在气体中更微小不易分离出的液滴与其发生碰撞而聚结沉降下来的作用。因此，气体通过这两个部件后，便可得到更进一步的净化，使其成为干气，然后从出气口排出。排气管线上设有一个气控阀来控制气体排放量，以维持容器内所需的压力。

分离器内的积液部分使液体在容器内有足够的停留时间，一般油与水的相对密度为0.75∶1，油水之间分离所需停留时间为1～2min。在重力作用下，由于油水的相对密度差，自由水沉到容器底部，油浮到上面，以便使油和乳状液在其顶部形成一个较纯净的“油垫”层。

浮子式油水界面调控器保持水面稳定。随着“油垫”增高，当油液面高于堰板时，溢过堰板流入油室，油室内的油面由浮子式液面调控器控制，该调控器可通过操纵排油阀控制原油排放量，以保持油面的稳定。

分离出的游离水，从容器底部油挡板上游的出水口，通过油水界面调控器操纵的排水阀排出，以保持油水界面的稳定。

第六节　页岩气丛式井地面返排测试技术

丛式井地面返排测试技术是石油勘探开发的一个重要组成部分，是认识页岩气区块，验证地震、测井、录井等资料准确性的最直接、有效的手段。通过丛式井地面返排测试技术可以得到油气层的压力、温度等动态数据。同时，可以计量出产层的气、水产量；测取流体黏度、成分等各项资料；了解油层、气层的产能，采气指

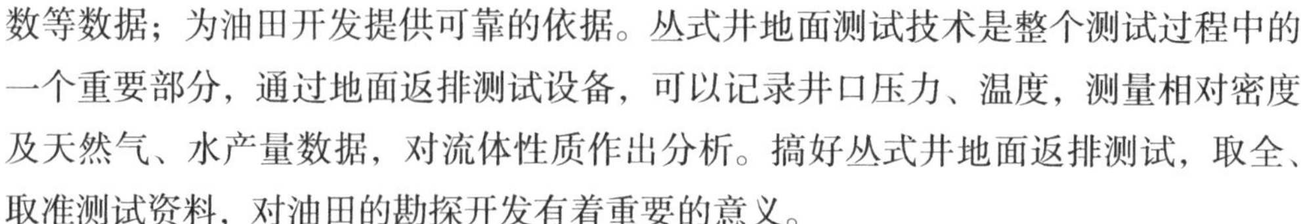

数等数据；为油田开发提供可靠的依据。丛式井地面测试技术是整个测试过程中的一个重要部分，通过地面返排测试设备，可以记录井口压力、温度，测量相对密度及天然气、水产量数据，对流体性质作出分析。搞好丛式井地面返排测试，取全、取准测试资料，对油田的勘探开发有着重要的意义。

一、地面流程组成

(一) 地面测试面临的难题

常规地面测试作业，通常是一口井配一套地面流程设备，以完成井筒流体降压、保温、分离、计量测试等作业。但是，在进行如页岩气等非常规气藏的丛式井组的地面测试作业时，将面临如下难题：

(1) 由于非常规气藏特殊的井下作业及储层改造措施，地面流程还需要具备捕屑、除砂、连续排液等更多的功能，所需地面流程设备较常规地面流程更多；

(2) 若仍然按照一口井配一套流程作业，不仅该丛式井场没有足够的空间摆放地面设备，同时也大大增加作业成本，降低了丛式井组开发效率；

(3) 丛式井组的完井试油作业往往涉及多工序同时交叉作业，怎样确保地面测试作业的安全顺利进行成为难题。

因此，丛式井组的地面流程设计，总体原则就是以模块化地面测试技术为依据，减少地面流程的使用套数。同时，能满足多口井同时作业，满足多口井不同工况作业的同时进行。目前，大多数丛式井场普遍为 6 口井。现将丛式井组的地面测试流程大致划分为井口并联模块、捕屑除砂模块、降压分流模块和分离计量模块，提出了利用多流程井口并联模块化布局，以解决整个丛式井组的地面测试需求。

(二) 流程设计主要特点

具体设计时，将原先每口井需要使用一套地面测试流程的设计，合并为 6 口井同时使用的 4 套地面流程，精简了地面测试计量流程设备。其流程设计主要特点为：

(1) 井口并联模块采用多个 65-105 闸阀组成的管汇组且直接与平台上各井口连接，现场能够满足平台上各井能同时开井且井间不串压、任意井单独压裂砂堵后解堵、任意井单独钻磨捕屑、任意井单独高压除砂；

(2) 捕屑除砂模块采用 1 套捕屑器 +1 套除砂器串联后，直接与井口并联模块相连，由井口并联模块倒换接入需要钻磨桥塞、除砂除屑的单井，若地层出砂量大，可以采用 2 套除砂器；

(3) 降压分流模块采用 3 个油嘴管汇橇并联组成，与井口并联模块之间采用

65-105 法兰管线连接，以满足 6 口井不同工况下的作业。

整个流程简明清晰，一目了然，功能齐全，而且便于操作。可以实现同井组不同井的不同作业不受干扰。每口井都能实现单独的返排测试，若要合并作业，流程同样能够实现。应用模块化地面测试技术，通过不同功能区块的划分，实现了对整套地面流程设备的充分利用，满足了丛式井组压裂改造的同时进行排液及产能测试的需要，以较少的测试设备（仅 4 套）完成对全井组的连续作业，很好地体现了页岩气等非常规气藏工厂化、批量作业的新需求。

（三）作业原理

主要用于页岩气等非常规气藏钻桥塞或水泥塞作业中担任捕屑角色，安装在流程最前端。从井筒返出的携砂流体，首先进入滤筒内部，通过内置滤筒拦截钻塞过程中井筒流体带出的桥塞等碎屑，经滤筒过滤后的流体再从侧面流出，碎屑被滤筒挡在其内部，从而实现碎屑和流体的分离，避免桥塞碎屑等固体颗粒大量进入下游，能有效地防止流程油嘴被堵塞或节流阀被刺坏，保障作业过程中流程设备和管线的安全，保证作业的连续性。

二、除砂器与探砂仪

（一）105MPa 旋流除砂器

1. 结构组成

105MPa 旋流除砂器由旋流除砂筒、集砂罐、管路、阀门、除砂器框架和仪表管路等几部分组成。

2. 主要参数及技术标准

（1）工作压力：105MPa。

（2）除砂方式：旋流式。

（3）工作温度：−19℃ ~ 120℃。

（4）最大气处理量：$100 \times 10^4 m^3/d$。

（5）最大液处理量：$690 \times 10^4 m^3/d$。

（6）工作环境：酸性、碱性、含硫、含砂流体介质环境。

（7）除砂效率：95% 以上。

（8）结构：可以连续排砂。

（9）防硫等级：EE 级。

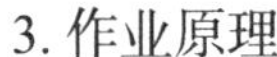

3. 作业原理

旋流除砂器是一种配合地面测试使用的设备，适用于压裂后洗井排砂和出砂地层的测试或生产。除砂器能安全地除掉大型压裂的压裂砂，过滤并计量地层出砂量，有效减少对下游地面设备的损坏。

105MPa旋流除砂器是通过在超高压除砂罐内设置旋流筒，将井流切向引入旋流筒内，产生组合螺线涡运动，利用井流各相介质密度差，在离心力作用下实现分离。旋流除砂器设有超高压集砂罐，在集砂罐上设置了自动排砂系统，利用除砂器砂筒内部压力可将罐内积砂快速排出，可实现密闭排放。

(二)105MPa抗冲蚀节流阀

1. 结构组成

105MPa远程控制抗冲蚀节流阀系统主要由两大部分组成：抗冲蚀节流阀阀体及远程液压控制装置。抗冲蚀节流阀阀体是节流控压的主要部件，而远程液压控制装置主要用于远距离控制抗冲蚀节流阀的开关。

抗冲蚀节流阀系统具体组成包括刻度指示标尺、动力总成、油嘴总成、油嘴本体、防磨护套、入口法兰短节、出口法兰短节和远程液压控制系统。该装置安装在地面流程设备的前端管线或管汇中，在页岩气井返排流程中，主要安装于排砂管线上。其中动力总成主要由液压马达、蜗轮、蜗杆、壳体组成，壳体通过螺栓与油嘴本体连接，液压马达由远程液压控制系统驱动；油嘴总成主要由油嘴、油嘴套、油嘴阀座、连接杆等组成。油嘴总成安装在油嘴本体内，动力总成通过蜗轮心部的螺杆与油嘴总成中的连接杆相连，刻度指示标尺与动力总成的螺杆相连。进口法兰短节和出口法兰短节分别连接于油嘴本体的上下游，防磨护套安装于出口法兰短节内。

2. 作业原理

流程上游流体通过入口法兰短节进入油嘴装置，通过油嘴与油嘴阀座之间的环形间隙后流经出口法兰至下游。油嘴与油嘴阀座之间的间隙通过动力总成来调节，动力总成与远程液压控制系统相连，通过远程液压控制系统带动动力总成液压马达工作，驱动蜗杆、蜗轮并带动螺杆前进与后退。由于螺杆与油嘴连接杆相接，从而螺杆的运动将带动油嘴连接杆和油嘴的前后运动，达到增加或减少油嘴与油嘴阀座之间间隙的目的，实现节流开度的任意调节。节流开度可以通过刻度指示标尺进行观察，也可通过在蜗杆后端安装位置指示传感器，在液压控制面板上直接显示节流开度的大小。

抗冲蚀节流阀控制系统配有蓄能器和手动增压泵，采用气体驱动方式，以压缩空气为驱动气源（100psi），通过输出的高压油控制油嘴的开启或关闭，油嘴的开启

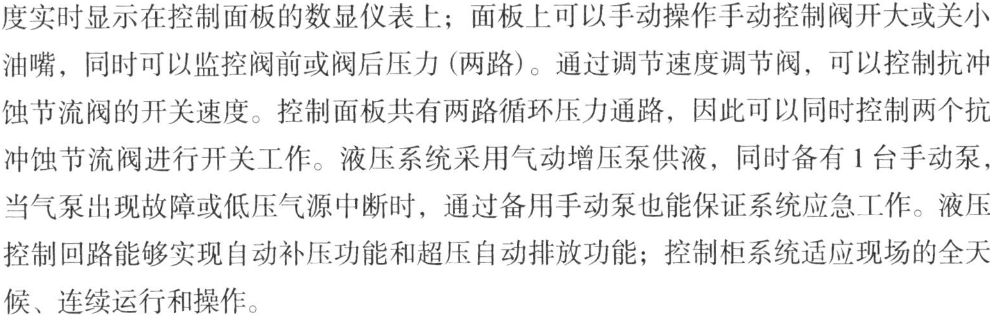

度实时显示在控制面板的数显仪表上；面板上可以手动操作手动控制阀开大或关小油嘴，同时可以监控阀前或阀后压力（两路）。通过调节速度调节阀，可以控制抗冲蚀节流阀的开关速度。控制面板共有两路循环压力通路，因此可以同时控制两个抗冲蚀节流阀进行开关工作。液压系统采用气动增压泵供液，同时备有1台手动泵，当气泵出现故障或低压气源中断时，通过备用手动泵也能保证系统应急工作。液压控制回路能够实现自动补压功能和超压自动排放功能；控制柜系统适应现场的全天候、连续运行和操作。

（三）探砂仪

1. 结构组成

探砂仪在地面测试领域主要应用于测量地面流程流体中固相颗粒的含量，有效指导现场施工，以便减少固体颗粒对设备的侵蚀，可起到安全防范作用。它由探砂仪探头、数据传输线、探砂仪主机、计算机（安装探砂仪软件）等部分组成。

2. 作业原理

设备基于“超声波智能传感器”技术。这种传感器安装在第一根弯头后面，返排流体中的固相颗粒撞击管壁的内壁，产生一种超声波脉冲信号。超声波信号通过管壁传输，并由声敏传感器接收。探头被调节或校验到在频率范围内提取声音后，将它传给计算机之前的智能部分（探砂仪主机）做电子处理。再将处理后的信号传输给计算机，通过探砂仪计算软件计算出地面流程流体中固相颗粒的含量，并显示曲线。

三、液体清洁回收技术

近年来，页岩气藏等非常规气藏采用大规模体积压裂作业，页岩气藏储层改造需要的液量很大。据现场统计，大多数加砂压裂井单段需要的液量大致在2000m^3，单井改造可达20层以上。压裂后返排液量大，如W201-H1井返排总液量高达10305.9m^3。大规模加砂压裂后钻磨洗井以及后期返排期间，返排液中往往含有大量的桥塞碎屑或支撑剂。这不仅会影响施工安全，而且会造成巨大的水资源浪费，后期废液无害化处理成本高。因此，探索“高效、便捷、低廉”的压裂液清洁回收技术已经迫在眉睫。只有良性循环、合理利用水资源，才能降低页岩气藏勘探开发成本，提高经济效益。目前，现场采用最广泛的是通过物理方法来清洁返排流体，它主要针对的是压裂返排液中的悬浮污染物，包括重力分离、离心分离和过滤等方法。重力分离是指依靠油水相对密度差进行分离。离心分离是基于固体颗粒和液体处于高速旋转形成的离心力场中，因所受离心力差异实现固液分离。过滤是指利用协同

作用、粗粒化作用、截留吸附作用去除机械杂质。具体方法如下：

(一) 捕屑

捕屑器一般安装在地面测试流程的最前端，从井筒返出的携屑流体经过捕屑器滤筒后，桥塞碎屑等粒径较大的颗粒被留在了滤筒内，而颗粒较小的支撑剂等固体杂质则会和返排液一起流向后面的设备流程。根据钻塞的工艺、钻头类型等提前选择和安装好最佳尺寸的滤管，以保证捕屑的最佳效果，滤管滤孔尺寸通常有 3mm、4mm、5mm 和 8mm 等几种规格。通过捕屑器的合理利用，不仅可以确保现场的施工安全，而且实现了钻塞返排流体的初步清洁。

(二) 除砂

旋流除砂器一般安装在捕屑器与油嘴管汇之间，它的液相处理能力大，被广泛应用于页岩气等非常规气藏液相介质的除砂，特别是当压裂液破胶效果较差、液体黏度较高时，旋流除砂器可以保证可靠的除砂效率。根据现场实际情况，合理选择旋流除砂器筛管，能有效提高除砂效率。参考标准如下：砂量大于 $500m^2$ 加砂压裂井选用 10in 旋流管；砂量 $100\sim500m^2$ 加砂压裂井选用 8in 旋流管；砂量小于 $100m^2$ 加砂压裂井选用 6in 或 4in 旋流管，使用过程中根据压力、返出流体物性等实际情况可做适当调整。当井筒流体经过旋流除砂器的离心分离后，返排流体的固相含量急剧降低，可以实现返排流体的进一步清洁。

(三) 精细化过滤

精细化过滤清洁回收技术的关键设备是多袋式双联过滤器。

它由过滤筒体、过滤筒盖和快开机构、专用过滤袋和不锈钢滤篮等主要部件组成。在非常规气井返排过程中，井筒返出流体在经捕屑器除屑、旋流除砂器除砂以及气液分离后，再将初步清洁的返排液泵入多袋式双联过滤器内部专用滤袋，滤袋安装于不锈钢滤篮内部，液体渗透过所需精度等级的滤袋即能获得合格的滤液，杂质颗粒被滤袋拦截。采用快开设计，滤袋更换非常便捷，滤袋清洗后可反复使用。多袋式双联过滤器处理量大、体积小，处理能力 $780\sim1000m^3/d$，过滤精度高达 10μm。它能够满足页岩气现场施工需求，为压裂液的回收再利用提供有效的解决途径。

采用本清洁过滤技术的返排液，还可以进一步采用化学法、生物法、电解技术、电絮凝技术、低温结晶技术等进行深度清洁，满足后期不同需求。

第七节　含硫井井筒返出液地面实时处理技术

含硫气井测试期间，井筒返出液中普遍含有 H_2S。当井筒返出液返至地面时，一部分 H_2S 通过分离，以气体的形态随着天然气燃烧，另一部分 H_2S 溶于井筒返出液中排入污水池，一旦污水池中的 H_2S 溢出，将对井场人员的安全造成威胁。另外，气井经过酸化后，在排液初期残酸浓度较高，对地面测试设备和残酸池腐蚀。同时返排液会产生大量泡沫，不仅聚集在残酸池表面，占据残酸池有效容积，而且一旦有风，泡沫将四处飘散，造成污染事故。

含硫井井筒返出液地面实时处理技术可以在测试期间加入除硫剂去除硫化氢。同时，利用该技术还可在地面测试流程的不同节点分别加入消泡剂消泡，加入 pH 值调节剂中和残酸，使处理后的井筒返出液在排污口处排出，有效消除泡沫、中和残酸、避免井筒返出液中 H_2S 溢出，保证井场安全。

一、技术原理

当井筒返出液流体依次通过转向管汇、节流管汇进入热交换器，再进入两个加速混合器，加速混合器形式上类似于三通，将连续加药装置中 pH 调节剂管道和消泡剂管道接入加速混合器，通过连续加药装置分别加入 pH 调节剂和消泡剂中和残酸和消泡。经分离器一级分离后，流体再进入另一个加速混合器，然后通过连续加药装置加入除硫剂去除硫化氢，处理后的流体经缓冲罐继续化学反应和气液进一步分离。整个过程均在全封闭的流程内进行，最终在排污口处排出，实现安全排放。该技术可以解决国内在处理返排液中的硫化氢时主要采用人工直接在罐上加处理剂，效率低、人员安全风险大、加入比例不均匀、易浪费药剂等问题。同时也可消除酸化后排出液中气泡，中和排出液中的残酸，达到试油期间井筒出液无害化的目的。利用该技术，可以进一步提高井场安全性，避免井场大气中硫化氢超标，实现排出液的无害化，最终实现试油期间环境保护的目的。

二、系统组成

为了满足液态的 pH 中和剂、除硫剂、消泡剂注入的问题，需要研制配套相应的井筒出液处理系统，整个系统由加速混合器、连续加药橇、远程数据采集和控制系统组成。连续加药橇确保处理剂能实时添加至流程中；配套混合装置保证加入的药剂能和井筒返出液充分混合，提高反应效率；采用监测和自动控制技术，实现根据液体中硫化氢含量、pH 等数据调整加药量，确保硫化氢无法溢出，保证井场安全。

(一) 连续加药橇

连续加药装置为封闭式橇装结构，由药剂储存罐、自吸上料泵、计量泵、卸料泵、自动控制系统、液位计、管汇流程、橇座、集装箱房等组成。

连续加药装置用于加注 pH 调节剂、除硫剂和消泡剂，各泵之间相互独立。为此，需要分别配套除硫剂注入泵，pH 中和剂注入泵和消泡剂注入泵。加药橇工作压力为 10MPa。工作温度一般为 0℃ ~ 60℃。液体处理量为 1000m^3/d。硫化氢处理最高含量为 1000g/m^3。为了保证现场安装拆卸方便，形式为封闭式橇装结构，由药剂储存罐、隔膜计量加药泵、卸料泵、上料泵等系统组成。

(二) 加速混合器

为了提高处理效果，在连续加药橇和地面放喷流程之间采用了加速混合器。加速混合器是处理水与液体药剂瞬间混合的设备，具有高效混合、节约用药、设备小等特点。在不需要外动力情况下，水流通过反应器产生对分流、交叉混合和反向旋流 3 个作用，混合效率达 90% ~ 95%。

流体在管线中流动冲击叶轮，可以增加流体层流运动的速度梯度或形成湍流。层流时产生“分割—位置移动—重新汇合”运动，湍流时流体除了上述 3 种情况，还会在断面方向产生剧烈的涡流，有很强的剪切力作用于流体，使流体进一步分割混合，最终形成所需要的各种介质均匀分布的混合液。

(三) 远程数据采集和控制系统

远程数据采集和控制系统硬件部分包括 PLC 控制箱、H_2S 传感器、pH 值传感器、电磁阀、冲程调节器等，软件部分主要是配套软件。该系统可直接在排污口监测残酸浓度和大气中 H_2S 含量，利用反馈数据自动控制处理剂注入量。

该系统硬件从功能上主要分为两大模块：实时数据监测和自动控制。监测系统要求能够实时检测到储液罐液位高度、残酸浓度、H_2S 含量以及各泵排量、压力等。将各个监测点的数据汇总到控制平台计算机上显示出来。自动控制系统要求可以通过软件系统的人机界面和电控按钮发出控制指令，根据检测系统的检测数据，由 PLC 自动控制程序完成分析、整理和判断，并调控整个系统的运作。该系统是 HMI 防爆触摸一体机、PLC 控制器、继电器组、电源等构成的控制系统，是对消泡剂、中和剂、除硫剂的计量泵和电磁阀、上料泵、卸料泵进行控制的专用设备。输入电源 380V，防护等级 IP66，防爆等级Ⅱ类，电动机控制输出 5 组，电磁阀控制输出 3 组，数字量输入 3 组，模拟量输入 11 组。

该系统配套软件界面中间部分为工艺流程示意图，这一部分不可操作，只作为观察消泡剂电磁阀、中和剂电磁阀、除硫剂电磁阀、消泡剂计量泵、中和剂计量泵、除硫剂计量泵、上料泵、卸料泵的运行状态指示在流程图中，红色为停止，绿色为启动。消泡剂罐、中和剂罐和除硫剂罐中液位高低指示实际液位值。隔膜状态指示灯指示消泡剂、中和剂和除硫剂计量泵的隔膜状态，绿色为正常，红色为膜破。主画面下方为数值显示区，“pH 一”是中和剂入口 pH，“pH 二”是中和剂出口 pH，并指示消泡剂、中和剂和除硫剂的容量、液位和流量。主画面右方可以操作上料泵和卸料泵的启停，注意：上料泵和卸料泵有连锁功能，不能同时启动。6 个硫化氢传感器的测量数据显示在右方，并且自动计算出的最大值也一并显示。该软件还可对报警值、PID 参数等进行设置。

第八节　地面高压旋流除砂技术

一、概述

地面试油测试作业中，井筒产出的高压高速油气流中通常会伴有固相颗粒物质，这些固体颗粒主要来自钻进中漏失的高密度钻井液中的加重材料，地层出的砂、岩屑、射孔残渣、压裂支撑剂等。特别是页岩气等非常规气藏大规模加砂压裂后，在返排初期井口压力高、地层出砂多，这些固相颗粒物质被井筒高速流体带出，会对地面测试设备、管线、仪表等产生严重冲蚀和堵塞，对测试安全造成严重威胁。

因此，为了保证试油测试期间地面测试设备和作业人员的安全，过去通常采用 105MPa 管柱式除砂器进行除砂作业，该除砂器依靠安装在滤砂筒内的不同等级的加固滤网过滤固相颗粒，然而在某些工况下滤网特别容易出现堵塞。比如，页岩气井在钻塞过程中往往需要采用黏度较大的胶液以增加钻塞过程中的携砂带屑效果。同时若返排初期，进入地层流体破胶效果不好，返排流体的黏度也会大大增加，当此类流体进入滤砂器后，特别容易在进口绕丝滤网内壁形成一层液体黏膜，各种粒径大小的颗粒在压差作用下，会在黏膜上形成一层砂饼，造成滤网堵塞，滤砂器上下游压差会迅速增加。此外，管网式管柱除砂器以滤砂为主，存砂容积小，处理量低，加砂压裂后放喷排液容易导致滤网堵塞，刺坏滤网。

越来越多井的现场应用表明，管柱式除砂器主要适用于返排流体为纯气相或不含胶液的清洁液相介质中的除砂作业，在返排液相流体黏度较大情况下需要采用专用的高压旋流除砂器进行除砂作业。

二、高压旋流除砂器

(一) 结构

高压旋流除砂器由旋流除砂筒、集砂罐、管路、阀门、除砂器框架和仪表管路等几部分组成。

(二) 主要技术参数

(1) 工作压力：140MPa。工作温度：−19℃ ~ 120℃。

(2) 除砂方式：旋流式。防硫等级：EE 级。

(3) 最大气处理量：$100 \times 10m^3/d$。最大液处理量：$680m^3/d$。

(4) 除砂效率：95% 以上。

(5) 工作环境：酸性、碱性、含硫、含砂流体介质环境。

(三) 工作原理

旋流除砂器是利用离心沉降和密度差的原理进行除砂。由于入口安装在旋流筒的偏心位置，当流体切向进入旋流筒后，沿筒体的圆周切线方向形成强烈的螺旋运动，流体旋转着向下推移，并随着旋流筒圆锥截面的逐渐缩小，其角速度逐渐加快。由于砂和水密度不同，在离心力、向心力、浮力和流体曳力的共同作用下，密度低的水在达到锥体一定部位后，转而沿筒体轴心向上旋转，最后经顶部出口排出，密度大的砂粒则沿锥体壁面落入设备下部的集砂罐中被捕获，从而达到除砂的目的。

(四) 作业程序

(1) 除砂作业。当井下流体中含有砂粒需要进行除砂作业时，打开旋流除砂器入口阀门，使流体由超高压除砂罐切向开孔的进口衬套切向进入旋流筒内，产生强烈的螺线涡运动，在离心力作用下实现分离。小粒径砂粒和密度小的油、气从旋流器溢流口经由除砂罐出口流向下游设备，大粒径砂粒和少量的油、水从旋流筒底流口经由除砂罐沉砂口、连接阀门，落入下方的集砂罐内。

(2) 排砂作业。集砂罐内砂堆累积到一定高度时，关闭除砂罐和集砂罐之间的连接阀门，将集砂罐内压力降至安全水平后，转入自动排砂作业。在集砂罐的下端和底部分别设有冲砂管路和排砂管路，冲砂管路的冲洗水将集砂罐底部的砂堆冲散，提高砂堆含水量使其流化，并提供初始流动能量，使砂粒从底部排砂口流出；同时，排砂口下方设有排砂管路，能够将流砂冲至下游管线，保证排砂口通道流畅；罐内

的砂堆在重力作用下，不断填补下方空隙，直至完全排出。

三、连续除砂技术

现场使用时，旋流除砂器和井口140MPa的超高压管线并联连接，并在主流程与旋流除砂器之间的进出口两端都分别单独连接两个140MPa的防砂阀门进行压力隔断。当需要进除砂器进行除砂作业时，只需要关闭主流程上的隔断阀门，打开和除砂器连接的进出口阀门即可；反之，关闭和除砂器连接的进出口阀门，打开主流程上的隔断阀门即可。除砂器服务结束，关闭主流程和除砂器连接的阀门后，隔断主流程和除砂器之间的压力就可以直接拆除除砂器，能够减少除砂器在现场的等待时间，提高设备使用效率。

第十五章　钻井地质基础

第一节　地壳

地壳是地球最外面的一层固体硬壳。地球是一个南北轴稍短、东西轴稍长的椭球体，平均半径约为6371km。地壳的厚度一般为30～40km，平均厚度为33km。地壳以下至2900km深处称为地幔，自2900km深处至地球中心称为地核。地球的温度由外向内逐渐升高。石油钻井的深度都在地壳的深度范围内。

一、地壳的组成

地壳是由岩石组成的。根据岩石的成因，地壳可以分为三大类，即火成岩、沉积岩和变质岩。

(一) 火成岩

火成岩又称岩浆岩，它是由炽热的岩浆经冷却以后形成的。火成岩的特点是块状、无层次，一般都很致密、坚硬且无化石。如花岗岩、玄武岩、正长岩等都是火成岩。

(二) 沉积岩

沉积岩是地表上已经形成的岩石（火成岩、变质岩或早期形成的沉积岩）经过长期的风吹、雨淋、温度变化、生物作用等被剥蚀、粉碎、溶解，形成了碎屑物质、溶解物质，又经过风力、水流、冰川、湖海等的搬运，在低凹地方堆积下来，越堆越厚，并在上部堆积物的重力作用下被压紧、胶结而成的岩石。它的特点是呈层状分布，孔隙、裂缝、溶洞等发育，并有各种古生物的化石存在。

(三) 变质岩

由变质作用形成的新岩石称为变质岩。变质岩占地壳总体积的27.4%，主要分布于地壳较深部位。

1. 变质岩的矿物成分

变质岩的矿物中既有原岩成分，也有变质过程中新产生的成分。因此，变质岩的矿物成分比较复杂。在变质过程中产生的矿物称为变质矿物，最常见的有石榴子石、红柱石、透闪石、滑石、硅灰石、石墨、蛇纹石等。另有一些矿物，虽然不是变质岩所特有，但如果大量出现，即可作为变质岩的特征，这样的矿物有绿泥石、绿帘石、绢云母、刚玉、电气石、钠长石等。中国人十分尊崇的玉石都来源于变质岩。

2. 变质岩的结构

变质岩的结构是由矿物的形状、大小、相互关系等反映的变质岩构成方式，它着重于矿物个体的性质和特点。根据成因，变质岩中最常见的结构有变晶结构、变余结构、碎裂结构和交代结构。

(1) 变晶结构。岩石在固体状态下，其原有的物质发生重结晶，称为变晶作用。由变晶作用形成的结构称为变晶结构，是变质岩中最常见的结构。变晶结构的矿物晶粒自形程度变化大，多为他形和半自形、片状、柱状，矿物常有定向排列。

(2) 变余结构。原岩在变质作用过程中，由于重结晶作用不完全，原岩的矿物成分和结构特征可部分残留下来，称为变余结构或残余结构。这种结构是变质岩的最大特征之一。

(3) 碎裂结构。当原岩（尤其是刚性岩石）受定向压力作用超过弹性极限时，易发生矿物的弯曲、变形、破裂、断开、碎片化等，这种现象称为碎裂结构。碎裂结构是形成于动力变质作用的特有结构。

(4) 交代结构。发生变质作用时，原岩中的矿物部分或全部被取代消失，与此同时形成新的矿物的现象。交代作用新产生的矿物可保持原有矿物的假象。

3. 变质岩的构造

变质岩的构造是由矿物在空间上的排列和分布所反映的岩石构成方式，着重于矿物个体在方向和分布上的特征。

原岩经变质作用后，矿物颗粒的排列和分布大多具有定向性，可以沿矿物排列方向劈开，这是变质岩构造的基本特征。变质岩常见的构造类型有片状构造、板状构造、块状构造、千枚状构造、片麻状构造、条带状构造等。

(1) 片状构造（片理）。变质岩中的片状、柱状或纤维状矿物平行定向排列形成不平坦的片理，沿片理易劈开成不平整的片理面，使岩石呈薄片状的构造，即片状构造。

(2) 板状构造（劈理）。岩石在应力作用下产生一组密集平行的平坦破裂面即劈理，劈理面常光滑平整，使岩石呈薄板状的构造，即板状构造。

(3) 千枚状构造。岩石中由细小片状矿物平行排列所形成的构造，极似片状构造，但结晶细微，片理面上呈丝绢光泽，有时可见细小的绢云母，称为千枚状构造，这是千枚岩特有的构造。

(4) 片麻状构造。岩石中由片状矿物（黑云母、白云母等）、柱状矿物（角闪石等）与粒状矿物（长石、石英等）相间排列所成的、深浅色泽相间的断续的条状构造，即片麻状构造，是片麻岩所特有的构造。

(5) 块状构造。岩石中矿物颗粒无定向排列，成分和结构较均一的构造为块状构造。如有些大理石和石英岩等常具这种构造。

4. 变质岩分类与主要类型

变质岩分类一般按变质作用类型划分为接触变质岩、动力变质岩、区域变质岩、混合岩四大类，每类再根据变质岩石特征细分基本类型。常见的变质岩类型主要有板岩、片岩、片麻岩、大理岩、石英岩等。

(1) 接触变质岩类

①大理岩。大理岩主要由碳酸盐矿物组成，是碳酸盐岩经热变质作用重结晶而成的岩石，可以是接触变质岩或区域变质岩。一般为白色，主要矿物是方解石和白云石，如含有不同的杂质可带有各种颜色，可形成复杂的图案，粒状变晶结构、块状或条带状构造。在我国云南省大理地区这种岩石久负盛名，大理岩由此得名。大理岩硬度不大，容易雕刻，磨光后非常美观，常用来做工艺装饰品和建筑石材，古今中外的大型建筑都广泛使用。

②石英岩。石英岩是由石英砂岩或硅质岩受热接触变质作用形成的。石英岩一般为白色或灰白色，主要矿物是石英，粒状变晶结构，致密块状构造。

③角岩。角岩是泥质岩经热接触变质作用形成，呈暗灰色至黑色，显微粒状变晶结构或斑状变晶结构，块状构造。

④矽卡岩。矽卡岩是由接触交代变质作用形成的，主要分布在中酸性侵入体与碳酸盐岩的接触带上。矽卡岩的主要矿物有石榴子石、透辉石、绿帘石、透闪石、阳起石、硅灰石等，颜色变化大，常为暗绿色、暗褐色或灰色，不等粒变晶结构和斑状变晶结构，块状构造。矽卡岩可形成一些金属矿床。

(2) 动力变质岩类

①碎裂岩。碎裂岩是岩石在较强应力作用下挤压破碎形成的，由粒度较小（0.1 ~ 0.2mm）的碎被胶结而成，具有碎裂结构，块状构造。

②糜棱岩。岩石在强烈的压扭应力和较高温度下发生错动、研磨、粉碎并重结晶出现新矿物，具有糜棱结构，定向构造，致密坚硬，即糜棱岩。

(3) 区域变质岩类

①板岩。板岩是由黏土岩和粉砂岩经轻微变质作用而形成的，具有明显的板状构造。颗粒极细，重结晶不明显，矿物成分只有在显微镜下才能看到。岩性均匀致密，敲击时发出清脆的响声。板面微具光泽，颜色多种多样，有灰、黑、灰绿、紫、红色等。可用作屋瓦和写字石板。

②千枚岩。千枚岩具有千枚构造，矿物基本上全部重结晶，由绢云母、绿泥石、石英等微小晶体组成，具显微鳞片变晶结构，片理面上呈丝绢光泽。

③片岩。片岩具有明显的片状构造。主要由各种片状或柱状矿物（如云母、滑石、石墨、角闪石等）组成，鳞片变晶结构。片岩一般是黏土岩或火山岩经过中级变质作用的产物，在变质岩分布地区较为常见。

④片麻岩。片麻岩具有明显片麻状构造。晶粒较粗，主要矿物成分为石英、长石、黑云母、角闪石等粒状变晶结构。矿物颗粒黑白相间，呈连续条带状排列，形成片麻构造。片麻岩可由岩浆岩、砂岩、粉砂岩经过高级变质作用而形成。片麻岩岩性坚硬，但极易风化破碎。

(4) 混合岩类。混合岩一般由基体和脉体两部分组成。基体主要是各种区域变质岩，颜色较深；脉体是混合岩化作用新形成的流体结晶形成（通常为花岗质、长英质、伟晶质等），颜色较浅。基体与脉体以不同比例和方式混合可形成不同形态的各种混合岩。

①混合岩化变质岩。混合岩化变质岩是混合岩化最轻微的岩石，以基体为主，脉体含量小于15%，基体与脉体界限分明。

②混合岩。混合岩是混合岩化作用较强烈的岩石，脉体含量在15%～50%，脉体以注入作用为主，交代作用不强，基体与脉体界限较清楚。

③混合片麻岩。混合片麻岩是混合岩化作用很强烈的岩石，脉体含量在50%～85%，交代作用普遍发育，脉体与基体的界限很不清楚。

④混合花岗岩。混合花岗岩是混合岩化作用最强烈的岩石，脉体含量大于85%，脉体与基体的界限已完全消失，与岩浆成因的花岗岩相似。

二、地层层序和地质年代表

地壳中的沉积岩是逐渐堆积而成的。先沉积的在下面，后沉积的在上面。根据岩层中所含的某些元素（如铀、钍、钾等）的蜕变规律，可以计算出该地层沉积的年代离现在有多长时间，准确度可以在1000年以内。研究结果表明，有的沉积岩的形成年代距今已有几十亿年，有的距今只有几百万年，最新的地层（第四系全新统）则是从12000年前开始沉积的。如果将地层按照形成的先后次序排列起来，就会得到

一个地层层序表以及与地层层序相对应的地质年代表。

目前，全国乃至全世界已经建立了统一的地质年代表，并将地球上同一地质年代形成的地层予以统一命名，以便进行地质研究和地层对比。

即使是同一地质年代所形成的地层，不同地区地层的厚度、岩性也不相同，如有的地区厚，有的地区薄；有的地区可能是砂岩类型，有的地区可能是灰岩类型。对系以下地层，可以不用上、中、下，而用该地层在地表出露的地名来命名，也可不用统，而用群或组，且在统、群、组以下又可分为段、带等。

三、地壳运动

尽管地层是一层一层沉积形成的，但各层之间的界面并不都是水平的。事实上，完全呈水平状态的地层是很少的。这是地壳运动的结果。

地壳自开始形成时起就处于不断地运动中。这种运动既表现为地层的水平移动，也表现为地层的垂直升降；既表现为人们感觉不出的缓慢运动，也表现为如地震、火山爆发那样的剧烈运动。由于地壳的运动，地层发生褶皱或断裂，这就在地层中形成各种形式的地质构造。

第二节　沉积岩

地壳上的沉积岩是一层一层沉积的，在沉积岩形成的过程中，古生物遗骸也随之沉积，并在一定条件下转变为石油。同时，由于地壳的运动，造成了许多聚集油气的圈闭条件，形成了油气藏。石油钻井的目的就在于寻找和开发这些油气藏。要钻达油气层，必须钻穿油气层以上的全部沉积岩层，因此了解各种沉积岩的性质以及它们与钻井的关系对钻井工作非常重要。

一、沉积岩的分类

沉积岩按照组成成分可以分为三大类，即黏土类、砂岩类和碳酸盐岩类。每一类又可按照岩石的结构特点、胶结情况而细分成具体的岩石。

(一) 黏土类沉积岩

黏土类沉积岩有黏土、黄土、泥岩、页岩等，其主要成分是黏土类沉积物。黏土、黄土的颗粒直径在0.01mm以下；泥岩和页岩是黏土类沉积物经过成岩作用以后形成的岩石，其中泥岩呈块状，页岩呈片状。此类岩石的有效孔隙度很小，渗透

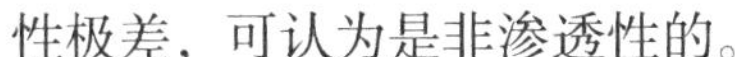

性极差，可认为是非渗透性的。

(二) 砂岩类沉积岩

砂岩类沉积岩的主要成分是砂粒，砂粒之间靠胶结物胶结在一起的称为砂岩，没有胶结物胶结的称为流砂。根据颗粒的大小，砂岩可分为：

(1) 粉砂岩，颗粒直径为 0.01 ~ 0.1mm;

(2) 细砂岩，颗粒直径为 0.1 ~ 0.25mm;

(3) 中砂岩，颗粒直径为 0.25 ~ 0.5mm;

(4) 粗砂岩，颗粒直径为 0.5 ~ 1.0mm;

(5) 砾岩，颗粒直径大于 1.0mm。

砾岩又可分为粗砾岩、中砾岩和细砾岩。

砂岩类沉积岩的孔隙较大，而且连通性好，是油、气、水的良好储集层。

(三) 碳酸盐岩类沉积岩

碳酸盐岩类沉积岩又称化学沉积岩，主要成分是 $CaCO_3$ 的称为石灰岩，主要成分为 $MgCa(CO_3)_2$ 的称为白云岩。这类岩石是碳酸盐类物质被水溶解并随水流到达低凹地区，在一定条件下水分蒸发，碳酸盐类物质析出沉积而成的。

碳酸盐岩类沉积岩致密而坚硬，但溶洞和裂缝较多，这些溶洞和裂缝是油气储集的好地方。

上述每一种岩石的成分都不可能是绝对纯的，一种岩石中总是夹有别的物质，这些物质的成分和数量的不同造成了岩石的多样性。岩石的名称是根据其主要成分而定的，如含有砂的泥岩称为砂质泥岩；含有砂的页岩称为砂质页岩；含有石油或沥青的页岩称为油页岩。按砂岩中胶结物的不同，可分为硅质砂岩、泥质砂岩和灰质砂岩等。

为了直观地表示各种地层岩性，在钻井工程中常用简明图例来表示各种地质岩层以及各种构造情况。

二、沉积岩的成分

(一) 沉积岩的物源

构成沉积岩的物质来源有母岩风化产物、生物源物质、火山物质、深部卤水、宇宙源物质等。最主要的来源是母岩风化形成的各种产物，宇宙物质（如陨石）数量极少。

1. 风化沉积物

原先已形成的岩石包括岩浆岩、变质岩和沉积岩，在地表常温常压的物理化学条件下，发生风化作用所形成的碎屑物质、溶解物质和重新形成的新矿物，即风化沉积物。这些物质大多被运动介质（如风、流水等）所剥蚀、搬运，在搬运和沉积的过程中可按颗粒的大小、比重、形状和矿物成分而发生分异（分选）作用，形成不同的岩石类型。

2. 生物沉积物

由于生物作用（如生物的生长活动）及其遗体、遗骸等形成的沉积物即生物沉积物，如叠层石、生物有机质。石油、天然气和煤等就是在地质作用中由生物有机质转化形成的。有时生物物质可以直接构成沉积岩，如珊瑚礁。

3. 火山沉积物

火山沉积物是火山喷出作用形成的沉积物，如火山喷发的熔岩、火山碎屑、溶液及气体。

各种来源的沉积物经过搬运和沉积作用以后，还要经过一定的物理的、化学的、生物化学的以及其他的变化和改造，才固结成为坚硬的岩石。

（二）沉积岩的矿物成分

沉积岩物质主要来源于先成的各种岩石碎屑及溶解物质，组成沉积岩的矿物有160种以上，最常见的有20余种。每种沉积岩一般由1～3种主要矿物组成，最多5～6种。

沉积岩中的矿物根据成因可分碎屑矿物、黏土矿物、化学和生物成因矿物三类。

1. 碎屑矿物

碎屑矿物指母岩经风化作用后保留下来的抵抗风化能力较强的矿物，如石英、钾长石、白云母等。

2. 黏土矿物

黏土矿物主要是由含铝硅酸盐的岩石经化学风化作用分解后再次形成的新矿物，如高岭石、蒙脱石、水云母等。

3. 化学和生物成因矿物

化学和生物成因矿物指化学风化产生的溶解物质在溶液或胶体溶液中受化学和生物化学作用控制而沉淀形成的矿物，如方解石、白云石、石膏、铝土矿等。

三、沉积岩的结构

沉积岩的结构指岩石组分的大小、形状及空间组合方式。沉积岩结构按成因分

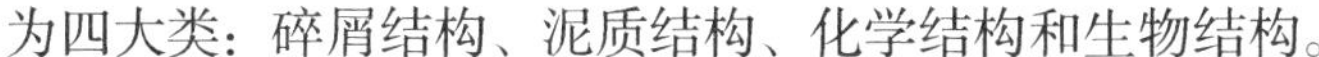

为四大类：碎屑结构、泥质结构、化学结构和生物结构。

(一) 碎屑结构

碎屑结构是由碎屑物质被基质或胶结物胶结而成的一种结构。岩石可分为碎屑和填隙物两部分，因此碎屑结构特征包括碎屑颗粒特征、填隙物特征以及碎屑与填隙物之间的关系 3 个方面。

1. 碎屑颗粒的结构

碎屑颗粒结构又包括粒度、圆度、球度、形状和颗粒表面特征等，其中粒度和圆度是碎屑结构必须描述的重要岩石特征。

（1）粒度。碎屑颗粒的绝对大小以直径度量，称为粒度或粒径，是碎屑颗粒最主要的结构特征。碎屑颗粒的大小直接决定着岩石的类型和性质，因此它是碎屑岩分类命名的重要依据。

粒度大小或分级存在多种不同的划分方案，理论上主要有十进制和币值标准，实际采用的一般简化为四级：粒度大于 2mm 的碎屑称为砾；粒度在 2 ~ 0.05mm 之间的碎屑称为砂；粒度在 0.05 ~ 0.005mm 之间的碎屑称为粉砂；粒度小于 0.005mm 的碎屑称为泥。

碎屑颗粒的粒度特征是流体性质和水动力条件的良好标志，对粒度大小和分布的研究称为粒度分析。粒度分析的结果经过统计计算或编制图件，对判断流体类型和沉积条件很有帮助。

（2）分选性。岩石中的碎屑颗粒大小不可能完全相同，为表示这种差异性使用分选性的概念，即颗粒大小的均匀程度，一般可简略地分为三级：大部分颗粒大小相近，其含量大于 75%，称分选好；主要粒级的颗粒含量为 50% ~ 75%，称分选中等；主要粒级的颗粒含量小于 50%，称分选差。

（3）圆度。圆度指碎屑颗粒的原始棱角被磨圆的程度。它是碎屑的重要结构特征之一，一般分为四个等级。碎屑的原始棱角无磨蚀痕迹或只受到轻微磨蚀，其原始形状无变化或变化不大，称为棱角状。碎屑的原始棱角已普遍受到磨蚀，但磨蚀程度不大，颗粒原始形状明显可见，称为次棱角状。碎屑的原始棱角已受到较大的磨损，其原始形状已有了较大的变化，但仍然可以辨认，称为次圆状。碎屑的棱角已基本或完全磨损，其原始形状已难以辨认，甚至无法辨认，碎屑颗粒大多呈球状、椭球状，称为圆状。

碎屑颗粒的结构主要与搬运距离和搬运方式有关，一般随着搬运距离的增大，粒度变小，分选性变好，圆度变好。

2. 填隙物的结构

碎屑之间的填隙物按照成因分为杂基和胶结物。

(1) 杂基。杂基是与碎屑同时沉积下来的细粒填隙组分，粒度一般小于 0.03mm，是机械沉积的产物。杂基的含量和性质可以反映搬运介质的流动特性及碎屑组分的分选性，因此杂基是碎屑结构成熟度的重要标志。

沉积物重力流中含有大量杂基，由此形成的沉积物是以杂基支撑结构为特征；而牵引流中主要搬运床沙载荷，最终形成的砂质沉积物以颗粒支撑结构为特征，杂基含量很少，粒间由化学沉淀胶结物充填。可见杂基含量是识别流体密度和黏度的标志。

(2) 胶结物。胶结物是以化学沉淀方式形成于碎屑间的自生矿物，是碎屑颗粒沉积之后从水溶液沉淀的化学成因物质。胶结物特点由晶体大小、晶体生长方式及重结晶程度等决定，可分为非晶质及隐晶质结构、显晶粒状结构、嵌晶结构、自生加大结构等。

3. 胶结类型

在碎屑结构中填隙物与碎屑颗粒之间的关系称为胶结类型或支撑性质。根据碎屑颗粒与填隙物的相对数量分为两类支撑结构，杂基含量高，颗粒互不接触的称为杂基支撑结构；杂基含量少，颗粒彼此接触的称为颗粒支撑结构。根据填隙物与碎屑颗粒的相互关系分为 4 种胶结类型：

(1) 基底胶结中碎屑颗粒在杂基中互不接触，呈漂浮状，碎屑和杂基同时沉积，杂基起胶结作用。

(2) 孔隙胶结中碎屑颗粒构成支架状，颗粒之间多呈点状接触，胶结物充填在孔隙中，是最常见的类型。

(3) 接触胶结中颗粒之间呈点接触或线接触，胶结物含量很少，分布于碎屑颗粒相互接触的地方。

(4) 镶嵌胶结中碎屑颗粒紧密地接触，颗粒之间为线接触、凹凸接触，甚至形成缝合状接触，有时不能将碎屑与胶结物区分开。

(二) 泥质结构

泥质结构是由粒度小于 0.005mm 的泥级极细小碎屑和黏土矿物组成的、比较均一致密的、质地较弱的结构，常见于黏土矿物形成的沉积岩。泥质结构经常与其他结构形成各种过渡形的结构。

(三) 化学结构

化学结构是化学作用在溶液中沉淀结晶或经过重结晶作用而形成的晶质结构，

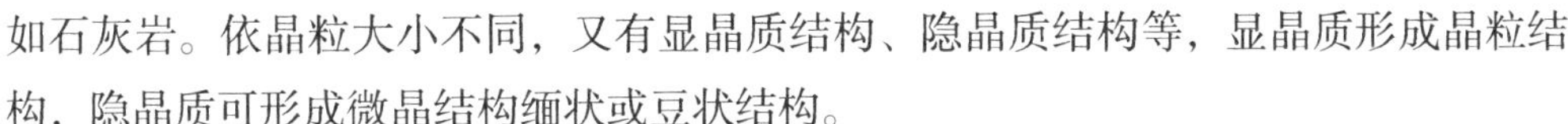

如石灰岩。依晶粒大小不同，又有显晶质结构、隐晶质结构等，显晶质形成晶粒结构，隐晶质可形成微晶结构缅状或豆状结构。

(四) 生物结构

生物结构是由生物作用产生的生物遗体或碎片所构成的特有结构，生物组分在30%以上，如介壳结构、生物格架结构等。

四、沉积岩的构造

沉积岩的构造是指各个组成部分的空间分布、排列方式等，主要有层理、层面、生物遗迹等。沉积岩最显著的特征是具层理构造和各种层面构造，它们不但反映了沉积岩的形成环境，而且是沉积岩区别于岩浆岩和某些变质岩的特有构造。

(一) 层理构造

沉积岩中由于组成成分、颜色、结构等沿垂直方向的变化、互相更替的性质或沉积间断所形成的层状构造称为层理构造。

层理构造表明岩层是按一定的顺序和形式，一层叠一层构成的，是沉积岩的最主要标志。层理构造内部可分出不同级别的细层，分别称为纹层、层系、层系组。纹层是组成层理的最小单位，同一纹层是在相同水动力条件下同时形成的。层系由一系列纹层组成，是在相同水动力条件下不同时间形成的。层系组由两个或两个以上的相似层系组成，是在相似的水动力条件下形成。

根据形态和成因，层理构造通常又分为水平层理、波状层理和交错层理三种基本类型以及递变层理等。

1. 水平层理

水平层理是各层之间基本呈水平排列、层面互相平行的层理，常见于细粉砂或泥质岩中。水平层理是在沉积环境比较稳定的条件下形成的，如广阔的浅海和湖底等。

2. 波状层理

波状层理是细层呈波状起伏，但总的层面大致平行的层理。波状层理主要在较浅的湖泊、海湾、潟湖等处由波浪的振荡作用形成。

3. 交错层理

交错层理是层面不平行，细层倾斜并相互交错的层理。交错层理是由沉积介质(水流及风) 的流动造成的，在滨浅海及湖泊河流中由于水流运动方向反复不定，或者在陆地上由于风向时常变化，均可形成交错层理。纹层的倾向表示介质流动方向。

交错层理根据层系与上下界面的形状和性质通常可以分为三种类型。

(1) 板状交错层理层系之间的界面为平面而且彼此平行。大型板状交错层理在河流沉积中最为典型，常具有如下特征：层系顶界具直脊波纹，底界有冲刷面；垂直水流方向显平行砂纹，顺水流方向倾斜；纹层内常呈下粗上细的粒度变化，有的纹层向下收敛。

(2) 楔状交错层理层系之间的界面为平面，但不互相平行，层系厚度变化明显呈楔形。垂直水流或平行水流方向层系间常彼此切割，纹层的倾向及倾角变化不定。常见于海、湖浅水地带和三角洲沉积区。

(3) 槽状交错层理层系底界为槽形冲刷面，纹层在顶部被切割。在横切面上，层系界面是槽状，纹层与之一致也是槽状；在顺水流的纵剖面上，层系界面呈弧状，纹层向下倾方向收敛并与之斜交。顶层曲脊砂纹为重叠的花瓣状。大型槽状交错层理层系底界冲刷面明显，底部常有泥砾，多见于河流环境中。

4. 砂泥复合层理

砂泥复合层理是在砂、泥沉积中的一种复合型层理，有时也称为潮汐层理。它主要由压扁层理（又称为“脉状层理”）、波状层理、透镜状层理组合而成，在形态上很像小型波状层理。

砂泥复合型层理的形成，说明沉积环境有砂、泥供应，而且水流活动期和水流停滞期交替出现。水流活动时期，砂呈砂波状被搬运沉积，而泥保持悬浮状态。水流停滞时期，因水动力条件的差异而分离出悬浮物质，并沉积于波谷或全面覆盖波状起伏的砂层之上。下一沉积旋回开始时，波脊被蚀去，新的砂质以砂波形式沉积、掩埋，并保存了波谷夹有泥质压扁体的先前的砂层。

由此可见，当水流或波浪作用较强，而停滞水作用相对次要时，砂质的沉积和保存比泥质有利，形成压扁层理。

当水流和波浪作用影响较弱，而停滞水作用的影响占主导地位时，砂质供应不足，泥质的沉积和保存比砂质有利，形成透镜状层理。

在压扁层理和透镜状层理之间的过渡类型为砂、泥交互的波状层理。砂泥复合型层理大部分发育在粉砂岩与泥岩互层的地层中。三种类型层理经常相互伴生，主要形成于潮下带和潮间带。在潮汐环境中，它的形成与潮汐韵律（潮流期与静水期交替出现）有关。透镜状层理在海相或湖相三角洲前缘中也有发现。

5. 递变层理

递变层理是具有粒度递变的一种特殊的层理，又称为粒序层理。递变层理的特点是由底向上颗粒逐渐由粗变细，除了粒度变化以外，没有任何内部纹层。

递变层理根据内部构造特征，主要分为两种类型。第一类是颗粒向上逐渐变细，

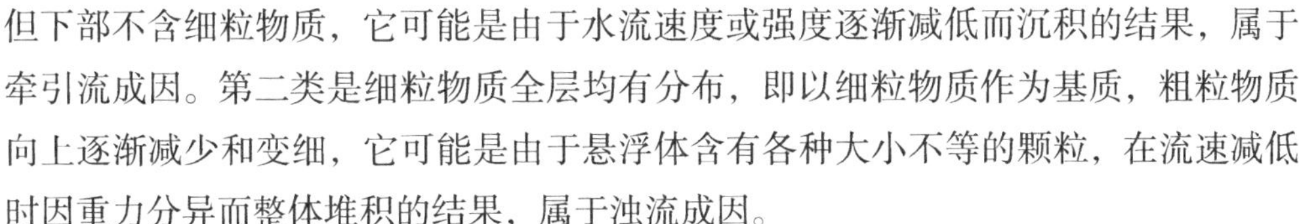

但下部不含细粒物质，它可能是由于水流速度或强度逐渐减低而沉积的结果，属于牵引流成因。第二类是细粒物质全层均有分布，即以细粒物质作为基质，粗粒物质向上逐渐减少和变细，它可能是由于悬浮体含有各种大小不等的颗粒，在流速减低时因重力分异而整体堆积的结果，属于浊流成因。

大多数递变层理属于第二种类型，典型递变层理主要由砂、粉砂和泥质组成。砂质递变层理主要由浊流形成，但在其他环境中也能偶尔见到。

（二）层面构造

沉积岩层面上经常保留有自然作用产生的一些特殊痕迹称为层面构造。它常常标志着岩层的特性并反映岩石的形成环境，如：上层面中的波痕、雨痕、泥裂；下层面中的槽模、沟模等。

波痕是沉积岩层面波状起伏的现象，它是沉积物沉积时风、流水、波浪作用的产物。波痕的形状、大小差别很大，按成因可分为流水波痕、浪成波痕和风成波痕三种类型，按形态可分为对称波痕和不对称波痕。

泥裂是黏土质沉积物露出水面时失水收缩形成的多边裂纹，一般是上大下小呈楔形，被后期沉积物充填，可作为识别岩层层序的标志。

（三）生物成因构造

生物活动时使原始沉积构造破坏或变形而留下的痕迹称为生物成因构造。可分为生物遗迹、生物扰动、植物根迹等类型。

生物遗迹构造是由生物活动在沉积物表面或内部产生的具有一定形态的各种痕迹，包括生物生存期间的运动、居住、觅食和摄食等行为遗留下的痕迹，也称为遗迹化石。生物扰动构造是底栖生物的活动造成沉积物层理遭到破坏，同时产生具有生物活动特征的构造面貌。植物根在陆相地层中呈炭化残余或枝杈状矿化痕迹，在煤系地层中常见。

五、岩层特性对钻井的影响

钻进过程就是不断破碎岩石，形成井眼并保护井眼的过程。这个过程与岩层的特性有密切关系。

（一）岩石机械性质对钻进速度的影响

岩石的机械性质是指岩石被钻头破碎时所显示出的有关性质，如硬度、塑性、脆性、研磨性等。

（1）硬度。硬度是岩石抗压入破碎的强度。钻头是靠钻压作用将牙齿压入岩石并破碎岩石的。岩石不同，钻头牙齿压碎岩石所需要的钻压大小也不同。硬度大的岩石需要较大的钻压才能被破碎，硬度小的岩石在较小的钻压下即可被破碎。

（2）塑性和脆性。在岩石被破碎以前，随着钻头牙齿的压入，岩石将发生塑性变形，变形到一定程度后才会破碎，这种性质即为岩石的塑性。变形大的岩石塑性大，变形小的岩石塑性小。与塑性相对的性质是脆性。塑性大则脆性小，脆性大则塑性小。

（3）研磨性。钻头在破碎岩石的过程中必然受到岩石的反作用，即磨损作用。这种岩石磨损钻头的性质称为研磨性。与此相对的是钻头的耐磨性。

岩石的机械性质是钻井工程中选择钻头和使用钻头最主要的依据。钻头的选择和使用是否合适直接影响钻进速度的快慢和质量的好坏。对于硬度小、塑性大的岩石，宜使用切刮型钻头；对于硬度大、塑性小的岩石，使用牙轮钻头更合适；对于硬度很大、塑性很小、研磨性又很高的岩层，使用金刚石钻头会取得更好的钻进效果。

（二）岩石性质对钻井液性能的影响

钻井液被形象地称为钻井工程的“血液”，由此可见其在钻井工程中的重要性。在钻进中，岩层中的气体（天然气）、液体（淡水、盐水、石油等）、固体（岩屑、黏土、可溶性岩盐层和石膏层等）都可能进入钻井液中，使钻井液性能发生变化，给钻进工作带来不利的影响。同时，钻井液中的水分也可能渗透到某些地层中，引起井壁膨胀、坍塌，或在井壁上留下厚厚的泥饼。这些情况如果处理不当，都可能使井下出现复杂情况。在选择使用钻井液时，必须针对地层特点，防止地层对钻井液性能造成不良影响，并做好准备，随时维护和调整钻井液的性能，保证钻进的顺利进行。若遇到一些用调节钻井液性能很难对付的地层，要下套管予以封隔。

（三）岩石性质对井眼质量的影响

衡量井眼质量好坏的主要标准有两个：一是井眼是否按设计的轨道钻成；二是井眼的井壁是否规则。

在钻遇流沙层、黏土层以及严重断裂的地层时，井壁容易垮塌而使井径变大，形成“大肚子”；在钻至某些泥岩、页岩时，这些地层容易吸收钻井液中的水分而发生水化膨胀，使井眼缩小，导致井眼形状不规则。

在钻至倾角较大的地层或软硬交错的地层交界面、断层面时，钻头在井底的受力不均匀，工作不平稳，就可能导致井眼方向发生偏斜，即井斜。若井眼偏斜的角

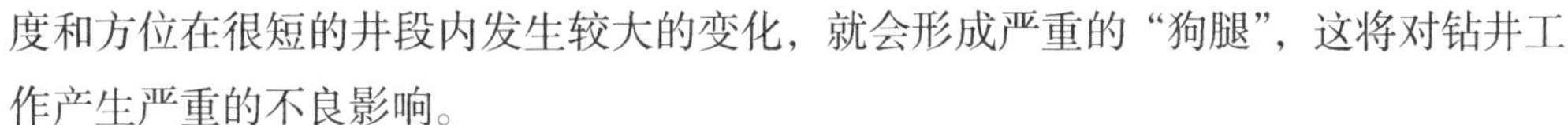

度和方位在很短的井段内发生较大的变化，就会形成严重的“狗腿”，这将对钻井工作产生严重的不良影响。

第三节　油气藏

所谓油气藏，是指油气在单一圈闭中的聚集，具有统一的压力系统和同一油水界面。也就是说，一定数量运移着的油气，由于遮挡物的作用，阻止了它们继续运移，而在储集层富集起来，这就形成了油气藏，该油气藏内部是互相连通的。石油钻井的目的就是首先要找到油气藏，然后开发油气藏，因此就需要了解石油的生成、运移、聚集过程及油气藏形成的条件和规律。

一、油气的生成

关于石油的生成，长期以来存在着无机生成和有机生成两种不同的学说，但大部分专家同意有机生成学说。有机生成学说认为，古代生物的遗骸在浅海、海湾、内陆湖泊等地沉积下来，并被新的沉积物迅速埋藏起来，没有被氧化即保存下来；随着上部沉积物的不断增厚以及温度和压力的升高，这些有机物质便在一定的温度、压力条件和特殊的环境下，经过复杂的物理化学变化转变为石油和天然气。

自然界的生物，种类繁多。但不论是高等生物还是低等生物，也不论是水生生物还是陆地生物，它们都是由脂肪、蛋白质、碳水化合物、木质素和色素等化合物组成的。虽然这些物质转变成为石油，其过程、细节目前还研究得不很清楚，但大量资料表明，上述生物物质在适当的环境条件下，都可以转变成烃类，生物体中的各种有机物质都可以作为石油生成的原料。

油气生成的全过程从分散有机质被埋藏堆积后的生物化学作用阶段便已开始，经过成岩作用中干酪根的形成及深成作用阶段的热降解，以及原油在高成熟及过成熟阶段的热裂解和最终的甲烷化阶段。油气生成的影响因素主要包括原始有机母质组成和性质、地层温度与埋藏时间、细菌和矿物催化作用等。

二、油气藏的形成

石油是在生油层中生成的，所以形成油气藏首先必须有生油层。一般认为，生油层是较厚的暗色黏土质和石灰质岩层。这种岩层比较致密，生成的油气也比较分散，所以很难形成有开采价值的油层。

油气是可以流动的。在一定压力作用下，油气流出生油层，并被运移到储油层

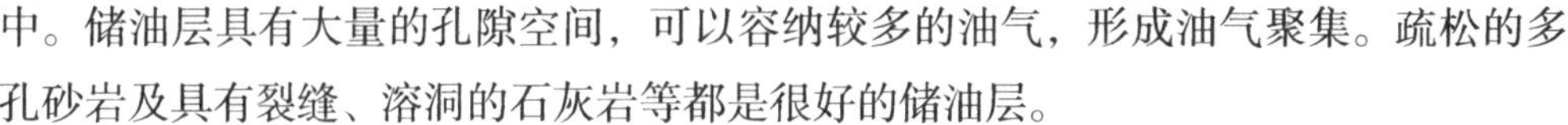

中。储油层具有大量的孔隙空间，可以容纳较多的油气，形成油气聚集。疏松的多孔砂岩及具有裂缝、溶洞的石灰岩等都是很好的储油层。

油气储集到储油层以后，如果储油层上面覆盖的地层属于多孔、渗透性地层，或者有裂缝、溶洞，或者上面没有致密地层覆盖，那么油气就会跑出地面或流失到其他地层中去，这样就形不成油气藏。因此，要形成油气藏，储油层上部还需有致密的盖层。盖层一般是致密的黏土层、泥岩层、页岩层、盐膏层等。

除了要覆盖油层以保护油气不跑出地面以外，还要使储油层的油气不向四周运移而被分散掉，这就需要有一定的圈闭条件，使储油层形成一个封闭系统。例如，背斜构造就是很好的圈闭条件。

综上所述，油气藏形成的过程可以概括为：石油生成—运移—聚集—保存。油气藏形成的条件可以归纳为四个必要条件，即要有生油层、储油层、盖层和圈闭，简称为生、储、盖、圈四要素。

三、油气藏的类型

油气藏的形成需要一定的圈闭条件，构成一个封闭系统。在沉积地层中，这种圈闭条件有多种类型。按照圈闭条件的不同，可以将油气藏分为以下几种主要类型：

(一) 背斜构造油气藏

它是以背斜构造作为圈闭条件的油气藏。这种油气藏的气、油、水按照密度大小自上而下分布。油气层的上部有渗透性很低的盖层保护。

(二) 断层遮挡油气藏

断层遮挡油气藏也称为断层封闭油气藏。它以断层面作为封闭条件，石油运移到储油层后，碰到不渗透的断层，受到遮挡而被圈闭起来。

(三) 岩性油气藏

在岩层沉积的过程中，由于岩性变化形成了不渗透性岩层的遮挡，从而造成圈闭，油气储集在渗透性地层中而成为岩性油气藏。

常见的岩性油气藏有两种：一种是岩性尖灭油气藏，它是渗透性地层在向上倾斜的方向逐渐减薄，最后消失，在周围不渗透性地层圈闭下形成尖状储油层的油气藏；另一种是砂岩透镜体油气藏，即在沉积过程中砂岩沉积成凸透镜形状，周围被不渗透性地层（如泥岩、页岩等）所包围，形成圈闭条件，这种不渗透性地层就是生油层，油气生成后即进入砂岩透镜体中保存下来。

(四) 不整合封闭油气藏

由于地壳的运动，较老的地层发生弯曲，露出地面的岩层受到风化剥蚀，并在其上沉积了新的地层，这种在新老地层之间凹凸不平的接触面称为不整合面。不整合面及其上面的不渗透地层也会对下部渗透性地层中的流体起到遮挡的作用，造成圈团条件，形成油气藏。

此外，还有其他类型的油气藏，如盐丘油气藏、礁块油气藏、水动力油气藏等。

在实际钻井过程中，由于井位在油气藏中的部位不同，各井钻遇的油层深度和钻穿的油层厚度就会不同，钻遇的地层岩性也会不同。

四、油气藏流体分布

(一) 中国油气的宏观分布

1. 西北古生代褶皱区

位于我国西北阿尔泰至昆仑广大古生代褶皱区内，包括昆仑山以北的许多含油气盆地，如塔里木、准噶尔、吐鲁番、柴达木、酒泉、民和等，属中间地块一山前坳陷及山间坳陷、山前坳陷型，盆地走向以北西西为主；拥有数千至万米中、新生界沉积岩系，一般在盆地南侧最厚；中、新生界多为陆相沉积，但塔里木盆地却有广泛的下第三系海相沉积；生油层系时代有从北向南逐渐变新的趋势。现已开发克拉玛依、乌尔禾、独山子、老君庙、鸭儿峡、冷湖等油田，近年来又在塔里木盆地第三系、白垩系、侏罗系、三叠系及奥陶系均有重要发现；产油层属中、新生界孔隙性砂岩或砾岩、古生界石灰岩及变质岩中也获得了工业油流。

2. 青藏中、新生代褶皱区

包括藏北中间地块及喀喇昆仑—唐古拉燕山褶皱带、冈底斯—念青唐古拉燕山褶皱带、川滇印支褶皱带及喜马拉雅褶皱带。在喜马拉雅山前坳陷和藏北中间地块，中、新生界沉积岩系发育，从二叠系至下第三系多为海相沉积，具有良好生油层系，并已发现地面油气显示，是一个具有含油气远景的区域。

3. 二连—陕甘宁—四川沉陷带

主要包括陕甘宁和四川两个含油气盆地，属台向斜型，范围广阔，在震旦系及古生界海相或海陆交互相沉积的基础上，接受了巨厚的三叠系及侏罗系海相或陆相沉积。四川盆地已开发川南气区和川中油区，前者以震旦纪、石炭纪、二叠纪及三叠纪海相碳酸盐岩为生产层，后者则在侏罗纪深湖相碳酸盐岩和细砂岩中找到了工业油藏。近年来又在川北大巴山前和龙门山前获得了工业油流，扩大了四川盆地的含油气远景。陕甘宁盆地在晚三叠世延长统和早侏罗世延安统都已发现砂岩油藏，印支运动后造成的古地貌对延长统和延安统的油气聚集都可能有重要影响。

4. 松辽—渤海湾—江汉沉陷带

主要包括松辽、渤海湾、江汉等含油气盆地。前者属台向斜型，下白垩统湖相砂岩产油，著名的长垣型大庆油气聚集带就在这里。盆地内下白垩统生油条件良好，又具有物性甚佳的砂岩，构成旋回式和侧变式生储盖组合，背斜圈闭完整，油气聚集条件颇为优越，形成长期高产稳产的工业油田，是我国主要的石油基地。后两者属断陷型，包括单断及双断凹陷，形成多凸多凹、凸凹相间的构造格局；同断层有关的各种二级构造带发育，有断裂潜山构造带、断裂背斜构造带、断鼻带、断阶带等类型；下第三系湖相砂岩产油，已发现胜利、大港等油田。

5. 苏北、台湾及东南沿海区域

包括黄海—苏北沉陷带及台湾—东南沿海大陆架的广大区域。在台湾西部山前坳陷已发现许多气田，产气层为第三系砂岩；在苏北坳陷中、新生界发育，已在下第三系砂岩中发现工业油藏。水深在200米以内的大陆架面积达130万平方千米，分布着巨大的沉积盆地和巨厚的沉积岩系，陆相下第三系及海相上第三系都具备良好的生、储油层系，油气资源蕴藏丰富，东南沿海大陆架将会成为世界上一个极为重要的盛产油气的区域。

我国油气资源具有下列主要特征：

(1) 印度洋板块和太平洋板块俯冲作用的影响，在我国造成数量众多、类型齐全的含油气盆地。尤其中生代燕山运动和新生代喜山运动引起许多台向斜、断陷、中间地块、山间坳陷及山前坳陷剧烈下降，接受了巨厚中、新生代陆相沉积，成为我国目前最重要的一些含油气区域。

(2) 海相及陆相生、储油气层系在我国都很发育，西部以中、新生界陆相沉积为主，东部则在陆相中、新生界之下，尚伏有古生界及中、上元古界海相沉积，形成多时代生、储油气层系重叠的多层结构。因此，我国产油气地层时代延续很长，从中、上元古界至第三系几乎都拥有丰富的油气资源，甚至在第四系也发现了浅层天然气。

(3) 我国东部与西部的基底和区域构造性质的明显不同，决定了含油气盆地类型、产油、气时代、油气聚集条件等方面，都有重要区别。西部属挤压作用强烈的山间坳陷、山前坳陷及山前坳陷、中间地块型含油气盆地为主，中、新生界陆相地层产油，油气聚集多受压性构造控制；东部属张性作用明显的台向斜型及断陷型含油气盆地为主，中、上元古界、古生界及中、新生界的海相或陆相地层均产油气，油气聚集除受长垣、隆起控制外，多受张扭及压扭性断层控制。

(二) 油气藏中流体的宏观分布

对于一个含油气构造而言，由于流体间的密度差，使油、气、水在宏观上的分布为，水位于底部，油位于中部，气位于顶部。

(三) 流体的微观分布

油水在油层孔隙系统中的微观分布受岩石润湿性的制约，在水湿、油湿岩石中的分布明显不同。如果岩石表面亲水，其表面则为水膜所包围，如果亲油，则为油膜覆盖。

在孔道中各相界面张力的作用下，润湿相总是力图附着于颗粒表面，并尽力占据较窄小的孔隙角隅，而把非润湿相推向更畅通的孔隙中间部位去。

油水在岩石孔隙中的分布不仅与油水饱和度有关，而且还与饱和度的变化方向有关，即是湿相驱替非湿相还是非湿相驱替湿相。通常，将非润湿相驱替湿相的过程称为驱替过程，随着驱替过程进行，湿相饱和度降低，非湿相饱和度逐渐增高。把湿相驱替非湿相的过程称为“吸吮过程”，随着吸吮过程的进行湿相饱和度不断增加。

五、油气藏流体性质

由于原油所处的地下条件与地面不同，使地层原油在地下的高压和较高温度下具有某些特性，例如：地层原油一般溶有大量的气体；因溶有气体和高温，使地下原油体积比地面体积大；地下原油更容易压缩；地下原油黏度比地面油黏度低等。

(一) 组成

原油是石蜡族烷烃、环烷烃和芳香烃等不同烃类以及各种氧、硫、氮的化合物所组成的复杂混合物，原油中的这些非烃类物质对原油的很多性质有重大影响。

(二) 气油比

地层原油与地面原油相比最大的特点是在地层压力、温度下溶有大量气体。通常把在某一压力、温度下的地下含气原油在地面进行脱气后，得到 $1m^3$ 原油时所分出的气体称为该压力、温度下地层原油的溶解气油比。

(三) 黏度

地面脱气油的黏度变化很大，从零点几到成千上万毫帕·秒不等。从外表上看，

有的可稀到无孔不入，而有的则可能稠到成半固态的塑性胶团。

原油的化学组成是决定黏度高低的内因，也是最重要的影响因素。重烃和非烃物质（通常所说的胶质－沥青含量）使原油黏度增大。

无论是地面原油还是地下原油，其黏度对于温度的变化都很敏感，这是稠油热采的原理。

六、油气藏储量

油气储量是油气田开发的物质基础。对其感兴趣的不仅限于石油工作者，政府决策人、经济学家及利用油气产品加工的下游有关部门都十分关心油、气储量。

（一）油气储量的分类与分级

油气田从发现起，大体经历预探、评价钻探和开发三个阶段。由于各个阶段对油气藏的认识程度不同，所计算出的储量的精度也不同，因此需要对油气储量进行分级。

1. 油气储量分类

储量可分为地质储量和可采储量两类。

（1）地质储量。地质储量是指在地层原始条件下，储集层中原油和天然气的总量，通常以标准状况下的数量来表示。地质储量又可进一步分为三种。

①绝对地质储量指凡是有油气显示的地方，包括不能流动的油气都计算在内的储量。

②可流动的地质储量，指在地层原始条件下，具有产油气能力的储层中，原油及天然气的总量。也就是说，凡是可流动的油气，不管其数量多少，只要能流动的都包括在内的储量。

③可能开采的地质储量，指在现有技术和经济条件下，有开采价值并能获得社会经济效益的地质储量，即表内储量。而把在现有技术和经济条件下，开采不能获得社会经济效益的地质储量，称为表外储量。但是，当原油价格提高、工艺技术改进、成本降低后，某些表外储量可以转变为表内储量。

（2）可采储量。可采储量是指在现代工艺技术水平和经济条件下，能从储集层中采出的那一部分地质储量。原则上等于地质储量乘以经济采收率。显然，可采储量是一个不确定的量，随着工艺技术水平、管理水平及油气价格的提高，其也会相应提高。

2. 油气储量分级

油气藏储量是编制勘探方案、开发方案的主要依据之一。但是，事实上，对于一个较大范围的油气田，往往不能也不可能一下子把实际储量搞得一清二楚。油气田从发现起，大体经历预探、评价钻探和开发三个阶段。因此，在我国根据勘探、开发各个阶段对油气藏的认识程度，将油气藏储量划分为探明储量、控制储量和预测储量三级。

（1）预测储量。预测储量是在地震详查以及其他方法提供的圈闭内，经过预探井（第一口探井）钻探获得油气田、油气层或油气显示后，进行区域地质条件分析和类比，对有利地区按照容积法估算的储量。此时，圈闭内的油层变化、油水关系尚未查明，储量参数是由类比方法确定的，因此它只能估算一个储量范围值，其精度为20%～50%，用作进一步详探的依据。

（2）控制储量。控制储量是指在某一圈闭内预探井发现工业油气流后，以建立探明储量为目的，在评价钻探阶段的过程中钻了少数评价井后所计算的储量。

该级储量是在地震详查和综合勘探新技术查明了圈闭形态，对所钻的评价井已做详细的单井评价，并通过地质和地球物理综合研究，已初步确定油藏类型和储集层的沉积类型，已大体控制含油面积和储集层厚度的变化趋势，对油藏复杂程度、产能大小和油气质量已做初步评价的基础上计算出的。因此，计算的储量相对误差应在50%以内。

（3）探明储量。探明储量是Ⅰ级储量，是在油气田评价钻探阶段完成或基本完成后计算的储量，并在现代技术和经济条件下可提供开采并能获得社会经济效益的可靠储量。探明储量是编制油气田开发方案、进行油气田开发建设投资决策和油气田开发分析的依据。

探明储量按勘探开发程度和油藏复杂程度又分为以下三类：

①已开发探明储量指在现代经济技术条件下，通过开发方案的实施，已完成开发井钻井和开发设施建设，并已投入开采的储量。新油田在开发井网钻完后，就应进行已开发探明储量计算，并在开发过程中定期进行复核。

②未开发探明储量是指已完成评价钻探，并取得可靠的储量参数后计算的储量。它是编制开发方案和开发建设投资决策的依据，其相对误差应在20%以内。

③基本探明储量主要是针对复杂油气藏而提出的。对于多含油层系的复杂断块油田、复杂岩性油田和复杂裂缝性油田，在完成地震详查或三维地震并钻了评价井后，在储量参数基本取全、含油面积基本控制的情况下，计算出的储量称为基本探明储量。基本探明储量的相对误差应小于30%。

（二）油气储量的综合评价

油气储量开发利用的经济效果不仅和油气储量的数量有关，还主要取决于油气储量的质量和开发的难易程度。对于油层厚度大、产量高、原油性质好（黏度低、凝固点低、含蜡低）、储层埋藏浅、油田所处地区交通方便的储量，建设同样产能所需开发建设投资必然少，获得的经济效益必然高。对于油层厚度薄、产量低、油稠、含水高、储层埋藏深的储量，建设同样产能所需开发建设投资必然多，经济效益必然就要差些。因此，分析勘探的效果不仅需要看探明了多少储量，还需综合分析探明储量的质量。不分析探明储量的质量，会使勘探工作处于盲目状态。为此，在我国颁发的油气储量规范中，明确提出了对探明储量必须进行综合评价。

在油田储量计算完成后，应根据以下内容进行综合分析，进行储量计算的可靠性评价：第一，分析计算储量的各种参数的齐全、准确程度，看是否达到本级储量的要求；第二，分析储量参数的确定方法；第三，分析储量参数的计算与选用是否合理，进行几种方法的对比校验；第四，分析油田的地质研究工作，是否达到本级储量要求的认识程度。

在储量综合评价中，人们都希望有一个经济评价分等标准，因为各项自然指标只有落实到经济效果上才能衡量它们的价值。但考虑到影响经济指标的因素很多，除了油气田本身的地质条件，还有经济、人文地理等社会因素，这些因素在勘探阶段提交储量时，往往计算不出来。

第四节　石油勘探

石油埋藏在地下，要找到油气藏，就要进行油气勘探。目前常用的勘探油气藏的方法有四种，即地质法、地球物理勘探法、地球化学勘探法和钻探法。

一、地质法

地质法是油气勘探工作中贯穿始终的基本工作方法，其研究内容十分广泛，不仅包括油气地质勘探中的一切基本问题，如地面露头区岩性、地层、构造、含油气性研究、井下地质研究以及地球物理、地球化学等方法进行成果解释的地质依据等，而且研究区域和局部的油气藏形成条件，如生油层条件、储油层条件、盖层条件、圈闭条件、运移条件、聚集及保存条件，以确定油气藏是否存在并进行远景评价。

地面地质调查法是地质法的一种，即直接观察地表的地质现象，看是否有露在地面的油气苗，研究岩石、地层情况，分析地下是否有油气构造。我国最早的延长油矿、玉门油田就是因发现地面上有油气苗而找到的。

遥感地质法是综合应用现代遥感技术来研究地质规律、进行地质调查和资源勘

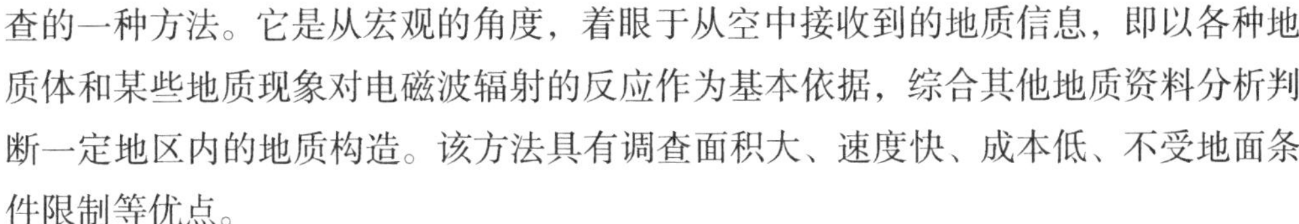

查的一种方法。它是从宏观的角度，着眼于从空中接收到的地质信息，即以各种地质体和某些地质现象对电磁波辐射的反应作为基本依据，综合其他地质资料分析判断一定地区内的地质构造。该方法具有调查面积大、速度快、成本低、不受地面条件限制等优点。

二、地球物理勘探法

不同的岩石具有不同的物理性质（如密度、磁性、电性、弹性等）。地球物理勘探法是在地面上利用各种精密仪器进行测量，了解地下的地质构造情况，以判断是否有储油气构造。常用的地球物理勘探法有重力勘探、磁力勘探、电法勘探、地震勘探等方法。目前现场上使用较普遍的是地震勘探法。

地震勘探是利用地下介质弹性和密度的差异，通过观测和分析大地对人工激发地震波的响应，推断地下岩层的性质和形态的地球物理勘探方法。该方法是在地表以人工方法激发地震波，地震波在向地下传播过程中如遇介质性质不同的岩层分界面，就会发生反射与折射，通过在地表或井中装设检波器接收这种地震波。收到的地震波信号与震源的特性、检波点的位置、地震波经过的地下岩层的性质和结构有关。通过对地震波记录进行处理和解释，可以推断地下岩层的性质和形态。地震勘探法在分层的详细程度和勘查的精度上都优于其他地球物理勘探法。

三、地球化学勘探法

地球化学勘探法简称油气化探，是应用地球化学的重要分支，它通过现代地球化学分析方法所取得的资料来帮助寻找油气藏。其理论基础是烃类运移在周围岩石和地表土壤及它们所含的流体中产生多种地球化学现象，形成多种地球化学晕，导致其中的烃类相关的多种化合物及其元素和同位素组分、含量发生变化（异常）。随着方法的改进，油气化探已由地表向井下发展，可以帮助认识已揭露地层的含油气分布，也可以对更深处地层中的含油气性作出一定的预测。

按照指标分类法，油气化探可分为烃类气体法、水文地球化学法、生物地球化学法、岩石（土壤）地球化学法、沥青地球化学法、汞测量法、同位素地球化学法等。

四、钻探法

钻探法是指通过钻井进行勘探的方法，即在通过地质法和地球物理勘探法已初步查明的含油气构造上钻井，进一步证实是否有油气及含油气的真实情况，取得第一手资料。

钻井本身不是目的，它只是一种找油气和采油气的手段。无论是找油气还是采油气，都必须清楚地了解地下的地质情况。到目前为止，钻井仍然是了解地下地质情况最直接、最可靠的方法。钻探法主要是通过取岩心等地质测录井方法，真实地记录和收集钻井过程中钻遇的地层地质资料，以确定地层的地质剖面和油气构造。在一个地区，井打得越多，地质测录井工作做得越好，对本地区的地质情况就了解得越全面、越准确，就会提高钻井的成功率和经济效益。因此，无论是打预探井还是详探井，甚至开发井，都应高度重视地质测录井工作。

不同的岩层，其导电能力、自然电位、自然伽马射线的强度以及受中子源照射后放出的伽马射线的强度等物理性质不同。地球物理测井就是测量不同岩层的这些物性参数，以评价岩层的物理性质，并划分油、气、水层。每口井完钻以后都要进行地球物理测井，即利用测井仪器，沿着井眼自下而上地测出地层的各种物理性质曲线。

在石油钻井过程中，按顺序收集记录所钻经地层的岩性、物性、结构构造和含油气情况等地质资料的工作称为地质录井。地质录井主要包括岩心录井、岩屑录井、钻时录井、荧光录井、钻井液录井、气测录井、地化录井及工程录井等。

(一) 岩心录井

岩心录井是指在钻井过程中，用取心工具将地层岩石从井下取至地面，并对其进行分析、研究，从而获得各项资料的过程。

岩心描述是岩心录井的核心环节，描述内容包括岩性定名、颜色、结构、构造及缝洞、含有物、地层倾角与接触关系、物理化学性质、含油气情况、含气实验情况，以及对岩心出井筒前后油气显示的变化情况进行的二次描述。

利用岩心资料，可以判断地层时代、接触关系，进行地层对比；可以判断地层产状变化特征和构造特征及断层的存在；可以判断生油岩的存在及好坏，推断勘探前景；可以判断成岩相、沉积相及沉积环境；可以判断储集类型，进行储层分级评价、标定测井资料；可以判断油、气、水层，区别油质好坏，推断油、气、水界面；可以提供油气储量计算有关参数，检查开发效果有关资料、数据等。

岩心，特别是取心钻进取出的岩心，是反映地下岩层情况最可靠、最确切、最宝贵的资料。在新探区、新油田，对预计的生产层都要进行取心。油田进入开发生产阶段后，除非有特殊要求，一般不再取心。

(二) 岩屑录井

岩屑录井又称砂样录井，是指对钻进过程中被钻头破碎的岩石（称为“岩屑”，俗称“砂子”）样品进行分析并记录其岩性，然后收集并保存起来的方法和过程。岩

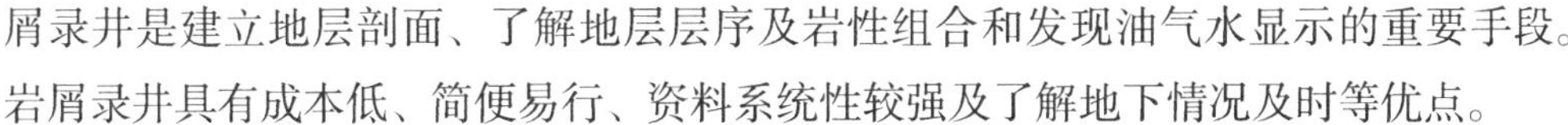

屑录井是建立地层剖面、了解地层层序及岩性组合和发现油气水显示的重要手段。岩屑录井具有成本低、简便易行、资料系统性较强及了解地下情况及时等优点。

在大量返到地面上的岩屑中取出能够真实反映所钻深度地层岩性的岩屑，称为取砂样。砂样首先要取准，应按钻井过程地质录井要求进行。一般情况下，在新探区每钻进 1m 就要取一次砂样；对于生产井，也要在地层分界面或标准层以及生产层取砂样。取到砂样后，应该同时记录下该砂样所在的井深。砂样捞取以后要用清水洗净并进行挑选。对于含油砂样，不要用水洗，而要尽快化验分析，以保持资料的原始性和准确性。

（三）钻时录井

地层岩石的机械性质是影响钻进速度的重要因素，所以根据钻进的快慢也可以了解地层岩石的性质。钻时录井就是记录每钻进 1m 井段所需要的纯钻进时间，即钻时。钻时高，则说明地层硬，岩石可钻性低，难以钻进。岩石可钻性表示钻进过程中岩石破碎的难易程度。在钻探生产中，通常用机械钻速作为衡量岩石可钻性的指标，单位是 m/h。由于钻时录井随钻记录，因此是一种实时录井，实时记录地下岩层的变化。

钻进速度的突然变化称为钻进突变，它出现在钻头钻入不同岩层顶部的地方。在一条钻时曲线上，钻进突变可用于确定地下岩层顶、底的位置；由于多孔层较疏松而易钻，因此钻进突变也用于识别致密岩层中的多孔层的位置。

（四）荧光录井

荧光录井是根据石油的荧光特性，将现场采集的岩屑浸泡，然后根据激发后发出的颜色和强度来确定砂样所含石油的组分和含量。一般来说，轻质油的荧光为浅蓝色，含胶质多的石油呈绿色和黄色，含沥青质多的石油呈褐色。

（五）钻井液录井（泥浆录井）

普通钻井液是由黏土、水和一些无机或有机化学处理剂搅拌而成的悬浮液和胶体溶液的混合物，其中黏土为分散相，水为分散介质，组成固相分散体系。

在钻井过程中，钻碎的岩屑会进入钻井液中并被携带到地面上，同时地层中的各种流体也会进入钻井液中，这会使钻井液的性能发生变化。根据钻井液性能的变化及槽面显示来判断井下是否钻遇油、气、水层和特殊岩性的方法称为钻井液录井。

在钻进过程中，通过钻井液罐油气显示可发现并判断地下油气层，根据钻井液性能的变化可分析研究井下油、气、水层的情况，判断井下特殊岩性；通过进出口

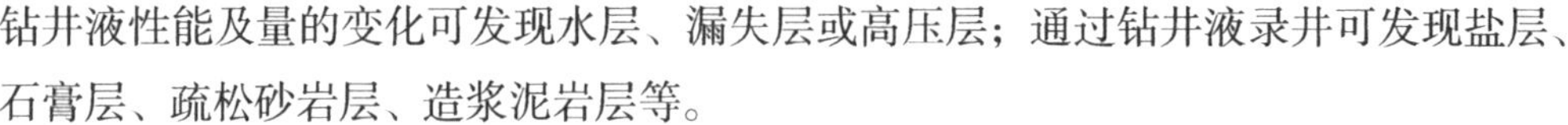

钻井液性能及量的变化可发现水层、漏失层或高压层；通过钻井液录井可发现盐层、石膏层、疏松砂岩层、造浆泥岩层等。

（六）气测录井

油田气的主要组成为甲烷（C_1）、重烃气及少量 H_2、CO_2、N_2、CO_2 和 H_2S 等气体。一般来说，油田气重烃的相对含量为 10% ~ 35%，气田气重烃的相对含量为 0% ~ 2%，凝析气重烃的相对含量为 10% ~ 13%。气测录井是通过对钻井液中脱出的烃类气体含量及组分进行分析，直接发现并评价油气层的一种录井方法。气体检测仪将钻井液所携带出的气体分三路进行定性、定量分析：第一路为全烃分析，即连续检测样品气中烃类气体的含量；第二路为烃组分分析，即对样品气中的烃类组分进一步进行定性、定量分析，一般分析 C_1 ~ C_5 各组分；第三路为热导组分分析，即对样品气中的非烃类气体进一步进行定性、定量分析，一般分析 H_2S 和 CO_2 等。

（七）地化录井

地球化学录井简称地化录井，是根据有机质热降解原理，利用岩石热解仪对样品进行分析，进而对烃源岩和储集层进行评价的录井方法。其原理是在特殊的裂解炉中对分析样品进行程序升温，使样品中的烃类和干酪根在不同温度下挥发和裂解，然后通过载气的吹洗使样品中挥发和裂解的烃类气体与样品残渣实现定性的物理分离，分离出来的烃类气体由 DID（氢焰离子化）检测器进行检测，从而测定岩石样品中的烃类含量，达到评价生油岩和储油岩的目的。

第十六章　储层地质建模

第一节　储层地质建模概述

储层地质建模研究的热潮起始于20世纪80年代中期，从最初三维地质建模的尝试开始，至今已有50多年的发展历史，三维地质建模的研究，已经形成了比较成熟的理论，取得了一定的成果，直接为油田开发、层次划分、开发方案调整、油田管理、三次采油等各种决策服务。但由于地质现象的复杂性，特别是一些特殊的地质现象(断层、裂缝等)，以及技术软件的应用等还存在许多问题，到目前为止，三维地质建模在很多方面仍处于理论研究阶段，对于如何将其投入实际应用仍有许多问题需要解决。

早在20世纪60年代初期，法国的Matheron教授就提出了区域化变量的理论并创立了地质统计学，开始定量研究由于地质信息不足而引起的模型变化和不确定性问题。到20世纪80年代，地质统计学中的克里金估值技术在理论和应用上得到蓬勃发展，并由此逐步发展形成了应用极为广泛的系统随机模拟理论。

国外储层地质建模研究的热潮始于20世纪80年代中后期。在1987—1996年间，随机模拟技术在欧洲及美国的石油行业中获巨大发展，各种方法理论、文献大量问世。此时，涌现出一大批模拟储层非均质性的方法，但并未很好地解决储层非均质问题。1996年以来，随着计算机存储的扩大及运算速度的大幅提高，各种随机模拟算法的应用日益广泛，随机建模技术进一步发展，并取得一些突破:

①随机建模研究趋于向综合理论与技术配套的方向发展;

②多方面资料综合建模;

③优选建模策略和方法;

④构造建模尤其各种断层处理技术迅速提高，裂缝建模取得突破等。

近年来，随机模拟技术理论和应用在世界上已逐渐形成了三大学派：以Jouvnel和Deutsch为首的美国斯坦福大学学派，擅长序贯指示模拟方法理论和应用研究；以Matheron教授和他的学生Armstrong及Galli为首的法国地质统计中心学派，专攻截断高斯模拟方法的理论和应用研究；以Haldorsen和Omre为首的挪威学派，主要从事示性点过程模拟方法的理论和应用研究。

目前，国外学者主要从储层的物理特性和空间特性两方面进行研究。一方面，通过现代沉积考察、露头储层描述和井间地震研究来建立储层地质知识库和原始地质模型，结合成岩作用的演变规律，利用分形和地质统计学方法建立多种经验公式来描述储层的物性特征；另一方面，结合沉积体的成因单元和界面分级揭示其模型的空间特性，利用高分辨率地震技术对储层进行横向追踪，以达到预测砂体空间展布的目的。国外一些地球物理公司正从事这方面的研究，并已取得较明显的成果。但对不同成因盆地油气储层的次生孔隙定量研究和预测仍处在探索阶段。

地质统计学是储层地质建模的数学基础。1951年起，南非的矿产地质师D.G. 克立格和统计学家H.S. 西舍尔等根据多年工作经验，提出了使用克里金方法来估计矿石品位的方法。法国著名数学地质学家G.Matheron教授在系统研究的基础上，于1962年发表了新兴的数学地质学专著《应用地质统计学》，其核心是克里金算法。70年代末，Journe在所著的*Minging Geostatistics*一书中，介绍了随机建模的基本思想。经过近30年的发展，地质统计学已经形成了一套较为完整的理论和方法体系，提出了一些重要的方法和技巧，扩大了应用领域，特别是石油地质统计学的发展使油藏的定量精确描述成为可能。地质统计学于1977年传入我国，与我国的生产实践相结合，该理论和方法体系得到了进一步发展和完善。

我国的储层地质模型研究工作始于20世纪80年代中期。地质模型技术和方法虽然起步较晚，但已在关键的技术方法上取得了很大突破，裘怿楠等对我国河流砂体储层非均质性模式进行了研究，为我国陆相碎屑岩储层建模技术的发展起到很好的促进作用。针对我国各大油田先后进入高含水后期这一具体特点，所建立的地质模型主要是针对老油田剩余油挖潜的预测模型，这时，全国各大石油院校和油田都开展了这一方面的研究工作。经过10多年的推广应用，随机模拟理论得到了不断完善，如西安石油学院王家华等结合油田生产实际，发展了储层建模新的算法，提出了适合我国河道砂体储层的随机游走建模方法，编制了我国自主版权的第一个储层建模软件系统“GASOR”；张昌民所倡导的地面露头与地下分析相结合的建模方法推进了我国储层地质建模技术的发展；张金亮所倡导的建模—数模一体化技术和基于现代岩石断裂力学的裂缝建模软件系统“Fress”已经在油田生产实际中发挥作用。

储层裂缝的精细描述和建模技术还是一个世界性难题，仍处于探索阶段。储层裂缝形成与分布的复杂性以及裂缝性储层的重要性决定了储层裂缝建模对油藏开发研究的重要性。储层裂缝建模的主要目的是建立比较客观的裂缝构造模型和裂缝渗流模型。目前，国内各油田均耗费大量费用用于裂缝建模研究，但由于缺乏成熟的理论、技术，造成的损失难以统计。裂缝是地壳上最小的构造，也是最为复杂的构造，其形成、分布的随机性、高度非均质性，使得大小裂缝混杂，裂缝网络交叉点众多，形成的计算节点及相应的数据庞大，难以实现运算，而且数学模型的建立也相当困难。同时，裂缝的主要参数（走向、倾角、延伸长度、切层深度、张开度、间距、充填性、孔隙度、渗透率）难以确定，所以裂缝模型的建立比较困难，需综合多学科方法、技术，如将岩心分析、测井解释、试井分析、地震多波多分量研究与地质统计学随机模拟技术等综合研究来建模。离散裂缝网络（Discrete Fracture Network，DFN）模型作为 Petrel、3D MOVE、Fracman 和 Fraca 等大型软件裂缝建模模块的基本实现模型，是目前世界上最为成熟的一项裂缝建模技术。DFN 模型主要通过分析井点微电阻率成像测井数据、岩心裂缝分析数据等，建立展布于三维空间中的各类裂缝片组成的裂缝网络集团的概率分布模型，来构建整体的裂缝模型，实现了对裂缝系统从几何形态到其渗流行为的逼真细致的有效描述。储层裂缝建模不是针对某一条裂缝，而是针对储层内裂缝集合构成的裂缝系统而言。虽然储层裂缝构造属性分布是复杂的，但裂缝的破裂方向和破裂形式的优势方向仍受统一应力场的控制。而断层附近应力场的模拟，特别是对于复杂断块储层应力场的模拟，是一个复杂的交互过程，而且由于数据资料有限，又加大了模拟的难度，这方面的研究还较少。

随着油藏精细描述技术的进一步发展，油藏三维可视化精细建模技术必将得到更加广泛的应用和发展。

第二节　储层地质模型基本概念

油藏模型包括地质模型和数学模型两大类。地质模型是实际的、具体的模型，数学模型则是一种用数学公式表达研究对象的抽象模型。油藏地质模型是对油气藏的类型、几何形态、规模、油藏内部结构、储层参数及流体分布的高度概括。它是油藏综合评价的基础，同时是油藏数值模拟的重要基础及开发方案优化的依据。油藏地质模型的核心是储层地质模型。它是储层特征及非均质性在三维空间上变化和分布的表征。

一、油藏地质模型

油藏地质模型是将油藏的各种地质特征在三维空间的分布及变化定性或定量表述出来的模型，它是对油藏的类型、几何形态、规模、内部结构、储层物性参数和流体分布等地质特征的高度概括，通常由圈闭结构模型、储层地质模型和流体模型三个部分组成。

（一）油藏地质模型包含的子模型

为了建立油藏地质模型，首先要建立以下5个子模型：

1. 地层格架模型

这是建立油藏地质模型的基础，特别是建立圈闭模型和储层模型的基础，主要是应用高分辨率层序地层学，利用地震资料、测井资料和岩心资料建立地层层序格架。

2. 构造模型

主要表征构造圈闭特征，同时表述断层和裂缝的分布、几何形状、产状、发育程度等特征，这对陆相断块尤为重要。

3. 沉积模型

主要描述砂体的结构特征，包括沉积环境、沉积相、沉积模式、砂体形状、大小、分布及其内部结构、层内非渗透或低渗透层的几何形态、出现频率、密度及其与各种微相的关系。

4. 成岩模型

描述成岩事件、成岩序列、演化史、成岩非均质性、孔隙网格结构及其非均质特征等。

5. 流体模型

描述地层流体性质和分布状态、油气饱和度及含油产状的变化、地下水的类型和矿化度等在三维空间上的展布，以及地层流体在流动过程中的反应和变化。

油藏地质模型是油藏综合评价、油藏数值模拟、开发调整方案优选的基础和依据。在油气勘探开发的不同阶段，油藏地质模型所表述的内容也有所差异。在勘探阶段，工作目标是提高勘探效益、提交探明储量及进行开发可行性评价，因此，研究重点是圈闭特征、储层性质与分布规律、流体性质等；在开发阶段，工作目标是为合理的油藏管理及提高采收率服务，因此，研究重点是储层的非均质性、流体非均质性、开采过程中储层和流体的动态变化、油水运动规律及剩余油分布规律等。

（二）油藏地质模型的建模方法

油藏模型的建模方法是以构造地质学、沉积学、石油地质学、储层地质学及油藏地球化学为理论基础，以地震、地质、测井、测试和开发动态五大信息数据库为支柱，充分应用油藏描述软件系统中的数据分析模块等功能，将应用统计分析、地质统计学分析、灰色系统分析、神经网络分析、分形几何学分析及模糊数学等贯穿于研究的始终，使油藏描述中所涉及的上万个不同类型、不同精度的数据得以去粗取精、去

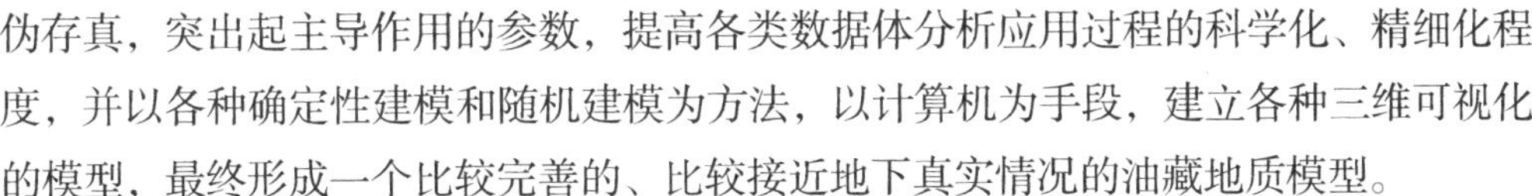

伪存真，突出起主导作用的参数，提高各类数据体分析应用过程的科学化、精细化程度，并以各种确定性建模和随机建模为方法，以计算机为手段，建立各种三维可视化的模型，最终形成一个比较完善的、比较接近地下真实情况的油藏地质模型。

二、储层地质模型

储层地质模型是综合运用钻井、岩心、地震、测井、试井、开发动态等资料，以构造地质学、储层沉积学、石油地质学和地质统计学为指导思想，将储层各种地质特征在三维空间的分布及变化定量表达出来的地质模型，所描述的储层特征包括储集体的几何形态、规模、连续性、连通性、内部结构、孔隙特征、储层物性参数的分布和隔夹层分布等。

三维储层模型是从三维的角度对储层进行定量研究，是对储层进行多学科综合一体化、三维定量化及可视化的预测结果。

(一) 储层地质建模的原则

我国油气田储层以陆相碎屑岩为主，储层成因复杂，非均质性严重。为了建立尽可能符合地质实际情况的储层地质模型，反映和刻画储层非均质性，一般可以遵循一定的地质建模原则，也就是地质约束原则。它是指在建模过程中，不仅应用建模目标区的实际数据（如测井数据、地震数据等）以及根据该数据应用地质统计学方法分析得出的统计特征参数（如变差函数的变程、分形维数等），还需应用地质原理和地质知识等地质约束条件（如层序地层学原理、沉积模式、储层构型模式等）来约束建模过程。

1. 确定性建模与随机建模相结合原则

确定性建模是根据确定性资料，对井间应用克里金插值的方法得到确定的、唯一的储层特征分布。而随机建模是对井间应用随机模拟方法建立可选的、等概率的储层地质模型。由于随机建模可以建立多个等概率的模拟实现，因而可用来进行储层的不确定性分析，从而进一步把握井间储层的变化。在实际建模过程中，为了降低模型中的不确定性，应尽量应用确定性信息来限定随机建模过程，这就是随机建模与确定性建模相结合的思路。

2. 等时建模原则

沉积地质体是在不同的时间段形成的。为了提高建模精度，在建模过程中应进行等时地质约束，即应用高分辨率层序地层学原理确定等时界面，并利用等时界面将沉积体划分为若干等时层。在建模时，按层建模，然后再将其组合为统一的三维沉积模型。同时，针对不同的等时层输入反映各自地质特征的不同的建模参数，这

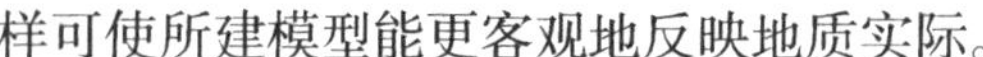

样可使所建模型能更客观地反映地质实际。

3. 相控建模原则

相控建模，即首先建立储层相模型（储层结构模型、沉积相模型或流动单元模型），然后根据不同储层相的参数定量分布规律，对不同的储层相进行井间插值或随机模拟，进而建立储层参数分布模型。

4. 随机模拟方法优选原则

随机模拟方法很多，但没有一种万能的方法能解决所有储层类型的建模问题。不同的随机模型有其地质适用性及应用范畴。若模型选用不当，其模拟实现与地质实际会有较大的差别。

一般地，对于三维相建模来说，如果预知相（如河道相）的几何构型（几何形态和组合方式），则基于目标的标点过程法为首选方法；对于具有排序分布的相组合（如三角洲平原、前缘和前三角洲的组合），截断高斯模拟方法最为适合；如果既不知几何构型、相组合，又无排序现象，则应选用序贯指示模拟。对于储层参数模拟来说，基于高斯分布的方法能有效地对无奇异值分布的储层参数进行建模，但很难控制极值分布的连续性，而指示模拟方法很适合解决这类问题。如果储层参数分布符合统计自相似特征，则可应用分形模拟方法。因此，为了提高建模精度，应根据研究区的地质特征（地质概念模式）对随机模拟方法进行优选。

（二）储层地质建模的基本步骤

三维储层地质建模的主要目的是将储层结构和储层参数的变化在三维空间用图形显示出来。一般地，储层三维建模过程有以下 4 个主要步骤：

1. 数据准备

储层地质建模至少需要准备以下 4 类数据，并建立数据库。

坐标数据：包括井位坐标、深度、地震测网坐标、井斜数据、补心海拔等。

分层数据：各井的层组划分对比数据、地震资料解释的层面数据以及测井数据等。

断层数据：断层位置、产状、断距等。

储层数据：各井、各层组砂体顶底界深度、孔隙度、渗透率、含油饱和度等数据。

2. 建立地层骨架模型和井模型

地层格架模型是由坐标数据、分层数据和断层数据建立的叠合层面模型。即将各井的相同层组按等时对比连接起来，形成层面模型；然后利用断层数据，将断层与层面模型进行组合，建立储层的空间格架，并进行三维网格化。

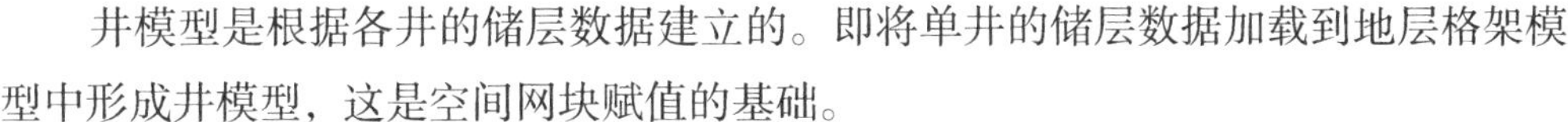

井模型是根据各井的储层数据建立的。即将单井的储层数据加载到地层格架模型中形成井模型，这是空间网块赋值的基础。

3. 三维空间赋值

利用井模型提供的数据对储层格架的每个三维网块进行赋值，建立三维储层数据体。

4. 图形处理与显示

对三维数据体进行图形变换，以图形的形式显示出来。可以是三维显示，还可任意旋转和不同方向切片显示。

第三节 储层地质模型分类

储层地质模型可以按不同的因素进行分类。这里主要根据油田所处的开发阶段、模型需要表述的内容以及模型大小或非均质性等级进行分类。

一、按不同开发阶段分类

在油藏评价乃至油田开发的不同阶段，均可建立三维储层地质模型，以服务于不同的勘探开发目的。随着油藏勘探开发程度的不断深入，基础资料也在不断丰富，所建模型的精度也越来越高。与此同时，油田开发管理对储层模型精度的要求也越来越高。据此，可将地质模型分为三大类，即概念模型、静态模型和预测模型。

(一) 概念模型

概念模型是针对一种沉积类型或成因类型的储层，把具有代表性的储层特征抽象出来，加以典型化和概念化，建立一个对这类储层在研究区内具有普遍意义的储层地质模型，即所谓的概念模型。概念模型不是一套或一个具体储层的地质模型，它代表了一个地区（油田）某一类储层的基本面貌。

概念模型广泛应用于油田开发的早期。这时油田仅有少数大井距的探井和评价井，由于资料的限制，石油科技人员主要应用少数探井中取得的各种录井、测井和试井等资料，结合地震解释，研究储层的沉积、成岩、构造作用及其对储层性质的影响，从成因上搞清储层属于什么沉积类型，处于什么成岩阶段，借鉴理论上的沉积模式、成岩模式和邻近同类沉积储层的实际模型，建立起所研究储层的概念模型。概念模型可能与将来开发井网完钻后所认识的储层不完全相同，但对这类储层影响流体流动的主要特征应该得到基本反映。

(二) 静态模型

静态模型是针对某一具体油田（或开发区）的一套储层，将其储层特征在三维空间的变化和分布如实地加以描述和建立的地质模型，即为该油田的静态模型。

静态模型是在油田开发以后建立的，主要是把现有井网揭示出的储层面貌描述出来，其基本依据是开发井网所提供的各种参数和控制因素，它不追求井间内插值的准确程度，对模型的精确程度无法进行估计。

静态模型主要为编制油田开发调整方案及油藏管理服务，如确定注采井别、射孔方案、作业施工、配产配注及油田开发动态分析等，以保证油藏的合理管理。静态模型的精度要比概念模型高一个层次，一般需要较密的井网，即开发基础井网完钻后，油田积累了大量资料的情况下才能建立静态模型。

(三) 预测模型

预测模型是比静态模型精度更高的储层地质模型。它要求控制点间（井间）及井点以外区域的储层参数能进行一定的内插和外推预测，为研究油田开发中后期剩余油的分布和三次采油提高采收率服务。

随着油田开发的深入和生产实际的需要，逐渐发展并提出了预测模型，因为在二次采油之后地下仍存在大量的剩余油需要进行开发调整、井网加密或进行三次采油，因而需要建立精度很高的储层地质模型。三次采油技术近20年来获得飞速发展，但除热采和聚合物驱油技术外，其他技术均达不到普遍性工业应用的水平，其中一个重要的原因就是储层模型的精度满足不了建立高精度剩余油分布模型的需求。由于储层参数的空间分布对剩余油分布的敏感性极强，同时储层特征及其细微变化对三次采油注入剂及驱油效率的敏感性远大于对注水效率的敏感性，因此，在开发井网条件下，需要对井间数十米甚至数米级规模的储层参数变化及其绝对值进行预测，即建立储层预测模型。

预测模型的建立是世界性的攻关难题。由于人们所掌握的地下信息极为有限，所以模型中存在不同程度的不确定性，特别是在储层非均质性严重的陆相油田。因此，人们广泛应用地质统计学中的随机模拟技术，结合储层沉积学，评价并降低模型中的不确定因素，以提高模型的精度。

二、按所表述内容分类

依据油藏工程的需要，按照储层属性和模型所表述的内容，可将储层地质模型分为储层结构模型、流动单元模型、裂缝分布模型、储层参数模型（主要包括含油

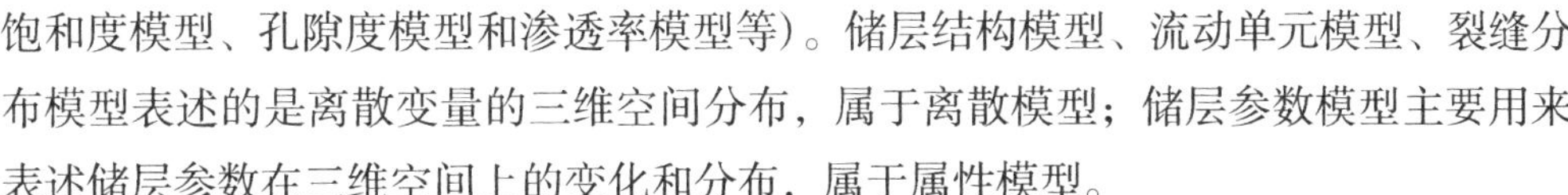

饱和度模型、孔隙度模型和渗透率模型等)。储层结构模型、流动单元模型、裂缝分布模型表述的是离散变量的三维空间分布，属于离散模型；储层参数模型主要用来表述储层参数在三维空间上的变化和分布，属于属性模型。

(一) 储层结构模型

储层结构模型是对储集砂体的几何形态及其在三维空间的展布，是砂体连通性及砂体与渗流屏障的空间分布结构的表述。它是储层地质模型的骨架，是决定油藏数值模拟中模拟网格大小和数量的重要依据。不同的沉积条件会形成不同的储层结构类型，因而储层结构模型以沉积模型为核心，该模型也可称作储层沉积骨架模型或储层骨架模型。

壳牌石油公司将不同沉积相形成的储层结构类型归纳为3类，即千层饼状储层结构、拼合板状储层结构和迷宫状储层结构。为了便于理解，师永民等参照这种分类法，相应地将储层地质模型分为层状结构模型、楔状结构模型和切叠状结构模型。

1. 层状结构模型

这类储层结构的主要特征为：

(1) 由分布宽广砂体叠合而成，为同一沉积环境或沉积体系形成的层状砂体；

(2) 砂体连续性好，单层砂体厚度横向变化小，即使变化，也是渐变的；

(3) 砂体水平渗透率在横向上变化较小，单层垂向渗透率也是渐变的；

(4) 单层之间的界线与储层性质的变化或阻流界线一致；

(5) 隔夹层分布稳定。

对于陆相油藏，具有这类储层结构的沉积砂体主要为大型三角洲前缘砂体、湖泊席状砂、风成沙丘等。

2. 楔状结构模型

这类储层结构的主要特征为：

(1) 由一系列砂体拼合而成，而且单元之间没有大的间距；

(2) 砂体连续性较好，储层内偶尔夹有低渗透层或非渗透层，某些重叠砂体之间也存在非渗透隔层；

(3) 砂体之间会出现岩石物性的突变，某些砂体内部的岩石物性存在着很强的非均质性。

具有这类储层结构的砂体主要为各类扇体沉积，包括洪积扇、冲积扇、扇三角洲、水下扇和浊积扇等。一般发育在断陷湖盆的短物源方向，我国东部古近系断陷盆地沙三段广泛发育着这类砂体。

3. 切叠状结构模型

这类储层结构的主要特征为：

(1) 由块状砂体和透镜状砂体十分复杂地组合而成；

(2) 砂体连续性常具方向性，在剖面上不连续，一般呈“顶平底凸”，在平面上不同方向的连续性也不一样；

(3) 砂体之间部分为薄层席状低渗透砂岩所连通；

(4) 单砂体平面连通性差，但纵向上不同期次形成的砂体往往具有上连通或下连通。具有这类储层结构的砂体主要为各种河流相沉积的砂体，包括顺直河、辫状河。

实际的储层结构模型是复杂多样的，储层结构类型与沉积作用密切相关，因此可以根据沉积相与储层结构的关系大致确定所研究的储层属于哪种砂体结构类型(当然，储层结构类型与目标区范围大小也有关系。同一类储层其目标区范围大小不一样，储层结构可能归属不同的类型)，应综合应用地质、测井、三维地震或井间地震、试井等资料进行砂体对比，建立具体地区的储层结构模型。

(二) 流动单元模型

所谓流动单元，是指根据影响流体在岩石中流动的地质参数(如渗透率、孔隙度、非均质系数、毛细管压力等)在油藏储层中进一步划分的纵横向连续的储集带；在该带中，影响流体流动的地质参数在各处都相似，并且岩层特点也相似。不同的流动单元具有不同的流体流动特征及生产性能。流动单元模型是由许多流动单元块体镶嵌组合而成的模型，该模型既反映了单元间岩石物性的差异和单元间边界，又突出表现了同一流动单元内影响流体流动的物性参数的相似性，这对油藏模拟及动态分析有很大的意义，对预测二次采油和三次采油的生产性能十分有用。

(三) 裂缝分布模型

裂缝对油田开发具有很大的影响。在双重孔隙介质中，裂缝的渗透率比孔隙大得多。因此，裂缝和孔隙的渗透率差异很大。在注水开发过程中，当裂缝从注水井延伸到采油井时，注入水很容易沿裂缝窜入油井，造成油井暴性水淹，从而造成油井含水率上升很快而采出程度很低。不同类型的裂缝、裂缝网络以及不同的裂缝发育程度对油田开发有不同的影响。因此，对于裂缝性储层，为了优化油田开发设计及提高油田采收率，必须建立裂缝分布模型。

裂缝模型可分为两类：一类为裂缝网络模型，表征裂缝类型、大小、形状、产状、切割关系及基质岩块特征等；另一类为裂缝密度模型，包括线密度、面密度、

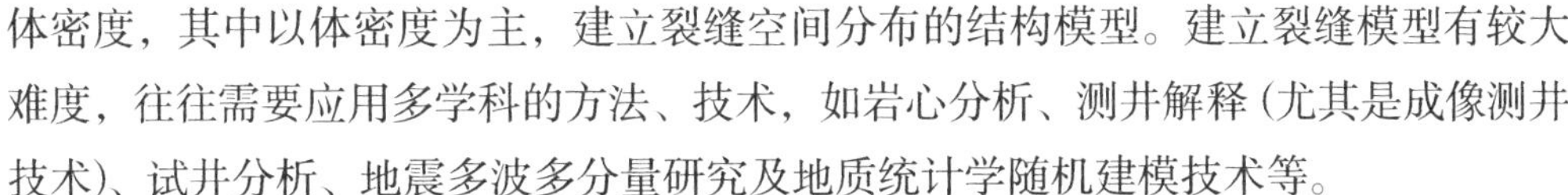

体密度，其中以体密度为主，建立裂缝空间分布的结构模型。建立裂缝模型有较大难度，往往需要应用多学科的方法、技术，如岩心分析、测井解释（尤其是成像测井技术）、试井分析、地震多波多分量研究及地质统计学随机建模技术等。

（四）储层参数模型

储层参数在三维空间上的变化和分布即为储层参数模型，属于连续性模型的范畴。储层参数如孔隙度、渗透率、含油饱和度等属于连续性变量。

在储层参数建模中，一般要建立3种参数的分布模型，即孔隙度模型、渗透率模型和含油（或含水）饱和度模型。孔隙度模型反映储存流体的孔隙体积分布，渗透率模型反映流体在三维空间的渗流性能，而含油饱和度模型则反映三维空间上油气的分布。这3种模型对于油藏评价及油气田开发均有很重要的意义。如在油田开发阶段，为了研究水驱油效率、剩余油的分布以及确定三次采油方案，需要确切了解井间储层的参数分布，尤其是渗透率的分布。

三、按模型大小或非均质性等级分类

按照模型的大小或储层非均质性等级，可以将储层地质模型划分为油藏规模、油组规模、砂体（砂组）规模、小层规模、单砂层规模、岩心规模及微观规模7个类型。

（一）油藏规模的储层模型

该模型是对一套油藏的整体表征，主要用于油藏整体模拟，是决定开发战略、划分开发层系及开采方式的重要依据。

这一规模的模型重点表征的是各砂体及其间的宏观非均质特征，特别是储层的连通性及层间非均质性，这是驱油效率的主控因素，因而该模型包括以下4个主要内容：

（1）各种沉积环境的砂体在剖面上交互出现的规律性、平面延展性及三维分布特征；

（2）各砂体间渗透率的非均质程度；

（3）各层间隔层的岩性、厚度、纵向上和平面上的分布；

（4）构造裂缝的发育情况及分布。

（二）油组规模的储层模型

该模型由若干个油层特性相近的砂层组组合而成。以较厚的非渗透性泥岩作盖层，且分布于同一组段内。

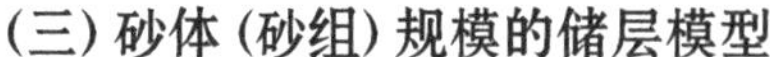

(三) 砂体 (砂组) 规模的储层模型

该模型是将一个油田或一套开发层系作为整体考虑，对一个砂体或砂组的几何形态、规模、砂体侧向连续性及砂体内储集参数三维分布的表征，主要用于合理地开发井网及注采系统的确定。该模型重点表征的是砂体内平面非均质性、砂体间非均质性，特别突出的是砂体侧向连续性的描述，它们关系着注入剂的有效性及驱油面积效率，因而该模型内容包括以下 3 个主要方面：

(1) 砂体几何形态、侧向连续性、砂体厚度及河道砂的宽厚比；

(2) 砂体内部的平面非均质性，特别是渗透率的平面分布及变化趋势、奇异值的分布等；

(3) 裂缝网络系统。

(四) 小层规模的储层模型

该模型是将一个小层作为一个整体考虑，对其地质特征进行归纳总结的地质模式。

(五) 单砂层规模的储层模型

该模型是对单砂层内储层非均质特征的表征，用于模拟层内渗流差异、渗流屏障对开发的影响及相应的合理采油方式及工艺措施的制订。重点表征的是层内非均质性，特别是渗透率的韵律差异及非渗透薄夹层的屏障作用、层理绕流等。它们对注水开发过程水淹形式、无水采油期、注入压力及采收率有较大的影响。该模型包括以下 4 个内容：

(1) 渗透率在垂向上的韵律模式及其与微相的关系；

(2) 层内不连续非渗透夹层的类型、分布频率、密度及其与微相的关系；

(3) 层理及纹层的发育程度、类型及薄层内的分布；

(4) 层内渗透率变化的渗透率级差、突进系数及变异系数，全层规模水平渗透率与垂向渗透率的比值等参数的分布。

(六) 岩心规模的储层地质模型

主要以取心井岩心资料为主，通过岩心观察，实验室分析化验资料，弄清油藏内储层岩性、物性、含油性特征，从成因机理上揭示其内在的规律性。

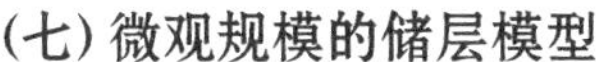

(七) 微观规模的储层模型

该模型是对储层微观孔隙非均质性的表征。孔隙非均质性是由岩石骨架特征、孔隙网络特征、孔壁特征及孔内矿物特征的差异造成的。这些差异在砂体内部每一个岩性单元都各有不同，因而微观储层模型一般按砂体内不同岩性单元建立。同一砂体内岩性单元愈多，微观储层模型类型愈复杂，流体渗流条件愈复杂，从而降低孔隙利用系数及孔隙驱油效率。无数开发实践证明，孔隙网络非均质性是影响采收率的重要因素。该模型包括以下 4 个内容：

(1) 岩石骨架特征，包括矿物成分、粒度大小及分布、分选性、磨圆度、胶结特征等；

(2) 孔隙网格特征，包括孔隙类型及大小、喉道类型和大小、孔隙和喉道配置特征、孔喉比、配位数、喉道迂回曲度等；

(3) 孔壁特征，包括孔壁形态特征、颗粒表面润湿性及界面张力等；

(4) 孔内矿物特征，包括黏土矿物及其他敏感性矿物的类型、含量和产状等。

第四节　储层地质建模原理

一、区域化变量

(一) 定义

法国巴黎矿业学院马特隆（G.Matheron）教授对区域化变量的定义是指能用其空间分布来表征一个自然现象的变量，它是以空间点 x 为自变量的随机场。在应用过程中，通过区域化变量理论在观测数据和随机函数之间建立起联系，从而对观测数据的分析和处理可转化为相应随机函数的研究，观测数据的性质及其所表征的变量空间分布特征则可以用随机函数的统计量表达出来。

(二) 区域化变量的属性

作为地质统计学研究的主要对象，从地质和矿产的角度来看，区域化变量有几种特有属性，即空间局限性、连续性、导向性、随机性和空间相关性等。

1. 空间局限性

空间局限性是指区域化变量被限制于一定空间（例如，矿体、油藏、储集体）范围内，该空间称为区域化的几何域。

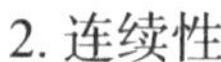

2. 连续性

连续性是指区域化变量之间存在着一定的连续关系，不同的区域化变量具有不同程度的连续性，这种连续性可以通过区域化变量的变异函数来描述。

3. 异向性

异向性是指区域化变量具有与方向有关的性质，当区域化变量在各个方向上具有相同的性质时称各向同性，否则称为各向异性。

4. 随机性

由于区域化变量本身各向异性而具有一定的随机性。

5. 空间相关性

区域化变量在一定范围内呈一定程度的空间相关，当超出这一范围后，相关性变弱甚至消失，这一性质用一般的统计方法很难识别，但对于地质和采矿十分重要。

二、变差函数

变差函数是定量描述区域化变量空间变异性的一种重要的地质统计学工具，反映了空间变异程度随距离变化的特征，在储层地质建模中占有重要的地位。一个空间变量的各向异性是指这个变量在空间中如何随着位置的不同而变化的性质。变差函数和协方差函数就是定量描述这种空间变异性的一种统计工具。变差函数一般用变异曲线来表示。变异曲线主要通过变程、基台值、块金值3个参数来表示区域化变量的各种空间变异性质。

（一）变程

变程是指区域化变量在空间上具有相关性的范围。在变程范围之内的区域化变量具有空间相关性；在变程范围之外，区域化变量不再有空间相关性，即变程以外的观测值不会对待估点的估计结果产生影响。变程相对较大意味着该方向的观测数据在较大范围内相关；反之，变程较小，则沿该方向变量的相关性较小。变程不仅能够反映区域化变量空间相关性的大小，还能直接反映储层参数的各向异性以及沿各个方向变化速度的快慢。变程越大，变程内变差函数曲线的切线斜率越小，储层参数变化速度越慢，说明非均质性越弱；反之，变程越小，非均质性越强。

（二）基台值

基台值反映区域化变量在空间上总变异性的大小，是先验方差与块金常数之差，反映数据在某个方向上的波动程度（变化的幅度），基台值越大说明数据的波动程度越大，参数变化的幅度越大。

（三）块金值

块金值反映区域化变量随机性的大小，是变差函数在原点的取值，在地质统计学中被称为“块金效应”，用以描述区域化变量在很小距离内发生的突变程度。块金值越大，说明数据的连续程度越差，反之则相反。

变异曲线初始端的斜率表示了变量的稳定性，斜率越大，表示变量越不稳定；斜率越小，表示变量越光滑。

第五节　储层地质建模方法

储层建模有两种基本途径，即确定性建模和随机建模。

一、确定性建模方法

确定性建模是从具有确定性资料的控制点（如井点）出发，对井间和未知区应用克里金插值的方法得到确定的、唯一的储层参数特征分布，目前，确定性建模所用的储层预测方法主要有地震学方法、沉积学方法和克里金方法。

（一）地震学方法

储层地震学主要应用地震资料研究储层的几何形态、岩性及储层的分布。应用储层地震学进行储层建模主要是利用地震属性参数，如层速度、波阻抗、振幅等与储层岩性和物性参数的相关关系进行储层横向预测，继而建立储层岩性和物性的三维分布模型。应用的地震方法主要有三维地震方法和井间地震方法。

1. 三维地震方法

三维地震资料具有覆盖面广、横向采集密度大的优点，有利于储层的横向预测。因此，三维地震资料能广泛应用于油气田的勘探开发领域。然而，三维地震资料目前面临的主要难题是垂向分辨率过低，一般只有10m至20m，相比测井资料0.5m以内的分辨率，地震资料的分辨率太低。我国的陆相储层多为米级的砂泥互层，常规的三维地震仅能分辨至砂组或油组规模，而很难分辨至单砂体规模，而且预测的储层参数精度太低，很难达到精细勘探的要求。所以，应用三维地震资料建立的储层模型只可满足初期勘探阶段的要求，主要用来确定地层层序格架、构造圈闭、断层特征、砂体的格架及储层参数的展布。其核心是储层横向预测，包括厚度预测、岩性和物性预测。

2. 井间地震方法

井间地震由于采用井下地震震源和邻井多道接收，因而比地面地震（如三维地震）具有更多的优点。这样，可以大大提高井间储层参数的解释精度，因而比地面地震具有更多的优点：

（1）震源和检波器均在井中，避免了近地表风化层对地震波能量的衰减，从而提高信噪比；

（2）由于采用高频震源，且井间传感器离目标非常近，增加了地震资料的分辨率；

（3）可利用地震波的初至，实现纵波和横波的井间地震层析成像，从而可以准确重建速度场。

这样，可以大大提高井间储层参数的预测精度，可望解决常规地面地震方法建立确定性储层模型所遇到的难题。但是，井间地震在国内还处于研究阶段，这种建模方法的商业性还有很多问题需要解决。

（二）沉积学方法

沉积学方法主要用于建立储层结构模型，其主要过程就是井间砂体对比。井间砂体对比的基础是高分辨率等时地层、单井相分析和沉积模式。

沉积地质体是在不同的时间段形成的。在建模过程中，若将不同时间段的沉积体作为一个单元来模拟，则不能反映各层的实际地质规律，导致所建模型不能客观反映地质实际。高分辨率等时地层对比可以为砂体对比提供等时地层格架，其关键就是应用高分辨率层序地层学原理确定等时界面，并利用等时界面将沉积体划分为若干等时层，从而达到提高建模精度的目的。

沉积模式是对沉积环境、沉积作用及其产生的结果（沉积相）三者相互联系的揭示和描述，是对沉积相的成因解释和理论概述。砂体的空间分布受到沉积相与沉积模式的控制。在砂体对比之前，首先应该根据岩心观察和测井曲线识别沉积相类型，分析相层序，建立单井相及沉积模式，应用沉积模式来指导砂体的对比。

在对比过程中，可以借助以下资料、技术和方法：

（1）砂岩和泥岩的地质知识库，包含砂体宽厚比、长宽比、砂地比、隔夹层分布等信息；

（2）通过地层测试获取砂体的连通性信息；

（3）利用自然伽马、自然电位、微电极和电阻率等测井曲线进行砂体识别；

（4）通过地层倾角测井获取砂体的定向信息；

（5）通过三维地震资料或井间地震分析，获取砂体的几何形态与连续性信息；

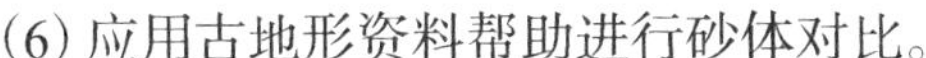

(6) 应用古地形资料帮助进行砂体对比。

应用砂体对比，便可建立储层结构模型。砂体对比的准确程度和模型的精确程度取决于井距的大小与储层结构的复杂程度。

(三) 克里金方法

井间插值方法很多，大致可以分为传统的统计学插值方法和地质统计学估值方法。由于传统的数理统计方法，如距离平方法、滑动平均法等，只考虑观测点与待估点之间的距离，而不考虑实际地质体的储层参数在空间上的相关性，所以插值精度很低。因此，人们广泛利用地质统计学的克里金插值方法来预测孔隙度、渗透率等储层参数。

1. 普通克里金法

普通克里金方法是最基本的克里金方法，其前提条件是基于平稳假设，所以对于一般变化不大的地质数据都能给出比较满意的光滑结果，即要求储层参数变化的幅度较小。因此，对孔隙度、泥质含量等这些变化比较平稳的储层参数估值效果比较明显，但对渗透率和含油饱和度等储层参数的估值效果不佳。

2. 泛克里金法

泛克里金技术的主要目的是提供一个考虑漂移以后的无偏线性估计量。与普通克里金估值相比，泛克里金估值需要对漂移函数进行估计，包括对漂移函数多项式的估计和某一点处漂移函数数值的估计。漂移一般可分为一次漂移和二次漂移。选择使用一次漂移还是二次漂移的主要依据是数据分布的密集程度和变化快慢。当需要估计的区域内数据较多时，可适当缩小邻域，这时邻域内的漂移就可以看作线性漂移；反之，如果邻域内数据不足，就应适当扩大邻域，以便有足够的数据用于估计，这时一般选择二次漂移。当储层参数沿某个方向增大或减小的速率较小时，一般选择线性漂移，反之，变化较快时，选择二次漂移。

泛克里金方法考虑了区域化变量的空间漂移性，模拟结果能突出局部异常，特别是在研究区的边缘地区，能很好地给出光滑且符合地质特点的图形，比较适合用来估计那些受漂移控制比较明显的储层参数。在选用漂移公式时应充分考虑研究区储层参数分布特征，以便准确判断在哪一个方向存在漂移。

3. 协同克里金法

传统意义上的克里金方法是对单一属性数据进行空间上的最优估计，例如：一个未知点的孔隙度值的估计是根据邻近具有相同承载的样品的孔隙度通过求解克里金方程组得到的。但在油藏描述中，一些储层参数往往包含多个变量或者与多个数据交互相关。例如，地层界面的深度可以由地震数据求得，也可由测井数据求得；

测井数据求取孔隙度，可以直接通过声波时差数据求得，也可把声波、中子、密度3种不同的数据结合起来求得；同一层位的渗透率，可直接通过孔隙度数据求得，也可利用电阻率及孔隙度和束缚水饱和度分层来建立与渗透率的经验关系。这些变量和数据包含对模拟的储层参数有用的信息，因此在估计中必须加以考虑，协同克里金方法由此产生。协同克里金技术利用几个变量之间的空间相关性，对其中的一个或几个变量进行空间估计，可以提高估计的精度。

采样点数目不足的情况在油藏描述中经常见到。当井比较少或资料不全时，要绘制出高质量的地质图件有一定的困难。此时，协同克里金技术则能较好地解决这个问题。

协同克里金方法能利用空间变量的相关性，应用多种信息协同进行估值，能最大限度地利用各种资料，同时克服因参数点数据少带来的困难。缺点是数学推导和计算极为复杂。

4. 贝叶斯克里金法

H. Omre把线性贝叶斯理论用于克里金估值技术，构想了一个模型，把用于空间估计的数据分为两类，即观察数据和猜测数据，从而提出了贝叶斯克里金技术。其中，观测数据是指那些精确度比较高，但数目较少的数据；而猜测数据则是指精确度比较低，但数目较多、分布比较广泛的数据。在观测数据比较多的地方，估计结果主要受到观测数据的影响；在观测数据比较少的地方，则主要受猜测数据的影响。

一般来说，观测数据（如测井资料）比较少，但比较准确；而猜测数据（如地震资料）比较多，但准确性比较差。贝叶斯克里金技术把两种不同精度的资料通过数学方法根据可信度的不同有效地结合起来，而不是不加区分地叠合在一起。在油藏描述中，地震资料横向覆盖面积广，横向预测性强，测井资料的垂向分辨率较高，贝叶斯克里金方法则可以把测井数据视为观测数据，把地震数据视为猜测数据，将两种数据有机地结合起来，从而绘出品质较高的地层等厚图、构造图等地质图件。

5. 指示克里金法

指示克里金方法是一种非参数统计方法。非参数统计方法并不是指随机函数中没有自由参数，相反，它可以在不去掉特异值数据点的情况下，处理各种异常现象，还可以在一定的风险条件下，给出未知量的估计量和空间分布，而不像其他克里金那样通过参数的均值和方差来进行估值及建立累计概率分布函数。

指示克里金方法可以在不需要舍弃异常值数据的条件下进行有效空间估计，也无须考虑原始数据的空间分布，其应用范围很广。虽然指示克里金方法仍然把异常值的影响限制在一定的范围内，然而它以概率的方式考虑了异常值的存在；相比之下，其他克里金方法由于加权平均的原因使估计结果具有一定的光滑性。另外，由于指示克里金方法的结构模型是由指示变换数据，而不是由原始数据计算而来，所以这种方法不受特异值的影响，结果非常稳定，因此比较适合处理空间变化比较大的物性参数的空间估计，如渗透率的估计。

就井间插值而言，克里金方法是一种实用的、有效的数学方法，相比于传统的数理统计方法更能反映地质规律，估计精度相对较高，可作为定量描述储层参数的有效工具。但是，克里金方法也有其局限性。首先，克里金方法是一种光滑内插方法，实际上也是一种特殊的加权平均，在实际计算中往往将一些有意义的异常值平滑掉，从而难以表征井间参数的细微变化和离散性。其次，克里金方法是一种局部估值方法，对参数分布的整体相关性考虑不够，它保证了估值的局部最优，却不能保证数据的整体最优。因此，当储层参数的连续性较差，取样间距比较大且分布不均匀时，估计误差比较大，特别在井点之外的无井区误差可能更大。最后，克里金方法求取的参数值虽然是唯一的，但并不是准确的，只是接近准确值而已，在一些实际情况下，变差函数很难准确求取，从而使基于变差函数的克里金方法的估值失去了前提条件，估值没有可信度。

二、随机建模方法

(一) 随机建模的产生

地下储层本身是确定的，它的每一个位置点都具有确定的性质和特征。大量的现代沉积研究和野外露头调查表明，地下储层是很复杂的，它是许多复杂地质过程综合作用的结果，具有复杂的储层结构、空间配置及储层参数的空间变化。特别是陆相沉积具有突发性、事件性和偶然性，形成的储层更为复杂。近半个世纪以来，人们试图通过地质、物探、测井、测试等各种各样的手段去揭开地下储层的真实面目。但在储层描述的过程中，人们发现对它的认识是肤浅的，总是难以掌握任一尺度下储层确定且真实的特征，甚至对于一些开发了四五十年的老油田，已经快到了枯竭报废的阶段，还没有把地下储层认识清楚。这样，由于对地下储层的空间分布、内部结构、岩性变化和储层参数等属性的认知程度不同，以及静态、动态资料本身具有一定的不确定性，储层描述便具有不确定性，储层预测结果也具有多解性。为此，人们广泛采用随机建模方法对储层进行预测和模拟，即建立储层的随机模型。

随机模拟技术是地质统计学中继克里金技术之后，迅速发展的一个新技术。它的起源和发展主要是由于油藏工程领域越来越重视对油藏非均质性的认识和评价，认为油藏非均质性是影响提高采收率的重要因素。这种非均质性必须用新的方法来观察和定量描述。由于克里金估计方法是一种光滑的内插方法而不能定量评价储层空间的非均质性，它给出的是一种单一的数值模型，是一种对平均值的估计，所以不能反映隐藏在随机概率模型中的整体相关机构，不能反映储层空间的非均质性，不能反映储层内的沉积相和沉积微相的空间分布。通过对储层建立随机模型，可以把各种地质认识和观测数据有机地结合起来，并可以反映由于信息缺乏而引起的不确定性。在已经建立的随机模型的基础上，再进行随机模拟便可以产生出反映储层非均质性的一系列实现。每个实现就是储层物性参数的一个空间分布，在此基础上进行数值模拟，即求解有关的偏微分方程，所得到的关于液体流动和质量转移的结果的偏差会小一些。对应一系列实现，可产生一系列这样的结果，它们之间的差异反映了随机模型中所包含的不确定性。对于具有严重非均质性的储层，需要建立三维随机模型，以保证油气产量预测的可靠性。

由于储层的随机性，储层预测结果便具有多解性。因此，应用确定性建模方法做出的唯一的预测结果去作为决策依据便具有风险性。为此，人们广泛应用随机建模方法对储层进行预测和模拟。

（二）随机建模的概念

所谓随机建模，是指以已知数据为基础、以随机函数为理论，应用随机模拟方法，产生可选的、等概率的储层模型方法，亦即对井间未知区应用随机模拟方法给出多种可能的预测结果。这种方法承认控制点以外的储层参数具有一定的不确定性，即具有一定的随机性。采用随机方法所建立的储层模型不是一个，而是多个，即针对同一地区、同一资料应用同一随机模拟方法可得到多个可能的模拟实现。通过多个模型的比较，可了解由于资料限制而导致的精简储层预测的不确定性，以及油田开发决策在一定风险范围内的不确定性。若将这些实现用于储量丰度计算，可得出一个储量分布，而不是一个确定的储量值，因此可更客观地反映地下储量，从而为开发决策提供重要的决策依据。对于每一种实现，所模拟参数的统计学理论分布特征与控制点参数值统计分布是一致的。各个实现之间的差别则是储层不确定性的直接反映。如果所有实现都相同或相差很小，说明模型中的不确定性因素少；如果各实现之间相差大，则说明不确定性大。由此可见，随机建模的重要目的便是对储层的不确定性进行评价。另外，随机模拟可以“超越”地震分辨率，提供井间演示参数“米级”或“十米级”的变化。因此，数值模拟可以对储层非均质性进行高分辨率模拟。

储层地质数学模型是储层地质的定量化模型，在建立地质数据模型基础上，借助于三维可视化技术将储层地质数学模型图像化，也即形成储层地质图像模型。具

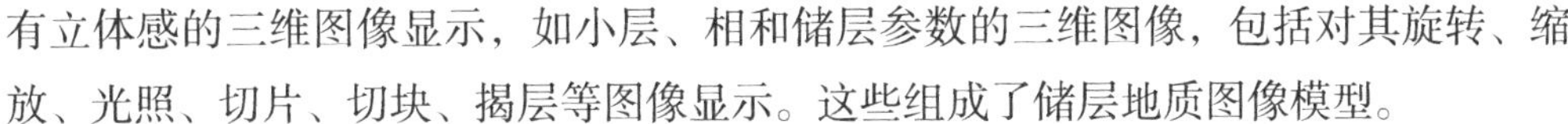

有立体感的三维图像显示，如小层、相和储层参数的三维图像，包括对其旋转、缩放、光照、切片、切块、揭层等图像显示。这些组成了储层地质图像模型。

(三) 随机建模的意义

1. 有助于认识地下砂体的复杂性

人们通常所熟知的是简单的水平层状地层，砂体在井间或者连通，或者在井距之间尖灭的一种表达方式，等值图通常表现出平滑微变动的预测结果，随机建模结果使人们意识到井间的复杂程度远比传统储层模型描述的结果要复杂得多，事实上大量露头研究和密井网资料揭示的地下砂体分布已充分证实了这种复杂性。

2. 改善非均质性的表征

人们已愈来愈认识到，基于反映油藏实际非均质性的模型，油藏动态预测将更为准确，油藏动态预测失败的实例都是由于使用了过于简化的模型。传统方法形成连续井间无变化的模型，而不是表现业已存在的井间变化，这样过于简化的储层模型通常造成预测的偏差和低水平的开发规划。随机建模能较好地反映储层性质的离散性，对于储层非均质性表征具有更大的优势。

3. 储层不确定性的评价

常规研究中，油藏工程师和地质学家的动态预测和储量估算基于一种具体的认为是“最优”的储层模型。由随机建模结果，可以分别选择“悲观”和“乐观”及最可能的模型，据此评价基于“最优”模型提出的开发方案是否足以处理不确定性。

4. 应用随机模型进行蒙特卡罗风险分析

如果生产了足够大数量的实现，并经继续处理，就可作出诸如见水时间、连通孔隙体积等关键参数的可能分布，获知对各种可能情况的解释，以此分析客观实际的下限优化决策。

5. 复杂类型信息的综合

随机建模方法具有综合不同范围和不同类型信息的能力。例如，随机建模方法可以将地震和岩石物性资料综合起来，根据哪些相可以出现或者哪些相不可以出现这样一些基本原理表征相模型的正确性。

(四) 随机建模与插值法的比较

随机建模原理是以随机函数理论为基础的，随机函数由一个区域化变量的分布函数和协方差函数（或变差函数）来表征。

随机建模与插值法有较大的区别，主要表现在以下 3 个方面：

(1) 插值法只考虑局部的精确程度，力图对估计点的未知值作出最优（估计方差

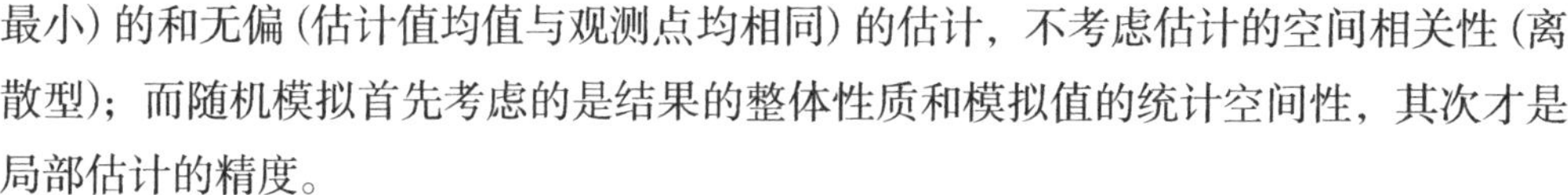

最小）的和无偏（估计值均值与观测点均相同）的估计，不考虑估计的空间相关性（离散型）；而随机模拟首先考虑的是结果的整体性质和模拟值的统计空间性，其次才是局部估计的精度。

（2）插值法给出观测值的平滑估计值（如绘制出研究对象的平滑曲线图），而削弱了观测数据的离散性，忽略了井间的细微变化；随机模拟通过在差值模型中系统地加上“随机噪声”，这样产生的结果比插值模型真实得多。“随机噪声”正是井间的细微变化，虽然对于局部一点模拟值并不完全是真实的，估计方差甚至比插值法更大，但模拟曲线能更好地表现真实曲线的波动情况。

（3）插值法（包含克里金方法）只能产生一个储层随机模型；而在随机模型中，则产生多个可选的模型，各种模型之间的差别正是空间不确定性的反映。

随机建模对于储层非均质性的研究有更大的优势，因为随机建模更能反映储层性质的离散性，这对油田开发生产尤为重要。插值法掩盖非均质程度，特别是离散性明显的储层物性参数，如渗透率。当然，对一些离散性不强的储层参数，如孔隙度，应用克里金方法研究其空间分布，并用于储量计算，亦表现出方便、快速、准确的优势。如能将克里金插值法和随机建模相结合，则将综合两种方法的优点，能更好地表征储层，建立逼近真实的储层模型。

（五）常见的随机建模方法

随机建模的方法有很多，下面简单介绍一些常用随机建模方法以及它们的主要特点。目前，在众多的随机建模方法中，如何针对所描述地质现象和参数的特点选择合适的模拟方法以及每种模拟方法的最佳适用条件、应用范围等已成为当今随机建模攻关的一大难题。因为各种随机建模方法在其基本原理、复杂程度和应用条件诸方面均有所不同，每一种方法都有其适用条件、优点和缺点。

1. 布尔模拟方法

布尔模拟方法是随机建模方法中最简单的一种，该方法的基本思路是根据一定的概率定律，按照空间中几何物体的分布统计规律，产生这些物体的中心点空间分布，并通过多个随机函数的联合分布，确定中心点处的几何物体形状、大小和方向等。实际上，布尔模拟的确定主要是一个逼近过程，即用各项参数分布及其组合迭代，直到得到满意的图像。

目前，该方法主要用于建立离散型模型，如砂体格架剖面、平面或三维空间分布模型。因此，这种模拟方法可以用于模拟砂体在空间的形态、大小、位置和排列方式，如通过大量的露头研究或成熟油田的研究，总结出河道砂体的展布规律，如砂体的纵横向比例、延伸情况、砂体空间排列规律的数据库，利用这些信息就可以

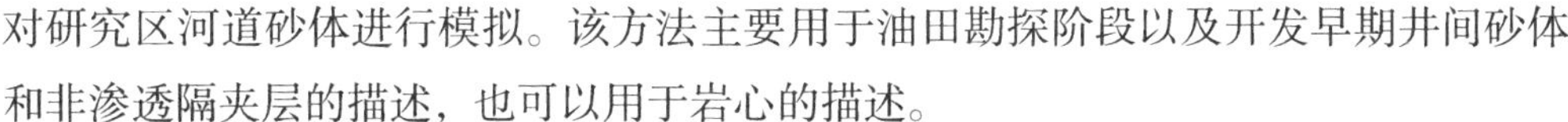

对研究区河道砂体进行模拟。该方法主要用于油田勘探阶段以及开发早期井间砂体和非渗透隔夹层的描述，也可以用于岩心的描述。

2. 序贯指示模拟

序贯指示模拟方法以序贯模拟、指示变换和指示克里金模拟为基础，是指示模拟的典型代表，是一种应用比较广泛的随机模拟方法，既可用于连续变量的模拟又可用于离散或类型变量的模拟。该方法不受正态分布假设的约束，是通过一系列的门槛值，估计某一类型变量或离散化的连续变量低于某一门槛值的概率，以此确定随机变量的分布。对于三维空间的每一网格（象元），首先通过指示克立格估计各变量的条件概率，并归一化，使所有类型变量的条件概率之和为1，以此确定随机变量的分布。序贯指示模拟实现的关键技术是指示变换。指示克里格和序贯模拟。序贯指示模拟是常用的指示模拟方法。

（1）该方法的优点

①可模拟复杂的非均质模型，如相的分布方向及各种非均质性的概率；

②通过状态类型的频率和变差函数，模拟结果中可包含地质趋势，指示变量之间交互作用，变差函数还可以用来模拟相组合；

③输入参数即指示频率及变差函数可由非规则的稀疏采样数据得到；

④可直接用点数据及非精确或模糊信息条件限制模拟结果，故适合大尺度的条件限制；

⑤综合使用各种来源的数据。

（2）该方法的缺点

①由于使用的指示变差函数数据处理可能不一致，加之区域性概率是近似值，模拟结果统计频率可能会有些偏差，模拟实现的变差函数不可能与原来使用的变差函数完全一致；

②当用多个指示值进行模拟，参数指示化和统计推断很复杂时，则更加复杂；

③模拟速度中等。

序贯指示模拟法适用于陆相砂泥岩储层高含水、特高含水注水开发油田储层表征和预测高渗层的连通性及连续分布模式，即渗流通道的分布，也适用于裂缝性储层表征，以及生成类型变量的一系列实现。

3. 标点过程（布尔）模拟方法

标点过程的储层建模方法，最早是由挪威学者提出的。目前，人们称这种方法为基于目标的模拟方法，而把指示模型、截断高斯模型等称为面向网格点的方法。标点过程的基本思想是根据点过程的概率定律，按照空间中几何物体的分布规律，产生这些物体的中心点和空间分布，然后将物体（marks，如物体几何形态、大小、

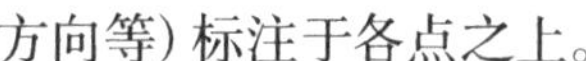

方向等）标注于各点之上。

从地质统计学的角度讲，标点过程模拟就是要模拟物体点及其性质的三维空间的联合分布。目标点密度在空间上可以是均匀的，也可以根据地质规律赋予一定的分布趋势，在实际应用过程中，目标点位置可以通过以下规则来确定：

（1）密度函数（各相的体积比及其分布规律）；

（2）关联（如井间相连通）和排斥原则（如同相物体或不同相物体之间不接触的最小距离）。物体性质实际上就是物体的几何学形态，包括各相的形状、长度、宽度、高度、方向、顶底位置等。

利用优化算法可以使模拟实验忠实于井信息、地震信息以及其他指定的条件信息。标点过程的模拟过程是将物体投放于三维空间，亦即将目标体投放于背景相中。因此，这种方法适合于具有背景相的目标模拟。如冲积体系的河道和决口扇（背景相为泛滥平原），三角洲分流河道和河口坝（背景相为河道间和湖相泥岩），浊积扇中的浊积水道（背景相为深水泥岩），滨浅海障壁沙坝、潮汐水道（背景相为潟湖或浅海泥岩）。

另外，砂体中的非渗透泥岩夹层、非渗透胶结带、断层、裂缝也可以利用此方法来模拟。

4. 模拟退火模拟方法

模拟退火模拟的基本原理是类比固体冷却退火方式。高温下能达到所有可能的能量状态的分子随温度降低而重排，达到最小能量状态；冷却过快，则系统在高能状态下达到规则排列，即为淬火过程。模拟退火算法可以在储层随机建模标点过程中使用，也可以作为单独一种算法在储层随机建模中使用。

模拟退火算法近年来在模拟地球科学现象中受到相当的重视，这是因为这种方法能提供大量广泛的条件信息。其他地质统计学的模拟方法，只能满足少量经过选择的统计量，如直方图和变异函数等；而模拟退火算法几乎可以满足任意的可以想象出的统计量。退火模拟可用来产生连续变量的各种条件随机图像，也可以用来产生范畴变量的各种随机图像，并且以数值计算为主要目的。

5. 分形几何模拟方法

分形几何建模、神经网络建模以及模糊数学建模等方法也是近年来国内外学者提出的一些新的随机建模技术。分形随机模拟是一种用来描述自然事物的自相似性，描述自然界中不规则的剧烈变化的自然现象，具有统计意义上的自相似性，而且是许多自然现象所拥有的共同特征。

主要工作步骤和方法是：首先根据测井解释的连续砂层物性剖面，用变差函数、频谱分析等方法确定赫斯特指数及相干系数，用井点数值和地质知识库参数作为控

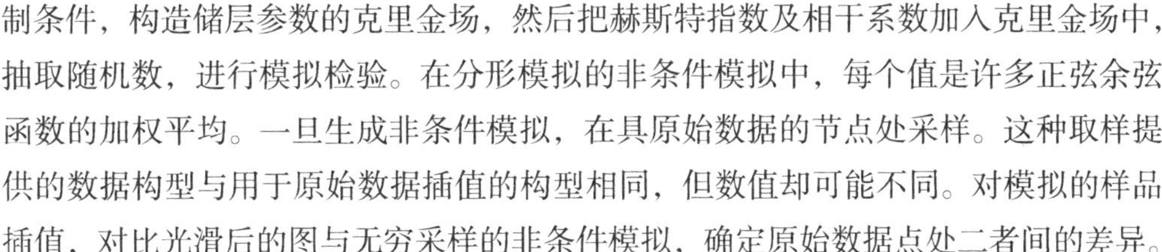

制条件，构造储层参数的克里金场，然后把赫斯特指数及相干系数加入克里金场中，抽取随机数，进行模拟检验。在分形模拟的非条件模拟中，每个值是许多正弦余弦函数的加权平均。一旦生成非条件模拟，在具原始数据的节点处采样。这种取样提供的数据构型与用于原始数据插值的构型相同，但数值却可能不同。对模拟的样品插值，对比光滑后的图与无穷采样的非条件模拟，确定原始数据点处二者间的差异。

（六）随机模型的分类与比较

从数据分布类型角度可分为高斯模拟和非高斯模拟。高斯模拟算法（分型随机函数、矩阵方法、频率方法、序贯高斯方法、基于克里金估计的高斯模拟）适用于正态分布数据，利用高斯得分转换可将非高斯数据转换为高斯分布数据；其他模拟方法（各种指示模拟方法、模拟退火方法、转向带法、布尔模拟方法等）则不要求数据为高斯分布。

从变量类型角度来看，各种基于克里金的模拟（序贯指示模拟、概率场模拟等）、截断高斯模拟、布尔模拟适用于类型变量的模拟；序贯高斯模拟、分形随机函数法、矩阵方法、频率域方法适用于连续变量的模拟；模拟退火则两种变量都适用。

从模拟结果是否忠于原始数据来看，可分为条件模拟和非条件模拟，除了布尔模拟和转向带法外，其他方法都是条件模拟，条件忠实于原始数据是保证模拟精度的基础。

从参与模拟的变量数目来看，分为单变量模拟和多变量模拟。前者包括结合软硬数据的单变量模拟（基于协同克里金的高斯模拟、基于全协同克里金的高斯模拟、序贯高斯协同模拟等）和结合二级变量的单变量模拟（基于泛克里金的模拟、基于外部漂移克里金的模拟等），后者包括几个相关变量的联合条件模拟、基于 Markov 型协区域化模型的多变量联合模拟、相关变量组成的矢量模拟、转化为独立变量的方法和从条件分布中抽取的方法。

（七）随机模型的适用性

在实际应用中，随着解决问题和运行速度的不同，人们可以综合不同类型的信息，结合两种或两种以上的随机模拟方法建模。例如，可以利用示性点模拟方法建立相模型，用序贯高斯模拟岩石物理性质，通过综合可以消除各种方法单独使用的缺陷，形成最接近油藏实际的地质模型。

由于获得的地震、测井、露头和岩心等数据信息不足，必然导致模型的不确定性，用随机建模方法在处理上有突出的优越性，可以定量评价这种不确定性；沉积相数据是离散的，孔隙度渗透率和层厚等参数是连续的，应用随机建模技术可以把

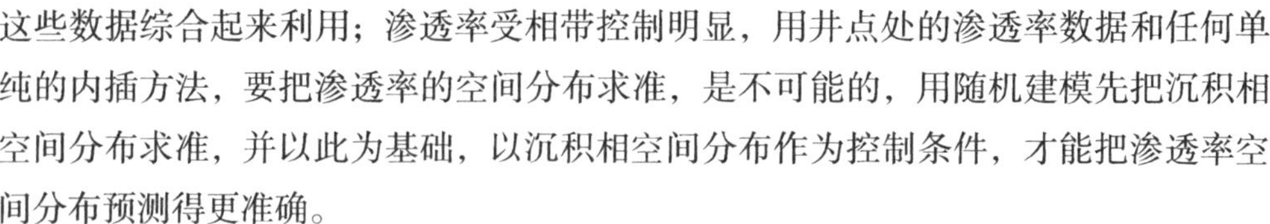

这些数据综合起来利用；渗透率受相带控制明显，用井点处的渗透率数据和任何单纯的内插方法，要把渗透率的空间分布求准，是不可能的，用随机建模先把沉积相空间分布求准，并以此为基础，以沉积相空间分布作为控制条件，才能把渗透率空间分布预测得更准确。

（八）随机建模的基本步骤

随机建模技术涉及多元统计、随机过程、地质、物探、测井、油藏工程及计算机等多个学科，其主要实现步骤如下所述：

1. 基础数据准备

建立储层地质模型，需要涉及储层和流体的大量数据信息。其中，最基本的数据主要包括岩心、测井、地震、测试、开发动态、现代沉积及野外露头调查资料。

从建模内容来看，基本数据类型包括坐标数据、分层数据、断层数据、储层数据。

岩心分析和测井解释数据包括井点岩性、岩相、砂体、隔夹层、孔隙度、渗透率、含油饱和度等数据。

地震数据主要为层速度、波阻抗、波形分类数据、相干体、岩性、物性、含油性展布预测、与储层有关的各类地震属性信息、分层解释数据、断层解释数据等。

测试数据主要包括试油、试采及各种试井（包括地层测试）数据。

任何储层模型的建立都是从数据库开始的。但与确定性建模数据库不同的是，用于随机建模的数据库分为两大类：第一类是原始数据库，即基础地质数据（与确定性建模所用的数据相同），包括坐标数据、分层数据、断层数据及储层数据；第二类是随机模拟需要输入的统计数据。原始数据库主要用于：①建立模型的构造格架；②建立定性的地质概念模型，指导随机建模过程；③模拟的条件限制；④模拟参数的确定。

2. 模拟方法的选择与实现

前面已介绍了多种随机模拟方法，不同的方法对不同的地质条件、不同的物性参数、不同的模拟目标灵敏度和可靠性都不一样，因此，要针对研究地区的特点选择合适的模拟方法。

3. 模拟运算

应用合适的随机模拟方法，进行随机建模，得出一组随机模型。在建模过程中，可以采用两步建模法，先建立离散模型，然后在此基础上建立连续模型。

4. 随机模型优选

对于建立的一族随机模型，应用储层地质概念模式，对随机模型进行优选，选

择一些符合储层地质概念模型的随机模型，作为油藏模型的输入。

5. 模拟结果显示

建立三维数据体图形显示，主要包括三维图形显示、任意旋转、不同方向的切片、不同角度显示储层外部形态和内部特点，供油田地质人员和开发管理人员进行三维储层地质评价和油藏开发管理。

第六节　常用地质建模软件

目前，市场上常用的石油地质建模软件很多，各个软件的功能和特点不同，商业化应用范围也不同。这里介绍几种常用的综合性地质建模软件。

一、Petrel 地质建模软件

Petrel 软件为斯伦贝谢公司产品。Petrel 是一套目前在国际上占主导地位的基于 Windows 平台的三维可视化建模软件，它集地震解释、构造建模、岩相建模、油藏属性建模和油藏数值模拟显示及虚拟现实于一体，为地质学家、地球物理学家、岩石物理学家、油藏工程人员提供了一个共享的信息平台。同时，Petrel 应用了各种先进技术：构造建模技术、三维网格化技术、确定性和随机性沉积相建模技术、岩石物理建模技术、三维计算机可视化和虚拟现实技术，是一套实用的勘探开发一体化油藏综合描述软件包。

(一) 主要功能

Petrel 可以使用户提高对油藏内部细节的认识、精确描述透视油藏属性的空间分布、计算其储量和误差、比较各风险开发模型、设计井位和钻井轨迹、无缝集成油井生产数据和油藏数模数值模拟器、描述剩余油藏和隐蔽油藏，从而降低开发成本。

Petrel 软件包括以下主要功能模块：

(1) 核心系统；

(2) 地震可视化和解释模块；

(3) 三维网格深度转换模块；

(4) 地震深度转换和采样；

(5) 地震数据体属性透视及提取；

(6) 三维地震体解释；

(7) 地震属性分析；

(8) 井相关；

(9) 相控建模；

(10) 油藏属性建模；

(11) 三维井位设计；

(12) 体积计算；

(13) 油藏数值模拟前后处理；

(14) 地质成图及绘图。

(二) 主要特点

(1) 为油藏提供完整的一体化解决方案，其特有的技术可服务于勘探开发各个领域。

(2) 具有工作流程的可重复性，可以自动记忆工程师创建地质模型的整个操作流程，实现模型的自动或交互性更新修改。

(3) 具有快速的地质成图和方便的多媒体、报告制作能力。通过剪切、复制和粘贴，用户可以直接将 Petrel 中各个窗口的图件干净快捷地插入各种 MS-Office 文档中。

(4) 通过联合油藏数值模拟软件 Eclipse 的研发力量，Petrel 建立的油藏地质模型更好地考虑了地质模型如何为油藏数值模拟服务。在建立油藏地质模型的过程中，Petrel 就充分考虑了网格的空间形态、网格结构特征对数值模拟速度的影响。Petrel 建立的地质模型在数值模拟中具有更好的计算性能。

二、GOCAD 地质建模软件

GOCAD（Geological Object Computer Aided Design）软件是美国 PST 油藏技术公司（PetroSolution Tech, Inc.）研发的一款三维地质建模软件，在地质工程、地球物理勘探、矿业开发、石油工程、水利工程中有广泛的应用。GOCAD 是以工作流程为核心的新一代地质建模软件，达到了半智能化建模的水平，并能在几乎所有硬件平台上运行。

(一) 主要功能

GOCAD 软件具有三维建模、可视化、地质解释和分析的功能。它既可以进行表面建模，又可以进行实体建模；既可以设计空间几何对象，也可以表现空间属性分布。该软件实现了从地震解释与反演、速度建模、构造建模、油藏建模到数值模

拟、优化设计、风险评价综合一体化。该软件包括五大基本功能模块。

1. 基本模块

基本模块主要包括三维视图浏览器、日志显示、横断面及地图浏览器、结构框架生成器，为所用的应用模块以及应用工程环境提供建模空间。该整合特点简化了软件系统的学习过程，并且能够保证数据在不同应用中的整合性，避免了信息损失。

2. 地震分析模块

地震分析模块为用户对地震数据的监测、分析和积分提供了全新的方法。

3. 地质分析模块

地质积分模块重组了一系列插件程序用于进行井标识和断层积分，井相关以及基于等容线的细化地质建模。

4. 速度建模模块

作为一款集成模拟程序包，速度建模以及时深转化模块用于实现任意地层、断层以及三维地质网格内时间与深度或者深度与时间的转换。

5. 储层建模模块

储层建模模块集成了储层属性及不确定性管理，增强了储层评价过程中的置信度及精度。

（二）主要特点

(1) 复杂构造处理能力强：容易处理复杂构造（包括逆断层、相交断层、盐丘等），而且大量断层系统处理能力强。

(2) 用户界面灵活、友好，人机交互功能强：油藏模型通常是由多个地质目标体组合而成的，因此，建立三维油藏模型，需要在三维空间内，对多个地质目标体进行组合和连接，从而要求建模软件必须具备强大的人机交互能力才能保证所建模型的合理性。

(3) 三维可视化功能强：引用了三维虚拟现实技术，达到身临其境的效果。当有新数据时，原模型可动态更新。

(4) 建模速度快：使用了先进的插值方法和技术，确保三维建模的快速、简洁、准确。

(5) 应用了“离散平滑插值”的专利技术：保证相邻单元之间的属性彼此相似，平滑过渡；在空间插值过程中采用模糊控制。

GOCAD 软件中地质统计学方法有：普通克里金、带趋势的克里金、贝叶斯克里金、块克里金、具有外部漂移克里金、同位协同克里金、指示克里金等。

GOCAD 软件中随机建模技术有：截断高斯模拟、布尔模拟、马尔柯夫模拟、

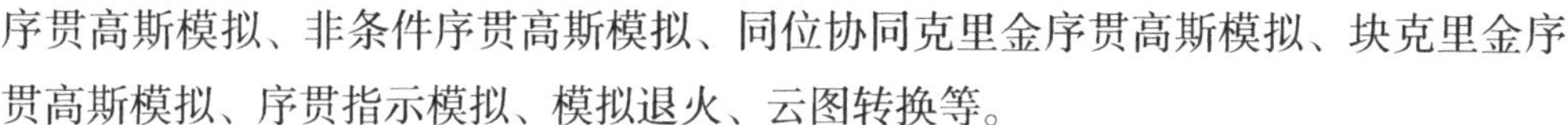

序贯高斯模拟、非条件序贯高斯模拟、同位协同克里金序贯高斯模拟、块克里金序贯高斯模拟、序贯指示模拟、模拟退火、云图转换等。

三、RMS 地质建模软件

RMS 油藏描述软件系统由总部设在挪威的石油工业跨国软件供应商 ROXAR 公司开发，是一个面向油田开发的、完整的勘探开发一体化精细油藏描述软件。

RMS（Reservoir Modeling System）地质建模软件兼容了 Storm 在沉积相模拟方面的优点，综合地震、测井、油藏动态、地质知识库等多方面信息与知识，应用地质统计学、层序地层学、现代沉积学和随机理论对油藏地质及其动态进行综合研究。主要功能有数据集成、地层建模、断层建模、沉积相建模、岩石物理参数建模、体积计算、模型粗化、流线分析、图形显示、井位设计等。其核心部分是建立在储层沉积体系及沉积相成因单元理论基础上的储层沉积微相随机模拟方法。

（1）RMSbase（基础模块）：通过它来完成模块间的信息互相存取，以及数据体三维、二维的显示和编辑，并控制网络环境下的总用户数。

（2）RMSwellstrat（井对比模块）：用户可以方便地对分层数据输入输出，而且还可以在三维和二维空间进行对比，并综合利用各种信息（地震、数模结果等）提高对比的准确程度。

（3）RMSgeoform（构造建模模块）：可以完成断层建模（包括正断层、逆断层、铲状断层和 Y 形断层），构造层面的时深转换，建立层序地层网格系统。

（4）RMSgeomod（确定 / 随机建模模块）：进行沉积相的确定性建模及辫状河、孤立砂体等的随机建模，可选多井约束或一维、二维趋势数据作为约束；还能完成相控基础上的岩石物性参数建模。

（5）RMSgeoplex（随机建模高级模块）：主要完成沉积相建模、属性建模和储量计算。

（6）RMSindicator（序贯指示模拟）：它非常适合模拟井数很多的大型油气田，而且运算速度很快。

（7）RMSstream（动态流线分析模块）：能够完成地质模型筛选、驱替效果研究以及优化井位和分析断层连通性等工作。

（8）RMSsimgrid（数值模拟网格设计及粗化模块）：其中包括局部网格加密及分段）网格设计、网格质量检查、各种粗化算法，以及数模结果的后处理理等功能，与石油界主流数值模拟软件有相应的接口，特别是 ECLIPSE、VIP 等数模软件的动态、静态结果数据能够方便加载到 RMS 中，进行后处理。

（9）RMSflowsim（数值模拟模块）：RMS 除了支持与 ECLIPSE 和 VIP 等数模软

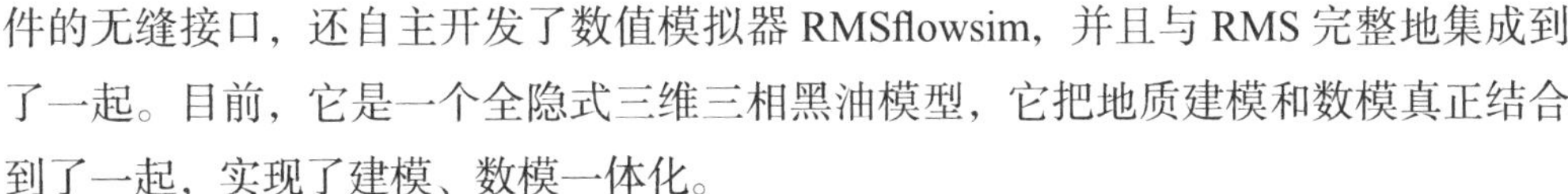

件的无缝接口，还自主开发了数值模拟器 RMSflowsim，并且与 RMS 完整地集成到了一起。目前，它是一个全隐式三维三相黑油模型，它把地质建模和数模真正结合到了一起，实现了建模、数模一体化。

(10) RMSwellplan (井轨迹设计模块)：可以进行靶区设计 (包括靶区的三维显示、几何约束和地质边界的定义)、井轨迹设计 (在测量方案和用户定义的钻井约束基础上自动生成井轨迹)，包括水平井、分支井设计等各种复杂的井轨迹。

(11) RMSfaultseal (断层封堵计算模块)：Faultseal 采用目前比较公开、成熟的算法，可对断层泥比率、断层渗透率、断层传导率放大倍数等参数进行计算。计算结果可以直接被 RMSflowsim 和 RMSstream 模块使用，也可以输出给 ECLIPSE 和 VIP 等数模软件使用。

(12) RMSfracPerm (裂缝模拟模块)：FracPerm 是一个基于 Windows 的裂缝随机模拟程序，同 RMS 软件完全整合在一起；用户可以根据裂缝成因的不同，选择合适的算法产生裂缝趋势模型，包括与断层的距离、曲率计算或应力模型等；然后利用趋势和井点对离散裂缝网络进行随机模拟；它能快速地将裂缝对井的影响进行储层连通性评估。

(13) 通用功能：①数据分析，可以完成单变量和多变量统计分析、数据的几何和统计变换以及变差函数的生成；②工作流程管理，可以让用户交互式地生成、编辑、修改工作流程，从而达到节约时间、实现标准化管理、提高效率的目的；③内部编程语言 IPL 为用户提供了一种类似于 C 语言的内部编程语言，有经验的用户可以以批处理方式完成建模工作。

(14) RMSopen (外部程序接口模块)：RMS 提供一个开放的接口，通过 API (应用程序接口) 任何第三方的应用程序可以直接访问 RMS 的环境。这样用户不用输入、输出数据，就可以直接访问和修改 RMS 项目中的数据，也可以创建新的数据。

四、EarthVision 地质建模软件

EarthVision 是美国 DGI 公司研发的一款三维地质建模及三维可视化软件系统，可用于建立三维油藏构造格架模型、参数模型形成三维数据体。其复杂断块的处理 (正、逆断层) 是世界一流的，其结果经过网格粗化后可直接给油藏数模软件进行数模，且具有很强的二维图形编辑功能和三维可视化功能；也可对三维盆地模拟的结果进行三维可视化显示，可将三维显示的图形任意放大和缩小、旋转和平移，并可在三维图形上切任意方向的剖面、加光照。该系统是按照可靠性、速度、能力及方便使用程度的新标准设计的。

五、RC2 地质建模软件

油藏描述研究与咨询公司,（Reservoir Characterization Research & Consulting, Inc., RC2）在油藏综合建模领域中提供世界范围的咨询、培训以及软件工具。RC2 油藏地质建模软件包含数据库准备、随机地震反演、空间数据和变差函数模型分析、断层模型、裂缝油气藏建模、地质统计建模、模型运算、三维图形可视化、网格粗化、快速多相黑油流体流线模拟器等模块。

第十七章　油气集输

第一节　油气输送方法的演变

把石油和天然气从生产矿场输送到炼油厂和加工厂，然后把石油产品从炼油厂输送到消费者手中，需要一个复杂的运输储集系统。

内陆的水运驳船、铁路运输的油罐车、公路运输的油罐卡车和远洋航行的巨型油轮、原油及天然气的管线输送等，在石油天然气的运输中，都起着相当重要的作用。

运输业是从四轮马拉货车运油及竹管输气开始兴起的。随着工业的进步，运输手段也有了很大发展。今天，数百万吨的原油、汽油、燃料油及其他石油产品和数十亿立方米的天然气都源源不断地从井口运输到加工厂、炼油厂，从海上到陆地，从一地送到另一地，翻越千山万水，直至输送到消费者手中。

早期的油气运输方法是由油田的地理位置及当时的科技水平决定的，经历过以下五个阶段。

一、马车及河运

有的油田靠近河流，就用小驳船及马拉或人驾驶的四轮货车来解决运输问题。马拉车将油桶搬运到河边，然后装载到大小不同的各类油船及驳船上。

二、铁路和油罐运输

最初的油罐是木制桶。木桶易损坏、易渗漏，还需要事先进行处理。接着又改用木制大油槽，它用胶粘紧并箍上铁箍，安装在平底车上。

铁路运输是运输石油及石油产品的方法之一，它安全可靠、速度快。目前在美国等发达国家，铁路运油只占很少的比重，但在我国，对于石油和成品油的输送，铁路运输仍占一定的比重。

1865 年，美国的塞克尔成功地敷设了一条直径 2in 的输油管，首创了管线输油方法。这种方法更为方便、安全和经济。

三、海上船运

在19世纪60年代，有几艘装有铁箱的帆船开始将原油运过大西洋。当时，船舱载运仍然没有取代油桶，其装卸、船体平衡、泄漏问题也没有解决。这种情况曾持续了一段时间。1886年，格拉克哈夫号将原油从美国纽约运到了不来梅。该船是首次以船体作为装油舱的远洋油轮。

第一次世界大战后，随着9000t双底货轮的出现，蒸汽船业发展起来。以后内燃机作为动力机逐渐取代了蒸汽机。

第二次世界大战期间，美国的油轮船队运送了大量原油，这对缓解战时东海岸对石油的需求起了重要作用。因此，这些油轮就成了敌方潜艇的主要袭击目标，因而迫使美国发展其管网系统——一种不易受袭击的输送方式。

四、气体的管线输送

早在明末清初，我国就用竹筒来输送天然气。四川盐业展览厅的一些资料里，记载了我国古代劳动人民开采和输送天然气的光辉业绩。这些古老的发明创造至今仍为全世界人民所称颂。直到1821年，美国的阿瑞哈特打出了第一口天然气井，他只钻了5m就发现了气层。然后他用空心圆木串在一起，制成了美国的第一条输气管线，所产天然气提供给附近人家照明。这就是美国天然气工业的开端。

五、油气的管线输送

管线输送油气的工作关系千百万市民的日常生活。绵延几千公里的钢管将分布在海湾、沙漠及其他地方的天然气和石油产品输送到用户。由管线的密集程度可以看出当地的生活水准及技术进步程度。

据世界权威能源预测机构道格拉斯韦斯特伍德（Douglas Westwood）统计显示，目前，全球油气管道干线总里程已超过200×10^4km，已建管道1100余条，其中天然气管道约占70%。形成了以北美、欧洲（包括俄罗斯）为核心的大网络区域与部分国家自成体系的格局，北美、俄罗斯及东欧油气管道里程占世界总里程近65%。

中国的油气管道已初步形成了“北油南运”“西油东进”“西气东输”“海气登陆”“川气东送”的油气输送格局。截止到2009年底，我国国内已建成油气长输管道超过6.7×10^4km，其中天然气管道超过3.5×10^4km、原油管道超过1.9×10^4km、成品油管道超过1.3×10^4km，已形成纵横东西、贯通南北、连接海外的管道输送网络。计划到2020年油气长输管道干线将达8×10^4km，其中天然气管道干线将达到5×10^4km。中国管道队伍在国外已建设了各类长输管道0.8×10^4km。未来8～10年，

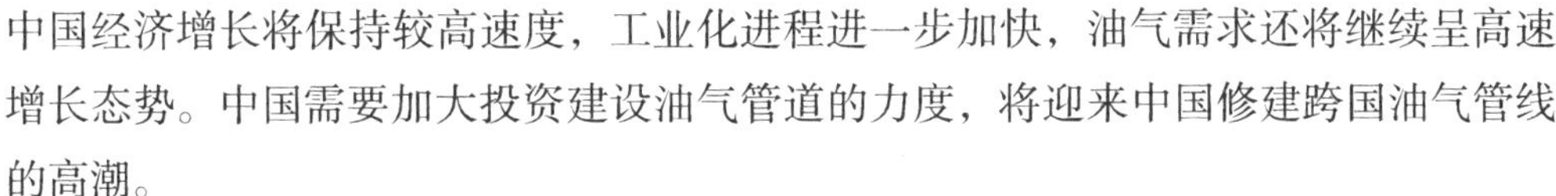

中国经济增长将保持较高速度，工业化进程进一步加快，油气需求还将继续呈高速增长态势。中国需要加大投资建设油气管道的力度，将迎来中国修建跨国油气管线的高潮。

第二节　原油及成品油的集输

一、原油组成与性质

从油井中生产出来的原油是由各种经组成的液态或半固态物质，是重要的能源之一，也是石油化工工业的原料。原油主要发现于地下，可加工为天然气、汽油、石脑油、煤油、燃料油、润滑油、原油蜡及原油沥青等多种原油产品。

(一) 原油的基本组成

原油组成的研究是在 20 世纪 30 年代初开始的，美国石油学会等组织曾专门成立研究小组对原油中轻质馏分的组成、硫氮化合物的组成、重油的组成等进行研究。原油中各种组分十分复杂，因此可以从两个方面对原油的组成进行阐述。

1. 原油的元素组成

原油主要由烃类化合物组成，因此碳元素含量很高，一般为 83% ~ 87%，氢含量为 11% ~ 14%。硫为仅次于碳、氢的重要元素，一般占原油的 0% ~ 6%，个别原油可达 10%。氮比硫少，有的原油中氮仅是硫的 1/2 到 1/10，90% 的原油含氮均小于 0.2%；平均氮含量为 0.094%。氧含量也很小，一般为 1% ~ 1.5%。硫、氮、氧三种元素总含量一般占原油的 0.3% ~ 7%，其他元素多数小于 1%。

2. 原油的化学组成

(1) 原油的烃类化合物。由碳、氢两种元素组成的化合物称为烃类化合物，碳、氢两种元素与其他元素组成的化合物称为非烃类化合物。

原油中的烃类主要含有烷烃、环烷烃和芳香烃，一般不含有烯烃，在原油产品中会含有一定量烯烃。不同原油中，各族烃类含量相差较大，即使同一种原油，各族烃类在各个馏分中的分布也有很大的差异。

(2) 非烃化合物。原油中的硫、氮、氧元素以非烃化合物形式存在，这些元素的含量虽仅有 1% ~ 4%，但非烃化合物含量却相当高，在各馏分中分布是不均匀的，大部分集中在重组分特别是残渣油中。非烃化合物对石油加工、油品储存和使用性能影响很大，石油加工中绝大多数精制过程都是为了解决非烃化合物问题。

原油中的非烃化合物包含含硫、含氧、含氮化合物，胶质、沥青质以及少量无

机盐类。

①含硫化合物。硫是原油中常见的元素之一，不同的原油含硫量相差很大，可从万分之几到百分之几，如我国克拉玛依原油含硫量只有0.04%，华北某原油含硫量则为9.5%～11.3%。硫在原油中的分布一般是随着原油馏分沸点范围的升高而增加，大部分硫均集中在渣油中。由于硫对石油加工影响极大，所以含硫量常作为评价原油的一项重要指标。

硫在原油中大部分以有机含硫化合物形式存在，极小部分以元素硫和硫化氢形式存在，原油中硫化物，根据对金属腐蚀性不同，可以分为以下三类:

第一类是常温下易与金属作用，具有强烈腐蚀性的酸性硫化物，又称活性硫，主要是元素硫、硫化氢和硫醇。原油中硫化氢和元素硫含量都不大，它们大多是原油加工过程中其他含硫化合物的分解产物，两者可以互相转化。硫化氢被空气氧化可以生成元素硫，硫与烃类在高于200℃反应可以生成硫化氢等硫化物。硫醇在原油中含量不多，大多数存在于低沸点馏分中，硫醇具有极强烈的特殊臭味，空气中含硫醇浓度为$2.2\times10^{-12}g/m^3$时就可闻到，因而可作为臭味剂；硫醇呈弱酸性，能和铁直接作用，从而腐蚀金属设备，硫醇受热分解生成烯烃和硫化氢，硫化氢则加剧了腐蚀作用。在油品精制时，这类化合物必须除掉。

第二类是常温下呈中性、不腐蚀金属、受热后能分解产生具有腐蚀性物质的硫化物，主要有硫醚和二硫化物。硫醚是原油中含量较多的硫化物之一，为中性液体，不溶于水，与金属不起作用，但受热后能分解成硫醇和烯烃，导致金属设备腐蚀。硫醚在原油中的分布随着馏分沸点的上升而增加，大量集中在煤油、柴油馏分中。二硫化物在原油馏分中含量较少，而且较多集中于高沸点馏分中，有一定臭味。二硫化物也不与金属发生化学反应，但它的热稳定性较差，受热易分解，随分解温度不同，可分解成硫醚和硫、硫醇和烯烃或噻吩和硫化氢。

第三类硫化物是对金属没有腐蚀性、热稳定性较高，主要有噻吩及其同系物，是一种芳香性杂环化合物，没有难闻的臭味，热稳定性好，噻吩在原油中含量很少，但在加工产品中含量较高，这是因为其他硫化物热分解最终都得到热稳定性好的噻吩。噻吩易溶于硫酸，利用此性质可将噻吩除去。噻吩主要分布在原油的中间馏分中。

②含氧化合物。原油中的氧化物一般有胶质、沥青质和环烷酸等。胶质在一般的天然原油中含量在4%～20%，在较重的高胶质原油中有含量为20%～50%的。胶质的相对分子质量很大，一般是几百甚至一千。由于没有挥发性而沸点较高，因而在提炼后大部都留在重质油中。胶质一般含有80%～85%的碳和9%～10%的氢以及0.5%～2.5%的硫和4%～10%的氧，也有含少量氮的。胶质易溶于苯、汽油和润滑油等有机溶剂。胶质一般都含有—OR，—COOR，—OH或—SH等数个活性

基，而且它们对热极不稳定，特别是高硫原油的胶质在一般常减压蒸馏中，就可能发生化学变化，如在260℃左右就有一部分会转化为沥青，而在空气中不管温度高低，长期受氧化或缩合作用，必然转变为沥青状物质。沥青质比胶质相对分子质量要大，其相对分子质量可达到几千,一般为多环含氧、含硫的化合物。其分子结构还不明确，但就性质来说，它类似胶质，可能是由胶质生成的。其化学性质比胶质安定，但在加热到400℃以上时则可能分解而生成气体和焦炭。沥青质的相对密度大于1，它不溶于酒精或汽油，但易溶丁苯、氯仿和一硫化碳而形成胶体溶液。因而一般含芳香烃较少的汽油、煤油、柴油中只能溶有比较少的沥青质，而沥青质主要残留在蒸馏残油中。一般原油含沥青质百分之零点几到百分之几。

环烷酸在一般的原油中含量不大，都是百分之零点几到百分之几，而且主要是环烷基原油中较多，其结构一般是以五元或六元环为本体，带一个羧基而形成的。环烷酸的羧基不是直接和环烷环相连，而是通过一个或几个 CH 基构成的侧链与之相连。原油中还含有含量比较低的非酸性类型的含氧化合物，如酯、酰胺、苯并呋喃。

环烷酸的沸点比相应相对分子质量的脂肪酸高。低分子的环烷酸在常压下蒸馏时不分解，中等分子和高分子的环烷酸在常压下蒸馏时发生部分分解；温度低于250℃时，环烷酸基本上不分解，但超过上述温度或更高时，则会发生强烈的分解。

大多数氧化物在原油中对生产和使用都是不利的。一般胶质和沥青质除用于生产沥青和原油焦外，对各种原油产品都会造成不利影响。含有胶质或沥青质的燃料和润滑油，在使用中形成硬的沉积胶膜和大量的积碳，增加机械的磨损或降低机械效率，在润滑油中不但影响其安定性和耐用期限，而且还会大大地降低其润滑性能。

③含氮化合物。原油中含氮量很少，一般在万分之几到千分之几。我国大多数原油含氮量均低于0.5%，如大庆原油含氮量仅为0.13%。

原油中的含氮量一般是随馏分沸点升高而增加，因此，含氮化合物大部分以胶质、沥青质形式存在于渣油中。

原油中的含氮化合物大多数是氮原子在环状结构中的杂环化合物，可分为碱性和非碱性两类。碱性含氮化合物主要有吡啶、喹啉等的同系物，占原油中总含氮化合物的20%～40%，它们与有机酸作用生成盐类。非碱性含氮化合物有吡咯、吲哚、咔唑及其同系物，都具有弱酸性，能和碱金属作用而生成盐类。

含氮化合物在原油中含量虽少，但对原油加工及产品使用都有一定的影响。氮化物能使催化剂中毒，在油品储存中，会因含氮化合物与空气接触氧化变质而使油品颜色变深、气味变臭，并降低油品安定性，影响油品的正常使用。因此，在油品精制过程中，也必须把含氮化合物除去。

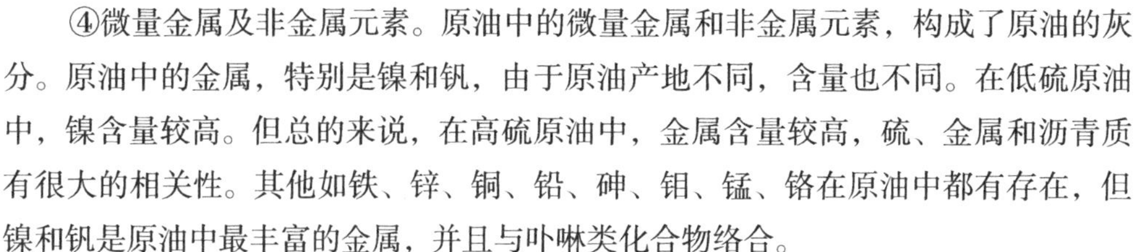

④微量金属及非金属元素。原油中的微量金属和非金属元素，构成了原油的灰分。原油中的金属，特别是镍和钒，由于原油产地不同，含量也不同。在低硫原油中，镍含量较高。但总的来说，在高硫原油中，金属含量较高，硫、金属和沥青质有很大的相关性。其他如铁、锌、铜、铅、砷、钼、锰、铬在原油中都有存在，但镍和钒是原油中最丰富的金属，并且与卟啉类化合物络合。

（二）原油的物化性质

虽然组成原油的主要元素为C与H，但由C与H组成的复杂化合物千差万别，含量也不一样，由这些复杂的化合物所组成的原油的性质也不尽相同。

1. 颜色

原油的颜色多种多样，颜色从浅到深都有，原油中的胶质沥青质含量不同，原油的颜色也不相同，胶质沥青质含量高的原油颜色深一些，反之颜色浅。可由原油的颜色深浅大致来判断原油中的重质组分含量的多少。

2. 凝点和倾点

原油在低温下失去流动性有两种情况。

(1) 不含蜡原油。含蜡很少或不含蜡的原油，随着温度降低，黏度迅速增大。当黏度增大到一定程度后，原油就变成无定型的玻璃状物质而失去流动性，这种凝固称为黏温凝固。原油在特定条件下刚刚失去流动性的温度称为凝点，原油的“凝固”这一词并不确切，因为在原油刚失去流动性的温度下，原油实际是一种可塑性物质，而不是固体。

(2) 含蜡原油。含蜡原油受冷时，与不含蜡原油有所不同。含蜡原油随着温度下降，原油中的蜡就会逐渐结晶出来，开始出现少量极细微的结晶中心，原油中的高熔点烃分子在结晶中心上结晶，结晶逐渐长大，使原来透明的原油中出现云雾状的浑浊现象，此时的温度称为浊点或云点；如果继续降低温度，蜡结晶逐渐长大，结晶刚刚明显可辨的温度称为结晶点。当温度进一步下降时，结晶大量析出，并连接成网状结构的结晶骨架，蜡的结晶骨架把此温度下还处于液态的原油包在其中，使整个原油失去流动性，这种现象称为构造凝固。在特定条件下出现原油刚失去流动性的温度，称为凝点。从以上分析可以看出，所谓构造凝固这一名词，其含义也并不确切，因为蜡的结晶骨架中还包含着大量液态原油，其硬度离“固”相差还很远。

含蜡量高、易凝原油的大量出现，给原油输送造成很多困难。人们对高蜡原油的凝固、结蜡机理进行了很多研究，提出了一些看法，较普遍的看法是原油的降温凝固过程与前述构造凝固一样，不同之处在于原油组成较复杂，对原油凝固过程有明显的影响。

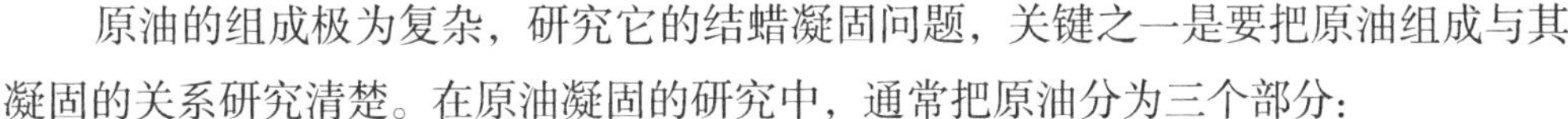

原油的组成极为复杂，研究它的结蜡凝固问题，关键之一是要把原油组成与其凝固的关系研究清楚。在原油凝固的研究中，通常把原油分为三个部分：

①常温时为液态的油；

②常温时为晶态的蜡；

③常温时为无定形的胶质和呈细微颗粒悬浮于油中的沥青质。

倾点是指原油能从标准形式的容器中流出的最低温度。原油的倾点与其馏分组成和化学组成有关，原油中含蜡多，倾点就高，所以原油倾点的高低可以表示其含蜡的多少。

3. 闪点、燃点和自燃点

烃类要发生燃烧，必须具备烃类蒸气、氧和明火火源三个条件。研究发现，并非具备上述三个条件就一定会出现着火燃烧现象，只有在烃类蒸气与空气形成的混合气体中，烃类蒸气浓度在一定范围之内，才会着火燃烧。当烃类蒸气浓度低于此范围时，则烃类蒸气浓度不够，当高于此范围时，则空气不足，在这两种情况下都不能发生燃烧。这个浓度范围称为爆炸极限或爆炸范围，一般用可燃气体的体积分数表示。能引起燃烧爆炸的最高浓度称为爆炸上限，最低浓度称为爆炸下限。

闪点也称闪火点，是指在规定条件下，加热原油或油品所逸出的蒸气与空气组成的混合物与火焰接触瞬间闪火时的最低温度，以℃表示。由于测定仪器和方法不同，闪点分为开口闪点和闭口闪点。一般原油的闪点在30℃～170℃，原油中各馏分的闪点随沸点的升高而升高。大气压力对闪点也有影响，因而通常测定的闪点都以标准压力0.1MPa下的数值表示。实验测定，每当降低压力133Pa时，闪点降低0.033℃～0.036℃。根据这个数据就很容易做出大气压力校正表，低于0.1MPa的校正值为正，高于0.1MPa的为负。

原油和油品的燃点是在规定条件下，将试样加热到能被所接触的火焰点燃，并连续燃烧5s以上的最低温度。燃点一般比开口闪点高20℃～60℃。自燃点，顾名思义是自行燃烧的温度，它是加热试样与空气接触，因激烈氧化产生火焰而自行燃烧时的最低温度。

闪点、燃点和自燃点都与原油和油品的燃烧爆炸有关，也与其化学组成和馏分组成有关。对于同一油样来说，其自燃点最高，燃点次之，闪点最低。对于不同油样来说，闪点越高的，其燃点也越高，但自燃点反而越低。含烷烃多的油料，其自燃点低，闪点高。同一族烃中，相对分子质量小的烃，其自燃点高而闪点低，相对分子质量大的自燃点低、闪点高。

因此，从安全防火角度来说，轻质油品应特别注意严禁烟火，以防遇外界火源而燃烧爆炸；重质油品则应防止高温漏油，遇到空气引起自燃、酿成火灾。

二、原油集输工艺

(一) 原油集输工艺原理

1. 原油集输的概念

原油集输是把分散的油井所生产的石油，伴生天然气和其他产品集中起来，经过必要的处理、初加工后，将合格的原油和天然气分别外输到炼油厂和天然气用户的生产过程。包括油气分离、油气计量、原油脱水、天然气净化、原油稳定、轻烃回收等工艺。

原油集输主要担负3个方面的任务：一是负责将油井采出的石油气、液混合物经过管道输入油气处理站进行气、液分离和脱水，使处理后的原油符合质量标准要求；二是由油气处理站处理后，把合格的原油输送到油田原油库进行储备，将分离出的天然气输送到天然气处理厂（天然气压气站）进行再次脱水、脱氢和脱酸处理或深加工；三是由油田原油库、天然气压气站以不同的方式将处理合格的原油、天然气输送给用户。

2. 原油集输工艺流程

原油集输系统是从油井开始，经计量站到转油站，再到油库，由不同尺寸的管道和各种专用设备所组成。

原油集输的一般工艺流程是：首先油井产出的油、气、水混合物经出油管线进入计量站，经初级的油、气、水三相分离后，分别计量出油井的油、气、水日产量；其次经集油管线合并混输进入集油站（联合站）；再次经过油、气、水三相分离和原油脱水净化后；最后经加热和加压输向油库。

油井产出的油气产物经过上述集输处理过程后，原油即成为商品外销或储存，天然气则加压输往气体处理厂进行再加工处理后，成为商品气外输。

原油净化脱出的含油污水送往污水处理站进行处理，处理合格后加压回注到油气田地层或作为其他工业用水。

3. 原油集输的工作内容（工艺）

原油集输的工作内容有油气收集、油井产物计量、气液分离、接转增压和油罐径蒸气回收等工艺。

(1) 油气收集。油气收集的集输管网系统须根据油田面积和形状、油田地面的地形和地物、油井的产品和产能等条件设计布局。一般面积大的油田，可分片建立若干个既独立而又有联系的管网系统；面积小的油田建立一个管网系统。

从各油井井口到计量站为出油管线；从若干座计量站到接转站为集油管线。在这两种管线中，油、气、水三相介质在同一管线内混相输送。

从接转站经原油脱水站（或集中处理站）到矿场油库（或外输站）的原油输送管线为输油管线。从接转站到集中处理站或压气站的油田气输送管线为集气管线。从抽油井回收的套管气和从油罐回收的烃蒸气，可纳入集气管线。集气管线要采取防冻措施。

中国多数油田生产“三高”原油（含蜡量高、凝固点高、黏度高），为使集输过程中油、气、水不凝，做到低黏度安全输送，从油井井口至计量站或接转站间，一般采用加热集输。加热方法有：井口设置水套加热炉，并在管线上配置加热炉，加热油气方法；井口和出油管线用蒸气或热水伴热方法、从井口掺入热水或热油方法；等等。在接转站以后，一般均需加热输送。

集输管线的路径根据井、站位置，综合考虑沿线地形、地物以及同其他管线的关系，线路尽可能短而直；为满足工艺需要，还需设置相应的清扫管线和处理事故的设施。集输管线的管径和壁厚，以及保温措施等，要通过水力计算、热力计算和强度计算而确定。

（2）油井产物计量。油井产物计量的目的是掌握油田生产动态，被计量参数包括单井产物（油、气、水）的流量和油气在处理过程中及外输至用户的流量。

计量一般在计量站上进行。每座计量站管辖 5 ~ 10 口油井或更多一些。

（3）油气水分离。为了满足油气处理、贮存和外输的需要，需要将油气水混合物分离成液体和气体，将液体分离成含水原油及含油污水，必要时分离出固体杂质。分离原理是物理分离方法，即利用油、气、水的密度不同，采用重力、离心等方法将油、气、水分离。

分离用的关键设备为多相分离器，有两相分离器和三相分离器两种。分离器的结构形式有立式和卧式；有高、中、低不同的压力等级。分离工艺与油气组分、压力、温度有关，高压油井产物宜采用多级分离工艺。

（4）接转增压。当油井产物不能靠自身压力继续输送时，需接转增压，继续输送。一般气、液分离后分别增压。液体用油泵增压；气体用油田气压缩机增压。为保证平稳、安全运行和达到必要的工艺参数要求，液体增压站（泵站）必须有分离缓冲罐。

（5）油气处理。油气处理是在集中处理站、原油脱水站或压气站对原油和油田气进行处理，生产符合外输标准的油气产品的工艺过程，包括原油脱水、原油稳定、液烃回收以及油田气脱硫、脱水等工艺。

（6）原油脱水。原油脱水是将含水原油破乳、沉降、分离，脱除原油中的游离水和乳化水，达到含水量不大于 0.5% 的原油外输标准。

脱水方法有热化学沉降法脱除游离水工艺和电化学法脱除乳化水工艺等。工艺方法需根据原油物理性质、含水率、乳化程度、化学破乳剂性能等确定。

（7）原油稳定。原油稳定用于脱除原油中溶解的C=C等烃类气体组分，使原油饱和蒸气压符合标准，稳定后的原油饱和蒸气压不超过最高温度下的当地大气压。原油稳定的目的是防止烃类气体在挥发时带走大量液态烃，从而降低原油在储运过程中的蒸发损耗。在稳定过程中，还可获得液化石油气和天然汽油。

原油稳定可采用负压脱气、加热闪蒸和分馏等方法。原油是否稳定与油气组分含量、原油物理性质、稳定深度要求等因素有关。

（8）天然气处理。天然气处理包括天然气脱水和轻烃回收两项工艺措施。天然气脱水工艺用于脱出天然气中的水分，保证其输送和冷却时的安全。

（9）原油储存。为了保证油田均衡、安全生产，外输站或矿场油库必须有满足一定储存周期的油罐。储油罐的数量和总容量可根据油田产量、工艺要求和输送特点（铁道、水道、管道运输等不同方式）确定。

油罐一般为钢质立式圆筒形，有固定顶和浮顶两种形式，单座油罐容量一般为5000～20000m^3。为减少油气蒸发损失，易凝原油罐内一般设有加热盘管，以保持罐内的原油温度，油罐上设有消防和安全设施。

（10）外输油气计量与原油外输（运）。外输油气计量是油田产品进行内外交接时进行经济核算的依据。

外输原油一般采用高精度的流量仪表连续计量出体积流量，乘以密度，减去含水量，求出质量流量，其综合计量误差应小于 ±0.35%；也可用油罐检尺（量油）方法测量外输原油体积，再换算成原油质量流量。

外输油田气的计量一般由节流装置和差压变送器构成差压流量计，并附有压力和温度补偿，求出体积流量，其综合计量误差应小于 ±3%。

原油外输（运）有管道、铁路、公路、水路等几种方式。

管道输送工艺是用油泵将原油从外输站直接向外输送，具有输油成本低、密闭连续运行等优点，是最主要的原油外输方法。

铁路油罐车、水路油（驳）船、油罐汽车运输工艺需要建设相应的装油栈桥和装油码头。

（二）油田联合站的生产设备

联合站是油气集中处理联合作业站的简称，包括油气集中处理（原油脱水、天然气净化、原油稳定、轻烃回收等）、油田注水、污水处理、供变电和辅助生产设施等部分。

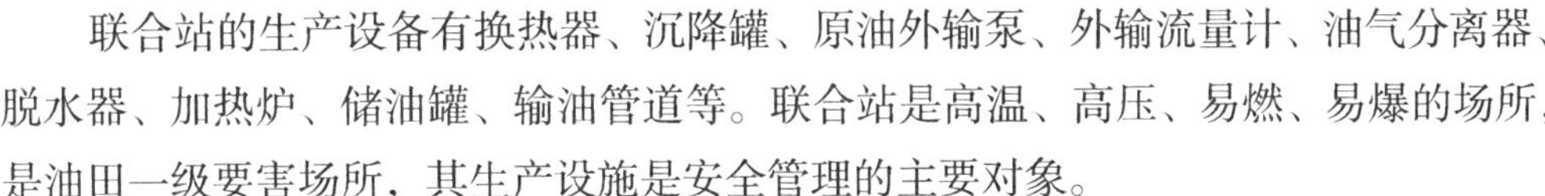

联合站的生产设备有换热器、沉降罐、原油外输泵、外输流量计、油气分离器、脱水器、加热炉、储油罐、输油管道等。联合站是高温、高压、易燃、易爆的场所，是油田一级要害场所，其生产设施是安全管理的主要对象。

三、井场集油系统

一个油田有上百口井，它们产出的原油经管线输送到选油站或集油站。油田集油系统大部分是由各种罐和处理容器组成的。但如果铺有输油管线，就可直接将原油输走。只需用流量表记下输走的油量，而不用罐或其他地面设备。

石油经矿场聚集、处理、计量及测试后，就汇入干线输送网。

四、泵站操作

管线输送原油需要压力，该压力由泵站的泵提供。泵站既可用作集油站，也可用作管道干线站或两者兼而有之。集油站位于油田内或靠近油田。它依靠管线汇集系统从各井接收原油。油流经集油站、原油中转站进入管道干线站。管道干线的最大功用是传输石油到炼油厂或装船的终点站。石油在管线中流动时，压力会逐渐降低，这就需要在管道干线上每隔一定距离设置一个增压泵站。沿着管线还需设置一些油罐区用作接收原油。

(1) 集油站：在集油站，仍然大量使用往复式泵。因为输送汇集起来的原油需要往复泵来提供很强的驱动力。集油站可以有一个或多个泵，每天可以输送几十至几千吨原油。泵通常是电驱动的往复式泵或离心泵。

集油站的操作方法与站的规模大小及其功能有关。计量员操作泵、测定油的体积，并在泵送之前负责取样，以供分析。有些集油站的设备可自动启动泵或由遥控装置来启动泵。原油汇集到集油站后，又被泵送到靠近管道干线的另一个集油站或直接进入管道干线站。

(2) 管道干线站：管道干线站位于主要的输油干线上，它的作用是泵送原油到炼油厂或将炼油产品泵送到批发油库。如果管道干线站靠近产油区，还可以起到中转站的作用，有时也用作集油站。

(3) 油罐区：油罐区对于管道输送来讲与铁路的车场相似。管输中，当油暂时需要转移到侧线储集、测量时，或在管线或泵站修理期间，油罐区用于储存原油。当来自生产现场或者其他装载工具的原油需进入管路集输网中时，油罐区可当作一个接收站。油罐区还允许原油分装到很多不同的油罐中，以便输油公司把石油分输给各个用户、炼油厂或转运油库。

(4) 泵站的管汇：油罐区管线都汇集在站内的管汇处。管汇允许油流转换到适

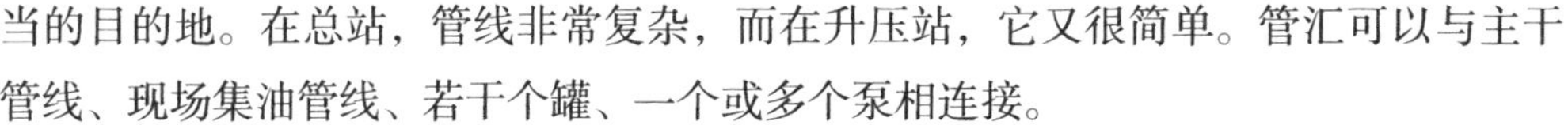

当的目的地。在总站，管线非常复杂，而在升压站，它又很简单。管汇可以与主干管线、现场集油管线、若干个罐、一个或多个泵相连接。

操作油罐区和站上管网及阀门的工作人员必须能够：

①通过配有油罐的管道干线泵进原油；

②接收从井场上来的油，并使它们能进入任何罐中；

③接收来自管道干线的油，并使它们能进入任何罐中；

④能将油从一个罐装进另一个罐，即可倒罐；

⑤能将任何一个罐中的油泵送到管道干线中去；

⑥当管道干线站上游泵送原油时，可将站内所有的泵和罐与管道中的原油隔开；

⑦可将任何一个罐中的原油注入正在输油的干线中。

五、成品油的管道顺序输送

炼油厂的成品油由公路槽车、铁路槽车、油轮或长距离成品油管道运输。作为炼油厂商品外销通道的成品油管道，其工艺技术要比原油管道复杂。这主要是因为每种成品油的量都不会很大，为了提高管输的经济效益，大多采用一条管道顺序输送多种成品油的工艺，即在同一管道内，按一定顺序连续地输送几种油品，这种输送方式称为顺序输送。输送成品油的长距离管道一般都采用这种输送方式。这是因为成品油的品种多，而每一种油品的批量有限，当输送距离较长时，为每一种油品单独铺设一条小口径管道显然是不经济的，甚至是不可能的。而采用顺序输送，各种油品输量相加，可铺一条大口径管道，输油成本将极大下降。用同一条管道输送几种不同品质的原油时，为了避免不同原油的掺混导致优质原油“降级”，或为了保证成品油的质量，也可用顺序输送。国外有些管道还实现原油、成品油和化工产品的顺序输送。

在发达国家，管道顺序输送是成品油的主要运输方式。我国的管道顺序输送技术相对较落后，成品油主要靠铁路、公路运输。

第三节　天然气的管线输送

一、天然气的管输气质要求

管输天然气是指进入干线输气管道的净化天然气，也可称为商品天然气。虽然目前还没有管输天然气气质的国际标准，但一般都要求水蒸气、碳一以上的烃组分、硫化氢、有机硫、总硫、二氧化碳的含量尽可能低，并且尽可能将固体和液体杂质清除干净。

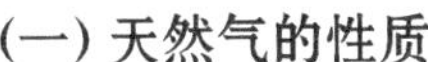

(一) 天然气的性质

1. 天然气的密度

天然气的密度在标准状态下一般小于 1 千克 / 立方米。在相同的温度、压力条件下，天然气的密度与干空气的密度之比称为天然气的相对密度，它可以作为计算天然气物性的一个参考依据。在标准状态下，气田天然气的相对密度一般为 0.58 ~ 0.62，石油伴生气的相对密度一般为 0.7 ~ 0.85。

2. 天然气的黏度

气体的黏度变化规律不同于液体，在气体压力不太高的情况下，气体黏度随温度升高而增大。当压力升高到一定限度时，温度升高会导致气体黏度降低。对于甲烷，这个界限压力大约为 10MPa。压力对天然气的黏度也有影响。在相同温度下，压力越高，天然气的黏度越大。

3. 天然气的含水量与露点

天然气的露点是控制天然气储运过程中不产生液态物质的重要指标，它包括水露点与烃露点。水露点是指天然气在一定压力下析出液态水时的最高温度，而烃露点是指天然气在一定压力下析出液态烃时的最高温度。天然气中水蒸气的含量越高，则在相同压力下其水露点就越高；天然气中的碳一以上烃组分的含量越高，则在相同压力下其烃露点就越高。对于水蒸气含量和碳一以上烃组分含量一定的同一种天然气，压力越高，其水露点和烃露点也越高。

(二) 管输天然气的气质要求

进入输气管道的气体，水露点应比输送条件下最低环境温度低 5℃；烃露点应低于最低环境温度。天然气中固体颗粒的含量小于 10 毫克 / 标准立方米，硫化氢的含量小于 20 毫克 / 标准立方米。世界上许多国家或天然气公司对管输天然气的气质要求比我国更严格。

对管输天然气要求高的目的是保证管道、设备和仪表不被腐蚀；确保天然气在管输过程中不形成水合物。国内天然气管道曾出现过腐蚀穿孔、泄漏爆炸、水合物堵塞等事故。

为了确保进入干线输气管道的天然气的气质满足规定的要求，可以在输气管道的进气点安装在线气相色谱仪，一旦发现气质不满足要求，位于干线输气管道进气口的截断阀可以自动关闭。

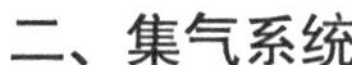

二、集气系统

收集、处理和输送天然气的方法与很多因素有关。但对任何气体储集系统来说，需要用专门的设备来处理天然气，使它安全、稳定地流动；控制、测量和记录管线的流动情况（如天然气的流量、压力等）。天然气的处理设备，如分离器、加热器、脱水器和压缩机一般都安装在井口或油田的其他地方。每个设备都具有其独特的功能，从而保证气体安全、稳定地从井口流入管线，最后到达几千公里之外的终点站。

（一）天然气处理设备

分离器将流动的各组分分离开；加热器主要是用来防止水合物的形成，它把气体的温度提高到一个安全的温度，使天然气到达下一步的处理时温度仍高于水合物的形成温度；脱水器的作用是从天然气中除去水蒸气。

大型压缩机可将天然气加压至上百个大气压。通常使用燃气轮机驱动的大型往复式压缩机，但也使用燃气轮机或电动机驱动的离心式压缩机。沿输气管线的大型压缩机站通常用管线中的天然气作为燃料。为了达到这个目的，会使用气体调节器把天然气压力降低到可使用的范围。

（二）控制和测定流量

高压气体会呈现出某些复杂的特性。为了正确地进行输气作业，必须测定和控制气体的流动参数。虽然涡轮流量计已很普遍，但通常仍用孔板流量计来测量天然气的体积。理论上，涡轮流量计容易用电信号传递测量结果，并且在很大的流量范围内比孔板流量计更为精确。

现代的输气管线还装设一些仪器和仪表，用以测量并记录气体的密度、温度和压力。记录式密度仪用来测量和记录天然气的密度，而计算天然气的流量需要知道它的密度。可使用电子数据记录仪和处理器收集有关资料，然后送到控制中心进行分析。

（三）自动装置

现在，许多输气管线能在计算机系统的控制下，对所有阀门、电动机及有关设备进行自动操作。计算机从系统的每部分接收输入信号，这包括所有的处理及测量设备的信号。在操作过程中，任何部位发生故障，计算机都可在其程序中找出可能的解决办法，同时在适当的控制部位发出警报。

三、添味剂

天然气几乎是无味的，如果把它用作家庭和工业的燃料，就要用一种称为硫醇的化合物来加味气体，以便当天然气在大气中的浓度为1%时容易察觉。天然气以1%的浓度和空气混合并不危险，但当混合物中含有5%的天然气时就会爆炸。当管线设备发生泄漏或未燃烧的天然气排出时，在出现真正的危险之前，加味剂就被人察觉了。天然气在家中或工厂中燃烧时，注入的加味剂不会产生臭味或留下有害的残渣。

输送到石油化工厂的天然气不用加味剂。因为在石油化工厂，天然气是生产其他日用品的原料，使用加味剂会导致产品的污染，还会浪费硫醇。

第四节　管线的敷设

在敷设现代化的输油管之前，工程师先要花上几个月甚至是几年的时间来进行可行性分析；对油藏的潜力和市场需求进行调查研究，以便确定建设这条管线在经济上是否划算，在技术上有哪些重大难题，最后决定是否投资建造这条管线。勘测路线是采用区域照相、地面绘图或踏勘等方法。在一些地形复杂的地区，偶尔也用直升机来进行勘察。油田敷设管线前，应该拥有指导工作所需的图件和资料，如地图、路线清单表和协议说明书等。绘制的地图要能详细准确地表示出影响施工的地表特征。路线清单应列出管线穿过的地区、管路的名称、有哪些条件和限制等。还应包括允许穿越某些道路、隧道和其他公共设施的许可证书的复印件。合同说明书中包括每一步的工作计划和许多可能出现的不测之事。

（1）设备与人员的组合：首先要把建造管线所需的设备和人员组合起来。在美国，正常作业中需要250～300的建造人员，但在许多大作业中，所用人员多达500人。我国所用的人力会更多些。敷设管线所用设备的数量取决于建造区域的各种情况及困难程度。比如穿越河流、沼泽、泥炭地、茂密的森林、陡的斜坡或不稳定的地面等，都需要使用特殊的机器设备。

（2）清理路面：通常要根据管线的尺寸和地区的特点清理出一条十几米至几十米宽的路面来。开出的路面要能够保证各种机动车辆通行。路面还要有一定的宽度，以允许宽大的起重机、拖拉机、挖沟机及其他必要设备通过。在地面不稳定的地区，要用推土机将地表下几米的疏松岩土清除掉，然后，挖沟机才能开始工作。

（3）挖沟：敷设管线的准备工作是用挖掘机来挖沟，以便及时敷设管线。对于坚硬的岩石表面，用爆破方法造沟。所挖的沟必须比管道直径宽约30cm，使得装管子时能够活动，填沟时也不会有什么危险。沟必须有一定深度，以保证管子不会受到地面耕作和其他正常使用土地的影响。运输部门要求覆盖管子的厚度为1m左右。

(4) 沿线路铺管：将管子运送到挖沟地点后，紧接着是野外场地工作，如涂保护层、开始两根管子对接等。现场涂层包括清洁管子、涂底层、涂层及包缠管子，留下管子的两端不处理以便于弯曲。两根管子对接是将两根管子焊接在一起组成一个整件。通常每10根对接的管子中约有7根需要弯曲后再进行焊接。弯曲管子需要专用设备，弯曲时，为了避免大直径管子折褶变扁需使用弯曲心轴。

(5) 管线的清洁、定位、焊接及涂防腐层：有时，在两根管子定位对接之前，需要把管子端部切成倾斜的接口边 (开坡口)。悬臂起重机或提升机将管子放在指定位置并抓举着，再把导板放在管子下进行焊接。接着用肉眼和X射线探测焊缝。再涂上漆并包裹住，漆层是在246℃～274℃的温度下涂上的。要用转动刷子清洗管线，采用快速干结的漆层，以有利于在接口处的包裹。然后涂上沥青或煤焦油保护层，缠上玻璃丝层。最后需用石棉毡或沥青纸再作包裹，以防在将管子放入沟中及回填作业时，涂层受到导板、吊环或石块的损害。

(6) 将管子放入沟中：在某些情况下，把管线放入沟中与涂层和包裹管线的作业同时进行。这种方法可以避免两步操作。

如果已经有一条管线埋在地下，又需要再交叉敷设一条管线时，只能让管线在原有管子的下面通过。当管道穿越高速公路、铁路、河流和沼泽时，需要特殊的施工技术和设备。在有些地方铺管子时，需要6台甚至更多的吊车同时作业。在经过小河和险峻地区时，需要很高的操作技巧才能把长管线安放到位。

在把管子连接成一体时，要将多余的部分管子切去，做出斜面坡口，再进行焊接，最后加上保护层。至此，整个管线敷设完毕。

第五节　海上管线的敷设

一、海上油气集输概述

(一) 海上油气集输的特点

在油气集输的内容和工艺流程上，海上和陆上没有本质的差别。从海底开采出来的石油，经过计量、收集、油气分离及脱水、装船外运或经海底管道输送到陆地，这就是海上油气集输的任务。但因油气田在海上，必然有一些生产活动在海上进行，

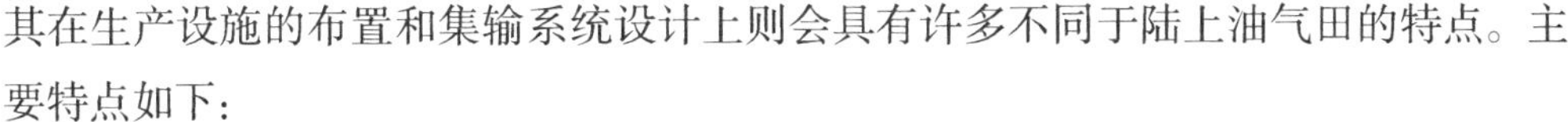

其在生产设施的布置和集输系统设计上则会具有许多不同于陆上油气田的特点。主要特点如下：

(1) 集输系统不仅要适应复杂油气田的地层条件和满足油气组分以及流动特性多变的处理工艺要求，还要适应所在海域的海洋条件，能在最恶劣的海况和气候条件下正常运行和生存，确保操作人员和财产的安全。

(2) 海上油气田一般远离岸上基地，故障设备的维修和更换费工、费时、成本高，有时还要动用昂贵的大型工程船。为了减少停产的风险，在设计中要考虑适度的备用，并选用可靠性高、效率高的工艺设备。要加强集输管线的防腐措施。

(3) 海上油气田的生产设备安装在平台的甲板上，空间有限，应布置紧凑。为此，海上油气田要简化集输流程，减少平台上的生产设备。

(4) 在海上深水油气田的开发中，经常采用水下井口、管汇、增压泵、阀组等，而且所有的集油、输油管线均在海底敷设，这些对设计、施工、维修提出了更高的技术要求。海上工艺处理设施和集输系统自动化程度高，运行中的监控和操作等均是通过控制系统来实现的。

(5) 由于海上油气田的投资大、风险大、操作费用高，海上油气田的开发原则是高速开采、高速回收，以便能够在较短生产期内回收投资，实现设定的盈利率。为此，在设计油气处理工艺流程和集输系统时，要能满足持续和高速开采的要求，要具有较长的连续运行周期。

(6) 由于海上油气田的生产、生活条件远比陆地苛刻，其施工和生产费用也高于陆上油气田。在开发建设大油气田时，其集输系统和基础设施的布置要考虑周围小油气田的开发。在周围和附近发现小油气田时，要充分利用大油气田的生产处理装置和海底管线等基础生产设施，带动小油气田的开发。这样不仅可以降低大油气田的开发生产成本，也可以使单独开发不经济的小油气田，在依托大油田开发的情况下取得较好的经济效益。

(二) 海上油气生产和集输系统

1. 海上油气生产和集输系统的模式

一般以生产设施建设的位置划分海上油气生产和油气集输模式，常见的有全陆式、半海半陆式和全海式。

(1) 全陆式集输模式。全陆式是指石油从井口采出后直接由海底管线送到陆上，油气分离、处理、储存全在陆上进行，由于依靠井口回压输送油气，输送距离有限，这种方式只适用于近海油气田。全陆式海上工程量少，因而投资省、投产快。

(2) 半海半陆式集输模式。对于气田、大型油田和离岸近的中型油田一般采用

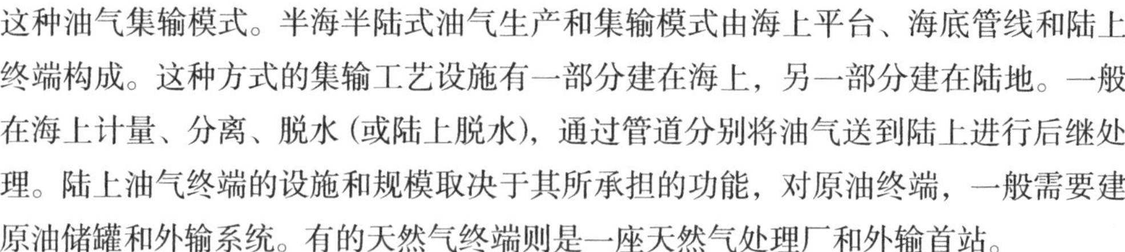

这种油气集输模式。半海半陆式油气生产和集输模式由海上平台、海底管线和陆上终端构成。这种方式的集输工艺设施有一部分建在海上，另一部分建在陆地。一般在海上计量、分离、脱水（或陆上脱水），通过管道分别将油气送到陆上进行后继处理。陆上油气终端的设施和规模取决于其所承担的功能，对原油终端，一般需要建原油储罐和外输系统。有的天然气终端则是一座天然气处理厂和外输首站。

该方式适应性较强，远近海油气田都可采用。但如果海底不宜敷设管道，此方式难以采用。

（3）全海式集输模式。全海式方式就是油气的生产、集输、处理、储存、外运均是在海上进行。它适用于各种海上油田，尤其是深海和远海油气田，采用全海式就不需要敷设造价很高的海底管线和陆上终端，可以较大幅度地降低开发建设投资。处理后的原油在海上装船外运，销往用户。数量大的伴生气除供平台动力用外，一般回注油层，小量的伴生气则燃烧放空。当产气量大时，也可对海上液化方案进行技术经济评估确定生产液化天然气的可行性。近年来，随油价升高和工艺技术的发展，在一定条件下，一些公司也在考虑海上生产合成油的可行性。

2. 海上平台

海上油气田的生产作业多在平台上进行，按功能划分，有井口、生产、生活、储存、注水等区。有时根据需要建设多功能平台，也有时将几个不同功能的平台用引桥相连组成多平台生产系统。井口平台上只进行油气的测试计量，然后将油气水通过海底集油管线输往综合平台处理。综合平台上安装有油气水处理设施、动力发电设备、通信设备、生活住房等生产和生活所必需的装备，对油气井产出的流体进行计量、分离、油气水等净化处理。

3. 污水处理

平台产出的含油污水不像陆上油田那样回注油层。这是因为油田的产水量小于注水量，需要补水。海上最方便的水源就是海水，如果将产出水和海水混合注入，由于产出水和海水中存在不同的杂质和微生物，就会出现两者相溶性问题和处理困难。因此，海上油田注水通常都是注经处理后的海水，而产出水经过处理达到环保标准后外排入海。我国规定，在近海外排的污水含油量不超过 30mg/L，在港湾排放的污水含油量不超过 10mg/L。

二、海上管线敷设

在浅水地区，钻井和敷设管线一般能够顺利进行；而在海上钻井和敷设管线就要困难得多，它需要复杂的技术和设备。对于海上敷设管线，目前比较现代化的方法是使用各种类型的驳船。

海上管线是由铺管船敷设的。铺管船就像一个完整的海上工厂，它可对管线进行连续组装，并按照选择的路线将管线放到海底或浅水区挖好的沟中。如果与供给拖船和锚泊系统配合使用，铺管船一次能在海上工作好几个月。

在安放管子时，钢丝绳的 8 点锚泊系统和锚使铺管船精确地保持航向以防止管子发生弯曲。当锚绳卷起或放出时，这个系统还能推动驳船前进。

管线拖船从岸上把管线运来，堆放在甲板上。连接管线时，管线对准装置使管线对准。焊接、涂保护层和 X 射线检查都是在沿着铺管船甲板长度的工作区内进行。

上述工序完成后，用船上的倾斜链钳或船尾托管架以适当的角度将管线放进水中。管线用高密度水泥作保护层以防止管线上浮。下入管线，特别是在深水中作业时，为防止水泥层破裂或管线弯曲，使用一种称为浮桥的附属装置，装配到船尾托管架上。浮桥通过控制水的充满度使管线以一定的角度下放到海底，从而防止管线的应力过高。

随海底地形的变化，采用不同的方法来避免可能出现的险情。在多岩的海底，用管线锚把管线固定在海底。

(1) 埋管船：在松软的海底敷设管线，采用带有雪橇的埋管船或管线挖沟船来埋住管线。将雪橇安装在水下管线上，随着海底管线运动。利用高压喷射作用形成沟槽，供管线放入。埋住管线是为了防止在拖网时被绊住。

(2) 超级大驳船：用在极端险恶的条件和特深水域中的巨型铺管船。它约有 200m 长、43m 宽、15m 高。船的中心线、提升管线吊环以及三个管线控紧器允许在深水区敷设约 25m 长的管子而不需要使用铺管浮桥。

超级大驳船可供 350 人住宿，能储备 20000t 的管线。它有 7 个工作台用于把两根管子连成一体，或有 9 个工作台用来自动或手动焊接 12m 长的管子。它还有一个给管子开坡口的工作台、两个承载 125t 的起重机、12 个 27t 的锚及一架直升机。

(3) 半潜式船：设计海上敷设管线所用的半潜式铺管船是为了降低波浪和风的影响。其操作方式与半潜式钻机相类似，特别适用于风浪大、气候恶劣的海上条件。例如，在北海油田，当海浪为 10m，风速为 100km/h 时，常规的驳船不可能进行操作。而半潜式驳船则能继续敷设管线。其稳定性来自潜入水中的部分船体，这使得船体重心降低，从而易于在风浪中保持稳定。

(4) 卷轴式铺管船：近年来，已开始逐渐使用卷轴式铺管船。早期使用的卷轴式铺管船，仅限于连成一体的管线。在卷轴式铺管船上，可将管线焊接好后缠绕到巨大的卷筒上；铺管时，再将卷筒上的连续长管松开。这就要求管线必须有足够的柔性，以便能在缠绕和松开时不致破裂和弯曲。

通过铺管船向前移动松开缠绕的管线。管线的长度从上百米到三五公里不等，

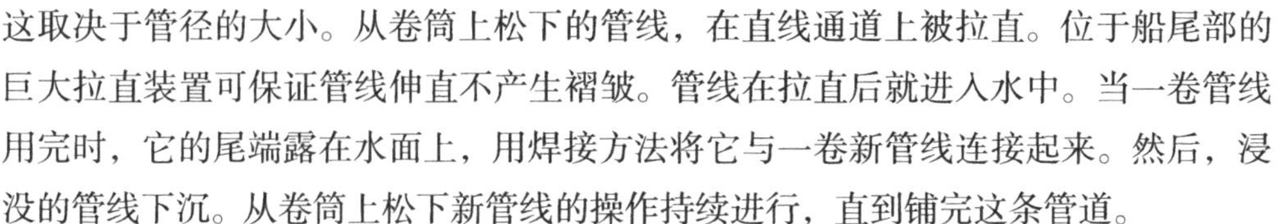

这取决于管径的大小。从卷筒上松下的管线，在直线通道上被拉直。位于船尾部的巨大拉直装置可保证管线伸直不产生褶皱。管线在拉直后就进入水中。当一卷管线用完时，它的尾端露在水面上，用焊接方法将它与一卷新管线连接起来。然后，浸没的管线下沉。从卷筒上松下新管线的操作持续进行，直到铺完这条管道。

第六节　油气集输技术的新发展

一、原油的降黏输送

原油降黏输送是指用降黏法处理过的原油在长输管道中的输送，原油降黏法有下列几种：

（一）物理降黏法

物理降黏法是一种热处理方法。该方法首先将原油加热至最佳的热处理温度，然后以一定的速率降温，达到降低原油凝点的目的。一般有以下几种方法：

1. 热采法

稠油比传统原油对温度更敏感，随着温度的升高，黏度会大大降低。热采是利用原油的黏性特性为油层产生热量和降低原油黏度的一种方法。第一，当温度高于分析蜡点时，蜡晶体溶解，便于原油在储油层中流动；第二，温度升高破坏了氢键与树脂和沥青之间的相互作用。传统的热处理方法有燃料油层法、电加热法、蒸汽喷射法和热水喷射法。近年来开发的方法包括水平井交替蒸汽驱油、井底排水、水平断裂蒸汽驱油、非冷凝蒸汽和气体驱油。燃料油层是通过连续加热储集层的岩石和液体将原油蒸馏、破裂和流入生产井的过程，通过将原油的一部分燃烧到油层，向油层注入空气或氧气来产生热量蒸汽训练是一种热萃取方法，用于将蒸汽注入进气井。

2. 掺稀油法

根据类似的相容性原则，在原油稀释时（天然气凝析、原油蒸馏、轻质原油、苯、柴油等），稠油黏度会降低，流下来的雷诺数也会增加。稀释后的油可以降低机油混合密度和缸体静压损耗，但机油混合质量也可能产生影响。混合油的降解和黏度有几个影响因素：混合油凝固点的混合温度应为3℃～5℃，混合前稀释原油应脱水，再加上混合油和稠油的相对密度和黏度混合量也应被视为总体上经济上可行，因此不适合于低含油量的储油罐。

3. 使用机械设备完成降黏增效

传统的水泵很贵。如果要大幅降低开采石油的成本，可以使用机械方法降低黏度，提高效率。在开采过程中，根据清洁球的原则，为了促进稠油的顺利开采，有必要定期清洁稠油，改进螺杆泵和油泵。为了提高清洁效果，可以使用循环装置、液压泵和高压水枪进行匹配。为了更好地完成稠油开采，可以在清理周期结束时将石油放在地面设施中。

（二）化学降凝法

1. 使用降凝手段降黏增效

使用冷凝技术降低原油凝固点意味着在稠油中加入蜡晶体可以降低原油黏度。在结构上，普通的蜡分子与原油中的烷基相似。以石蜡为基础的原油也根据类似的相容性原则进行了修改。由于冰点原油的蜡含量高，原油的冰点相对较高，温度敏感，原油相对较低。原油在凝固点以下的黏度迅速增加，而稠油在凝固点以上的黏度相对较低，因此，为了达到降低黏度的目标，只能改变稠油的凝固点本身。

2. 实现原油降黏增效时使用微生物

微生物降解是指微生物代谢产生的表面活性剂或有机酸。这些物质可以降低稠油的黏度和冻结点，提高原油的性质和溶解度，并促进原油的流动。一方面，微生物以碳氢化合物为主，将宏观分子分解为中链和短链碳氢化合物，并产生生物聚合物，将合成原油分散成液体喷射；另一方面，微生物可产生二氧化碳、N_2 和 H_2 等气体，这些气体在溶解后会扩散，以降低原油的黏度。这种技术成本低、适应性强、易于实施，并可用于进一步的环境处理。但是，微生物载体也有一定的局限性：它只适用于普通储层，不适合于沥青含量过高或黏结剂含量高的超厚储层，因为降解作用没有得到充分利用；微生物产生的表面活性剂和聚合物本身具有沉淀的危险；挑选和培养菌株的条件很难掌握；微生物易受高温、高盐度和高重金属离子的破坏。

3. 实现原油降黏增效时使用裂解法

在催化、裂化或热裂解条件下，稠油可分解、异构体化、芳香化、氢转移、叠加、烷基化等。但反应速度不同。最重要的反应是边链断裂、环开口、脱盐等开裂反应。影响催化、裂化反应或热裂解反应的主要因素是反应温度、压力、时间或催化剂与稠油的比率。在大型稠油分子的催化或热裂解后，稠油黏度将大大降低，不可逆转。但是，在实践中，其大部分降解效果是可逆的，主要是因为试验条件不符合催化、裂化反应或热喷反应条件。

(三) 化学—物理降凝法

化学—物理降凝法是一种综合降凝法。该法要求在原油中加入降凝剂并对加剂原油进行加热处理。

综合处理后的原油之所以比热处理后的原油有更好的低温流动性，主要是因为综合处理后的原油中既有天然原油降黏剂（胶质、沥青质）的降凝作用，也有外加的聚合物型原油降凝剂的降凝作用。也就是说，综合处理是热处理在降凝作用上的延伸与强化。在某些场合下（如热处理后原油的性质仍不能满足管输的要求时），综合处理可起特殊的作用。

二、原油的减阻输送

(一) 长输管道阻力主要减阻方法

1. 对输油管道进行加热保温

在长输管道的运输过程中，将运输原油输入加热管道进行运输将大大提高运输原油的效率，而加热保存运输管道是如今管道减阻中最常见的运输石油的方法之一，与等温运输和热传递不同。对管道进行加热和储热的减阻方法通常用于运输具有高凝固点和高黏度液体的管道。其作用原理是通过加热而有效减少因为运输过程中油品温度降低发生凝结产生阻力的现象。

2. 选择合适的管径

石油与天然气在管道中运输的效率大约与管道直径的五次方成正比。换句话说，减小管道的直径将降低管道的效率，反之亦然。因此，当用于规划和设计的管道的直径很小时，将会导致管道效率的降低。由此可见，在设计时，应使管道的直径最大，以减少能耗。选择合适的管径，不仅可以补偿因管径过大或过小造成的缺陷，而且还可以充分利用间隙，以最大限度受益。

3. 降阻剂在长距离输油管道中的应用

在油品运输过程中，当流体被输送到管道中时就导致了流体与管道壁的摩擦，从而形成阻力，造成油泵的动力损失。因此，为减少主要输油管道的阻力，降阻剂可以发挥作用。降阻剂是一种化学物质，利用其自身的化学特性，在油品和管壁之间形成隔阂，使得两者无法直接接触，从而减小阻力。

(二) 减阻剂减阻

由于处于紊流状态的原油有许多漩涡，而这些漩涡逐级变小，从而使管输能量

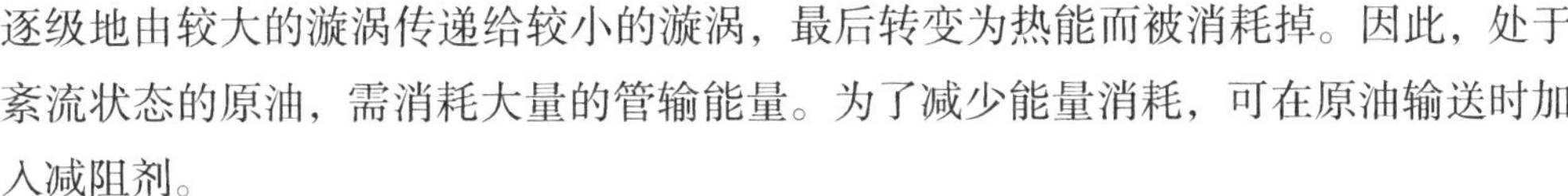

逐级地由较大的漩涡传递给较小的漩涡，最后转变为热能而被消耗掉。因此，处于紊流状态的原油，需消耗大量的管输能量。为了减少能量消耗，可在原油输送时加入减阻剂。

原油减阻剂是指在紊流状态下能降低原油管输阻力的化学剂。原油减阻剂都是油溶性聚合物，它在原油中主要以蜷曲的状态存在。以这种状态存在的聚合物分子是具有弹性的。

若处于紊流状态的原油中有减阻剂存在，各级漩涡就把能量传递给减阻剂分子，使其发生弹性变形，将能量储存起来。这些能量可在减阻剂应力松弛时释放出来，还给相应的漩涡，维持流体的紊流状态，从而减少外界为保持这一状态所必须提供的能量，达到减阻的目的。只有当原油处于紊流状态时，减阻剂才能起减阻作用。

(三) 减阻剂效果评价和影响因素

减阻剂的减阻效果主要采用室内环道进行评价。其原理是通过测定在相同条件下流体中加入减阻剂前后流过环道测试管段的摩阻压降来计算减阻率，进而评价减阻剂的减阻效果。

1. 评价设备

根据减阻率的测试原理，需要测定同一流速下减阻流动和非减阻流动下的摩阻压降。但要将减阻流动和非减阻流动稳定在同一流速，需要增加昂贵复杂的控制设备，并且操作起来也不方便。因此，该装置从简便实用的角度出发，采用高压氮气(从安全角度考虑不使用高压空气) 作流动动力，测定同一流动压力下减阻流动和非减阻流动的流量和摩阻压降，通过一定的换算来计算减阻率。此外，考虑减阻率与流体物性没有直接关系，而主要受流体流动参数如雷诺数的影响，因此选择柴油或煤油作为评价流体。这样做可以避免增加使用原油时所需的温度控制系统，使得操作和维护大大简化。

(1) 气体压力供给系统。气体压力供给系统由氮气瓶、氮气软管、氮气压力储气罐、球阀、恒压调节阀、活接头等部分组成，为整个测试系统提供必要的动力源，并保持所输出的气体压力稳定性，是保持测试数据稳定的基础。

(2) 减阻剂测试环道系统。该部分为油品减阻剂室内测试装置的主体部分，由输油压力缓冲罐、三条测试管道、测压传感器、温度传感器、质量流量计等组成。测试时，油品从输油压力缓冲罐经不同的管道分别进入三条测试环道。

减阻剂测试环道由 34mm × 3mm、21mm × 3mm、14mm × 2mm 三条试验环形管道组叠加并联组成。每条环道安装有 5 个测压点，三条环道共用一个油温测量点、一个油流量测量点，均安装了与上位计算机检测控制系统相连的高精度检测传感器。

(3) 油品循环使用系统。油品循环使用系统由回流罐、齿轮泵、齿轮泵输油管路组成。齿轮泵输送加减阻剂油品时可加强机械剪切作用，循环输送加减阻剂油品，可彻底破坏油品中的减阻剂，能保证油品样品的重复再利用。

(4) 减阻剂加入及搅拌系统。减阻剂加入及搅拌系统主要由减阻剂配液输入管路、单向阀、球阀、输油压力缓冲罐等部件组成，其主要功能是将所需测试的减阻剂从减阻剂加入漏斗中再加入输油压力缓冲罐中，利用氮气软管进行搅拌，使其混合均匀，以备测试之用。

(5) 氮气清吹及残液处理系统。氮气清吹及残液处理系统由氮气清吹软管、氮气清吹快接头、各管路上的氮气清吹三通接头组成。

经过减阻实验测试用油品回收和氮气清吹两个阶段后，回流罐、输油压力缓冲罐内会残留少量油品。可打开两个油罐的排泄阀，将残液放到一个小容器内，再倒入标准油桶内。

2. 影响因素分析

(1) 加剂浓度对减阻率的影响。减阻率是随着加剂浓度的增加而增加的，但减阻率并不与加剂浓度呈线性关系。在浓度较小时，减阻率随加剂浓度的增加而增加的幅度较大；而当加剂浓度较高时，减阻率随加剂浓度的升高幅度减小。当加剂浓度升高到一定值时，减阻率趋于一个定值，即最大减阻率。

(2) 减阻剂溶液表观黏度对减阻率的影响。将减阻剂加入被测流体减阻剂后，评价流体的黏度在不同程度上都有所增加。为了寻找减阻率与加剂后流体浓度的直接关系，测定了不同样品的减阻率与加剂后黏度的关系。由于加剂浓度较低时流体的黏度没有很明显的变化，所以测定了浓度为 1g/L 的减阻剂溶液的表观黏度与减阻率的关系。

(3) 雷诺数对减阻率的影响。由减阻剂的减阻机理可知，减阻率的大小与雷诺数密切相关。但试验数据表明，减阻率并不随雷诺数的增大单调递增或递减，而是在某一雷诺数下减阻率有最大值。当雷诺数在 3000 ~ 7000 时，随雷诺数的增大，减阻率呈递增趋势；当雷诺数大于 7000 时，减阻率呈递减趋势。对于更大口径的管道，也必然存在一个最佳雷诺数值，并且管径越大，最佳雷诺数值越高。虽然模拟评价装置与实际管道有较大差别，但对于同一装置，仍能测出不同样品的最佳雷诺数，从而作出横向比较，并能为现场试验提供可靠的参考依据。

三、气体水合物的防治

油气输送管线中，气体水合物阻塞物的形成会给油气行业带来巨大的损失，利用防聚剂来抑制气体水合物阻塞物的形成是目前常用的对策之一。

油气输送管线中气体水合物的抑制方法主要有以下三种：

（1）热力学抑制方法：通过改变水合物的生成条件，使水合物的相平衡朝不利于水合物生成的方向移动，它是通过除去体系中的水、升高体系温度、降低体系压力等手段来实现的。如果石油和天然气中含有大量的水，可以通过分离直接除去，而对于微量的水可以通过加入一定的热力学抑制剂，如甲醇、乙二醇、盐等来吸收体系中的水分。热力学抑制剂具有耗量大、成本高、毒性强等缺点，已不能满足目前的需求。

（2）动力学抑制方法：通过加入一定的动力学抑制剂来抑制或延迟水合物的生长时间，从而达到抑制水合物生成的目的。这类抑制剂加入的浓度很低，它不影响水合物生成的热力学条件，但可在水合物形成的热力学条件下推迟水合物的成核和晶体生长的时间，从而使管线中流体在其温度低于水合物形成温度（在一定的过冷度）下流动，而不出现水合物堵塞现象。动力学抑制剂在管线（或油井）封闭或过冷度较大的情况下作用效果不是很理想。

（3）防聚法：该方法的作用原理是通过加入一些浓度很低的表面活性剂或聚合物来防止水合物晶粒的聚结，以避免堵塞油气运输管线。防聚剂虽然不能阻止管线中气体水合物的形成，但它可以使生成的气体水合物难以聚结成块。防聚剂在管线（或油井）封闭或过冷度较大的情况下都具有较好的作用效果。

迄今为止，已经开发出很多单组分的表面活性剂防聚剂，由于作用效果的原因，真正能在油气行业中得到应用的却是凤毛麟角。

长庆气田目前普遍采用多井高压集中注醇工艺，即在集气站设高压注醇泵，通过与采气管线同沟敷设的注醇管线向井口和高压采气管线注入甲醇；在集气站内采用三甘醇（TEG）脱水，防止内部集输管网中形成天然气水合物，且防止游离水影响管道输量和腐蚀钢质管道；为了防止节流降压时形成天然气水合物，采用加热炉加热使天然气温度在水合物形成的温度之上。

由于注醇量较大，污水中的甲醇必须进行回收、循环使用，以降低生产成本。甲醇属毒性物质，为了保护环境，甲醇污水必须进行无害化处理。

因此，长庆油田在净化厂附近配套建设了甲醇集中回收装置，将各集气站收集的含醇污水用汽车运到净化厂集中回收，循环利用。

四、油气长输管道检测技术

国外管输行业中将管道的修理（Repair）、修复（Renovation）和更换（Replacement）简称为“3R”技术。有关资料表明，由于各种原因而采取更换措施的管道不到管道总长度的5%。修理是指管道发生事故后进行的抢修，而修复则是指通过管道检测发现问题，在管道未发生事故前进行的有计划的整治、修复。显然这种主动的有计划的修复比管道发生事故后的修理代价要小得多，可见修复在“3R”中占有很重要的地位。选择修复管道的根本原因在于其经济性和安全性。

长输油气管道运行过程中通常受到来自内、外两个环境的腐蚀。内腐蚀由输送介质、管内积液、污物以及管道内应力等联合作用形成，外腐蚀通常因涂层破坏、失效产生。内腐蚀一般采用清管、加缓蚀剂等手段来处理。近年来，随着管道业主对管道运行管理的加强以及对输送介质的严格要求，内腐蚀在很大程度上得到了控制。目前国内外长输油气管道腐蚀控制主要发展方向是在外防腐方面，因而管道检测也重点针对因外腐蚀造成的涂层缺陷及管道缺陷。

(一) 管道内检测技术

管道内检测技术是将各种无损检测设备加载到清管器上，将原来用作清扫的非智能清管器改为有信息采集、处理、存储等功能的智能型管道缺陷检测器，通过清管器在管道内的运动，达到检测管道缺陷的目的。

(二) 管道外检测技术

埋地管道通常采用涂层与电法保护共同组成的防护系统联合作用进行外腐蚀控制，这两种方法起着一种互补作用：涂层使阴极保护既经济又有效，而阴极保护又使涂层出现针孔或损伤的地方受到控制。该方法是已被公认的最佳保护办法并已被广泛用于对埋地管道腐蚀的控制。

涂层是保护埋地管道免遭外界腐蚀的第一道防线，其保护效果直接影响着电法保护电流的工作效率。美国腐蚀工程师协会指出：“正确涂敷的涂层应该为埋地构件提供99%的保护需求，而余下的1%才由阴极保护提供。”因此，要求涂层具有良好的电绝缘性、黏附性、连续性及耐腐蚀性等综合性能，对其完整性的维护是至关重要的。涂层综合性能受许多因素的影响，如涂层材料、补口技术、施工质量、腐蚀环境以及管理水平等，并且管道运行一段时间后，涂层综合性能会出现不同程度的下降，表现为老化、龟裂、剥离、破损等状况，管体表面因直接或间接接触空气、土壤而发生腐蚀。如果不能对涂层进行有效地检测、维护，最终将导致管道穿孔、破裂等破坏事故的发生。

涂层检测技术是在对管道不开挖的前提下，采用专用设备在地面非接触性地对涂层综合性能进行检测，科学、准确、经济地对涂层老化及破损缺陷定位，对缺陷大小进行分类统计，同时针对缺陷大小、数量进行综合评价并提出整改计划，以指导管道业主对管道涂层状况的掌握，并及时进行维护，保证涂层的完整性及完好性。

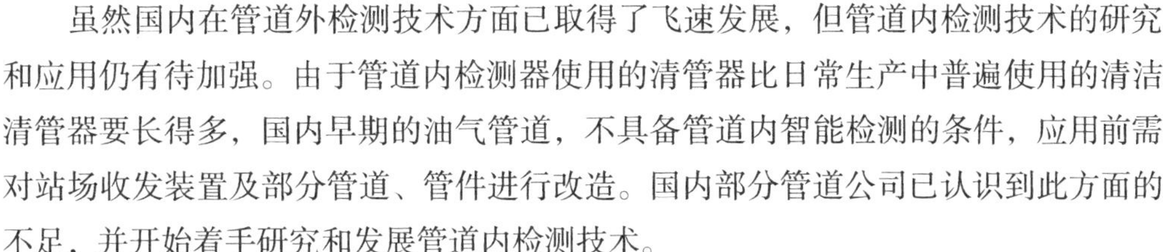

虽然国内在管道外检测技术方面已取得了飞速发展，但管道内检测技术的研究和应用仍有待加强。由于管道内检测器使用的清管器比日常生产中普遍使用的清洁清管器要长得多，国内早期的油气管道，不具备管道内智能检测的条件，应用前需对站场收发装置及部分管道、管件进行改造。国内部分管道公司已认识到此方面的不足，并开始着手研究和发展管道内检测技术。

（三）管道腐蚀检测技术

1. 埋地管道外腐蚀检测技术

天然气埋地钢质管道采用外防腐层和阴极保护系统组成的联合腐蚀防护系统。因此，外防腐层至关重要，若防腐层失效则管体就会发生腐蚀。防腐层在制作和施工过程中会不可避免地出现缺陷损伤，防腐管道埋入地下后，更是受到环境、土壤等各方面的影响，使防腐层产生老化、龟裂和剥离等现象，严重影响了天然气管道的使用寿命。相关统计结果表明，天然气管道 90% 以上的腐蚀都是由防腐层的破损所致，因此对天然气管道防腐层破损的检修是非常重要的。

（1）电流电位检测法。电流电位检测法是将饱和硫酸铜作为参比电极，利用数字万用表对保护电位和自然电位进行测量的一种方法。

（2）密间隔电位检测法。密间隔电位检测法是评价阴极保护系统能否达到有效保护的首选方法之一。与电流电位检测法相比，用数据采集器代替常规的万用表。其检测基本原理是采集器的一端通过电缆与管道测试桩连接，另一端连接参比电极，每隔 1 ~ 3m 测量并采集埋地管道的管道电位。

（3）人体大地电容检测法。人体大地电容检测法是给待测管道施加一个 1000Hz 左右的交变电流，使其沿管道方向传播，在管道周围产生一个交变磁场。利用此磁场使用带有天线的探测仪准确探测管道的位置、走向、分支等；若管道外防腐层存在缺陷，则会向土壤泄漏电流，电流经过大地回流到接地点，在缺陷处就会形成一个以缺陷点为中心的交变电场，该交变电场呈指数衰减。若两个测试人员站在交变电场内，则每个人具有一定的交变电位，检漏仪检测出两个人体间的电位差，若一个人站在缺陷中心，另一个人站在管道侧面或无缺陷的管道上方时，仪器所接收的信号幅值最大，从而确定缺陷的准确位置。

（4）直流电压梯度检测法。直流电压梯度检测法是将特定频率的电流信号施加于检测管道，若管道防腐层有破损点，此处就会有信号电流流出。在土壤电阻的作用下，该电流在破损点与周围大地之间产生电压梯度，通过检测电压梯度便可确定天然气管道防腐层破损点的位置和程度。

（5）多频管中电流检测法。多频管中电流检测法又称电流衰减法，即主要测量

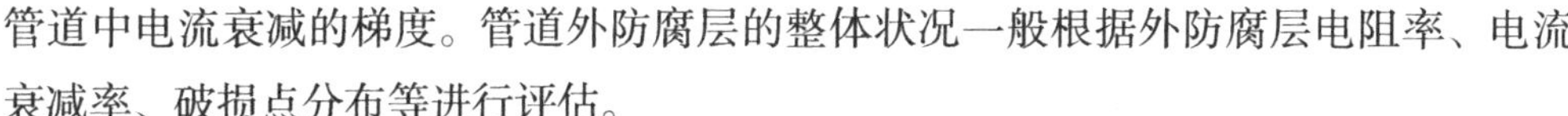

管道中电流衰减的梯度。管道外防腐层的整体状况一般根据外防腐层电阻率、电流衰减率、破损点分布等进行评估。

（6）交流电压梯度检测法。采用多频管中电流检测法与 A 字架配合使用，通过测量土壤中交流地电位梯度的变化，可以查找和准确定位埋地管道防腐层的破损点。

（7）变频选频检测法。变频选频检测法的优点是测量时无须断开阴极保护电源，测量管道的距离长，且测量结果不会受管段分支或绝缘法兰的影响。

2. 管道内腐蚀监测技术

管道内腐蚀会造成天然气管道系统严重老化，从而导致管道泄漏，结构强度降低，使得整个输气系统的完整性、安全性和经济性均受到严重影响。对天然气管道事故的统计结果表明，管道内腐蚀引起的事故约占 15%。因此，对管道内腐蚀情况的预测和评估是十分必要的。但是，由于天然气埋地管道的结构特殊，检测工具不容易进入管道内部，使得内腐蚀的检测难度很大。目前检测埋地管道内腐蚀的方法有超声波法、漏磁通法、电视测量法、涡流检测法和智能球等。其中，电视测量法必须与其他方法配合使用才能得到较为准确的检测结果，使得应用受到一定的限制；涡流检测法适用于有色金属和黑色金属管道，可检测局部的、全面的腐蚀、裂纹和孔蚀等，但穿透铁磁材料的能力很弱，只能用来检查管道表面的腐蚀。另外，如果腐蚀产物存在磁性垢层，对检测结果会产生较大的影响。因此，国内外普遍采用的检测管道内腐蚀方法有超声波检测法、漏磁通检测法、清管检测法、智能球等。

（1）超声波检测法。超声波检测法是利用脉冲发射时间间隔来测量管壁受蚀后的厚度。测量过程中，探头需要依次对管内外壁的反射波进行接收，再根据计算结果得到管壁厚度。该方法的检测原理简单，不易受管道材料和壁厚的影响，且管道的变形和内外壁腐蚀均可被检测出，是管道腐蚀缺陷位置和深度的直接检测方法。由于检测数据简单准确无须校验，超声波法可以用来计算管道最大允许输送压力，可为管道维修方案和适用期限的确定提供方便。

（2）漏磁通检测法。漏磁通检测法的基本原理在于铁磁材料具有高磁导率，在外磁场作用下埋地钢管被磁化，钢管的磁导率要远大于因腐蚀产生缺陷处的磁导率。因此，当钢管内部无缺陷时，磁力线通过钢管均匀分布；当存在缺陷时，磁力线有一部分泄漏出钢管表面，发生弯曲。该方法可以检验各种中小型管道管壁的缺陷，优点是不易产生漏检且不需要耦合剂，缺点是检测范围较窄（仅限于材料表面和近表面区域），且管壁不宜太厚（壁厚≤ 12mm），空间分辨力低，易受外在因素干扰。

（3）清管检测法。智能清管器是一种结合录像观察仪器利用超声波、声发射等原理进行无损探伤的设备。常用的智能清管器有漏磁法智能清管器、超声波智能清管器等。该类清管器通常设置有 200 ~ 300 个探头，可以清晰检测到管道内外的腐蚀状况以及由机械造成的损伤，并能判定损害的程度和位置。漏磁法智能清管器可用于检测管道的腐蚀坑、管壁的腐蚀减薄量以及环向裂纹，但不能完全检测又深又细的轴向裂纹。超声波智能清管器可用于检测管道的金属损伤、应力腐蚀开裂、防腐层剥离和机械损伤等缺陷。

参考文献

[1] 窦宏恩 . 油田开发基础理论下 [M]. 北京：石油工业出版社，2019.
[2] 李斌，刘伟，毕永斌，等 . 油田开发项目综合评价 [M]. 北京：石油工业出版社，2019.
[3] 黄红兵，李源流 . 低渗油田注水开发动态分析方法与实例解析 [M]. 北京：北京工业大学出版社，2021.
[4] 穆龙新，范子菲，王瑞峰 . 海外油田开发方案设计策略与方法 [M]. 北京：石油工业出版社，2020.
[5] 齐与峰，叶继根，黄磊，等 . 油田注水开发系统论及系统工程方法 [M]. 北京：石油工业出版社，2023.
[6] 姜洪福，辛世伟 . 海塔油田滚动开发探索实践 [M]. 北京：科学出版社，2022.
[7] 赵平起，蔡明俊，张家良，等 . 复杂断块油田高含水期二三结合开发模式 [M]. 北京：石油工业出版社，2021.
[8] 甘振维，何龙，范希连 . 石油工程现场作业岗位标准化建设丛书钻井分册 [M]. 北京：中国石化出版社，2020.
[9] 甘振维，何龙，范希连 . 石油工程现场作业岗位标准化建设钻井液、定向、固井分册 [M]. 北京：中国石化出版社，2020.
[10] 蒲春生 . 石油百科储层改造 [M]. 北京：石油工业出版社，2022.
[11] 雷群 . 储层改造关键技术发展现状与展望 [M]. 北京：石油工业出版社，2022.
[12] 王道成，李年银，黄晨直，等 . 高温高压油气井储层改造液体技术进展 [M]. 北京：石油工业出版社，2022.
[13] 班兴安，李群，张仲宏，等 . 油气生产物联网 [M]. 北京：石油工业出版社，2021.
[14] 鲁玉庆 . 油气生产信息化技术与实践 [M]. 北京：中国石化出版社，2021.
[15] 单朝晖 . 浅层超稠油油藏开发调整技术 [M]. 北京：石油工业出版社，2022.
[16] 刘志坤，张冰 . 钻井工程 [M]. 北京：石油工业出版社，2022.
[17] 管志川，陈庭根 . 钻井工程理论与技术（第 2 版）[M]. 东营：中国石油大学

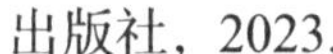

出版社，2023.

[18] 徐同台，申威，冯杰，等 . 钻井工程防漏堵漏技术（第 2 版）[M]. 北京：石油工业出版社，2021.

[19] 张桂林 . 钻井工程技术手册（第四版）[M]. 北京：中国石化出版社，2023.

[20] 黄伟和 . 钻井工程工艺（第二版）[M]. 北京：石油工业出版社，2020.

[21]（哈萨克斯坦）M.E. 侯赛因，（加拿大）M.R. 伊斯兰作 . 朱忠喜，路宗羽，徐新纽，译 . 钻井工程复杂问题及处理方法 [M]. 北京：石油工业出版社，2023.

[22] 乌效鸣 . 煤与煤层气钻井工艺 [M]. 武汉：中国地质大学出版社，2019.

[23] 王文勇 . 钻井井控"四个三"工作法读本 [M]. 东营：中国石油大学出版社，2019.

[24] 李晓明，李联中，孟祥卿，等 . 石油钻井装备新技术及应用 [M]. 北京：中国石化出版社，2022.

[25] Bernt S.Aadnoy, Iain Cooper, Stefan Z.Miska, etal. 张明，窦亮彬，曹杰，等，译 . 现代钻井技术 [M]. 北京：石油工业出版社，2022.

[26] 甘振维，何龙，范希连 . 石油工程现场作业岗位标准化建设试油、气、酸化压裂分册 [M]. 北京：中国石化出版社，2020.

[27] 中国石油天然气集团有限公司人事部 . 钻井地质工 [M]. 东营：中国石油大学出版社，2020.

[28] 高文阳，赵宁，刘杰 . 石油地质 [M]. 北京：化学工业出版社，2019.

[29] 曾溅辉，马勇，林腊梅 . 油田水文地质学 [M]. 东营：中国石油大学出版社，2021.

[30] 戴静君，田野，郭士军 . 油气集输富媒体 [M]. 北京：石油工业出版社，2021.

[31] 徐雪松 . 海洋油气集输 [M]. 上海：上海交通大学出版社，2021.

[32] 油气集输编写组 . 油气集输 [M]. 北京：石油工业出版社，2019.

[33] 邹才能 . 非常规油气勘探开发 [M]. 北京：石油工业出版社，2019.

[34] 曲国辉，江楠，王东琪，等 . 非常规油气开发理论与开采技术 [M]. 北京：石油工业出版社，2022.

[35] 徐凤银，陈东，梁为 . 非常规油气勘探开发技术进展与实践 [M]. 北京：科学出版社，2022.

[36] 唐玮，冯金德，唐红君，等 . 中国油气开发战略 [M]. 北京：石油工业出版社，2022.

[37] 焦方正．油气体积开发理论与实践 [M]. 北京：石油工业出版社，2022.

[38] 穆龙新．海外油气勘探开发战略与技术 [M]. 北京：石油工业出版社，2020.

[39] 何祖清．油气藏开发智能完井技术及工业化应用 [M]. 北京：中国石化出版社，2022.

[40] 李忠兴．超低渗透油气藏开发技术 [M]. 北京：石油工业出版社，2019.

[41] 朱维耀．纳微米非均相流体提高油藏采收率理论与技术 [M]. 北京：科学出版社，2023.

[42] 周丽萍．油气开采新技术 [M]. 北京：石油工业出版社，2020.

[43] 叶哲伟．油气开采井下工艺与工具 [M]. 北京：石油工业出版社，2018.

[44] 郑新权，沈琛，刘建忠．非常规油气开采新工艺新技术新方法论文集 [M]. 北京：石油工业出版社，2021.

[45] 叶正荣，周理志，佘朝毅，等．深层海相碳酸盐岩油气藏主体开采工艺新技术 [M]. 北京：石油工业出版社，2018.

[46] 马天然，刘卫群，李福林．注气开采煤层气多场耦合模型研究及应用 [M]. 徐州：中国矿业大学出版社，2019.

[47] 周红，潘琳，王姚．油气藏工程动态分析案例库建设 [M]. 武汉：中国地质大学出版社，2019.

[48] 耿孝恒．基于环保的油气储运技术管理研究 [M]. 北京：煤炭工业出版社，2018.

[49] 徐晓刚．油气储运设施腐蚀与防护技术 [M]. 北京：化学工业出版社，2020.

[50] 黄维和，王立昕．油气储运 [M]. 北京：石油工业出版社，2019.

[51] 黄斌维，刘忠运．油气储运施工技术 [M]. 北京：石油工业出版社，2022.

[52] 李庆杰，郝成名．油气储运安全和管理 [M]. 北京：中国石化出版社，2021.

[53] 郭东升．油气储运与安全工程管理 [M]. 长春：吉林出版集团股份有限公司，2020.